GUSTAVO PLACER CERVERA

# EL ESTRENO DEL IMPERIO

## LA GUERRA DE 1898 EN CUBA, PUERTO RICO Y FILIPINAS

Editorial Letra Viva
Coral Gables, La Florida

Copyright © 2012 By *Editorial Letra Viva*
Postal Office Box 14-0253,
Coral Gables FL 33114-0253
ALL RIGHTS RESERVED. NO PART OF THIS BOOK MAY BE REPRODUCED IN ANY FORM, EXCEPT FOR THE INCLUSION OF BRIEF QUOTATION IN REVIEW, WITHOUT PERMISSION IN WRITING FROM THE PUBLISHER.
ISBN: 0989412563
ISBN-13: 978-0-9894125-6-8

Printed in the United States of America

## Dedicatoria

A Marlene, por todo
A Tavo, Nieves y Eloisa, siempre presentes
A Leyda, Gustavo y Alejandro
A Víctor, Daniel y Gabriel

# Agradecimientos

El autor desea expresar su más sincero y profundo agradecimiento a su familia, amigos, compañeros y colegas que entregaron generosamente su tiempo, su esfuerzo y talento ayudando a la realización de este proyecto. La lista de los que le proporcionaron información o la manera de acceder a ella, le dieron atinados consejos o le apoyaron logísticamente sería interminable. No obstante, desea hacer mención especial de las siguientes personas:

Diana Abad
Miguel Ábalo
Juan Antonio Álvarez Jiménez
Carmen Almodóvar Muñoz
René Anillo Capote
Isidoro Armadá
Eda M. Burgos Malavé
Hermes Carballo Trujillo
Pascual Cervera de la Chica
Ángel Luís Cervera Fantoni
José R. Cervera Pery
Yolanda Díaz Martínez
Recaredo Fidalgo
Hermenegildo Franco
Carlos García Sánchez
César García del Pino
Domingo García Martín
Mercedes García Rodríguez
Luís E. González Vales
Ofelia Izquierdo Rodríguez
Ángel Jiménez González
Rosa Jiménez Paneque
Hal P. Klepak
Oscar Zanetti Lecuona

Eusebio Leal Spengler
Emilio La Parra
María Victoria Liévano
Francisca López Civeiro
Manuel López Díaz
Luís Martínez Fernández
Rafael Miyar Reiners
Antonio Nadal Pérez
Lourdes Ortega
Louis A. Pérez, Jr.
Francisco Pérez Guzmán
Ángel Placer Madera
Héctor Placer Cervera
Miguel Placer Sánchez
Alberto Prieto Rozos
Mirna Quiñones
Consuelo Naranjo Orovio
Rolando Rodríguez García
Cristóbal Ramírez
Carlos E. Salas López
Conrado Amador Sierra
David F. Trask
Carlos Zamorano García
Mayra García Izquierdo

# Prólogo

Los historiadores coinciden en subrayar que el conflicto político militar de 1898 entre los Estados Unidos de América y España fue el acontecimiento internacional más importante de finales del siglo XIX, pues modificó no solo el decurso de la historia de Cuba, Puerto Rico y Filipinas, sino también comenzó a cambiar el escenario geopolítico mundial. Una nueva potencia emergía y comenzaba a andar por los caminos de la completa formación imperial caracterizada por un apetito insaciable de alcanzar la rectoría del globo terráqueo.

La magnitud del acontecimiento ha originado la curiosidad de decenas de estudiosos que lo han abordado tanto desde la perspectiva militar como política. Su centenario en 1998, como era de suponer, incentivó volver sobre el tema y como resultado se ha obtenido un incremento notable de la producción historiográfica.

La historiografía cubana no permaneció al margen de esta inmensa ola que envolvió al mundo académico y político de los países protagonistas: España, Estados Unidos de América, Cuba, Puerto Rico y Filipinas. Del contexto cubano emergió como uno de los aportes más significativos al conocimiento histórico la monografía *El estreno del imperio* de Gustavo Placer Cervera que la Editorial de Ciencias Sociales, acertadamente, ha decidido publicar.

Muchos rasgos marcan la diferencia entre esta obra y otras, tanto cubanas como de otros países. Basado en fuentes primarias de un incalculable valor informativo y de una amplia y actualizada bibliografía de autores de lengua castellana e inglesa, Placer Cervera, en diecisiete capítulos, construye –por primera vez por un autor cubano– una visión global de la guerra Hispano-americana. Hasta la culminación de esta monografía los historiadores cubanos se habían enmarcado en investigaciones con asuntos variados, pero con énfasis y abundancia de trabajos cuyos objetivos esenciales consistían en demostrar que la lucha armada mambisa estaba ganada por los patriotas y que el nombre legítimo del conflicto era el de Guerra Hispano-Cubana-Americana. Este esfuerzo, de fuerte acento nacionalista, antimperialista y de rescate patriótico para sustentar la identidad nacional, estuvo encabezado por Emilio Roig de Leuchsenring. Tras sus huellas han seguido varias generaciones de historiadores que, a veces, han incursionado por caminos trillados caracterizados por las reiteraciones y sin aportes sustanciales.

Pero Gustavo Placer Cervera, como historiador que afronta retos, estaba consciente de que la historiografía cubana reclamaba un proyecto investigativo diferente, capaz de renovar el conocimiento histórico sobre el tema. En consecuencia, emprendió una descomunal tarea de localización de fuentes informativas dentro y fuera de nuestras fronteras. El resultado ha sido el presente libro que estoy persuadido que el lector no sólo agradecerá, sino que también le concederá un espacio privilegiado en su biblioteca o librero y que, como obra de referencia, será citada con frecuencia.

En una coherente combinación en la que se mezclan la descripción y el análisis, el autor, de manera pormenorizada, incursiona sobre los lugares en los cuales se desarrollaron las operaciones militares y los preparativos de las fuerzas armadas de los Estados Unidos de América; expone la situación de las fuerzas armadas españolas cuando se vislumbraba el conflicto bélico con la nación norteña y se adentra en la misteriosa explosión del acorazado estadounidense *Maine*. Asimismo presenta, de forma meridiana, los caminos que condujeron a la guerra, la odisea que experimentó la Escuadra de Operaciones de las Antillas y la guerra en Filipinas hasta llegar a las decisivas acciones terrestres y navales en el Caribe.

Sin dudas, la experiencia militar de Gustavo Placer simultaneada con los estudios teóricos entre los cuales se destaca su diploma de graduado de la Academia de las Fuerzas Armadas Revolucionarias en Mando y Estado Mayor en 1986, su trayectoria meritoria que se evidencia con el grado de Capitán de Fragata, su ejercicio de mando materializada en la jefatura del Servicio Hidrográfico, su participación en la Expedición Hidrográfica Cubano Soviética, que de 1970 a 1972 realizó levantamientos hidrográficos de las costas y bahías del archipiélago cubano y sus estudios de Historia Naval Militar, más su condición de acucioso buscador de información y el amplio dominio de la temática abordada, le permitieron elaborar esta monografía que constituye una notable contribución al conocimiento histórico de tan trascendental evento bélico.

En lo que se refiere a la polémica explosión del *Maine*, que aceleró la intervención armada de los Estados Unidos en la guerra anticolonial que libraban los cubanos, Gustavo Placer hace bien en distanciarse de los que, sin argumentos sólidos, han afirmado que la catástrofe fue una autoagresión estadounidense para justificar su intervención en la guerra de Cuba. Tampoco se inclina por un supuesto sabotaje preparado por simpatizantes del independentismo cubano o de los acérrimos integristas de Cuba española. Su análisis sobre el hecho lo lleva a considerar posible la hipótesis de que la causa de la explosión del acorazado *Maine* haya sido la combustión espontánea, aunque hace énfasis en que, cualquiera que haya sido el origen del siniestro, lo que le dio trascendencia fue la manipulación que de él se hizo.

Los lectores de este libro podrán conocer más sobre la misión encomendada al almirante Pascual Cervera y su pequeña escuadra: llegar a Cuba cuando la poderosa flota estadounidense bloqueaba a La Habana y otros puertos cubanos, y desplegaba un esfuerzo extraordinario para darle caza y destruirla. A la distancia de más de un siglo de aquellos hechos, un crecido número de historiadores se identifica con el criterio de que Pascual Cervera y los hombres bajo su mando fueron enviados al sacrificio mediante un verdadero suicidio que salvaría la honra del imperio español al justificar la pérdida de la guerra ante un estado enemigo poderoso. Esta conclusión queda reforzada con nuevos e importantes elementos informativos que Gustavo Placer pudo reunir en su obsesión investigativa, de la cual fui testigo. En la vertiente anterior también se insertan las operaciones militares terrestres que el autor explica minuciosamente y analiza en todos sus aspectos.

Sin duda alguna, por el tema y su significación histórica, el libro de Gustavo Placer es tentador para seguir comentándolo en sus diversas aristas; pero sería injusto escamotearle al lector las sorpresas que experimentará al devorar las páginas de *El estreno del Imperio*.

Francisco Pérez Guzmán
Verano de 2004

# ÍNDICE DE CONTENIDOS

AGRADECIMIENTOS 3
PRÓLOGO 5
ÍNDICE 11
NOTA PRELIMINAR 15

CAPÍTULO 1. 21
LOS TEATROS DE LA GUERRA
Cuba. Cuba y sus grupos insulares. Las costas de Cuba. Acondicionamiento del teatro. Defensa de Puertos y Costas. Defensas Costeras de La Habana. Defensas de Santiago de Cuba. Defensas terrestres. Defensas Costeras. Las comunicaciones con el exterior. El Practicaje, su importancia. Puerto Rico. Defensas de San Juan. Filipinas. Defensas Marítimas de Manila. Defensas terrestres de Manila La isla de Guam.

CAPÍTULO 2. 44
LOS PREPARATIVOS DE LAS FUERZAS ARMADAS DE LOS ESTADOS UNIDOS PARA LA GUERRA
La Marina de Guerra norteamericana. Organización de la Marina de Guerra. Las fuerzas principales de la Marina estadounidense. Planes de la Marina para la guerra contra España. Preparativos preliminares de la Marina. El Ejército de los Estados Unidos. El Departamento de Guerra en 1898. Preparativos del Ejército norteamericano.

CAPÍTULO 3.
LAS FUERZAS ARMADAS DE ESPAÑA 76
La Armada española. Escuadras españolas. Fuerzas Navales españolas en Cuba. Fuerzas Navales españolas en Puerto Rico. Fuerzas Navales españolas en Filipinas. Fuerzas Navales auxiliares. Fuerzas Terrestres españolas. Fuerzas del Ejército español en Cuba. Fuerzas Terrestres españolas en Puerto Rico. Fuerzas Terrestres de España en Filipinas.

CAPÍTULO 4.                                                                 105
EL EPISODIO DEL MAINE
El navío, sus mandos y personal. La llegada a La Habana. La explosión. El impacto de la noticia. Las comisiones de investigación.

CAPÍTULO 5.
EL CAMINO DE LA GUERRA                                                      144

CAPÍTULO 6.                                                                 156
VICISITUDES DE LA ESCUADRA
DE OPERACIONES ESPAÑOLA

CAPÍTULO 7.                                                                 178
PRIMERAS ACCIONES BÉLICAS EN FILIPINAS
Filipinas en los planes de campaña norteamericanos. Relaciones filipino-norteamericanas previas a la guerra. Preparativos preliminares de la escuadra norteamericana. El combate naval de Cavite. Consecuencias y repercusiones del combate.

CAPÍTULO 8.                                                                 213
COMIENZA LA GUERRA EN EL CARIBE
Establecimiento del bloqueo a Cuba. Acciones en el litoral norte de Matanzas. Acciones navales en Cienfuegos. Travesía de la Escuadra española. La búsqueda se inicia. Sampson se dirige al este. Cervera recala en Martinica. Escala en Curaçao. Consecuencias del arribo de la escuadra a Santiago. El bombardeo a San Juan de Puerto Rico. ¿Que explicación dio Sampson a su proceder? ¿Qué logró, desde el punto de vista militar, la expedición y bombardeo de San Juan de Puerto Rico? Continúa la búsqueda de Cervera. El bloqueo naval a Santiago de Cuba. Toma de la Bahía de Guantánamo.

CAPÍTULO 9.                                                                 295
LA MOVILIZACIÓN
DEL EJÉRCITO NORTEAMERICANO
Reclutamiento del Ejército. Evolución de los planes estratégicos en mayo de 1898. La expedición del "Gussie". Problemas en la Casa Blanca. La expedición Lacret-Sanguily. Contactos con el Ejército Libertador de Cuba.

CAPÍTULO 10.                                                                 326
HACIA EL SUR DEL ORIENTE CUBANO
Preparativos en Tampa. Desorden y confusión. Formación del convoy y travesía.

CAPÍTULO 11.                                                                 343
LAS PRIMERAS ACCIONES TERRESTRES
CERCA DE SANTIAGO DE CUBA
Santiago de Cuba bloqueada y sitiada. Preparativos de los españoles para defender Santiago. Desembarco de las fuerzas expedicionarias norteamericanas. Repercusión en el Alto Mando en La Habana. Combates en Las Guásimas.

CAPÍTULO 12.                                                                 380
LOS COMBATES DE EL CANEY Y SAN JUAN
Preparativos para el ataque a Santiago de Cuba. Aguadores. El Caney. Las Alturas de San Juan. Después de los combates. Llegada de la columna del coronel Escario.

CAPÍTULO 13.                                                                 438
EL COMBATE NAVAL FRENTE A SANTIAGO DE CUBA
Antecedentes inmediatos. El combate naval.

CAPÍTULO 14.                                                                 462
ASEDIO Y CAPITULACIÓN DE SANTIAGO DE CUBA
El problema de los prisioneros. Operaciones de asedio. Las negociaciones para la rendición de Santiago. La capitulación. La entrega de la plaza. El agravio imperdonable.

CAPÍTULO 15.                                                                 503
FINALIZA LA GUERRA EN CUBA
Acciones navales en la etapa final de la guerra. Bombardeo a Baracoa. Los combates de Manzanillo. Ocupación de la Bahía de Nipe. Acciones terrestres. La situación sanitaria del 5º Cuerpo. Las conversaciones de paz.

CAPÍTULO 16.                                                                 521
LA INVASIÓN NORTEAMERICANA A PUERTO RICO
Preparativos, planes y discusiones. Organización de las fuerzas. La travesía y el desembarco. La campaña terrestre.

Capítulo 17.  552
Asedio y Capitulación de Manila
Las defensas terrestres de Manila. Relaciones filipino-norteamericanas a comienzos de la guerra. Fricciones germano-norteamericanas. Vicisitudes de la escuadra del almirante Cámara. Proclamacion de la independencia filipina. El asedio de Manila. Ocupación de Guam. Tropas norteamericanas en Manila. Preparativos para el asalto. La "batalla" de Manila.

Epílogo  592
Anexos  596
Glosario  604
Fuentes Consultadas  612
Guía de Ilustraciones  642

## Nota Preliminar

En las elecciones norteamericanas de 1896, el republicano William McKinley salió vencedor en uno de los procesos electorales más reñidos de la historia de esa nación. En su primer discurso el nuevo presidente declaró que su gobierno se caracterizaría por "el patriotismo y devoción por el país". Dos años después, el supremo acto de devoción patriótica sería la intervención en la guerra que los cubanos libraban desde hacía tres años contra el colonialismo español.

Por la magnitud y trascendencia de esta intervención la misma marcaría, en el sentido histórico, el estreno de los Estados Unidos como gran potencia imperialista aunque ya antes de Cuba, su experiencia intervencionista era amplia. Entre 1798 y 1895, el gobierno norteamericano había intervenido en 103 ocasiones en asuntos internos de otros países.

Cuba había estado en la mira de los gobernantes estadounidenses desde la época de Thomas Jefferson. Se sabía de su posición estratégica como llave del Golfo de México y el Caribe y de sus posibilidades como productora de azúcar, tabaco y otros productos tropicales. John Quincy Adams hablaba en ese contexto de la inevitabilidad de las "leyes de gravitación política".

De esta manera, los estadistas del gran país del norte no han dejado nunca de pensar en la posibilidad de poseerla (o al menos dominarla). En este sentido ha señalado el historiador español Allendesalazar:

*"Lo que cambia con los años son las tácticas a seguir para conseguir ese deseado control, que por otro lado casi siempre se les acaba escapando de las manos a los políticos de Washington. Desde que los Estados Unidos nacen a la historia, el destino ha hecho que, la isla acabe siendo una pesadilla para los americanos. Cuba es una palabra familiar, atrayente e irritante en el vocabulario del político norteamericano, no sólo de hoy, sino de hace siglo y medio (...) Desde entonces Cuba se presenta a los*

*americanos en un sinnúmero de facetas: tan pronto es punto estratégico para su defensa como vendedor o comprador de mercancías o área económica para sus inversiones y, más tarde, campo de batalla, aliado complaciente o enemigo peligroso. Pero siempre, de un modo u otro, es constante su protagonismo en la política exterior norteamericana".*[1]

Los intentos norteamericanos por adquirir Cuba mediante compra a la metrópoli española se sucedieron durante el siglo XIX. Pero ninguno de estos proyectos prosperó. Por otra parte, a todo lo largo de la centuria se había incrementado la dependencia económica cubana respecto a los Estados Unidos, que llegaron a ser el primer comprador (85,8%) de la producción azucarera de Cuba, con lo que la isla se convirtió en un caso *sui generis* de colonia con dos metrópolis: España en el aspecto jurídico-político y Estados Unidos en el económico.

Además, en las últimas décadas del siglo XIX, el área del Caribe se convirtió en una zona de gran importancia geoestratégica. El aumento creciente de los intereses de los Estados Unidos en el Pacífico planteaba la necesidad de un canal interoceánico, lo que proporcionaba a las islas que dominaban la ruta de dicho canal -Cuba y Puerto Rico entre ellas- un valor excepcional como puertos y como estaciones de abastecimiento para la gran armada proyectada por el ideólogo naval Alfred T. Mahan.

Como no alcanzaban el éxito en sus gestiones de compra de la isla, en los círculos gobernantes estadounidenses fue tomando fuerza la idea de adueñarse de la misma por otros medios, entre los que se incluía, por supuesto, la vía militar. Pero para emplear esta última era necesario preparar previamente a la opinión pública creando en la misma la impresión de que los propósitos perseguidos eran justos y beneficiosos para el país y hasta para la humanidad. De esa misión se encargó la prensa.

Aprovechando con habilidad los acontecimientos cubanos, sobre todo después de la reanudación en 1895 de la lucha armada por la independencia, para presentar la intervención de los Estados Unidos en el conflicto como una campaña "humanitaria", los círculos dominantes de la política de ese país estaban dando pasos decisivos en el aspecto ideológico para llevar a cabo sus

---

[1] Allendesalazar, José Manuel: *El 98 de los americanos*, Madrid,1997,2ª ed, p.12.

afanes expansionistas. Con simultaneidad se trabajaba en los terrenos diplomático y militar. Se esperaba sólo el momento más propicio para pasar de las ideas a los hechos. El momento esperado llegó a comienzos de 1898.

Desde algún tiempo atrás, los gobernantes norteamericanos venían apreciando el creciente desgaste del régimen colonial español en Cuba. Pese a los enormes recursos humanos, económicos y materiales invertidos por el gobierno de Madrid en combatir la insurrección, esta se había mantenido viva durante tres años, extendiéndose a todo el territorio y adueñándose de la iniciativa en amplias regiones del país. No habían tenido éxito para aniquilarla las diferentes políticas puestas en práctica para ello. Además, en la propia España, la guerra era cada vez más impopular y la situación económica no permitía seguirla sosteniendo por mucho más tiempo.

En esas circunstancias -como lo demuestran ejemplos históricos- era de esperar, en un lapso no muy dilatado, un desenlace favorable a la causa independentista. Por lo tanto, si los Estados Unidos no actuaban con rapidez tendrían que enfrentarse a la realidad de una Cuba independiente, perdiendo así la oportunidad de emplear su presencia en la isla como puente para una ulterior expansión ultramarina.

A todas estas razones es necesario agregar otra, de carácter circunstancial, pero muy poderosa dentro del esquema de la política interna norteamericana, y es el hecho de que 1898 era año de elecciones parciales y el Partido Republicano que estaba en el gobierno temía ser derrotado en las urnas y perder la mayoría en el Congreso, por lo que trataba de captar para sí las naturales simpatías que tenía la causa cubana en el pueblo estadounidense.

De esta manera, por obra y gracia de la propa ganda y la demagogia, el tema cubano se convirtió en un asunto de la política interna de los Estados Unidos. Según afirma el académico norteamericano John L. Offner,

*"(...) en un análisis final, los republicanos hicieron la guerra a España para mantener el control de Washington".*[2]

---

[2] Offner, John L.: *An Unwanted War*, Chapel Hill and London, 1992, Preface, ix.

Si las posiciones de Cuba y Puerto Rico eran estratégicas respecto al istmo de Panamá y América Central y del Sur, la situación geográfica de las Filipinas en el Pacífico era de no menos valor respecto a China y el sureste asiático.

El marcado interés de los Estados Unidos en extender sus esferas de influencia por el Pacífico se venía poniendo de manifiesto desde hace tiempo. Su presencia en Japón en los años de la década de los 40, su política de "abrir las puertas" de China y la anexión de Hawaii son pruebas de ello. Resulta lógico, por tanto, que al declararse la guerra contra España, la misma se desarrollara en dos teatros, muy distantes entre sí: las Antillas y las Filipinas. De ellos, el principal y decisivo lo fue el primero, dentro del cual correspondió a Cuba ser escenario de los acontecimientos bélicos más trascendentales y determinantes.

Sin embargo, los acaecimientos que tuvieron lugar en Filipinas, además de tener una dinámica propia, ejercieron también una significativa influencia en el decursar del proceso general de la contienda. Dicho en otras palabras, entre ambos teatros de la guerra hubo un determinado grado de interrelación.

El problema de la reconstrucción histórica de la guerra de 1898 presenta notables complejidades. Este conflicto bélico, que en su comienzo puede verse como la intervención militar de los Estados Unidos en la guerra por la independencia de Cuba, tomó características especiales a partir del momento en que tuvo lugar el desembarco de tropas norteamericanas en la costa sur de la región oriental de Cuba. Desde ese instante, de hecho, en el territorio de la mayor de las Antillas, se estuvieron librando dos guerras, bien diferenciadas por sus objetivos y formas de lucha: una en la región de Occidente, entendiendo por tal el territorio comprendido desde Camagüey hacia el oeste; y otra, en la región oriental del país, con centro en Santiago de Cuba y sus inmediaciones.

La primera –casi olvidada por la historiografía- fue continuación de la que se estaba librando entre cubanos y españoles desde el 24 de Febrero de 1895. En la segunda, se manifestó con toda su fuerza la intervención estadounidense que, maniobrando con habilidad en los planos político y militar de la situación y sobre la base de su superioridad militar y de medios, logró supeditar a sus objetivos al Ejército Libertador de Cuba, al que utilizó sin darle consideraciones de aliado. A todo ese panorama se añadió el hecho de que las aguas cubanas se encontraban bloqueadas por las fuerzas navales de los Estados Unidos.

Otro grado de complejidad se presenta cuando nos proponemos abarcar la guerra como un todo, estudiándola en sus diversos escenarios –Cuba, Puerto Rico y Filipinas- tan distantes desde el punto de vista geográfico, y diferentes en su devenir histórico y político aún cuando, como en nuestro caso, el énfasis principal se circunscriba a los aspectos militares del conflicto.

De hecho, no hemos encontrado en las historiografías cubana, puertorriqueña y filipina antecedentes del estudio de esa guerra con esa perspectiva abarcadora y por la información que poseemos, han sido pocos los historiadores de otros países que han abordado el tema con tal enfoque. Aún más, el estudio de lo publicado hasta ahora sobre la guerra de 1898 que ha llegado a nuestras manos, nos llevó a la conclusión de que existe una marcada unilateralidad en los enfoques siendo también notoria la incomunicación entre las diferentes historiografías nacionales respecto al tema.

En vista de ello, acometí este estudio con el propósito de lograr una sistematización objetiva, equilibrada e integradora de aquellos acontecimientos bélicos, que reflejara la interacción de los diferentes bandos en pugna, para llenar así, en la medida de nuestras posibilidades, una importante "laguna" de nuestra historiografía.

Un problema que se presentó ante nosotros al realizar la investigación que ha servido de soporte a esta obra ha sido la inexistencia nuestro país de fuentes primarias. Tuvimos pues que acudir a las colecciones de documentos y a fuentes bibliográficas y seriadas. Esto nos ha obligado a efectuar un cuidadoso examen crítico de cada una de ellas.

La estructura expositiva que se ha adoptado en este trabajo responde a la secuencia lógica usual en las obras de carácter histórico-militar:

1) Descripción del teatro y su acondicionamiento;
2) Descripción y análisis de las fuerzas beligerantes;
3) Curso o desarrollo de las acciones combativas, acompañado de los comentarios y reflexiones que se han considerado pertinentes.

En consecuencia, la obra está estructurada en 17 capítulos, al final se han incluido anexos y un glosario con los términos navales y militares que ineludiblemente han tenido que emplearse.

La Habana, Julio de 2003
El Autor

# Capítulo 1
## LOS TEATROS DE LA GUERRA

Las posesiones españolas que se convirtieron en escenarios de la guerra de 1898 tenían, en su conjunto, y separadamente, gran importancia geoestratégica sobre todo si se tiene en cuenta que la apertura del Canal de Panamá era ya una realidad muy próxima: Cuba, Puerto Rico, el canal de Panamá, Hawaii, Guam y Filipinas eran los pontones que aseguraban la penetración estadounidense en Asia.

### CUBA

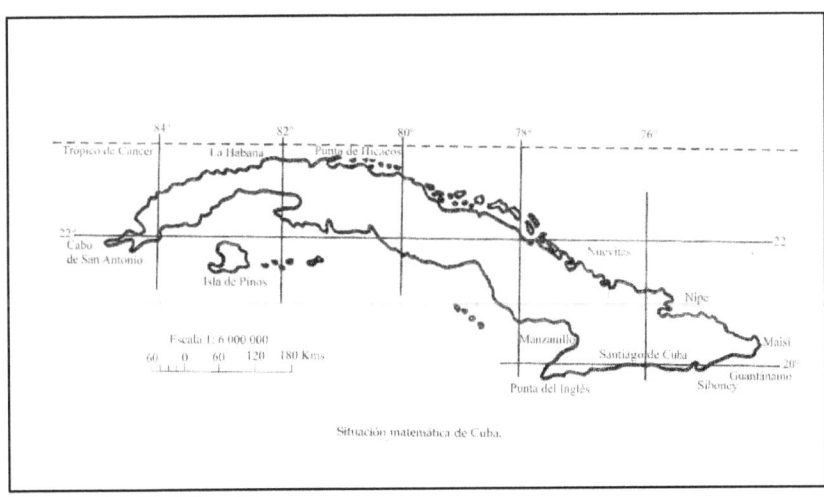

Situación matemática de Cuba.

El Archipiélago Cubano forma parte del de las Antillas y constituye su sección noroccidental. Este último, a su vez, se halla situado en el Mediterráneo Americano, que ocupa una sección central entre la América del Norte y la América del Sur.

Esta posición de geográfica de Cuba y su forma alargada le conferían una ubicación predominante respecto al Caribe y al propio istmo de Panamá: las rutas de navegación desde los puertos estadounidenses de la costa occidental y del Golfo de México hacia

Panamá pasan muy cerca de ella.

**Cuba y sus grupos insulares.**
El Archipiélago Cubano está formado por la Isla de Cuba, que es su núcleo fundamental, a cuyo alrededor están situados cuatro grupos insulares denominados: Los Colorados, Jardines del Rey o de Sabana-Camagüey, el de Jardines de la Reina y los Canarreos, sobresaliendo en este último por su importancia la Isla de Pinos, hoy denominada oficialmente Isla de la Juventud.

A su vez, cada grupo insular está dividido en cayerías. El número total de islas, islotes y cayos que conforman el Archipiélago Cubano es de 4 194.[3]

**Las costas de Cuba.**
Por su configuración larga y estrecha y la irregularidad de su periferia, la Isla de Cuba posee una gran longitud de línea costera comparada esta con su superficie. Como resultado, ningún punto de su territorio se encuentra a una distancia mayor de 100 km de la costa. Son numerosas las bahías, muchas de ellas apropiadas para puerto.

El perímetro de las costas de la Isla de Cuba es de 3 102 millas náuticas (5 746 km), de las cuales 1 732 (3 209 km) corresponden a la costa norte y 1 309,5 (2 537 km) a la costa sur. La Isla de la Juventud tiene 327 km de línea litoral.

**La Dirección Operativa Oriental**
Fue el territorio comprendido entre Santiago de Cuba y Guantánamo, en la región sur de la dirección operativa oriental, el escenario donde se tuvieron lugar las principales acciones combativas de toda la contienda. Este territorio, que está comprendido entre los 19 36' y 20 20' de latitud norte y los 75 00' y 75 45' de longitud oeste, es un terreno montañoso, con pequeñas llanuras en los alrededores de las bahías de Santiago de Cuba y Guantánamo y grandes cordilleras donde se destaca la Sierra Maestra.

Las vías de comunicación eran escasas y en mal estado, pudiéndose señalar como principales los tramos de ferrocarril Santiago

---

[3] Antonio Núñez Jiménez, *El Archipiélago*, La Habana, Editorial Letras Cubanas, 1982, p. 81.

de Cuba-Firmeza, Daiquirí-Baconao, Santiago-San Luis-Guantánamo y Santiago-Palma Soriano. El Clima de la región es caluroso, con temperaturas medias de unos 32° C. Durante la temporada lluviosa, los aguaceros son fuertes y prolongados. Los principales asentamientos de población con categoría de ciudad eran Santiago de Cuba y Guantánamo, como poblados Palma Soriano, San Luis, Dos Caminos, Aserradero y El Caney entre otros.

### Acondicionamiento del teatro.

Puede afirmarse que no fue precisamente la previsión la principal virtud de las autoridades españolas respecto a la preparación del teatro de operaciones para la guerra que se avecinaba. Un examen de elementos tan importantes como lo son la defensa de puertos y costas y el sistema de basificación y las comunicaciones nos llevan a la conclusión de que la improvisación y el apresuramiento fueron la impronta de la actividad del mando español. La organización, estructura y despliegue de las fuerzas -tanto terrestres como navales-, que España tenía en Cuba, así como el sistema de fortificaciones y obras ingenieras, respondían al tipo de guerra colonial que venía librando, infructuosamente, contra la insurrección cubana.

### Defensa de puertos y costas.

El único puerto cubano cuyas defensas podían considerarse de alguna significación lo era La Habana. El historiador militar español Severo Gómez Núñez, quien tuvo, en su calidad de oficial de la Comandancia General de Artillería, una participación activa en las obras defensivas de La Habana, admite que: *"En cuanto a plazas de guerra, puede decirse que sólo merecía tal nombre la de la Habana, y que los demás puertos estaban abiertos a cualquier agresión"*.[4]

### Defensas costeras de la Habana.

Las defensas de La Habana, en lo que se denominó Frente Marítimo, se pueden describir como sigue:

---

[4] Gómez Núñez, Severo: *"La Guerra Hispano-Americana:La Habana"*, Madrid. Imprenta Cuerpo de Artillería. 1900, p. 113.

a) A la entrada de la bahía se colocaron varias líneas de minas. A lo largo del canal de entrada se emplazaron cañones que tiraban a través de aspilleras abiertas en gruesos muros. Todos estos cañones eran viejas piezas de avancarga. Un poco más adentro del canal, en las proximidades del faro denominado de la Pila de Neptuno, fue ubicada una batería de tubos lanzatorpedos consistentes de 2 tubos, montados sobre una patana sin protección alguna, enfilados al canal de entrada a la bahía.

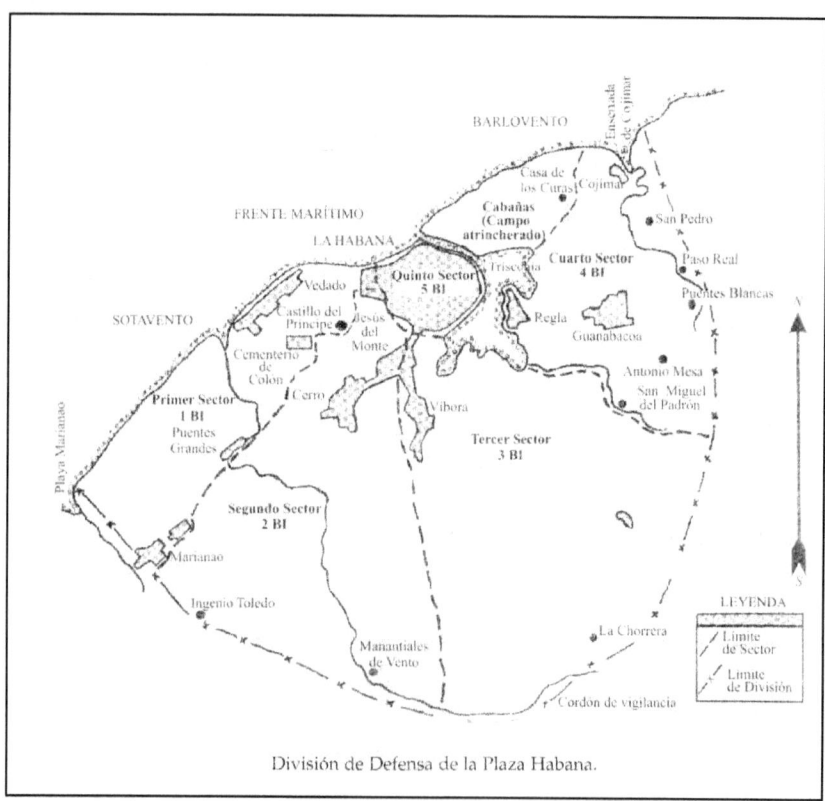

División de Defensa de la Plaza Habana.

b) El objetivo de las fortificaciones del litoral de la bahía fue en parte defender la entrada y en parte rechazar posibles desembarcos. Durante los primeros días de la ruptura de hostilidades el mando español temía el bombardeo de La Habana y un desembarco de tropas norteamericanas en la zona del Vedado y este temor estaba justificado por el hecho de que allí se contaba con una sola fortificación y esta no estaba completa. A fuerza de un incesante trabajo los españoles llevaron a cabo un conjunto de obras defensivas, ya en el curso de la guerra, parte de las cuales eran completamente nuevas. Estas eran:

Barlovento (Este de la entrada)
  -Batería No. 1 (permanente): cuatro cañones Ordoñez de 15 cm; en las alas, dos cañones de tiro rápido Nordenfelt de 5,7 cm.
  -Batería No. 2 (permanente): dos cañones Krupp de 30,5 cm; cuatro obuses Ordoñez de 21 cm; dos cañones de tiro rápido Nordenfelt de 5,7 cm.
  -Batería de Velasco (temporal): tres cañones Krupp de 28 cm; un cañón Nordenfelt de tiro rápido de 5,7 cm.
 Entre las últimas dos baterías se colocaron tres pequeñas baterías temporales, la primera de las cuales estaba compuesta por dos cañones de campaña de 9 cm y la segunda y tercera por tres cañones de 12 cm y 15 cm, respectivamente.

Sotavento (Oeste de la entrada)
  -La Punta (permanente): dos cañones Ordoñez de 15 cm.
  -La Reina (permanente, considerablemente reforzada): tres cañones navales de 16 cm González-Hontoria (procedentes del crucero Alfonso XII); dos cañones de avancarga de 25 cm; siete obuses de 21 cm de avancarga.
  -Santa Clara (permanente, considerablemente reforzada y con armamento nuevo); dos cañones Ordoñez de 30,5 cm; tres cañones Krupp de 28 cm, cuatro obuses de 21 cm. En el flanco, dos cañones Nordenfelt de tiro rápido de 5,78 cm y tres cañones de 15 cm.
  -Batería No. 3 (permanente): cuatro obuses Ordoñez de 21 cm dos cañones Ordoñez de 15 cm; dos cañones Ordoñez de 24 cm.
  c) Las fortificaciones costeras tenían sus bases de apoyo en las grandes fortificaciones que como los Castillos de Atarés y El Príncipe, formaban un cinturón alrededor de la ciudad. Otro cinturón defensivo fue establecido a una distancia de aproximadamente 10 km de la ciudad. Las fortificaciones de este cinturón exterior consistían en un gran número de reductos de infantería protegidos por obstáculos artificiales, cercas de alambre, estacas, etc. Por cada dos o tres de esos reductos había obras más extensas con emplazamientos de artillería. De esa manera, todos los puntos importantes estaban conectados por una larga línea de fortificaciones.

Nos explica Gómez Núñez: *"Las obras ejecutadas, obedecían a un trazado conveniente para distancias de bombardeo (naval) de 9 000 metros, que es el alcance de los gruesos cañones con ángulos inferiores a 12° ó 13°, suponiendo que no pueden ser disparados por los barcos con ángulos mayores. En nuestro concepto, la hipótesis de imposibilitar el bombardeo, podía desecharse, porque en una plaza como La Habana, de costa rectilínea y enclavada materialmente sobre la orilla, era imposible evitarlo sin avanzar en el mar la defensa por medio de fuertes marítimos o de baterías flotantes, de no haber donde cimentar los fuertes. No se podía pensar en esas defensas".*[5]

Y un poco más adelante, abundando en el tema dice: *"Las consideraciones que preceden sirvieron, entre otras, de fundamento para fijar la situación de las baterías a que nos referimos, de modo que fuesen batidas aquellas superficies navegables que pudiera ocupar una escuadra con propósito de bombardear la plaza".*[6]

Sin embargo, observa el capitán de navío Jacobsen: *"La defensa de la costa al este de la batería No. 1 cerca de Cojímar era sorpresivamente débil. Las baterías No. 1 y No. 2 estaban enfiladas hacia la mar, solamente un cañón de tiro rápido de 4,7 cm cubría el flanco. Las fortificaciones en esta parte de la costa consistían sólo en un emplazamiento de artillería que contaba con dos cañones de campaña (...) un desembarco con una fuerza suficiente de tropas, apoyando por la flota, tenía posibilidades de éxito. Afortunadamente para la ciudad las fortificaciones no fueron sometidas a pruebas severas".*[7]

Gómez Núñez, ya mencionado, admite: *"La situación baja de las baterías, principalmente a sotavento, era excesiva...".*[8]

Y agrega: *"Los altos relieves de los traveses son muy perjudiciales, porque desde alta mar, por mucho que se disimulen, forman siluetas geométricas denunciadoras de la posición de los ca-*

---

[5] Ibídem, p. 58.
[6] Ibídem, p. 59.
[7] Jacobsen, *Sketches from Spanish-American War. War Notes III and IV*. Washington. Office of Naval Intelligence. Government Printing Office. 1899, p. 36. Jacobsen era comandante del crucero alemán **Geier** que visitó varios puertos cubanos durante la guerra.
[8] Gómez Núñez, Op. Cit., p. 160.

ñones (...) las obras, principalmente las de Santa Clara y Velasco, adolecían de este defecto antiguo"[9]

Prosiguiendo en su análisis el entonces capitán de artillería señala: *"Los repuestos, se ve en la práctica del servicio cuanto conviene que estén enterrados, bajo las explanadas o un poco retirados, subiendo los proyectiles con montacargas. Pero este sistema, (...) hay que ver que necesita mucho tiempo y trabajo para construir y allí lo que abundaba era la prisa"*.[10]

Y subraya: *"...hemos de insistir en la necesidad de que las plazas tengan entre su armamento el calibre medio de tiro rápido. La Habana sólo disponía de dos cañones de esta clase González Hontoria de 12 cm tomados de la Marina..."*[11]

Resulta interesante conocer la opinión que sobre las defensas de La Habana tenía su adversario, el Contralmirante Sampson, quien la hizo pública en la revista "Army and Navy Gazette" del 7 de enero de 1899 (pág. 16) y es citado por Gómez Núñez, diciendo *"que encontraba las baterías bien calculadas para rechazar una flota que se aproximase a tiro en distancia de pocos miles de yardas, pero que las del Este estaban expuestas a fuego de flanco por los grandes barcos desde corta distancia y al de las baterías secundarias, mediante un fuego intensísisimo que abrumaría a los artilleros, arrojándolos del lado de sus piezas, obligándoles a abandonarlas, en tanto que los proyectiles lanzados por los buques causarían desperfectos en los cañones y montajes y los pondrían fuera de servicio. Las baterías del Oeste, le inspiraban peor concepto por su baja cota, con el aditamento -decía- que contra todas no habría tiro perdido, por que el que no alcanzase a las obras iría a dar en la ciudad"*.[12]

## Defensas de Santiago de Cuba

Ante las fuerzas españolas de Santiago de Cuba se presentó el problema de organizar una defensa perimétrica: por el sur, contra un desembarco norteamericano y en el resto de las direcciones, contra las fuerzas cubanas.

En vísperas ya del comienzo de la guerra la ciudad de Santiago de Cuba, segunda por su importancia en la mayor de las Antillas,

---

[9] Ibídem, p. 162.
[10] Ibídem, p. 164.
[11] Ibídem, p. 179.
[12] Ibídem, p. 173.

no contaba con defensas adecuadas para resistir los ataques de un enemigo con medianos elementos de ataque.

En aquel momento, los elementos defensivos terrestres consistían de algunos fortines, previstos y diseñados para la lucha contra los insurrectos cubanos -que poseían pocas piezas de artillería- así como una alambrada que apoyaba sus dos extremos en el mar.

Cuando el conflicto era ya inminente, a principios de abril, los españoles comenzaron a construir con urgencia obras ingenieras de campaña para mejorar las defensas tanto terrestres como marítimas de la plaza.

## Defensas terrestres

El terreno en las inmediaciones de Santiago de Cuba está formado por las últimas estribaciones de la Sierra Maestra, que van a morir al mar, y presenta una serie de colinas que, en gradación sucesiva, van descendiendo hacia la bahía. Por ello, eran grandes las dificultades para la fortificación ya que," escogida una altura, siempre se encuentra, enfrente y a 1 000 metros o menos, otra de mayor cota".

Por otra parte, si se considera que el perímetro de la plaza era de unos 5 000 metros y que además había que proteger el camino de Santiago al Morro (unos 10 km) y observar la parte occidental de la bahía, donde se ubicaban varios destacamentos de tropas hispanas para proteger las comunicaciones con los poblados de El Cobre y una columna que operaba en dicha costa occidental en previsión de desembarcos y no disponiendo los defensores más que de unos 4 000 efectivos y escasos recursos humanos, técnicos y de armamento, se comprenderá que tuvieron que limitarse a defender las alturas que formaban parte del recinto de la plaza.[13]

Dada la escasez de recursos y de tiempo los ingenieros españoles adoptaron el sistema de trincheras para protegerse de la artillería, buscaron las crestas militares y comenzaron a trabajar en cuatro puntos diferentes. De esa manera, a finales de junio, la plaza de Santiago contaba con unos 4 000 metros de zanjas trincheras, que ocupando las crestas militares de las alturas más

---

[13] Lorente y Herrero, Luis: "*Bloqueo y Sitio de Santiago de Cuba*". Madrid. Imprenta Memorial de Ingenieros 1898 pp. 5-7.

próximas a ella, formaban un recinto que apoyaba sus extremos en la bahía. En ese recinto se emplazaron las escasas y anticuadas piezas de artillería (17 cañones, todos de avancarga) de que disponían los defensores españoles, diseminadas en 8 emplazamientos.[14]

### Defensas costeras

De manera similar a lo ocurrido en La Habana, los trabajos de las defensas costeras de Santiago de Cuba fueron llevados a cabo, en lo fundamental, en plena guerra. En mayo 18 el Castillo del Morro contaba solamente con un cañón de avancarga de 16 cm montado en una cureña de madera; la batería de la Socapa tenía dos piezas de avancarga de 8 cm y la batería de Punta Gorda dos obuses de avancarga Hontoria de 15 cm.

Para el 2 de julio la situación era la siguiente:

*Castillo del Morro.-* Como armamento tenía en el terraplén superior tres morteros de 30 cm que dotaban del siglo XVIII, dos morteros de 24 cm de fines del XVIII y dos cañones de sitio de 24 libras, del mismo siglo, montados en viejos afustes de madera.

*Batería del faro.-* Situada al Este del viejo castillo, contaba con cinco cañones de bronce de 16 cm muy antiguos y dos obuses de hierro de 21 cm. Unos y otros eran de avancarga, tiraban proyectiles de tetones, de hierro fundido y estaban montados sobre viejas cureñas de giro central.

*Batería baja de La Socapa.-* En la vertiente que mira al canal de entrada, se colocaron un cañón Nordenfelt de 5,78 cm, cuatro cañones Hotckiss de 37 mm y una ametralladora de 11 mm para la defensa de la línea de minas.

*Batería de Punta Gorda.-* Poseía dos cañones de bronce Krupp de 9 cm, dos obuses de 15 cm y dos cañones navales de 16 cm González-Hontoria procedentes del crucero **Reina Mercedes**.

En el canal de entrada a la bahía se ubicaron tres líneas de minas, dos de 6 minas eléctricas cada una que se detonaban desde tierra se situaron a lo largo del canal de entrada; la tercera de 10 minas de contacto se encontraba entre Punta de los Soldados y Cayo Smith, en la perpendicular al eje del canal.

Como podrá apreciarse el armamento de la defensa costera de Santiago de Cuba era escaso y anticuado y poco podía hacer

---

[14] Ibídem, p. 20.

frente al de una escuadra moderna y poderosa como la que tuvo que enfrentar.

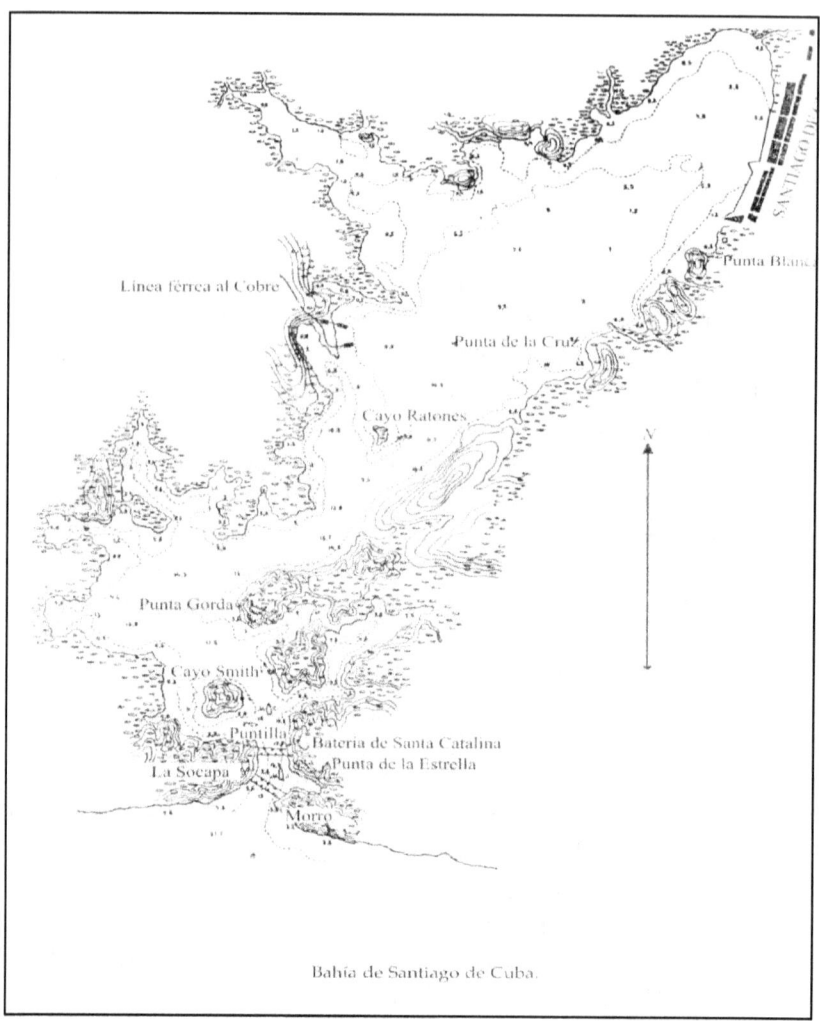

Bahía de Santiago de Cuba.

En varios de los otros puertos importantes se realizaron, con toda urgencia, trabajos de fortificación y se les equipó echando mano al armamento que estaba al alcance siempre bastante escaso y anticuado.

Así, en Cienfuegos, se instalaron tres baterías en diferentes puntos del canal de entrada a la bahía; la primera de ellas se situó en la margen oriental de la boca muy próxima al faro de Punta Los Colorados. Otra batería llamada de Carbonell, se ubicó en una elevación situada en la margen occidental del canal de entrada. La tercera batería se colocó hacia el fondo del canal, en su margen occidental, cerca del Castillo de Jagua, detrás del poblado y sobre una elevación denominada Loma de la Vigía. La batería cercana al faro *"estaba dotada de obras ingenieras muy simples y su parapeto era de sacos de arena, carente de mampostería (...) Contaba con seis cañones de bronce, de ánima rayada, 4 de 16 cm y 2 de 12 cm, capaces de llevar sus proyectiles a una distancia de 3 600 metros..."*. La batería situada en la Loma de la Vigía era una obra más acabada, *"poseía parapetos de tierra revestidos de mampostería, trincheras, polvorín, otras obras menores de ingeniería y 4 grandes obuses de 21 cm..."*. La batería de Carbonell estaba dotada de *"... 4 piezas, 2 cañones de bronce de ánima rayada de 16 cm de calibre y 2 obuses de 21 cm de calibre, de hierro fundido e igualmente de ánima rayada"*. Estas piezas eran todas de modelos bastante anticuados y aunque impresionantes por su aspecto, tenían muy pocas posibilidades de éxito frente al armamento mucho más moderno de los buques norteamericanos.[15]

En Matanzas se instalaron también baterías de artillería en Punta Sabanilla, Punta Rubalcava, El Morrillo y Punta Maya.

En Manzanillo se colocaron piezas de campaña en Punta Caimanera y se artillaron varios pontones.

Por otra parte, en la entrada de la bahía de Guantánamo se instalaron varias minas y se ubicaron piezas de artillería en Punta San Nicolás, Punta Caracoles y Cayo Toro.

Asimismo, en algunos lugares de la costa donde era probable la realización de desembarcos por parte de las fuerzas norteamericanas fueron llevados a cabo trabajos de fortificación, se construyeron trincheras y se reforzaron las guarniciones, dotándolas de artillería, tal es el caso de Batabanó y Tunas de Zaza.

En ese mismo orden de cosas se tomaron medidas para el reforzamiento de las viejas fortificaciones existentes en diferentes puertos y bahías y que databan del siglo XVIII. Cabe mencionar entre ellas el pequeño fuerte de "Santo Tomás" ubicado en Bahía Honda; el "Reina Amalia" frente al canal de entrada a la Bahía

---

[15] Rodríguez Matamoros, Marcos: *"Guardianes de la Bahía"*, en revista **Mar y Pesca**, abril de 1989, pp. 26-29.

de Cabañas; el "San Elías" de Mariel; el Castillo de "San Severino", en la bahía de Matanzas; los fuertes de "San Jacinto" y "San Esteban" de Nuevitas; el fuerte "Matachin" de Baracoa y "Santa Amalia" cercano a Nueva Gerona en Isla de Pinos.

**Las comunicaciones con el exterior**

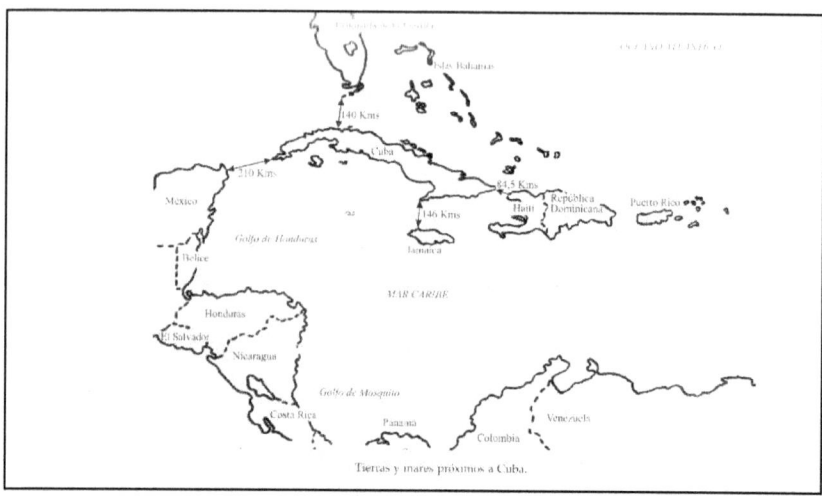

Tierras y mares próximos a Cuba.

Las comunicaciones exteriores de Cuba en 1898 se llevaban a cabo mediante cables submarinos. El único cable que arribaba a Cuba desde el norte enlazaba a La Habana con Key West y estaba, por supuesto, bajo el control de los norteamericanos. En la costa sur, un conjunto de cables estaban tendidos a lo largo de la costa desde Batabanó hasta Cienfuegos. En Cienfuegos un ramal atravesaba la bahía para llegar a la ciudad mientras un segundo ramal proseguía a Casilda, de allí a Júcaro, de este último lugar a Santa Cruz del Sur y de allí a Manzanillo. De Manzanillo a Santiago la comunicación se mantenía a través de una red de heliógrafos. Mientras tanto, un tercer ramal del cable estaba tendido entre Cienfuegos y Cabo Cruz prosiguiendo después hacia Santiago. De Santiago salían líneas a la bahía de Guantánamo para unir este último lugar con el Cabo Mole de Haití. También de Santiago de Cuba salían líneas hacia Punta Morant, en Jamaica.

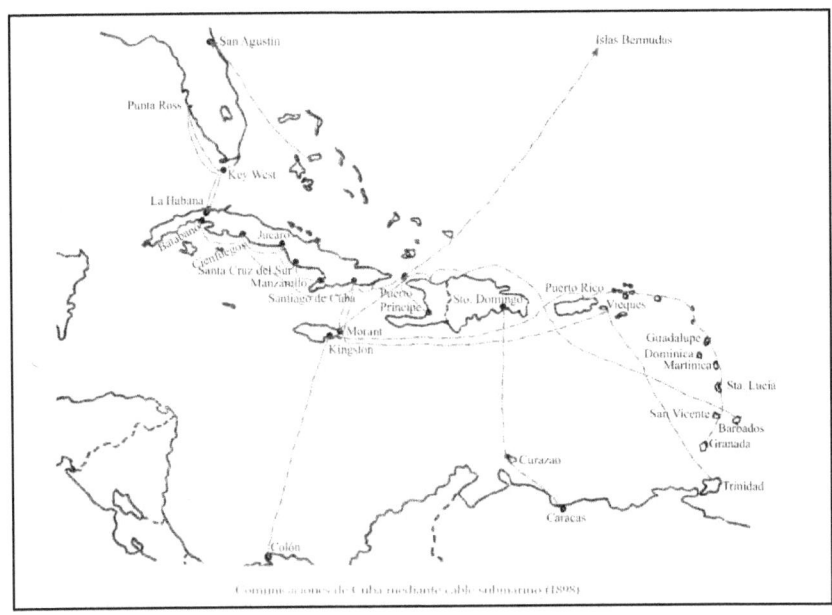
Comunicaciones de Cuba mediante cable submarino (1898)

Durante la guerra el cable submarino alcanzó una importancia estratégica pues después de establecido el bloqueo naval se convirtió en la única vía de enlace del gobierno colonial con la metrópoli. Esto dio lugar a repetidos intentos de las fuerzas navales norteamericanas para cortar el cable y así aislar completamente a Cuba. Los norteamericanos alcanzaron sus objetivos parcialmente pues aunque cortaron varias líneas del cable no lograron interrumpir totalmente las comunicaciones de Cuba con España.

### El practicaje. Su importancia

Otro elemento importante que debe tomarse en cuenta al analizar el teatro de acciones navales en la guerra de 1898 es el hecho de que el mismo estaba poco estudiado desde el punto de vista hidrográfico. Las cartas náuticas españolas no cubrían, en escala adecuada, todos los tramos de las costas del Archipiélago Cubano, (aunque si estaban cartografiadas los principales puertos y bahías y contaban con un Derrotero). Los marinos españoles suplían esta situación con el conocimiento práctico de las costas y mares adyacentes.

Por su parte los norteamericanos contaban con cartas náuticas que habían copiado de las británicas (que eran a su vez, copiadas de las españolas), cuya escala las hacía inapropiadas para navegar sobre todo en las zonas de cayería y de abundantes bajos y arrecifes. Esto hacía imprescindible el empleo de prácticos. Muchos de los buques norteamericanos llevaban a bordo prácticos cubanos. Estos hombres le prestaron a la Marina de Guerra Norteamericana valiosos servicios que no siempre les fueron reconocidos. Acciones como las que llevaron a cabo las unidades navales estadounidenses en Cárdenas y Manzanillo, el bloqueo de Isla de Pinos y de Santiago de Cuba y el corte del cable submarino frente a Tunas y Santa Cruz del Sur, para citar algunos ejemplos, no hubieran podido llevarse a cabo sin los prácticos cubanos.

A modo de resumen, podemos afirmar que las características del teatro ejercieron su influencia en el desarrollo de las acciones navales. La gran extensión de las costas cubanas y sus zonas de cayerías así como lo numeroso de sus bahías dificultaron llevar a cabo un bloqueo cerrado y riguroso de todo el litoral cubano pues esto exigía tener simultáneamente en la mar una gran cantidad de unidades, lo que resultaba sumamente complicado y costoso. Por ello, como se verá, el bloqueo tuvo que concentrarse en las zonas más importantes desde el punto de vista de la navegación y no siempre tuvo en ellas la misma intensidad. Como se ha visto, el teatro estaba apenas acondicionado desde el punto de vista defensivo salvo las defensas costeras de La Habana. Las del resto del país eran insignificantes desde el punto de vista militar.

## PUERTO RICO

Puerto Rico, la más pequeña de las Grandes Antillas, está situada entre los 17 50' y 18 30' de latitud norte y entre los 65 30' y 67 15' de longitud oeste, al este de La Española de quien la separa el Canal de la Mona. De forma casi rectangular, la isla de Puerto Rico tiene una extensión aproximada de 8 896 kilómetros cuadrados, siendo su largo de unos 174 km de este a oeste y su ancho de norte a sur de unos 64 km. Su capital, San Juan de Puerto Rico, dista 1 400 millas náuticas de Nueva York, 1 000 de La Habana y algo menos del Istmo de Panamá. En 1898 la población de la isla era de unos 950 000 habitantes. Ponce, situada en la costa sur, era en aquellos tiempos, con algo más de 37 000 habitantes, la mayor de las ciudades; pero la más importante era la capital, San Juan, situada cerca de la esquina noroccidental de la isla, junto a una amplia bahía, y que contaba con poco más de 23 000 habitantes, teniendo allí su residencia el Gobernador General.

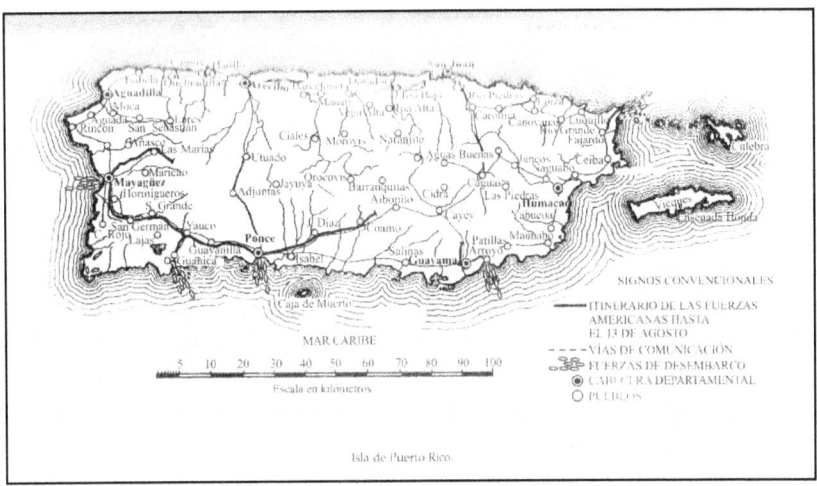

Isla de Puerto Rico.

Otras ciudades importantes lo eran Utuado (31 000); Arecibo (30 000); Mayagüez (28 000); Yauco (25 000); Juana Díaz (21 000) y San Germán (20 000). Otras diez ciudades sobrepasaban los 10 mil habitantes. Sus puertos principales además del de San Juan, eran Mayagüez, Ponce, Arecibo, Aguadilla, Arroyo, Guánica, Fajardo y Humacao. Una cadena de montañas atraviesa la isla de este a oeste; cerca del mar, cerros y hondonadas que corren desde las montañas se abren en amplios y fértiles valles. La economía, predominantemente agrícola, estaba basada en esa época en el cultivo de la caña de azúcar, café, arroz y maíz.

Un sistema de ferrocarriles de vía estrecha, con una extensión total de 256 km, enlazaba algunas ciudades costeras: San Juan-Isabela; Aguadilla-Mayagüez; Yauco-Ponce. La única carretera de primer orden, unía a San Juan con Ponce (113 km). Un ramal unía a Cayey con Guayama y de allí seguía al este hasta Arroyo. Esta carretera de primer orden era conocida como **Camino Militar**.[16]

---

[16] Rivero, Ángel: "*Crónica de la Guerra Hispanoamericana en Puerto Rico,*", p.43.

# Defensas de San Juan

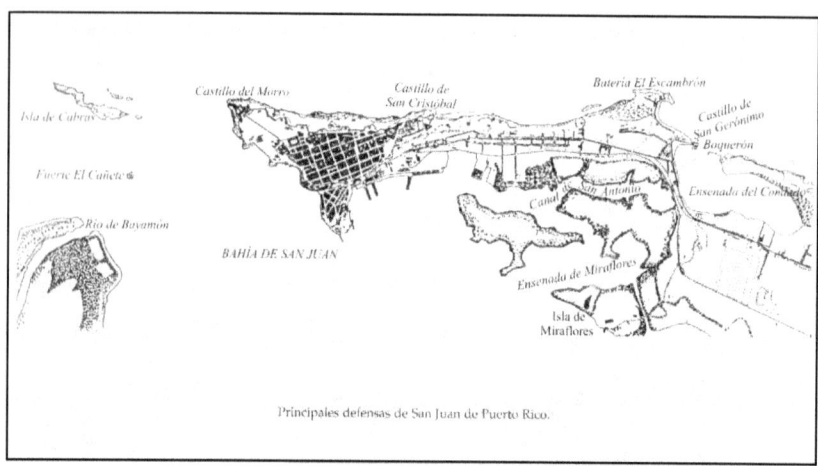

Principales defensas de San Juan de Puerto Rico.

San Juan, la única plaza fuerte al estallar la guerra, tenía artilladas varias baterías con un total de 43 piezas de artillería de calibre medio, todas de hierro y ninguna de tiro rápido.

La plaza fuerte de San Juan estaba situada sobre un islote de una milla de largo y menos de media milla de ancho en su parte más ancha. El caño de San Antonio la separa de otra pequeña isla, llamada Cangrejos -hoy Santurce- entre los dos primeros islotes, y entre el último y la isla de Puerto Rico, corren caños o esteros, el de San Antonio y el de Martín Peña, que comunican la bahía con el mar.

La plaza, propiamente dicha, estaba enclavada dentro de un polígono de frentes abaluartados que se apoyaban, por el norte, en el Castillo de San Felipe del Morro, y por el nordeste en el de San Cristóbal. Una cadena de baluartes, sin solución de continuidad, parte de ambos flancos del primer castillo y seguía la línea de los arrecifes; de una parte por la costa norte y de la otra hacia la boca del Morro y bahía, adaptando su trazado al terreno.

La del norte y nordeste termina contra el caballero de San Cristóbal (que en realidad no es un castillo, sino un baluarte con su caballero, cerrado por la gola, que contiene en su interior un cuartel defensivo). Al oeste y sur continúan los baluartes, que vienen a morir contra el mismo San Cristóbal. El frente de tierra estaba formado por los baluartes de Santa Catalina, San Justo y Santiago, cuyas murallas estaban siendo demolidas al declararse la guerra. Estos baluartes estaban provistos en sus flancos, de cañoneras, y en sus cortinas de banquetas para fuegos de infantería. En el recinto se abrían cinco puertas, defendidas por almenas aspilleradas y matacanes.

El Morro batía con sus fuegos todo el frente norte hasta Punta Salinas, y los cruzaba por el nordeste con los de San Cristóbal, que, a su vez, con sus baterías altas y la del caballero de San Carlos al exterior, dominaba la bahía y todo el frente de tierra.

Para flanqueos lejanos y para enfilar el canal del puerto, estaban el Castillo de San Jerónimo y el del Cañuelo, ambos con cañoneras y barbetas para infantería. Desde San Cristóbal hasta el puente sobre el caño de San Antonio se extendían tres líneas defensivas llamadas primera, segunda y tercera líneas, según su proximidad a dicho puente.

La tercera línea, consistía de un trazado de baluartes, redientes y flechas con fosos de perfil corriente y de diamante, y además, con numerosos glacis de varios órdenes de fuego para infantería y un fortín en su interior. Esta línea, llamada el "Abanico" se apoyaba, a la derecha, contra una batería edificada junto a la playa.

La segunda línea cruzaba la carretera y, plegándose al terreno, iba a terminar en los manglares de la bahía.

La primera línea, la más exterior, se apoyaba por su izquierda en la elevación conocida por el Escambrón, corría luego con numerosas baterías y barbetas, protegiendo un trozo de carretera, hasta el caño de San Antonio, donde terminaba en una cabeza de puente, con los muros aspillados y una batería, a cañonera, en cada lado; esta cabeza tenía un puente levadizo. En esta línea y frente a San Jerónimo, comenzó a levantarse durante la guerra el cuartel defensivo de San Ramón.[17]

En la composición de las 43 piezas de artillería, ya mencionadas, que estaban emplazadas en las obras defensivas de San Juan, se incluían, 10 obuses de 24 cm, Ordoñez; 6 obuses sunchados de 21 cm.; 22 cañones de 15 cm, Ordoñez; 3 cañones de 15 cm, sunchados y 2 cañones de bronce y avancarga, de 16 cm. Posteriormente, durante la guerra, cuando se salvó la carga del vapor *Antonio López* - varado en la costa cerca de San Juan, cuando era perseguido por una unidad naval norteamericana-,

---

[17] Ibídem, pp. 53-55.

fue montado el material de guerra que conducía dicho buque y que consistía de: 5 cañones de retrocarga de 15 cm, que fueron ubicados en el frente de tierra, para barrer con sus fuegos el caño y puente de San Antonio; 4 morteros rayados, de bronce, Mata, de 15 cm, montados en una batería a la derecha de la carretera, y 2 obuses rayados, de bronce, de igual calibre y sistema, que fueron añadidos a las piezas de San Cristóbal.

Además del armamento artillero mencionado, que estaba ubicado en emplazamientos fijos, se contaba con varias piezas de campaña: 4 cañones Krupp de 9 cm, de bronce, con sus armones y carros de municiones, pero sin atalajes ni ganado de arrastre; 8 cañones Whitworth, de 4,5 cm, con pocas municiones y una batería de montaña con 4 piezas de 8 cm, sistema Plasencia. Otra batería de 4 cañones Krupp, de 8 cm, tiro rápido y que empleaba pólvora sin humo, llegó de Cuba poco antes de declararse la guerra. El total de piezas de artillería con que contaba la plaza de San Juan llegó a ser de 74, la mayoría bastante anticuadas.[18]

La preparación de los artilleros era deficiente. En realidad, no se efectuaban prácticas de tiro por temor a los gastos; no había tablas de tiro, teniendo que ser calculadas las mismas después de iniciada la guerra. Tampoco se contaba con telémetros. Los obuses de 24 cm, únicas piezas de grueso calibre que tenían, carecían de la pólvora reglamentaria, teniendo que emplearse la de los cañones de 15 cm. Esto reducía el alcance y precisión de los disparos. Las espoletas y estopines estaban en mal estado y cuando se les pidió, vía cable, ya rotas las hostilidades, el Ministerio de la Guerra contestó: *"Remitan fondos"*.[19]

## FILIPINAS

Las Filipinas están constituidas por un archipiélago de aproximadamente 14 mil islas e isletas. De las primeras, que suman 7 mil, 2 773 tienen nombre. La superficie total del archipiélago se ha calculado en 300 838 kilómetros cuadrados.

La mayor de las islas del archipiélago es Luzón (106 116 km2), casi tan grande como Cuba, en ella se encuentra situada la capital, Manila, que tenía en esa época unos 300 mil habitantes.

Manila estaba comunicada por cable submarino con Hong

---

[18] Ibídem, pp. 57-59; Gómez Núñez, Severo: "*La Guerra Hispanoamericana: Puerto Rico y Filipinas*". Madrid, 1902. pp. 58-66.
[19] Rivero, Op. Cit., p. 45.

Kong, distante 600 millas náuticas.

Luzón, y en particular la capital, su bahía y territorio adyacente fueron el escenario de la casi totalidad de los acontecimientos políticos y militares relacionados con la guerra de 1898.

### Defensas marítimas de Manila

Tanto el material como los sistemas de defensa costera de Manila eran anticuados y faltos de eficacia, pues el trazado de la plaza de Manila procedía de la restauración efectuada entre 1778 y 1787 tras la ocupación inglesa y el de Cavite -donde estaba enclavada una base naval y arsenal, unos 13 kilómetros al sur de Manila-, databa de 1819.

Hasta 1885, fecha en que tuvo lugar un conflicto hispano-alemán por las islas Carolinas, no había existido preocupación por los distintos gobiernos españoles respecto a la defensa de las Filipinas y ante la amenaza de un ataque alemán se intento reforzar y modernizar la artillería de Manila y Cavite; pero pasado el peligro, los trabajos y adquisiciones previstas en el proyecto de 1886 no se realizaron por falta de presupuesto y la defensa artillera de Luzón se quedó como estaba.[20]

No obstante las advertencias respecto a un ataque norteamericano a las Filipinas, especialmente a Manila, muy poco se hizo para preparar sus defensas y en realidad poco podía hacerse dada la escasez de recursos de que disponía el régimen colonial en las islas.

El historiador militar español Severo Gómez Núñez, que por ser oficial de artillería del ejército español estaba bien informado de las características del armamento de que se disponía y de los conceptos prevalecientes de su empleo, nos dice al respecto:

*"Manila reúne malas condiciones para la defensa marítima. La situación de la ciudad, a la orilla misma del mar y la configuración de las costas en sus inmediaciones, lejos de ofrecer puntos avanzados para situar la artillería y obligar a los buques enemigos a mantenerse alejados de la ciudad, hacían indispensable que se colocasen baterías delante de las mismas casas, distribuyéndolas en los 7 000 metros de desarrollo que presenta la playa,*

---

[20] Más Chao, Andrés: *"La guerra olvidada de Filipinas"*, Madrid, Editorial San Martín, 1998, p. 173.

desde el principio del arrabal de Tondo, extremo norte, en el islote de Bancusay, hasta después de pasar el arrabal de Malate, en San Antonio Abad, hacia el sur. (...)

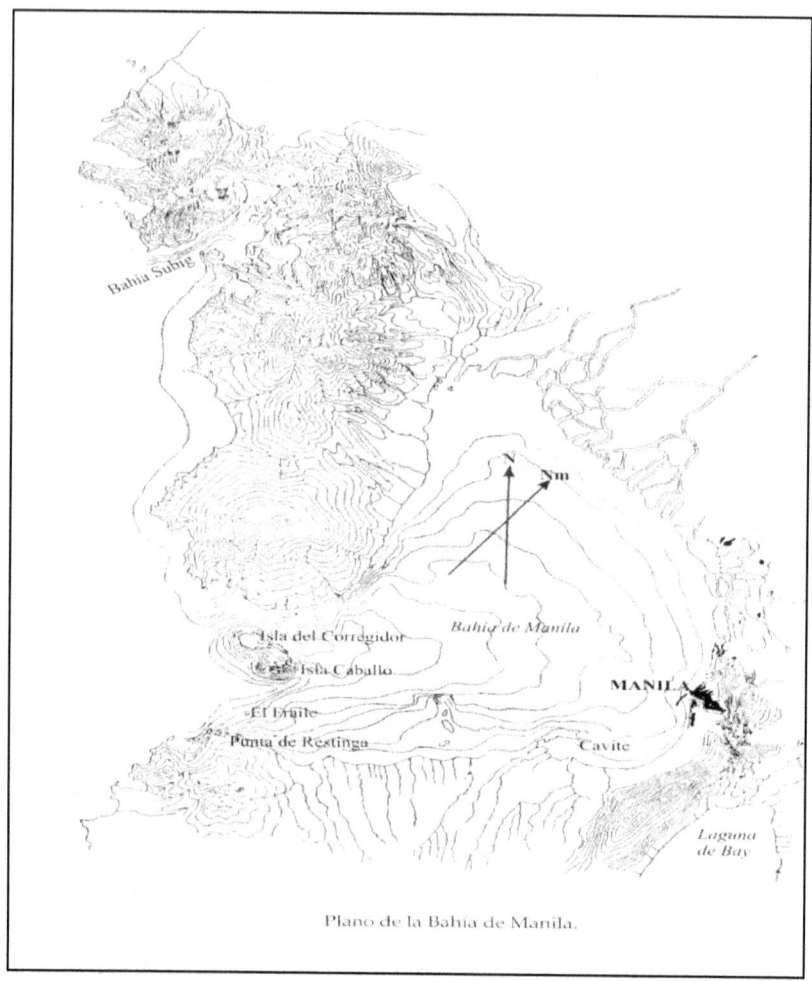

Plano de la Bahía de Manila.

La extensión de playa comprendida desde San Antonio Abad, donde terminan las defensas de Manila, hasta la desembocadura del río Imus, en que empiezan las de Cavite, tenía que ocuparse con el número de baterías indispensables para encerrar ambos centros impidiendo que el enemigo pudiera intentar un desembarco en este intervalo, si se dejara abandonado, o empezar su *ataque por los flancos de cada una de las playas de Manila y Cavite.*"[21]

Respecto a Cavite, en fecha tan temprana como 1882, Víctor M. Concas comentaba en un artículo aparecido en la **Revista General de Marina** que tituló *Servicios de Marina en Filipinas* y que es citado por Gómez Núñez:

*"Bajo el punto de vista militar, Cavite es un absurdo, pues se halla situado en el fondo de una bahía, cuyas bocas, que una de ellas tiene 9 700 metros de ancho y hasta 72 metros de fondo, no son defendibles prácticamente ni con torpederos, y que, por consiguiente, una vez bloqueadas convierten el puerto en una horrible ratonera"*

Y vaticinaba más adelante: *"En Cavite nos espera un desastre en la primera ocasión...."* [22]

En cuanto a las defensas españolas de la entrada de la Bahía de Manila, estaban constituidas por dos baterías que podían tirar sobre el Canal de Boca Chica y cuatro que podían hacerlo sobre el Canal de Boca Grande.

Las que cuidaban el Canal de Boca Chica estaban situadas, una en Punta Gorda y la otra en Punta Lassisi. La primera de ellas estaba compuesta por 3 piezas de 175 mm de avancarga. La segunda constaba de dos cañones de retrocarga de 157 mm.

Las baterías situadas sobre Boca Grande se ubicaban en la Isla Corregidor (3 piezas de 203 mm, de avancarga); Isla Caballo (3 cañones de 147 mm, de retrocarga); Isla El Fraile (3 cañones de 117,5 mm, de retrocarga) y Punta Restinga (3 cañones de 157 mm, de avancarga). Por su ubicación y por ser piezas más modernas, de retrocarga, las más peligrosas para los buques que intentaran forzar la entrada lo eran las baterías situadas en las islas Caballo y El Fraile.

**Defensas terrestres de Manila**

La populosa ciudad de Manila, contaba con una organización defensiva diseñada para resistir las posibles acometidas de los

---

[21] Gómez Núñez, Op. Cit., pp. 118-119.
[22] Ibídem, p. 125.

insurrectos que sólo podía considerarse como una línea de seguridad y vigilancia que era por tanto, inadecuada e insuficiente contra un enemigo poseedor de artillería.

El gran perímetro ocupado por los barrios externos de Manila (Tondo, Binando, Sampaloc, Guiapo, La Ermita y Malate), era un inconveniente para su defensa. La ciudad murada, de apenas un kilómetro de perímetro, no podía impedir que esos barrios fueran invadidos.

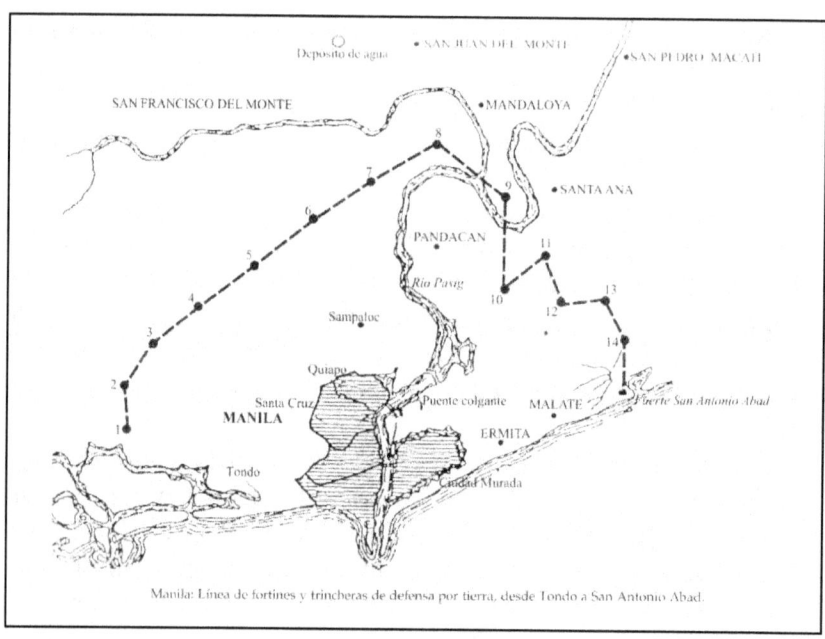

Manila: Línea de fortines y trincheras de defensa por tierra, desde Tondo a San Antonio Abad.

Comprendiéndolo así, el teniente general Fernando Primo de Rivera, Gobernador y Capitán General de Filipinas, había ordenado en marzo de 1898 la construcción de un cinturón defensivo de fortines y blockhaus intermedios, obra que fue rápidamente realizada por los ingenieros militares. Los primeros eran de mampostería; los blockaus eran de madera, protegidos por un parapeto de tierra.

Entre cada dos fortines había aproximadamente un kilómetro, de manera que el recinto lo constituían unos 15 kilómetros. En cuanto a la artillería, era escasa y la inmensa mayoría muy anticuada. [23]

---

[23] Ibídem, pp. 173-176.

## La Isla de Guam

Es la más meridional de las islas del Archipiélago de las Marianas o Ladrones, situadas en el Pacífico a unas 1 500 millas al este de las Filipinas. Mide 51,5 kilómetros de largo y tiene un ancho variable entre 6,4 y 16 kilómetros. Tiene una superficie de 544 km2 y en 1898 la población era de unos 9 630 habitantes. La capital es Agaña que en esa época tenía poco menos de 6 000 habitantes y que dista unos 8 km del puerto de San Luis de Apra, el único con que contaba la isla.

Los habitantes autóctonos de Guam fueron llamados *chamorros* por los españoles. Fue durante el siglo XIX que España estableció en la isla un gobierno regular a cuyo frente estaba un coronel o teniente coronel del Ejército y fundó allí un presidio cuyos penados, en su mayor parte procedían de Filipinas.

En el momento en que comenzó la guerra el gobernador de Guam lo era el teniente coronel Juan Marina que tenía bajo sus órdenes a 5 oficiales y 54 soldados.

# Capítulo 2
## Los preparativos de las Fuerzas Armadas de los Estados Unidos para la Guerra

**La Marina de Guerra Norteamericana**
A partir de la segunda mitad de la década de los años 80 se había iniciado un proceso de crecimiento y desarrollo de la Marina de Guerra de los Estados Unidos, que fue objeto de una atención preferente por parte de los sucesivos gobiernos de ese país, los cuales la consideraban como el instrumento idóneo y necesario de sus afanes expansionistas.

El impulso dado a la construcción de la Marina de Guerra norteamericana la hizo pasar de un lugar 12 entre las marinas del mundo, en 1880, a un sexto lugar en vísperas de la declaración de guerra a España.

En ese rápido crecimiento, tuvo una gran influencia la obra teórica y la prédica del ideólogo naval Alfred T. Mahan especialmente su libro *Influencia del Poder Naval en la Historia*. Además, primero desde su cátedra de Historia Naval en el Naval War College y después como director de dicha institución, inculcó a varias generaciones de oficiales sus ideas respecto al papel que debería desempeñar la Marina en la expansión del naciente imperio norteamericano.

Las características de los teatros en que se desarrollaría la guerra en ciernes -archipiélagos separados por grandes distancias marítimas de los países beligerantes-, así como la superioridad de las fuerzas navales norteamericanas respecto a las españolas, hicieron pensar a la dirigencia estadounidense que la contienda sería esencialmente naval.[24]

---

[24] Allan R. Millet y Peter Maslowski: *Historia Militar de los Estados Unidos,* pp. 293-

## Organización de la Marina de Guerra.

El presidente de los Estados Unidos, William McKinley y su gabinete de guerra. De izquierda a derecha, todos sentados: el presidente; Lyman T. Gage, secretario del Tesoro; John W. Griggs, Fiscal General; John D. Long, secretario de Marina; Rufus Day, secretario de Estado; Russell Alger, secretario de Guerra; Charles E. Smith, secretario de Correos. (Fuente: Harpers & Brothers, New York, 1898)

La responsabilidad por la preparación de la Marina recaía en el Secretario de Marina, quien era miembro del gabinete y despachaba directamente con el Presidente. Estructuralmente, era posible dividir la Marina en dos partes; una era la militar u operacional, la otra era la organización creada para dar aseguramiento a la flota propiamente dicha. En ambas áreas el Secretario tenía importantes responsabilidades. Respecto a las cuestiones operativas, dirigía los movimientos de los buques y escuadras, y nombraba los oficiales que desempeñaban los mandos principales.

Respecto a los aseguramientos, el Secretario intervenía en cuestiones técnicas cuando los niveles inferiores no podían poner

---

295. Thomas H. Williams: *The History of American Wars*, pp. 306-309.

de acuerdo criterios conflictivos. Siendo, como era, una figura política seleccionada por el Presidente, el Secretario no podía tomar todas las decisiones, por lo que tenía que asesorarse constantemente con los oficiales a él subordinados.

La mayoría de las funciones administrativas y técnicas que aseguraban a la flota se dividían entre ocho buroes: Navegación, Artillería. Equipamiento, Construcción y Reparaciones, Máquinas de vapor, Medicina y Cirugía, Suministros y Cuentadancia, y Diques y Astilleros. Los jefes de buroes se subordinaban directamente al Secretario. De ellos, el Jefe del Buró de Navegación era el más poderoso e importante, ya que estaba responsabilizado con la promulgación y ejecución de las órdenes del Secretario a la flota. Además, tenía gran influencia en las cuestiones relacionadas con el personal, y, como sus recomendaciones respecto a los oficiales subalternos eran casi siempre aceptadas, sus decisiones de nombramiento podían hacer o destruir una carretera. De hecho, el jefe del Buró de Navegación era lo más cercano como militar, a un jefe de la Marina de Guerra. Resultaba significativo que su despacho se encontrara cerca del despacho del Secretario.

Soldado norteamericano con todo su equipo en ruta a la guerra.

Cuatro buroes -Construcción y Reparaciones, Artillería, Equipamiento y Maquinaria de Vapor, desempeñaban un importante papel en lo referente a las construcciones navales. El Buró de Construcción y Reparaciones estaba responsabilizado con todo lo referente al diseño, construcción y reparación de los buques. El Buró de Artillería estaba encargado de todo lo relacionado con el armamento y las municiones; el mismo elaboraba las recomendaciones respecto al armamento a instalar en los buques de guerra, así como con respecto al blindaje de los mismos, pero la colocación de las planchas de blindaje y de la artillería a bordo, era tarea del Buró de Construcción y Reparaciones. El Buró de Equipamiento suministraba una gran variedad de materiales- tales como velas, lonas, jarcias, cordelería, etc. - tan necesarios en los buques.

Las relaciones entre estos buroes eran a menudo tirantes. Una de las razones de las discrepancias era el hecho de que, frecuentemente, los jefes de los buroes de Artillería y Equipamiento eran oficiales de línea aptos para el mando de buques, pero para quienes los aspectos técnicos eran secundarios. En contraste, los otros buroes eran dirigidos por especialistas. El "Constructor Jefe" estaba al frente de Construcción y Reparaciones, y el "Maquinista en Jefe" encabezaba el Buró de Maquinaria de Vapor. Las relaciones eran particularmente malas entre los oficiales de mando y los maquinistas. Los maquinistas a bordo estaban bajo la jurisdicción del Maquinista en Jefe y, ocasionalmente, eran discriminados por algunos oficiales de línea. Pero fue la tecnología, siempre en proceso de cambio, la que trastornaba constantemente las líneas tradicionales de jurisdicción organizativa y era causa fundamental de las tirantes relaciones entre los buroes.[25]

El Presidente McKinley había escogido a John D. Long como Secretario de Marina. Este político, que anteriormente había sido gobernador del estado de Massachusetts y congresista, era hombre muy ligado al Presidente; Long y su familia eran frecuentes invitados a comidas en la Casa Blanca.[26]

Theodoro Roosevelt

El Secretario Adjunto de Marina, Theodore Roosevelt, era un imperialista furibundo y ambicioso ligado a los círculos más agresivos del Partido Republicano, que había llegado al cargo por recomendación del Senador Henry Cabot Lodge, uno de los principales líderes de ese partido. Roosevelt

---

[25] Rickover, H. G.:"*How the Battleship Maine was destroyed*", pp. 18-19.
[26] Ibidem, pp. 19-20.

estaba fascinado con todas las actividades de la Marina de Guerra; desde los asuntos tácticos, tales como el tiro de artillería, hasta las cuestiones técnicas más complicadas, como el diseño de un buque, eran objeto de su atención.[27]

**Las fuerzas principales de la Marina estadounidense**

En vísperas de la guerra el núcleo principal de la Marina de Guerra norteamericana consistía en siete buques acorazados relativamente modernos -cuatro acorazados de primera clase; un acorazado de segunda clase; y dos cruceros acorazados- todos en servicio. Sólo uno de los buques, el acorazado de primera clase *Oregón*, se encontraba en aguas del Pacífico (arribó al Caribe a tiempo para desempeñar un papel importante en las acciones).

Acorazado de 1ª Clase *Oregon*, puesto en servicio en 1893 junto a sus gemelos *Indiana* y *Massachusetts*.

Los acorazados *Indiana*, *Massachusetts* y *Oregón* eran gemelos puestos en servicio en 1893, desplazaban 10 288 toneladas y superaban los 16 nudos de velocidad. Construidos originalmente como acorazados de defensa costera, su diseño puso el énfasis en la artillería y el blindaje por encima de la velocidad. Cada uno de ellos tenía dos torretas principales con dos cañones de 13"

---

[27] Ibidem, p. 20.

(330 mm) cada una y cuatro torretas menores con dos cañones de 8" (203 mm) cada una. Contaban también con un respetable armamento secundario de cuatro piezas de 6" (152 mm) de tiro rápido, veinte cañones de 6 libras, seis de 1 lb. y cuatro cañones Gatling. Estos buques poseían una cintura acorazada de 18" (45cm) de grosor hecha de acero Harvey, que cubría las tres quintas partes de la eslora del buque, y una cubierta protectora de 2,5" (7,5 cm) de espesor. El otro acorazado de primera clase, el *Iowa*, puesto en servicio en 1896 -tenía un desplazamiento algo mayor (11 410 ton) y un andar ligeramente más veloz.

Acorazado de 2ª Clase *Texas*, gemelo del *Maine*. Era el más antiguo de los acorazados estadounidenses.

El más antiguo de los acorazados, el *Texas* -era el de segunda clase-, desplazaba 6 315 toneladas y tenía el *New York* (1891) y el *Brooklyn* (1895), fueron empleados como buques insignias durante la guerra. Desplazaban 8 200 y 9 125 toneladas respectivamente, con velocidades de 21, y 21,9 nudos.

Otros buques de importancia eran un grupo de monitores oceánicos, y alrededor de trece cruceros protegidos, cada uno con un desplazamiento de tres mil toneladas o más. Los seis monitores de doble torreta estaban fuertemente armados pero eran muy lentos y poco marineros (*Puritan, Monterrey, Amphitrite, Monadnock, Miantonomah* y *Terror*). Los cruceros protegidos mayores eran el *Columbia* (1892), *Minneapolis* (1893) -ambos desplazaban 7 375 toneladas- y el *Olympia* (1890), que era buque insignia de la Escuadra Asiática y desplazaba 5 800 toneladas.[28]

Crucero acorazado *New York*, buque insignia de la Escuadra del Atlántico Norte mandada por el Contralmirante William T. Sampson.

## Planes de la Marina para la guerra contra España

La confección de planes operativos para la flota era tarea de la Oficina de Inteligencia Naval, (ONI), que dependía directamente del secretario de Marina. Esta planificación se basaba en la información obtenida por diversas fuentes. La ONI analizaba información obtenida a través de fuentes públicas y privadas.

Tenía también acceso a los informes diplomáticos y consulares que enviaban al Departamento de Estado las embajadas, legaciones y consulados y, además, tenía sus propios representantes en varias naciones, incluyendo España: un grupo de agregados navales que prestaban servicio en embajadas y legaciones en el extranjero.

Estos agregados enviaban sus informes directamente a la ONI donde eran evaluados y procesados. Con frecuencia, para la confección de planes operativos, se formaban grupos especiales que estaban integrados por oficiales de la ONI y del Colegio de Guerra Naval (NWC) situado en Newport, Rhode Island.[29]

---

[28] Ibidem, p. 18; David F. Trask, *The war with Spain in 1898*, pp. 86-87; H.W. Wilson, *The downfall of Spain*, pp. 38-85; Severo Gómez Núñez, *La Guerra Hispanoamericana: Barcos, Cañones y Fusiles*, pp.35-41.
[29] Trask, op. cit., p. 74.

Crucero acorazado *Brooklyn*, buque insignia de la *Escuadra Volante*, mandada por el Comodoro Winfield S. Schley.

Una sucesión de planes navales y estudios de inteligencia dotó a la Marina de Guerra de una base para la acción en la guerra. Ya en 1894, el Capitán de Fragata Charles J. Train confeccionó el primero de estos planes de campaña en el Colegio de Guerra Naval, considerando que la armada española actuaría en el Caribe desde su principal base europea situada en Cádiz.

De acuerdo con este plan, los Estados Unidos bloquearían las costas de Cuba, ocupando varios puntos del litoral, que servirían como estaciones carboneras. Se preveía un combate naval en el Caribe entre una flota española agotada y dependiente de bases muy alejadas y una flota norteamericana fresca y bien asegurada por bases cercanas al teatro de acciones combativas.

Capitán de Fragata Charles J. Train

En 1895 otro plan fue confeccionado en el Colegio de Guerra Naval. En este nuevo documento se tomaba en cuenta la situación creada por la reanudación, el 24 de febrero de ese año, de la lucha armada en Cuba contra el régimen colonial español. Adaptándose a estas circunstancias, los planificadores enmascaraban sus intenciones expansionistas al enunciar que el objetivo de sus planes era "ayudar a Cuba a obtener su independencia".

Entre las medidas propuestas estaba la de llevar a cabo operaciones en el Pacífico para evitar así que España pudiera reforzar su flota en el Atlántico. De acuerdo a los cálculos, España necesitaría por lo menos cuarenta días para reforzar sus unidades y tropas en Cuba, lo que permitiría a los Estados Unidos efectuar desembarcos en Bahía Honda y Cabañas (después de hacer una demostración en Matanzas) para preparar la toma de La Habana.

Mambises cubanos

Mientras tanto, se contemplaba en el plan que las fuerzas cubanas combatieran contra las unidades españolas en la región oriental del país, para lo cual se les proporcionaría ayuda logística y financiera. Para llevar a cabo la campaña contra La Habana, el ejército norteamericano emplearía un cuerpo avanzado de unos 30 mil hombres de sus fuerzas regulares y 250 mil voluntarios que se alistarían para un período de tres años. Simultáneamente, la Marina de Guerra se prepararía para interceptar a la expedición que España enviaría a Cuba y Puerto Rico con refuerzos.

Como compensación a sus esfuerzos, los Estados Unidos recibirían Isla de Pinos, donde podrían instalar bases navales.[30]

A mediados de 1896, un oficial de la ONI, el Teniente de Navío William W. Kimball asignado como oficial de inteligencia en el NWC, propuso el primer plan confeccionado en el propio Departamento de Marina.

Teniente de Navío William W. Kimball

El documento, que llevaba por título *Guerra con España*, se planteaba una guerra estrictamente naval, partiendo del criterio de que las operaciones navales serían menos costosas. En el plan se preveía que el teatro principal de operaciones sería el Mar Caribe. Si fuera necesario, el empleo de tropas de ejército sus acciones tendrían carácter limitado.

Podrían llevarse a cabo desembarcos en Bahía Honda y Matanzas, encaminados a someter a La Habana. Tampa sería empleada como base para la concentración del ejército. Matanzas era considerada como idónea para ser usada como base avanzada para operaciones en Cuba debido a la amplitud y profundidad de su bahía. El objetivo de la Marina norteamericana sería el de obtener el dominio del Estrecho de la Florida y sus accesos para hacer posible los desembarcos y la captura primero de Matanzas y después de La Habana. La caída de La Habana significaría, según el plan, el fin de la guerra "porque es la única plaza fuerte de importancia estratégica en la Isla, y su captura es prácticamente equivalente a la conquista de Cuba".

Para apoyar el esfuerzo principal en el Caribe, el plan de Kimball proponía dos campañas secundarias. Una escuadra sería enviada a aguas españolas para hostilizar el tráfico marítimo,

---

[30] Ibídem, pp. 74-75.

efectuar incursiones contra puntos del litoral y fijar a las fuerzas principales de la Armada española. Mientras tanto, otra fuerza, la Escuadra Asiática, llevaría a cabo operaciones contra Manila, principal puerto y capital de las Islas Filipinas, con el objetivo de tomarla y obtener así el control del comercio de esos territorios y una base naval de importancia estratégica.[31]

Diferencias de criterios entre el Departamento de Marina y el Colegio de Guerra Naval ejercieron su influencia en la planificación posterior. En noviembre de 1896, un plan confeccionado por el Departamento excluía las operaciones en el Pacífico, previendo en su lugar la conquista de las Islas Canarias, en el Atlántico.

Capitán de Navío Henry C. Taylor

Este archipiélago se emplearía como base para operaciones contra las costas españolas. Pero esta medida supondría la división de la Escuadra del Atlántico Norte por lo que el plan fue objeto de críticas por parte del presidente del Colegio de Guerra Naval, Capitán de Navío Henry C. Taylor quien, en un documento titulado *Sinopsis del Plan del Colegio de Guerra Naval para la Campaña en Cuba en una guerra con España*, abogada por la concentración de la flota en el Caribe.

El documento de Taylor, que era de hecho un nuevo plan, hacía énfasis en que el elemento clave era el máximo de preparación del comienzo de las hostilidades, ya que esto permitiría a los Estados Unidos llevar a cabo determinadas operaciones antes de que España pudiera reaccionar enviando al teatro sus principales fuerzas navales, y tropas de refuerzo a Cuba.

Entre esas operaciones, Taylor proponía el empleo de los acorazados norteamericanos para atacar las costas de Cuba, bloquearlas y capturar Cienfuegos y otros puntos como bases; capturar Bahía Honda o Matanzas como base de operaciones terrestres contra La Habana, que requerirían el empleo de unos 60 mil hombres. Todas esas acciones se preveía realizarlas en

---

[31] Ibídem, p. 75.

un plazo menor de 30 días.³²

No satisfecho con los planes propuestos, el Departamento de Marina creó un grupo especial encabezado por el Jefe del Buró de Navegación, Contralmirante Francis M. Ramsey, para elaborar un nuevo plan de campaña que fue presentado a mediados de diciembre de 1896. En el mismo se hacía énfasis en el bloqueo de Cuba y Puerto Rico y se prestaba mayor atención que en los planes anteriores al papel a desempeñar por las fuerzas terrestres que ocuparían puntos de Cuba tomados por la Marina. Asimismo, se preveía una mayor ayuda a las tropas del Ejército Libertador Cubano, quienes debían transportar a tierra la mayor parte de las cargas pesadas.

Mambises cubanos en una población

La Escuadra Asiática, en lugar de actuar contra las Filipinas, se trasladaría a aguas europeas donde se uniría a la Escuadra Europea para capturar una base en las Islas Canarias y desde allí combatir a los buques españoles en sus propias aguas y hostigar el tráfico marítimo. Estas medidas, por supuesto, suscitaron la crítica del Colegio de Guerra Naval.³³

---

³² Ibídem, p. 76.
³³ Ibidem, p. 77. Los firmantes de ese plan fueron el Contralmirante Francis M.

En junio de 1897 el plan del Departamento de Marina fue sometido a revisión por un nuevo grupo de trabajo. Los cambios introducidos fueron considerables, restaurándose el ataque a las Filipinas y, aunque se mantuvo la idea de enviar una escuadra volante a aguas de España, -como medio para retener a los buques españoles en sus bases-, se eliminó la captura de las Islas Canarias, incluyéndose la ocupación de Puerto Rico para evitar que pudiera ser empleada como base de la Marina española.[34]

En el verano de 1897 el Colegio de Guerra Naval elaboró otro plan que se diferenciaba de los anteriores por el énfasis que hacía en las defensas costeras del litoral atlántico de los Estados Unidos contra posibles ataques de buques españoles. Para frustrar esta amenaza, el plan proponía que las fuerzas navales norteamericanas se concentraran para interceptar a las fuerzas enemigas antes de que pudieran actuar. Los planificadores estaban convencidos de que sería una imprudencia dispersar los buques a lo largo de la costa para defender varios puertos y bahías. Este plan -lo mismo que los anteriores- mostraba que la Marina no había logrado unificar criterios sobre lo que debía hacer en el caso de una guerra contra España.[35]

Se habrá podido apreciar que, aunque estos planes contenían variantes y contradicciones, algunos de sus elementos -como apunta el historiador norteamericano David F. Trask- se repiten con relativa frecuencia. Entre esos elementos están el bloqueo de Cuba y Puerto Rico, una operación terrestre contra La Habana, la ocupación de Puerto Rico, un bloqueo o asalto contra Manila y ataques navales contra objetivos en aguas espa-

---

Ramsey, jefe del Buró de Navegación; Contralmirante J. Bunce, jefe de la Estación del Atlántico Norte; Capitán de Navío William T. Sampson, jefe del Buró de Artillería y Capitán de Corbeta Richard Wainwright, jefe de la Oficina de Inteligencia Naval.
[34] Ibidem, p. 77. El nuevo grupo de trabajo incluía como único miembro del anterior al Capitán de Corbeta Wainwright; lo componían además el Contalmirante Montgomery Sicard, jefe de la Estación del Atlántico Norte; Capitán de Navío Arent S. Crowninshield, jefe del Buró de Navegación; Capitán de fragata Charles O'Neil, jefe del Buró de Artillería y Capitán de Fragata Caspar F. Goodrich, presidente del Colegio de Guerra Naval. Como podrá apreciarse, si se compara esta nota con la anterior, en el curso de unos meses, habían tenido lugar, como consecuencia del cambio de administración, movimientos de cuadros en los principales cargos de dirección de la Marina de Guerra de los Estados Unidos.
[35] Ibidem, p. 78.

ñolas -ciudades costeras, posesiones insulares y el tráfico marítimo en general-. Todos los planes suponían que la Marina sería responsable de la mayor parte de la carga operacional, restringiendo las funciones del ejército a las de proteger localidades costeras y quizás apoyar a las fuerzas cubanas. La mayoría de los planes partían del supuesto de que las fuerzas navales norteamericanas tenían suficiente poder como para derrotar a los españoles en Cuba.

**Preparativos Preliminares de la Marina**

En el período de noviembre de 1897 a febrero de 1898, el secretario adjunto de Marina, Roosevelt, se afanó en los preparativos de la guerra que se avecinaba y de la que entre otras cosas, esperaba que la Marina y el Ejército obtuvieran útiles experiencias combativas, especialmente en la realización de desembarcos anfibios.

Tropas estadounidenses en preparativos en Tampa.

Entre las medidas que proponía Roosevelt estaba la de reubicar los buques de manera que ocuparan las mejores posiciones posibles al inicio de la guerra. Otro aspecto para él importante era el de aumentar los suministros de municiones a las unidades. Además, tomaba medidas para la terminación de los trabajo en los buques que estaban reparándose y comprar nuevos barcos, particularmente carboneros, necesarios para el aseguramiento de las acciones combativas.

Siempre agresivo, Roosevelt no ocultaba sus deseos de realizar incursiones contra ciudades costeras españolas, como Cádiz y Barcelona, empleando a la Isla Gran Canaria como base avanzada para una escuadra volante. Simultáneamente, el Secretario Adjunto movía sus influencias para el nombramiento de oficiales que le eran afines en los principales cargos de mando, como fue el caso del Comodoro Dewey, a quien se designó Jefe de la Escuadra Asiática.[36]

Como ya se ha explicado, el gobierno español, realizando un esfuerzo tardío para mantener su presencia en Cuba, concedió a esta, y a Puerto Rico, el régimen autonómico que se hizo vigente desde el 1 de enero de 1898.

Unos días después, el 12 de enero, se produjeron en La Habana disturbios provocados por elementos españoles extremistas, partidarios del ex-Gobernador y Capitán General Valeriano Weyler y enemigos de la autonomía recién implantada por el Gobernador y Capitán General Ramón Blanco. En el curso de estos desórdenes, turbas entre las que se encontraban militares españoles atacaron tres periódicos autonomistas y corrían por las calles gritando: *Muera Blanco* y *Viva Weyler*.

Cónsul norteamericano en La Habana, general Fitzhugh Lee.

Estos incidentes fueron aprovechados por el cónsul norteamericano en La Habana, general Fitzhugh Lee, para reiterar, una vez más, su idea de la necesidad del envío de un buque de guerra a La Habana, aunque añadía, con cautela, en sus informes al Departamento de Estado, que aún no había llegado el momento más propicio y sugería, al mismo tiempo, como un momento adecuado la última semana de enero, haciéndola coincidir con la visita de dos buques de guerra alemanes para que la llegada del navío norteamericano no llamaría tanto la atención.[37]

Simultáneamente, los preparativos de la Marina de Guerra estadounidense para un conflicto con España se aceleraban. Prueba de ello son algunos de los mensajes cursados a unidades que se encontraban en diversas partes del mundo[38]

---

[36] Ibidem, pp. 79-80.
[37] Philip S. Foner, *La Guerra Hispano-Cubano-Norteamericana y el surgimiento del imperialismo yanqui*. La Habana, 1978. Vol. 1, pp. 261-262.
[38] Vease U.S. Navy, *Appendix to the Report of the Chief of the Bureau of Navigation. 1898* (en lo adelante BN 98), Washington. Government Printing Office, 1898. pp. 21-22.

Entre dichos mensajes había uno que tendría trascendencia histórica:

*Washington, Enero 24, 1898.*
*SICARD, Dry Tortugas, Key West:*
*Ordene al Maine dirigirse a La Habana, Cuba, en visita amistosa. Presentará respetos a las autoridades. Deberá dedicar especial atención al acostumbrado intercambio de cortesías (...). La escuadra no volverá a Key West para evitar indiscreciones.*
*Long.*[39]

En efecto, el 24 de enero, después de largas deliberaciones, el presidente McKinley decidió el envío al puerto de La Habana del acorazado de 2ª *Maine*. Para cubrir las apariencias, la administración norteamericana sostuvo que enviaba el buque, "como un reconocimiento al éxito de España en Cuba".

Secretario de estado adjunto, William R. Day

Ese mismo día, a media mañana, el secretario de estado adjunto, William R. Day, se había reunido con el ministro español en Washington, Dupuy de Lome, y le manifestó el deseo de su gobierno de reanudar las "visitas navales de amistad" a Cuba, interrumpidas dos años antes. Al recibir el beneplácito del diplomático hispano, Day se lo comunicó inmediatamente al presidente y este, después de conferenciar con el secretario de marina, John D. Long, y con el general jefe del ejército, mayor general Nelson A. Miles, decidió el envío del *Maine*. La decisión fue puesta en conocimiento inmediato del cónsul Lee y por la tarde Day se le informó a De Lome.[40]

---

[39] El texto del mensaje del secretario de Marina, Long, al jefe de la Escuadra del Atlántico Norte, contralmirante Montgomery Sicard, ordenando la salida del acorazado Maine hacia La Habana ha sido tomado de H.G. Rickover, *Cómo fue hundido el acorazado `Maine'*.Madrid. Editorial Naval. 1985. p. 59.
[40] Ibídem, p. 263; H. G. Rickover, *Cómo fue hundido el acorazado `Maine'*. Madrid. Editorial Naval, 1985. p. 56.

## El Ejército de los Estados Unidos

A fines de 1897 el Ejército regular de los Estados Unidos era una institución relativamente ineficaz, compuesta por unos 28 mil oficiales y soldados, organizados en 25 regimientos de infantería, 10 de caballería y 5 de artillería. Estos regimientos se encontraban dispersos en unos 70 pequeños destacamentos a lo largo y ancho del país. No existía ninguna formación permanente de dimensiones mayores a las de un regimiento, y los mismos rara vez se concertaban para hacer maniobras. Una gran parte de los oficiales habían sido asignados a centros de enseñanza como instructores o destinados a la milicia (Guardia Nacional) en calidad de asesores.

Regimiento No. 1 de Voluntarios de Kentucky en Puerto Rico, 1898

En vísperas de la guerra contra España no había planes de campaña detallados, ni estado mayor general, ni un centro académico equivalente al Colegio de Guerra Naval. Las misiones fundamentales del Ejército en ese momento eran las de realizar expediciones punitivas contra los indios en las regiones del Oeste y la represión de las huelgas obreras en las grandes ciudades industriales.[41]

Las milicias estaduales (Guardia Nacional), tenían un mayor número de efectivos, pero eran de dudosa utilidad militar. A fines de 1897 incluían cerca de 114 mil oficiales y alistados, de los cuales 100 mil pertenecían a la infantería. Mal entrenadas y pobremente armadas y equipadas, las responsabilidades de estas fuerzas no estaban claras por no estar definido su estado

---

[41] Jeffrey D. Jore, *Los Ejércitos de Estados Unidos* en **Revista Española de Defensa**. Año 11. Nº 127. Sept. 1998, pp. 74-77.

legal. Aunque el presidente de la Nación estaba legalmente autorizado para movilizar a las fuerzas estaduales para realizar servicios federales, los procedimientos para hacerlo no estaban establecidos.[42]

## El Departamento de Guerra en 1898

Los llamados *Buffalo Soldiers* un ejemplo de la discriminación racial en el Ejército estadounidense.

El peso fundamental en la tarea de crear un ejército correspondía al Departamento de Guerra, pero el mismo estaba organizado inadecuadamente para ello. En la cúspide de la jerarquía militar estaba el presidente y su papel constitucional de Comandante en Jefe. Su principal subordinado civil lo era el Secretario de la Guerra.

---

[42] Trask, Op. Cit., pp. 145-146.

En 1898 ocupaba el cargo Russell A. Alger, un veterano de la Guerra Civil nacido en Michigan que se había convertido en un próspero hombre de negocios y exitoso político. Alger es descrito por sus biógrafos como un hombre de buena apariencia, con mostacho y perilla, vanidoso,ególatra, carente de cualidades como dirigente y proclive a la demagogia. Dominado a veces por la pereza se mostraba con frecuencia evasivo ante situaciones embarazosas. Carecía de experiencia en la dirección de grandes organizaciones,-una seria desventaja -, cuando se le designó para encabezar y llevar adelante la rápida expansión del ejército.

El militar de más alta jerarquía en el Departamento de Guerra era el Comandante General del Ejército, cargo casi siempre ocupado por el más antiguo de los mayores generales en activo. En 1898 se desempeñaba en el mismo el mayor general Nelson Appleton Miles, otro veterano de la Guerra Civil, quien había ganado fama como exterminador de indios. Hombre muy ambicioso y poseído de si, con la edad se había vuelto irascible e incapaz de trabajar en armonía con colegas y superiores. El historiador militar Graham A. Cosmas lo describe como "valiente pero pomposo y engreído, políticamente ambicioso, pero crédulo e ingenuo".

Este "bravo pavo real", como lo llamara Theodore Roosevelt, diseñaba sus propios uniformes y gustaba de desfilar con el pecho lleno de medallas. En la práctica, la autoridad e influencia de Miles estaba muy disminuida por su rivalidad con el Secretario Alger y la alianza de este último con el Ayudante General, general de brigada Henry Clark Corbin, quien llegó a convertirse en un "jefe de estado mayor no oficial" del presidente McKinley.[43]

Alger y Miles atendían diez buroes (negociados) en el Departamento de Guerra, cada uno de los cuales tenía asignado una función administrativa particular y estaba a cargo de un general de brigada.

Los cargos de jefes de buró eran ocupados por oficiales de carrera, siguiendo un estricto orden escalafonario. Se había hecho práctica en los últimos años que casi todas las decisiones

---

[43] Trask, Op. Cit., pp.146- 148, 170.

importantes en el Ejército emanaban de los buroes. Este sistema administrativo, extremadamente centralizado, creaba montañas de papeleo y grandes demoras. Los jefes de unidades de línea rabiaban, aplastados por una burocracia que les impedía actuar con la más mínima independencia.

Además, otra "monstruosidad administrativa" del Departamento de Guerra lo constituían las relaciones de trabajo entre el Secretario y el Comandante General, las cuales hacían que ninguno de los dos pudiera funcionar adecuadamente. Las Regulaciones del Ejército de 1895 especificaban las obligaciones y deberes de cada funcionario en términos confusos: el comandante general estaba autorizado a dar órdenes a las "instituciones militares (...) en lo concerniente a su disciplina y control militares".

El Secretario de Guerra dirigía los asuntos fiscales del Ejército a través de los diferentes buroes. Las órdenes del Presidente y el Secretario de Guerra "relativas a operaciones militares o que afectaran el control militar y la disciplina del Ejército", eran emitidas a través del Comandante General.

Ilustración de un ataque de las tropas estadounidenses en 1898.

Bajo esta estructura, el Comandante General no ejercía control sobre ninguno de los buroes excepto el del Ayudante General y el del Inspector General. Controlaba las unidades de combate; sólo los oficiales de estado mayor enviados a servir en las líneas estaban bajo sus órdenes. Nadie sabía hasta donde el Comandante General estaba sujeto a la dirección del Secretario de Guerra.

En la práctica ambos actuaban independientemente, considerándose de hecho iguales, bajo las órdenes del Presidente. La mayor parte del tiempo, sin embargo, el Secretario gozaba de cierta ventaja, a causa de que el Comandante General no tenía suficiente personal en su estado mayor y no tenía influencia en los buroes. Usualmente los jefes de buró se ponían de parte del Secretario de Guerra para preservar sus prerrogativas contra las incursiones del Comandante General.

Aunque el Secretario estaba facultado para emitir órdenes directas tanto a los oficiales de línea como a los de estado mayor, no ejercía un control efectivo, porque no contaba con un estado mayor general a través del cual desarrollar planes o efectuar una supervisión general del Ejército. Dadas sus funciones especializadas, los buroes no podían atender toda la política militar.[44]

En esta situación, a menudo era el Ayudante General quien salía beneficiado. El control que ejercía en cuestiones de personal lo convertían en el más poderoso de los jefes de buró. En el período de la preguerra y durante esta ocupó dicho cargo el general de brigada Henry Clark Corbin, personaje contradictorio, descrito por unos como "dotado de un talento administrativo poco usual, atractivo personal, tacto y energía" y por otros "un hombre de dudosa reputación pero cuyas relaciones con políticos prominentes lo mantuvo a salvo de serios problemas".

Corbin, gracias a sus relaciones con el Presidente, se convirtió en su hombre de confianza para las cuestiones militares y fue, en la práctica el jefe del Ejército durante la guerra.[45]

Para mantener su influencia, el Ayudante General con frecuencia se aliaba con el Secretario en contra del Comandante General. El resultado obtenido fue una constante rivalidad entre los oficiales de línea y de estado mayor en todo el Ejército,

---

[44] Ibídem, pp. 146-147.
[45] El comentario favorable a Corbin aparece en Cosmas, Graham: "Army for Empire", pp. 62-64, citado por Trask, Op. Cit., p. 148; el crítico en George McIver's Papers, p. 97 (Autobiografía inédita del capitán George McIver, jefe de una compañía de regulares en la división de Lawton durante la campaña de Cuba), Manuscipt Department, Wilson Library, University of North Carolina.

circunstancia esta que frecuentemente conducía a deficiencias operacionales.

El Departamento de Guerra fue mucho menos activo que el de Marina en cuanto a anticiparse a una posible guerra contra España, y no tomó ninguna medida significativa hasta unas semanas antes de iniciarse el conflicto. Ninguna de las dependencias del Departamento estaba encargada de la planificación.

En este estado de cosas tuvo una gran influencia el criterio generalizado de que, en caso de guerra contra España, el Ejército desempeñaría un papel subordinado al de la Marina.[46]

### Preparativos del Ejército norteamericano

La tendencia del Ejército norteamericano a minimizar su planificación estratégica estaba arraigada desde los años posteriores a la Guerra de Secesión (1861-1865). Reflejando la influencia del almirante Stephen B. Luce, del capitán de navío Alfred T. Mahan y otros intelectuales navales, la Marina había hecho énfasis en las acciones navales más que en la defensa costera del país y en las acciones contra las transportaciones marítimas, pero en el Ejército no habían ocurrido cambios semejantes.

El secretario de Guerra, Russell Alger y el Ayudante General, General de Brigada Henry C. Corbin

Después de la mencionada guerra, el Ejército tenía una misión defensiva: la protección del territorio nacional y sus posesiones contra ataques provenientes del exterior. Se consideraba que el Ejército llevaría a cabo acciones ofensivas sólo en aquellos casos en que la Marina necesitara de su apoyo ocupando un territorio enemigo.

Esta visión condujo a la concepción de estructurar un ejército regular profesional, de dimensiones reducidas en tiempo de

---

[46] Ibídem, p. 148.

paz, que pudiera expandirse rápidamente en tiempos de guerra a expensas de la milicia. En contraste, la doctrina prevaleciente entonces en Europa era la de formar grandes ejércitos permanentes basados en la conscripción.

La idea de que el Ejército desempeñaría un papel subordinado respecto a la Marina de Guerra, tuvo mucho que ver con el estado de las cosas en el Departamento de Guerra hasta mediados de abril de 1898. Desde mucho antes, ya se ha visto, la Marina había considerado que, si se llegaba a la guerra con España, le correspondería el mayor peso de la contienda. En consecuencia, había tomado ventaja del presupuesto de 50 millones de dólares aprobado por el Congreso el 9 de marzo, adquiriendo nuevos buques, movilizando personal y preparándose para el conflicto armado. Sin que se emitieran directivas del gobierno ni para la Marina ni para el Ejército, la primera había actuado sin inhibiciones.

El Mayor General Nelson A. Mies, Comandante General del Ejército de los Estados Unidos.

En caso de que el conflicto estallara, las misiones de la Marina estaban claras: aniquilar a la flota española, impedir las transportaciones marítimas de España, atacar las colonias hispanas y, llegado el caso, el propio territorio de la Península.

En contraste, las misiones del Ejército estaban condicionadas a la naturaleza de la guerra: si el Presidente hacía énfasis en la ayuda a los insurrectos cubanos, el Ejército tendría poco que hacer, pero si, por el contrario, se hacían necesarias expediciones a ultramar, entonces el Departamento de Guerra tendría que desplegar una gran actividad organizativa. Pero como el gobierno no había esclarecido cuál iba a ser su estrategia, el Departamento no tenía orientación precisa. Claro que pudo haber tomado algunas iniciativas, pero carecía de una organización adecuada y de una dirigencia capaz para ello.

Esto tuvo su reflejo en un pensamiento estrecho y limitado. Por eso, cuando se aprobó el presupuesto de 50 millones ya mencionado, de las cuales le correspondieron 19 millones al Ejército, el Secretario Alger, haciendo hincapié en las medidas defensivas, destinó 10 millones a la defensa costera a través del Buró de Artillería, y 5,5 millones, a los mismos fines, a través del Buró de Ingeniería, mientras otras dependencias importantes, como las de Medicina, Cuartel Maestre y Señales (Comunicaciones) recibían cifras irrisorias.[47]

Cuando finalmente el Ejército comenzó a elaborar planes de operaciones lo hizo bajo el supuesto de que debía organizar una fuerza compacta de entre 75 mil y 100 mil hombres, que era la cantidad necesaria para el apoyo de las acciones navales. Estos estimados fueron calculados por una Junta Ejército-Marina, que los respectivos secretarios habían acordado crear a fines de marzo y en la que cada uno de esos departamentos se hacía representar por un oficial. El 4 de abril, la Junta hizo una proposición que incluía el bloqueo naval a Cuba y la organización de una pequeña fuerza expedicionaria para ocupar uno de los puertos de la región occidental de la Isla, con el fin de emplearlo como base de aprovisionamiento a las fuerzas cubanas.

La Junta no anticipaba una gran expedición a Cuba pero advertía que, de tener lugar la misma, no debía ser antes del fin de la temporada lluviosa, a fines de octubre. Para el caso de realizarse un gran ataque a la principal plaza fuerte española, La Habana -que sería, por supuesto, el objetivo principal en el caso de que se llevaran a cabo grandes operaciones-, la Junta proponía la organización de una fuerza de alrededor de 50 mil efectivos.

También fue propuesto un ataque a Puerto Rico, para evitar que España pudiera emplear a la Pequeña Antilla como base de operaciones. Este plan confirmaba los criterios prevalecientes en el Departamento de Guerra de que el Ejército estaba llamado a desempeñar un papel secundario en un conflicto con España, y de que las fuerzas cubanas desempeñarían un papel principal en las acciones terrestres. El general Miles estaba particularmente interesado en el suministro a los combatientes cubanos como una primera aproximación, pues temía que

---

[47] Ibídem, p. 149; véase también Chadwick, Op. Cit., vol. 1, p. 49 y Russell A. Alger, *The Spanish-American War*. New York y Londres, 1901, p. 8.

el clima tropical y las enfermedades le crearan grandes dificultades a las tropas norteamericanas.⁴⁸

Soldados estadounidenses agrupándose para su embarque en Tampa.

Aquéllos que, desde hacía tiempo, reclamaban una adecuada preparación para la guerra contra España, veían como los hechos confirmaban sus puntos de vista de que la administración carecía de decisión al respecto. Entre ellos se destacaba, una vez más, Theodore Roosevelt, quien señalaba como una de las principales razones de por qué el Departamento de Guerra había hecho poco o nada: "El presidente no sabe qué mensaje va

---

⁴⁸ Trask, Op. Cit., pp. 149-150; también Thomas H. Williams, *The History of American Wars*. Baton Rouge y Londres, 1981, p. 328 y Allan R. Millet y Peter Maslowski, *Historia Militar de los Estados Unidos*. Madrid, 1986, p. 301.

a enviar al Congreso o qué va a hacer si entramos en guerra."

El 9 de abril, el general Miles presentó un plan que contemplaba la formación de un ejército de 162 mil hombres -el cual proporcionaría una fuerza expedicionaria de 100 mil.

Ilustración del artista George Gibbs's de una escena en el *War Room* [Sala de Guerra, N. del E.] durante la Guerra. De izquierda a derecha: el Telegrafista, Secretario Alger, Capitán Crownshield, General Miles, Secretario Long, Presidente McKinley, el secretario del presidente Porter y un Ayudante Militar.

En las proposiciones de Miles estaba el alistamiento de 50 mil voluntarios de diferentes estados, lo cual -junto a un ejército regular expandido hasta 62 mil efectivos-, proporcionaría las fuerzas necesarias para operaciones de ultramar. También proponía llamar a servicio activo a 50 mil hombres de las milicias para formar tropas auxiliares que se encargarían de las defensas costeras. Estas proposiciones de Miles constituyeron la base para negociaciones en el Congreso.[49]

Antes de que el Congreso llegase a cualquier acuerdo, el Departamento de Guerra decidió concentrar fuerzas del ejército regular para posibles operaciones en la región del Caribe, en un tardío reconocimiento a la inminencia del inicio de las hostilidades. El 15 de abril, 22 regimientos de infantería fueron

---

[49] Trask, Op. Cit., pp. 150-151.

enviados a tres puertos del sureste -New York, Mobile y Tampa - y seis regimientos de caballería y la mayor parte de las unidades de artillería del Ejército fueron despachadas para Camp Thomas, en el estado de Tennessee. Estos lugares fueron seleccionados a causa de su proximidad al probable teatro de operaciones y a su favorable clima. De manera casi inmediata las unidades comenzaron a moverse desde más de 80 puntos distintos hasta los lugares de concentración ya citados. Como jefes de dichos centros fueron nombrados el mayor general John R. Brooks para Camp Thomas, el general de brigada William R. Shafter para New Orleans, el general de brigada John F. Coppinger para Mobile y el general de brigada James F. Wade para Tampa.

Sin embargo, en las semanas siguientes, la idea original fue modificada y algunos regimientos de infantería fueron enviados a Camp Thomas, y la mayor parte de las tropas que estaban designadas para New Orleans y Mobile fueron dirigidas a Tampa, con lo que el ejército regular se concentró casi todo en dos lugares, sin que esto garantizara una buena preparación en operaciones combinadas, ya que la mayor parte de la infantería estaba separada de la caballería y de las unidades de artillería.[50]

Mientras tenían lugar esos movimientos, el Departamento de Guerra entablaba complicadas negociaciones con las milicias estaduales, con el propósito de aclarar las vías para lograr del Congreso la aprobación de cifras adicionales de personal. El plan que salió de esas discusiones preveía un ejército de voluntarios que actuaría junto al ejército regular.

Un llamado inicial para voluntarios de edades entre 18 y 45 años se limitaría sólo a miembros de la Guardia Nacional, con cuotas para cada estado de acuerdo con su población.

Las unidades de la Guardia Nacional podían entrar al servicio federal bajo el mando de sus propios oficiales. Sólo podía asignarse un oficial del ejército regular a cada regimiento de voluntarios, pero la preparación de los oficiales voluntarios sería comprobada por comisiones creadas al efecto. El presidente nombraría todos los oficiales del estado mayor y los oficiales superiores (generales) de los voluntarios, pero la facultad de

---

[50] Ibídem, p. 151.

seleccionar al resto de los oficiales seguía siendo una prerrogativa de los gobernadores de los estados. También se acordó formar ciertas organizaciones nacionales de voluntarios, concepto que más tarde produjo tres regimientos de caballería, uno de los cuales resultó ser el de los denominados "Rough Riders" (domadores de caballos).

Vapor Yucatán, transportando *Rough Riders* a Cuba.

Tomando en cuenta que sería necesario desplegar grandes agrupaciones de tropas, se proponía la formación de cuerpos de ejército, consistente cada uno en tres divisiones. Cada división tendría no más de tres brigadas y una brigada hasta tres regimientos. Estas proposiciones fueron presentadas al Congreso y se hicieron ley el 22 de abril. Durante las discusiones legislativas le fueron introducidas a las propuestas sólo dos cambios: el plazo de servicio de los voluntarios fue fijado en dos años y el número de voluntarios alistados en unidades especiales, fue limitado a 3 mil hombres.⁵¹

Campamento militar estadounidense en Tampa.

Mientras el Congreso deliberaba sobre la expansión del Ejército, el Departamento de Guerra finalmente comenzó a considerar planes de operaciones contra Cuba. El 18 de abril, el general Miles hizo una proposición que caracteriza sus recomendaciones estratégicas a través de la guerra. El general desconfiaba de las posibilidades inmediatas de una expedición de gran escala contra Cuba.⁵²

Al día siguiente, el 19 de abril, dos miembros de la junta ejército-marina se reunieron con el gabinete para discutir la preparación de las fuerzas armadas. El capitán de navío Albert S. Barker informó que la Marina estaba completamente lista, pero el teniente coronel Arthur L. Wagner, del Ejército, admitió que las unidades de voluntarios requerirían al menos 6-7 semanas de entrenamiento antes de que pudiera esperarse que

---

⁵¹ Ibídem, p. 152.
⁵² Esta comunicación de Miles al secretario Alger aparece en *Correspondence relating to the War with Spain.* Washington, Government Printing Office, 1902 (reed. 1993 por Center of Military History, U.S. Army), Vol. 1, pp. 8-9. La autoridad en fiebre amarilla a que se refiere es el Dr. Juan Guiteras, eminente médico cubano.

estuvieran aptas para combatir eficientemente. Al igual que Miles, Wagner expresó gran preocupación respecto a la propagación de enfermedades tropicales durante la estación de las lluvias.[53]

El 20 de abril, el presidente William McKinley presidió un consejo de guerra en la Casa Blanca. Estaban presentes los secretarios de Guerra y de Marina, el almirante Sicard y el capitán de navío Crowninshield de la Marina, y los generales John M. Schofield y Miles del Ejército. Fue entonces que McKinley conoció de la incapacidad del Ejército para librar una campaña con fuerzas de alguna consideración. Miles informó que las tropas no podían estar listas para una campaña en Cuba hasta dentro de unos dos meses, y reiteró sus preocupaciones respecto al envío de una expedición antes de que la Marina hubiera neutralizado a la flota española.

Secretario de Marina, John D. Long

El secretario de Marina, John D. Long, obviamente irritado, sacó la inevitable conclusión de que la Marina tendría que soportar la carga inicial de la guerra. La opinión pública, pensó, no puede aceptar ese curso de los acontecimientos. Long escribiría en su Diario: "Me inclino a pensar que si realmente la guerra llega, el país demandará que nuestros soldados desembarquen y hagan algo".[54]

Tal era la situación en vísperas de la guerra con España. Theodore Roosevelt, en una carta al capitán de navío Robley D. Evans, comandante del acorazado *Iowa*, le decía: "Si el Ejército tuviera al menos un décimo de la preparación de la preparación que tiene la Marina, pondríamos en orden todos los asuntos en seis semanas, antes de que la estación de las plagas llegara, pero ahora yo no sé que va a pasar".

Al ex-secretario de Marina, Benjamin F. Tracy, Roosevelt se le quejaba en estos términos: "Se sobreentendía que nuestro

---

[53] Trask, Op. Cit., p. 153.
[54] Ibídem, pp. 153-154.

Ejército debía haber estado preparado desde hace tiempo, y de que debíamos haber tenido 40 ó 50 mil regulares, apoyados por milicias que habrían pasado al menos un mes de entrenamiento en campos de instrucción, listos para salir de Mobile el próximo sábado (23 de abril)". Obviamente, Roosevelt contrastaba los ejercicios de planificación llevados a cabo por la Marina, y el énfasis que se ponía en éstos en que se realizaran acciones decisivas en el Caribe antes de que España pudiera reforzar Cuba y Puerto Rico.[55]

El ex-secretario de la Marina estadounidense, General Benjamin F. Tracy.

Todo parece indicar que la falta de exigencia del Presidente en cuanto a la preparación previa a la guerra y la planificación de campaña, fue causa del retraso del Departamento de Guerra, pero no se puede negar que también desempeñaron su papel en ese atraso importantes fallas internas tanto en el Departamento como en el Ejército. Las personas que ocupaban los cargos principales en la estructura militar, el secretario Alger y el general Miles, demostraron estar por debajo de la capacidad necesaria para ocupar dichas responsabilidades, sobre todo en momentos críticos.

El Ejército carecía de un cuerpo de oficiales experimentados en el mando de grandes unidades así como de personal entrenado para combatir en una guerra. No existía un estado mayor general que dirigiera las operaciones, y la estructura del Departamento de Guerra, organizado en buroes, era inadecuada para apoyar campañas terrestres como las que tenían que llevarse a cabo contra España. En otras palabras, el ejército estadounidense no tenía experiencia ni capacidad de proyección de fuerzas a ultramar.

La Marina, como se ha visto, se encontraba en una situación completamente diferente. Estaba preparada para actuar, simultáneamente, en lugares tan distantes como Cuba y Filipi-

---

[55] Ibídem, p. 154.

nas. La Escuadra del Atlántico Norte, mandada por el contralmirante Sampson, estuvo lista para bloquear La Habana, al mismo tiempo que la Escuadra Asiática, del comodoro Dewey, lo estuvo para atacar a la escuadra española que se encontraba en Manila. Con estas operaciones, se logró ganar tiempo para que el Ejército solucionara, aunque fuera en parte, algunos de sus más graves problemas, y esto fue también posible por el hecho de que las fuerzas españolas no estaban en condiciones de interferir las acciones de los norteamericanos en tierra o mar.

La ineptitud del gobierno español y el agotamiento y la desmoralización de sus fuerzas tras una guerra injusta, prolongada e infructuosa para aplastar, usando todos los medios a su alcance, la insurrección en Cuba, le impedían aprovechar los puntos débiles de su adversario.

# Capítulo 3
## Las Fuerzas Armadas de España

**La Armada Española**

"CARO, TARDE Y MALO. He aquí los tres estigmas de todo lo que se relaciona con nuestra marina de guerra" escribía, el 12 de noviembre, el periódico *El Norte de Castilla*, y esas crudas palabras resumían la situación de la Armada española en vísperas casi de la guerra con los Estados Unidos. [56]

España era, a finales del siglo XIX, una potencia, a mucho decir, de segundo orden. Con una estructura socioeconómica semifeudal, un régimen político anacrónico sacudido por frecuentes asonadas militares que habían instalado en el poder las más de las veces a gobiernos incapaces y corruptos, se encontraba atrasada tecnológicamente.

Desgarrado en lo interno por las prolongadas guerras civiles y desgastado en las guerras coloniales, el antes imponente imperio español ofrecía una imagen decadente y obsoleta. Todo esto era lógico que se reflejara en la situación de las fuerzas armadas españolas. Como lo describiera Carlos Serrano: "Soldados baratos y buques poco menos que inservibles la mayoría de ellos: tal era la situación militar conocida en los años que corren de 1895 a 1898".

Un participante directo en los hechos, el capitán de navío Víctor M. Concas -quien fuera comandante del crucero acorazado *Infanta María Teresa* y jefe del Estado Mayor del Contralmirante Cervera- describiría la situación en estos términos:

*"...no se hizo el menor preparativo ni por tierra ni por mar, y mientras el mundo entero creía que con verdadero frenesí nos*

---

[56] Artículo "*La Marina de Guerra*" publicado en el número correspondiente al 12 de noviembre de 1897 y citado por Carlos Serrano, *Final del Imperio. España 1895-1898*. Madrid. 1984, p. 40.

*preparábamos para una lucha a muerte, la Marina estaba en completo pie de paz".⁵⁷*

Capitán de navío español Víctor M. Concas.

Años más tarde, otro marino profesional, estudioso de la Historia Naval, el Almirante Carrero Blanco, diría resumiendo el fin del siglo XIX en la Marina española:

"Desde 1805, en que nuestra flota queda deshecha en Trafalgar, a 1898, pasan por la cartera de Marina nada menos que 140 ministros, lo que corresponde a una media de un ministro cada poco más de siete meses. ¿Qué labor medianamente seria pudo realizarse, sobre todo en una época que corresponde a una tremenda revolución en los armamentos?". ⁵⁸

**Escuadras españolas**

España contaba en 1898 con 13 buques acorazados y protegidos y 12 sin coraza. Poseía además un considerable número de cañoneras y buques pequeños, de escaso o ningún valor militar, destinados en gran parte a misiones de vigilancia de costas y policía marítima en Cuba y Filipinas.

El mayor y más poderoso de los buques españoles era el acorazado **Pelayo**, del tipo francés, construido en 1886. Su armamento principal consistía en dos cañones Hontoria de 320 mm colocados a proa y popa y dos cañones de 280 mm, también Hontoria, colocados uno a cada banda. Poseía además, para su autodefensa, 9 piezas de tiro rápido de 140 mm, así como 18 cañones pequeños y 7 tubos lanza torpedos. A la altura de la línea de flotación el *Pelayo* contaba con un cinturón de protección de 30-42 cm de espesor. Su desplazamiento era de 9 917 toneladas y su velocidad era de hasta 16,7 nudos (millas por hora).

---

⁵⁷ Ibídem., p. 40; Concas y Palau, Víctor: *La Escuadra del Almirante Cervera*, Madrid, s/f, 2ª ed., p. 21.
⁵⁸ La cita de Luis Carrero Blanco es de su libro *De España y el Mar*, tomo I, pp. 271-272 y 273 y fue tomada de Eliseo Alvarez Arenas, "Lo Naval en el noventa y ocho", artículo publicado en *Cuadernos Monográficos del Instituto de Historia y Cultura Naval*, n° 11, Madrid, 1990, p. 84.

En cuanto a poderío militar, el acorazado español era superior al *Texas* norteamericano, pero decididamente inferior a los acorazados de la clase *Indiana*. La falta de protección en la zona del combés y la debilidad de su artillería auxiliar respecto a las de los acorazados estadounidenses, hacían que no tuviera oportunidad de éxito frente a uno de esos navíos. Su obra muerta, muy alta, era también una desventaja con mar gruesa. Por ser el único acorazado español se le conocía con el sobrenombre de *El Solitario*. Al comienzo de la guerra, el *Pelayo* estaba siendo reparado en astilleros franceses. [59]

Botadura del *Pelayo* en los astilleros de Tolón (Francia).

El crucero acorazado *Emperador Carlos V*, desplazaba 9 235 toneladas y su armamento principal consistía en dos cañones Hontoria de 280 mm. Su artillería secundaria era muy heterogénea, 8 piezas de 140 mm, 4 de 100 mm, 2 de 76 mm, 4 de 57 mm, y 8 ametralladoras, así como 6 tubos lanzadores de torpedos. En general, tanto su armamento como su protección eran débiles en comparación con sus homólogos estadounidenses.

---

[59] Hebert W. Wilson, *The Downfall of Spain*. Boston, 1900. pp.38-85.; F. Henares y otros, *Album de la Marina Española*. La Habana, 1898, p. 5.

Podía alcanzar una velocidad de 20,5 nudos. Había sido construido en 1895. Concebido para actuar en cooperación con los cruceros acorazados de la escuadra de Operaciones, pudo haber sido un valioso refuerzo para la misma pero al comienzo de la guerra estaba siendo sometido a reformas y reparaciones en astilleros franceses y no estuvo listo hasta fines del mes de junio de 1898.[60]

La fragata acorazada *Numancia* databa de 1863, y al iniciarse el conflicto estaba siendo reconstruida en Francia, donde se le dotó de nuevas calderas y armamento moderno. Desplazaba 7 035 toneladas y su armamento consistía en seis piezas de 76 mm y ocho de 140 mm de tiro rápido. Su escasa velocidad no la hacía apta para operar en el océano ni mar abierto por lo que se le destinó a la defensa costera.[61]

La fragata Numancia

La fragata acorazada *Vitoria* había sido puesta en servicio en 1865. En el momento en que comienza la guerra estaba siendo sometida a reparaciones y modernización en astilleros franceses.

---

[60] H. W. Wilson, Op.Cit., pp. 38-85; F. Henares y otros, Op. Cit., p. 5; Antonio de la Vega, "Programas y efectivos navales españoles y norteamericanos (1865-1898)" en *Cuadernos Monográficos del Instituto de Historia y Cultura Naval*, n° 11. Madrid, 1990, p. 105.

[61] H. W. Wilson, Op. Cit., pp. 38-85; F. Henares y otros, Op. Cit., p. 6.

Desplazaba 7 250 toneladas y montaba seis cañones Hontoria de 160 mm, seis 140 mm de tiro rápido y siete de 57,6 mm, también de tiro rápido. Por su lento andar y escasa autonomía se le destinó a la defensa costera.[62]

En el momento de inicio de la guerra, España tenía en construcción varios buques, aunque la atención principal se concentraba en los cruceros acorazados *Princesa de Asturias y Cardenal Cisneros*, (el primero de estos buques no estuvo listo hasta 1902).[63]

De los cruceros acorazados que constituirían la fuerza principal de las Escuadra de las Antillas (Cervera), el mejor diseñado de todos era el *Cristóbal Colón* (antes *Garibaldi*) que había sido construido por la firma italiana Ansaldo en sus astilleros de Sestri Ponente, cerca de Génova. Era un moderno buque botado al agua en 1896, en el cual se habían combinado magníficas cualidades ofensivas y defensivas con un moderado desplazamiento (6 840 ton). Su armamento principal debió consistir en 2 cañones Armstrong de 254 mm que nunca se le instalaron; 10 cañones de 150 mm de tiro rápido, 5 a cada borda; 6 cañones de 120 mm instalados en la cubierta superior. La protección era de acero níquel, 2/3 de la eslora, de 150 mm; también cubría la batería principal y las barbetas.

Estaba equipado con 4 tubos lanzatorpedos. Los 15 000 caballos producidos por sus máquinas le proporcionaban un andar de 20 nudos. De haber estado completamente dotado con su armamento de diseño, el **Colón** hubiera sido superior a cualquier crucero acorazado norteamericano. El *Brooklyn*, que desplazaba 2 300 toneladas más que él, no hubiera podido enfrentársele. Era prácticamente un pequeño acorazado.[64]

El *Infanta María Teresa*, el *Almirante Oquendo* y el *Vizcaya* eran también cruceros acorazados. Fueron construidos en 1890-91 en los astilleros de Bilbao. Su desplazamiento era de 6 980 toneladas. Estaban dotados con dos cañones Hontoria de 280 mm. situados uno a proa y otro a popa. En la cubierta superior, sólo protegidos por escudos, estaban instalados 10 cañones de

---

[62] Ibidem, p. 6.
[63] Severo Gómez Núñez, *La Guerra Hispanoamericana. Barcos, Cañones y Fusiles*. Madrid. 1899. p. 32.
[64] H. W. Wilson, Op. Cit., pp. 38-85; Antonio de la Vega, Op. Cit., p. 107.

140 mm de tiro rápido, 5 en cada banda. Poseían además 8 piezas de 57 mm y 10 de 37 mm. y 8 tubos lanzatorpedos. El espesor de la cintura acorazada en la línea de flotación era de 300 mm, 250 mm en los costados, 100 mm en los parapetos y 75 mm en la cubierta protectora.

Crucero Reina Mercedes

En realidad, estos tres buques diferían poco de los cruceros protegidos. Sus grandes cañones eran demasiado pesados para emplearlos contra otro buque que no fuera acorazado, y no podían enfrentarse a uno de éstos ya que su débil coraza los hacía vulnerables a la artillería de un enemigo tan potente. Uno de los problemas que muchos estudiosos señalan respecto a estos buques, es que los españoles los llenaron innecesariamente de maderamen para las cabinas y camarotes de la oficialidad y salas de estar, lo que los hizo muy vulnerables a los incendios. [65]

---

[65] Ibídem, pp. 104-105; Wilson, Op. Cit., 38-85; F. Henares y otros, Op. Cit., pp. 5-6; Agustín R. Rodríguez, *Política Naval de la Restauración (1875- 1898)*. Madrid. 1988, pp. 244-245.

Los cruceros *Alfonso XIII* (1891) y *Lepanto* (1893), desplazaban 4 876 toneladas y tenían un andar máximo de 19 nudos. Estaban equipados con cinco tubos lanza torpedos, cuatro cañones Hontoria de 200 mm, seis de 120 mm de tiro rápido, seis de 57 mm y dos ametralladoras de 11 mm.

Al comenzar la guerra, España contaba con tres destructores de la serie *Terror* (1896), que fueron construidos íntegramente en los astilleros Thompson de Clydebank, Inglaterra. Desplazaban 370-400 toneladas y estaban diseñados para alcanzar 28-30 nudos, aunque, en la práctica, no alcanzaban más de 21-22, debido probablemente a que sus máquinas y calderas no eran operadas correctamente. Su armamento principal eran 2 tubos lanza torpedos de 350 mm. Poseían una artillería compuesta por 2 piezas de 75 mm y 2 de 57 mm.

Un cuarto buque de este tipo, el **Destructor** (1886), tenía 3 tubos lanza torpedos y alcanzaba 22 nudos. Su armamento artillero consistía en 1 cañón de 90 mm, 4 piezas de 57 mm y 2 de 37 mm. Los torpederos *Ariete, Azor* y *Rayo* eran de 1897. El *Azor* tenía 3 tubos lanza torpedos; los otros, 2 cada uno. Los tres tenían las calderas en mal estado.[66]

Los viejos cruceros eran, en su mayor parte, de escasas cualidades combativas, mucho maderamen, poca protección y escasa velocidad.

En cuanto a los buques que se encontraban en Cuba, Puerto Rico y Filipinas, como veremos, poseían pocas posibilidades combativas, la mayor parte de ellos eran anticuados y estaban faltos de reparación.[67]

El armamento de que estaban dotados los buques era de procedencia heterogénea, gran parte producido en otros países; la artillería gruesa procedía fundamentalmente de Inglaterra; de Francia provenía la mayor parte de la artillería de tiro rápido y en cuanto a los torpedos y tubos lanza torpedos, los alemanes alcanzaron el monopolio. Los torpedos alemanes de la firma *Schwarzkopf*, creadora del torpedo de bronce, desplazaron casi completamente a los *Whitehead* británicos.

Los torpedos se clasificaban según el peso de la cabeza de combate (es decir del explosivo). El primer modelo fue el de 20 kg.,

---

10 Wilson, Op. Cit., pp. 38-65; de la Vega, Op. Cit., p. 107.
[67] Rodríguez González, Op. Cit., pp. 246-250.

capaz de un alcance eficaz de 400 metros a 24 nudos, siendo sustituido después por otro modelo de 40 kg. con el mismo alcance y velocidad. Los cruceros acorazados tipo *Vizcaya* y los destructores tipo *Terror* fueron dotados de un modelo de 57 kg, con un alcance de 600-800 m y una velocidad de 24 nudos. En cuanto a las minas, aún cuando especialistas españoles como el capitán de navío Bustamante habían logrado modelos bastantes eficientes ya en 1897, la Armada española se vio obligada a adquirir minas del tipo *Latimer-Clark*, fabricadas en Inglaterra por la firma *Siemens Bros.* [68]

El *Carlos V* y el *Pelayo*.

El personal de las dotaciones reflejaba el atraso tecnológico del país. La Armada tenía que importar ingenieros, técnicos y hasta obreros calificados para sus construcciones navales. Esta situación, que tenía por causa el bajo nivel de instrucción de la población, se hacía patente sobre todo en las especialidades técnicas como máquinas y la artillería. Casos hubo en que el personal de máquinas de los mayores buques de guerra españoles era en gran parte extranjero. Al comenzar la guerra este personal extranjero salió de España, en virtud de la neutralidad. Estos problemas tuvieron su manifestación en la falta de eficiencia y en el mantenimiento de los buques españoles, así como en el completamiento de las dotaciones de buques como el *Carlos V, Pelayo* y otros. [69]

---

[68] Ibídem, pp. 302-303.
[69] Ibídem, p. 314; Wilson, Op. Cit. , pp. 38-65.

La preparación de los oficiales no podía sino ser reflejo de la situación del país en general y de la Marina en particular. Al respecto resulta la elocuente carta que el capitán de navío Joaquín Bustamante dirigiera en Octubre de 1890 al político Antonio Maura, en esos momentos jefe del gobierno español, y que en uno de sus párrafos dice:

*"Nuestro personal de oficiales pudiera ser tan bueno como el mejor; pero sin escuadras armadas es imposible que se adquiera la práctica marinera y militar indispensable al que ha de mandar un buque. Ahora lo que hacemos es perder lo poco que adquirimos en nuestra juventud y esto no es culpa sino de las economías".*

En efecto, eran escasos los ejercicios y maniobras, y casi no se efectuaban prácticas de tiro, lo cual iba en detrimento de la preparación táctica de los oficiales de los buques y de la preparación de los mandos de la flota. Se ha señalado que inclusive la preparación física de los mandos y dotaciones de los buques españoles era deficiente. [70]

### Fuerzas Navales Españolas en Cuba

En el momento de comenzar la guerra, la Armada española tenía basificada en Cuba la llamada *Escuadrilla de las Antillas*, la cual dependía del Apostadero Naval de La Habana cuyo jefe lo era el Contralmirante Vicente Manterola y Taxonera, que a su vez lo era de la Escuadrilla; el cargo de Segundo jefe del Apostadero y Comandante de Marina era desempeñado por el capitán de navío de 1ª Luis Pastor y Landero y el de Jefe de Estado Mayor por el capitán de navío José Marenco.[71]

El despliegue y basificación de las unidades navales había sido diseñado para luchar contra las expediciones de los insurrectos cubanos. La buques de la Escuadrilla se encontraban divididos en buques de tres clases, tratando de conseguir un bloqueo efec-

---

[70] Rodríguez González, Op. Cit., pp. 306-312. La carta de Bustamante fue publicada en la *Revista de Historia Naval* N° 8, 1895, p. 145 de donde fue tomada por Rodríguez González; Wilson, Op. Cit., pp. 38- 85.
[71] Gómez Núñez, Severo: *"La Guerra Hispano-Americana. La Habana:Influencia de las plazas de guerra"*, Madrid, 1900, p. 117.

tivo del litoral. Los primeros, buques de caza, con artillería y velocidad suficiente para perseguir y detener dentro y fuera de las aguas jurisdiccionales a las embarcaciones expedicionarias.

Crucero español *Vizcaya*

Los segundos, buques costeros rápidos para vigilar tramos cortos de la costa, y los terceros, buques menores, entre 300 y 40 toneladas cuya misión era la vigilancia en las aguas de las cayerías, ensenadas, esteros y ríos.

Las características de las costas cubanas, hizo repartir la vigilancia en siete divisiones navales, con el apoyo de fuerzas terrestres que patrullaban el litoral en pontones artillados situados en puntos seleccionados de la costa.

La costa norte, fue dividida en cuatro divisiones: la 1ª División, con cabecera en Baracoa, abarcaba desde Punta Maisí hasta la bahía de Tánamo; la 2ª División, con cabecera en Gibara, cubría la costa desde Tánamo a Gibara; la 3ª División, cuya jefatura radicaba en Nuevitas, vigilaba el litoral desde Gibara hasta la ensenada de la Guanaja, y la 4ª, con asiento en Isabela de Sagua, abarcaba desde Guanaja hasta Península de Hicacos. En cuanto a la costa sur, las divisiones eran tres: la 1ª, cuya cabecera era Santiago de Cuba, vigilando la costa entre Maisí y Cabo Cruz; la 2º División, asentada en Manzanillo, tenía a su cargo la costa entre Cabo Cruz y Santa Cruz del Sur, y la 3ª División, con cabecera en Casilda, cubría todo el resto de la costa sur, desde Santa Cruz hacia el oeste, hasta Cabo de San Antonio.

La costa norte de Cuba, comprendida entre la Península de Hicacos y Cabo de San Antonio, se vigilaba con cruceros de los buques que desde La Habana se destacaban en Cárdenas, Mariel y Bahía Honda.[72]

Tres años de guerra incesante, habían dejado, necesariamente, su huella en las unidades navales españolas. El jefe del Apostadero de La Habana, contralmirante Manterola, en comunicación del 10 de marzo de 1898 al Ministro de Marina, le informaba:

Tripulantes del cañonero español *Contramaestre*.

"... de los 61 buques que componen esta escuadrilla, 32 son lanchas, poco útiles aún para la policía de costas, referida sólo a las expediciones filibusteras. Los dos cruceros de 1ra. están completamente inútiles: **Alfonso XII** sin movimientos propios; **Mercedes**, de sus 10 calderas, 7 inútiles, 3 poco menos. **Ensenada, Infanta Isabel y Venadito**, sólo éste navega, los otros no pueden moverse en un mes. **Magallanes** tampoco puede encender. Los cañoneros torpederos, utilizados como cruceros, para lo que no fueron construidos, han reducido su marcha, que constituye su principal defensa". [73]

---

[72] Franco Castañón, Hermenegildo: *"Contrabando de guerra y operaciones navales durante la guerra de Cuba (1895-1898)"* en **Cuadernos Monográficos del Instituto de Historia y Cultura Naval**, Madrid, nº 30, 1997, pp. 87-106.
[73] Con respecto a la comunicación de Manterola, ver Rodríguez González, Op. Cit., p. 482. En relación con la clasificación de los buques ver F. Henares y otros, Op. Cit.,p. 5, donde aparece lo dispuesto en el Real Decreto del 18 de agosto de 1895. En el anexo pueden verse las principales características táctico-técnicas de las unidades de superficie de la Armada española que de una forma u otra tuvieron participación en las acciones navales de la guerra de 1898.

## Fuerzas Navales españolas en Puerto Rico

La Comandancia Principal de Marina de Puerto Rico, dependiente orgánicamente del Apostadero de La Habana tenía como jefe al capitán de navío Eugenio Villarino. Las unidades navales españolas que se encontraban en Puerto Rico, basificadas todas en San Juan, eran las siguientes:

El Destructor torpedero español *Terror* en reparaciones en San Juan (Puerto Rico).

Crucero no protegido de segunda clase **Isabel II**, construido en El Ferrol en 1876, desplazaba 1 152 toneladas y podía alcanzar hasta 8 nudos de velocidad. Estaba dotado de 4 cañones de 120 mm, 6 piezas de tiro rápido de 57 mm, una ametralladora y 2 tubos lanzatorpedos.

Crucero no protegido de tercera clase **General Concha**, -en realidad un cañonero-, de 584 toneladas, construido en El Ferrol en 1883, con un andar de hasta 9 nudos. Consistía su armamento en tres cañones de 120 mm, 2 cañones revólver de 37 mm y una ametralladora.

Cañonero de segunda clase **Ponce de León**, de 200 toneladas, construido en Inglaterra en 1895. Su armamento consistía en 2 cañones de tiro rápido de 57 mm y 2 de 37 mm; podía alcanzar una velocidad de 11 nudos.

Cañonero de tercera clase **Criollo**, construido en 1869 y perteneciente a la Comisión Hidrográfica. Desplazaba 201 toneladas; tenía un andar de 6 nudos y poseía un armamento compuesto por 2 cañones de tiro rápido de 57 mm y una ametralladora.

Estas fuerzas, que dadas sus posibilidades combativas y su obsolescencia tenían un valor militar insignificante contra las unidades norteamericanas, se vieron incrementadas accidentalmente por la presencia del destructor-torpedero **Terror** construido en Clyde Bank, Inglaterra, en 1896, cuyo desplazamiento era de 380 toneladas y alcanzaba hasta 28 nudos; poseía 2 cañones de tiro rápido de 37 mm, 2 ametralladoras y 2 tubos lanzatorpedos. Su tripulación era de 67 hombres. Este buque, integrante de la escuadra del contralmirante Cervera, se había separado de la misma después de su escala en Martinica, debido a averías en las máquinas.

El Alfonso XIII

Aunque era moderno para la época, su valor militar estaba sensiblemente disminuido por el hecho de no contar con sus principales piezas de artillería, 2 cañones de tiro rápido de 75 mm, que le habían sido desmontados para la travesía trasatlántica y embarcados en el crucero **Oquendo**, que con el resto de la escuadra se había dirigido a Santiago de Cuba. Las posibilidades de empleo de su armamento principal, el torpedo, se veían también reducidas al tener que actuar como buque aislado. El **Terror** arribó a San Juan el 17 de mayo.

Otro buque que fue sumado a las exiguas fuerzas navales españolas basificadas en San Juan de Puerto Rico, lo fue el vapor trasatlántico **Alfonso XIII** al que se le montaron piezas de artillería para emplearlo como crucero auxiliar.

Construido en 1888, desplazaba 4 381 toneladas y alcanzaba los 16 nudos. Se le dotó con 4 cañones Hontoria de 120 mm, 2 de 90 mm, 2 de 75 mm y 2 ametralladoras. Arribó a San Juan, procedente de Cádiz, ya comenzada la guerra y al no poder proseguir travesía hacia Cuba, se le incorporó a los efectivos de la Comandancia Principal de Marina de Puerto Rico.

**Fuerzas Navales españolas en Filipinas**

La denominada *Escuadra de Operaciones de Filipinas* a las órdenes del contralmirante Patricio Montojo Pasarón, estaba compuesta por los cruceros **Reina Cristina**, de 3520 toneladas, **Don Antonio de Ulloa, Don Juan de Austria y Velasco**, de 1 152; los cruceros protegidos **Isla de Luzón** e **Isla de Cuba**, de 1 045; las cañoneras **General Lezo** y **Marqués del Duero**, de 500 a 600 toneladas, y finalmente la vieja fragata de madera **Castilla**, que desplazaba 3 260 toneladas. Todas estas unidades se encontraban basificadas en la bahía de Manila.

Además, se contaba con la denominada *División Naval del Sur de Mindanao*, mandada por el capitán de navío de 1ª clase José Ferrer y Pérez de las Cuevas, y que incluía el pequeño transporte armado **General Alava** (insignia), el cañonero **Elcano**, otros nueve cañoneros más pequeños y tres lanchas cañoneras.

En las Carolinas, la Armada española tenía destacados a los cañoneros **Quirós** y **Villalobos**.

**Fuerzas Navales auxiliares**

Ante la inminencia del conflicto armado se dispuso que determinados buques de la Marina Mercante española prestasen servicios como cruceros auxiliares de la Marina Militar, "cooperando con ésta a las necesidades de la campaña y quedando sujetas al fuero y jurisdicción de la Marina de Guerra".

Torre artillera de un buque español de la época con un cañón *Hontoria*.

Los buques de la Compañía Trasatlántica que reunían las mejores características para ser armados fueron los primeros en prepararse para estos servicios, y el 11 de abril de 1898, días antes de la declaración formal de guerra, la compañía entregaba una lista de cuatro trasatlánticos, ya artillados: **Alfonso XII, Buenos Aires, Reina María Cristina** y **Ciudad de Cádiz**, a los que seguían una serie de unidades pendientes de artillado, entre los que se incluían el **Montevideo, Patricio de Satrústegui, Monserrat, Isla de Luzón, Isla de Mindanao, Isla de Panay, Santo Domingo, San Francisco, San Agustín, León XIII, Panamá, Méjico, Antonio López, M. L. Villaverde** y **Joaquín del Piélago**.

Todos los buques citados no llegaron prestar servicios como cruceros auxiliares, pero sí lo hicieron varios de los de mayor tonelaje, con el mando náutico a cargo de los capitanes de la compañía y el militar encomendado a los oficiales de la Armada designados al efecto.[74]

## Fuerzas Terrestres Españolas

El político liberal Práxedes Mateo Sagasta, jefe del gobierno español durante la guerra de 1898.

De acuerdo a la organización del estado español correspondía al Ministerio de la Guerra la organización y dirección de las fuerzas armadas terrestres así como su abastecimiento y guarnición. Desempeñaba el cargo de ministro de la Guerra del gobierno de Práxedes Mateo Sagasta el general Miguel Correa y García, quien había asumido el cargo en octubre de 1897.

El general Correa, en cuya carrera militar lo más sobresaliente era su participación en varias asonadas militares, gracias a lo cual recibió ascensos y condecoraciones, era mucho más diestro en conspiraciones e intrigas palaciegas que en el mando de tropas.

A principios de 1898 los efectivos regulares del Ejército español sobrepasaban los 300 000, distribuidos de la forma siguiente: 152 000 en la metrópoli, 51 000 en Filipinas, 10 000 en Puerto Rico y aproximadamente 152 000 en Cuba.[75]

Las fuerzas que se encontraban en España se encontraban organizadas en siete regiones militares:

1ª Región: Capitanía General de Castilla la Nueva y Extremadura.
2ª Región: Capitanía General de Sevilla y Granada.
3ª Región: Capitanía General de Valencia.
4ª Región: Capitanía General de Cataluña.

---

[74] Cervera Pery, José R: *"Cruceros Auxiliares"* (Nota 24.721 de la sección Miscelánea) en **Revista General de Marina**, Madrid, Ago-Sep 1997, p. 233.
[75] Sargent, Herbert H.: *The Campaign of Santiago de Cuba*, 1907. Apéndice K (basado en fuentes militares españolas).

5º Región: Capitanía General de Aragón.
6ª Región: Capitanía General de Burgos, Navarra y Vascongada.
7ª Región: Capitanía General de Castilla la Vieja y Galicia.[76]

**Fuerzas del Ejército Español en Cuba**

El denominado Ejército de Operaciones en Cuba, numéricamente impresionante, había sido sometido al desgaste de más de tres años de guerra incesante contra la insurrección, a los rigores del clima y a las enfermedades tropicales, factores todos ellos que habían disminuido notablemente su capacidad combativa y ocasionaban continuos cambios de las cifras de oficiales y soldados disponibles; los hospitales se encontraban saturados de enfermos de disentería, paludismo y fiebre amarilla entre otros padecimientos. Sólo en 1897, en los hospitales españoles recibieron tratamiento médico más 162 256 pacientes, sin incluir los lesionados por acciones de guerra.

De las fuerzas españolas que había en Cuba, poco más de 152 000 eran regulares, a los que se añadían, como cuerpos especiales, 5 mil guardias civiles y 2500 infantes de marina. En Cuba se hallaban muchas de las mejores unidades regulares del ejército español. A esas fuerzas mencionadas, como puede verse en el cuadro siguiente, se agregaban considerables fuerzas de los llamados voluntarios y guerrilleros:

### Tropas terrestres españolas en Cuba

| | |
|---|---|
| Infantería Regular | 134,919 |
| Infantería Irregular (Voluntarios) | 63,760 |
| Total de Infantería | 198,679 |
| Caballería Regular | 7,752 |
| Caballería Irregular (Voluntarios) | 14,796 |
| Total de Caballería | 22,548 |
| Artillería Regular | 5,308 |
| Artillería Irregular (Voluntarios) | 4,123 |
| Total de Artillería | 9,431 |

---

[76] Ministerio de la Guerra: **Anuario Militar de la Guerra**, Madrid, 1896-1898, citado en: Díaz Martínez, Yolanda: *La Ultima Aventura Española en Cuba (1895-1898)*, Instituto de Historia de Cuba, 1995, pp. 3-4.

| | |
|---|---|
| Ingenieros Regulares................................... | 4,905 |
| Ingenieros Irregulares(Voluntarios).............. | 1,441 |
| Total de Ingenieros..................................... | 6,346 |
| Sanitarios...................................................... | 1,975 |
| Acemileros.................................................... | 1,930 |
| Guardias Civiles............................................ | 4,446 |
| Guerrillas...................................................... | 30,584 |
| Infantería de Marina..................................... | 2,508 |
| Total de Misceláneos.................................... | 41,443 |
| Total............................................................. | 278,447[77] |

Cuando ya todo indicaba que el enfrentamiento con los Estados Unidos era inminente, el alto mando español en la Gran Antilla se vio ante un difícil dilema.

Si concentraba sus fuerzas para obtener superioridad numérica sobre el enemigo y librar, con posibilidades de éxito, una guerra regular defendiendo los territorios de mayor importancia estratégica, facilitaba al enemigo el bloqueo, dejaba abandonadas grandes extensiones de territorio y agravaba el terrible problema de la falta de abastecimientos.

Por otra parte, si las tropas continuaban en el orden disperso a que las obligaba la insurrección, se favorecía la acción del nuevo enemigo.

El mando español optó por una solución intermedia. Se dispuso la reestructuración, con fecha 22 de abril, en tres cuerpos de ejército y una división independiente para la Trocha Oriental. Esta estructura fue modificada mediante órdenes emitidas el 12 y el 15 de mayo, quedando como sigue:

General Ramón Blanco y Erenas, Capitán General y Gobernador de Cuba, General en Jefe del Ejército Español en la Isla durante la guerra de 1898.

Capitán General y General en Jefe: capitán general Ramón Blanco Jefe del Estado Mayor: teniente general Luis M. de Pando 2º Jefe del Estado Mayor: general de brigada Solano.

---

[77] Fuente: **Anuario Militar de 1898** citado en: Calleja Leal, Guillermo G.: *"La Guerra Hispano-Cubano-Norteamericana: Los combates terrestres en el escenario oriental"* en **Revista de Historia Militar,** Año XLI, 1997, N. 83, p.101.

-El **Primer Cuerpo de Ejército** (La Habana) con cuatro divisiones, la 1ª en Pinar del Río (1ª Brigada en Guanajay, 2ª Brigada en Bahía Honda); la 2ª División en La Habana (1ª Brigada en Calabazar, 2ª Brigada en Campo Florido); 3ª División en Matanzas (1ª Brigada en Jaruco, 2ª Brigada en Matanzas); 4ª División en Cárdenas (1ª Brigada en Varadero, 2ª Brigada en Cárdenas).

-El **Segundo Cuerpo** (Cienfuegos) con dos divisiones, la 1ª en Santa Clara ( 1ª Brigada en Cienfuegos, 2ª Brigada en Sagua, 3ª Brigada en Trinidad); la 2ª División en Sancti Spiritus (1ª Brigada en Sancti Spíritus, 2ª Brigada en Placetas).

-La **División Independiente** de la Trocha Júcaro- Morón.

-El **Tercer Cuerpo** (Puerto Príncipe), con dos divisiones, la 1ª División en Puerto Príncipe (1ª Brigada en Puerto Príncipe, 2ª Brigada en Puerto Príncipe); la 2ª División en Holguín (1ª Brigada en Holguín, 2ª Brigada en Puerto Padre).

-El **Cuarto Cuerpo** (Santiago de Cuba) con dos divisiones, la 1ª en Santiago de Cuba ( 1ª Brigada en San Luis, 2ª Brigada en Guantánamo); la 2ª División en Manzanillo ( 1ª Brigada en Manzanillo, la 2ª Brigada en Manzanillo).

-**División defensiva**, Fortaleza de La Habana

-**Brigada independiente**, La Habana.[78]

De acuerdo a los datos recogidos por el Agregado militar británico en Cuba en 1898, mayor G. F. Leverson, con la excepción de la guarnición de Cuba (Santiago), todos los regimientos de infantería españoles tuvieron en su composición solamente un bata-

---

[78] Gómez Núñez, Severo:*"La Guerra Hispano-Americana. La Habana: Influencia de las plazas de guerra"*, Madrid, 1900, pp. 114-115; Baldovín Ruiz, Eladio:*"El Ejército Español en Cuba"*en **Revista de Historia Militar.** Madrid, Año XLI, 1997, Núm. 83, p. 332; Sánchez Mederos, José A.: *"Informe del Agregado Militar Británico en Cuba, 1898"* en **Anuario del Archivo Histórico insular de Fuerteventura TEBETO V** Especial Canarias América Tomo II, 1992, pp. 61-62.

llón. Según la misma fuente, a su llegada, procedentes de España, los batallones tenían ocho compañías cada uno, pero pronto fueron reorganizados en 6 compañías. Por enfermedad y otros tipos de bajas, los batallones estaban reducidos a un promedio de 600 hombres y menos (casos hubo de batallones que tenían sólo 200 hombres).

General Arsenio Linares Pombo, jefe del 4° Cuerpo del Ejército Español en Cuba, a cargo de la defensa de la plaza de Santiago de Cuba. Fue herido en los combates por las alturas de San Juan, el 1° de Julio de 1898.

El mismo observador, nos dice que en cuanto a la caballería que los regimientos debían contar con cerca de 1 000 hombres y 800 caballos, pero fueron reducidos a 600 caballos, estructurados en escuadrones de 150 bestias cada uno. La artillería de montaña estaba organizada en dos regimientos de seis baterías con seis cañones cada una. La artillería de guarnición consistía en dos regimientos de ocho compañías cada una. Las compañías variaban en su composición, pero el promedio estaba en cerca de 150 regulares, complementados con movilizados.[79]

El mayor Leverson, antes mencionado, observó que el ejército español estaba bien dotado de municiones. "Se suministraba gran cantidad de cartuchos Mauser a todos los cuarteles y a todas las baterías costeras; teniendo acumuladas grandes cantidades de munición, había 400 disparos por cañón en las baterías de costa de La Habana y 300 en las de Cienfuegos". Este oficial británico nos da cuenta de que "la tropa cargaba con 200 balas de Mauser en un saquito de cuero adaptado a su cinturón".[80] De los efectivos españoles, se encontraban en la región oriental unos 36 500, distribuidos de la siguiente manera: 12 000 en Holguín, procedentes de Auras, Sagua de Tánamo y Mayarí, a las órdenes del experimentado general Agustín Luque y Coca; 6 000 en Guantánamo al mando del general de brigada Félix Pareja

---

[79] Ibidem, 61-63.
[80] Ibídem, pp. 111-113.

Mesa; 6000 en Manzanillo mandado por el general de brigada R. de Bruna y el resto, o sea, unos 12 500 hombres se encontraban bajo las órdenes del general Arsenio Linares Pombo en Santiago de Cuba y sus inmediaciones.[81]

Resulta interesante la evaluación que el Agregado militar británico hace del soldado español en Cuba:

Coronel Salvador Díaz Ordoñez, comandante de la artillería de la plaza de Santiago de Cuba en 1898.

*"El soldado español goza de unas cualidades las cuales le harían, adecuadamente dirigido, una máquina luchadora de lo más valiosa. Por negligencia e insuficiente alimentación nos encontramos con muchos soldados que no son aptos ni para las marchas ni la lucha. Pero pese a las enfermedades y sufrimientos, la mayoría eran capaces de sortear cualquier tipo de eventualidad..."*

Típico fortín (blockhaus) español.

*"El ejército español degeneró en las tropas irregulares pero el soldado español con su natural obediencia aprendería muy pronto la disciplina necesaria para luchar contra el enemigo en igualdad de condiciones. (....)".*[82]

---

[81] Calleja Leal, G., Op.Cit., p. 99.
[82] Sánchez Mederos, Op. Cit., p. 113.

Reconcentrados en La Habana. La reconcentración costó a la población cubana cientos de miles de vidas e incontables sufrimientos. Este genocidio no pudo acabar con la insurrección cubana. Fue un rotundo fracaso.

Un ingenio en Cuba a fines del siglo XIX.

Trabajadores negros en un ingenio en Cuba a fines del siglo XIX frente al barracón donde vivían. Aunque hacía dos décadas de la abolición de la esclavitud vivían en condiciones infrahumanas y eran explotados miserablemente.

Tropas españolas en La Habana. Pese al descomunal esfuerzo material y humano realizado por el colonialismo español no pudo contener a la insurrección cubana.

Escuadrón de *guerrilleros* cubanos al servicio de España. Sumaban más de 30 mil hombres en todo el país.

Mambises cubanos. Estos hombres, mal vestidos, pobremente armados y peor alimentados fueron capaces, con heroísmo y sacrificio, de derrotar todo el esfuerzo y poder del colonialismo español.

## Fuerzas terrestres españolas en Puerto Rico

Alto Mando: Gobernaba Puerto Rico, con doble carácter de Capitán General y Gobernador Civil, el teniente general Manuel Macías Casado. Era Segundo Cabo y gobernador de San Juan, el general de división Ricardo Ortega Diez.

**Organización Militar.**

El territorio de Puerto Rico estaba dividido en siete regiones militares: Ponce, Mayagüez, Arecibo, Aguadilla, Humacao, Guayama y Bayamón. Cada uno de ellos estaba al mando de un jefe.[83]

Las fuerzas terrestres defensoras del poder español en Puerto Rico consistían en seis batallones, cuatro de ellos provisionales numerados del 1 al 4, y dos permanentes, denominados "Patria" y "Alfonso XIII", respectivamente. Estos batallones tenían, cada uno, 800 efectivos. Cinco de ellos constaban de seis compañías y el otro de cuatro. Más adelante fue organizado el batallón "Príncipe de Asturias", con 600 hombres de tropas peninsulares.

El 12 Batallón de Artillería de Plaza, con cuatro compañías y un total de 700 hombres, guarnecía todas las baterías de San Juan, única plaza fuerte de la isla. Como artillería de montaña había ocho piezas: cuatro Plasencia y cuatro Krupp de tiro rápido. Cuatro compañías de la Guardia Civil dos escuadrones del mismo cuerpo armado estaban distribuidos por la isla, formando el denominado "Tercio Número 14 de la Guardia Civil". Una compañía de ingenieros (telégrafos), una sección de Sanidad Militar y un cuerpo semimilitar de orden público (una compañía) para la policía de poblaciones, completaban los defensores de la isla, cuyo total, escasamente, llegaba a 8000 soldados armados con fusiles Máuser, 250 caballos y 8 cañones.

Los soldados se distribuían como sigue:

```
Infantería.............................. 5000
Artillería............................  700
Otras armas y cuerpos............ 2300
        Total....................... 8000
```

---

[83] Rivero Méndez, Angel: *"Crónica de la Guerra Hispanoamericana en Puerto Rico"*. Río Piedras, Editorial Edil, 1998 (2ª edición), pp. 43-44.

Se contaba, además, con 14 batallones de voluntarios, en su mayoría peninsulares, que nominalmente sumaban unos 9 000 hombres, todos armados de fusil Remington reformado y proyectiles de envuelta niquelada. Faltas de cohesión y de entrenamiento estas unidades conformaban una milicia política y tenían escaso valor como fuerza militar.

Poco antes de iniciarse la guerra, el 15 de abril, arribaron a Puerto Rico 27 oficiales y 715 soldados así como dos secciones de artillería de montaña con sólo 160 tiros.[84]

Al romperse las hostilidades con Estados Unidos se formaron seis guerrillas mixtas de 100 hombres cada una. Estas guerrillas eran mandadas por oficiales del ejército. Al reclutarlas se dio preferencia a ex-militares. En la práctica de la resistencia a la invasión estas fuerzas carecieron de eficacia, aún como reservas.

Tropas de puertorriqueños y españoles en Guayama, Puerto Rico.

---

[84] González Vales, Luis: **La Campaña de Puerto Rico. Consideraciones Histórico-Militares** en *El Ejército y la Armada en 1898: Cuba, Puerto Rico y Filipinas (I)* [Memorias del I Congreso Internacional de Historia Militar]. Monografías del CESEDEN nº 29, Madrid, Ministerio de Defensa, 1999. p. 262.

En San Juan se organizó el Batallón de "Tiradores", compuesto principalmente por empleados del gobierno y el municipio. En los diferentes pueblos se organizaron guerrillas de voluntarios, llamados *"macheteros"*, y cada batallón de infantería montó 35 de sus hombres como guerrilla.

Así, al mes de declararse la guerra, las fuerzas defensoras de España en Puerto Rico sumaban (al menos en el papel) unos 18 000 hombres, de los cuales unos 8000 eran veteranos.

En el Parque y almacenes, a cargo del cuerpo de artillería, había almacenados 9 000 fusiles Máuser y Remington, y gran cantidad de municiones para los mismos.[85]

### Fuerzas Terrestres de España en Filipinas

Teniente general Basilio Augustín y Dávila, gobernador español de las Filipinas.

<u>Alto Mando</u>: Gobernaba las Filipinas, como Capitán General, el teniente general Basilio Augustín y Dávila, quien había asumido el mando el 10 de abril. El general Augustín, que a la sazón contaba 58 años de edad, había participado en varias campañas contra los carlistas en el norte de España.

**Organización Militar.**

Para hacer frente al conflicto que se avecinaba el mando español en Filipinas contaba con unos 20 000 efectivos regulares (12 000 europeos y 8 000 nativos)[86], la mayor parte en la isla Luzón. La distribución de fuerzas en esta isla era como sigue: un núcleo principal en la capital, Manila, de unos 6 700 hombres entre los que se incluía prácticamente toda la artillería; una brigada mandada por el general Monet en el centro de Luzón; otra en la provincia de Cavite que mandaba el general García Peña, que tenía

---

[85] Rivero, Op. Cit., pp. 45-47. Véase también Gómez Núñez, Severo: *"La Guerra Hispanoamericana: Puerto Rico y Filipinas"*.Madrid, Imprenta del Cuerpo de Artillería, 1902, p. 82.

[86] Calculados después de las operaciones realizadas hasta la Paz de Biac-nabato, las repatriaciones, los enfermos, las deserciones de personal nativo y los traslados de tropas. A estos efectivos hay que añadir unos 2 000 hombres de la Guardia Civil y 2 000 entre marinería e infantería de marina.

su núcleo principal en la plaza de Cavite Nuevo, y otra en Batangas-La Laguna cuyo mando lo ejercía provisionalmente el coronel Rodríguez Navas. Todas estas brigadas estaban en su mayor parte diseminadas en destacamentos que cubrían todo el territorio de las comandancias correspondientes, sin contar con reservas móviles importantes para actuar en caso de necesidad; al igual que ocurría con las escasas fuerzas existentes en el resto de las provincias.

Las brigadas contaban aproximadamente con efectivos equivalentes a tres o cuatro batallones de infantería (al menos uno de ellos nativo) y algunas con una sección de artillería de montaña; los destacamentos tenían unos efectivos que oscilaban entre los de una compañía y pelotón, según la importancia del pueblo en que se asentaban.

Parte de la guarnición de la base española de Cavite, Filipinas.

A esta fuerza se le añadía un pequeño núcleo de la guardia civil; solamente en las cabeceras de las comandancias, donde tenía su residencia el general, podía encontrarse una agrupación de fuerzas más importante, como era el caso de la base de Cavite, con efectivos próximos a los de un batallón, si bien de diversa procedencia (cazadores, Regimiento 73 e infantería de marina), contando además con artillería para la defensa de la misma.[87]

---

[87] Más Chao, Andrés: *"La guerra olvidada de Filipinas. 1896-1898"*,Madrid, Editorial San Martín, 1998. pp. 172-173. También Gómez Núñez, Op. Cit., pp. 153-154.

Las defensas costeras, como se ha visto al tratarse el acondicionamiento del teatro, eran completamente inadecuadas.

En resumen puede decirse que, con las fuerzas diseminadas por toda la isla Luzón y sin capacidad de defensa en la costa, las posibilidades de oponerse a las acciones de los norteamericanos eran nulas, sobre todo si se considera que los defensores no contaban con el apoyo de la población sino por el contrario, con su hostilidad.

A modo de conclusiones, las fuerzas armadas españolas, tanto navales como terrestres, no estaban en condiciones de librar con éxito, en los distintos escenarios bélicos, acciones combativas contra las fuerzas estadounidenses.

La naturaleza misma de estos escenarios -islas muy distantes de la metrópoli y entre si-, determinaba que las fuerzas navales desempeñaran un papel decisivo en la campaña y se ha visto que las fuerzas de la Marina de Guerra de los Estados Unidos eran muy superiores en número y capacidad combativa a las españolas en cada uno de los teatros de operaciones militares.

Sargento español en las Filipinas.

En cuanto a las tropas terrestres españolas, hemos visto como, excepto en Puerto Rico, las mismas tenían que enfrentar una situación compleja en cada uno de los escenarios de la guerra. En Cuba estaban enfrascadas, desde hacía tres años, en una guerra agotadora y sin perspectivas con los insurrectos, que habían logrado arrebatarle la iniciativa. En Filipinas, si bien habían logrado recientemente una paz precaria, el peligro de una nueva insurrección permanecía siempre latente. En ambos casos, los estadounidenses maniobraron hábilmente y contaron con el apoyo de los patriotas contra el ejército colonialista español. En ambos casos, por tanto, los españoles tenían que enfrentar a dos enemigos, uno que provenía del exterior, y otro que ya estaba en el territorio, que era suyo.

# Capítulo 4
## El Episodio del Maine

El acorazado *Maine* antes de emprender su última travesía.

El acorazado **Maine** se encontraba en Cayo Hueso desde el 15 de diciembre de 1897 como precursor del establecimiento allí de una fuerza naval mucho mayor, lo cual formaba parte de las presiones que de manera creciente venía ejerciendo el gobierno de Estados Unidos sobre el de España.

La guerra de Cuba había transformado Cayo Hueso de tranquila población con una pequeña estación naval, en un centro muy activo. Su situación a sólo 90 millas de La Habana, lo hacía idóneo para la basificación de las unidades navales encargadas de perseguir a las expediciones de los patriotas cubanos, misión a las que estaban destinados los cruceros no protegidos **Montgomery** y **Detroit** y los torpederos **Cushing**, **Dupont** y **Ericson**. Cayo Hueso era importante, además, porque estaba unido por telégrafo a Washington y por cable a La Habana. El comandante del navío, había recibido instrucciones de esperar en Cayo Hueso la señal de partida rumbo a La Habana, que le debía ser trasmitida en clave, desde la capital cubana por el cónsul Lee.[88]

Pero la orden no llegó por la vía expresada. El 24 de enero, hacia las 9 de la noche el contralmirante Montgomery Sicard, jefe de la Escuadra del Atlántico Norte, a la que el **Maine** se había incorporado, recibió, como ya se vio, un telegrama del Secretario de Marina, John D. Long, en el cual se ordenaba el envío del acorazado a La Habana.[89]

**El navío, sus mandos y personal**

Tripulantes del *Maine*.

El **Maine** era un buque a vapor de 6682 toneladas de desplazamiento, dos hélices, 96 metros de eslora (largo), 17 metros de manga (ancho máximo), un calado de 6,6 metros y una velocidad

---

[88] H. G. Rickover, *Como fue hundido el acorazado Maine*. Madrid. Editorial Naval. 1985. p. 49; Peggy y Harold Samuels, *Remembering the Maine*. Washington. Smithsonian Institution Press. 1995. pp. 43-57.
[89] La descripción de la recepción de la orden y las instrucciones al comandante del `**Maine'** están en Rickover, Op. Cit., p. 59.

de proyecto de 17 nudos (millas por hora). Estaba dotado de una artillería heterogénea. La batería principal estaba compuesta por cuatro cañones de 250 mm situados en dos torres dobles, una a proa y otra a popa, de manera muy peculiar, "en diagonal". Contaba además con seis cañones de 150 mm. Como artillería secundaria, el buque disponía de siete piezas de 57 mm. Los distintos calibres se explican, en parte, por la incapacidad en aquella época de determinar con precisión los alcances a más 3 000 yardas.

Equipo de béisbol del acorazado *Maine*.

Las piezas de mayor calibre eran de ritmo lento y se empleaban para disparar contra las corazas de los buques adversarios, mientras que los cañones menores, de una mayor cadencia de fuego, tenían la función de barrer las cubiertas enemigas y se empleaban también para la defensa contra buques rápidos como los torpederos. Completaban el armamento cuatro tubos lanza torpedos, dos a cada banda, sobre la línea de flotación pero bajo la cubierta principal.

Algunas partes del buque estaban acorazadas; planchas de 8 pulgadas protegían las torres de los cañones de 10 pulgadas, y una cintura acorazada de un grueso máximo de 12 pulgadas se extendía a lo largo de la línea de flotación por ambas bandas. El Arsenal de New York puso su quilla el 17 de octubre de 1888, y seis años y once meses más tarde -el 17 de septiembre de 1895- se le consideró apto para el servicio. Este dilatado período de construcción revela el estado de la tecnología naval norteamericana de la época, que estaba retrasada en cuanto a la fabricación de corazas y armamentos y a maquinaria naval.

Botadura del *Maine*.

Cuando el 3 de agosto de 1886 el Congreso autorizó la construcción del **Maine** como el primero de "Dos buques acorazados de alta mar, de doble fondo, de unas 6 000 toneladas", la Marina y la industria estadounidense no poseían suficiente experiencia técnica. El gobierno firmó el primer contrato importante de construcción de forjas de cañones y corazas con la Bethelehem Iron

Company en 1887, para el **Maine**, su gemelo el Texas y otros cinco buques.

Mientras la Bethelehem preparaba sus instalaciones basándose en la tecnología europea, aparecieron nuevos procedimientos de mejora de corazas y el gobierno tuvo que cambiar sus especificaciones. El resultado fue que la terminación del buque se retrasó. La construcción de la planta propulsora también presentó dificultades: eran las primeras máquinas de triple expansión, verticales, invertidas, de tres cilindros, construidas por la Marina. El intento de emplear fundición de acero fue un fracaso.

Al llegar, al fin, el momento de ponerlo en servicio, el **Maine** estaba atrasado y la Marina tuvo que clasificarlo como acorazado de segunda clase. No obstante, era uno de los mayores y más poderosos navíos de la armada norteamericana.

El aspecto del **Maine** era peculiar. Estaba pintado con colores de tiempos de paz: casco y botes blancos, superestructura, palos y chimeneas de ocre, cañones y proyectores negros. Más significativa aún era la extraña disposición de cubierta dictada por la situación de las torres de la artillería de 250 mm, que en lugar de estar en la línea de crujía (sobre el plano diametral del buque), como es el caso de los buques modernos, se encontraban en la banda de estribor la de proa y en la de babor la de popa, opuestas diagonalmente.

La superestructura del **Maine** se componía de tres secciones: castillo con el proyector y el palo de proa; centro, con las chimeneas, el puente y la mayoría de los botes; y toldilla, con su proyector y el palo mayor. Los espacios libres entre las tres secciones tenían por objeto permitir a las torres de cada banda girar y hacer fuego a través de la cubierta. La mayoría de los oficiales tenían sus camarotes a popa y la mayor parte de la dotación se alojaba a proa.[90]

El comandante del **Maine**, capitán de navío Charles D. Sigsbee, tenía cincuenta y tres años. Nacido en Albany, New York, estudió en la Escuela Naval de 1859 a 1863, participando después de la Guerra de Secesión. Su carrera fue similar a la de mayoría de los oficiales navales de su generación. Presumía de pericia marinera y había estado dos años en el Servicio Hidrográfico.

---

[90] Ibídem, pp. 17-21. Sobre el proyecto y construcción del buque véase también, Samuels, Op. Cit., pp. 23-35.

A él se debía el invento de varios instrumentos para explorar el fondo del mar y en 1880 publicó la obra *Sea Sounding and Dredging* (Sondeo y Dragado en alta mar), obteniendo con ello reputación internacional. Había colaborado además en el desarrollo de un reostato. Sigsbee tomo el mando del **Maine**, el 10 de abril de 1897.

Capitán de navío Charles D. Sigsbee.

Hasta entonces la vida del buque había sido accidentada: se produjo un incendio durante su construcción; varó en febrero de 1896; el 6 de febrero de 1897, frente a cabo Hatteras, un golpe de mar se llevó a cinco hombres, y dos días más tarde resultaron heridos otros dos por la explosión de una carga de pólvora.[91]

El segundo comandante del **Maine** era el Capitán de Corbeta Richard Wainwright cuyo cargo anterior había sido el de jefe de la Oficina de Inteligencia Naval (ONI). Bajo la jefatura de Wainwright la ONI se convirtió en una parte vital e integral del grupo de planificación de la Marina, gracias principalmente a la íntima relación entre Wainwright y Theodore Roosevelt. [92]

Durante los años 1896 y 1897 el esfuerzo principal de la ONI estuvo dirigido a planificar las acciones navales en una posible guerra contra España, como ya se ha visto. Antes de ser transferido al **Maine**, en noviembre de 1897, Wainwright dejó expresada su visión respecto al papel a desempeñar por la Marina en su ensayo *Our Naval Power* (Nuestra Fuerza Naval), el cual fuera publicado por la revista *Proceedings* del Instituto Naval.[93]

---

[91] Ibídem, pp. 20-21. Un esbozo biográfico de Sigsbee puede verse en José Mª Martínez- Hidalgo, ed., *Enciclopedia General del Mar*. Madrid-Barcelona. Ediciones Garriga,S.A., 1957., Tomo VI, p.210.
[92] Sobre los antecedentes de Wainwright puede verse, Jeffery M. Dorwart, *The Office of Naval Intelligence*. Annapolis. Naval Institute Press, 1979. pp. 55-57.
[93] Ibídem, p. 57.

Capitán de Corbeta Richard Wainwright, 2º comandante del acorazado *Maine*.

Otros oficiales importantes del buque eran el teniente de navío George F. W. Holman, oficial de derrota (navegante); el también teniente de navío Friend W. Jenkins, oficial de inteligencia y el jefe de máquinas Charles P. Howell.

El número total de oficiales del buque era de veintiséis mientras las clases y alistados sumaban 328. Entre estos últimos había numerosos inmigrantes aunque, excepto dieciocho, los restantes eran ciudadanos norteamericanos o residentes permanentes que habían declarado su intención de obtener la ciudadanía. De los 18 mencionados, 13 estaban registrados como extranjeros residentes y 5 eran extranjeros no registrados.[94]

La tripulación tenía una composición racial diversa, pero no es cierto, como a veces se ha afirmado, que estuviera compuesta mayoritariamente por negros. Según el escritor y periodista Tom Miller, el número de negros en la tripulación no excedía al 20 por ciento de la misma. Las fotos de la tripulación corroboran esta afirmación.[95]

### La llegada a la Habana

Dos horas después de recibida la orden, el **Maine** zarpaba rumbo a la capital de Cuba. A media mañana del 25 de enero se encontraba frente al Morro. Allí recibió al práctico y se dirigió hacia la boya de amarre número 4 situada en el sector del puerto destinado a los buques de guerra, a unos 200 metros del crucero español **Alfonso XIII** y, en otra dirección, a 400 metros del crucero alemán **Gneisenau**.

---

[94] Los datos sobre la composición de la tripulación aparecen en Peggy y Harold Samuels, Op. Cit. p. 80 quienes a su vez lo tomaron de *Army and Navy Journal*, Marzo 5, 1898.

[95] Tom S. Miller "Remember the Maine" en la revista *Smithsonian*, Washington, Vol. 28, No. 11, Febrero 1998, pp. 46-57.

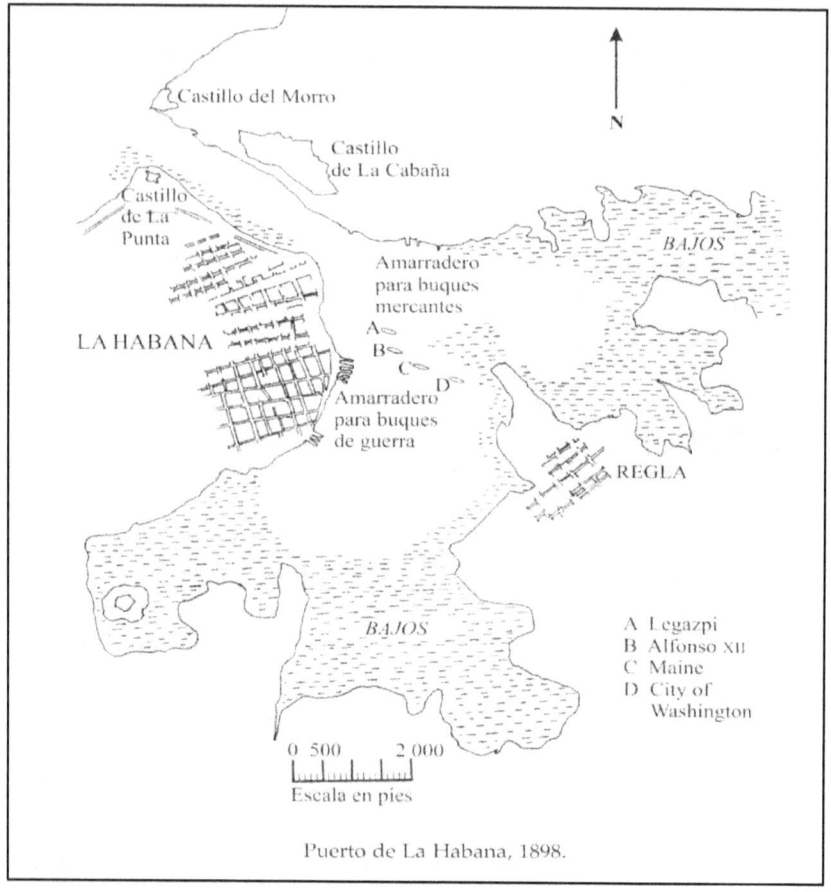

Puerto de La Habana, 1898.

Una multitud de gente curiosa llenó el litoral mientras el acorazado estadounidense realizaba las maniobras de entrada y fondeo y se hacían las salvas de saludo reglamentarias.[96]

El **Maine** era, posiblemente, el mayor buque de guerra que jamás hubiera entrado en la bahía habanera. Parecía una gran fortaleza introducida en pleno corazón de la capital cubana. Su aspecto, fondeando en el centro de la bahía, era imponente. Para los servicios portuarios la llegada del acorazado tuvo todas las características de un acto precipitado. Las autoridades sanitarias, siempre preocupadas por el peligro de la fiebre amarilla, no podían comprender como Sigsbee no estaba preparado para pre-

---

[96] Rickover, Op.Cit., pp. 60-62. Una descripción detallada aparece en Samuels, Op. Cit. pp. 57-69.

sentar documentos que demostraran que su buque no tenía enfermos a bordo. Si hubieran conocido que carecía de esa documentación, habrían recomendado ponerlo en cuarentena.

El *Maine* entrando a la bahía de La Habana.

Después de fondeado el buque comenzaron las visitas de rigor. Fue a bordo a saludar a su comandante el teniente de navío de la Armada española Alberto Medrano, y el capitán de navío Sigsbee devolvió la visita, por la tarde, al capitán del puerto Luis Pastor Landero. Bajo el barniz de la cortesía oficial, españoles y norteamericanos en La Habana se miraban con recelo. Ambas partes trataban de evitar incidentes. Long ordenó a Sigsbee que la tripulación no bajara a tierra.

El buque permanecía vigilado, día y noche, por centinelas fuertemente armados, se mantenía munición a mano en todas las piezas de artillería y las calderas funcionando de manera que mantuvieran la presión de vapor suficiente para mover las torres artilleras. [97]

---

[97] Ibidem, pp. 69-78.

Unos días después de la llegada Sigsbee pensó que la situación era lo suficientemente tranquila como para permitir que los oficiales visitaran la ciudad, vistiendo siempre ropas de civil.

No obstante, las medidas de seguridad se mantuvieron y ante los insistentes rumores de un minado del puerto, Sigsbee ordenó al teniente de navío Jenkins, oficial de inteligencia del buque, que realizara una investigación al respecto. Después de recibir el reporte, el comandante del **Maine** informó a su superioridad que era "improbable que hubieran minas instaladas en la bahía o por lo menos, en nuestra vecindad".

El *Maine* disparando salvas de saludo a la plaza de La Habana.

Mientras tanto, en Washington, continuaban los preparativos bélicos. El 27 de enero, se comunicaba al jefe de la Escuadra Oriental, comodoro Dewey, que el crucero **Olympia**, en Yokohama, Japón, retuviera a bordo y no licenciara al personal que había cumplido su contrato de alistamiento. Simultáneamente, se seguía alertando a otras unidades navales -en Europa, el Caribe, el Atlántico Norte y el Extremo Oriente- de posibles complicaciones con España. El 31 de enero, el crucero **Montgomery**, partió de Cayo Hueso con rumbo a Matanzas para efectuar otra **"visita amistosa"** ( y de paso informar de las condiciones de ese puerto) y proseguir después a Santiago de Cuba, con objetivos similares.

Por su parte, Sigsbee y sus oficiales, siguiendo instrucciones de Roosevelt aprovechaban las actividades sociales en las que participaban para reunir información sobre las defensas de La Habana. El 30 de enero, con motivo de una invitación que se les hiciera de visitar el Miramar Yatch Club, situado en la Playa de Marianao, a unas ocho millas al oeste de la ciudad, navegaron en un yate a lo largo de la costa y muy cerca de ella, observando todas las fortificaciones e instalaciones militares situadas en la zona.[98]

Para la dotación, la novedad de encontrarse en puerto duró poco. Apiñados en un buque acorazado y mal ventilado que borneaba alrededor de la boya de amarre día tras día, los marineros se aburrían. Hasta las pequeñas embarcaciones de tráfico portuario esquivaban al acorazado norteamericano.

¿Cuánto tiempo iba a pemanecer el **Maine** en Cuba? La Marina pensaba enviar al acorazado a Nueva Orleans el 17 de febrero para los Carnavales. El secretario Long estaba preocupado por las condiciones sanitarias de la ciudad y el puerto. Cuanto más tiempo permaneciera el buque en la Habana, mayor sería el peligro de fiebre amarilla. Al enterarse de estas preocupaciones y propósitos el cónsul Lee envió su enérgica protesta por lo que consideraba una decisión desafortunada: ""El buque o los buques deben quedarse aquí todo el tiempo. No podemos abandonar este control pacífico de la situación (...). Si (el **Maine**) se va, debe ser reemplazado por otro buque del mismo tamaño y potencia". Persuadido por Lee, Washington decidió dejar al acorazado en La Habana.[99]

Pero al cónsul norteamericano le preocupaba que si la situación entre su país y España se hacía más tirante, el navío corriera el peligro de verse aislado en La Habana. De acuerdo con Sigsbee propuso que se le enviara otro buque más, y el 2 de febrero escribió al Secretario de Estado Day: "....Sigsbee opina que enviar la escuadra a La Habana sería arriesgado, no obstante considera que un torpedero podría comenzar con visitas cada vez más frecuentes hasta que los españoles se acostumbren a verle, para quedar en permanencia después". Y proponía, como precaución,

---

[98] Ibídem, p. 81.
[99] Rickover, Op. Cit. pp. 64-66.

que llegase relleno de agua, ya que los españoles eran capaces de contaminar su suministro en La Habana.

Day, Long y Mc Kinley aceptaron la propuesta, y el 10 de febrero Lee y Sigsbee recibieron noticias de que se enviaría un torpedero el día 15, si el tiempo era bueno. Estaría 24 horas en La Habana y regresaría a Cayo Hueso.

USS Cushing.

El **Cushing** fue el buque designado. Tenía 52 metros de eslora; 4,5 metros de manga, 116 toneladas de desplazamiento y un calado medio de 1,5 metros.

Armado con tres cañones de 6 libras y tres tubos lanzatorpederos, con dos oficiales y 20 hombres de tripulación, era capaz de alcanzar 23 nudos de velocidad.

A pesar de los cables cifrados de Long, el Gobierno de La Habana se enteró de la inminente visita del torpedero el mismo día, por un periódico en español. Las autoridades no sabían qué hacer. Todos los mercantes norteamericanos que habían entrado en puerto traían aprovisionamiento para el **Maine**, ahora el **Cushing**, de acuerdo con el periódico, estaba por llegar con más suministros. Según la ley española un buque de guerra que trajera provisiones debía declararlas en La Habana. De acuerdo con la ley internacional, las autoridades estaban en su derecho de prohibir la entrada al torpedero. De hacerlo, sin embargo, se presentaba la posibilidad de disputas diplomáticas. Siguiendo la línea de hacer concesiones, los españoles decidieron no poner objeciones a la visita.

El viaje del **Cushing** empezó mal. Los dos oficiales que descifraron el despacho del Secretario Long se olvidaron de transcribir la fecha de salida: el 15 de febrero. En consecuencia, el torpedero salió de Cayo Hueso a las 7:10 de la mañana del 11 de febrero. Durante la travesía hacia La Habana encontró fuerte marejada: una ola barrió la cubierta y arrastró al guadiamarina Breckendridge, que a pesar de la rápida reacción del comandante y de sus hábiles maniobras fue recogido demasiado tarde para salvar su vida. El torpedero continuó hacia La Habana, y a las 15:30 del mismo día amarró cerca del **Maine**. El cadáver del guardiamarina fue trasbordado al acorazado y luego enviado en un vapor comercial directamente a Nueva York donde lo esperaría su padre, el general John C. Breckendridge. El día siguiente de su llegada, el torpedero **Cushing** regresó a Cayo Hueso.[100]

## La explosión

Ilustración de la explosión del *Maine*.

El martes 15 de febrero, a las 9:40 de la noche, una fuerte explosión destruyó al acorazado estadounidense. Las opiniones de los testigos difieren. Unos afirmaron que se oyó un solo gran estampido, mientras otros manifestaron haber escuchado primero una explosión, semejante a un cañonazo y después, casi simultáneamente, otra que algunos describieron como un cataclismo.

La mayoría de los que dicen haber escuchado dos explosiones coinciden en que tras la primera vieron levantarse la proa del buque. Después de ese primer instante, el aire se llenó de todo

---

[100] Ibídem, pp. 66-68. Véase también Samuels, Op. Cit. p. 85.

tipo de proyectiles. Varios testigos dijeron haber visto fragmentos y otros objetos inflamados del buque alcanzar alturas de más de 50 metros en medio de una densa columna de humo que brotaba del navío siniestrado, algunos de esos fragmentos cayeron a distancias de un kilómetro del buque.[101]

Pasado el primer momento de confusión comenzó, de manera inmediata, el salvamento. El comandante del acorazado, Sigsbee, y su segundo, Wainwright, cursaron órdenes para reunir en la popa a los tripulantes que iban saliendo de entre los escombros. La proa del buque se había hundido con rapidez, mientras la popa lo hacía lentamente.

Varios botes salvavidas, especialmente los de popa, no habían sido dañados, por lo que se ordenó que se les bajara inmediatamente a fin de recoger a los hombres que estuvieran en el agua. En esto, comenzaron a llegar botes de socorro provenientes del crucero **Alfonso XIII** y del mercante norteamericano **City of Washington**. Tanto los marineros españoles como norteamericanos mostraron gran valor en aquel dramático momento, ya que las municiones del **Maine** seguían estallando por doquier y precisamente cuando llegaron al costado del buque, la popa estaba ya casi completamente sumergida. Hubo un consenso no hablado de evitar los cadáveres y restos humanos que flotaban para tratar de rescatar a los sobrevivientes. En el agua flotaban piernas y brazos mutilados. Diez hombres, a pesar de estar heridos lograron sin ayuda, nadar entre los derrelictos que flotaban en la bahía y llegan al muelle de la Machina. Algunos de los rescatados de las aguas, fallecieron poco después.

Sigsbee fue el último en abandonar su buque, siendo conducido al **City of Washington**. Una vez allí, cursó un telegrama, en lenguaje claro, dirigido al secretario de Marina:

*"Maine explotó en puerto La Habana a veintiuna y cuarenta y destruido. Muchos heridos y sin duda muchos más muertos. Heridos e ilesos a bordo de buque de guerra español y vapor de la Ward Line.(....) Envíen buques auxiliares de faros para recoger dotación y algún material a flote. Nadie tiene más ropa que la puesta. Las opiniones públicas deben suspenderse hasta nuevo informe. Se cree salvados a todos los oficiales. Jenkins y Merritt*

---

[101] Ibídem, pp. 97-109.

*no han sido encontrados. Muchos oficiales españoles, incluidos representantes del general Blanco están ahora con nosotros para expresarnos sus condolencias".* [102]

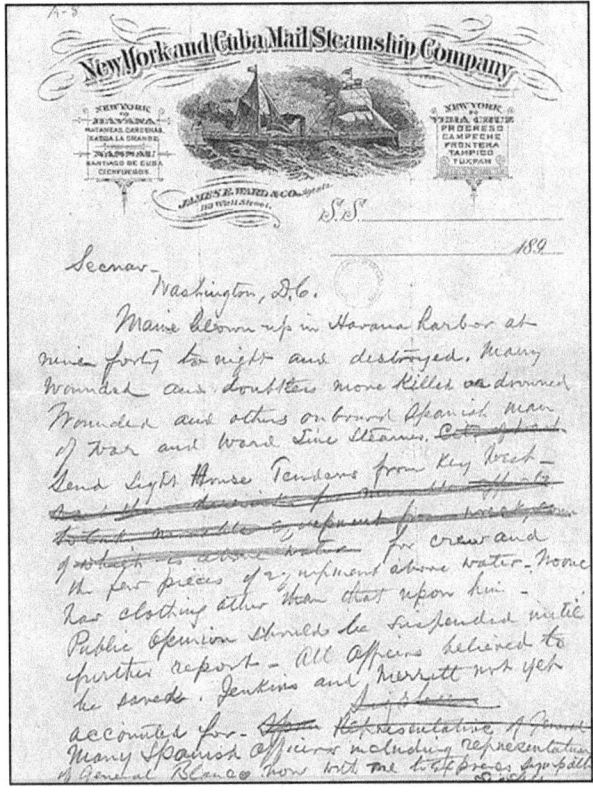

Borrador original del texto del telegrama del Capitán Charles S. Sigsbee del Maine al Secretario de la Marina estadounidense.

Respecto a las bajas ocurridas en la explosión las estadísticas muestran algunas diferencias. De los 328 alistados de la dotación que estaban a bordo (había un tripulante en Cayo Hueso, cumpliendo una sanción), 16 resultaron ilesos; 54 de los heridos sobrevivieron, lo que hacía un total de 70 alistados sobrevivientes de acuerdo con las cifras oficiales.

El número de alistados muertos fue de 258, casi cuatro quintas partes de los que se encontraban a bordo. A esta cifra se llegó por sustracción a causa de que muchos cuerpos no pudieron ser rescatados. Dos de los 26 oficiales murieron. El total de muertos, de acuerdo a los datos oficiales de la Marina, fue de 260. Otros 6 tripulantes, incluyendo al teniente de navío John J. Blandin, quien era el oficial de guardia en el momento de la explosión, fallecieron tiempo después a causa de las heridas recibidas, pero

---

[102] El mensaje de Sigsbee aparece en Rickover, Op. Cit., p. 69.

la Marina no los añadió nunca a la lista de bajas. Según el escritor y publicista Tom Allen, de los alistados que resultaron muertos, 22 eran negros.[103]

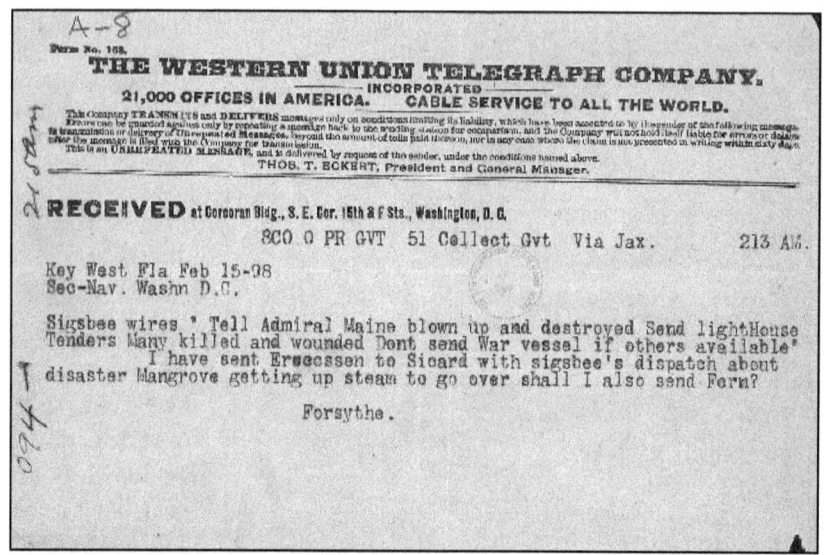

Telegrama enviado por el Capitán James Forsythe, Jefe de la Estación Naval de Cayo Hueso, retransmitiendo la noticia dada por el Captán del Maine, Charles Sigsbee, sobre el hundimiento de su nave.

Al día siguiente a la explosión, las autoridades españolas ofrecieron llevar a cabo los funerales de las víctimas en el Cementerio de Colón. La idea fue aceptada de inmediato por el cónsul norteamericano Lee y el comandante del **Maine**, en vista de que no tenían medios para conservar o enviar los cadáveres mutilados y sin identificar y temían que, debido al clima se descompusieran rápidamente.

Los restos mortales que habían sido hallados, se colocaron en 19 féretros que fueron velados en el Palacio del Capitán General horas antes de que un solemne cortejo fúnebre compuesto -según cronistas de la época-, por más de 300 carruajes, los acompañara

---

[103] Una lista de los muertos y desaparecidos, así como de los sobrevivientes aparece en U.S. Navy, *Appendix to the Report of the Chief of the Bureau of Navigation 1898.* Washington. Government Printing Office. 1898, pp. 11-14. El dato respecto a los tripulantes negros que resultaron muertos esta tomado de Thomas Allen, "Remember the Maine?" en la revista *National Geographic*, Vol. 193, N° 2, Febrero de 1998, pp. 92-111.

a través de las calles de La Habana. En los días sucesivos, se continuaron los enterramientos en la medida que iban recuperándose los cadáveres de las víctimas en las aguas de la bahía y falleciendo en los hospitales algunos de los heridos.[104]

La bahía habanera al día siguiente de la explosión. Los restos del **Maine**, aún humeantes, aparecen al centro, hacia la derecha.

Unos días después de la explosión, -según relató posteriormente- el comandante del **Maine** recibió una carta del jefe del Ejército Libertador Cubano, general Máximo Gómez, en la que le expresaba su condolencia por lo ocurrido. [105]

### El impacto de la noticia

El telegrama enviado por Sigsbee al Secretario de Marina dando cuenta de la explosión fue llevado a la oficina del cable por un corresponsal de prensa, quien se tomó la atribución de hacer una copia para su periódico. Como consecuencia, la prensa norteamericana conoció, al mismo tiempo que el gobierno, la noticia de la explosión. De inmediato, los periódicos más sensacionalistas dieron rienda suelta a su imaginación.

El *New York Journal* de William R. Hearst, publicaba en la primera página de su edición del día 17 de febrero una ilustración en la que aparecía el **Maine** fondeado en la bahía mientras debajo de él se encontraba una mina, unida por cables a tierra y en grandes titulares se leía: *"La destrucción del **Maine** fue un trabajo del enemigo"; "El secretario asistente Roosevelt convencido de que la explosión del buque de guerra no fue un accidente";*

---

[104] Una descripción del rescate de los sobrevivientes y de los funerales efectuados el día 17 de febrero puede verse en Charles D. Sigsbee, "El `Maine'. Un relato de su destrucción en el puerto de La Habana", 4º capítulo, publicado en la revista *Bohemia*, La Habana, 14 de Marzo de 1948, pp. 21-23, 74-75, 80, 106.
[105] Ibídem, 5º capítulo, publicado el 21 de marzo, 1948, p. 32.

*"Oficiales de la Marina piensan que el "Maine" fue destruido por una mina española".* De manera reiterada, en esa propia primera plana, el *Journal* ofrecía 50 mil dólares como recompensa al que detectara al autor o autores de lo que llamaba "el ultraje del Maine".

Para no quedarse detrás, el *New York World*, propiedad de Joseph Pulitzer ofrecía a los lectores una elección: *"La explosión del Maine. Causada por ¿bomba o torpedo?"* y ofrecía enviar inmediatamente buzos a La Habana "para conocer la verdad". [106]

Restos del *Maine* en la Bahía de La Habana. Al fondo la nave española *Vizcaya*. Foto de la colección de la de la biblioteca del Harvard College. [N. Del E.]

Tanto el *Herald* como el *Journal* anunciaron el envío de sus propios equipos de investigadores. Desde el habanero Hotel Inglaterra, el capitán Sigsbee redactó un segundo mensaje a la Secretaría de Marina, esta vez en clave:

---

[106] Samuels, Op. Cit., pp. 123-132.

"Probablemente el "Maine" fue destruido por una mina, quizás por accidente. Supongo que su colocación fue planeada antes de su arribo; quizás hace mucho tiempo. Esta es sólo una suposición mía..."

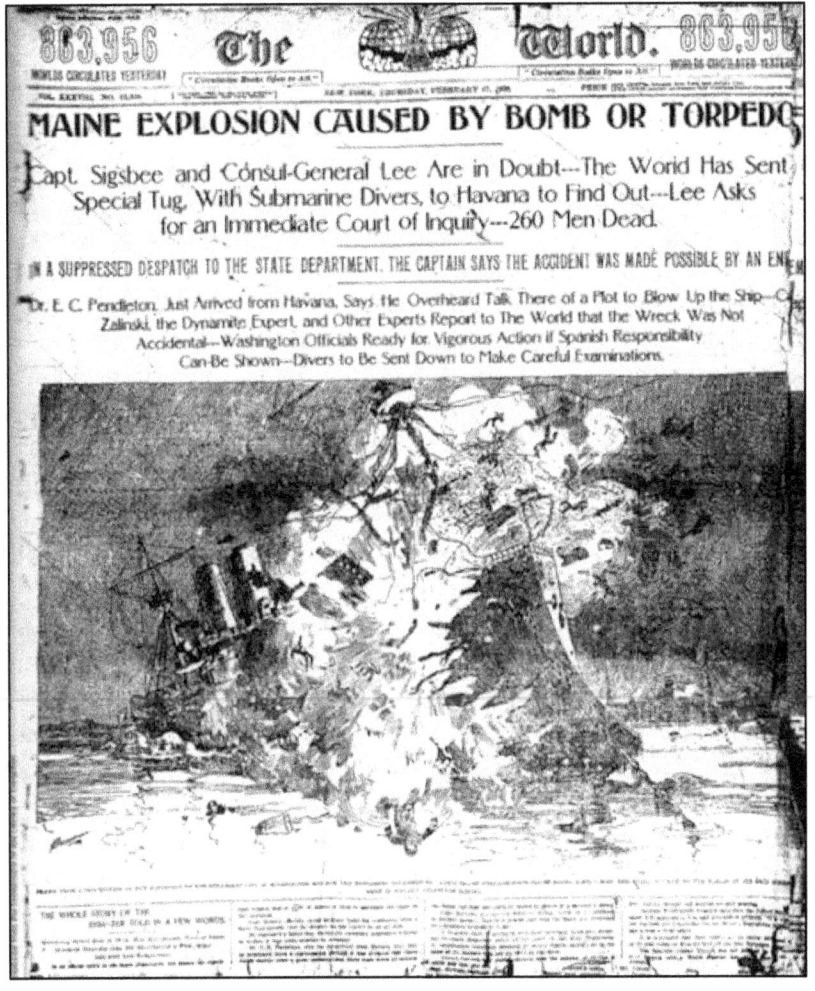

Así reflejó el periódico *The World* la explosión del *Maine* al día siguiente de haber ocurrido.

¿Qué hizo a Sigsbee cambiar de tono entre un mensaje y otro? En términos generales, el desastre tenía dos posibles explicaciones: la destrucción del buque se había producido por accidente o por acto premeditado. Si se trataba de un accidente, Sigsbee tendría que explicar cómo pudo ocurrir, ya que era responsable de la nave. Si fue un acto premeditado por la dotación, Sigsbee continuaba siendo responsable. Pero si el acto había sido llevado cabo por personas ajenas, es decir, por las autoridades españolas; por españoles weyleristas y por tanto contrarios al gobierno, o por cubanos partidarios de la intervención, la culpa era de España, responsable de la seguridad del buque que se encontraba legalmente en un puerto bajo su soberanía. Dicho en otras palabras, entre el accidente y el sabotaje existía una posible línea divisoria: si la explosión era "**interna**" era probablemente accidental y España no tenía responsabilidad, pero si el origen de la explosión era "**externo**", sería probablemente premeditada y la culpa recaería sobre España.[107]

Por su parte el *Washington Evening Star*, realizaba una encuesta entre un grupo de oficiales de la Marina, encontrando que en su mayor parte atribuían la pérdida del buque a un accidente, algunos a una mina, y unos pocos a una bomba introducida a bordo subrepticiamente. Estas opiniones encontradas hicieron pensar al Secretario Long que una investigación podría suscitar situaciones incómodas. Hubo ocasiones en que el choque entre los que creían en un accidente y los que estaban convencidos de un acto premeditado de destrucción se hizo bastante agrio.[108]

En una entrevista publicada en el *Washington Evening Star* del 18 de febrero, el más calificado experto de la Marina en armamento, Philip R. Alger, señalaba que un incendio en las carboneras era el más probable origen de la explosión. Este testimonio contrarió de sobremanera al secretario asistente de Marina, Theodore Roosevelt. Al día siguiente de la explosión, según el *New York Times*, Roosevelt sostuvo en la Secretaría de Marina una reunión con todos los jefes de sección y otros oficiales de alta graduación y discutieron el asunto del **Maine**. Cualesquiera que fueran las opiniones que Roosevelt oyera, la suya se endureció hacia la convicción de que no había habido accidente y por lo tanto los comentarios públicos de Alger le resultaron molestos. Roosevelt llegó a pensar que el experto en armamento se ponía

---

[107] Rickover, Op. Cit., pp. 72-73.
[108] Ibídem, p. 74.

del "lado español" y se declaró partidario del envío inmediato de una escuadra a La Habana.[109]

Mientras tanto, el presidente Mc Kinley cuya primera reacción al conocer de la explosión fue de verdadero estupor, manifestó que había que esperar el resultado de una investigación formal antes de llegar a una conclusión y adoptar cualquier medida. Al conocer esa actitud del presidente, Roosevelt soltó uno de sus típicos exabruptos: "....el presidente tiene tanto carácter como un pastel de chocolate".

Funerales de las victimas del *Maine*.

El 18 de febrero, el *Journal* daba noticia de manifestaciones multitudinarias en Buffalo en las que se instaba a Mc Kinley a declarar la guerra. Y el mismo día, el *World* de Pulitzer proclamaba: "Todo el país está sacudido por la fiebre de la guerra."

### Las comisiones de investigación

La Marina estadounidense contaba con procedimientos para la investigación de hechos extraordinarios. Su reglamento preveía

---

[109] Ibídem, pp. 75-76.

la creación de comisiones de investigación para resolver casos importantes en los que las pruebas no fueran claras. Sobre la base de las conclusiones a que arribara la Comisión, la autoridad que la hubiera nombrado -el presidente de los Estados Unidos, el secretario de Marina, o el jefe de una flota o escuadra- decidía si era necesaria una acción ulterior.

A pesar de lo tensas que eran las relaciones con España y de la magnitud del desastre, Mc Kinley y Long -ambos con autoridad suficiente para convocar la Comisión de Investigación- dejaron el asunto en manos del jefe de la Flota del Atlántico Norte, contralmirante Montgomery Sicard.

La comisión investigadora del desastre del "*Maine*". De izquierda a derecha: Capitán de Navío French E. Chadwick, Capitán de Navío William T. Sampson, Capitán de Corbeta William M. Potter, Alférez Wlfred V. N. Powelson, Capitán de Corbeta Adolph Matrix, el taquígrafo (sin identificar).

El 16 de febrero Long telegrafió a Sicard que tuviera a los oficiales y demás sobrevivientes disponibles para ser interrogados por la Comisión de Investigación y ese mismo día propuso que la misma estuviera formada por el capitán de navío French E. Chadwick, el capitán de corbeta William P. Potter y el teniente de navío Edward E. Capehart con el alférez de navío Frank Marble de auditor.

La propuesta sorprendió; los cuatro oficiales pertenecían al crucero **New York**; Chadwick era el comandante, Potter el segundo y los otros dos, oficiales subalternos. Además, ninguno era más antiguo que el capitán de navío Sigsbee cuyas acciones tendrían que ser evaluadas por la comisión.[110]

Capitán de Navío William Sampson. Presidió la comisión investigadora de la explosión del *Maine* e inmediatamente después, fue designado, con rango de Contralmirante, como jefe de la Escuadra del Atlántico Norte. Dirigió la operación de bloqueo naval a Santiago de Cuba.

Alguien en Washington debe haber desautorizado a Sicard, pues la composición final de la Comisión fue: capitán de navío William T. Sampson (más antiguo que Sigsbee), presidente; el capitán de navío French E. Chadwick y el capitán de corbeta William P. Potter, vocales, y el capitán de corbeta Adolph Marix, auditor. [111]

El capitán de navío Sampson era un oficial de experiencia. Nacido en 1840 se había graduado en la Academia Naval de Annapolis en 1861 y participado en la Guerra de Secesión, tras lo cual fue ascendiendo paulatinamente y ocupando diferentes cargos, tanto en los buques como en dependencias de la Marina. Había sido director de la Academia Naval, jefe del Buró de Artillería y comandante del acorazado **Iowa**.[112]

El capitán de navío French E. Chadwick había nacido en 1844; y se graduó de la Academia Naval en 1864; en ese centro tuvo como superiores a dos oficiales que influirían mucho en él, Alfred T. Mahan y William T. Sampson. Después de la Guerra de Sece-

---

[110] Ibídem, pp. 77-78.
[111] Ibídem 78-80. Samuels, Op. Cit. 155-168.
[112] Una caracterización de Sampson puede verse en Ibidem, p. 159. Un esbozo biográfico de este oficial aparece en J. M. Martínez-Hidalgo, Op. Cit., Tomo VI, pp. 67-68. Un ensayo biográfico de Sampson, que lleva la firma de Joseph G. Dawson III, está publicado en la obra de James C. Bradford, ed. *Admirals of the new steel navy*, Annapolis. Naval Institute Press. 1990. pp. 149-179.

sión ocupó cargos en muy diferentes lugares. En calidad de Agregado Naval en varias capitales europeas, recopiló abundante y variada información para la Oficina de Inteligencia Naval (ONI), de la cual fue jefe de 1892 1896. En 1897 había sido ascendido a capitán de navío y nombrado comandante del moderno crucero acorazado **New York**, navío insignia de la Escuadra del Atlántico Norte. Por su experiencia de cargos anteriores, tenía profundos conocimientos sobre carbón y electricidad en los buques.[113]

El capitán de corbeta Potter tenía experiencia técnica. El capitán de corbeta Adolph Marix había ocupado el cargo de segundo comandante del **Maine** y estaba por tanto, familiarizado con los detalles de su estructura y organización.

El contralmirante Sicard dio instrucciones a la comisión el 19 de febrero. En ellas autorizaba a efectuar reuniones en cualquier buque de la Escuadra, en Cayo Hueso y en La Habana. La Comisión debía indagar todos las circunstancias, determinar si el buque se había perdido por negligencia de algún oficial o miembro de la dotación, e informar si se debía seguir procedimiento posterior contra algún individuo. En carta aparte Sicard informaba a Sampson que Sigsbee, el capitán de corbeta Richard Wainwright, segundo comandante; el teniente de navío F. M. Holman, oficial de Derrota, y el jefe de Máquinas Charles P. Howell -todos del **Maine**- tenían derecho a estar presentes en las sesiones de forma que pudieran, si fuera necesario, presentar pruebas e interrogar testigos.[114]

Por su parte, los españoles habían iniciado con antelación su propia investigación. Mientras el **Maine** aún ardía, el almirante Vicente Manterola, jefe del Apostadero Naval de La Habana, nombró una comisión de investigación presidida por el capitán de navío Pedro del Peral y el teniente de navío Francisco J. Salas como secretario. La tarea de la comisión era compleja: no podía llegar a una conclusión clara sin información de los norteamericanos sobre el régimen a bordo, el contenido del buque, acceso a los restos, y a la información técnica. Uno de sus primeros actos

---

[113] Un ensayo biográfico sobre Chadwick, puede verse en Ibidem pp. 97-119 y se debe a Malcolm Muir, Jr. Una caracterización de este oficial se puede hallar en Samuels, Op.Cit., p. 160. En J.M. Martínez- Hidalgo, Op. Cit., Tomo II, pp. 576-577, hay un esbozo biográfico.
[114] Rickover, Op. Cit., p. 80.

fue pedir un intérprete oficial para interrogar a los sobrevivientes. También necesitaba la autorización correspondiente, así como buzos y equipos para examinar los restos.[115]

Buzos inspeccionan los restos del *Maine* en la Bahía de La Habana.

El hecho de que dos gobiernos estuvieran trabajando sobre un mismo naufragio de un buque de guerra planteaba en sí un complicado problema de derecho internacional. Durante su estancia en La Habana el **Maine** era, a todos los efectos, territorio de los Estados Unidos. La presencia del navío en la rada habanera estaba amparada por una Real Orden española de agosto 11 de 1882, que permitía a buques y escuadras extranjeras entrar en

---

[115] Ibídem, p. 80.

puertos españoles, en tiempo de paz siempre que los visitantes obedecieran las reglas portuarias y de policía.[116]

Estados Unidos y España tenía cada uno sus razones para efectuar una investigación. Estados Unidos, porque el hundido era un buque suyo; España porque el desastre había ocurrido en uno de sus puertos. Al día siguiente de la catástrofe, el general Ramón Blanco habló con el cónsul Lee respecto a la investigación española.

Después de consultar con Sigsbee, Lee le respondió, 24 horas después, que el comandante del **Maine** pretendía realizar su propia investigación de acuerdo con los reglamentos de su Marina. El 18 de febrero, Lee trasladó a Washington la petición española de investigación conjunta. La respuesta llegó el 19: Estados Unidos procederá a su propia investigación. Ese mismo día, el **Bache**, buque del servicio hidrográfico estadounidense, arribó a La Habana con varios buzos.

Por su parte, Peral no pudo avanzar mucho en su investigación por falta de medios. El 20 de febrero resumió su trabajo de manera que sus superiores pudieran decidir los próximos pasos a dar. Basó sus conclusiones en los informes de tres oficiales pertenecientes, respectivamente, a la artillería naval, máquinas y torpedos, que habían hecho un recorrido alrededor del **Maine** en un bote. Peral estimó que el buque había sido destruido por una explosión interna, aunque necesitaba mucha más información para completar los detalles.[117]

Al amanecer del día 21 de febrero, el **Mangrove**, buque del servicio de faros llegaba a La Habana, conduciendo a bordo a los miembros de la Comisión de investigación norteamericana.

En los días siguientes, los restos del **Maine** fueron centro de intensa actividad; a veces quedaban oculto a la vista por el **Mangrove**, en el que se reunía la Comisión de Investigación norteamericana, el buque auxiliar de faros **Fern**, el remolcador comercial de salvamento **Right Arm** y pequeñas embarcaciones y patanas. Ocasiones hubo en que trabajaban simultáneamente tres grupos de buzos: los de la Marina estadounidense, los españoles y los de una compañía de salvamento contratada para salvar todo el equipo posible.[118]

---

[116] Ibídem, p. 82-83.
[117] Ibídem, pp. 83-84.
[118] Ibídem, p. 84.

Es difícil que una investigación conjunta hubiera podido tener éxito. Había de por medio poderosos intereses muy diversos y encontrados. Los españoles consideraban su deber probar que la destrucción del buque se debía a un accidente y estaban convencidos que los norteamericanos -en primer lugar su Marina- se jugaban demasiado para poder hacer un examen sereno y ponderado de los hechos.

Los políticos estadounidenses, Mc Kinley y Roosevelt entre ellos, consideraban que la opinión pública de su país, exaltada por la prensa, así como el Congreso, que estaba en un estado de excitación casi turbulento de hostilidad contra España, solo aceptarían una investigación propia para responder a la cuestión de cómo en unos instantes uno de sus buques acorazados había sido destruido por una explosión, perdiendo la vida más de 250 de sus tripulantes.

Los trabajos de la comisión de investigación norteamericana duraron 22 días durante los cuales interrogó a 77 testigos (marineros y personas que se encontraban próximos al siniestro), y estudió los informes realizados por los buzos.

Según confesaría más tarde el capitán de navío Chadwick, él y otro miembro de la comisión habían pensado en un comienzo, que la explosión causante del hundimiento del **Maine** había sido interna pero a medida que las averiguaciones avanzaban se fueron convenciendo de que no era así.

Por otra parte, el ambiente político creado en los Estados Unidos no era en nada favorable para que se llevara a cabo un proceso de investigación imparcial y objetivo. La denominada "prensa amarilla" encabezada por el *Journal* de Hearst y el *World* de Pulitzer no cesaba de publicar artículos, declaraciones y testimonios que configuraban una atmósfera belicista.

El *Journal*, que había casi triplicado su tirada diaria, alcanzando, por primera vez en la historia de un diario, la cifra de más de un millón de ejemplares, dedicaba ocho de sus páginas al tema. Fue precisamente ese diario el que acuñó la consigna: *¡Remember the* **Maine***!* (¡Recuerden al **Maine**!) que haría época en la opinión pública estadounidense y se incorporaría a la cultura de ese país.

Al calor de tales consignas se publicaban noticias que reflejaban la histeria que se había desatado. El gobernador de Texas,

Culberson, anunciaba el envío de fuerzas a la frontera con México para rechazar un posible ataque de "simpatizantes de España".

El gobernador del estado de Maine, Llewellyn, pedía el envío urgente de cruceros de la Marina, "ante la inminencia de un ataque naval español".

El *New York Journal*, alcanzó, por primera vez en la historia de un diario, la cifra de más de un millón de ejemplares.

Se publicaban cartas de adolescentes que preguntaban cuándo podían alistarse para pelear contra España. Y no podían faltar, por supuesto, los ofrecimientos más espectaculares. William F. Cody, el famoso "Búfalo Bill", publicó un artículo titulado "Como podría expulsar a los españoles de Cuba con treinta mil indios bravos". Frank James, el hermano de Jesse James, pidió ser puesto al frente de una compañía de "cowboys" para pelear contra España.

El *Journal* propuso la formación de un regimiento compuesto por grandes atletas, entre ellos los famosos boxeadores Bob Fitzsimmons y Jim Corbett, el futbolista "Red" Waters y la estrella del béisbol "Cap" Anson.

Una señora de Colorado sugirió crear una unidad de caballería compuesta solo por mujeres.[119]

---

[119] David F. Trask, *The war with Spain in 1898.* New York, MacMillan Pub. Co., 1981, p. 156.

Obviamente, se ejercían también presiones sobre la comisión provenientes de la propia Marina con el fin de que llegase rápidamente a la conclusión de que la causa era externa, lo cual exoneraba al cuerpo de toda responsabilidad.

Mientras tanto, el ejecutivo estadounidense sin esperar a las conclusiones de la comisión, tomaba medidas para preparar el país para la guerra. El presidente negoció con el Congreso la concesión de asignaciones monetarias y consiguió, el 8 de marzo, la aprobación de 50 millones de dólares para gastos bélicos. Hombre de varias caras, Mc Kinley proseguía, detrás de la escena, con sus ofrecimientos a España para la adquisición de Cuba mediante compra, pero sus ofertas no eran aceptadas por el gobierno de Madrid.

La comisión investigadora presidida por Sampson efectuó su última sesión de trabajo en La Habana, el 15 de marzo, tras lo cual regresó a Cayo Hueso alojándose en el acorazado **Iowa**.

Obrando siempre con la mayor reserva los miembros firmaron las conclusiones el 21 de marzo y el contralmirante Sicard las aprobó al día siguiente. El auditor de la comisión, capitán de corbeta Adolph Marix, con el documento cerrado y lacrado, y escoltado por los oficiales del **Maine** George F.M. Holman, John J. Blandin y George Blow así como el ingeniero naval John B. Hoover salió de Cayo Hueso el 22 de marzo en tren, rumbo a Washington, llegando el 24. Al día siguiente fue recibido por el secretario de Marina y ambos se dirigieron a ver personalmente al presidente Mc Kinley, quien se reservó el contenido del informe hasta el 28, cuando lo comunicó al Congreso y a la prensa. [120]

Mientras tanto, dichas conclusiones se utilizaban ya, aún antes de ser conocidas, como un instrumento de presión:

*"Manifestación escrita, entregada por el Ministro Plenipotenciario de los Estados Unidos en la conferencia que celebró el día 23 de marzo de 1898 con los señores Ministro de Estado y Ultramar.*
*(Traducción)*
*"...el informe sobre el* **Maine** *se halla en poder del Presidente. No estoy autorizado para dar á conocer la tendencia ni las conclusiones del mismo, pero si lo estoy para declararles que, si dentro*

---
[120] Rickover, Op. Cit., p. 105.

de muy pocos días no se llega á un acuerdo satisfactorio, que asegure una paz inmediata y honrosa en Cuba, el Presidente no podrá por menos de someter, en su totalidad, al Congreso para su decisión, la cuestión de las relaciones entre España y los Estados Unidos, comprendiendo también en ella el asunto del **Maine** (...) espero recibir dentro de muy pocos días alguna proposición concreta que equivalga al establecimiento inmediata de la paz en Cuba". [121]

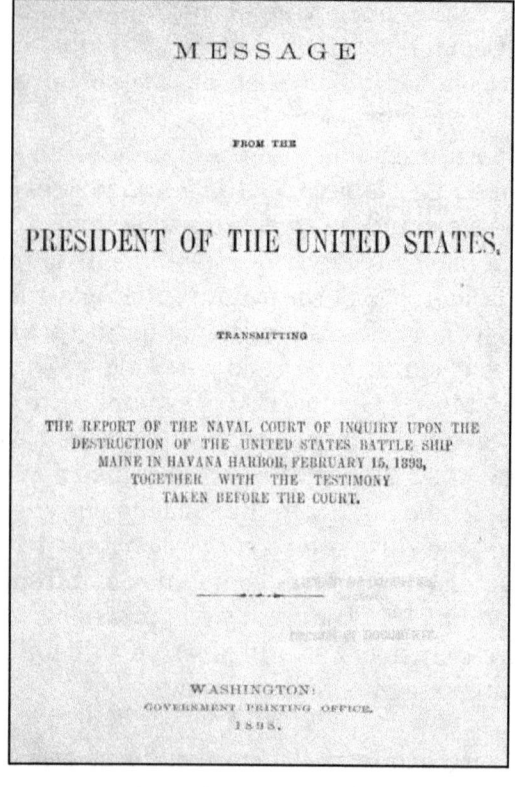

Primera página del *Mensaje al Congreso* de McKinley con el Reporte.

La respuesta española se producía dos días después:

"Manifestación escrita entregada por el Sr. Ministro de Estado al Ministro Plenipotenciario de los Estados Unidos.
Madrid, 25 de Marzo 1898.
"(...)Resulta, en efecto, que el Capitán del crucero **Maine** ha pedido autorización para volar con dinamita los restos de dicho buque, destruyendo así las únicas pruebas que, en caso de duda ó de disidencia, pudieran otra vez examinarse para comprobar, si fuera preciso, el origen y carácter de una catástrofe".[122]

---

[121] Esta declaración no estaba firmada. El texto ha sido tomado de "Documentos presentados á las Cortes en la Legislatura de 1898 por el Ministro de Estado" (Libro Rojo), Madrid, 1898-1899. (Reedición de la Editorial de la Universidad de Puerto Rico, Río Piedras, 1988), pp. 140-141. Se respeta la ortografía original.
[122] Ibídem., pp. 142-143. El subrayado es del autor.

Ese mismo día, el embajador español en Washington, Polo de Bernabé, remitía a Madrid, tras conversar con el secretario de Estado norteamericano, John R. Day, el siguiente mensaje:

> "El Ministro Plenipotenciario de España
> Al Ministro de Estado
> Telegrama
> Washington, 25 de marzo de 1898.
>
> "... Me manifestó que el informe del **Maine** llegaría esta noche y que mañana ó pasado me lo comunicaría, adelantándome que la explosión resultaba producida por una causa exterior; que el lunes se publicará y enviará al Congreso, lo que ha de producir gran agitación; pero que tenía seguridad de que todo se arreglaría amigablemente.(...)
> Para terminar, me habló de los reconcentrados, de las simpatías que sus sufrimientos inspiran y de la convicción del Presidente de la República de que tiene que hacer algo que calme la excitación de la opinión y la actitud del Parlamento. (...) Continúa la actividad de armamentos y la violencia en los discursos de las Cámaras..."[123]

Ante la gravedad de la situación la diplomacia española se movilizó tratando de hallar respaldo en las cancillerías europeas pero las respuestas fueron, en general, cautelosas.

Ante la inminente presentación ante el Congreso del informe de la comisión investigadora Polo de Bernabé, sumamente preocupado, informa y sugiere, aunque resultan pueriles algunas de sus observaciones:

> "El Ministro Plenipotenciario de S.M.
> Al Ministro de Estado
> Telegrama
> Washington, 27 de Marzo de 1898.
> El informe del **Maine** causa impresión profunda. Témese mucho que el Congreso tome actitud peligrosa. Parece, sin embargo, que el Presidente continúa en disposición pacífica.

---

[123] Ibídem., p. 141.

Acaba de visitarme el Vicepresidente de la República, expresándome igual disposición y su esperanza de que pasará la tormenta.

Creo que sería conveniente la publicación de nuestro informe, cuando el lunes se presente el americano.
Polo".[124]

En un desesperado y tardío esfuerzo el gobierno de Madrid decidió hacer públicas las conclusiones de la comisión española, la cual, como se ha explicado, tuvo muchas limitaciones y dificultades para realizar su trabajo:

"El Ministro de Estado
Al Ministro Plenipotenciario de S.M. en Washington
Telegrama
Madrid, 27 de Marzo de 1898.

"(...) Con declaraciones de testigos y peritos demuéstrase la ausencia de todas las circunstancias que acompañan siempre a la detonación de torpedos. No vióse elevar columna de agua, ni agitarse esta, ni chocar con los costados de los buques próximos, ni se notó trepidación en la costa, ni después flotaron peces muertos (..) Los buzos, al reconocer los fondos, no pudieron ver el pantoque del buque por estar enterrado en el fango, pero si examinaron los costados cuyas desgarraduras hacia afuera son signos indudables de explosión interna. (..)el respeto absoluto a la extraterritorialidad del **Maine** ha impedido practicar aquellas averiguaciones en el interior del mismo que permitieran fijar, siquiera en hipótesis, el origen interno del siniestro. Contribuye también á ello la negativa á establecer la necesaria relación entre la Comisión española, el Comandante y la dotación del **Maine** y los funcionarios americanos, comisionados al mismo objeto..".[125]

---

[124] Ibídem., p. 150.
[125] Ibídem., pp. 150-151. Se denominaba torpedo, hoy se conoce por mina.

En la nota siguiente del representante diplomático norteamericano en Madrid, en la que puede notarse un cierto tono de desdén y sarcasmo, se ignoran por completo las conclusiones de la Comisión española :

> *"El Ministro de los Estados Unidos*
> *Al Ministro de Estado*
> *Telegrama*
> *Madrid, 28 de Marzo de 1898.*
>
> *"(...) recibí un telegrama cifrado de mi Gobierno, en que se me comunicaba el extracto del informe de la Comisión investigadora de Marina, concerniente á la pérdida del buque norteamericano* **Maine**. *(...) Respecto á la primera parte del memorándum (...) tengo instrucciones de mi Gobierno para explicar a V. E. que el propósito del Capitán era sencillamente emplear pequeñas cargas explotadoras en la parte superior del buque, con objeto de hacer en ella la limpieza necesaria para llegar á donde están todavía los cadáveres y cañones (...) Tengo la seguridad de que esta explicación disipará toda duda ó sospecha que pueda existir en la mente de V. E. respecto a la proposición hecha por el referido Capitán...*
>
> *He recibido también instrucciones de explicar a V. E. que el Presidente de los Estados Unidos se propone enviar al Congreso el informe de la Comisión Naval Americana de averiguación, acompañado de un breve Mensaje, el lunes, 28 de marzo, y que espera que el Congreso no tomará hoy otra resolución que la usual de referir dicho informe al Comité correspondiente.*
>
> *Según las mejores informaciones que he podido adquirir, creo que en las dos Cámaras del Congreso americano prevalecerá un sentimiento de deliberación y que no hay justo motivo para que el Gobierno español pueda temer que nada se haga rápida o injustamente".*[126]

Ese mismo día, Woodford hacía entrega de una nota contentiva del extracto del informe de la comisión investigadora norteamericana:

---

[126] Ibídem., pp. 152-153.

"*Nota entregada á la mano por el Ministro Plenipotenciario de los Estados Unidos.*
      Madrid, 28 de Marzo de 1898.

*"...La destrucción del* **Maine** *tuvo lugar a las nueve y cuarenta minutos de la noche del 15 de Febrero. A las ocho se había dado parte de estar todo en orden y á bordo reinaba completa tranquilidad.*

Los restos del *Maine* en la Bahía de La Habana.

*Las explosiones fueron dos, separadas por un breve intervalo. La primera, cuya detonación se asemejó a la de un cañonazo, levantó el buque de una manera muy perceptible; la segunda fue más abierta, más prolongada y de mayor volumen, causando la voladura parcial de dos ó más de los pañoles de proa.*
  *Los datos recogidos por los buzos acerca del estado de los restos del buque, son más ó menos incompletos; pero parece que la parte posterior del buque se anegó intacta. En cuanto á la parte de proa, las pruebas obtenidas establecen los hechos siguientes:*
  *-La parte del lado de babor de la cubierta protectora, que se extiende aproximadamente desde las cuadernas 30 á 41, voló hacia arriba y hacia atrás, inclinándose ligeramente á estribor y doblando la parte anterior de la obra superior central por encima de la posterior. La causa de los estragos fue, en concepto de la Comisión, la explosión parcial de dos ó más de los pañoles de proa.*
  *-Pero en la cuaderna 17 el casco exterior, á partir de un punto situado á once pies y medio de la línea central del buque y á seis pies de la normal, la quilla fue torcida hacia arriba, quedando sobre el agua á unos 34 pies por encima de su posición normal. Las planchas exteriores del fondo están plegadas hacia dentro y dobladas sobre sí mismas en una extensión de 15 pies de ancho*

y 32 de largo. La quilla vertical se quebró en la cuaderna 18, y la quilla plana está doblada hasta llegar á un ángulo análogo al que forman las planchas.

> DESTRUCTION OF THE U. S. BATTLE SHIP MAINE. 5
>
> At forty minutes past 9 o'clock the vessel was suddenly destroyed. There were two distinct explosions, with a brief interval between them.
>
> The first lifted the forward part of the ship very perceptibly; the second, which was more open, prolonged, and of greater volume, is attributed by the court to the partial explosion of two or more of the forward magazines.
>
> The evidence of the divers establishes that the after part of the ship was practically intact and sank in that condition a very few moments after the explosion. The forward part was completely demolished.
>
> Upon the evidence of a concurrent external cause the finding of the court is as follows:
>
> At frame 17 the outer shell of the ship, from a point 11½ feet from the middle line of the ship and 6 feet above the keel when in its normal position, has been forced up so as to be now about 4 feet above the surface of the water, therefore about 34 feet above where it would be had the ship sunk uninjured.
>
> The outside bottom plating is bent into a reversed V shape (∧), the after wing of which, about 15 feet broad and 32 feet in length (from frame 17 to frame 25), is doubled back upon itself against the continuation of the same plating, extending forward.
>
> At frame 18 the vertical keel is broken in two and the flat keel bent into an angle similar to the angle formed by the outside bottom plates. This break is now about 6 feet below the surface of the water and about 30 feet above its normal position.
>
> In the opinion of the court this effect could have been produced only by the explosion of a mine situated under the bottom of the ship at about frame 18 and somewhat on the port side of the ship.
>
> The conclusions of the court are:
>
> That the loss of the *Maine* was not in any respect due to fault or negligence on the part of any of the officers or members of her crew;
>
> That the ship was destroyed by the explosion of a submarine mine, which caused the partial explosion of two or more of her forward magazines; and
>
> That no evidence has been obtainable fixing the responsibility for the destruction of the *Maine* upon any person or persons.
>
> I have directed that the finding of the court of inquiry and the views of this Government thereon be communicated to the Government of Her Majesty the Queen Regent, and I do not permit myself to doubt that the sense of justice of the Spanish nation will dictate a course of action suggested by honor and the friendly relations of the two Governments.
>
> It will be the duty of the Executive to advise the Congress of the result, and in the meantime deliberate consideration is invoked.
>
> WILLIAM McKINLEY.
>
> EXECUTIVE MANSION,
> *March 28, 1898.*

Página del *Mensaje al Congreso* de McKinley con el Reporte, correspondiente al texto mencionado aquí. [N. del E.]

*Esta ruptura se halla en la actualidad á unos seis pies por debajo de la superficie del agua y á 30 por encima de su posición normal. Este resultado, en concepto de la Comisión, no ha podido producirlo sino la voladura de una mina submarina debajo del fondo del buque.*

*En conclusión, la Comisión declara que la pérdida del* **Maine** *no fue debida á la culpa o descuido de sus oficiales ó tripulantes sino á la explosión de una mina submarina que dio lugar á la voladura parcial de dos ó más de los pañoles de proa.*

*A pesar de este resultado, no se recogió, sin embargo, prueba alguna fijando la responsabilidad de persona ó personas determinadas."*

*"(...)En vista de los hechos de esta suerte revelados, parece corresponder una grave responsabilidad al Gobierno de España. El* **Maine**, *llevando una misión pacífica y con el conocimiento y consentimiento de dicho Gobierno, entró en el puerto de la Habana, confiado en la seguridad y protección de una nación amiga; pero permaneciendo abiertamente bajo la jurisdicción de su Gobierno para cuanto ocurría á bordo. Sin embargo, la dirección del puerto continuaba sometida á la jurisdicción del Gobierno de España, y éste, como soberano local, tenía la obligación de proteger á las personas y los bienes que se hallaban en dicho lugar, y más particularmente una nave pública y los marineros de una Potencia amiga".*[127]

El mensaje del presidente al Congreso, que se adjuntaba al informe, era breve. En este,Mc Kinley declaraba que había presentado los hechos y conclusiones al gobierno español y que esperaba que este último actuara "de manera honorable."

Durante esos días, el presidente estadounidense había decidido endurecer los términos de un posible arreglo con España. El secretario de Estado adjunto, y hombre de confianza del presidente, John R. Day, envió al respecto instrucciones al embajador norteamericano en Madrid, quien pidió ser recibido por Sagasta, con carácter urgente, para entregar una nota al Presidente del Consejo de Ministros en la conferencia celebrada el 29 de marzo de 1898:

---

[127] Ibídem., pp. 153-156. Los subrayados son del autor.

..................................

*2° El Presidente piensa que no hay ventaja alguna en discutir los puntos de vista respectivos que sobre estos asuntos tiene cada una de las dos naciones (...)*

*3° El Presidente me encarga decirle a V.E. que nosotros no deseamos ni queremos la posesión de Cuba.*

*4° También me encarga decirle, con igual claridad, que deseamos la inmediata pacificación de Cuba.*

*5° Para este fin me sugiere la idea de un armisticio inmediato, que dure hasta el primer día de Octubre, durante el cual se negocie para obtener la paz entre España y los insurrectos, contando para ello con los amistosos oficios del Presidente de los Estados Unidos.*

*6° Desea la revocación inmediata de la orden relativa á los reconcentrados (...).*

Simultáneamente los preparativos de guerra iban en aumento. Se reforzaban las defensas costeras, se aceleraba la construcción de dos acorazados y se incrementaba la movilización del personal.

El 2 de abril el embajador español en Washington, Luis Polo de Bernabé, entregó al Departamento de Estado el informe completo de los resultados de la investigación española.

Los españoles recapitulaban sobre las características del buque. En el momento de la explosión -explicaba el informe-, no había viento y el agua de la bahía estaba en calma. Como el buque estaba inmóvil, una mina tenía que haber sido detonada por la electricidad más que por el contacto con el casco, pero no se habían encontrado cables ni descubierto puesto de control alguno.

Además, una mina producía normalmente una columna de agua, que no se había observado tampoco. No se encontraron peces muertos, como solía suceder después de una explosión subacuática. El informe resaltaba que todo oficial de Marina conocía los peligros de la combustión espontánea del carbón, y era sorprendente que este buque tuviera situados los pañoles de municiones adyacentes a las carboneras.[128]

---

[128] Rickover, Op. Cit., pp. 108-109. [128]

En la primera semana de abril, el presidente Mc Kinley trabajó en su mensaje al Congreso, pero atrasó su terminación, para dar tiempo a que los ciudadanos norteamericanos que se encontraban en Cuba, salieran de la isla, y porque esperaba lograr aún más concesiones de España. El 10 de abril el cónsul Lee salió de La Habana; la bandera que ondeaba sobre los restos del **Maine** se arrió unos días antes.

En su mensaje al Congreso, el presidente expresaba:

*"La Comisión que investigó el caso del **Maine** y que tiene la incondicional confianza del Gobierno, no ha podido concretar responsabilidades en la pérdida del buque sobre ningún individuo. Pero la verdadera cuestión se centra en que la destrucción nos muestra que España ni siquiera puede garantizar la seguridad de un buque de guerra norteamericano que visita La Habana en una legítima misión de paz".*

Pedía al Congreso autoridad para terminar con la guerra en la isla y conseguir para ésta un gobierno estable. Para estos fines necesitaba el "poder" para emplear las fuerzas navales y militares estadounidenses.

El 19 de abril el Congreso de Washington aprobó una **Resolución Conjunta** que reconocía el derecho de Cuba a ser independiente (pero no la existencia de un Gobierno cubano) y autorizaba al presidente a forzar a España a abandonar Cuba. Al día siguiente Mc Kinley firmó la resolución, España y Estados Unidos rompieron sus relaciones diplomáticas el 21 de abril y se ordenó a los buques de la Escuadra del Atlántico Norte bloquear a La Habana y otros puertos importantes de Cuba con lo que, de hecho, la guerra entre Estados Unidos y España comenzaba.[129]

Coincidentemente con estos acaecimientos ocurrían hechos curiosos. Tres días después de que la comisión investigadora del hundimiento del **Maine** terminara sus labores, el presidente de la misma, capitán de navío William T. Sampson, sustituía a Montgomery Sicard como jefe de la Escuadra del Atlántico Norte, el más alto cargo de mando en la Marina y el 21 de abril se le designaba como contralmirante en funciones, pasándose

---

[129] Ibídem, p. 111.

para ello por encima de más de una docena de oficiales que le precedían en el escalafón.

Naturalmente, varios de estos oficiales se quejaron de la promoción de Sampson pero nada pudieron hacer ante el hecho pues se les argumentó que el escalafón de tiempo de paz no regía las designaciones de tiempo de guerra. Los otros miembros de la comisión de investigación alcanzaron, después de la guerra, grados de almirante. También el comandante del navío destruido, Sigsbee, los alcanzó.

El **Maine** se convirtió en un símbolo de la cultura norteamericana. Se escribieron cientos de poemas y canciones sobre el buque y su destino y se creó un Comité de Auxilio que recogió fondos para ayudar a los familiares de las víctimas.

Han transcurrido más de cien años aquel hecho y aunque no existe aún una explicación convincente de las causas que le dieron origen y las mismas siguen siendo objeto de diversas conjeturas y especulaciones, la tendencia prevaleciente entre los que han estudiado el tema es la de que la explosión que destruyó al **Maine** ocurrió dentro del buque.

Contralmirante Montgomery Sicard. Fue obligado a renunciar a su puesto al comenzar los preparativos de la guerra por "problemas de salud".

Ahora bien, cualquiera haya sido su origen: intencional o fortuito, lo que da trascendencia histórica a la destrucción del acorazado norteamericano en la bahía de La Habana fue la manipulación que se hizo del acaecimiento para preparar emocionalmente a la opinión pública estadounidense para la guerra que era ya inminente. El hundimiento del **Maine** cumplió una función: *servir de pretexto a la intervención*.

# Capítulo 5
## El camino de la guerra

La famosa caricatura de Leon Barritt (1852-1938) realizada en 1898, donde muestra a Joseph Pulitzer y William Randolph Hearst, ilustrando la lucha entre los dueños del *New York Journal* y el *New York World*, los cuales visten el atuendo típico del *Yellow Kid* (Niño Amarillo), un personaje de caricaturas creado por Richard F. Outcault quien trabajó para Pulitzer y el *New York World*, pero Hearst lo convención de irse para el *New York Journal*.

Como se ha visto, la destrucción del acorazado **Maine**, había suscitado una tremenda conmoción en la opinión pública norteamericana y fue aprovechada por la prensa sensacionalista, partidaria de la guerra y el expansionismo, hasta extremos no vistos anteriormente. La misma acusó de inmediato a las autoridades españolas de estar involucradas en el hecho o de haberlo permitido. Se inventaron, sin base alguna, las más fabulosas y tremebundas historias. Periódicos como el *New York Journal* de William R. Hearst y el *World* de Joseph Pulitzer vieron más que duplicadas sus tiradas que se hicieron millonarias, ante la sed de noticias de una población exaltada.

Los proanexionistas más destacados en el seno del gobierno

norteamericano no podían dejar pasar por alto la oportunidad sin sacarle el máximo de provecho posible y comenzaron a manifestarse de diferentes formas a través de diversas vías para decidir al Presidente a pasar a las acciones directas.[130]

Y mientras McKinley y sus asesores hablaban, Theodore Roosevelt, actuaba. El 25 de febrero, aprovechando la oportunidad de que el Secretario de Marina, Long, había tomado unas vacaciones de fin de semana y él se encontraba al frente del Departamento, Roosevelt puso en práctica un conjunto de medidas que habían sido discutidas previamente para el caso de guerra inminente: distribuyó buques, ordenó abastecer los buques de municiones y carbón, trasladó piezas de artillería, autorizó el alistamiento de un número ilimitado de marineros, y dio instrucciones para artillar buques mercantes y de pesca.

Resulta sin embargo curioso, que el Secretario de Marina, que había anotado en su diario el 24 de febrero que "la más ligera chispa podía provocar una guerra" decidiera, en esas circunstancias, tomarse un *"week end"* de descanso, dejando en su lugar a su impetuoso adjunto y que, una vez reintegrado, el 26 de febrero, al cargo y enterado de lo que éste había hecho en su ausencia, no hiciera otra cosa que decirle que no tomara, en lo adelante, ninguna medida que "afecte la política del Gobierno, sin consultar previamente al Presidente o a mí". Además, Long no sólo no revocó ninguna de las órdenes y disposiciones de Roosevelt, sino que continuó tomando medidas del mismo tipo.[131]

Todo ello denota que en la actividad de Roosevelt no había improvisación, que todo estaba premeditado y que el propósito del Secretario Adjunto no era otro que el de acelerar unos acontecimientos que ya estaban planificados.

En la misma línea de acción, el Departamento de Marina iniciaba un importante movimiento de unidades y ordenaba al acorazado de 1ra clase **Oregón** hacer la primera "pata" de su traslado desde la costa del Pacífico al Mar Caribe, cuando se le dieron instrucciones de que se dirigiera de Bremerton, en el estado de

---

[130] Philip S. Foner, *La Guerra Hispano-Cubano-Norteame-ricana y el surgimiento del imperialismo yanqui*, tomo 1, pp. 272-275; Louis A.Pérez, Jr.: **"The Meaning of the `Maine': Causation and Historiography of the Spanish-American War"** en *Pacific Historical Review*. 1989. pp. 293-322.
[131] Ibídem, p. 23.; Foner, Op.Cit. p. 276.

Washington, hacia San Francisco, California.[132]

Por otra parte, cuando se supo que España estaba tratando de comprar buques de guerra en otros países de Europa, la Secretaría de Marina se lanzó a realizar un esfuerzo similar y comenzó a buscar barcos mercantes y yates que tuvieran condiciones para emplearlos como buques auxiliares de la flota de guerra. Mucho ayudó a estas gestiones la aprobación por el Congreso, a principios de marzo, de un presupuesto especial para gastos militares por un monto de 50 millones de dólares, de los cuales $29 354 827.05 se asignaron a la Marina, la cual invirtió casi 18 millones en la compra de buques en los Estados Unidos y otros países.[133]

El corresponsal de guerra John C. Hemment (a la izquierda, trabajando en el *Olympia*) cubrió todas las facetas de las hostilidades en Cuba, desde fotos de la plana mayor a cirugía de amputación en un hospital de campaña. Antes de la crucial Batalla Naval de Santiago, su jefe, William Randolph Hearst, lo envió en vapor fletado, el *Sylvia*, completo con cuarto oscuro y una amplia oferta de placas fotográficas y química. Hearst y Hemment estaban flotando a tres millas de la costa cuando se iniciaron las hostilidades.

Al propio tiempo, la Marina aumentó su personal para completar las tripulaciones de los buques puestos en servicio. Antes de la pérdida del **Maine**, la plantilla era de 1 232 oficiales y 11 750 alistados. Durante la guerra estas cifras se duplicaron, alcanzando 2 088 oficiales y 24 123 alistados. A estas cantidades hay que sumar los miembros de la Milicia Naval, unos de 2 600, que se agregaron al servicio regular y otros 1 800 milicianos que fueron incorporados a Servicios Auxiliares. Este conjunto de medidas previas hizo que la Marina no tuviera mayores contratiempos respecto al completamiento de sus tripulaciones.[134]

---

[132] BN 98, p. 47.
[133] Trask, Op. Cit., p. 82; H.W. Wilson, *The downfall of Spain*, pp. 38-85.
[134] F. E. Chadwick, *The Relations of the United States and Spain: The Spanish-American War*, Vol. 1, p. 41.

A mediados del mes de marzo, Roosevelt se reunió con un grupo de oficiales superiores, constituyendo una extensión de la "Junta de Defensa" que había preparado planes en 1897, a fin de examinar la situación y los movimientos navales españoles. La principal conclusión de los reunidos fue que la Marina no debía distraer fuerzas en la defensa costera, misión esta que debía corresponder al ejército. En su lugar, -pensaban- las fuerzas navales "deben unirse para golpear a la flota enemiga y especialmente para lograr y mantener el dominio de las aguas cubanas hasta que Cuba y Puerto Rico caigan, y por ello no pueden ser divididas siguiendo la gritería que seguramente saldrá de casi todos los puntos costeros tan pronto como comience la guerra".

Capitán español Fernando Villaamil (1845-1898) fue el diseñador del primer destructor en la historia y es recordado por sy heroicamuerte en la batalla naval Santiago de Cuba, siendo el oficial de mayor rango que muriera entonces en combate.

La Junta creada por Roosevelt examinó con preocupación el despliegue de la flotilla española de destructores al mando de Villaamil, así como los progresos que se hacían en las reparaciones de los acorazados **Pelayo** y **Carlos V** y del viejo acorazado de 2$^{da}$ clase **Vitoria**.

Entre las recomendaciones de la reunión estaba la de realizar un golpe contra la flotilla de Villaamil con antelación a que los acorazados estuvieran en servicio, con lo que estaban, de hecho, proponiendo una "guerra preventiva".

De momento, la Junta propuso un conjunto de movimientos de unidades: cuatro monitores debían basificarse en Key West para ser empleados en el bloqueo de Cuba y, de inicio, una división de acorazados debía ubicarse en Hampton Roads para proporcionar una protección temporal al litoral. Si la guerra comenzara, esta división podría unirse a la escuadra principal en Key West o ser desplegada en otro lugar.

Aunque había que tomar medidas para proteger la costa atlántica de eventuales incursiones de buques españoles, los planificadores no tenían dudas de que el objetivo principal debía ser

Cuba y de que el Ejército y la Marina debían cooperar para tomarla y, para ello, proponían que el Ejército preparara un cuerpo expedicionario. Según sus consideraciones no era necesario ocupar toda la Isla, pero decían, "debemos tener tropas suficientes para tomar plazas como Santiago o Matanzas". Tampoco había que bloquear toda Cuba, ya que las tropas y abastecimientos no podían ser trasladados por tierra del Occidente al Oriente de la Isla. "La mitad occidental tendrá que ser bloqueada y todos los barcos en la mitad oriental destruídos y posiblemente, alguna ciudad como Santiago, capturada por la Marina y sostenida después por el Ejército". Comentando estas proposiciones, Roosevelt diría: "Debiera acordarse algún esquema de cooperación entre las autoridades militares y navales", y se preguntaba si los Estados Unidos debían tener una institución como la Junta de Defensa Inglesa. [135]

Cediendo a la presión de la opinión pública y contrariando el criterio generalizado entre los jefes superiores de la Marina de Guerra, que querían concentrar sus buques para emplearlos en el bloqueo a Cuba, el 17 de marzo se emitieron órdenes para formar una "Escuadra Volante" basificada en Hampton Roads, con la misión de proteger la costa atlántica de los Estados Unidos[136]

El 23 de marzo, el Secretario Long, siguiendo las sugerencias del Capitán de Navió Alfred T. Mahan, sancionó un plan detallado para el bloqueo a Cuba. El bloqueo cerraría la mitad occidental de la costa norte de Cuba, particularmente Matanzas y La Habana. Frente a esta última el bloqueo consistiría en un cierre cercano que incluiría torpederos y guardacostas, una segunda línea de bloqueo con cruceros protegidos y una tercera línea de acorazados. [137]

Estas medidas determinaron la intensificación de los preparativos de la Marina. La Secretaría aceleró sus gestiones para comprar buques, reforzar las redes de inteligencia en Europa, reforzar la defensa costera, organizar una Junta de Estrategia y completar sus planes de operaciones en el Caribe contra las fuerzas españolas. Todo esto, como es natural, cambió el ambiente de trabajo del organismo, convirtiéndolo en un verdadero torbe-

---

[135] Trask, Op. Cit., p. 84.
[136] BN 98, p. 25; Trask, Op. Cit., p. 84.
[137] Ibídem, p. 85.; Chadwick, Op. Cit., Vol. 1, pp. 22-23.

llino, que el secretario Long describió en su diario. Ante la situación creada, Long otorgó a los jefes de buró una gran autonomía y poder de decisión, aunque él mantuvo siempre un estricto control de todo lo que se hacía.[138] Entre el 16 de marzo y el 12 de agosto de 1898, la Marina de los Estados Unidos adquirió 103 buques, la mayoría mediante compra: invirtiendo en ello $21 431 000, la mayor parte proveniente de los fondos de un presupuesto de 50 millones aprobado en marzo. Además de buques de guerra comprados en Europa y de barcos mercantes *charteados* o comprados en diversos lugares, la Marina también tomó el control de guardacostas, boyeros y barcos de la Comisión de Pesca. En conjunto 131 nuevos buques fueron agregados a la flota para la guerra contra España, constituyendo una fuerza de 73 buques de combate y 123 auxiliares, en total 196.[139]

**Despliegue de la Flota Norteamericana en el Océano Atlántico y el Mar Caribe.**

Para el 15 de abril de 1898, los buques de la Marina de Guerra de los Estados Unidos estaban desplegados en cinco escuadras operacionales, listos para combatir. En respuesta a las preocupaciones y exigencias de la opinión pública, el Departamento de Marina organizó una División del Atlántico Norte, al mando del comodoro John A. Howell, para vigilar las aguas costeras entre Delaware y Bar Harbor, estado de Maine; su base se encontraba en Princetown y en su composición se incluía un crucero, un crucero protegido, un buque ariete y cuatro vapores auxiliares. Otra agrupación, tripulada fundamentalmente por la Milicia Naval y conocida usualmente por la **Flota Mosquito**, cooperaba en la defensa de la costa, protección de los campos de minas, y patrulla del litoral.

En el Océano Atlántico, operaban dos escuadras, una denominaba Escuadra Volante, mandada por el Comodoro Winfield S. Schley; estaba basificada en Hampton Roads, Virginia, con varias misiones posibles, entre ellas la de cubrir la costa atlántica, estando lista para ser enviada al Caribe o a las costas españolas y, en caso necesario, saldría a interceptar las escuadras enemi-

---

[138] Trask, Op. Cit., p. 85.
[139] Ibídem, p. 85; Chadwick, Op. Cit., V. 1, pp. 397-403; Wilson, Op.Cit., pp.38-85.

gas. Incluía en su composición al acorazado de 1ra clase **Massachusetts**, acorazado de 2da clase **Texas**, crucero acorazado **Brooklyn** (buque insignia), los cruceros protegidos **Columbia y Minneapolis**.

Una de las naves incluídas en el plan de la milicia naval fue el *Yosemite* y su tripulación –aparte de cuatro marineros y 28 infantes de marina- de 285 hombres eran residentes de poblaciones de Michigan, como Saginaw, Benton Harbor, Detroit y Ann Arbor, entrte otras comunidades. Miembros del Michigan Naval Brigade [Brigada Naval de Michigan, N. del E.], una fuera voluntaria no profesional, creada por la falta de miembros de la marina en tiempos de guerra, en lo cual se llamó la *Mosquito Fleet* o Flota Mosquito como otros barcos operando al norte del Atlántico.

El resto de la Flota del Atlántico estaba concentrada en Key West, Florida. Esta agrupación de buques denominada Escuadra del Atlántico Norte, estaba al mando del Capitán de Navío Willian T. Sampson y en su composición se encontraban los acorazados de 1ra clase **Iowa** e **Indiana** y el crucero acorazado **New York** (buque insignia); contaba además con cuantro monitores, cuatro cruceros protegidos, cinco cañoneros, un aviso, un crucero-dinamitero, siete torpederos, seis yates convertidos en torpederos, diez guardacostas y once auxiliares de diverso tipo. A estas unidades se les unirían más adelante el acorazado de 1ra **Oregón** y la cañonera **Marietta**, provenientes del Pacífico, y el crucero **Buffalo** (antes **Niteroi**), comprado a Brasil, y que debía unirse a los dos primeros en Río de Janeiro.

La primera misión de Sampson, en caso de guerra, era la de bloquear Cuba y Puerto Rico, estando listo para operar contra cualquier buque o agrupación de buques enemigos que pudiera aparecer en aguas del Caribe, y derrotarlos. Desde un principio se supuso que la Escuadra Volante de Schley se uniría a la Escuadra del Atlántico Norte de Sampson en el momento apropiado, presumiblemente después que el Departamento de Marina determinara las intenciones del enemigo. La agrupación naval restante era la Escuadra Asiática, por entonces basificada en Hong Kong, al mando del Comodoro George Dewey. Formada para actuar contra la Escuadra española que se encontraba en Manila, no incluía en su composición ningún buque acorazado.[140]

Las maniobras de esas escuadras dependían de la exactitud de la información sobre la ubicación e intenciones de las fuerzas navales enemigas, por lo que el Departamento de Marina organizó redes de inteligencia en Europa. Las informaciones sobre la flota española eran obtenidas principalmente por los cónsules norteamericanos en varias ciudades y los agregados navales en Gran Bretaña y Francia.

Teniente de navío William S. Sims.

Particularmente activo, el teniente de navío William Sims, agregado naval en París, había organizado una red de agentes que incluía, entre otros, a un barón francés, un médico de la aristocracia madrileña y al alcalde de una villa cercana a la capital francesa. El Departamento de Marina envió también a dos oficiales a Europa, en calidad de agentes secretos, con la misión de vigilar los movimientos de los buques españoles en aguas europeas. Ambos, haciéndose pasar por ciudadanos británicos, "chartearon" sendos yates y se dirigieron, uno hacia Gibraltar y de allí a Madeira y el Caribe, proporcionando información que tuvo utilidad durante la guerra, mientras el otro permaneció en el Mediterráneo, observando los movimientos de la

---

[140] Trask, Op. Cit., p. 87; Severo Gómez Núñez, *La Guerra Hispanoamericana. Barcos, Cañones y Fusiles*, pp. 35-40; Ermolov, *La Guerra Hispano-Americana,* pp. 65-67.

escuadra española mandada por el almirante Manuel de la Cámara.[141]

Partiendo del hecho de que el Departamento de Marina no contaba con una dependencia encargada de la dirección estratégica o de la preparación de planes de guerra -aunque el Colegio de Guerra Naval había prestado alguna ayuda al respecto-el Secretario Long organizó en marzo, un grupo de trabajo conocido como Junta Naval de Guerra (NWB, siglas en inglés), y que incluyó durante la mayor parte de la guerra al Contralmirante Montgomery Sicard, el Capitán de Navio Arent S. Crownishield, jefe del Buró de Navegación, y al historiador e ideólogo naval Capitán de Navío Alfred T. Mahan. La Junta se reunió diariamente durante el tiempo que duró el conflicto y funcionó, fundamentalmente, como un cuerpo asesor del Secretario de Marina. No tenía facultades ejecutivas, aunque se encargó de algunas cuestiones administrativas y, particularmente, de la supervisión del aparato de inteligencia. La Junta no tomaba decisiones sobre los movimientos de las fuerzas en la mar. [142]

Desde su incorporación a la Junta, el 9 de mayo el Capitán de Navío Mahan quiso reemplazarla por un oficial que dirigiera un estado mayor contralizado, pero sus recomendaciones no fueron aprobadas. Después de la guerra, en varios de sus trabajos, Mahan trató de disminuir el papel desempeñado por la Junta durante la guerra, lo cual ha llevado -según el historiador D. F. Trask- a muchos estudiosos a considerar que la Junta fue completamente insignificante, cuando en realidad no fue así.[143]

En marzo de 1898, al ser creada, la Junta Naval de Guerra enunció un principio que fue observado a través de las distintas operaciones navales llevadas a cabo durante la guerra coincidiendo con los anteriores planes de campaña la Junta recomendó que la Marina concentrara su atención en las colonias insulares de España, aisladas y mal defendidas.

Cuando comenzara la guerra, Sampson debía iniciar un férreo bloqueo a Cuba, con acciones secundarias sobre Puerto Rico.

El bloqueo a Cuba colocaba a España en una situación sin sa-

---

[141] Chadwick, Op. Cit., Vol. 2, pp. 359-362; Bn 98, pp. 33-34; Jeffery M. Dorwart, *The Office of Naval Intelligence,* p. 64.
[142] BN 98, p. 33-34; Trask, Op.Cit., p. 88.
[143] Ibídem, pp. 88-89.

lida: si no enviaba a su escuadra, dejaba abandonadas sus colonias y las perdía, por otra parte si la enviaba, la perdía junto con sus colonias.

Sólo después de que las fuerzas navales de España fueran derrotadas en aguas del Caribe, tendrían lugar acciones contra el territorio español.

La tripulación del *Iowa*.

Este plan daba tiempo para que el Ejército norteamericano, mal preparado para acciones de gran escala al comienzo de la guerra, pudiera movilizar un fuerte destacamento expedicionario para llevar a cabo campañas en Cuba y Puerto Rico. Simultáneamente, en el Pacífico, el Comodoro Dewey atacaría a los buques españoles en la bahía de Manila, asegurando así una base de operaciones para la Escuadra Asiática norteamericana, desde la cual podría proteger al tráfico marítimo estadounidense.¹⁴⁴

Mientras tanto, el Capitán de Navío Sampson había confeccionado un plan para iniciar la guerra con el bombardeo y destrucción de las fortificaciones de la bahía de la Habana. El punto de vista de este jefe y su más cercanos subordinados, los Capitanes de Navío French E. Chadwick y Robley D. Evans, comandantes del **New York** y del **Iowa**, respectivamente, era el de que un golpe contundente a La Habana conduciría a un rápido final de la guerra, eliminándose así la necesidad de llevar a cabo otras operaciones. Sin embargo, dos consideraciones llevaron al Departamento de Marina a rechazar la proposición de Sampson.

El Secretario consideraba, coincidiendo en esto con Mahan, que no debían arriesgarse los acorazados a ser alcanzados por el fuego de las baterías costeras o ser dañados por minas o torpedos. La flota de combate debía permancer intacta para llevar a cabo operaciones contra las principales fuerzas navales del enemigo. Además, los Estados Unidos no poseían un ejército que pudiera ser desembarcado después del bombardeo para consolidar y desarrollar al presunto éxito de la Marina.¹⁴⁵

Frustrado en sus deseos de atacar las defensas costeras de La Habana, el Capitán Sampson se dedicó, en las últimas semanas anteriores al comienzo de la guerra, a preparar planes para el bloqueo a Cuba. Las primeras órdenes el Departamento determinaban operaciones que se concentraban en la costa norte de Cuba, en Matanzas y La Habana. También se daba alguna atención a algunos puertos de la costa sur, tales como Santiago de Cuba, Manzanillo y Cienfuegos. El Departamento suponía probable que el bloqueo, por si solo, llevaría a los españoles a la rendición antes de que finalizara la estación de las lluvias en el mes de Octubre. Sampson no estaba de acuerdo con el esquema que se le planteaba y propuso concentrar sus fuerzas en la costa norte bloqueando Mariel, La Habana, Matanzas y Cárdenas, tomando en cuenta una consideración de orden técnico que iba a ejercer influencia en las operaciones navales durante toda la

---

¹⁴⁴ Ibídem, p. 89.
¹⁴⁵ El esquema inicial del Departamento de Marina está en el mensaje de Long a Sampson de 6 marzo de 1898, que aparece en BN 98, p.71. Con respecto a la instauración del bloqueo, véase mensajes de Long a Sampson del 21 de marzo en BN 98, pp. 174-175.

guerra: la limitada capacidad de carbón que tenían muchos de los buques de combate, lo que los hacía dependientes de la presencia de carboneros cerca de la región a bloquear.

Cuando el 21 de Abril se le ordenó a Sampson que se trasladara a las costas de Cuba e iniciara el bloqueo -con lo que de hecho, comenzó la guerra-, se le pidió que incluyera a Cienfuegos "sí lo consideraba prudente". En otro mensaje, más extenso, cursado el mismo día, se le detallaban instrucciones y se daba una razón más para no extender el bloqueo a la costa sur de Cuba; el hecho de que pronto se necesitarían buques de guerra para escoltar la trasportación de tropas del Ejército hacia Cuba. Temiendo que Sampson fuera a actuar imprudentemente al verse frente a las fortificaciones de La Habana, Long terminó su mensaje, repitiéndole, por tercera vez al menos, en los últimos 15 días, que *"El Departamento no desea que las defensas de La Habana sean bombardeadas o atacadas por su escuadra."* Cuando la escuadra se preparaba para zarpar rumbo a Cuba, Sampson recibió el siguiente mensaje:

*Washington, Abril 21, 1898.*

*SAMPSON, Key West, Florida:*
*Se le ha designado para mandar las Fuerzas Navales de los Estados Unidos en la Estación del Atlántico Norte, con el grado de contralmirante. Enarbole inmediatamente la insignia de Contralmirante.*
*Long.*

Con esta designación, se ponía también a la Escuadra Volante bajo el mando de Sampson.[146]

---

[146] Sobre promoción y nombramiento de Sampson: BN 98, p. 167.

# Capítulo 6
## Vicisitudes de la Escuadra de Operaciones Española

A fines de Octubre de 1897, el contralmirante Pascual Cervera, asumió el mando de la escuadra naval española, basificada en Cádiz, sucediendo en el mismo al contralmirante Segismundo Bermejo, quien había sido nombrado Ministro de Marina en el gabinete liberal presidido por Mateo Sagasta.

Contralmirante Pascual Cervera.

Era Cervera un hombre de 58 años de edad (había nacido en 1839), con ya cerca de 40 años de experiencia como oficial, había ocupado durante su carrera cargos de responsabilidad creciente, tanto de índole militar como política; incluso había sido Ministro de Marina, en 1892, y anteriormente había dirigido la construcción del acorazado **Pelayo**, del que fue luego comandante, y de los 3 cruceros acorazados tipo **Vizcaya**. Por su experiencia y conocimientos gozaba de prestigio y se le consideraba el más capaz de los almirantes españoles.[147]

Durante los primeros meses de su mando, a pesar de las múltiples gestiones que realizó, poco pudo hacer Cervera para mejorar la disposición y preparación combativa de sus buques, aún

---

[147] Acerca de Cervera, ver, Carlos Martínez Valverde, **"Pascual Cervera y Topete"** (artículo biográfico), en *Enciclopedia General del Mar*, Madrid, 1957, tomo II, p. 173. La más completa biografía de Cervera de que tenemos noticia es, José R. Cervera Pery, *El Almirante Cervera. Un marino ante la Historia*. Madrid. Editorial San Martín. 1998.

cuando las informaciones que llegaban al gobierno respecto a los preparativos bélicos de los Estados Unidos eran alarmantes.

El Ministro de Relaciones Exteriores de España, Pío Gullón, había expresado su preocupación por los movimientos de la escuadra norteamericana cuando ésta se concentró en Key West para llevar a cabo, según se había anunciado, "maniobras de invierno", pero el ministro español en Washington, Dupuy de Lome, lo tranquilizó diciéndole, a mediados de diciembre, que se trataba de la reanudación de una práctica normal y que, además, esto haría disminuir la presión para el envío de buques norteamericanos a La Habana, idea que ya era conocido que estaban manejando desde hacía ya tiempo las autoridades norteamericanas.

Crucero *Montgomery*.

Tampoco el gobierno español prestó la atención que merecía a un informe del agregado naval español en la capital norteamericana, José Gutiérrez Sobral, en el cual este oficial daba cuenta de una reunión sostenida el 24 de enero de 1898 en el Departamento de Marina estadounidense, en la que se había llegado a la conclusión de que España no podía defender simultáneamente

Cuba y las Filipinas y que en consecuencia una amenaza norteamericana a las Filipinas forzaría a España a debilitar su presencia naval en las Antillas. "Yo pienso que, tan pronto como se declare la guerra entre ese país y el nuestro", decía Gutiérrez, "Las Filipinas serán uno de los objetivos de la escuadra del Pacífico". [148]

Varios días después del envío del **Maine** a La Habana y del crucero **Montgomery** a Matanzas, el gobierno español, con el fin de mantener una apariencia honorable, había decidido la salida hacia New York del crucero acorazado **Vizcaya**, para devolver así la visita que los buques de guerra norteamericanos a puertos de Cuba. El **Vizcaya** zarpó de Cádiz el 3 de febrero. Días más tarde, el 12 de febrero, el también crucero acorazado **Almirante Oquendo**, gemelo del **Vizcaya**, salía de Cádiz con destino a las Antillas. Con estos movimientos, la escuadra española mandada por Cervera quedaba reducida, de momento, a los cruceros acorazados **Infanta María Teresa** y **Cristóbal Colón** éste último sin sus piezas de artillería principal, las cuales nunca se le instalarían. [149]

Como ya se explicó, el "Maine" se hundió en la bahía habanera el 15 de febrero, como consecuencia de una explosión. Este controvertido acontecimiento extremó las tensiones ya existentes entre España y los Estados Unidos, y fue aprovechado en este último país por los círculos más belicosos para acelerar el camino hacia la guerra.

Desde mucho tiempo antes de estos hechos, el contralmirante Cervera venía preocupándose por la situación político-militar de España respecto a los Estados Unidos, y el papel y lugar de la Marina en un conflicto. El experimentado marino, previendo el desenlace de los acontecimientos, los calificaba, dos años antes de que ocurrieran, de *"calamidad nacional"* y de el *"peor de los disparates"*. [150]

---

[148] David F. Trask, *The War with Spain in 1898*. New York, 1981. p. 61; el informe de Gutiérrez Sobral está reproducido y discutido en, Severo Gómez Núñez, *La Guerra Hispano-Americana. Puerto Rico y Filipinas*. Madrid, 1902. pp. 114-116.

[149] Eliseo Alvarez Arenas, "Lo Naval en el noventa y ocho", artículo publicado en *Cuadernos Monográficos del Instituto de Historia y Cultura Naval*, nº 11, Madrid, 1990, p. 87 y 91 (en esta última los movimientos del **Vizcaya y Oquendo** son enjuiciados críticamente).

[150] Carta de Cervera a Juan Spottorno, fechada en Puerto Real, el 14 de marzo de 1896, en Pascual Cervera, *Guerra Hispano-Americana. Colección de*

Después de asumir el mando de la escuadra y tratar infructuosamente de solucionar los muchos problemas a que se enfrentaba, las preocupaciones y el pesimismo de Cervera aumentaron, dada la indiscutible desigualdad de fuerzas y, además, la desatención, la lentitud y la falta de eficiencia con que el Ministerio de Marina y el Gobierno español en general respondían a los apremiantes problemas que él planteaba. Así, el 30 de enero, el Contralmirante escribía que España entraba "en uno de esos períodos que parecen el principio del fin" para proseguir diciendo "la situación militar relativa de España y los Estados Unidos ha empeorado para nosotros, porque estamos extenuados sin tener un céntimo, y ellos están muy ricos...".

Segismundo Bermejo y Merello, Ministro de Marina.

Días más tarde, el 12 de febrero, en la misma carta en que le informa de la salida del **Oquendo**, le pide al Ministro Bermejo que le proporcione datos de inteligencia sobre la marina norteamericana, que le eran imprescindibles como jefe de la escuadra, "creo que sería muy conveniente que se me dieran los informes posibles sobre lo siguiente: (1) Cómo están distribuidos los buques de los Estados Unidos y los movimientos que hagan, (2) Las cartas, planos y derroteros de lo que pueda ser el teatro de operaciones, (3) Dónde tienen sus puertos de aprovisionamiento, (4) Qué objetivos han de tener las operaciones de esta escuadra, ya sea la defensa de la Península o de Baleares, ya la de Canarias ó la de Cuba, ó, por fin, el caso improbable de que fueran las costas de los Estados Unidos, cosa que no podría ser a menos de tener algún aliado poderoso. (5) Planes que el Gobierno tenga, en cada caso, para la campaña - Puntos donde la escuadra pueda encontrar recursos y cuáles sean..." y precisa más adelante, "con el conocimiento de estas cosas podría yo ir estudiando lo que convenga hacer, y llegado el

---

*Documentos referentes a la Escuadra de Operaciones en las Antillas.* Madrid, 1900, 2ª edición, pp. 15-17.

día crítico, se emprendería sin vacilaciones la conducta que convenga seguir, tanto más necesario para nosotros, cuanto que su Marina es tres o cuatro veces más fuerte que la nuestra (...). Lo mejor de todo es evitar la guerra de cualquier modo, pero también es necesario que termine la situación actual, porque esta tensión nerviosa no puede soportarse mucho tiempo".[151]

El Ministro Bermejo respondió el 15 de febrero, enviándole a Cervera un plan de operaciones para el caso de una guerra con los Estados Unidos, según el cual se retendría una división de buques en las proximidades de Cádiz, con el objetivo presumible de defender la Península y las posesiones españolas cercanas. También se integraría otra división compuesta por el acorazado **Pelayo** y cinco cruceros acorazados -**Carlos V, Colón, Vizcaya, Oquendo y María Teresa**- junto con tres destructores y tres torpederos, *"que unidos a los ocho buques principales del Apostadero, tomarán la posición de cubrir las comunicaciones entre el Seno Mejicano y el Atlántico, procurando destruir Cayo Hueso"* (¡!) y proseguía: *"Si esto consiguiese y la estación fuera favorable, podría el bloqueo extenderse sobre sus costas del Atlántico, para cortar sus comunicaciones y comercio con Europa; todo esto salvo las contingencias que puedan resultar de encontrar Ud. combates en que se decidirá quién puede quedar dueño del mar"*.[152]

A las disparatadas ideas de Bermejo responde Cervera, casi inmediatamente. El jefe de la escuadra pone en duda que el **Pelayo** o el **Carlos V** estén en disposición, así como que lo estén el **Numancia** y **Lepanto**. Aprecia además, que los ocho buques principales del Apostadero de La Habana, "...a que Ud. alude, son buques sin valor militar ninguno" y le reitera su opinión de que "puesto en la realidad, bien triste por cierto, se ve que nuestra fuerza naval, comparada con la de los Estados Unidos, está próximamente como 1:3, lo que me hace parecer un sueño que raya en el delirio, pensar, con esta fuerza, extenuados por tan larga guerra como hemos sostenido, en establecer el bloqueo de ningún puerto de los Estados Unidos.

Una campaña contra ellos será hoy día defensiva o desastrosa, a menos que contar con alianzas, en cuyo caso podrían volverse

---

[151] Carta de Cervera a Juan Spottorno del 30 de enero de 1898 en Ibídem, p. 13; Cervera a Segismundo Bermejo, 12 de febrero de 1898 en Ibídem, pp. 27-28.
[152] Carta de Bermejo a Cervera de 15 de febrero de 1898 en Ibídem, pp. 28-30. (La exclamación es mía. GPC).

las tornas. Y precisa a continuación: "En asunto de ofensiva no podríamos hacer otra cosa que algunas *razzias* con los barcos rápidos para hacerles el posible daño. Miedo da pensar en las resultas de un combate naval, aún cuando nos fuera ventajoso, porque ¿cómo y dónde remediaríamos nuestras averías? Yo, sin embargo, no rehusaré hacer lo que se juzgue preciso, pero me parece conveniente analizar la situación, tal cual ella es, sin hacerme ilusiones que puedan acarrear desengaños funestos."[153]

Ilustración en la que aparece Cervera al fondo y sus Comandantes Díaz Moreu, Concas, Bustamante, Eulate y Lazaga.

Aun después del hundimiento del **Maine**, el ministro español de Marina persistió en su trasnochado optimismo, mientras Cervera se hacía más pesimista. Bermejo esperaba que de evitarse la guerra por lo menos hasta finales de abril "puede ser que varíe nuestra posición", confiado aparentemente en que en ese breve lapso de tiempo, la situación de la Marina española pudiese mejorar, o que la diplomacia española prosperase en las gestiones que hacía para tratar de obtener el apoyo de las potencias europeas. A esas opiniones superficiales y pueriles del ministro, Cervera responde con crudeza al analizar la disparidad de fuerzas existente entre las fuerzas navales de España y las de Estados Unidos, y arribar a una conclusión inobjetable: *"Si los norteamericanos obtienen el dominio del mar inmediatamente serán dueños de los puertos que deseen de la Isla de Cuba, que no están fortificados, contando, como cuentan, con la insurrección, y en ellos se apoyarán en sus operaciones contra nosotros"*.

---

[153] Carta de Cervera a Bermejo de 16 de febrero de 1898 en Ibídem, pp. 30-32.(La cursiva es mía. GPC).

El 26 de febrero, Cervera hacía un dramático y apasionado esfuerzo:

*"Hoy va el oficio que le anuncié ayer: tristes y desconsoladoras son mis conclusiones, ¿ pero estamos en el caso de hacernos ilusiones? ¿ No debemos lealmente a nuestra Patria, no sólo nuestra vida, si es necesaria, sino la exposición de lo que creemos? Yo estoy hace tiempo inquieto por todo esto: me pregunto si me es lícito callarme y hacerme solidario de aventuras que causarán, si ocurren, la total ruina de España, **y todo por defender una Isla que fue nuestra y ya no nos pertenece, porque aún cuando no la perdiésemos de derecho, con la guerra la tenemos perdida de hecho**, y con ella toda nuestra riqueza y una enorme cifra de hombres jóvenes, víctimas del clima y de las balas, defendiendo un ideal que ya sólo es romántico. Y creo más: creo que esta opinión mía debe conocerla la Reina y todo el Consejo de Ministros..."*

Resulta difícil encontrar un reconocimiento más franco y directo de lo injustificable de una lucha ya perdida y de la inferioridad de fuerzas. [154]

Pero a pesar de sus esfuerzos y de los poderosos argumentos que esgrimía, Cervera nada pudo hacer por influir en el gobierno español respecto a su estrategia militar y su política exterior. El ministro de Marina le reiteró que España no cedería en Cuba:

*"deseo desvanecer algunas apreciaciones que me hace sobre la isla de Cuba, que aún ondea en ella nuestro pabellón y el Gobierno, interpretando los sentimientos patrios, **aún a costa de tantos sacrificios desea que no se desmembre aquella posesión española de nuestros territorios**, procurando, por todos los medios posibles, ya políticos, ya internacionales, ya militares, el dar solución al problema de Cuba: esta es la opinión dominante del país, y a ella se atemperan todos sus actos".*

Refutando los cálculos y argumentos de Cervera, Bermejo sostenía que los Estados Unidos no podían aumentar sus fuerzas en

---

[154] Sobre este intercambio de correspondencia, ver cartas: de Bermejo a Cervera del 23 de febrero de 1898 en Ibídem, p. 32; de Cervera a Bermejo, 25 de febrero en Ibídem, p. 34 y de Cervera a Bermejo, 26 de febrero, 1898 en Ibídem, p. 37.

el Atlántico toda una vez que tenía que proteger objetivos en el Pacífico, y reiteraba sus opiniones en las que minimizaba las deficiencias navales españolas. Asimismo, consideraba que las dotaciones españolas estaban mejor instruidas y disciplinadas que las norteamericanas.

Cervera, por su parte, no se abstuvo de exponer otros argumentos. Opinando sobre la situación del Pacífico, preciso que la Escuadra Asiática de Dewey constituía un gran peligro para las Filipinas, y que la costa estadounidense del Pacífico no era amenazada por nadie. Después de hacer una detallada relación de los múltiples y apremiantes problemas que enfrentaban en sus gestiones para preparar sus buques, el jefe de la Escuadra disiente de Bermejo respecto a los sentimientos prevalecientes en España:

*"Yo no sé fijamente cuáles son los sentimientos patrios respecto de Cuba, pero me inclino a creer que la inmensa mayoría de los españoles desea la paz antes que todo: **sólo que los que así piensan, sufren y lloran en sus hogares, y no gritan como la minoría, que vive o medra con la continuación de este orden de cosas,** ..."*

Pero ningún argumento pudo influir en los propósitos del Ministro Bermejo, y a partir del 13 de marzo las unidades españolas comenzaron a desplegarse para poner en marcha su plan de crear dos centros de resistencia y defender la Península y Cuba. Ese día, el capitán de navío Fernando Villaamil zarpó de Cádiz hacia Cuba vía Islas Canarias, al mando de una flotilla compuesta por los destructores **Plutón, Terror y Furor,** los torpederos **Ariete, Rayo** y **Azor** y el transporte **Ciudad de Cádiz.** [155]

Los movimientos de las unidades españolas fueron rápida y detalladamente informados al secretario adjunto de Marina, T. R. Roosevelt, por el agregado naval norteamericano en la capital hispana, teniente de navío George L. Dyer, en sendos mensajes cursados los días 5 y 11 de marzo, en los cuales se daba noticia

---

[155] Las cartas intercambiadas entre Cervera y Bermejo aparecen en Cervera, Op. Cit., y son: de Bermejo a Cervera del 4 de marzo en p. 39 y de Cervera a Bermejo del 7 de marzo en p. 42; ver también García del Pino, Op. Cit., pp. 48-49. (La negrita es mía. GPC).

además, de los esfuerzos de los españoles para preparar un segundo grupo de buques. El Departamento de Marina estadounidense mostraba especial interés en conocer cómo marchaban las reparaciones del acorazado **Pelayo** y el crucero acorazado **Carlos V**.[156]

Mientras, las crisis diplomática se exacerbaba, fracasaban uno tras otro los intentos españoles de negociación, y las presiones norteamericanas sobre el gobierno de Madrid se hacían cada vez más fuertes. No obstante, el Almirante Pascual Cervera continuaba sus esfuerzos para convencer al Ministro de Marina de que había que lograr la paz a toda costa. El 16 de marzo, Cervera propone a Bermejo que se apele a terceras partes que sirvan como mediadores o árbitros en el conflicto:

*"...se deduce que como no podemos ir a la guerra, sin caminar a un desastre seguro y horroroso, ni tratar directamente con los Estados Unidos, cuya mala fe es notoria, quizá no nos quede otro remedio que **apelar a otros en forma de arbitraje o mediación**, como los adversarios acepten, ...".*

Enfrentado a la evidencia de que sus unidades carecen del suficiente poderío para enfrentarse a las escuadras norteamericanas, Cervera aboga desesperadamente por la paz, pero sus puntos de vista y argumentos tropiezan con el muro infranqueable de los intereses que controlan el proceder del Primer Ministro Sagasta y su gabinete. [157]

Haciendo caso omiso de las advertencias de Cervera, el Ministro de Marina español, Segismundo Bermejo, dio instrucciones para que la denominada Escuadra de Operaciones de las Antillas se fuera concentrando en San Vicente, Islas de Cabo Verde, posesión portuguesa situada en el Atlántico. El 1 de abril, los cruceros acorazados **Vizcaya** y **Oquendo**, que se encontraban en La Habana, zarparon hacia San Juan de Puerto Rico, donde Había órdenes de dirigirlos hacia Cabo Verde, siendo este absurdo

---

[156] D. F. Trask, Op. Cit., p. 64.
[157] Sobre el fracaso de las vías diplomáticas y de negociación ver, Foner, Op. Cit., pp. 261-290; un tratamiento detallado de estos aspectos aparece en John L. Offner, *An Unwanted War*. Chapell Hill y Londres. 1992, pp. 143-158; sobre proposición de Cervera, ver su carta a Bermejo del 16 de marzo de 1898 en Cervera, Op. Cit., pp. 48-50. (La negrita es mía. GPC).

movimiento de fuerzas una de los episodios de esta guerra que más ha dado que hablar. Ambos buques salieron de San Juan el 8 de abril para arribar a San Vicente el día 19.[158]

Mientras tanto, tenía lugar el día 6 de abril una reunión del Consejo de Ministros en el que, inesperadamente, se recibió una carta del embajador norteamericano Woodford, cuyo contenido y forma eran, desde el primer párrafo, las de un arrogante ultimátum:

Embajador estadounidense Stewart L. Woodford.

*El Ministro de los Estados Unidos*
*Al Ministro de Estado*
*(Traducción)*
*Madrid, 6 de Abril de 1898.*
*Excmo. Señor:*
*Muy Señor mío: Esperaba recibir, antes de las doce de esta tarde, la notificación de haber proclamado el Gobierno de S.M. la suspensión definitiva de hostilidades en la Isla de Cuba.*
*El Presidente de los Estados Unidos remitió esta tarde al Congreso americano un Mensaje que abarca toda la cuestión cubana, acompañándolo con las recomendaciones que estima necesarias y oportunas. La tranquilidad y bienestar del pueblo americano exigen el restablecimiento de la paz y de un Gobierno estable en Cuba. Si el Gobierno de España hubiese ofrecido un armisticio, el Presidente lo hubiera manifestado así al Congreso. Ha recapitulado las circunstancias en que se halla la Isla de Cuba, el efecto perjudicial que han producido en nuestro pueblo, el carácter y las condiciones del conflicto y lo desesperado de la lucha.*

---

[158] El **Vizcaya** había arribado a New York el 19 de febrero, cuatro días después de la explosión del **Maine**, y se le ordenó salir de allí, rumbo a La Habana, a la mayor brevedad posible. Arribó al puerto habanero el 1 de marzo y pocos días después, el día 5, se le uniría su gemelo el **Almirante Oquendo**. El 9 de marzo llegaba a La Habana, proveniente de Matanzas, el crucero norteamericano **Montgomery**. Sobre los movimientos del **Vizcaya** y **Oquendo** ver, Severo Gómez Núñez:*"La Guerra Hispanoamericana. El Bloqueo y la Defensa de Costas"*, Madrid, 1899, pp. 148-151. Un comentario sobre el mismo asunto puede verse en F.E. Chadwick: *"The Relations of the United States and Spain. The Spanish-American War"*, New York, 1911, Vol. 1, pp. 25-26.

<u>No ha aconsejado el reconocimiento de la independencia de los insurrectos</u>; pero ha recomendado la adopción de medidas que han de dar por resultado la cesación de hostilidades y el restablecimiento de la paz, y de un Gobierno estable en la Isla. Esto lo ha hecho en interés de la humanidad y en aras de la seguridad y tranquilidad de los Estados Unidos.

**Si el Gobierno de S.M. llegara en el día de hoy á una decisión final con respecto a un armisticio, telegrafiaré á mi Gobierno el texto de aquel, en caso de recibirlo antes de las doce de esta noche.** De esta manera llegará á poder del Presidente, mañana jueves por la mañana, á tiempo para que lo pueda comunicar al Congreso mañana (jueves).

Penetrado de un dolor más profundo de lo que puedo expresar, deploro que el Gobierno de S. M. no me haya manifestado aún su propósito de proclamar un armisticio inmediato y efectivo en la Isla de Cuba, ó una suspensión de hostilidades que dure lo bastante para que las pasiones se adormezcan y facilitar, por medio del texto de dicha proclama, una paz permanente y honrosa en Cuba.

Aprovecho,etc.......
Stewart L. Woodford[159]

General Miguel Correa.

La prensa madrileña se hizo eco de lo ocurrido y no ocultó la gravedad del momento. El ministro de la Guerra, general Miguel Correa, poco aficionado a hacer declaraciones, rompió su costumbre, y dando rienda suelta a su irritación hizo algunas manifestaciones a los periodistas:

"Refiriéndome directamente al conflicto con los Estados Unidos, hoy las

---

[159] El texto de la carta ha sido tomado de *"Documentos presentados á las Cortes en la Legislatura de 1898 por el Ministro de Estado" (Libro Rojo)*. Madrid, 1898-1899, (Reeditada por Editorial de la Universidad de Puerto Rico. Río Piedras, 1988), pp. 164-165. El subrayado aparece en la fuente. La negrita es del autor. Nótese el tono imperativo del texto, impropio del lenguaje diplomático y la manera en que un asunto cubano es tratado como algo doméstico de los Estados Unidos.

*impresiones no son enteramente desesperadas, porque se sabe que Mr. McKinley, en el mensaje que envía al Congreso, no habla de la independencia de Cuba ni de otros extremos que se habían anunciado. La única razón que puede explicar este cambio de actitud, es la nota enérgica del Gobierno de España. Si cuando sufrimos la primera humillación no hubiéramos bajado la cabeza, no nos encontraríamos hoy como nos encontramos"*

A continuación de estas afirmaciones, el ministro de la Guerra, olvidando toda mesura y responsabilidad, sigue diciendo, en tono extremadamente petulante y belicista:

*"No soy de los que alardean de seguridades en el éxito, caso de romperse las hostilidades; pero soy de los que creen que, de los males, este es el mejor; el peor sería el conflicto que surgiría en España si nuestro honor y nuestros derechos fuesen atropellados. La opinión no debe alarmarse porque los Estados Unidos, si la guerra estalla, nos eche a pique algún barco. Esto puede ser consecuencia natural de la guerra. Lo que se debe evitar a todo trance es que nos cojan un barco y se dé motivo para que el telégrafo anuncie que se ha izado la bandera americana en uno de nuestros acorazados"*

El ministro, entusiasmado, prosigue sus declaraciones, y pone al descubierto la división de criterios existente en el seno del gobierno. La sola idea de que la bandera norteamericana ondee en uno de los buques españoles, al parecer le obsesiona y le lleva a decir que es preferible antes de que eso ocurra, volarlo, y exclama:

*"¡Ojalá que no tuviésemos un sólo barco! Esta sería mi mejor satisfacción. Entonces podríamos decirles a los Estados Unidos desde Cuba y desde la Península: -¡Aquí estamos! ¡Vengan ustedes cuando quieran! No veo la situación tan extremada como mi compañero el Sr. Moret. Sin embargo, si el conflicto llega, (...), aquí estamos dispuestos a no perder ni un átomo de nuestro territorio. Ahora los Estados Unidos dirán."*[160]

---

[160] Las declaraciones de Correa aparecen en, Pérez Delgado, Rafael:*"1898: El Año del Desastre"*, Madrid, 1976, pp. 275-276.

Con esta fanfarronada el ministro español de la guerra negaba la única posibilidad que habría traído la paz inmediata entre españoles y cubanos y dejado a los norteamericanos con un palmo de narices.

En esos mismos días Cervera volvía a escribir a Bermejo para advertirle que las fuerzas españolas podían *"como el famoso hidalgo manchego, ir a pelear con los molinos de viento, para salir descalabrados"*, puntualizando a continuación que,

*"Si nuestra fuerza naval fuese superior a la de los Estados Unidos, la cuestión sería muy sencilla, pues con cerrarles el paso, bastaría, pero como no solamente no es superior, sino es muy inferior, tratar de cerrarles el paso, ó sea presentarles una batalla naval, con carácter de decisiva, sería el mayor de los desatinos, porque sería buscar una derrota cierta, que nos dejaría a merced del enemigo, que se apoderaría, si quería, de alguna buena posición en Canarias, y tomándola por base de operaciones, aniquilar nuestro comercio y bombardear impunemente nuestras ciudades marítimas."*

Pero el Gobierno hacía oídos sordos a la sensata argumentación de Cervera. Presiones provenientes de otros lugares y esferas de influencia, eran más fuertes a la hora de tomar decisiones en Madrid:

*El Gobernador General de Cuba (Blanco)*
*al Ministro de Ultramar    (R. Girón)*
*Habana, 7 de Abril 1898*
*"Mantiénese la opinión digna y sensata, aunque algo excitada por noticias inminencia guerra. Se empieza a manifestar cierto disgusto por falta de buques aquí, pues los que hay no pueden prestar servicio, y detención escuadrilla Cabo Verde deja indefensas costas. V.E., que mejor que yo conoce situación internacional, dadas las actuales circunstancias, apreciará conveniencia enviar buques."*

Ante tales presiones, la respuesta no se hacía esperar:

*El Ministro (Bermejo)*

*al Almirante (Cervera)*
*Madrid 7 Abril 1898*
*"Urge mucho salida; es preciso que sea mañana. Diríjase V. E. a San Vicente de Cabo Verde; así que llegue, tomará carbón y agua. Comunique con semáforo Canarias, por si hubiese alguna novedad que noticiarle. Las instrucciones, que se ampliarán, son, en esencia, proteger escuadrilla de torpederos que queda a sus órdenes, por estar en Europa **Amazonas y San Francisco**. No hay por ahora más buques americanos".*

Los acontecimientos comenzaban a precipitarse.[161]

Cumpliendo la orden recibida, Cervera salió de Cádiz, el 8 de abril a las 1700 hs, al mando de los cruceros acorazados **Infanta María Teresa** y **Cristóbal Colón**. Justo antes de salir, Cervera volvía a escribirle a Bermejo:

*"... creo entrever, en el conjunto de los telegramas recibidos, que se persiste en la idea de que la Escuadrilla vaya a Cuba, y me parece una aventura que puede costarnos muy cara, porque la pérdida de nuestra Escuadrilla y la derrota de nuestra Escuadra en el Mar Caribe, entraña un gran peligro para las Canarias y quizá el bombardeo de nuestras ciudades del litoral. **No menciono la suerte de Cuba, porque esta la tengo descontada hace mucho tiempo**, y creo que una derrota naval precipitaría mucho su pérdida definitiva".*

Tratando de evitar ilusiones sobre las posibilidades de la Escuadra española, Cervera afirma:

*"... si U. repasa nuestra correspondencia de hace dos meses, verá U., que no he sido Profeta, sino que me he quedado corto, y que es preciso no hacerse ilusiones sobre lo que se puede hacer, que sólo es lo que sea apropiado a los medios disponibles".*

---

[161] Respecto a las advertencias de Cervera, ver carta de Cervera a Bermejo del 6 de abril, en Cervera, Op. Cit., pp. 54-55. Una advertencia anterior del jefe de la Escuadra aparece en su telegrama a Bermejo del 4 de abril, que puede verse en Ibídem, p. 54. El mensaje de Blanco al ministro Girón y la orden de salida a Cervera, firmada por Bermejo, documentos ambos de fecha 7 de abril, aparecen en Ibídem, p. 55.

La respuesta de Bermejo a Cervera, que este recibiría en Cabo Verde, le trae la noticia de que su probable misión será la de dirigirse a las Antillas y específicamente *"la defensa de la isla de Puerto Rico"*, ya que la apreciación del ministro de Marina era que dicha isla sería el objetivo del primer golpe norteamericano.[162]

Grupo de jefes y oficiales del *Vizcaya* a bordo.

Cervera, con sus dos cruceros acorazados arribó a San Vicente de Cabo Verde el 14 de abril. El capitán de navío Villaamil, con su flotilla de tres destructores y tres torpederos se encontraba esperándolo allí. El 19 de abril, se les unieron los cruceros acorazados **Vizcaya** y **Oquendo** provenientes de San Juan de Puerto Rico. Debido a su larga travesía y prolongada permanencia en la mar, ambos buques necesitaban reparaciones y tenían sus cascos muy sucios, lo que les restaba velocidad. La escuadra presentaba deficiencias en aspectos muy importantes. El más poderoso de sus buques, el **Cristóbal Colón**. como ya se ha dicho, carecía de su artillería principal el 254 mm y de los mecanismos requeridos para emplear las municiones de 150 mm. Los torpederos

---

[162] Ver la carta de Cervera a Bermejo del 8 de abril en Ibídem, pp. 56-57 (la negrita es mía. GPC); las instrucciones de Bermejo están fechadas el 8 de abril, Ibídem, pp. 58-59. Estas instrucciones fueron recibidas por Cervera el 18 de abril.

estaban en muy malas condiciones, y los destructores -diseñados para perseguir a los torpederos enemigos- no podían desempeñar un papel importante en la campaña que se avecinaba.[163]

El *Cristóbal Colón*.

Cuando Cervera supo que su probable destino era Puerto Rico, inmediatamente puso objeciones y propuso una alternativa. Aunque satisfecho de que aparentemente se hubiera descartado el viaje a Cuba, expresó: *"... y respecto a Puerto Rico, muchas veces me he preguntado si deben amontonarse allí todas nuestras fuerzas, y me parece que no. Si Puerto Rico es fiel, no será bocado tan fácil para los yankees, y si no lo es, seguirá fatalmente la suerte de Cuba al menos en lo que se relaciona con nosotros"*, e insistiendo en lo que ya había planteado: *".... me preocupan las Filipinas, como digo antes, las Canarias, y, sobre todo la posibilidad de bombardeos sobre nuestra propia costa; cosa que no es imposible dada la audacia de los yankees, y teniendo cuatro ó cinco barcos de andar superior a los nuestros"*.

El 20 de abril, Cervera convocó a un consejo de jefes de su escuadra, en el que participaron bajo su presidencia todos los capitanes de navío destacados en la misma, quienes, después de analizar la situación, suscribieron un acta en la que proponían al

---
[163] Francisco Arderius, *La escuadra española en Santiago de Cuba: Diario de un testigo*. Barcelona, 1903, pp. 30, 35; Chadwick, Op.Cit., Vol. 1, p. 34.

ministro de Marina que la escuadra fuera dirigida a Canarias que así "quedaría fuera de un golpe de mano y todas las fuerzas podrían acudir con toda prontitud en caso necesario a defender la madre patria". Como argumentación de la proposición, el capitán de navío Víctor Concas elaboró un documento en el que, de manera muy razonada, expuso sus criterios.

Si las fuerzas navales españolas se dividieran al enviarse una escuadra hacia las Antillas, la Escuadra Volante norteamericana podría efectuar *"raids"* contra la costa española, obligando a la Escuadra a regresar. En cualquier caso era imprudente enviar la Escuadra al Caribe porque este movimiento provocaría un encuentro en el cual las fuerzas españolas no tendrían la menor posibilidad de éxito. Otra razón para que no se efectuara la expedición era la imposibilidad de hacer reparaciones y la carencia de una flota auxiliar.

En su análisis de la situación, Concas admitía con toda franqueza, que los acorazados estadounidenses del tipo "Indiana" eran capaces, cada uno de ellos, de batir a toda la escuadra española junta, sin necesidad de ayuda. Asimismo afirmaba que el **"Texas", "Brooklyn" y "New York"** eran superiores a cualquiera de los buques españoles, y no abrigaba dudas sobre la preparación de las fuerzas norteamericanas para la guerra. Además de sus consideraciones militares, Concas enarboló un argumento de fundamento político contra el movimiento de las unidades hispanas hacia las Antillas: Sería *"insensato, criminal y absurdo ir a entregar la patria a merced del enemigo, siendo indiscutible que, á medida que se le fuera presentando más fácil la campaña, iría exagerando sus exigencias"*.[164]

Pero toda esa argumentación fue desatendida por el gobierno que había decidido que una guerra, aunque fuera de resultados desastrosos, era preferible a un abandono. Dentro de su mentalidad, una derrota honorable al menos preservaría el orden establecido en el interior del país. El 21 de abril Cervera informó que se encontraba preparado para partir hacia las Canarias al día siguiente, pero Bermejo contestó con una orden fría y tajante:

---

[164] Sobre las objeciones de Cervera a la expedición a Puerto Rico, ver mensaje de Cervera a Bermejo del 19 de abril en, Cervera, Op.Cit., p. 62; sobre la reunión del 20 de abril, ver Ibídem, p. 64; ver también Concas, Op. Cit., pp. 42-47 y Arderius, Op.Cit., p.37.

El *Emperador Carlos V* fue una de las escasas naves españolas que no fuera desruída por la marina estadounidense.

*El Ministro (Bermejo)*
   *al Almirante (Cervera).- Cabo Verde.*
      *Madrid, 21 Abril 1898.*
         *"Como Canarias está perfectamente asegurada y conoce*

V. E. telegramas de Washington sobre salida próxima de Escuadra Volante, salga con todas las fuerzas para proteger Puerto Rico, que está amenazada, siguiendo la derrota que V. E. se trace, teniendo presente la amplitud que las instrucciones le conceden y que le renuevo. La frase "salgo para el norte" me indicará su salida, debiendo ser absoluta la reserva sobre sus movimientos."

Crucero español *Oquendo*.

Mientras tanto, desde La Habana, el Gobernador General Blanco continuaba presionando para que la Escuadra le fuera enviada y en un telegrama al Ministro de la Guerra, general Correa, le decía:

"Espíritu público muy levantado, reina verdadero entusiasmo en todas clases, pero no debo ocultar que cuando se convenzan de que no viene nuestra Escuadra, el decaimiento será grande y es posible que se verifique una reacción desagradable. Ruego a V. E. me diga si puedo infundirles alguna esperanza más o menos inmediata llegada Escuadra".

Bermejo por su parte, apremiaba a Cervera:

*"El Gobierno pregunta incesantemente por su salida. Es muy urgente la verifique cuanto antes, advirtiéndole que **"Ariete"** debe ser remolcado a Canarias por **"San Francisco"**.*

Cervera, acorralado por los acontecimientos respondía:

*"He recibido telegrama cifrado con la orden de seguir para Puerto Rico. A pesar de persistir en mi opinión, que es opinión general de los Comandantes de los buques, haré todo lo que pueda para avivar la salida, rechazando la responsabilidad de las consecuencias".*[165]

El 23 de abril, el mismo día en que España se declaró en estado de guerra con los Estados Unidos, el ministro de Marina, contralmirante Segismundo Bermejo, convocó a una Junta de Almirantes para considerar las órdenes impartidas a Cervera, en lo que algunos historiadores y estudiosos han considerado una maniobra para descargar la responsabilidad sobre la Escuadra.

José María de Beránger Ruiz de Apodaca.

Cuatro de los 19 altos oficiales presentes votaron contra la salida, pero el ex-Ministro de Marina, vicealmirante José M. Beránger, la apoyó, y así también lo hizo el capitán de navío de primera clase Ramón Auñón y Villalón y el resto de los presentes. El único cambio fue que se le concedió a Cervera amplia discreción en el cumplimiento de la orden.

El capitán de navío de primera clase José M. Lazaga, uno de los que se opuso a la expedición, convino con uno de los líderes del

---

[165] Sobre los esfuerzos de Cervera, ver telegrama del 21 de abril de Cervera a Bermejo en, Cervera, Op. Cit., p. 69; la respuesta de Bermejo aparece en Ibídem, p. 63; el mensaje de Blanco presionando para que le sea enviada la Escuadra, está en Ibídem, p. 70. La orden de Bermejo a Cervera está fechada el 22 de abril, verla en Ibídem, p. 70 y la respuesta de Cervera en un telegrama de este a Bermejo de fecha 22 de abril que aparece en Ibídem, pp. 70-71. En carta de esa misma fecha, Cervera le explica al ministro, en detalle, qué objeciones hace a la expedición a las Antillas, verla en Ibídem, pp. 72-73. Cervera hizo una apelación de último minuto en un telegrama del 22 de abril, verlo en Ibídem, p. 73.

Partido Conservador, Francisco Silvela, en discutir la cuestión con Sagasta, pero el primer ministro no revocó la decisión, diciéndole a Silvela: *"...las instrucciones a Cervera le otorgan absoluta libertad para seleccionar su derrota; (....) la superior velocidad de sus buques le permitirán eludir un encuentro si no está en condiciones favorables para combatir, (....) puede ir a Cuba, a Puerto Rico, o a los puertos de los Estados Unidos, y puede esperar, para una batalla decisiva, a los buques que le enviarán a su encuentro."*

El capitán de navío Fernando Villaamil uno de los subordinados de Cervera, quien era, a su vez, diputado y amigo de Sagasta, se dirigió personalmente a éste pero no tuvo resultado alguno.[166]

Así, el 25 de abril, Cervera fue urgido a salir de San Vicente hacia las Antillas por el Ministro Bermejo.

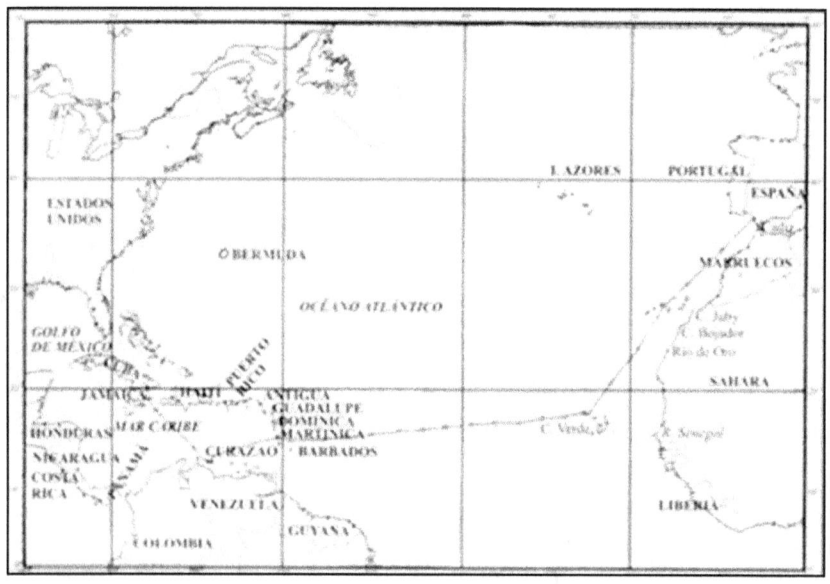

Mapa de la ruta marítima desde la península española hasta Cabo Verde (Africa), luego a Martinica (Caribe), Curazao y finalmente Santiago de Cuba. [N. del E.]

La salida tuvo lugar el 28 de abril. Mientras tanto, ya el Almirante Willian T. Sampson se encontraba al norte de Cuba bloqueando los principales puertos de esa costa y al mismo tiempo,

---

[166] El acta de la junta que tuvo lugar en el ministerio de Marina puede verse en, Cervera, Op. Cit., pp. 74-83; respecto a esfuerzos del capitán de navío Lazaga ver, Concas, Op.Cit., pp. 65-67.

otra escuadra española, mandada por el almirante Patricio Montojo, abandonada también a su suerte, aguardaba en la bahía de Manila a la Escuadra Asiática del comodoro George Dewey, que estaba haciendo los preparativos finales en Mirs Bay, cerca de Hong Kong, para su travesía por el Mar del Sur de China hacia las Islas Filipinas.

Ni Cervera ni Montejo recibieron el apoyo que ambos entendían esencial para poder enfrentar a las fuerzas navales estadounidenses. El gobierno liberal de Sagasta era renuente, al mismo tiempo, a fortalecer la Armada y a llevar a cabo una política consecuente para tratar de evitar la guerra. El mismo Cervera reconoció que España tenía que elegir entre aceptar la pérdida de Cuba y una derrota en la mar. Sus superiores prestaron oídos sordos a sus argumentos y proposiciones. Ambos almirantes españoles habían sido llevados a situaciones sin salida.

# Capítulo 7
## Primeras acciones bélicas en Filipinas

La flota española en la Bahía de Manila.

Al comenzar el año 1898 la revolución filipina atravesaba una fase descendente, sumida en la frágil tregua convenida en el Pacto de Biaknabató. Muchos de los dirigentes de la pasada insurrección estaban en el extranjero. En el caso filipino, la fórmula autonómica hubiera sido quizás una solución temporal, dado el estado en que se encontraba en ese momento la causa independentista, pero España no hizo ese ofrecimiento a Filipinas.[167]

---

[167] Baltar Rodríguez, Enrique: **"El ocaso de la dominación española en Filipinas"** en *"Cuba: La Revolución de 1895 y el fin del imperio colonial español"*. Michoacán, 1995, pp. 225-226

Para los que seguían con atención el curso de los acontecimientos, resultaba evidente que, al romperse las hostilidades entre los Estados Unidos y España, uno de los escenarios del conflicto lo sería el archipiélago filipino.

Teniente de navío José Gutiérrez Sobral.

Desde comienzos del año, el teniente de navío José Gutiérrez Sobral, Agregado Naval de la Legación de España en Washington venía advirtiendo al gobierno español sobre los preparativos de guerra que estaba realizando la Marina norteamericana. En su informe, de fecha 25 de enero, decía textualmente Gutiérrez Sobral, haciendo referencia a reuniones sostenidas en la Secretaría de Marina estadounidense:

*"... y hubo quien dijo que nuestra escuadra era débil para atender a Cuba y Filipinas al mismo tiempo, y sobre todo que la amenaza sobre aquel archipiélago haría que mandásemos buques a aquellas aguas, lo cual restaría fuerzas a la escuadra que enviásemos a las Américas".*

Un poco más adelante, en ese mismo informe, el Agregado Naval subrayaba:

*"Creo, pues, que tan pronto se declare la guerra entre este país y el nuestro, las Filipinas serán uno de los objetivos por parte de la escuadra del Pacífico".*[168]

Pero no fue Gutiérrez Sobral el único que alertó del posible ataque norteamericano a Manila. El contralmirante Pascual Cervera, en un oficio reservado, dirigido al ministro de Marina, fechado el 7 de marzo de 1898 y en el que hacía un análisis de la situación de la armada española respecto a la contienda que se avecinaba con los Estados Unidos, señalaba en uno de sus párrafos:

---

[168] Gómez Núñez, Severo: "La Guerra Hispanoamericana. Puerto Rico y Filipinas", Madrid, 1902, pp. 114-116.

*"Nunca he pensado en las fuerzas que los Estados Unidos tienen en el Pacífico ni en Asia para el desarrollo de los sucesos en las Antillas, pero siempre he visto en ellas un gran peligro para nuestras Filipinas, que no tienen fuerzas que oponerles ni aún parecidas como una sombra..."*.[169]

**Filipinas en los planes de campaña norteamericanos.**

Como hemos visto anteriormente, en correspondencia con el papel que se le asignaba a la Marina de Guerra de los Estados Unidos para el caso de una guerra con España, la Oficina de Inteligencia Naval (ONI) comenzó a trabajar en la elaboración de planes de campaña y hacer estudios de inteligencia relacionados con ese conflicto en perspectiva. Como resultado se elaboró a partir de 1894 una sucesión de planes que iban actualizándose y perfilándose con los cambios que ocurrían en la situación político-militar internacional y muy especialmente en la de España y sus colonias.

Desde el primero de estos planes se consideró que el teatro principal de una guerra entre Estados Unidos y España estaría en el Caribe y más concretamente en Cuba, pero junto a este criterio central, en las diferentes variantes elaboradas se repetían con relativa frecuencia determinados elementos, uno de los cuales era el bloqueo o un asalto contra Manila.[170]

La idea de realizar operaciones contra Manila con el objetivo de tomarla y obtener así el control del comercio de esa región y una base naval de importancia estratégica apareció ya en una de las primeras variantes elaborada a mediados de 1896 por el teniente de navío William W. Kimball oficial de la ONI asignado al Colegio de Guerra Naval (NWC). Esta idea fue reiterada con fuerza en casi todas las variantes que se elaboraron después.

El interés creciente en Filipinas a causa fundamentalmente de su estratégica posición se hizo patente en las acciones y pronunciamientos de los representantes de los círculos más agresivos y belicistas de Estados Unidos, y especialmente en las del entonces secretario adjunto (subsecretario) de la Marina, Theodore Roosevelt.

---

[169] Cervera y Topete, Pascual: *"Colección de documentos referentes a la Escuadra de Operaciones de las Antillas"*, El Ferrol, 1900 (2ª ed.), p. 44.
[170] Dorwart, Jeffery M.: *"The Office of Naval Intelligence"*, Annapolis, 1979, p. 57.

Como hemos visto, los planes de campaña norteamericanos elaborados con anterioridad al inicio de las hostilidades, preveían tomar la iniciativa tanto en aguas de Cuba como de Filipinas. Respecto a la primera, se contemplaba la realización del bloqueo naval mientras que en el archipiélago oriental los planes establecían el aniquilamiento por parte de la Escuadra Asiática de las unidades navales españolas basificadas en la Bahía de Manila. En ambos casos el objetivo era el mismo: impedir que España pudiera reforzar y reabastecer sus vulnerables posiciones de ultramar.[171]

Soldados españoles en Manila (1898).

Los planes estratégicos norteamericanos se apoyaban en esas operaciones navales dado el hecho de que su ejército regular era muy pequeño, -apenas unos 28 mil hombres-, mientras que su marina, se encontraba preparada para actuar, y era ostensiblemente superior a la española en ambos teatros de la guerra cuyas características geográficas, -archipiélagos separados de la

---

[171] Trask, David F., "The War with Spain in 1898", New York-London, 1981, p. 79.

metrópoli española, y de los propios Estados Unidos, por grandes espacios acuáticos-, hacía imprescindible el empleo de las fuerzas navales. Por lo tanto, el empleo de la marina de guerra contra las colonias españolas era, a todas luces, el medio más idóneo para obligar a España a rendirse rápidamente, ya que una vez que obtuvieran el dominio del mar, los norteamericanos estarían en plena libertad para realizar cualquier otra operación adicional incluyendo el envío de tropas.

Batallón expedicionario español en Filipinas.

Por su parte, el gobierno liberal español, no podía hacer otra cosa que autorizar a sus representantes en las colonias, -Cuba, Puerto Rico y Filipinas-, a emplear los recursos locales que tuvieran a su alcance para defenderse. Los españoles habían comenzado a preparar precipitadamente unidades navales para enviarlas tanto al Caribe como al Pacífico pero dichos preparativos estaban empantanados dada la imprevisión, la desorganización y la falta de recursos. España no preparó a sus posesiones coloniales para defenderse contra los ataques norteamericanos debido a varios factores. En primer lugar, el gobierno fue indeciso y vacilante, considerando que haciendo concesiones podía evitar la guerra o al menos demorarla por un tiempo. También porque ya tenía fuerzas terrestres considerables desplegadas en Cuba y Filipinas. Además, la prolongada guerra en Cuba y la insurrección filipina habían puesto los recursos financieros y humanos de la nación al borde del colapso.

La febril actividad desplegada por los norteamericanos, seguros de su triunfo, en los preparativos bélicos contrastaba con la lentitud y pesimismo de los españoles.

**Relaciones filipino-norteamericanas previas a la guerra.**

El apoyo filipino resultaba decisivo en el conflicto que se avecinaba. Así lo comprendieron los norteamericanos y por ello sus servicios diplomáticos y de inteligencia se dieron a la tarea de establecer contactos con algunos de los principales jefes filipinos especialmente con Emilio Aguinaldo.

Exiliados Filipinos y oficiales Españoles a cargo de su deportación a Hong Kong. Emilio Aguinaldo es la figura central en la segunda fila; a su derecha el Teniente Coronel Miguel Primo de Rivera, sobrino del Gobernador General español. La foto fue tomada en Hong Kong a principios de 1898.

El primer contacto de los norteamericanos con Aguinaldo tuvo lugar a mediados de marzo de 1898 en Hong Kong, realizándolo el comandante del cañonero "**Petrel**", capitán de fragata E. P. Wood. En la entrevista, el oficial norteamericano, a nombre del comodoro Dewey, recabó la ayuda del dirigente filipino a quien solicitó que reanudara la lucha armada contra España en la seguridad de que los Estados Unidos lo ayudaría. Al preguntarle Aguinaldo que recibirían los filipinos a cambio, el marino estadounidense le respondió que su país era grande y rico por lo que no precisaba de colonias. Al pedírsele que pusiera por escrito el convenio entre ambos, el marino estadounidense, con habilidad, rehuyó el compromiso, asegurando que así se lo haría saber al comodoro Dewey.[172]

Aunque la entrevista se llevó a cabo en el mayor secreto, los agentes del cónsul español en Hong Kong, que vigilaban estrechamente todos los movimientos de Aguinaldo y sus colaboradores tuvieron indicios de los contactos con los norteamericanos. El líder filipino decidió entonces abandonar Hong Kong dirigiéndose a Singapur adonde llegó el 21 de abril e immediatamente contactó con un antiguo conocido, el aventurero británico Howard W. Bray, quien había residido más de quince años en Filipinas. Al enterarse del estado de las relaciones entre España y los Estados Unidos, Aguinaldo consideró que el mismo ofrecía una coyuntura propicia para la reanudación de la lucha por la independencia de su país. Bray por su parte, comunicó al general filipino que el cónsul norteamericano Spencer Pratt, que sabía de su presencia en Singapur por un aviso del comodoro Dewey, deseaba tener una entrevista con él. La cita se efectuó, en el mayor secreto, de 9 a 12 de la noche del 22 de abril.

El cónsul informó a Aguinaldo que el día anterior había estallado la guerra entre su país y España y procuró persuadir al general filipino para que reanudara la lucha contra la metrópoli hispana, asegurándole que Estados Unidos darían toda suerte de ventajas a los filipinos. Aguinaldo requirió precisiones sobre esas ventajas y propuso la conveniencia de un acuerdo por escrito. El cónsul, con astucia, eludió el compromiso y respondió que sometería la consulta al comodoro Dewey que era el jefe de la expedición contra los españoles en Filipinas y la persona que contaba con amplios poderes otorgados por el presidente Mc Kinley. La despedida terminó con el acuerdo de una nueva entrevista.[173]

El día 23 de abril, Aguinaldo sostiene una serie de reuniones

---

[172] Molina, Antonio M.: *"Historia de Filipinas"*, Madrid, 1984, tomo II, p. 393.
[173] Ibídem, p. 403.

con otros dirigentes filipinos y colaboradores suyos con quienes sopesa la situación y las proposiciones norteamericanas con las que no parece estar muy de acuerdo aunque después de las discusiones cambia de parecer y decide ir a la segunda entrevista con Pratt. En la misma, el general, ganado ya a la idea, indica su conformidad y se apresta a cooperar con los norteamericanos a derrotar a los españoles en Filipinas. Poniendo su confianza en las promesas del cónsul, le aseguró que podía reunir a su pueblo para reanudar la lucha y conquistar Manila en el plazo de dos semanas si se le entregan armamentos. El cónsul accedió, diciéndole que volvería a comunicarse con el comodoro Dewey. Convinieron volver a verse al día siguiente.[174]

El cónsul Pratt se puso inmediatamente en comunicación con Dewey y le informó de los resultados de la entrevista. El comodoro, complacido por el giro de los acontecimientos le envió a Pratt un telegrama conciso: *"Send me the man"* ("Envíeme al hombre").

La tercera entrevista entre el Cónsul estadounidense y el líder filipino tuvo lugar en el consulado norteamericano. Sin perderse en preámbulos, llegan a un acuerdo concreto. El cónsul comunica a Aguinaldo que ha telegrafiado a Dewey en estos términos *"Aguinaldo, caudillo insurgente, aquí. Irá a Hong Kong arreglar con el comodoro cooperación general insurgente Manila si desea. Telegrafíe"*. A lo que añade: *"El comodoro ha respondido así, 'Diga Aguinaldo venga cuanto antes. -Dewey"*[175]

A pesar de las medidas tomadas para preservar el secreto de estas entrevistas el cónsul español tuvo conocimiento de las mismas y de su contenido y el 30 de abril puede comunicarle al Gobernador General:

*"Ultimada anteayer negociación entre filipinos y cónsul Estados Unidos, que ofrecen armas y autonomía si reconocen jefatura americana para operaciones; acorde comodoro proponiendo mandar en comisión deseos a presidente República Estados Unidos, que tendrá trato de nación privilegiada a cambio de independencia de Filipinas..."*

---

[174] Ibídem, p. 404.
[175] Ibídem, pp. 404-405.

Pocos días después, el 4 de mayo, un periódico de Singapur publicará el convenio aludido así como los detalles de los trámites que han conducido al mismo añadiéndo el comentario: *"La política del general Aguinaldo abarca la independencia de Filipinas. La protección norteamericana sería deseable, provisionalmente, en las mismas condiciones que la que se podría instituir más tarde en Cuba".*

Por otra parte, el corresponsal del periódico **"Le Temps"** en Manila telegrafía el texto íntegro del acuerdo, que dice cuenta, además, con la anuencia del comodoro Dewey y que la prensa española reproduce en Madrid. El texto publicado dice:

*"1.- Se proclamará la independencia de Filipinas.*

*2.- Quedará establecida una República centralizada con un gobierno cuyos miembros serán nombrados provisionalmente por don Emilio Aguinaldo.*

*3.- Dicho Gobierno reconocerá una intervención temporal confiada a delegados norteamericanos y europeos, propuestos por el comodoro Dewey.*

*4.- El protectorado norteamericano se establecerá en los mismos términos y condiciones que en Cuba.*

*5.- Los puertos de Filipinas deberán quedar abiertos al comercio universal.*

*6.- Respecto a la inmigración china, se adoptarán medidas a fin de que no perjudique el trabajo de los indígenas.*

*7.- El sistema judicial será reformado, entre tanto se encomendará la administración de justicia a jueces europeos competentes.*

*8.- La libertad de prensa y de asociación quedarán establecidas, así como la libertad de cultos.*

*9.- Se regulizará la explotación de las riquezas minerales del archipiélago.*

*10.- Para facilitar el desarrollo de la riqueza pública, se abrirán nuevos caminos y se estimulará la construcción de ferrocarriles.*

*11.- Quedarán abolidas las trabas puestas actualmente a la formación de empresas industriales, así como las contribuciones que gravan a los capitales extranjeros.*

*12.- El nuevo gobierno se impone la obligación de mantener el orden y de impedir toda clase de represalias"*.[176]

En los momentos en que se está llevando a efectos la tercera reunión ya mencionada, los Estados Unidos, de modo oficial y público, declaran la guerra contra España, el 25 de abril de 1898, con la particularidad de que tal estado deberá *"considerarse existente desde el 21 del mismo mes"* con el evidente propósito de "legalizar" el bloqueo naval impuesto a Cuba desde el día 22 y los apresamientos de naves españolas desde esa fecha.

En el grupo los generales Manuel Tinio (sentado, al centro), Benito Natividad (sentado, 2do desde la derecha), Jose Alejandrino (sentado, 2do desde la izquierda) y sus ayudantes.

El 26 de abril el general Aguinaldo se despidió del cónsul Pratt antes de embarcar para Hong Kong. El cónsul le comunica que a su llegada, a este último puerto le llevará la escuadra norteamericana. Luego, solicita se le nombre como representante de Filipinas en los Estados Unidos para gestionar el reconocimiento de la independencia política. Aguinaldo así se lo promete.

---

[176] Ibídem, p. 405.

En Hong Kong, -como se explicará más adelante- las autoridades británicas, en virtud de la neutralidad, prohiben la permanencia de la escuadra norteamericana que, en consecuencia, se dirige a Mirs Bay, en territorio de China, en espera del cónsul norteamericano en Manila que es portador de datos de inteligencia. El día 27 de abril, la escuadra parte hacia Filipinas. A bordo del buque insignia de la misma, el crucero **"Olympia"**, va el general José Alejandrino lo que pone de manifiesto el acuerdo entre los revolucionarios filipinos y las fuerzas norteamericanas. También lleva la escuadra un cargamento de fusiles Mauser, con destino a los insurgentes.

Cónsul General estadounidense Rounsevelle Wildman.

Aguinaldo llega a Hong Kong, procedente de Singapur el 1 de mayo. Los días que permanece en el enclave británico los emplea en conferencias con el Cónsul General de los Estados Unidos, Rounsevelle Wildman, mientras espera la llegada de un barco que lo conduzca a Filipinas para unirse allí a Dewey. Mientras tanto, hace arreglos para la adquisición de armamentos y su envío a Filipinas. Wildman le entrega a Aguinaldo, en posteriores conversaciones, un bosquejo de proclama dirigida al pueblo filipino instándolo a reanudar la lucha contra España. Asimismo le ayuda a proyectar el establecimiento de un gobierno dictatorial, indispensable para que pueda retener el mando supremo de los filipinos. Aguinaldo encuentra en Wildman la misma disposición del colega de éste en Singapur. Ambos, si bien no ponían nada por escrito actúan, no obstante, como si no hubiera la menor dificultad por parte de su gobierno de asentir a las aspiraciones de los filipinos. Más tarde, en una carta fechada el 25 de junio, el cónsul Wildman daría mayor pie a esta impresión del general Aguinaldo. En ella le diría textualmente:

*"No olvide que los Estados Unidos emprendieron esta guerra*

*con el único propósito de librar a los cubanos de las crueldades que sufrían y no por amor de conquista o esperanza de lucro. Se ven impulsados por los mismos sentimientos respecto a los filipinos".* [177]

**Preparativos preliminares de la escuadra norteamericana.**

Crucero protegido *Olympia*, buque insignia del Comodoro Dewey en la Bahía de Manila. Hoy en día es conservado, como reliquia, por la Marina estadounidense.

En el otoño de 1897, el mando de la Escuadra Asiática de la Marina norteamericana había quedado vacante. Los dos candidatos para ocupar el cargo lo eran los comodoros John A. Howell y George Dewey.

El nombramiento del nuevo jefe era de suma importancia dentro del contexto de las decisiones de la política exterior norteamericana en momentos en que las relaciones con España se hacían cada vez más tensas y se percibía la proximidad de una ruptura de hostilidades. Tanto el presidente William Mc Kinley como el secretario de Marina John D. Long querían para el cargo a un hombre de su entera confianza que les garantizara la agresividad y decisión necesarias para impedir a toda costa

---

[177] Ibídem, p. 408.

cualquier movimiento a las unidades navales españolas.[178]

Comenzó entonces el forcejeo político. Dewey no contaba con el respaldo del influyente jefe del Buró de Navegación, contralmirante Arent S. Crowninshield, cuyo consejo tenía un gran peso cerca del secretario y Howell tenía el apoyo de influyentes políticos.

Comodoro (después Contralmirante) George Dewey, jefe de la escuadra estadounidense en la Bahía de Manila.

Pero Dewey gozaba de la amistad del secretario adjunto (subsecretario) de Marina, el enérgico y agresivo Theodore Roosevelt, quien lo apoyó aconsejándole también que buscara la ayuda del senador por Vermont, Redfeld Proctor, quien era muy amigo de la familia Dewey. Con tales soportes, George Dewey obtuvo el cargo.[179]

Antes de salir de Washington para hacerse cargo de su mando, Dewey estudió todo lo que pudo encontrar sobre Filipinas y a principios de enero de 1898, llegó a Japón e izó su insignia en el crucero "**Olympia**". En ese momento las relaciones entre Estados Unidos y España eran ya muy tirantes por lo que cabía esperar que las hostilidades se rompieran en cualquier momento en cuyo caso Dewey sabía que su escuadra iba a tener acción desde el inicio contra las Filipinas.

La primera maniobra de Dewey fue trasladar su escuadra hacia Hong Kong ya que como escribió después en sus memorias, *"era evidente que en caso de emergencia Hong Kong era la posición más ventajosa desde la cual moverse para atacar"*. En los momentos en que Dewey llegó a Hong Kong, ocurre la explosión del **"Maine"** en La Habana y la guerra parecía ya inminente. Como se ha visto, el 24 de febrero, Theodore Roosevelt, aprovechando un *"week end"* del secretario Long lo sustituye interinamente y aprovecha esta circunstancia para emitir un conjunto

---

[178] Williams, Vernon L.: **"George Dewey: Admiral of the Navy"** en *"Admirals of the New Steel Navy"*(ed. James C. Bradford), Annapolis, 1990, p. 230.
[179] Ibídem

de órdenes que ponen a la Marina en pie de guerra.

Pero tales instrucciones no eran necesarias para Dewey quien había comprendido desde un primer momento su ubicación estratégica y estaba ya preparando su escuadra para la próxima guerra. Conociendo que al declararse el estado de guerra con España no podría seguirse reabasteciendo en Hong Kong debido a la neutralidad británica había adquirido allí dos buques, el transporte **"Zafiro"** y el carbonero **"Nan-Shan"** asegurándose así el suministro de combustible para su fuerza naval.

Al llegar abril, los buques de Dewey -cuatro cruceros protegidos, dos cañoneros y un guardacostas-, estaban preparados para combate, tenían sus cascos limpios y estaban pintados de gris en lugar del blanco de tiempos de paz. Las tripulaciones se entrenaban a diario bajo la supervisión personal del comodoro quien desde el puente del **"Olympia"**, cronómetro en mano, veía con satisfacción como su buque insignia estaba listo para acción en siete minutos.[180]

Procurando no dejar nada a la casualidad, dado el hecho de que la información que poseía sobre las Filipinas y sus defensas era escasa y contradictoria, Dewey organizó su propio sistema de inteligencia semanas antes del rompimiento de hostilidades. El comodoro tenía como su fuente principal de información al cónsul norteamericano en Manila Oscar F. Williams. Pero aunque Williams estaba *"in situ"* y sus actividades de espionaje estaban protegidas por su inmunidad diplomática no era un técnico experto y además se encontraba en Manila desde enero, demasiado poco tiempo para saber mucho del lugar y haber adquirido muchas fuentes locales de información.

Para complementar los informes de Williams, un ayudante de Dewey, el alférez F. B. Upham, haciéndose pasar por un viajero civil que se interesaba en cuestiones náuticas se acercaba a los tripulantes de los barcos que, procedentes de Manila, arribaban a Hong Kong. Además, un negociante norteamericano residente en Hong Kong hacía frecuentes visitas a Manila y recopilaba información para el jefe de la Escuadra Asiática. Con ese sistema de espionaje improvisado Dewey estuvo en capacidad de hacer un estimado del tipo de recepción que podía esperarle en

---

[180] Ibídem, p.231.

Manila.[181]

El día 23 de abril se recibió en Hong Kong la noticia de que había sido establecido el bloqueo naval a Cuba por la Marina de Guerra de los Estados Unidos. El mayor general Wilsone Black, gobernador de la colonia británica envió inmediatamente una comunicación oficial al comodoro Dewey. En el documento le expresaba que, al existir un estado de guerra entre Estados Unidos y España y habiendo Gran Bretaña proclamado su neutralidad, todos los buques de guerra españoles y norteamericanos debían abandonar las aguas de la colonia tan pronto como fuera posible, y no más tarde que las 4 p.m. del lunes 25.

Junto al mensaje oficial Black adjuntaba una nota personal: *"Dios sabe, mi estimado comodoro, que se me parte el corazón al enviarle esta notificación".*[182]

Considerando que el gobierno chino sería menos estricto en su interpretación de las reglas occidentales de la guerra y la neutralidad, Dewey dirigió su escuadra hacia Mirs Bay, a unas treinta millas de Hong Kong. Allí fondeó sus buques al mediodía del día 25 de abril. Ese mismo día, el teniente de navío H. H. Coldwell, que había quedado en Hong Kong esperando órdenes de Washington vía cable, arribó a Mirs Bay a bordo del remolcador **"Fame"**, portando un mensaje para el jefe de la Escuadra Asiática:

*"Ha comenzado la guerra entre los Estados Unidos y España. Proceda inmediatamente a las Islas Filipinas. Comience operaciones de inmediato, particularmente contra la flota española. Usted debe capturar buques o destruirlos. Haga su máximo esfuerzo.*

*Long"*

Después de recibida la orden, la escuadra de Dewey permaneció en Mirs Bay, esperando la llegada del cónsul norteamericano en Manila, quien procedente de allí se dirigía a Hong Kong y era portador de las últimas informaciones sobre la capital filipina, las que podrían ser muy valiosas para los planes de Dewey. El cónsul Williams llegó a Mirs Bay en la mañana del 27

---

[181] O'Toole, George J.: *"The Spanish War"*, New York, 1984 p. 176
[182] Ibídem, p. 174; también Williams, Op. Cit., p. 231

con la noticia de que la escuadra española mandada por el almirante Patricio Montojo había salido para Bahía Subig, a unas treinta millas al norte de la entrada de la Bahía de Manila.[183]

A las 2 p.m. de ese mismo día la escuadra norteamericana zarpó con rumbo a la isla Luzón situada a unas 620 millas de distancia de Mirs Bay, navegando en columna, con los buques de abastecimiento en la retaguardia. Dewey calculó su recalada a un punto situado al norte de la Bahía de Manila. La travesía, sobre una mar en calma, se realizó a una velocidad de 8 nudos, y durante la misma, las tripulaciones tomaron medidas para preparar los buques para el combate desmontando y echando al mar todo el maderamen que podía incendiarse si era alcanzado por el fuego enemigo.[184]

Minas de la época instaladas por la marina española. Colección *American Memory* de la Biblioteca del Congreso de los EEUU. [N. del E.].

Mientras tanto, el almirante Montojo esperaba a los norteamericanos. A las 11 p.m. del lunes 25 su maltrecha escuadra salió

---

[183] Ibídem. Mensaje de Long a Dewey en US Navy: *"Appendix to the Report of the Chief of the Bureau of Navigation. 1898"*, Washington, 1898 (en lo adelante *BN 98*), p. 67.

[184] Trask, Op. Cit., p. 96; véanse también mensaje de Dewey a Long, 27 abril en *BN 98*, p. 68 y O'Toole, Op. cit., pp. 177-178.

de su fondeadero cerca de Manila, hacia Bahía Subig donde planeaba enfrentarse a los estadounidenses. Montojo había escrito al ministro de Marina, Bermejo, diciéndole que preferiría entablar combate a la entrada de la Bahía de Manila, basando su defensa en una línea de minas y en baterías de artillería localizadas en varios puntos, incluyendo la Isla de Corregidor.

El almirante español había tenido que desistir de esa idea pues carecía de la artillería necesaria. Por razones similares había rechazado el proyecto de basificarse en la estación naval en Cavite a pocas millas de Manila. Las minas en este último lugar eran muy pocas en número y demasiado espaciadas para detener a los atacantes.

Al llegar Montojo a Bahía Subig el 26 de abril, descubrió que no se había hecho nada para preparar sus defensas. Ninguno de la cuatro piezas de 150 mm que debían haberse montado en la isleta Isla Grande estaba en su lugar. Solamente cinco de las catorce minas Mathieson habían sido ubicadas en la entrada de la bahía y no había garantía de que las mismas funcionaran. En estas circunstancias, el almirante sólo podía esperar tener el suficiente tiempo para completar los trabajos en Bahía Subig; pero el martes 28 el cónsul español en Hong Kong informó que Dewey había zarpado de Mirs Bay rumbo a Filipinas.[185]

En esa circunstancias, Montojo convocó a un consejo de guerra con los comandantes de sus buques en el cual decidieron retornar a la Bahía de Manila al considerar que por tener la Bahía de Subig una profundidad de 40 metros caso de producirse como era de esperarse, al enfrentarse a la escuadra norteamericana el hundimiento de los buques españoles, *"en tales profundidades el costo de vidas sería mucho mayor"*. Esta argumentación, que realmente resulta insólita en un oficial de la marina de guerra fue resultado de la discusión en que se manejaron tres opciones: 1) Se rechazó la presentación de un combate cerca de Corregidor en Boca Grande -principal entrada a la Bahía de Manila-, ya que allí la profundidad era grande, no se contaba con minas y las baterías costeras solo podían detener a la escuadra norteamericana por breve tiempo. 2) No se aceptó tampoco la

---

[185] Informe del almirante Montojo, reproducido en *BN 98*, p.89; también Trask, Op. Cit., pp. 96-97.

variante de colocar a la escuadra bajo la protección de las baterías costeras de Manila porque esto implicaba un riesgo para la vida y propiedades de los habitantes de la ciudad. 3) Se decidió, por tanto, fondear en aguas poco profundas frente a Cavite, en la ensenada de Cañacao, -situada en el interior de la Bahía de Manila-, donde los cañones de los buques de la escuadra española podrían ser apoyados por la batería costera situada en Punta Sangley.[186]

Montojo y sus comandantes pudieron también haber considerado otras variantes: a) Pudieron haber ofrecido combate en mar abierto, pero esto los hubiera llevado a un desastre dada la superioridad norteamericana. b) Otra posibilidad era la de haber salido de la región de Manila, *"obligando a los estadounidenses a buscarlos y, aunque esto habría terminado casi con toda seguridad en la destrucción, no hubiera tenido lugar en la Bahía de Manila, y esto quizás hubiera salvado a Filipinas para España"*. Sin embargo, esta opción tropezó con una enérgica oposición por parte del Gobernador General Basilio Augustín y sectores influyentes de la opinión pública manileña quienes, llevados por su ignorancia, confiaban en que la vetusta escuadra española podría defenderse y defenderlos con éxito de un ataque naval [187]

La escuadra de Montojo salió de la Bahía de Subig a las 10:30 a.m. del viernes 29 de abril y puso rumbo directamente a Cavite, donde fondearon la ensenada de Cañacao en sólo 8 metros de agua para esperar allí el ataque norteamericano. A las 7.00 p.m. del otro día se tuvo noticia de que la escuadra de Dewey había reconocido la Bahía Subig esa tarde y había puesto proa a Manila.

A medianoche se escucharon cañonazos provenientes de Corregidor -a la entrada de la Bahía de Manila- y un informe de las 2:00 a.m. del primero de mayo confirmó que había tenido lugar un intercambio de disparos de artillería en esa zona. No obstante que todo indicaba la inminencia de un ataque, Montojo y varios de sus oficiales bajaron a tierra y fueron a la ciudad de Manila la noche del 30 de abril.

Algunos inclusive no regresaron a bordo de los buques hasta

---

[186] Gómez Núñez, Op. Cit., pp. 96-97; también el informe de Montojo: *BN 98*, p.89.
[187] El entrecomillado está tomado de Chadwick, French E.: *"The Relations of the United States and Spain: The Spanish-American War"*, New York, 1911, V.1, p. 76

después del inicio del combate. Estas inciertas y descuidadas actividades de Montojo reflejaban su convicción de que no tenía la menor oportunidad de enfrentarse exitosamente a Dewey ya que carecía de buques, artillería y de minas para preparar una defensa adecuada. [188]

En la tarde del 30 de abril el comodoro Dewey había efectuado el reconocimiento de la Bahía Subig, teniendo en cuenta la información que le había suministrado el cónsul Williams. La posición de la Bahía Subig era potencialmente fuerte. Situada a unos 35 millas al norte de la entrada de la Bahía de Manila, Subig dominaría el flanco de cualquier fuerza que pudiera amenazar Manila y su posesión amenazaría a las comunicaciones marítimas de la capital con cualquier punto de la costa. Al recalar cerca de la bahía Subig. Dewey envió a los cruceros "Boston" y "Concord" a reconocerla y agregó al "Baltimore" cuando recibió informaciones que luego resultaron sin fundamento, de fuego de artillería en el área. Al no encontrar a Montojo en Subig, la escuadra estadounidense puso rumbo a Boca Grande, canal principal de entrada a la Bahía de Manila.[189]

Cañones españoles en Cavite.

---

[188] Concas y Palau, Víctor M.: *"Causa instruida por la destrucción de la Escuadra de Filipinas y la entrega del Arsenal de Cavite"*, Madrid, 1899, pp. 32-33; también informe de Montojo en *BN 98*, p.90.
[189] Chadwick, Op. Cit., pp. 171-173.

El comodoro norteamericano había preparado cuidadosamente la maniobra de entrada a la Bahía de Manila. Confiado en lograr la sorpresa al no esperar a la mañana, decidió penetrar de noche, navegando a la sigilosa con las dotaciones de las piezas de artillería listas para hacer fuego. La posición que el iba a intentar pasar era naturalmente fuerte y si era bien defendida podía ocasionar bastantes dificultades al atacante. Además, Dewey tenía que considerar el peligro de minas en el canal de Boca Grande y de las baterías de artillería en las márgenes del mismo. Aunque carecía de una detallada información de inteligencia sobre las defensas españolas sí tenía indicios de que se habían colocado minas. Sin embargo, el comodoro estadounidense resolvió descartar este peligro considerando la gran profundidad del canal y el hecho de que tanto las minas de contacto como las eléctricas se deterioraban rápidamente en aguas tropicales. En consecuencia, decidió que el valor del objetivo sobrepasaba en mucho los riesgos. Las baterías enemigas suponían un problema más serio. En abril 29, diecisiete piezas de artillería montadas en seis diferentes ubicaciones cubrían la entrada de la bahía. De ellas, nueve piezas de avancarga, -tres en Punta Gorda, tres en Corregidor y tres en Punta Restinga-, no constituían en realidad una amenaza muy seria ya que no podían ser recargados con la suficiente rapidez como para enfrentar a los veloces buques norteamericanos. Dos cañones de retrocarga situados en Punta Lassisi estaban demasiado lejos para crear dificultades. El peligro estaba en las seis piezas de retrocarga montadas en las islas Caballo y El Fraile sobre todo por el hecho de que los buques estaban obligados a pasar a menos de milla y media de esas instalaciones artilleras. Dewey opinaba que esas baterías, si contaban con buenas dotaciones, podrían dar a los buques de la escuadra norteamericana *"un cuarto de hora muy desagradable"* pero esto no lo inhibió de decidir pasar frente a ellas suponiendo que iban a estar dentro de su alcance durante ese breve lapso en la oscuridad de la noche.[190]

---

[190] Chadwick, Op. Cit., V. 1, pp. 163-164. El mencionado autor menciona no sólo la profundidad sino también las fuertes corrientes de marea como creadoras de dificultades en la colocación de minas en los canales de Boca Grande y Boca Chica. En las inmediaciones de la Isla Caballo fueron colocadas varias cabezas de combate de torpedos Whitehead, pero no surtieron efecto alguno. Véase también, Alger, Russell A.:*"The Spanish-American War"*, New York, 1901, p. 320.

Cerca de la medianoche del 30 de abril entró Dewey en la Bahía de Manila. Su escuadra, navegando en columna, siguió un rumbo que la llevaría a pasar a media milla al norte de El Fraile y a dos al sur de Isla Caballo lo que le permitiría evitar los bajos de San Nicolás, situados dentro de la Bahía de Manila pero que lo expondría al fuego concentrado del enemigo durante más tiempo. Cuando el crucero **"Olympia"**, que en su calidad de buque insignia encabezaba la formación, pasó frente a las baterías sus serviolas no observaron ningún movimiento en el área. Solo cuando los últimos buques cruzaban hubo alguna acción, al hacerse tres disparos, que no causaron daño alguno a los buques, por parte de la batería de 120 mm ubicada en El Fraile.

Fuego artillero en Cavite.

El fuego fue contestado por los cruceros **"Boston"** y **"Raleigh"**, el crucero no protegido **"Concord"** y el guardacostas **"Mc Culloch"**, terminando así el intercambio. Analistas e historiadores han expresado su sorpresa ante el hecho de que los defensores perdieran la oportunidad de cañonear a la escuadra en el momento de su paso por Boca Grande o de llevar a cabo, en ese momento, un ataque en masa empleando para ello las numerosas lanchas cañoneras -unas 25-, de que disponían. El propio Dewey, en sus memorias, se ha maravillado de no haber tenido resistencia en la entrada, lugar donde su escuadra era más vulnerable. Se ha dicho por algunos comentaristas que una buena parte de la dotación de esas baterías se encontraba ausente esa noche ya que no se esperaba la entrada de los norteamericanos durante las horas de oscuridad. De ser cierta, tamaña negligencia no sería sino una muestra más de la desidia y derrotismo de los mandos españoles.[191]

Mientras la fuerza naval norteamericana se acercaba lentamente a Manila para evitar cualquier encuentro antes del amanecer, se tomaban en ella medidas para el combate. El pequeño guardacostas "McCulloch" y los transportes "Zafiro" y "Nan-Shan" se separaron de la formación en la que siguieron, navegando en columna, los seis buques de combate. La escuadra no contaba con acorazados pero la integraban cuatro cruceros protegidos bastante modernos dotados de una artillería relativamente poderosa -"Olympia", "Baltimore", "Raleigh" y "Boston". Los otros buques eran el crucero no protegido "Concord" y el cañonero "Petrel". La escuadra de Dewey desplazaba 19 364 toneladas y disponía de 53 piezas de artillería gruesa, incluyendo 10 cañones de 203 mm de retrocarga. Sus tripulaciones sumaban 1 793 hombres.

En la ensenada de Cañacao, al sur de Manila, el almirante Montojo había fondeado su escuadra en una línea en forma de media luna irregular entre Punta Sangley y una cercana a Las Piñas -su línea de combate de oeste a este consistía en siete cruceros no protegidos -"Reina Cristina", "Castilla", "Don Juan de Austria", "Don Antonio de Ulloa", "Isla de Cuba", "Marqués del Duero" e "Isla de Luzón"-; dos cañoneros -el "General Lezo" y "Velazco"-, que estaban fuera de servicio, se encontraban fondeados en la cercana ensenada de Bacoor junto al transporte "Manila". La escuadra española desplazaba 11 119 toneladas y disponía de 38 piezas de artillería gruesa, entre ellos siete cañones de 160 mm. Sus tripulaciones sumaban 1821 hombres.[192]

Un breve análisis de la correlación de fuerzas revela una superioridad ostensible en favor de los atacantes norteamericanos.

---

[191] Ver O'Toole, Op.Cit., pp.182-183; Williams, Op.Cit., p.232; Trask, Op.Cit., p.99
[192] Gómez Núñez, Op. Cit., pp. 128-131.

Los seis buques norteamericanos sobrepasaban a los siete españoles en 8 245 toneladas. Cuatro de los seis buques estadounidenses -todos construídos de acero o de hierro eran "**protegidos**"- o sea, tenían cubierta acorazada. Ninguno de los buques españoles era protegido y el mayor de todos, el "**Castilla**", era de madera. Cinco de los buques de Dewey igualaban o sobrepasaban la velocidad de los dos más rápidos navíos hispanos. En el armamento, las diferencias eran aún más notables. Los cañones de 203 mm de los norteamericanos sobrepasaban en alcance a todos cañones de Montojo. Nueve de los cañones españoles eran de avancarga y por lo tanto de lenta y difícil recarga. Las baterías secundarias de los buques estadounidenses incluían 60 cañones ligeros, mientras que los de los hispanos portaban 41.

El historiador norteamericano David F. Trask señala el hecho de que algunos comentaristas norteamericanos han intentado minimizar la diferencia en poderío entre las dos escuadras argumentando que los buques españoles estaban fondeados y por lo tanto fijos durante el combate y les era por tanto más fácil dirigir el fuego contra la escuadra estadounidense, pasando por alto el que los blancos en movimiento son más difíciles de batir que los estacionarios y que los cañones norteamericanos sobrepasaban ampliamente a los de los hispanos en alcance.[193]

Estos cálculos no toman en consideración las baterías españolas en Manila. Más tarde, Chadwick contabilizó los cañones de todo tipo en el área, de los cuales 164 eran de avancarga. Sólo 12 eran cañones modernos de retrocarga, de los cuales los más potentes eran 4 piezas de 240 mm.

El conocido historiador y teórico naval norteamericano Alfred T. Mahan afirmaba en uno de sus escritos que un cañón en la costa equivalía a cuatro embarcados por lo que de ser esto cierto, el poder de fuego de los españoles en Manila hubiera sobrepasado al de los norteamericanos. Pero en la situación concreta de la acción del primero de mayo estos cálculos carecían de significado. En la realidad sólo tres de las baterías de Manila participaron en el combate y se mostraron muy inefectivas. Las únicas baterías capaces de mantener fuego constante sobre los buques de Dewey fueron las de Punta Sangley, que contaba con dos piezas de 150 mm de retrocarga y la situada en Cañacao (Ulloa) la

---

[193] Trask, Op. Cit., pp. 100-101.

cual tenía solamente una pieza de 120 mm de retocarga. [194]

Dado el desbalance entre las fuerzas contendientes, la decisión de Montojo al no colocar su escuadra bajo la protección de la artillería situada en Manila alejó aún más sus posibilidades en el encuentro. Está claro que aún si el almirante español hubiera dispuesto sus buques cerca de Manila entonces los norteamericanos se hubieran mantenido fuera del alcance del armamento de los defensores y empleado sus piezas de 203 mm -cuyo alcance sobrepasaba al de cualquier cañón hispano-, para batir al enemigo desde larga distancia.

Contralmirante Patricio Montojo, Jefe de la vieja escuadra española destruida en la Bahía de Manila el 1° de Mayo de 1898.

Dewey había apreciado que Montojo iba a esperar el ataque en un fondeadero frente a Manila cubriéndose con los cañones de la ciudad pero cuando navegaba en esa dirección en las primeras horas del 1° de mayo, observó allí sólo unos pocos buques mercantes.

Giró entonces a estribor con rumbo a Cavite y después de navegar dos o tres millas avistó a la escuadra española cerca de Punta Sangley. A las 5:05 a.m. las baterías de Manila abrieron fuego, pero sus proyectiles se fueron por largo. El "Boston" y el "Concord" hicieron dos disparos cada uno sobre las posiciones del litoral pero en lo adelante no prestaron atención a las mismas.

Dewey estaba muy preocupado con el posible gasto de municiones ya que su reabastecimiento más cercano se encontraba a más de 7 000 millas y además, siguiendo las ideas de Mahan, el almirante norteamericano había determinado que su objetivo

---

[194] Chadwick, Op. Cit., vol. 1, pp. 28-29, 164; también Gómez Núñez, Op. Cit., pp. 175-176. La artillería de Manila incluía 4 piezas de 240 mm; 4 de 140 mm; dos de 150 mm; nueve morteros de 210 mm y 18 cañones de 160 mm. Las tres baterías de Manila que hicieron fuego sobre la escuadra norteamericana estaban situadas, una en la desembocadura del río Pasig [2 piezas de 160 mm de avancarga], una cerca de Malate [2 piezas de 240 mm de retocarga] y otra en el bastión sur de la muralla de Manila [un cañón de 240 mm de retocarga]. Sólo uno de los dos cañones de 240 mm de Punta Sangley estaba montado de tal manera que pudiera hacer fuego durante el ataque estadounidense.

era el aniquilamiento de los buques españoles no las baterías costeras.[195]

## El combate naval de Cavite.

A las 5:15 a.m. la escuadra española y la artillería de apoyo abrió fuego contra los atacantes. Dewey ordenó entonces cerrar su columna de buques, de manera formaran una línea lateral a intervalos de 1-2 cables, a una velocidad de 8 nudos, para converger sobre el enemigo más que aproximarse uno a uno a fin de confundir a los artilleros españoles.

Cuando la escuadra llegó a la línea de las cinco brazas, Dewey ordenó girar al oeste, paralelo a la línea española, una maniobra que permitió a sus baterías de babor hacer fuego. A las 5:40 a.m., el "Olympia" se acercó hasta estar a menos de 2 millas de los buques hispanos, entonces Dewey, dirigiéndose al comandante del "Olympia" al dar la orden de abrir fuego lo hizo pronunciando la prosaica frase que sus cronistas harían famosa: *"Puede abrir fuego cuando guste, Gridley".* Un disparo de 203 mm efectuado por la torreta de proa del buque insignia fue la señal al resto de los buques de la escuadra para que comenzara el combate.

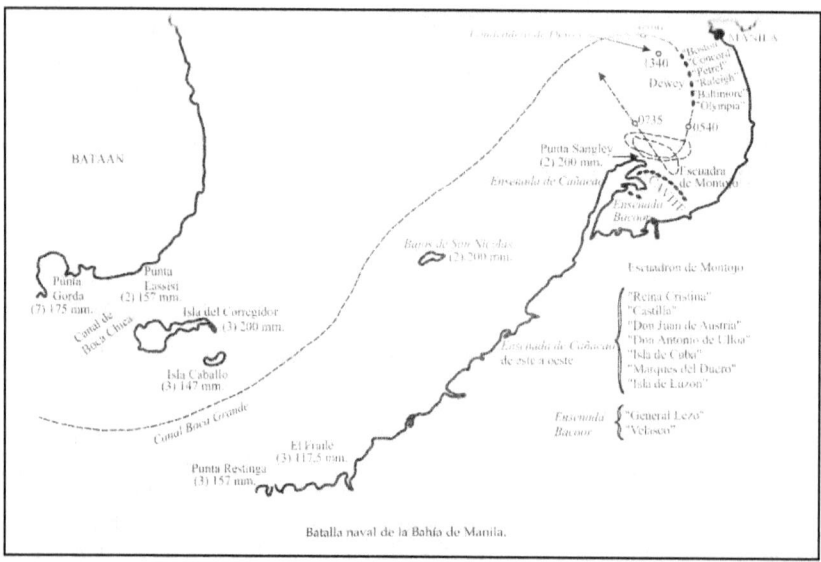

Batalla naval de la Bahía de Manila.

---

[195] Chadwick, Op. Cit., vol. 1, pp. 170-171.

La formación estadounidense continuó moviéndose al oeste hasta un punto justo al norte de Punta Sangley donde efectuó un giro al rumbo contrario a fin de poner en acción las baterías de estribor. Al acercarse a una milla aproximadamente de sus enemigos, Dewey había renunciado a una ventaja táctica: Si se hubiera mantenido a la distancia del alcance máximo de sus piezas de 203 mm, los proyectiles españoles no podían haber alcanzado a los buques norteamericanos. Durante la primera fase del encuentro, los buques atacantes efectuaron cinco bordadas frente a los españoles, tres hacia el oeste y dos hacia el este. Las últimas bordadas, fueron a una distancia algo más corta al darse cuenta de que la profundidad de las aguas era mayor que la que indicaban las cartas náuticas.

A las 7.00 a.m. Montojo ordenó a su buque insignia, el crucero **"Reina Cristina"**, dejar su fondeadero y abordar al **"Olympia"** en una tentativa desesperada. Esta aventura finalizó infelizmente; el buque español era muy lento -podía alcanzar como máximo, trece nudos- mientras que el norteamericano era capaz de obtener diecisiete.

Ilustración del Combate de Cavite. Colección *American Memory* de la Biblioteca del Congreso de los EEUU. [N. del E.].

Pero aún más importante, el **"Reina Cristina"**, al salir de la línea, se hizo blanco del fuego concentrado de toda la escuadra norteamericana viéndose obligado a regresar a su primitiva posición con severas averías, muchas bajas e incendios a bordo que ya no se extinguieron hasta que el buque se hundió. El gesto quijotesco del crucero español fue repetido en dos ocasiones, durante el combate, por el **"Don Juan de Austria"**, con análogos resultados.[196]

Siendo aproximadamente las 7:30 a.m. Dewey creyó haber escuchado al comandante del **"Olympia"**, capitán de navío Gridley informar que quedaban sólo 15 proyectiles por pieza en las baterías de 127 mm por lo que ordenó cesar el fuego y romper el contacto para recontar las municiones y conocer de las bajas y daños que pudieran haber sufrido sus buques.

Poco después se aclaró que la cifra mencionada correspondía a los proyectiles disparados. Dewey supo además, que no se había producido ninguna baja mortal norteamericana durante el encuentro aunque dos oficiales y seis marineros habían recibido heridas leves. Una inspección a las averías mostró que los buques habían sido tocados, sólo levemente, por el fuego español. Entonces se ordenó servir el desayuno.[197]

Las baterías de Manila, mientras tanto, habían estado haciendo fuego contínuo que no fue contestado. Durante el receso del combate, Dewey envió un mensaje al Gobernador General Basilio Augustín advirtiéndole que si dichas baterías no cesaban el fuego, bombardearía la ciudad. Las baterías quedaron en silencio.

Cuatro horas pasaron antes de Dewey retomara el combate. A las 11:16 a.m. seguro ya que era inexacto que faltaran municiones, volvió a dar la orden de ataque. Ahora, solamente la batería de Punta Sangley y los cañones del **"Don Antonio de Ulloa"** respondían el fuego. El crucero español fue silenciado rápidamente. En cuanto a las piezas instaladas en Punta Sangley, las mismas estaban montadas de tal manera que no podían hacer fuego a distancias menores de 2 mil metros. Como resultado, hasta que la batería fue silenciada, estuvo disparando, sin hacer daño alguno, por encima de los buques norteamericanos. Alrededor de las 12.00 m, la escuadra fondeó de nuevo frente a Manila. El cañonero **"Petrel"** se encargó de destruir los pequeños cañoneros. Unos minutos después apareció sobre el arsenal de

---

[196] Gómez Núñez, Op. cit., p. 139.
[197] Informe de Dewey a Long fechado el 4 de mayo, aparece en *BN 98*, pp. 69-70, ver también Chadwick, Op. Cit., vol. 1, pp. 178-179. Véase, E. P. Patanñe: **"Breakfast at Manila Bay"** en *"Filipino Heritage"*, Manila, S/F, p. 2 078; Gómez Núñez, Op. Cit., pp. 139-140 y Trask, Op. Cit., pp. 102-103.

Cavite una bandera blanca. A las 12:30 p.m. se dio por terminado el combate. Un oficial y siete marineros del "**Petrel**" a bordo de una ballenera incendiaron varias embarcaciones semihundidas en poca agua y se incautaron de varios remolcadores y lanchas.[198]

Un recuento final demostraba la destrucción total de la escuadra española. Tres de los buques de Montejo -el "**Reina Cristina**", el "**Castilla**" y el "**Don Antonio de Ulloa**"- se fueron a pique durante el combate. El "**Don Juan de Austria**", el "**Isla de Luzón**", el "**Isla de Cuba**", el "**Marqués del Duero**", el "**Velasco**" y el "**General Lezo**" ardieron. Las bajas españolas fueron severas, a pesar del esfuerzo de Montojo por miniminizarlas al llevar el combate a aguas poco profundas. Las dotaciones tuvieron 161 muertos y 210 heridos, un total de 371 bajas, para un 20,4% del total de tripulantes. Muchas de estas bajas pertenecían al "**Reina Cristina**" que tuvo 130 muertos y 80 heridos. La escuadra norteamericana sufrió sólo ligeros daños y 9 heridos - 8 en el "**Baltimore**" y 1 en el "**Boston**".[199]

Aunque la escuadra norteamericana alcanzó el triunfo es preciso señalar que la efectividad de su artillería dejó bastante que desear. Durante el combate los buques mandados por Dewey hicieron 5 859 disparos pero sólo pudieron contársele 142 impactos para un 2,42% de efectividad.

La mayoría de estos impactos se registraron en buques hundidos durante el combate -39 en el "**Reina Cristina**", 37 en el "**Castilla**" e igual número en el "**Ulloa**". El crucero "**Olympia**" disparó 317 proyectiles de sus baterías principales y aún le quedaban 630 después del combate. El "**Boston**" hizo 210 disparos de las piezas de 203 mm y 152 mm, y le quedaron unos 386. El

---

[198] Gómez Núñez, Op. Cit., pp. 140-141. El informe de Dewey al secretario Long, fechado el 4 de mayo, aparece en *BN 98*, p. 92; ver también, Williams, Dion: "**The Battle of Manila Bay**" en *"United States Naval Institute `Proceedings'"*, vol. 54, N° 5, Mayo de 1928, pp. 345-359.

[199] Montojo y Pasarón, Patricio: "**Parte telegráfico de la derrota de Cavite**", fechado el 1 de mayo, e "**Informe del Comandante General del Apostadero de Manila al Ministro de Marina**" de fecha 10 de mayo de 1898, según aparecen en *Correspondencia Oficial referente á las Operaciones Navales durante la Guerra con los Estados Unidos en 1898*. Madrid. Imprenta del Ministerio de Marina. 1899. pp. 29-35. Ver también Chadwick, Op. Cit., vol. 1, pp. 202-203.

"Baltimore" estuvo menos activo pues efectuó 195 disparos de 203 mm y 152 mm quedándole 665.[200]

Teniente de navío John M. Ellicott

El teniente de navío de la Marina de Guerra norteamericana John M. Ellicott que realizó una cuidadosa investigación de los buques españoles después del combate, hizo una serie de observaciones de los daños sufridos por estos, que ejercieron después influencia en la construcción naval norteamericana: *"Las planchas de acero y de hierro de los costados de los navíos españoles no frenaban la velocidad de los proyectiles norteamericanos lo suficiente como para hacerlos explotar. El efecto incendiario de los proyectiles de 203 mm fue grande y mucho más que el que podría esperarse por su tamaño respecto a otros de calibres inferiores. Las corazas de las piezas de artillería, impactadas desde distancias de más de 2 500 metros por grandes proyectiles resultaron peligrosas para aquellos que suponían estar protegidas por las mismas"*. Ellicot llegó a la conclusión de que los buques fueron sacados de combate por los incendios y por las bajas antes de su hundimiento.[201]

**Consecuencias y repercusiones del combate.**

Después de alcanzada la victoria sobre la escuadra española, Dewey tomó una serie de medidas. A las 2:00 p.m. fondeó frente al malecón de Luneta en Manila y notificó a las autoridades que destruiría la ciudad a cañonazos si las baterías costeras hacían fuego contra sus buques. El Gobernador General se abstuvo en lo adelante de hacer fuego. El almirante norteamericano también le hizo una proposición al gobernador: *"Si nos fuera permitido transmitir mensajes por el cable a Hong Kong, al Capitán General se le permitirá también emplearlo"*. El gobernador se opuso a ello y rechazó que los norteamericanos emplearan el cable. Como respuesta, Dewey ordenó al **"Zafiro"** rastrear el cable, izarlo y cortarlo. Manila quedó así incomunicada con el resto del

---

[200] Respecto a los cálculos de los proyectiles disparados, sus impactos y gastos de municiones, ver Chadwick, op. Cit., vol. 1, pp. 203-204.
[201] Ellicot, John M.: *"Effect of the gunfire of the U. S. vessels in the Battle of Manila Bay"*, Office of Naval Intelligence, Washington, 1899, p. 13.

mundo. Este hecho interfirió grandemente las comunicaciones entre Dewey y sus superiores en Washington, una circunstancia que correspondientemente, restringió el control central de sus actividades y le confirió al comodoro estadounidense una gran libertad de acción.

El 2 de mayo la guarnición española del arsenal de Cavite izó la bandera nacional de España, arguyendo que la bandera blanca que se había izado el día anterior indicaba sólo un alto al fuego de carácter provisional. Dewey reaccionó de manera inmediata, conminando al arsenal a la rendición y fijando un plazo de cuatro horas para ello, pasadas las cuales iniciaría el bombardeo. Consultado el Capitán General Augustín, la guarnición española evacuó el arsenal que fue ocupado rápidamente por fuerzas norteamericanas lo cual fue interpretado por Dewey como una prueba del firme establecimiento de la autoridad norteamericana en toda la Bahía de Manila. *"Desde el momento en que el Capitán-General aceptó mis términos (que las baterías de Manila cesaran de hacer fuego a la escuadra norteamericana) la ciudad estaba virtualmente rendida,* escribió en su autobiografía, *"y yo tenía el control de la situación, sujeto sólo a las órdenes de mi gobierno para el futuro",* y subrayaba: *"Había establecido una base a siete mil millas de casa y la podía ocupar indefinidamente".*[202]

La falta de noticias provenientes de Manila fue alarmante. La primera semana de mayo pasó en Washington sin que se conociera nada sobre Dewey y su escuadra. La única noticia del combate provenía de Madrid, donde el gobierno había recibido un parte enviado por el Capitán General de Filipinas durante el receso del combate que había aprovechado Dewey para desayunar. Decía el mensaje:

*Nuestra escuadra entabló un brillante combate con el enemigo, protegida por los fuertes de Cavite y Manila. Enemigo, con grandes pérdidas, obligado a maniobrar repetidamente. A las 9 en punto la escuadra norteamericana se ha refugiado detrás de los*

---

[202] Gómez Núñez, Op. Cit., pp. 165-167. Los puntos de vista de Dewey sobre los efectos del combate aparecen en su *"Autobiography of George Dewey: Admiral of the Navy",* New York, 1913, p. 224 y son citados en Trask, Op. Cit., p. 105.

*buques mercantes fondeados al este de la bahía. Nuestra escuadra, debido a la superioridad del enemigo, ha sufrido naturalmente pérdidas severas...*
   *Las pérdidas de vidas son considerables".*

La prensa norteamericana optó por interpretar la noticia de manera optimista. El 2 de mayo el *"New York Herald"* publicó el informe con el siguiente encabezamiento: *"La Escuadra Asiática Española destruída por Dewey".*
   El *"Journal"* de Hearst proclamó: *"¡Victoria completa!... ¡Gloriosa!..El "Maine" está vengado".* En Washington, el senador Redfield Proctor recordó a Mc Kinley que él había sido quien recomendó a Dewey para su cargo en la Escuadra Asiática.
   Pero como pasaban los días y no se recibía señal alguna de Dewey, la frase **"grandes pérdidas"** del mensaje español comenzó a tener un significado nefasto, dando lugar a bulos y conjeturas de todo tipo. Informes no confirmados provenientes de Europa hablaban de cinco buques norteamericano hundidos.
   En la mañana del día siete el *"Journal"* reportaba: *"Gran Nerviosismo en Washington por no saberse nada de Dewey". "Ni una palabra de Dewey"* decía el *"New York Sun". "Aún sin noticias de Dewey"* repetía el *"Tribune".*
   Un titular análogo se estaba imprimiendo para la primera edición del neoyorquino *"World"* cuando un despacho de su corresponsal Edwin Harden, proveniente de Hong Kong, alteró todo lo programado. Harden había estado en Manila y se había agenciado una plaza en el guardacostas **"Mc Culloch"**, que el día 5 de mayo, por órdenes de Dewey había salido para Hong Kong con los primeros informes para el gobierno sobre lo acaecido en Manila el día 1. El despacho de Harden decía:

*"Acabo de llegar aquí en el guardacostas **Mc Culloch** de los Estados Unidos con mi reportaje sobre el gran triunfo norteamericano en Manila. La escuadra de once buques ha sido enteramente destruída. Trescientos españoles han muerto y cuatrocientos heridos. Nuestras pérdidas fueron ningún muerto y seis heridos leves. Ninguno de los buques norteamericanos fue dañado".*

El despacho de Harden se adelantó cinco horas al informe oficial de la Marina ya que este último, por ser cifrado, tenía que ser repetido en cada punto de retrasmisión a lo largo de la ruta para asegurar su exactitud. La primera noticia que fue recibida en la Secretaría de Marina provenía de un corresponsal del *"Chicago Tribune"* que despertó al Oficial de Guardia a las 6:15 a.m.

La prensa se adelantó a los informes oficiales.

No fue sino a las 10:00 a.m. que el informe de Dewey, ya descifrado, llegó a las manos del secretario de Marina quien se comunicó inmediatamente con el presidente Mc Kinley y después de conversar con él y con su autorización, recibió a los corresponsales de la prensa, que le esperaban tumultuosamente agolpados en su antesala, para darles a conocer el texto del informe al que se le habían suprimido algunos detalles que pudieran tener significación militar. Sin embargo, en ese mismo momento, copias sin censurar del informe de Dewey estaban ya camino de las redacciones de los periódicos, en los bolsillos de los mensajeros en bicicleta. Cuando el secretario se enteró de esto no tuvo que ir muy lejos para encontrar al responsable, su secretario asistente Theodore Roosevelt. Este fue el acto final de la insubordinación de Roosevelt en la Secretaría de Marina. Había acabado de recibir la aprobación de su solicitud de renuncia al cargo para unirse como voluntario, con el grado de teniente coronel, al 1er Regimiento Voluntario de Caballería, unidad que pronto sería conocida como los *"Rough Riders"*. [203]

---

[203] O'Toole, Op. Cit., pp. 189-190.

Al conocerse en los Estados Unidos la noticia de la victoria alcanzada dio lugar a grandes celebraciones. Una verdadera ola de patriotería y belicismo envolvió a todo el país. El presidente propuso y el Congreso aprobó inmediatamente, el ascenso de Dewey al grado de almirante y se votó un presupuesto de 10 mil dólares para que la famosa joyería Tiffany confeccionara una espada para Dewey y medallas de bronce para cada uno de sus hombres. [204]

Sin embargo, la victoria alcanzada planteaba un nuevo problema ante el gobierno de los Estados Unidos. La opinión pública, pedía ahora frenéticamente, acabar con las fuerzas españolas en Cuba y en Filipinas y terminar la guerra de una vez, tarea esta que no era fácil de cumplir pues en ese momento, el ejército norteamericano no estaba listo para operar.

Caballería cubana al combate.

Hasta esos primeros días de mayo, la idea que se manejaba para el empleo del Ejército en Cuba era la de preparar un cuerpo expedicionario de 5-6 mil hombres al mando del general William Shafter que llevaría a cabo una operación de "**reconocimiento en fuerza**" consistente en desembarcar en un punto de la costa

---

[204] Trask, Op. cit., pp. 105-106.

sur de Cuba para llevar suministros de todo tipo a las fuerzas del Ejército Libertador Cubano que allí operaban bajo el mando del mayor general Máximo Gómez.

Mientras tanto, la Marina de Guerra mantendría un férreo bloqueo naval a la Isla, impidiendo así la llegada de refuerzos y suministros para el ejército español. Esta idea se inscribía en la estrategia de que fueran los cubanos los que desgastaran en tierra al ejército hispano mientras la Marina dominaba el mar dando tiempo a que pasara el período de lluvias y al ejército norteamericano a prepararse para, en el momento preciso, efectuar un desembarco en el occidente de Cuba (Mariel o Matanzas) y avanzar sobre La Habana cuya captura, tras una rápida campaña, decidiría la guerra.

(De izquierda a derecha en la ilustración) Capitán Arent S. Crowninshield, Jefe del Buró de Navegación; John D. Long, secretario de la Marina y el contralmirante Montgomery Sicard, jefe de la flota del Atlántico del Norte.

Pero ahora, los éxitos en Filipinas y las presiones sobre el ejecutivo todo lo cambiaban. Según explica el historiador norteamericano Walter Millis, en un Consejo de Guerra reunido en la Casa Blanca a raíz de conocerse los acontecimientos de Manila -en el que participaron entre otros, además del presidente y su vice, los secretarios de Guerra y de Marina, el general Nelson Miles, el almirante Sicard y el general Wesley Merrit, el presidente dio a conocer su opinión de que, **"el plan de permitir a los cubanos llevar a cabo la lucha- por muy admirable que sea desde el punto de vista militar- se ha convertido ahora en una imposibilidad política"**.

En correspondencia con estos criterios, el Consejo de Guerra acordó acelerar los preparativos de una gran fuerza militar (40 a 50 mil hombres) para realizar un asalto directo sobre La Habana, tan pronto fuera localizada la escuadra de Cervera, que días antes había partido hacia las Antillas.[205]

Aún cuando la victoria obtenida en la Bahía de Manila por las fuerzas navales estadounidenses constituía el preludio para posteriores operaciones terrestres en las Filipinas, de momento la atención estaba centrada en el Caribe, fundamentalmente en Cuba, que era de hecho, el escenario principal de la guerra.

---

[205] Millis, Walter: "The Martial Spirit", Boston, 1931, p. 173.

## CAPÍTULO 8
COMIENZA LA GUERRA EN EL CARIBE

El 22 de abril de 1898, la escuadra norteamericana al mando del contralmirante Willian Sampson, formada en dos columnas, zarpó de Key West y puso rumbo a La Habana. Aproximadamente a las 5:00 p.m. de ese día los buques estadounidenses se ponían a la vista de la capital de Cuba y establecían el bloqueo con lo que, de hecho, comenzaban las hostilidades. Al día siguiente, 23 de abril, se enviaban buques hacia el este para bloquear Matanzas y Cárdenas y hacia el oeste para que bloquearan Mariel y Cabañas y se establecía una patrulla entre La Habana y Bahía Honda. Cuatro días después se enviaban unidades para bloquear Cienfuegos, en la costa Sur, conectado por ferrocarril con La Habana y mediante el cual, eventualmente, los españoles podían recibir suministros provenientes de México o de otros puertos del Caribe. El número de unidades de que disponía Sampson no eran suficientes, según sus cálculos, para mantener de manera constante el bloqueo de puertos de la costa norte situados hacia el Este, más allá de Cárdenas, particularmente Isabela de Sagua, Caibarién y Nuevitas. La falta de buques en cantidad suficiente obligó al Presidente McKinley a postergar la proclamación del bloqueo al resto de la costa sur y a Puerto Rico hasta el 28 de junio.[206]

---

[206] Para mayor información respecto al establecimiento del bloqueo, ver el mensaje de Sampson al secretario Long y el de este último al primero, ambos de fecha 27 de abril de 1898, en el U. S. Navy *"Appendix to the Report of the Chief of the Bureau of Navigation, 1898"* (en lo adelante *BN 98*), p. 177; también Chadwick, French Ensor: *"The Relations of the United States and Spain: The Spanish-American War"*, New York, 1911, vol. 2, pp. 322-324. El comodoro John A. Howell calculó que para mantener un bloqueo estable en la costa norte de Cuba, hacían falta, por lo menos, 26 buques. Ver su informe en *BN 98*, pp. 256-258, que es también citado en Wilson, Hebert W.: *"The Downfall of Spain"*, Boston, 1900, p. 404. Puede verse también a Trask, David F.: *"The War with Spain in 1898"*, New York, 1981, p. 108. Trask destaca el hecho de que el gobierno de los Estados Unidos nunca proclamó el bloqueo de Santiago de Cuba.

## Establecimiento del bloqueo a Cuba

El 26 de abril de 1898, el Presidente de los Estados Unidos, Willian McKinley, emitió una proclama estableciendo el bloqueo a Cuba. En la misma se invocaba la Declaración de París, que declaraba ilegal el corso y, entre otras cosas daba un plazo a los buques mercantes españoles surtos en puertos de los Estados Unidos hasta el 21 de mayo, para partir, garantizándole inmunidad, estando sujetos a determinadas limitaciones: no podían transportar militares, no podían hacer más carbón que el necesario para llegar a puertos de su país, y no podían transportar contrabando o mensajes. Estos privilegios se hacían extensivos a buques españoles que hubieren salido rumbo a puertos estadounidenses antes del 21 de abril.

Carta del Departamento de Estado norteamericano, fechada el 2 de Julio de 1898, dando fe del telegrama al Jere de las fuerzas navales en Santiago de Cuba, anunciando la Orden del Presidente Mcinley del boqueo a la costa Sur de Cuba y el Puerto de San Juan de Puerto Rico [N. del E.]

El establecimiento del bloqueo a Cuba, elemento presente en todas las variantes del Plan de Campaña de la Marina para la guerra contra España estudiadas desde 1894, tenía por objetivo principal evitar que España pudiera reforzar y reabastecer a su ejército en Cuba y, en lo posible, que éste se agotara lo suficiente como para que no fuera necesario el envío de gran cantidad de tropas para derrotarlo en Cuba. Un segundo objetivo era el de atraer hacia el Caribe a las unidades principales de la flota española que tendrían que operar en condiciones muy desfavorables, a más de tres mil millas de sus bases.

El bloqueo también incluía la paralización de toda forma de transportación comercial de Cuba. El hecho cierto de que el bloqueo acarrearía a la población cubana un recrudecimiento de sus sufrimientos, no fue tomado en cuenta por el gobierno norteamericano. Para nada se consideró que el país estaba devastado por tres años de cruenta guerra y las consecuencias de la reconcentranción implantada por Weyler, que había costado la vida a cientos de miles de personas y entronizado el hambre y las epidemias a todo lo largo y ancho de la Isla.

*"Para la población urbana el bloqueo significó una trasformación radical de la guerra. La vida social parecía haber muerto: no se alumbraban las ciudades, la retreta no volvió a tocar (...) En los almacenes, las reservas de víveres disminuían peligrosamente, y el miedo a los bombardeos se añadía a la miseria colectiva".*

Una copla popular de la época, describía la situación:

*"En casa de Josefina
no se come más que harina
con melcochitas sabrosas
que las vende Sinforosa".*

Una vez más, como tantas otras, antes y después, el pueblo cubano daba pruebas de su capacidad de resistencia y le "sacaba punta" aún a las situaciones más difíciles. [207]

Durante las primeras semanas de la guerra, el esfuerzo principal de Sampson y sus subordinados estuvo dirigido a consolidar el bloqueo. Las comunicaciones entre las diferentes unidades

---

[207] Sobre los efectos del bloqueo en la población cubana, ver, Placer Cervera, Gustavo: *"El Bloqueo Naval a Cuba en 1898"*, La Habana, 1995, pp. 55-66; también, Portell Vilá, Herminio: *"Historia de Cuba en sus relaciones con los Estados Unidos y España"*, La Habana, vol. 3, p. 462; Poumier, María: *"Apuntes sobre la vida cotidiana en Cuba en 1898"*, La Habana, 1975, p. 83 y ss., de allí fueron tomadas la cita y la copla.
Sobre los efectos del bloqueo en la población de La Habana, ver Jacobsen: *"Sketches from Spanish-American War"*, Washington, 1899, p. 34.

bloqueadoras tuvieron que ser mejoradas, y el reabastecimiento de carbón en la mar a los buques bloqueadores requirió una constante atención. Además, los puertos que permanecían abiertos tenían que ser vigilados, y había que interceptar e investigar a todo barco sospechoso de conducir contrabando, especialmente aquellos que, provenientes de Jamaica o México, trataran de entrar en puertos de la costa sur de Cuba.

El Comodoro John C. Watson, a cargo del bloqueo.

Como las presas se acumulaban, se hizo también necesario llevar a cabo la adjudicación de los casos, y pagar las cantidades asignadas del botín; las distribuciones de botín estuvieron haciéndose en los Estados Unidos hasta 1900. Los bloqueadores tenían también que supervisar la visita de buques neutrales a puertos cubanos. [208]

Aunque, como ya se ha dicho anteriormente, no se había autorizado a Sampson a bombardear los fuertes de la costa que estuvieran provistos de artillería gruesa, sí se le había autorizado a hacer fuego contra baterías costeras que apoyaran a barcos que los norteamericanos quisieran capturar.[209]

En abril 28 dos comodoros fueron puestos bajo las órdenes de Sampson; el comodoro George C. Remey fue designado jefe de la base de Key West, y el comodoro John C. Watson fue nombrado como adjunto de Sampson a cargo del bloqueo. Esta medida permitió al almirante concentrarse en la preparación de las acciones

---

[208] En relación con la distribución del botín proveniente de las presas capturadas por los buques bloqueadores ver, Parker, James: *Rear Admirals Schley, Sampson and Cervera*, New York, 1910, pp.58-59. Se explica: "el jefe de una flota o escuadra recibirá 1/20 del valor de las presas adjudicadas al buque o buques bajo su mando (...) el comandante de un buque recibirá 1/100 del valor de las presas adjudicadas a cualquier buque o buques de la flota o escuadra en la cual él preste servicios (...) al comandante de un buque aislado le corresponderán 2/20 del valor de las presas adjudicadas al buque que él manda...."
[209] Ver instrucciones de Long a Sampson, 26 de abril de 1898 en *BN 98*, pp. 177.

que podían hacerse necesarias si la escuadra de Cervera se presentaba en el teatro.[210]

Durante el curso del bloqueo tuvieron lugar cerca de veinte encuentros de diversa índole entre los buques norteamericanos y fuerzas españolas de mar y de tierra, en diversas zonas de la costa y puertos cubanos. Entre las más importantes de estas acciones están las que tuvieron lugar en el litoral norte de Matanzas, -especialmente en la bahía de este nombre y en la de Cárdenas-, en la entrada de la bahía de Cienfuegos y el aparatoso intento de desembarco de un pequeño destacamento de fuerzas del ejército en la entrada de la bahía de Cabañas.

### Acciones en el litoral norte de Matanzas

Cañonero estadounidense *Wilmington*.

Habiendo sido informado Sampson de que los españoles llevaban a cabo apresuradamente obras de defensa en la entrada de la bahía de Matanzas, decidió actuar contra ellas y se presentó allí el 27 de abril, a mediodía, con una fuerza compuesta por el crucero acorazado **"New York"**, el monitor **"Puritan"** y el crucero protegido **"Cincinnati"**.

Los buques penetraron por la anchurosa entrada de la bahía y abrieron fuego contra las obras de fortificación ubicadas en

---

[210] Ibídem

Punta Gorda y El Morrillo. Los españoles por su parte, respondieron con un fuego vigoroso pero errático con lo cual, no obstante, hicieron alejar a los buques norteamericanos.

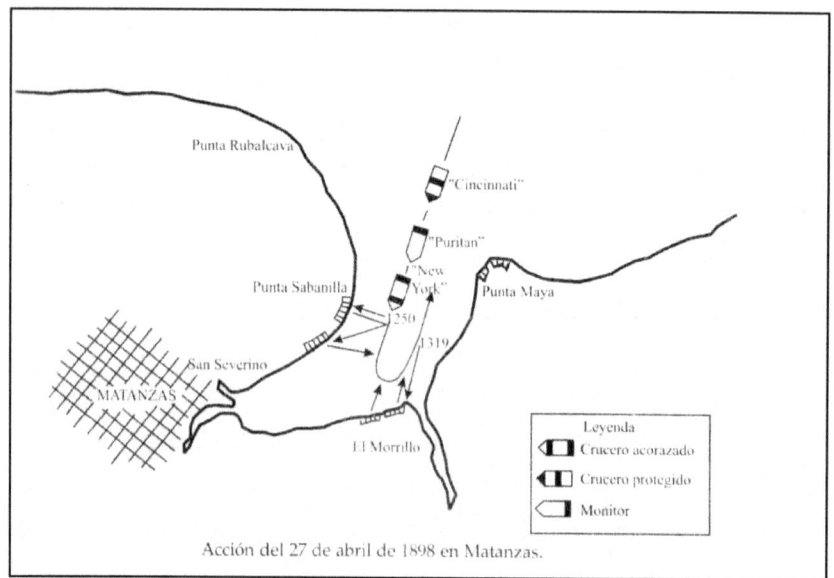

Acción del 27 de abril de 1898 en Matanzas.

Tras casi una hora de intercambio de disparos con las baterías españolas, las unidades norteamericanas se retiraron.

Torpedero estadounidense *Winslow* que resultó seriamente dañado por el fuego de los españoles el 11 de mayo de 1898 en Cárdenas, produciéndose las primeras bajas norteamericanas de la guerra.

Respecto a los resultados, los atacantes anunciaron haber logrado su objetivo principal causándole graves daños a las obras de fortificación, cosa esta que fue desmentida categóricamente por los españoles.

Unos días más tarde, el 11 de mayo, una escuadrilla compuesta por el cañonero "**Wilmington**", el guardacostas "**Hudson**" y el torpedero "**Winslow**" penetró en la bahía de Cárdenas con el objetivo de localizar a las cañoneras españolas que allí se encontraban.

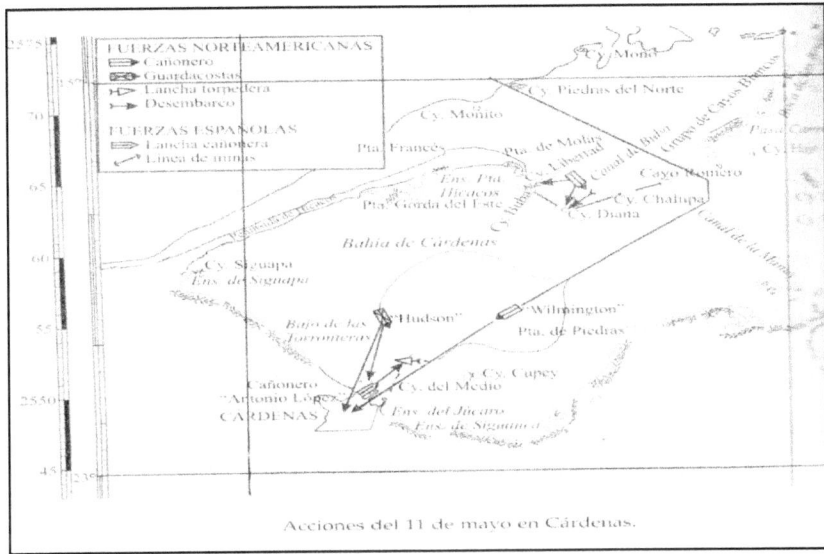

Acciones del 11 de mayo en Cárdenas.

Al acercarse el torpedero a los muelles cayó bajo el fuego de los españoles, que les causó serias averías y varias bajas -un oficial y cuatro marineros muertos y dos marineros graves- que estuvieron entre las primeras bajas norteamericanas de la guerra.

Mayo 11 de 1898, Cárdenas. En esta reconstrucción artística, el guardacostas *Hudson* da romolque al torpedero *Winslow*.

El fuego de respuesta de las unidades norteamericanas para apoyar al buque averiado no se hizo esperar. Más, los norteamericanos disparaban a ciegas, pues debido a la bruma no veían a las unidades españolas, y lo hacían precipitadamente, por lo que muchos de sus proyectiles fueron a dar a la población, causando incendios y destrucciones así como bajas en la población civil.[211]

### Acciones Navales en Cienfuegos

Mientras tanto, las unidades que tomaban parte en el bloqueo de Cienfuegos llevaron a cabo varias acciones contra las defensas costeras situadas a la entrada de esa bahía y el 11 de mayo, en horas de la mañana hicieron un intento de cortar los cables submarinos de comunicación, lo cual lograron parcialmente ya que fueron hostilizados por la defensa costera española. Como consecuencia del intercambio de disparos, los norteamericanos tuvieron dos muertos y siete heridos. [212]

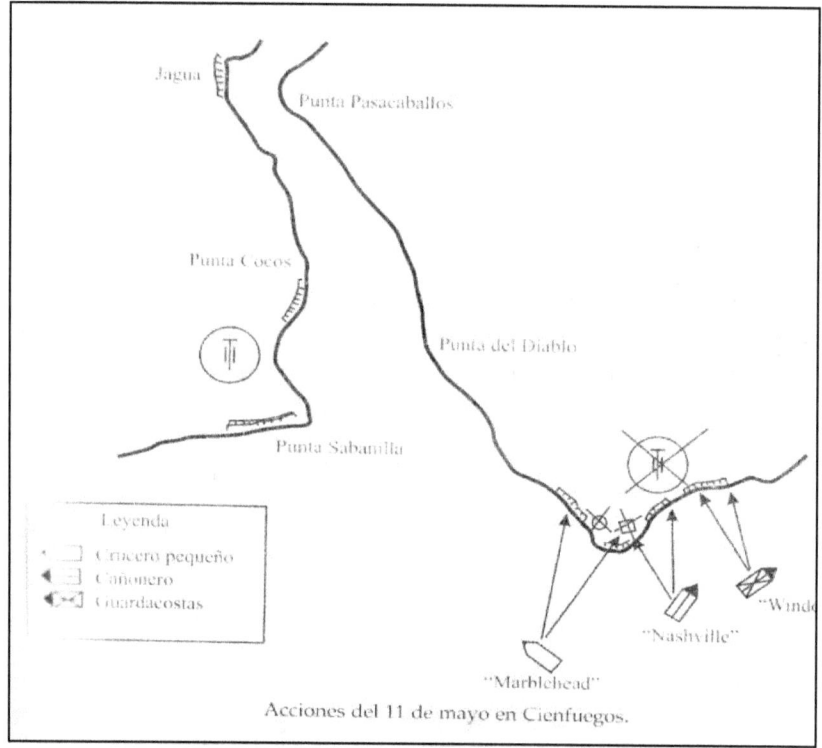

Acciones del 11 de mayo en Cienfuegos.

---

[211] Una descripción detallada de estas acciones puede verse en, Placer Cervera, Gustavo: **"Acciones Navales en el litoral norte de Matanzas durante la Guerra Hispano-Cubano-Norteamericana de 1898"**, artículo publicado en *Boletín de Historia Militar*, La Habana, no. 3-93, pp. 31-47.

[212] Descripción minuciosa de la acción del 11 de mayo en Cienfuegos en Maclay, Edgar S.:*A History of the United States Navy*, New York, 1902, V. III, p.103.

No obstante que, en algunas ocasiones, las autoridades españolas manifestaron que el bloqueo de Cuba era inefectivo, lo cierto es que fueron relativamente pocos los barcos que tuvieron éxito en burlarlo. Según Severo Gómez Núñez, sólo dos barcos lograron salir de La Habana y ocho lograron entrar en puertos cubanos entre el 17 de junio y el 31 de julio. [213]

**Travesía y búsqueda de la Escuadra Española**
El día 29 de abril de 1898, a las 1000 hs, la escuadra mandada por el Contralmirante Pascual Cervera salió de San Vicente de Cabo Verde con rumbo a las Antillas.

Marineros del *Iowa* observan la batalla en Santiago de Cuba.

Estaba compuesta por cuatro cruceros acorazados y tres destructores de torpederos. Encabezaba la formación el buque in-

---

[213] La información relativa a los barcos que lograron burlar el bloqueo es de Gómez Núñez, Severo: *"La Guerra Hispano-Americana. La Habana: Influencia de las plazas de guerra"*, Madrid, 1900, pp. 133-134, 140-141.

signia, crucero acorazado "**Infanta María Teresa**", cuyo comandante lo era el capitán de navío Víctor M. Concas, estando a bordo también, como jefe de Estado Mayor de la escuadra, el capitán de navío Joaquín de Bustamante. Seguían el "**Almirante Oquendo**", mandado por el capitán de navío Joaquín Lazaga, y el "**Vizcaya**" mandado por el capitán de navío Antonio Eulate. Después venía el "**Cristóbal Colón**", mandado por el capitán de navío Emilio Díaz Moreu, teniendo a bordo al segundo jefe de la Escuadra, capitán de navío de 1ª clase (comodoro) José de Paredes.

La división (flotilla) de destructores de torpederos era mandada por el capitán de navío Fernando Villaamil y la integraban el "**Terror**" y "**Furor**", de 380 toneladas, al mando de los tenientes de navío de 1ª clase Francisco de la Rocha y Diego Carlier respectivamente, y el "**Plutón**", algo mayor, 420 toneladas, cuyo comandante lo era el teniente de navío de 1ª clase Pedro Vázquez.

El resto de los buques, que bajo el mando de Cervera se habían reunido en San Vicente -dos transportes y tres torpederos- fueron enviados de vuelta a las Islas Canarias debido a que su pésimo estado técnico los hacía inútiles para cumplir cualquier misión combativa. Pero las condiciones en que se encontraban los buques que salían con Cervera era también poco halagüeñas.

El "**Cristóbal Colón**", su mejor buque, carecía de su artillería principal, lo que lo hacía muy débil y vulnerable para cualquier enfrentamiento. Tres de los cuatro cruceros acorazados tenían defectuosos los mecanismos de cierre de sus cañones principales, y municiones defectuosas para sus piezas de tiro rápido de 140 mm. Tampoco las máquinas estaban bien.

El "**Vizcaya**", debido a su larga permanencia en la mar, sin subir a dique, tenía el casco muy sucio y esto aminoraba notablemente su velocidad y, por lo tanto, la de la Escuadra completa. Como escribiría más tarde el capitán de navío Concas *"lo natural era que la escuadra del almirante Cervera, si irremediablemente tenía que ir a las Antillas, se hubiera detenido en Canarias, donde en pocas horas se hubiera repuesto de todo"*.

Años después, Francis E. Chadwick trazó un paralelo entre la Marina española de 1898 y la escuadra hispano-francesa que combatió contra Nelson en Trafalgar, en 1805. *"En cada caso, contaba con un número razonable de buques pero los mismos carecían de las necesidades primarias de una Marina: sin cañones, sin municiones, sin maquinistas, sin carbón y hasta sin pan".*[214]

Francis L. Chadwick.

Al alejarse Cervera de las aguas españolas, estaba de hecho perdiendo la única ventaja que podía haber tenido. El historiador e ideólogo naval norteamericano Alfred T. Mahan definió la escuadra de Cervera como una **"fuerza en presencia"**, o sea, aquella *"cuya existencia, aunque sea inferior, en o cerca del teatro de operaciones, es una amenaza perpetua a los diversos intereses, más o menos vulnerables del enemigo, el cual no puede prever cuando va a ser golpeado y, por lo tanto, se ve obligado a restringir sus operaciones hasta que dicha flota pueda ser aniquilada o inmovilizada".*

Una vez que Cervera fuera localizado, los norteamericanos podían concentrar fuerzas suficientes para enfrentarlo con éxito. Su capacidad para amenazar varios objetivos podría ser anulada, y los estadounidenses obtendrían libertad para maniobrar con buques que, de otra manera, serían necesarios para proteger objetivos considerados vulnerables ante posibles "raids" del enemigo.

Tiempo después, Concas se lamentaría con razón, diciendo que la salida de la Escuadra para las Antillas selló el destino de la guerra, pues dividió a las fuerzas españolas. La denominada Escuadra de Operaciones era tan inferior a sus adversarios que no tenía oportunidad de evitar ser aniquilada. El resto de las fuerzas navales españolas que permanecieron en la Península, era, por sí mismo, incapaz de llevar a cabo ninguna operación ofensiva. Si se hubiera permitido a Cervera el regreso a Canarias, las fuerzas navales españolas unidas pudieron haber significado un obstáculo para los planes norteamericanos contra el ejército español en Cuba, es decir, los norteamericanos hubieran visto restringida su libertad de maniobra. De todo esto se infiere que el bloqueo naval a Cuba desempeñó un papel decisivo en la cam-

---

[214] Concas, Víctor M.:"La Escuadra del Almirante Cervera", Madrid, s/f, pp. 81-83; Ibídem, p. 40; también Chadwick, Op. Cit., vol. 1, p. 46.

paña en general, ya que forzó a las autoridades españolas a enviar la Escuadra -decisión esta que, como ya vimos, había sido prevista en los planes de la Marina estadounidense de antes de la guerra-. Los maltrechos buques españoles de Cervera, llenos de deficiencias técnicas, tuvieron que enfrentarse con las unidades navales norteamericanas muy lejos de una base adecuada en y la peor de las situaciones estratégicas posibles. [215]

**La búsqueda se inicia**

Mientras la escuadra de Cervera no podía ser ubicada, las unidades navales norteamericanas permanecieron divididas en dos agrupaciones. La denominada Escuadra Volante del comodoro Schley se mantenía en Hampton Roads, Virginia, lista a enfrentar un eventual ataque de Cervera contra los puertos y ciudades costeras de la costa atlántica.

Cubierta del *Pelayo*

Sin embargo, una vez que la posición de la escuadra española fue determinada, la Escuadra Volante pudo ser combinada con

---

[215] La definición de Mahan de **"fuerza en presencia"** aparece en sus *"Lessons of the War with Spain and other Articles"*, Boston, 1899, p. 76. Comentarios sobre lconsecuencias estratégicas del traslado de la escuadra hacia las Antillas pueden verse en Chadwick, Op. Cit., vol. 1, p. 61; Trask, Op. Cit., pp. 111-113 y Alvarez Arenas, Eliseo: **"Lo naval en el 98"**, publicado en *Cuadernos Monográficos del Instituto de Historia y Cultura Naval*, Madrid, N. 11, 1990, pp. 90-95.

los buques restantes de la Escuadra del Atlántico Norte en el bloqueo de Cuba. Esta convergencia concentró fuerzas muy superiores sobre la modesta agrupación del almirante español.[216]

Tan pronto como se conoció la salida de Cervera de Cabo Verde, el Departamento de Marina de los Estados Unidos comenzó a tomar medidas para interceptarlo. Dado que se apreciaba que la escuadra española se dirigia bien a Puerto Rico o bien a la región oriental de Cuba, se ordenó el 29 de abril a los cruceros auxiliares rápidos "**St. Louis**" y "**Harvard**" dirigirse a las aguas al este de las *"Islas de Barlovento, Antillas Menores"*.

Dos días más tarde, otro crucero auxiliar rápido, el "**Yale**", fue enviado a patrullar en las inmediaciones de Puerto Rico. La misión de esos tres barcos era informar sobre el arribo de los buques españoles. De no avistarlo antes del 10 de mayo, el "**Harvard**" y el "**St. Louis**" debían partir hacia Martinica y Guadalupe, respectivamente, donde recibirian órdenes vía telegráfica, y el "**Yale**" partiría para Saint Thomas el dia 13.

Basado en la declaración del bloqueo a Cuba, el vapor *Buenaventura* fue capturado por el *Nashville* en el Golfo de México. El cañonazo de advertencia fue el primero de la guerra y a pesar de los documentos de autorización de la aduana estadounidense fue escoltado hasta Key West.

El 3 de mayo el Departamento de Marina informó al contralmirante Sampson su apreciación de que no se producirían grandes movimientos del Ejército norteamericano hacia Cuba por lo menos en dos semanas -presumiblemente debido a que nadie había

---

[216] Chadwick, Op. cit., vol 1, pp. 62-64; Trask, Op. Cit., p. 113.

sido preparado- y de que ninguna fuerza pequeña podía salir de puerto norteamericano hasta tanto la Marina no localizara a Cervera. Y, refiriéndose a los buques españoles, le puntualizaba: *"Si su objetivo es Puerto Rico, deben arribar alrededor del 8 de mayo, y se autoriza a actuar inmediatamente contra ellos y San Juan. En ese caso la Escuadra Volante partirá hacia el Sur para reforzarlo a Ud."*[217]

### Sampson se dirige al este

Por su parte Sampson, una vez que supo de la salida de Cervera, decidió moverse hacia el este, suponiendo que el destino de la escuadra española era Puerto Rico. El contralmirante norteamericano consideraba que el marino español se dirigía a San Juan para reabastecerse allí de agua y carbón aunque también era posible que se dirigiera a Martinica, toda vez que allí era posible que las autoridades francesas le permitieran abastecerse de carbón.

Otra de las posibilidades que se valoraron, fue la de que el almirante hispano intentaría interceptar al acorazado "Oregon" que, procedente del Pacífico, navegaba bojeando las costas de América del Sur y podía ser atraído por una recalada española a Martinica. Sampson estimaba que los buques españoles no intentarían atacar directamente las costas de los Estados Unidos ya que, por un lado, se sabía que allí encontrarían fuerte oposición y, por otra parte, carecían de bases cercanas donde reabastecerse y reparar.[218]

Para su despliegue hacia el este, Sampson solicitó dos acorazados que estaban asignados en ese momento a la Escuadra Volante -el **"Massachusetts"** y el **"Texas"**- pero el Departamento denegó la solicitud. El 4 de mayo Sampson abandonó el bloqueo de La Habana y salió rumbo a San Juan de Puerto Rico con dos acorazados, el **"Iowa"** y el **"Indiana"**; el crucero acorazado **"New York"** (que enarbolaba su insignia), los monitores **"Amphitrite"**

---

[217] Respecto a las órdenes a los barcos de exploración, ver *BN 98*, pp. 360-363, 365-366. Las apreciaciones del Departamento de Marina están contenidas en el mensaje de Long a Sampson, 3 de Mayo de 1898, que aparece en *BN 98*, p. 366.
[218] Trask, Op. Cit., p. 114. Respecto a las posibilidades de encuentro de la escuadra española con el **"Oregon"**, véase el memorándum de la Junta de Guerra Naval (NWB) del 12 de mayo de 1898 en *BN 98*, p. 52.

y "**Terror**", los dos cruceros no protegidos "**Detroit**" y "**Montgomery**", el torpedero "**Porter**", el carbonero "**Niagara**" y el remolcador artillado "**Wompatuck**".

Los monitores y el torpedero tuvieron que ser remolcados, complicación esta que trajo aparejadas demoras y dificultades. Aunque no se opuso a la incursión de Sampson sobre Puerto Rico, el Secretario de Marina estaba preocupado por el riesgo que podían correr los buques al actuar contra las fortificaciones de San Juan y por ello, tal y como había hecho cuando la escuadra se presentó frente a La Habana, le envió a Sampson un mensaje, el 5 de mayo, advirtiéndole que no arriesgara los buques contra las fortificaciones costeras hasta después de que hubiera batido a los buques de las escuadra española y, al día siguiente, le escribió una carta al almirante en la que le reiteraba su deseo de que evitara operaciones que pudieran debilitar su escuadra.

Las preocupaciones de Long tenían como base el temor a que los acorazados "**Carlos V**" y "**Pelayo**" pudieran llegar para reforzar a Cervera. Después de la guerra, Mahan, quien consideraba que Puerto Rico era una importante base avanzada, criticó los deseos de Sampson de llegar tan lejos hacia el Este opinando que un movimiento de fuerzas más allá del Paso de los Vientos lo hacía abandonar una posición central respecto a tres puntos estratégicos -San Juan de Puerto Rico, Cienfuegos y La Habana.[219]

Cuando Sampson recibió el mensaje de advertencia de Long el 8 de mayo, frente a Cabo Haitiano, convocó a una junta de comandantes, al final de la cual determinó continuar, decisión esta que causó bastante disgusto en el Departamento de Marina. Sampson pensaba que Cervera podía inclusive escapar y amenazar el bloqueo de La Habana, o efectuar un "raid" contra la costa oriental de los Estados Unidos, pero consideraba de superior importancia evitar que pudiera reabastecerse en San Juan.

Para apoyar su operación pidió el envío de tres buques de buen andar a St. Thomas, y de nuevo solicitó que le agregaran los acorazados "**Massachusetts**" y "**Texas**". Long respondió rápidamente con información sobre la escuadra española y una acepta-

---

[219] El mensaje de Long a Sampson del 5 de mayo de 1898 aparecen en *BN 98*, p. 366. La carta de Long a Sampson del 6 de mayo, 1898 está en *BN 98,* pp. 367-368. Respecto a los puntos de vista de Mahan, un resumen de ellos está recogido en Trask, Op. Cit., 114-115.

ción parcial a lo solicitado. En su respuesta le informaba a Sampson que no se esperaba que el **"Pelayo"** y el **"Carlos V"** pudieran salir de Cádiz antes de dos semanas, y algo aún más importante, le informaba, aunque incorrectamente, que los buques españoles habían sido vistos frente a Martinica.

USS Massachusetts.

Long estaba de acuerdo con mantener el **"Harvard"**, **"St. Louis"** y **"Yale"** en St. Thomas cuando completaran sus patrullajes pero no dijo nada respecto a los acorazados solicitados. Junto a esto, le hacía una velada advertencia a Sampson con la intención de que no prosiguiera hacia el este: *"El bloqueo de Cuba y Key West correrán peligro si la escuadra española se le escapa. Por lo tanto debe Ud. ser rápido en sus operaciones en Puerto Rico".*

Para resguardarse contra posibles acusaciones de interferencias indebidas en las operaciones, Long concluía: *"En todo, el Departamento tiene extrema confianza en su discreción. El Departamento no desea estorbarlo".* Long debe haberse defraudado, pues pese a su esfuerzo, Sampson continuó su tortuoso viaje hacia el este. [220]

---

[220] Chadwick, Op. Cit., vol. 1, pp. 220-222.

### Cervera recala en Martinica

Mientras tanto, la escuadra de Cervera, con no pocas dificultades, atravesaba el Atlántico en demanda de las Antillas. Explica Concas:

*"Los destructores acordó el Almirante que fueran a remolque, tanto para no tenerles que dar carbón en la mar, cuanto para que las delicadas máquinas de esos buques llegaran a América en buen estado de servicio; pero como al salir de Cádiz no se había contado con dicho remolque, y aunque se hubiera contado, las estachas que son necesarias para ello hay que hacerlas construir exprofeso, y no las había ni en el arsenal ni en el mercado (....), el resultado fue que el remolque se hizo muy trabajoso; y como la poca masa de los destructores y sobre todo sus grandes hélices les hacían dar grandes guiñadas, faltaban las estachas con harta frecuencia, perdiéndose un tiempo precioso. Así y todo, la ventaja era muy grande; pero no por eso nos libramos de darle carbon en la mar, operación que, hecha con la marejada que producía un alisio fresco, en que perdíamos de vista los botes a los pocos metros de los buques, resulta muy peligrosa y arriesgada, según es notorio a todo hombre de mar".*

Debido a que tenía los fondos muy sucios el **"Vizcaya"** era el único de los cruceros acorazados que no llevaba remolque, no obstante lo cual consumía una gran cantidad de carbón aún con el lento andar de los otros buques que permitía el remolque. En esas circunstancias, la velocidad de la escuadra española no sobrepasaba los siete nudos.

Y continúa narrando el comandante del **"Infanta María Teresa"**:

*"Dos días antes de la recalada se largaron los remolques ((....). Se encendieron todas las calderas, y el andar se reguló a 11 millas, en cuya disposición fueron los destructores los primeros en causarnos retrasos por averías en sus máquinas, las que, aunque en pequeña escala, tampoco nos habían faltado á los buques mayores durante el viaje".*

El día 10 de mayo el Almirante destacó los "destroyers" "Terror" y "Furor" para la Martinica, al mando de Villaamil, con órdenes de obtener carbón y, sobre todo, noticias. La operación se había calculado a una marcha de 20 millas, pero a las pocas horas de separarse los "destroyers" de la escuadra, el "Terror" quemó sus calderas, quedando en medio de la mar "como una boya", según frase de Concas, y con no poca dificultad, se pudo arreglar una de ellas para que tuviera algún movimiento propio, con lo que Villaamil lo abandonó a su suerte, siguiendo con el "Furor" para su destino. Así le iban las cosas a la escuadra española durante su travesía por el Océano Atlántico. [221]

Los Agregados militares de las representaciones diplomáticas en el Caribe en 1898 eran una fuente de información importante para el Gobierno estadounidense (en la foto oficiales inglés, ruso, alemán, austríaco, japonés y sueco).

---

[221] Concas, Op. Cit., pp. 83-85.

Mientras tanto, en Washington, la Junta de Guerra Naval había propuesto que el crucero auxiliar **"Harvard"** patrullara al este de Martinica hasta mayo 10, calculando que dicha fecha era tope para la recalada de Cervera en ese punto, pero su estimado se quedó corto. El andar de los buques españoles resultó aún menor que el previsto. Sin embargo, Villaamil tuvo una infeliz estancia en Fort de France.

En primer lugar, no pudo contactar con el cónsul español, a quien el gobierno de Madrid no había puesto en conocimiento de la posibilidad de su llegada y se encontraba descansando en el campo. Además las autoridades francesas le negaron el suministro de carbón e inclusive intentaron retenerlo en puerto. Las únicas noticias sobre la situación las pudo obtener a través del capitán del mercante español **"Alicante"**, habilitado como buque hospital, que estaba surto en aquel puerto, quien llevaba un diario de los acontecimientos basándose en informaciones publicadas en la prensa. Ese mismo capitán le ayudó a salir, alumbrándole con faroles las boyas de la boca del puerto. Las noticias que Villaamil llevó a Cervera no eran nada agradables: la derrota española en Manila; Cuba estaba bloqueada; Sampson estaba en San Juan y no había carbón para la escuadra en Martinica. [222]

La recalada en Martinica tuvo otro elemento desfavorable para la escuadra española, y es el hecho de que desenmascaró su posición y alertó a los norteamericanos. Como señala Concas "el telegráfo era el que nos iba a denunciar (...) En efecto, de no haber estado a ciegas y sin carbón, la escuadra hubiera pasado de noche entre dos islas y una vez internada en el Mar de las Antillas, habría caído, sin previa noticia, sobre el puerto que conviniese ..." La precipitada salida de Villaamil de Fort de France, por otra parte, impidió a Cervera conocer el contenido de varios mensajes que le cursó el Ministro de Marina en cuanto supo de su presencia allí. Uno de ellos pudo haber sido trascendental:

*El Ministro (Bermejo)al Almirante (Cervera) - Martinica*
*Madrid 12 mayo 1898*
*"Desde su salida han variado las circunstancias. Se amplían sus instrucciones para que, si no cree que esa Escuadra opere*

---

[222] Sobre la estancia de Villaamil en Martinica, ver Concas, Op. Cit., pp. 85-86.

ahí con éxito, pueda regresar Península, reservando su derrota y puerto recalada, con preferencia Cádiz.- Acuse recibo y exprese su consideración".

Busque hospital español *Alicante*.

Cervera se enteraría de estos mensajes mucho después, cuando terminada la guerra, regresó a España. [223]

Después de lo ocurrido en Fort de France y en vista de las informaciones recibidas, el almirante español estaba ahora frente a un dilema ¿A dónde ir? No podría dirigirse a San Juan, puesto que esto equivalía a un enfrentamiento con Sampson. No podía recalar en ningún puerto cercano a Martinica a reabastecerse de carbón, lo cual le era vital. Podía, eso sí, dirigirse a Santiago, que no estaba aún bloqueada o tratar de llegar a La Habana, donde una escuadra estadounidense cerraba la entrada. Pero ambas opciones tenían grandes desventajas: Santiago de Cuba no poseía los abastecimientos necesarios, y un viaje a La Habana implicaría precipitar un encuentro con la escuadra norteamericana.

### Escala en Curaçao

Cervera convocó a una junta de jefes y comandantes de la escuadra, decidiendo navegar aún más hacia el oeste, hacia la isla de Curaçao, posesión holandesa, donde esperaba encontrar un

---

[223] Concas, Op. Cit., pp. 85-86; Cervera, Op. Cit., p. 94.

barco carbonero y además, no se conocía de la presencia de fuerzas enemigas importantes en esa región. Antes de salir para ese destino, Cervera dejó al destructor **"Terror"** frente a Martinica debido a que por el estado de sus máquinas era un verdadero lastre para la escuadra. [224]

Una nave de guerra española no identificada -el *Furor, Terror,* or *Plutón*- de la escuadra del Almirante Cervera en São Vicente (islas de Cabo Verde, Africa) en Abril de 1898.

Al arribar Cervera a Curaçao, el 14 de mayo, sus esperanzas de encontrar carbón se vieron frustradas, viéndose obligado a seguirse moviendo. El buque carbonero que le habían anunciado, en un telegrama del 26 de abril, antes de que saliera de Cabo Verde, no estaba allí, y el gobernador holandés sólo permitió la permanencia en puerto de dos buques durante 48 horas, autorizándo la compra de hasta 600 toneladas de carbón, que fueron cargadas en el **"Vizcaya"** y el **"Infanta María Teresa"**. El capitán de navío Concas entró con los dos buques en Curaçao, mientras el resto de las unidades esperaba afuera.

*"... Se adquirió con dificultad el carbón disponible (....), eran unas 400 toneladas, y procedimos a embarcarlo con verdadero frenesí, así como los víveres que se pudieron adquirir; pues no hay nada que pueda dar idea de la ansiedad de aquella noche del 14 al 15, en que cualquier ruido nos parecía que era un ataque a nuestros compañeros, en cuyo auxilio nos era imposible acudir dado que*

---

[224] Ibídem; Concas, Op. Cit., p. 91; Chadwick, Op. Cit., vol. 1, pp. 250-258.

*el puerto de Curaçao, cerrado por un puente, queda completamente incomunicado a la puesta del sol. Mientras tanto, habíamos tenido la evidencia de que allí no estaba el deseado carbonero, ni las deseadas noticias;..."*[225]

Para su próxima recalada, Cervera tenía cuatro opciones, y finalmente seleccionó Santiago de Cuba. Pudo haberse dirigido a San Juan de Puerto Rico pero Sampson podía tomar ese puerto con relativa facilidad. Respecto a las otras opciones, la escuadra bloqueadora estaba frente a La Habana -a la que Sampson debía regresar-, y Cienfuegos era muy vulnerable a ser cerrado y bombardeado. Por lo tanto, fue por un proceso de eliminación que Cervera se decidió por Santiago de Cuba, opción esta que tenía muchas desventajas, ya que se encontraba muy lejos de La Habana y carente de los abastecimientos necesarios. El 15 de mayo Cervera y su escuadra comenzaron a alejarse, lentamente, de Curaçao, dirigiéndose a Santiago de Cuba, puerto este al que arribó a las 9 de la mañana del 19 de mayo. [226]

## Consecuencias del arribo de la escuadra a Santiago

La dramática situación de Cervera que, como se ha visto, no tenía otra opción que dirigirse a Santiago de Cuba, tuvo trascendentales consecuencias, ya que permitió a la Marina de Guerra estadounidense concentrar sus unidades, de manera efectiva, en una sola fuerza unificada.

Si Cervera hubiera sido enviado a La Habana, antes del comienzo de la guerra, su escuadra se habría convertido en una **"fuerza en presencia"** que *"obligaría a los Estados Unidos a dividir su escuadra, manteniendo una parte en el Estrecho de la Florida, otra a lo largo de la costa hasta New York, y otra, destacada hacia Puerto Rico, en previsión del auxilio que se enviase desde la Península".*

Sin embargo, con la escuadra de Cervera en Santiago, Sampson

---

[225] Concas, Op. Cit., pp. 98-99. Más información puede encontrarse en Cervera, Op. cit., p. 94. El carbonero, que se hallaba en San Juan, fue enviado por el ministro de Marina hacia Martinica al conocerse el arribo de Cervera a esa posesión francesa, pero mientras tanto, la escuadra había partido para Curaçao.

[226] Respecto a la decisión de Cervera de dirigirse a Santiago de Cuba, ver Concas, Op. Cit., p. 87. Al respecto, resultan interesantes las consideraciones que aparecen en Mahan, Op. Cit., p. 165.

pudo reunir allí a todos sus acorazados para enfrentársele así como al posible refuerzo que se le enviara desde España, toda vez que el bloqueo de La Habana podía sostenerse con buques de menor porte.

Ilustración de una reunión del Almirante Cervera con sus oficiales.

La entrada de la escuadra en Santiago implicaba además que, al menos por el momento, los norteamericanos pospondrían un desembarco de sus fuerzas terrestres en las cercanías de La Habana, centro del poder español en Cuba. Como razonaba el cronista e historiador militar español, a la sazón capitán de artillería, Severo Gómez Núñez; *"…. la inesperada entrada de nuestra escuadra en Santiago, cambió por completo la fase del problema, en condiciones favorabilísimas para los Estados Unidos"*. [227]

Mientras tanto, desde el 12 de mayo, fecha en que el ministro

---

[227] Respecto a las consecuencias de una eventual entrada de Cervera en La Habana ver, Gómez Núñez, Op. Cit., pp. 117-120 de donde fue tomada la cita. También Chadwick, Op. Cit., vol. 1, pp. 64-65 ofrece criterios al respecto. Una visión de como la entrada en Santiago influenció en la decisión norteamericana de posponer la campaña en occidente, aparece en Gómez Núñez, Severo: *"La Guerra Hispano-Americana: Santiago de Cuba"*, Madrid, 1901, pp. 40-44; de allí es la cita.

de Marina, contralmirante Bermejo, enviara un mensaje a Cervera a Martinica, -y que este último no recibiera- autorizándolo a regresar a la Península, habían ocurrido acontecimientos que influirían en el destino de la escuadra. Por un lado, el Gobernador General de Cuba y Capitán General Blanco, y el de Puerto Rico, Macías, continuaban apremiando al Gobierno español para que enviara la escuadra.

Capitán de navío Ramón Auñón y Villalón.

Y por otra parte, como una consecuencia de la derrota sufrida en Manila el 1 de mayo, fue sustituído el Ministro de Marina, Bermejo, nombrándose en su lugar al capitán de navío Ramón Auñón y Villalón, -el mismo personaje que tanto se destacó en la Junta de Almirantes que había tenido lugar en Madrid, el 23 de abril, a favor de la partida de la escuadra hacia las Antillas-, siendo uno de sus primeros actos cancelar la autorización a Cervera para regresar.

Como ya hemos dicho, Cervera no sabía, al llegar a Santiago, de la mencionada autorización pero aún cuando la hubiera conocido y no la hubieran cancelado, el regreso le hubiera sido imposible. El capitán de navío Concas resume las razones: *"Era tarde; aunque hubiéramos recibido la orden, nos faltaban los indispensables carboneros, sin los que en tiempo de guerra es insensato lanzar una escuadra á la mar, como lo sería hacer salir á campaña un cuerpo de ejército sin más víveres ni cartuchos que los que llevaran las tropas en sus mochilas"*. Y concluía, *"la escuadra estaba en Santiago; había llegado milagrosamente ilesa. ¡y no cabía ya otra cosa que sufrir las consecuencias de la salida de Cabo Verde!"*. [228]

Uno de los hechos que siempre han llamado la atención de historiadores y estudiosos de las acciones navales de la guerra de 1898, lo ha sido el que la escuadra de Cervera pasara inadvertida

---

[228] Los mensajes de Blanco a Girón y de Macías a Girón, pueden verse en Cervera, Op. Cit., pp. 99-100; la orden de Auñón, cancelando la autorización para retornar, aparece en Ibídem, p. 100. La cita es de Concas, Op. Cit., pp. 105-106.

para la exploración naval norteamericana, lograra llegar a Santiago de Cuba, y que, fuera al cabo de diez días del arribo, que tuviese la Marina norteamericana la confirmación del mismo. Los hechos que llevaron a esta situación contribuyeron a una escandalosa controversia, después de la guerra, entre el almirante Sampson y el jefe de la Escuadra Volante, comodoro Winfield S. Schley, que dividió a la oficialidad naval norteamericana en "sampsonitas" y "schledianos" y hasta requirió la intervención del Presidente de la nación.

### El bombardeo a San Juan de Puerto Rico

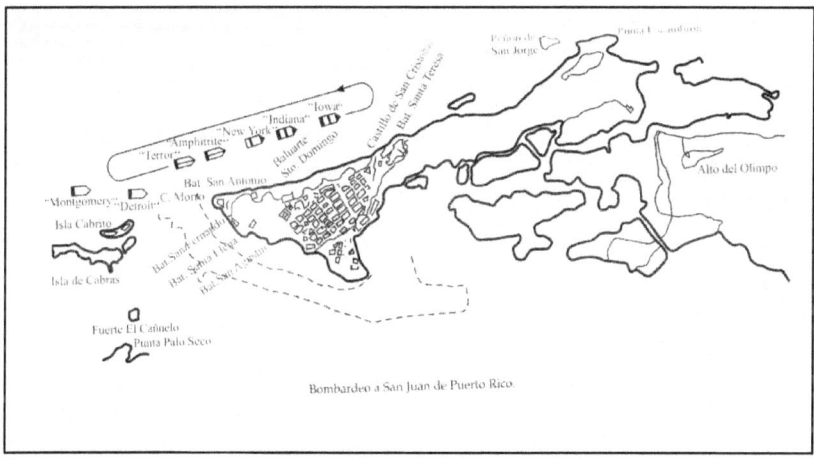

Bombardeo a San Juan de Puerto Rico.

Al mismo tiempo que Cervera estaba en Martinica indagando el paradero de las fuerzas norteamericanas, Sampson completaba su maniobra La Habana-San Juan de Puerto Rico, una travesía de unas 1 130 millas en las que invirtió ocho días. El 12 de mayo, la escuadra norteamericana - dos acorazados, dos monitores, un crucero acorazado, dos cruceros protegidos, un remolcador artillado, un torpedero y un carbonero- se presentó de madrugada, frente a San Juan y sobre las 05:10, después de haber comprobado que la escuadra de Cervera no se encontraba allí, sin ningún aviso previo, comenzó el bombardeo de las fortificaciones y de la bahía, olvidando la costumbre establecida de permitir la evacuación de la población civil de las zonas de peligro. Un testigo presencial, el capitán Angel Rivero, -quien fungía como jefe de la artillería emplazada en el castillo de San Cristóbal- relata el acontecimiento:

*"Una lluvia de proyectiles, trepidando como máquinas de ferrocarril, pasaba sobre nuestras cabezas; era una verdadera tempestad de hierro; allá en el mar, donde comenzaba a clarear el día, podían distinguirse las siluetas de los buques enemigos iluminados de tiempo en tiempo por las llamaradas de sus cañones".*[229]

Pocos minutos después de iniciado el ataque, la artillería costera respondió al fuego. Se estableció así, un desigual duelo artillero, que se prolongó más de dos horas y media. Durante el bombardeo los acorazados **"Iowa"** e **"Indiana"**, el crucero acorazado **"New York"** y los monitores **"Amphitrite"** y **"Terror"**, navegando en ese orden, describieron tres circuitos casi elípticos, de distancias entre 1 000 y 4 000 metros de la costa, en sentido contrario. Relata Rivero que:

*".... la escuadra americana maniobraba marchando con lentitud, sin dejar de hacer fuego. Cada buque navegaba paralelamente a la costa, con una velocidad aproximada de cinco millas; hacía fuego por andanadas con sus baterías de estribor, cuando rebasaba San Cristóbal, viraba hacia el norte, primero, y al oeste después, continuando el cañoneo con sus piezas de babor hasta llegar frente a la isla de Cabras, donde nuevamente ponía proa al sur y luego al este, repitiendo su primer circuito. Desde las baterías veíamos dos líneas de buques: una marchando hacia el este y otra hacia el oeste, formando entre las dos una amplia elipse, cuyo eje mayor era la distancia entre la isla de Cabras y San Cristóbal, y el menor, unas dos millas".* [230]

---

[229] Un relato de la travesía de Sampson hacia Puerto Rico en, Pratt, Fletcher: *"The Navy. A History"*, Garden City, New York, 1941, p. 369. El bombardeo a San Juan, visto desde el punto de vista del atacante está descrito en detalle en Chadwick, Op. Cit., vol. 1, pp. 225-235. La visión de los defensores en, Rivero Méndez, Angel: *"Crónica de la Guerra Hispanoamericana en Puerto Rico"*, Río Piedras, 1998(2ª ed.), p. 69. Rivero era jefe de la 3ª Compañía del 12º Batallón de Artillería, lo que aparejaba, además, el gobierno del castillo de San Cristóbal y la jefatura de todas sus baterías interiores y exteriores.
[230] Ibídem, p. 71.

Simultáneamente, el crucero "**Detroit**" se mantenía al pairo, a unos 1 500 metros del castillo del Morro, haciendo fuego contra dicho castillo y el también crucero "**Montgomery**", situado más hacia el oeste, cañoneaba el indefenso fuerte del Cañuelo.

USS *Indiana*.

La escuadra de Sampson era, para entonces, la más potente y moderna que bombardeara una plaza. El "**Indiana**" con sus piezas de 330 mm disparaba granadas de 1 500 libras de peso (las mayores conocidas hasta aquella época), algunas de las cuales fueron a caer más allá de la bahía. El bombardeo a San Juan de Puerto Rico fue quizás el más intenso de toda la guerra, el mismo duró dos horas y media haciendo la escuadra norteamericana alrededor de 1 400 disparos.[231]

La efectividad del fuego fue muy pobre. Pese al enorme gasto de municiones, los daños causados a las defensas costeras de San

---

[231] Los informes (partes de guerra) de los comandantes de los buques que participaron en el bombardeo pueden verse: *BN 98*, pp. 370-382. El informe de Sampson a Long sobre el ataque a San Juan, 18 de mayo, aparece en Ibídem, pp. 368-370. Una comparación entre el poderío artillero de la escuadra y el que podía oponerle la defensa costera de la plaza, así como un cálculo del consumo de municiones por ambos bandos aparece en Rivero, Op.Cit., pp.104-105.

Juan fueron insignificantes. Apenas un cañón fuera de servicio. Explica Rivero:

*"El autor de este libro, que ha presenciado maniobras navales (.....), afirma que jamás vió otra tan precisa, tan elegante y tan serenamente realizada como aquella de la escuadra amaricana el día 12 de mayo de 1898. Parecía un simulacro en que los buques navegaban a igual velocidad, conservando inalterables las distancias entre ellos. El fuego fue muy vivo, verdaderamente de volumen aterrador, pero el fuerte oleaje del noroeste perjudicó la puntería; los buques daban fuertes balances, y de ahí que muchos disparos cayesen cortos, otros muy largos, y los menos diesen en el blanco. Días más tarde tomé nota de un gran número de impactos, y puedo afirmar, sin grave error, que cada cien disparos 20 resultaron cortos, 60 largos y el resto tocó las baterías o cerca de ellas".*[232]

Y prosigue:

*"Hubo un error gravísimo al seleccionar los proyectiles, pues la mayor parte fueron granadas perforantes, de cabeza endurecida, y con espoletas tan defectuosas que el 80 por 100 no funcionaron. En el parque de artillería se abrieron muchas granadas, y de ellas un número regular no tenía carga interior, y en otras era incompleta. Si en vez de proyectiles perforantes, que debieron ser reservados para la escuadra de Cervera, hubieran usado granadas ordinarias con espoleta de percusión y "shrapnels", con espoletas de tiempo, otro hubiese sido el resultado".* [233]

La mayoría de los proyectiles disparados por la escuadra norteamericana fueron a dar a la bahía, donde levantaban grandes columnas de agua; un proyectil alcanzó al crucero auxiliar español **"Alfonso XIII"**, otro al buque de guerra francés **"Amiral Rigault"**, que se encontraba de visita, dañándole un mástil y la chimenea. En la ciudad cayeron numerosos proyectiles. [234]

En cuanto a las bajas, fueron escasas, si se tiene en cuenta lo sorpresivo del ataque, la intensidad del fuego, la duración del

---

[232] Ibídem, p. 97.
[233] Ibídem.
[234] Ibídem, p. 94.

mismo y la cantidad de cañones empleados por los atacantes. El personal militar tuvo dos muertos y 34 heridos. En la población civil se registraron cuatro muertos y 16 heridos. O sea, en total hubo seis muertos y 50 heridos como consecuencia del bombardeo.[235]

Respecto al comportamiento de la defensa costera, ya vimos como a escasos minutos de haber comenzado por sorpresa el ataque el mismo fue ripostado. Dada la situación de los buques estadounidenses y el alcance de la artillería española, sólo participaron en el desigual combate 28 de las piezas de la plaza, de las cuales 20 eran cañones de 150 mm y los restantes obuses de 240 mm y 210 mm, de avancarga estos últimos.

En la foto se aprecian andamios en la entrada principal de esta iglesia levantados para reparar los danos sufridos por los impactos de los proyectiles dirigidos hacia San Juan por a la vieja ciudad por la escuadra naval estadounidense.

En total la artillería de la plaza efectuó 441 disparos. El fuego de los defensores alcanzó al crucero acorazado "**New York**" donde un proyectil de 150 mm mató a un marinero e hirió a cuatro causando además averías menores. También el acorazado

---

[235] Ibídem, p. 108.

"Iowa" fue alcanzado por una granada que causó tres heridos.[236]

Mucho más importante que los daños materiales, fue el efecto psicológico que tuvo el bombardeo en la población del país y en la moral combativa de los defensores. De primera intención, el hecho de que la escuadra norteamericana se retirara, con rumbo noroeste, inmediatamente después de cesar el bombardeo fue presentado por las autoridades españolas como una señal de que el enemigo había sido rechazado en su intento de desmantelar las defensas de San Juan.

Esta opinión tomó carácter oficial -nos explica el notable historiador puertorriqueño Carmelo Rosario Natal-, cuando el Gobernador y Capitán General, Macías, anunció en *"La Gaceta"* que, *"... la escuadra norteamericana se vió obligada a confesar su impotencia retirándose"*, y que *"el honor de haber alcanzado éxito tal será seguramente el mejor galardón para los defensores de Puerto Rico"*. *"La noticia* -continúa Rosario Natal-, *repercutió en España, y de todos los ámbitos de la península llegaron frases de extremo elogio sobre el valor, el honor y la lealtad puertorriqueños".*[237]

Pero esta euforia y la sensación de victoria de algunos sectores se desvanecería rápidamente. Lo cierto es que el pánico se había apoderado de gran parte de la población. Al producirse el ataque en la madrugada del 12 de mayo, se había escenificado un confuso éxodo de la capital. Narra Rivero:

*"al empezar el bombardeo muchos pacíficos habitantes de San Juan corrieron hacia las afueras de la ciudad; el espectáculo, visto desde lo alto de San Cristóbal, era doloroso: ancianos, enfermos, cojos con sus muletas, ciegos a tientas y sin lazarillos, madres con sus hijos de las manos y en brazos de los más pequeños, todos huían en abigarrado tropel, como un rebaño que se desbanda..."*[238]

El pánico tendría efectos permanentes y el éxodo de la capital puertorriqueña continuaría. Tres días después del bombardeo, el 15 de mayo, Rivero registraba en su diario:

---

[236] Informe de Sampson a Long en *BN 98*, pp. 368-370.
[237] Rosario Natal, Carmelo: *"Puerto Rico y la crisis de la Guerra Hispanoamericana"*, Puerto Rico, 1989, pp. 184-185.
[238] Rivero, Op. Cit., pp. 90-91.

*"El temor se inicia en todos los habitantes de San Juan. La vista de los grandes proyectiles, que se encuentran por todas partes, ha sobrecogido a los más esforzados. Desde mi castillo diviso, hacia Santurce, una larga fila de carros, coches y gente a pie: son los que se marchan..."*

Bombardeo al Castillo San Felipe del Morro en San Juan, Puerto Rico.

Y el día 18 anota:

*"Sigue la desbandada, casi todas las casas de la población están cerradas....".* [239]

El bombardeo a San Juan suscitó, desde el primer momento, severas críticas de los analistas militares. El capitán de navío Jacobsen de la Marina de Guerra alemana, razonaba:

*"La sorpresa pudo haber sido una ventaja para el almirante Sampson sólo en el caso de que hubiera tenido la intención de forzar la bahía (...) si se trataba de una simple cuestión de reconocimiento, se pudo haber ofrecido un plazo de dos o tres horas*

---

[239] Rivero, Op. Cit., pp. 543, 546.

*sin perjudicar de manera alguna los resultados del bombardeo".*[240]

Otro analista, que gozaba de mucho prestigio en la época, el británico, H. W. Wilson, afirmaba que,

*"El bombardeo fue un error (....). La retirada de la escuadra estadounidense sin señal alguna de éxito produjo la impresión de que la misma había tenido un severo contratiempo. El gasto de municiones fue considerable, y en vista de la posible proximidad de la escuadra de Cervera pudo haber tenido resultados desagradables.."*[241]

**¿Que explicación dio Sampson a su proceder?**
En un informe enviado al secretario de Marina, el 18 de mayo, decía el contralmirante:

*".... Al aproximarnos a dicho puerto observamos que ninguno de los buques españoles estaba dentro de él; de aquí surgió la duda de si habían llegado antes, partiendo más tarde con rumbo desconocido, o si no habían llegado aún. Como su captura era el objeto de la expedición y era muy esencial que no se corriese hacia el oeste, determiné atacar las baterías que defendían el puerto, para conocer su fuerza y posiciones, y entonces, sin esperar la rendición de la ciudad ni sujetarla a un bombardeo regular -lo cual hubiera requerido aviso previo-, volver al oeste".* [242]

Estas razones de Sampson resultan pueriles desde el punto de vista militar. Los argumentos del contralmirante norteamericano resultan inadmisibles si se hace un análisis ponderado. Siendo su único objetivo la localización e intercepción de la escuadra de Cervera, cuyo paradero desconocía y con la cual -tenía que presumirlo-, era probable que se encontrara en cualquier momento, carecía de sentido, atacar por sorpresa una plaza fortificada consumiendo en ello buena parte de sus municiones sólo "para conocer la fuerza y posiciones de las baterías". Además,

---

[240] Jacobsen: *"Sketches from the Spanish-American War by Commander J...."*, Washington, 1899, pp. 13-14.
[241] Wilson, H. W.: *"Battleship in Action"*, Londres, S/F, vol. 1, p. 130.
[242] BN 98, pp. 368-370.

Sampson tenía que contar, necesariamente, con información fideligna, sobre las posibilidades de las defensas de San Juan de Puerto Rico.

Irritado Sampson por las críticas que siguió recibiendo, aún después de terminada la guerra, por su aventurera incursión ante el litoral de la capital puertorriqueña, escribiría, con ánimo de justificación:

*"Respecto a la acusación de que yo bombardeé a los no combatientes en San Juan, debo contestar que ni una sola vez nuestros cañones fueron dirigidos hacia la ciudad, y que todo daño que esta sufriera fue incidental. Sin embargo, aunque las modernas prácticas de la guerra requieren previo aviso a los no combatientes, esto se refiere únicamente a ciudades no defendidas y no donde tales defensas estén situadas de modo tal que no puedan ser atacadas por un enemigo sin hacer daño a la población..."* [243]

Cañones de 13" (33 cm) del *Indiana*.

---

[243] Sampson, William T.: **"The Atlantic Fleet in the Spanish War"** en *"Century Magazine"*, V. 57, N° 16, Abril 1899, pp. 886-913; citado en Rivero, Op.Cit., p. 103.

Resulta válido recordar aquí que Sampson era un ferviente partidario del bombardeo a las posiciones costeras. Así, un antecedente cercano al bombardeo a San Juan podemos encontrarlo en los planes de bombardeo a La Habana que elaboró aún antes de que se estableciera el bloqueo de la misma a pesar de que el secretario de Marina le había prevenido de no hacerlo. Debemos recordar, además, que este mismo jefe naval norteamericano bombardeó el 27 de abril varios puntos de la bahía de Matanzas.

Esta tendencia en su conducta había llevado al secretario Long a advertirle reiteradamente que no expusiera sus buques a los fuegos de las baterías costeras.

**¿Qué logró, desde el punto de vista militar, la expedición y bombardeo de San Juan de Puerto Rico?**

La mayoría de los que han analizado este movimiento y acción coinciden en señalar dos resultados. En primer lugar, se tuvo la certeza de que Cervera no estaba en Puerto Rico. En segundo lugar, fue un entrenamiento de tiro real contra un enemigo también real, aunque éste estaba en condiciones muy desventajosas y era mucho más débil. Para algunos, con una perspectiva más lejana, la acción de San Juan fue uno de los factores del proceso que condujo a Cervera a Santiago de Cuba. Con todo, el secretario Long era del criterio de que los resultados no justificaban los riesgos. *"Tengo la impresión de que fue un error"*, diría en sus memorias.

General Manuel Macías y Casado (1845-1937), Gobernador-General de Puerto Rico durante la Guerra.

La expedición a San Juan, como ya se ha mencionado, también recibió muchas críticas desde el punto de vista estratégico, pues al ir mucho más al este que el Paso de los Vientos, Sampson se alejó de La Habana y de Cienfuegos y, en el caso de que Cervera se hubiera dirigido a uno de estos puertos directamente, pudo haber recalado allí antes de que Sampson se lo impidiera.[244]

Después del bombardeo del 12 de mayo se vivieron en Puerto Rico días de tensa calma. El gobernador informaba al ministro de la Guerra que había *"completa tranquilidad en toda la isla"*. Todo un conjunto de acontecimientos alejó de momento, la guerra del escenario puertorriqueño pero, simultáneamente se apoderaba de los habitantes de la Pequeña Antilla la sensación de que España los abandonaba. [245]

### Continúa la búsqueda de Cervera

Después del bombardeo a San Juan, la escuadra de Sampson puso proa al oeste en demanda de Cabo Haitiano, en la costa norte de Haití, donde el 16 de mayo recibió informaciones sobre la presencia de la escuadra española en Curaçao el día 14, así como órdenes del Departamento de Marina de que regresara con urgencia a Key West. Sampson arribó a dicha base el 18 de mayo a las 4:00 de la tarde. [246]

Mientras todo esto ocurría, el Departamento de Marina, por sugerencia de la Junta de Guerra Naval, había tomado medidas activas para determinar el paradero de la escuadra de Cervera, y maniobraba con la Escuadra Volante del comodoro Schley para un posible encuentro con los españoles. De acuerdo con esto, se le ordenó a Schley situarse en un punto frente a Charleston desde donde podría bien ir a reforzar a Sampson si esto fuera necesario, o reforzar el bloqueo de Cuba, en dependencia de las decisiones de Cervera. Al propio tiempo, el Departamento movía sus unidades de exploración en una afanosa búsqueda de la escuadra española. Después que Cervera fuera visto en Martinica, el crucero protegido **"Minneapolis"** y el crucero auxiliar **"St. Paul"** fueron enviados al Paso de los Vientos para asegurar que el enemigo no se deslizara inadvertido a través del mismo en dirección a La Habana.

Cuando se supo que Cervera había llegado a Curaçao se decidió que ambos buques, junto al **"Harvard"** -otro crucero auxiliar de rápido andar- se dirigieran al Golfo de Venezuela, para detec-

---

[244] Trask, Op. Cit., p. 119.
[245] Rosario Natal, Op. Cit., p. 189.
[246] *BN 98*, pp. 384, 387.

tar cualquier movimiento en esa región. Sin embargo, estas órdenes fueron suspendidas cuando Sampson, al conocer de los movimientos de Cervera, dispuso que los cruceros auxiliares "**Yale**" y "**St. Paul**" cubrieran el Paso de los Vientos entre Cuba y Haití mientras el "**Harvard**" era destinado al Paso de la Mona entre Santo Domingo y Puerto Rico.

El USS *Harvard*.

Pero este ordenamiento sufrió también modificaciones: el "**St. Paul**" y el "**Yale**" se dirigieron a Cabo Haitiano para esperar órdenes mientras el crucero-dinamitero "**Vesuvius**" y el crucero protegido "**Cincinnati**" cubrían el Canal de Yucatán. Este esquema de colocación de los buques de exploración tenía por objetivo vigilar los posibles accesos a La Habana donde estaba concentrada la escuadra bloqueadora. Sin embargo, no obtuvo resultado alguno pues Cervera se dirigió directamente a Santiago de Cuba y no atravesó ninguno de los tres pasos sujetos a observación. [247]

El 17 de mayo, un día antes de que Schley y Sampson arribaran a Key West, el Departamento de Marina decidió una nueva disposición de sus unidades en torno a Cuba. De acuerdo con la

---

[247] Respecto a las medidas de exploración, véanse los mensajes de Long al "**Minneapolis**" y de Long al "**St. Paul**" del 13 de mayo de 1898 en *BN 98*, p. 386; Long a Sampson del 14 de mayo en Ibídem, p.388; Long a Sampson del 16 de mayo en Ibídem, pp. 390-392; y Sampson a Long, 16 de mayo en Ibídem, p. 392.

apreciación de la situación que tenía el Departamento, se determinó fortalecer el bloqueo del puerto de Cienfuegos, situado en la costa sur y con conexión por ferrocarril con La Habana, toda vez que se consideraba que era el más probable punto de recalada de Cervera. Para cumplir la misión de reforzar el bloqueo allí, se designó la Escuadra Volante del comodoro Schley, la cual podía cubrir además el Canal de Yucatán. El Almirante Sampson fue autorizado para preparar operaciones tanto en La Habana como en Cienfuegos, e inclusive para modificar detalles del plan. El Secretario Long resumió las razones para esa disposición: *"Con Sampson frente a La Habana y Schley en Cienfuegos, los acorazados norteamericanos debían ocupar una posición tal que, desde la misma, pudieran emplearse lo mismo para golpear en defensa de nuestro propio bloqueo y la costa, o en una maniobra ofensiva combinados o separados, contra la escuadra enemiga".* [248]

Después de su arribada a Key West el 18 de mayo, Sampson conferenció con Schley a bordo del crucero **"New York"** y dispuso el traslado de la Escuadra Volante para Cienfuegos. Esta fuerza tendría en su composición al mejor de los buques disponibles, el acorazado **"Iowa"**, junto al **"Massachusetts"** y **"Brooklyn"**. Además se le agregaron varios buques de menor porte para contrarrestar a los destructores de torpederos de Cervera, y también para asegurar unas comunicaciones efectivas con el mando.

En la reunión, según declaró mucho después Schley, Sampson le dió instrucciones de no arriesgar sus buques contra las fortificaciones hasta después de que ocurriera el encuentro con los buques españoles. Se consideraba que la escuadra de Cervera estaba en algún lugar del Golfo de Venezuela, dirigiéndose a Cienfuegos, y no se mencionó a Curaçao. [249]

La mencionada reunión del 18 de mayo inició una serie de hechos que indujo a serias desavenencias entre Sampson y Schley durante la guerra, y a una escandalosa controversia pública después de su conclusión. De acuerdo con la mayoría de los cronistas de la época, estos dos hombres eran de personalidades muy diferentes. Schley era muy expansivo y propenso a buscar la atención del público, mientras que Sampson era reservado y esquivo

---

[248] Trask, Op. cit., 120-121.
[249] Respecto a la reunión del 18 de mayo ver Chadwick Op. Cit. V. 1, pp. 248-249.

a la aclamación pública. Pero había una razón aún más fuerte para la animadversión entre ellos.

En vísperas de la guerra, Sampson era capitán de navío y ocupaba el cuarto lugar del escalafón entre los de su grado, y tenía por delante de él, además, a 10 comodoros, el primero de los cuales era Schley y, como ya vimos, se le había dado a Sampson el mando de la Escuadra del Atlántico Norte (y más adelante de la Estación del Atlántico Norte completa) y designado contralmirante en funciones, pasando por encima de los 13 oficiales que tenía por delante en el escalafón, entre ellos el propio Schley, quien además le fue subordinado. Y esto Schley no lo olvidaba.

Fuerte español en Cienfuegos y la guarnición.

Tanto Sampson como Schley, cada uno con sus características

y particularidades individuales, eran típicos oficiales de la Marina norteamericana en un momento histórico en que la misma era el instrumento predilecto del expansionismo imperialista.

El mismo día 19 de mayo, en que Cervera arribaba a Santiago de Cuba, sin haber sido detectado por la exploración naval norteamericana, Schley salía rumbo a Cienfuegos con su poderosa Escuadra Volante. Pese al fracaso de los cruceros auxiliares en la localización de los buques españoles, otra fuente de inteligencia proporcionó a los norteamericana la información de su llegada a Santiago casi inmediatamente.

Desde antes de la guerra, la inteligencia norteamericana había montado una red de agentes en La Habana, uno de los cuales, Domingo Villaverde, tenía acceso al Palacio del Capitán General, en su calidad de operador de telégrafo de una compañía norteamericana que tenía oficinas en Key West, la International Ocean Telegraph Company, una subsidiaria de la Western Union Telegraph Company.

La International Ocean poseía varias conexiones de cable con La Habana. Cuando el jefe de la compañía en Key West, Martin L. Hellings, recibía mensajes secretos de Villaverde, los retrasmitía inmediatamente a un telegrafista en la Casa Blanca, Benjamin Montgomery, quien los hacía llegar directamente al presidente Mckinley.

El General Thomas Thompson Eckert (1825-1910) era un oficial del Ejército estadounidense, Jefe del personal de Telegrafía del Departamento de la Guerra (1862-1867) y secretario asistente de ese departamento (1865-1867) fue un ejecutivo importante de la Western Union. [N. del E.].

El presidente de la *Western Union*, Thomas Eckert, estaba al tanto de esas operaciones. Cuando comenzó la guerra, Eckert transfirió la oficina de Key West al Cuerpo de Señales del Ejército, y tanto Hellings como Montgomery pasaron a prestar servicio en ese Cuerpo. Para garantizar un alto grado de seguridad, la existencia de la red Habana-Key West fue muy compartimentada; ni siquiera el secretario de Guerra de los Estados Unidos, Russell A. Alger, conocía de su existencia.[250]

De esa manera, la información del arribo de la escuadra española a Santiago de Cuba, llegó a la Casa Blanca muy rápidamente. El 18 de mayo Villaverde informó que Cervera era esperado muy pronto, y el 19 de mayo vio mensajes de Cervera dirigidos al Capitán General Ramón Blanco reportando su recalada en Santiago.

El agente rápidamente trasmitió su información a Key West y el mensaje fue retrasmitido a Montgomery en la Casa Blanca. Esta información llegó también a la presidencia de la *Western Union* en New York, desde donde Eckert inmediatamente la notificó al Departamento de Guerra.[251]

En la estación de telégrafos de Cayo Hueso (foto del personal en la época), su gerente, Martin Hellings, actuaba como agente de inteligencia para el gobierno estadounidense, obteniendo y trasmitiendo información de un espía en La Habana, del cual postreriormente se supo se trataba del telegrafista Domingo Villaverde quien entonces trabajaba en el Palacio del Gobernador General español de la isla. [N. del E.]

---

[250] Sobre la red de inteligencia La Habana-Key West, hay una completa descripción de la misma en O'Toole, G.J.A.:*"The Spanish-American War"*, New York, 1984, pp. 207-209.
[251] Ibídem, pp. 212-214.

El secreto que rodeaba a la red de inteligencia Habana-Key West contribuyó a que hubiera demora en aceptar su veracidad, pero muy pronto el Departamento de Marina primero y el almirante Sampson algo después, decidieron que era cierta. Comenzaron entonces a emitirse órdenes para no dejar salir a Cervera de la bahía santiaguera.[252]

Una vez que Sampson se persuadió de que las informaciones sobre Santiago de Cuba era probablemente correctas, comenzó a tomar medidas. Envió órdenes a Schley: *"La escuadra española probablemente en Santiago de Cuba -4 buques y 3 destructores de torpederos-. Si Ud. está convencido de que no están en Cienfuegos, proceda con toda prontitud, pero con cautela, hacia Santiago de Cuba, y si el enemigo está allí, bloquéenlo en puerto"*. Sampson envió al yate artillado **"Hawk"** con el mensaje, calculando que el mismo llegaría a Schley aproximadamente a las 0200 hs. del 23; pero sucedió que el yate llegó a Cienfuegos a las 0730, frustrándose la intención de Sampson de que Schley llegara a Santiago el 24.

Ilustración de la revista Leslie's Weekly, los Contralmirantes George Dewey, W.T. Sampson y W.S. Schley.

---

[252] Trask, Op. cit., p. 122.

En el memorándum adjunto al mensaje, Sampson le informaba a Schley que él iba a desplazarse hacia un punto situado frente a Cayo Francés, en el Canal Viejo de Bahamas, de manera de poder interceptar a la escuadra española por si la misma intentaba llegar a La Habana por esa ruta. El almirante salió para su destino el 23, llevando consigo al acorazado "**Indiana**", el crucero acorazado "**New York**" y seis buques menores. Su propósito era no avanzar demasiado hacia el este para poder retornar rápidamente a La Habana si Cervera intentaba llegar a ella por el oeste, vía Canal de Yucatán. Si como suponía Schley estaba en ruta a Santiago de Cuba, cabía la posibilidad de que la escuadra española navegando hacia el oeste se cruzara con él, sin ser vista, y alcanzara el Canal de Yucatán. [253]

Sin embargo, Schley no salió de Cienfuegos cuando recibió las órdenes de Sampson, debido, según diría después, a que seguía considerando que Cervera podía encontrarse allí. Por lo tanto se mantuvo donde estaba, reabasteciendo de carbón sus buques y continuando la observación pues se había autoconvencido de que la escuadra española, si no estaba ya en Cienfuegos, se dirigía hacia allí o hacia La Habana y así lo expresó en sus mensajes a Sampson del 23 de mayo. Yendo aún más en su equivocación, el comodoro no prestó atención a unas enigmáticas luces que se veian de noche en la costa.

Capitán de navío Robley Evans.

El capitán de navío Robley Evans, comandante del acorazado "**Iowa**", también notó la señal. El conocía que se habían hecho coordinaciones de comunicación con fuerzas del Ejército Libertador Cubano pero no sabía como responder a las señales y además no actuó, pensando

---

[253] Las razones por las cuales Sampson aceptó finalmente la posibilidad de que Cervera estaba en Santiago son expuestas en Chadwick, Op. Cit., vol. 1, p. 271. es muy probable que el Departamento de Marina no informara detalles de cómo supo de los movimientos de Cervera para proteger su fuente de información. Con respecto a las órdenes a Schley sobre su posible traslado a Santiago, véase el mensaje de Sampson a Schley del 21 de mayo de 1898 en *BN 98*, p. 466 y el memorándum adjunto en Ibídem. Respecto al movimiento de Sampson hacia el este, véase el informe de Sampson del 3 de agosto de 1898 en *BN 98*, p. 470.

que el jefe de la Escuadra Volante sabría lo que tenía que hacer.

El capitán de fragata Bowman McCalla, comandante del crucero "**Marblehead**", había estado anteriormente frente a Cienfuegos y establecido contacto con los insurrectos cubanos, coordinando con ellos un sistema de señales que se colocarían, a unas 13 millas al oeste de la boca de la bahía de Cienfuegos.

Cuando McCalla regresó, el 24 de mayo, se enteró de que Schley pensaba que Cervera estaba en esa bahía, por lo que pidió autorización para conocer el significado de las señales. Obtenido el permiso McCalla, entró en contacto con los cubanos, a quienes entregó algunos suministros, y supo por ellos que la escuadra de Cervera no estaba en Cienfuegos, noticia que trasmitió inmediatamente a Schley.

Capitán de fragata Bowman McCalla.

Esa tarde, a las 7:45 p.m. la Escuadra Volante partió al fin de Cienfuegos rumbo a Santiago de Cuba, más de dos días después de la fecha en que debió hacerlo. [254]

Sampson no supo de la demora de Schley en Cienfuegos hasta las 9:30 p.m. del 26 de mayo; entre tanto, el Departamento se había convencido de que Cervera estaba en Santiago de Cuba. En eso, el capitán de navío Charles D. Sigsbee (el mismo que fuera comandante del "**Maine**"), ahora al mando del crucero auxiliar "**St. Paul**", frente a Santiago, capturó al carbonero "**Restormel**" -el mismísimo barco enviado desde San Juan para Curaçao con el preciado combustible para los buques de Cervera-. Este hecho

---

[254] Los pormenores del bloqueo a Cienfuegos por la escuadra de Schley son tratados en Parker, Op. Cit., pp. 76-110. Los mensajes de Schley a Sampson del 23 de mayo están en Ibídem, pp. 103-105. El informe de Schley al secretario Long sobre sus actividades desde el 22 al 30 de mayo, aparece en *BN 98*, pp. 402-404. En el mismo se consigna que McCalla suministró a los insurrectos cubanos municiones, ropas y dinamita. En Parker, Op. Cit., p. 79, se explica el código de señales convenido por McCalla con los patriotas cubanos. Consistía *"en colocar tres luces horizontales por la noche o tres caballos en línea en la playa, por el día"*, si querían comunicar algo a los norteamericanos. McCalla declaró después no haber informado a Schley de la existencia de este código cuando se cruzó con él días antes, pues no conocía, entonces, que iba a bloquear Cienfuegos y no quería, por razones de seguridad, darle publicidad a su convenio con los cubanos.

fue una confirmación del informe sobre la presencia de la escuadra en Santiago. Resulta sorprendente que ninguno de los buques norteamericanos, estacionados frente a la boca de la bahía de Santiago, estableciera la presencia de la escuadra española. El "**Yale**" reconoció el área el día 21; ese mismo día arribó el "**St. Paul**"; y dos buques de andar muy rápido, el "**Harvard**" y el "**Minneapolis**", llegaron frente a Santiago el 23 de mayo. El "**Harvard**" salió al día siguiente hacia Mole de San Nicolás, en Haití, con mensajes para Schley, pero los otros buques permanecieron allí aún inconscientes de que su presa estaba ya encerrada. [255]

El día 26 de mayo Schley llegó a las aguas frente a Santiago de Cuba sólo que... para partir casi inmediatamente. Los buques norteamericanos que ya se encontraban frente a la boca de la bahía -el "**Yale**", "**St. Paul**" y "**Minneapolis**"- al avistar a la Escuadra Volante que se acercaba, fueron a su encuentro, dejando libre la bahía desde las 6:00 p.m. del día 26 hasta las 5:00 p.m. del día siguiente, cuando el "**St. Paul**" retornó. La tardía llegada de Schley se debió a que este ajustó la velocidad de su destacamento a la de su buque más lento, un carbonero, que era de unos 7 nudos, por lo que el movimiento desde Cienfuegos demoró 48 horas.

Después de estar unas pocas horas frente a Santiago, sin hacer el menor esfuerzo por reconocer la bahía ya que siempre se mantuvo a más de 20 millas de la costa, el comodoro dio la siguiente orden a los buques de su escuadra: *"Destino Key West vía sur de Cuba y Canal de Yucatán tan pronto la escuadra esté lista. Velocidad 9 nudos"*. Respecto a esto, Schley explicó que la fuerte marejada prevaleciente en la costa sur de Cuba le impedía reabastecer de carbón sus buques, por lo que decidió regresar a Key West.

Esta decisión dejó estupefactos a sus subordinados, en primer lugar a los comandantes de sus buques. Pero las sorpresas no habían terminado: Después de estar navegando hacia el oeste

---

[255] La información de los movimientos de Sampson aparecen en Chadwick, Op. Cit., vol. 1, p. 285. Acerca de la captura del **"Restormel"**, véase el informe de Sigsbee a Long, del 25 de mayo, en Ibídem, pp. 410-412. En relación con los buques situados frente a Santiago de Cuba entre el 21 y 26 de mayo, ver informe de Cotton a Long en *BN 98*, p. 395.

durante todo un día, Schley ordenó a su escuadra parar máquinas a eso de las 7:30 p.m. del 27 de mayo, manteniéndose al pairo hasta la 1:00 p.m. del día siguiente (¡**17 horas!**).

Tras ese lapso de indecisión, considerando que la marejada había amainado, y que sus buques podían ya hacer carbón, Schley ordenó regresar a Santiago. La extraña conducta del jefe de la Escuadra Volante extendió a cuatro días su tardanza respecto al momento calculado por Sampson en que debió producirse su recalada a Santiago, y el comodoro todavía no estaba donde se suponía que estuviera. Por lo visto, Schley distaba bastante de ser un ejemplo de militar; se le hacía difícil subordinarse y cumplir las órdenes de Sampson. [256]

El USS *Yale* en aguas cubanas.

El impredecible comportamiento de la Escuadra Volante producía en el Departamento de Marina un alto grado de ansiedad.

---

[256] La explicación que dio Schley respecto a su tardanza en llegar a Santiago y su decisión de retornar a Key West puede verse en su informe a Long del 30 de mayo que aparece en *BN 98*, pp. 403-404. Respecto a las dificultades para carbonear, ver mensajes de Schley a Long del 25 de mayo, en Ibídem, p. 395 y del 28 de mayo, en Ibídem, p. 397. La travesía Cienfuegos y los hechos posteriores son tratados, con tono justificativo, en Parker, Op. Cit., 111-131; también, pero con un tono completamente diferente: Maclay, Op.Cit., pp. 293-300.

El 27 de mayo, Long le enviaba a Schley un mensaje en el que subrayaba que la *"cosa de mayor urgencia absoluta"* era confirmar si Cervera estaba o no en Santiago y le anunciaba que, si así era, había una expedición de 10 mil hombres que sería enviada para apoyar a la Marina. Le informaba además que Sampson escoltaría un convoy de transportes de tropas a Santiago de Cuba, probablemente a través del Paso de los Vientos, y finalizaba en un tono tajante: *"No debe permitirse escapar a Cervera"*.[257]

El deseo del Departamento de Marina de bloquear a Cervera en Santiago de Cuba partía de su concepción de que esta aseguraría el objetivo principal de la campaña en las Antillas: **lograr el dominio del mar**. Una vez logrado éste y eliminado todo peligro naval en el área, las fuerzas norteamericanas podían operar con toda libertad, tanto en Cuba como en Puerto Rico.

Al día siguiente, 28 de mayo, el secretario Long le envió otro mensaje a Schley en el que le recalcaba, una vez más, que se mantuviera en Santiago, y le preguntaba sobre sus posibilidades de ocupar la bahía de Guantánamo para emplearla como estación carbonera.[258]

Ametralladora de 37 mm montada en el *Hist*.

Durante ese mismo período, el contralmirante Sampson hacía también esfuerzos para que Schley se dirigiera a Santiago y permaneciera allí. El 27 de mayo, le envió un mensaje con el yate artillado "**Wasp**", dándole numerosos indicios de que la escuadra española estaba en Santiago. *"Ud., por favor, se dirigirá a la mayor brevedad posible a Santiago para bloquear ese puerto. Si al arribar allí, recibe información positiva de que los buques españoles han salido los seguirá en*

---

[257] Véase mensaje de Long a la Oficina del Cable en Môle de San Nicolás, Haití, del 27 de mayo de 1898, en *BN 98*, p. 397.
[258] Mensaje de Long al **"Harvard"** (en Kingston) para Schley, del 28 de mayo de 1898, en *BN 98*, pp. 397-398.

*persecución".*

Lo mismo que el Secretario de Marina, Sampson había perdido confianza en el jefe de la Escuadra Volante; quizás también decidió hacer uso de la ventaja que le daba un mensaje del Departamento que, específicamente, ponía a la Escuadra Volante bajo sus órdenes, aclarando cualquier ambigüedad que pudiera haber existido.

A través del comandante del crucero protegido **"New Orleans"**, Sampson envió a Schley una orden tajante de que *"mantuviera el bloqueo de Santiago bajo toda circunstancia, considerando que los buques españoles están en ese puerto"*. Tan pronto regresó a Key West, el día 28 de mayo, el almirante le cablegrafió a Schley, vía Mole de San Nicolás, reiterándole las órdenes que le había enviado. Sampson estaba sumamente presionado por el gobierno que quería enviar la expedición de 10 mil soldados ya mencionada para que desembarcara cerca de Santiago, tan pronto se comprobara la presencia allí de laescuadra de Cervera.[259]

El *Infanta María Teresa* e São Vicente (islas de Cabo Verde, Africa), Abril. 1898.

Mientras tenían lugar todos esos hechos, el comodoro Schley se

---

[259] Véanse los mensajes de Sampson a Schley del 27 de mayo en BN 98, pp. 475-476; Sampson informó de sus actos a Long en un mensaje del 28 de mayo, ver Ibídem, p. 398. La orden mediante la cual Schley quedaba subordinado a Sampson está en Ibídem, p. 394.

dirigió finalmente a Santiago para bloquearlo. Después de recibir información del crucero "St. Paul" que le hizo pensar que Sampson se encaminaba hacia Santiago puso rumbo a este puerto, frente al cual llegó en la noche del 28 de mayo. A la mañana siguiente, el acorazado "Massachusetts" avistó a un buque de guerra español cerca de la boca de la bahía.

En su informe del 29 de mayo al Departamento de Marina, Schley menciona la presencia del **"Cristóbal Colón"**, el **"Infanta María Teresa"** y los destructores, y consideraba que los otros cruceros acorazados estaban también en puerto aunque no había podido observarlos; se quejaba a continuación de falta de carbón y pedía, si no se producía un encuentro en dos o tres días, ser relevado para poder carbonear, bien en Gonaive o Port-au-Prince, Haití. El historiador David F. Trask, al razonar sobre la conducta de Schley, concluye: *"Con toda probabilidad el Departamento de Marina y el Presidente no procedieron inmediatamente contra Schley porque querian evitar las dificultades políticas que podían derivarse de someter a una corte marcial a un famoso y admirado oficial durante una situación de emergencia nacional".* [260]

Pero al parecer no satisfecho aún con lo que había hecho, Schley cometió otro error al comienzo del bloqueo a Santiago, cuando perdió la oportunidad de atacar al **"Cristóbal Colón"** que, inexplicablemente, incumpliendo las más elementales normas de seguridad, se encontraba fondeado cerca de la boca de la bahía y que, con um movimiento de Schley, pudo haber caído bajo su fuego. Después de pasados dos días, Schley se decidió a aproximarse a la entrada con los acorazados **"Iowa"** y **"Massachusetts"** y el crucero **"New Orleans"**.

Los atacantes se acercaron a una distancia aproximada de 7000 yardas (6 400 m) a las 2:00 p.m. del 31 de mayo, e hicieron fuego durante unos 10 minutos contra el **"Colón"** y las baterías de la entrada del puerto. El buque español y las baterías costeras devolvieron el fuego hasta eso de las 3:00 p.m., pero ninguna de las partes se anotó impactos en la otra.

---

[260] El retorno de Schley a Santiago de Cuba, el 28 de mayo, es tratado en Chadwick, Op. Cit., vol. 1, pp. 327-328; también en Millis, Op. Cit., pp. 235-236. El primer informe del bloqueo a Santiago es el mensaje de Schley a Long, del 29 de mayo, que está en BN 98, p. 400. La cita es de Trask, Op. Cit., p. 128.

En su parte sobre esta acción, el primero de una serie de bombardeos que tuvieron lugar durante el bloqueo a Santiago de Cuba, Schley decía que él había "*revelado el hecho de que los buques españoles están en la bahía y de que las fortificaciones están bien provistas de cañones de largo alcance y gran calibre*". Esta declaración muestra su indecisión y timidez. Su breve esfuerzo no puso en peligro al "**Colón**", que era sin dudas un blanco apetecible.

Es cierto que Schley tenía órdenes de no arriesgar sus acorazados al fuego de las baterías costeras sin una buena razón para ello, pero él estaba autorizado a realizar acciones con una causa razonable; si hubiera actuado con rápidez y decisión para sorprender al buque español -que como se recordará carecía de su artillería principal- hubiera podido anotarse un éxito brillante, pero al actuar como lo hizo, el único resultado que obtuvo fue que Cervera ordenó al "**Colón**" dejar su vulnerable fondeadero y colocó en su lugar al "**Vizcaya**" suficientemente cerca de la entrada como para frustrar cualquier ataque sorpresivo. [261]

La escuadra española perdió varias oportunidades de salir de Santiago de Cuba sin ser observada. Se puede decir que si Schley se libró de una severa sanción fue debido a que Cervera no intentó cambiar de puerto antes de que la escuadra norteamericana pudiese bloquear Santiago. Desde la llegada de la escuadra española se hizo patente que no había allí el carbón y los suministros necesarios para un largo viaje de los buques. El capitán de navío Concas escribió con amargura: "*Nada puede haber comparable con el desastroso estado de Santiago el día de nuestra llegada; y entre lo más desastroso debía contarse con la estupenda ignorancia de los españoles allí residentes, que no se daban cuenta, ni en poco ni en mucho, de cual era la verdadera situación*".

Y explica a continuación:

"*Santiago de Cuba, a pesar de ser la segunda capital de la isla, no tenía más comunicación que la precisa a su zona de cultivo, y de allí, una vereda que conducía a Manzanillo, otra a Holguín y otra al vecino puerto de Guantánamo*".

---

[261] El parte de Schley a Long sobre esta acción, tiene fecha 1 de junio, en *BN 98*, p. 427. Mención del bombardeo en Martínez Arango, Felipe: "*Cronología Crítica de la Guerra Hispano-Cubano-Americana*", La Habana, 1973 (3ª ed.)

La ciudad, sitiada de hecho por los insurrectos cubanos y bloqueada ahora por mar, tenía sellada su suerte. Concas estaba particularmente disgustado con la falta de cooperación de los negociantes españoles de Santiago:

*"Los almacenes, en su totalidad de españoles, habían dejado de hacer pedidos, pues se sentía la patria desaparecer y nadie quería comprometer intereses cuya suerte era muy problemática, ni exponerse a embargos, que no se sabrá quién los pagaría en último término".*

El Capitán General Blanco, muy seguro en su palacio de La Habana, comprendió que Cervera estaba en las más precarias circunstancias y así lo hizo saber al Ministro de Guerra, general Correa, cuando le informó del arribo del Almirante a Santiago:

USS *Minneapolis*.

*"...Escuadra sin víveres ni carbón que tomar allí, donde no podrá permanecer mucho tiempo, pues se expondrá a ser bloqueada,*

*completamente incomunicada, limitando escasos recursos plaza. Si hubiera venido con ella "**Pelayo**", "**Carlos V**" y flotilla de torpederos podría intentar algo importante y contribuir poderosamente defender islas, pero reducida como viene, **tiene que evitar choque, limitándose a maniobras que no la comprometan** y que no podrían ser de grandes resultados".*

Como podrá notarse, Blanco no ocultaba tampoco su disgusto por el hecho de que Cervera no había traído provisiones, ni armamento ni municiones. [262]

Cuando Cervera se enteró, el 23 de mayo, que frente a Cienfuegos se encontraban doce buques de guerra norteamericanos y que Sampson navegaba a lo largo de la costa norte de Cuba con sus acorazados, comprendió que era necesario tomar una decisión crucial. Desde mayo 21 habían sido observados frente a la entrada de la bahía varios buques norteamericanos, siendo los mismos el "**Minneapolis**", "**St. Paul**", "**Harvard**" y "**Yale**". El 24 de mayo, propuso salir para San Juan, pero una junta de sus jefes y comandantes decidió en contra de ello debido a la escasa velocidad del "**Vizcaya**". El acta oficial levantada de la reunión, registra la intención de abandonar el traslado a Puerto Rico en favor de permanecer en Santiago de Cuba,

*"repostándose de todo lo necesario y de que haya existencias, con el fin de utilizar cualquier circunstancia que pudiera prestarse para salir del puerto, hoy bloqueado con fuerzas tan notoriamente superiores".*

Explicando esta decisión al General Arsenio Linares, jefe de la plaza de Santiago de Cuba, Cervera declaró:

*"Lamentable es en extremo que la Escuadra no saliera ayer, encendida como estaba; pero noticias llegadas del Gobierno afirmaban que la Escuadra Schley había salido para aquí la noche del 20 y le seguía la de Sampson, por lo que todos los capitanes de*

---

[262] Véase el mensaje de Cervera al ministro Auñón del 20 de mayo de 1898 en Cervera, Op. Cit., p. 104, en el cual el almirante expresa: *"Pienso alistar buques en el menor tiempo posible, porque a mi juicio Santiago de Cuba pronto estará en una situación difícil si no se le envían recursos"*. Las citas proceden de Concas, Op. Cit., p. 104.

navío de esta Escuadra opinan unánimemente que la salida era improcedente (...). Por estas razones, no queda por ahora otro camino que seguir, que tomar posiciones, conforme convenimos ayer, para defender el puerto y la plaza, si intentan forzar la entrada..."

Y continúa,

"Pienso procurar aprovechar otra ocasión, si se presente, pero como no puedo aspirar con tan cortas fuerzas, a realizar ciertas operaciones, **todo se reducirá a cambiar de puerto, donde también seré bloqueado**"

Con respecto a las razones por las cuales fue a Santiago aclara,

"Es de sentir que la mala suerte me haya traído a este puerto, tan falto de recursos, y que elegí de preferencia, porque como no había sido bloqueado, **lo suponía abundante de víveres, carbón y pertrechos de todas clases**".

Todo parece indicar que Cervera tenía en mente el concepto y funciones de una **"fuerza en presencia"**, cuando añade

"... y aún cuando siempre creía que sería bloqueado, me lisonjeaba **tener así inutilizada la mayor parte de la flota enemiga**, único servicio eficaz que se puede esperar de esta reducida y mal armada Escuadra".

Ese mismo día, mayo 25, Cervera le envía al nuevo Ministro de Marina, Ramón Auñón, -quien había sustituído una semana atrás a Segismundo Bermejo- un mensaje cargado de amargura y malos presagios:

"Estamos bloqueados; califiqué desastrosa nuestra venida para los intereses Patria. -Hechos empiezan darme razón.- Con la desproporción de fuerzas es absolutamente imposible operación eficaz".

La situación de Cervera era realmente desesperada; aplastado por las circunstancias, acorralado por los acontecimientos, sus pensamientos reflejan desaliento y desesperanza. Este estado de ánimo tiene necesariamente que haber bloqueado su mente impidiéndole desplegar cualquier iniciativa.[263]

El 27 de mayo, por un breve momento, Cervera reconsideró su decisión de permanecer en Santiago de Cuba, pero enseguida encontró razones para no partir. Pensando quizá que tenía que salir pronto o no saldría nunca, ordenó prepararse para zarpar hacia Puerto Rico a las 5 de la tarde aprovechando que había mal tiempo y que no se avistaban buques norteamericanos frente a la boca de la bahía (recuérdese que habían ido al encuentro de Schley, que venía de Cienfuegos).

Entrada a la Bahía de Santiago de Cuba en 1898.

Pero, a las 2:00 p.m., el semáforo del Morro de Santiago le informó que se aproximaban tres buques enemigos -el **"Minneapolis"**, **"St. Paul"** y **"Harvard"**, que regresaban- por lo que convocó a una nueva junta donde se suscitó la duda sobre si la marejada permitiría la salida franca de los buques. Fue escuchada en la reunión la opinión de un práctico del puerto de Santiago quien dijo que los tres cruceros bilbaínos (**"Teresa"**, **"Vizcaya"** y **"Oquendo"**) saldrían sin dificultades para su calado era de 7,1 a 7,2 m, pero que la salida del **"Colón"**, cuyo calado era de 7,6 m

---

[263] Respecto a la situación de Santiago de Cuba y la junta del 24 de mayo de 1898, ver Ibídem, pp. 113-114. El informe de Cervera a Linares del 25 de mayo aparece en Ibídem, 117-118.(Los subrayados son del míos. GPC).

podría ofrecer dificultades a causa de una laja de piedra, de poca extensión que botaba frente a Punta del Morrillo y que tenía encima apenas 8,2 m de agua, por lo que si el buque, a causa de la marejada daba una "culada" era muy probable que tocara fondo.

Una vez más la mayoría de los reunidos se opuso a la salida y Cervera aceptó sus puntos de vista, aunque los capitanes de navío Concas y Bustamante se mostraron en desacuerdo, aduciendo que los peligros de permanecer en puerto eran mayores que los riesgos de una partida. En sus votos particulares ambos oficiales declararon que no efectuar la salida en ese momento conduciría a una derrota irreversible, o a una capitulación. Más adelante Concas expuso que él había favorecido la salida fundamentalmente por razones políticas, ya que consideraba

*"que el gobierno de Madrid tenía el determinado propósito de que la escuadra fuese destruída lo antes posibles, para hallar un medio de llegar rápidamente a la paz, y que, por consiguiente, convenía salir, no porque fuese lógico, sino porque recibiríamos la orden militar y terminante de hacerlo aun en peores condiciones".*

Aunque los criterios de Concas referentes a los propósitos del Gobierno español han sido muy discutidos -y se seguirán discutiendo- sus argumentos estrictamente estratégicos contra la permanencia en Santiago, resultan ser proféticos. [264]

Cervera tuvo una última oportunidad de escapar de Santiago de Cuba cuando la Escuadra Volante de Schley llevó a cabo sus inexplicables marchas y contramarchas. Pudo haber navegado hacia el este, bordeando la costa sur de Oriente, atravesar el Paso de los Vientos, entrar en el Canal Viejo de Bahamas y, pasando a Sampson, que entonces estaba en el Canal de San Nicolás, penetrar en el Canal de la Florida, alcanzando La Habana. También pudo haberse dirigido a Puerto Rico, reabastecerse allí y retornado a España. Por supuesto, estas consideraciones son completamente especulativas, ya que para obrar de acuerdo con estas dos opciones le hubiera sido necesario contar con informaciones sobre el adversario, que él no poseía.

---

[264] Para información sobre la junta del 26 de mayo, ver Ibídem, pp. 122-123. Los votos particulares de Bustamante y Concas aparecen en Ibídem, p. 124. Los puntos de vista de este último, aparecen en Concas, Op. Cit., p. 118.

Mientras tanto, algunos personajes en Madrid vivían en un mundo de sueños fantásticos. Véase el siguiente mensaje del Ministro de la Guerra (Correa) al General en Jefe (Blanco) fechado en la capital española, el 3 de junio:

El barco del comandante de la flota Almiral Schley, *Brooklyn*.

"La situación muy seria de Filipinas nos obliga a mandar allí buques y refuerzos de tropas tan pronto como sea posible. Con objeto de poder contender con la escuadra del enemigo en Manila, será indispensable mandar allí una escuadra que no sea inferior. Ahora hay allí sólo dos buques de guerra, y uno de ellos creo que no pueda pasar el canal. **La única cosa que podemos hacer es enviar todos los barcos de la Escuadra de Cervera, que puedan salir de Santiago,** pero antes de adoptar una resolución en este sentido, el Gobierno desea conocer su opinión con respecto al efecto que podría producir esto en el pueblo de Cuba, la retirada de la Escuadra de Cervera. **Este movimiento sería** *sólo temporal, y una vez conseguido el objeto en Filipinas, la Escuadra volvería a Cuba, sin pérdida de tiempo y fuertemente reforzada".*

Huelga todo comentario al respecto. [265]

La agrupación de buques del almirante Sampson arribó a Santiago de Cuba a las 6:30 a.m. del 1 de junio. En su composición se encontraban el acorazado "Oregón", el crucero acorazado "New York", el yate artillado "Mayflower" y el torpedero "Porter". Presentes ya frente a la bahía santiaguera estaban los acorazados **"Massachusetts", "Iowa" y "Texas"**, el crucero acorazado **"Brooklyn"**, el crucero protegido **"New Orleans"**, el crucero **"Marblehead"**, el crucero auxiliar **"Harvard"** y los carboneros **"Sterling"** y **"Merrimac"**.

Los buques norteamericanos constituían una fuerza formidable, incomparablemente superior a la escuadra española bloqueada dentro de la bahía de Santiago de Cuba. La llegada de Sampson le daba al bloqueo naval de Santiago de Cuba características de permanencia y sistematicidad.[266]

## El Bloqueo Naval a Santiago de Cuba

Una vez que el bloqueo de la bahía de Santiago fue definitivamente establecido, la preparación del denominado 5° Cuerpo Expedicionario, el cual se estaba realizando en Tampa, estado norteamericano de Florida, tomó un ritmo acelerado. El 1 de junio el almirante Sampson recibió un mensaje del Secretario Long en que le informaba de la intención del Gobierno de embarcar a 25 mil hombres, que se encontraban ya en Tampa, tan pronto se

---

[265] Este mensaje de Correa a Blanco está en Cervera, Op.Cit., p.131. (Los subrayados son míos. GPC).

[266] Chadwick, Op. Cit., V. 1, pp. 325-385. El Departamento de Marina estaba muy interesado en confirmar definitivamente la presencia de todos los buques españoles que se suponían estabanen Santiago. Ese interés estaba relacionado con los planes de envío de una expedición de tropas del Ejército a las inmediaciones de Santiago. El gobierno de EEUU no quería enviar las fuerzas preparándose en Tampa sin asegurarse de tener el menor contratiempo durante la travesía. (Véase mensaje de Long a Sampson, 31 mayo, *BN 98*, p. 401). Sampson informaría días después: *"Algunas observaciones hechas en el día de hoy por un cubano de confianza, de acuerdo a mis instrucciones, detectaron cuatro buques acorazados y dos destructores en Santiago..."* (Sampson a Long, 2 junio, ver *BN 98*, p. 402). Esta información era correcta.

conociera con toda seguridad que Cervera estaba bloqueado en puerto.

Mientras tanto, Sampson debía seleccionar las cabezas de playa. La Marina apoyaría el desembarco, con la condición de que Sampson no pusiera en peligro a los tripulantes de sus buques tomando parte en acciones en tierra.

También se le indicó a Sampson que estableciera contacto con el mayor general Calixto García, -Lugarteniente General del Ejército Libertador y su Jefe en el Departamento Oriental-, y le pidiera que concentrara sus fuerzas detrás de la ciudad. Se le ofrecían a García 5 000 módulos de armas y municiones. Toda esta actividad indicaba la inminencia de operaciones terrestres.[267]

La 5ª Compañía del rgimiento de Maryland en Tampa, durante el entrenamiento esperando el embarquc hacia Cuba.[N del E.]

Tan pronto como Sampson arribó a Santiago de Cuba comenzó a realizar esfuerzos para hundir al carbonero **"Merrimack"** sobre el canal de entrada a la bahía, para embotellar así a la escuadra de Cervera. El almirante venía desarrollando esta idea

---

[267] Respecto al aviso Sampson de la expedición proyectada, véase, el mensaje de Long a Sampson del 31 de mayo, citado en el informe de Sampson a Long del 3 de agosto de 1898, que aparece en BN 98, p. 480. En cuanto a las instrucciones de que hiciera contacto con el general Calixto García, ver mensajes de Long a Sampson del 30 y 31 de mayo, citados por Sampson en su informe mencionado que aparece en Ibídem.

desde antes de salir de Key West, y, en Washington, la Junta de Guerra Naval le había dado su apoyo. Si Cervera no podía salir de la bahía, sus buques serían capturados cuando la ciudad cayera en manos del ejército expedicionario.

Sampson pensaba que si Cervera intentaba salir en las circunstancias presente sería para escapar más que para presentar combate. Se pensó que, en lugar de cerrar la bahía, la Marina podía irrumpir en ella por asalto a la manera de Farragut en Mobile, durante la Guerra de Secesión. Lo que detenía a Sampson, -a quien quizás le hubiera gustado intentar una acción así- fue su temor a las minas que pudieran haberse colocado en la boca de la bahía.

Restos del buque carbonero estadounidense *Merrimac*k hundido intencionalmente el 3 de junio de 1898 en el canal de entrada a la Bahía de Santiago de Cuba en un intento de embotellar en ella a la escuadra española.

Se tenía información de que era posible que los españoles hubieran colocado minas eléctricas en el canal de entrada y que serían detonadas desde estaciones ubicadas en tierra; si esas estaciones pudieran ser capturadas entonces se podría eliminar ese peligro. También la captura de las márgenes de la entrada a la bahía permitirían, remover al carbonero hundido en un momento adecuado más tarde.

El plan de hundir al "Merrimac" en el canal era una medida de carácter temporal para retener a Cervera dentro de la bahía hasta el arribo de la fuerza expedicionaria, cuyo desembarco haría mínimos los riesgos de entrar a la bahía. Sampson tenía instrucciones específicas y reiteradas de no emplear los acorazados contra las fortificaciones costeras a menos que las circunstancias justificaran el riesgo y, si se lograba cerrar la bahía, entonces no tendría que preocuparse tanto por la seguridad de sus buques y estaría en mucha mejor dispoción de enfrentarse a cualquier refuerzo que los españoles pudieran enviar, particularmente el acorazado "**Pelayo**" y el crucero-acorazado "**Carlos V**". Además, podría pensarse en el empleo de parte de sus buques en otras operaciones ofensivas.

Tiempo más tarde, al dar su versión de estos hechos, el secretario de la Guerra, Russell A. Alger, criticó severamente a Sampson por sus excesivas precauciones en Santiago de Cuba, afirmando inclusive que el almirante quería desembarazar a su escuadra del peso y peligro de operaciones complicadas haciéndolas recaer en el Ejército norteamericano. Esta cuestión ha suscitado polémicas entre los historiadores y analistas de aquellos hechos; lo cierto es que Sampson, al actuar así, siguiendo las instrucciones del secretario Long, estaba materializando ideas muy arraigadas en la Marina norteamericana, y que fueron expresadas por Mahan después de la guerra,

*"Teníamos que economizar nuestros buques, porque eran demasiado pocos. No teníamos reserva(...)* **Si perdíamos diez mil hombres el país podía reemplazarlos; si perdiamos un acorazado, no podía ser reemplazado".** [268]

La idea enunciada por Sampson de penetrar en la bahía de Santiago, una vez que hubieran sido tomadas las márgenes y movidas las minas del canal, para aniquilar dentro de ella a la flota de Cervera, es algo que merece un comentario. En primer lugar, eso hubiera sido privar a su escuadra de una de las características principales de las fuerzas navales, que es su movilidad y, por ende, su capacidad de maniobra. Por otra parte la entrada y la bahía de Santiago de Cuba, por sus características hidrográficas,

---

[268] Apenas dos horas y media después de su llegada frente a Santiago de Cuba, Sampson hizo que el **"New York"** se acercara a la boca de la bahía para hacer las observaciones necesarias para planificar y realizar el hundimiento en ella del **"Merrimac"**. Un comentario acerca de los motivos de Sampson está en Chadwick, Op. Cit., vol. 1, pp. 345-346. Las críticas de Alger aparecen en su libro *"The Spanish-American War"*, New York, 1901, p. 225. Las ideas de Mahan, verlas en su *"Lessons of the War with Spain"*, Boston, 1899, p. 186, de donde están tomadas las citas.

no le hubieran permitido desplegarse. Los buques hubieran tenido forzosamente que navegar en columna e ir entrando uno a uno, y una vez dentro, sus movimientos, debido a su calado, hubieran sido muy restringidos, con mucho peligro de varar o chocar entre sí.

La entrada a la Bahía de Santiago de Cuba oponía muy serios problemas a un invasor naval.

*"La entrada está marcada por Punta Morrillo y Punta Socapa, 1,5 cables al oeste noroeste de Punta Morrillo. En la parte este de la entrada a la bahía, sobre altos acantilados rocosos, están la fortaleza del Morro de Santiago de Cuba y el faro, habiéndose instalado allí una batería. Las costas del canal son altas y rocosas".*

Baterías de bronce españolas al oeste de la Bahía de Santiago de Cuba.

En la margen oeste la costa es baja, rocosa y limpia de vegetación en el extremo, seguida después de un terreno que asciende gradualmente hasta la elevación de La Socapa de unos 60 m sobre el nivel del mar, donde se encontraba la batería alta de La Socapa. A lo largo del canal estaban ubicadas baterías adicionales -la batería baja de La Socapa en la margen oeste y las de la

Estrella y Punta Gorda en la margen este, cerca de su extremo septentrional. En la batería baja de La Socapa y varios otros puntos a lo largo del canal había colocados pequeños cañones para cubrir esas aguas. Veinticuatro cañones dispuestos para disparar mar afuera estaban montados en las cuatro baterías. De ellos, catorce eran de avancarga, muy antiguos. Sólo diez eran de retrocarga; los mayores de ellos eran dos cañones de 160 mm instalados en la batería alta de La Socapa. En el canal como ya se ha explicado, los españoles colocaron tres líneas de minas eléctricas. Estas minas eran la preocupación principal de Sampson, ya que las baterías podían ser neutralizadas mediante bombardeo, pero las minas no. [269]

El contralmirante Sampson encomendó la misión de hundimiento del **"Merrimac"** al constructor naval Richmond P. Hobson, y los preparativos se hicieron apresuradamente. Hobson recurrió al factor sorpresa: permitiría al barco derivar después de pasar el Castillo del Morro, y fondearlo en el lugar adecuado, donde lo hundiría mediante 10 cargas explosivas, cada una conteniendo 78 lb de pólvora de artillería que se amarraron en la banda de babor del barco a unos 3 m bajo la línea de flotación.

Teniente Ingeniero Naval Richmond P. Hobson.

Las anclas se estibaron a proa y a popa, listas para soltarlas en el momento apropiado. Seis marineros participarían en el intento estando Hobson al mando. Teniendo en cuenta que el **"Merrimac"** tenía 100 m de eslora (largo), si se le atravesaba en el lugar adecuado cerraría el canal para buques grandes. [270]

A las 3:00 a. m. del 3 de junio, Hobson inició su intento. La operación comenzó bien; el **"Merrimac"** navegó hacia la entrada del canal un buen tramo antes de ser detectado. Entonces las

---

[269] Para una información detallada sobre el canal de la bahía de Santiago de Cuba, véase Díaz Aztaraín, Rolando: *"Derrotero de las costas de Cuba"*, La Habana, 1988, tomo II, p. 45. Los cañones de 160 mm Hontoria instalados en las baterías de Punta Gorda y La Socapa procedían del antiguo crucero **"Reina Mercedes"**. Respecto a las minas, véase Müller, Op. Cit., pp. 40-41.

[270] Chadwick, Op. Cit., vol. 1, pp. 337-340; mensaje de Sampson a Long del 3 de junio de 1898 en *BN 98*, p. 347.

baterías costeras españolas y los cañones de los buques de guardia cercanos abrieron fuego. Más tarde Hobson informaría que los defensores españoles hicieron explotar seis de las minas eléctricas sumergidas en la primera línea (que eran controladas por la estación ubicada en Punta Estrella) y dos de la segunda línea (Punta Socapa), en un intento por detenerlo. Uno de los disparos hechos por los españoles rompió el mecanismo de dirección, dejando el buque sin gobierno, lo que impidió a la tripulación hundirlo en el lugar deseado. Además, los estadounidenses sólo pudieron hacer estallar dos de las diez cargas explosivas. Se largaron las anclas pero la de popa se soltó y la cadena del ancla de proa se partió por el esfuerzo. Finalmente el barco fue a hundirse fuera del canal y a lo largo de éste, por lo que no constituyó realmente un obstáculo para la navegación, hecho este que no fue confirmado sino varios días después.

Hobson y sus siete hombres -uno de ellos entró escondido en el buque para participar en la acción- resultaron ilesos y fueron capturados por los españoles. Su acción causó un gran impacto en la opinión pública norteamericana y se le proclamó, a Hobson, como héroe nacional, Sampson recomendó inmediatamente su ascenso, y se comenzaron a hacer gestiones para recuperarlo a él y sus hombres mediante un canje de prisioneros.[271]

El fallido intento del "Merrimac" hizo que la escuadra norteamericana, situada frente a Santiago de Cuba, tuviera que dedicarse a realizar un bloqueo muy cerrado para evitar que la escuadra española escapara. El Departamento de Marina concentró sus esfuerzos en apoyar al bloqueo, toda vez que no había *"razones para considerar, por el momento, un ataque contra puertos de los Estados Unidos... el centro decisivo de la guerra, en el presente está frente a Santiago"*. Sampson podía sostener una estrecha vigilancia sobre cualquier movimiento que pudiera intentar Cervera gracias a una combinación de circunstancias:

---

[271] Chadwick, Op. Cit., vol. 1, pp. 341-346, 358; informe de Sampson a Long del 3 de agosto que aparece en *BN 98*, p. 481. Un mensaje del 28 de mayo del ministro Auñón a Cervera, le decía: *"Adviértole que el enemigo intenta sumergir cascos entrada del puerto"* (Cervera, Op. Cit., p. 126). Esta información hizo que los españoles extremaran precauciones. Concas afirma que él y el capitán de navío Bustamante abrieron algunas de las jarras con pólvora del **"Merrimac"** y encontraron que ésta estaba mojada. Sampson admitió el fracaso del intento en un parte dirigido a Long, el 17 de junio, que está incluído en su informe al propio Long del 3 de agosto y aparece en *BN 98*, p. 495.

En primer lugar, el canal estrecho de la bahía excluía la salida de más de un buque simultáneamente; además, la entrada carecía de suficiente artillería; y por último, Cervera no poseía buques rápidos y pequeños (tales como torpederos) que pudieran contituir una amenaza para los grandes buques norteamericanos a corta distancia de la costa.

Disgustado con el esquema de bloqueo dispuesto por Schley, Sampson elaboró una serie de órdenes, especificando las misiones de las unidades en la escuadra de bloqueo. Los buques fueron separados en dos grupos. Schley mandaba una de las divisiones compuesta por el crucero acorazado **"Brooklyn"**, los acorazados **"Massachusetts"** y **"Texas"**, el crucero **"Marblehead"**, y el yate artillado **"Vixen"**.

Vista actual de la Bahía de Santiago de Cuba desde el castillo del Morro [N. del E.]

El Almirante Sampson asumió el mando directo de la otra división, que incluía al crucero acorazado **"New York"**, los acorazados **"Iowa"** y **"Oregón"**, el crucero auxiliar **"Mayflower"** y el torpedero **"Porter"**. Estas divisiones formarían un arco con centro en el Castillo del Morro, de 6 millas de radio durante el día, y más corto (unas 3 millas) durante la noche. La división de Schley se situó al oeste y la de Sampson al este.

En la orden de Sampson, se especificaba, *"si el enemigo trata de escapar, los buques deben cerrarlo y entablar combate con el propósito de hundir sus buques o forzarlo a lanzarse hacia la costa".* El almirante norteamericano no estaba preocupado por la artillería costera: *"No se considera que las baterías costeras tengan suficiente poder para causar algún daño material a los acorazados".* [272]

Unos días más tarde, preocupado porque Cervera tratara de aprovechar la oscuridad de la noche para intentar una salida, Sampson modificó la disposición de los buques bloqueadores. El 6 de junio, el almirante emitió el memorandum No. 13 estableciendo el esquema de bloqueo nocturno. Según este esquema se colocaban tres lanchas de vigilancia a una milla del Morro, *"una al este, otra al oeste y otra directamente al sur de la entrada de la bahía".* Además, en un círculo de dos millas con centro en el Morro, serán estacionados tres buques, el **"Vixen"** hacia el oeste, entre media milla y una milla de la costa; el **"Suwanee"** al sur del Morro; y el **"Dolphin"**, hacia el este, entre media milla y una milla de la costa. El resto de los buques mantenían la posición que ya ocupaban, pero tendrán especial cuidado de mantenerse dentro de un círculo de 4 millas. ¿Qué objetivo tenía este cerco tan estrecho? El último párrafo del memorándum explicaba que *"El fin a alcanzar justifica el riesgo de un ataque torpedero, y ese riesgo debe correrse. La escapada de los buques españoles, a estas alturas de los acontecimientos, sería una mancha para nuestro prestigio y para una rápida terminación de la guerra".*

El 8 de junio, Sampson emitía otro memorándum, el No. 14, que hacía algunas medificaciones al anterior entre ellas una de suma importancia: "El **"Iowa"**, **"Oregón"** y **"Massachusetts"** harán turnos dos horas cada uno, manteniendo la luz de un proyector iluminando la entrada de la bahía, mientras mantiene cuidadosamente su posición de bloqueo". Adicionalmente, *"los buques*

---

[272] Trask, Op. Cit., p. 136. Sobre la disposición de las unidades bloqueadoras ordenado por Sampson, véase *BN 98*, pp. 481-482, de donde se han extraído las citas.

*de los flancos, el "**Brooklyn**" y "**Texas**" al oeste, y el "**New York**" y "**New Orleans**" al este, se turnarán cada dos horas, barriendo con sus proyectores la costa a ambos lados de la entrada".* Resulta lógico preguntarse. ¿Por qué las baterías costeras españolas no hacían fuego contra las lanchas de vigilancia o contra los buques de guerra cuando estaban dentro del alcance de sus piezas de artillería? El capitán de navío Concas explicaría más tarde que en la boca del puerto *"sólo había dos cañones modernos del calibre 16 centímetros, con sólo cien tiros por pieza desde que empezó la guerra".* Era por ello que los españoles no deseaban gastar municiones salvo en casos de extrema urgencia. No obstante, aún si la artillería hubiera estado en condiciones de hacer fuego, esto no hubiera impedido la iluminación de la entrada ya que, como el general Linares le informaba a Cervera el 11 de junio

*"...sobre la población se divisan claramente los haces de luz y por lo tanto, a la distancia a que de ordinario se sitúan de noche los barcos americanos, habría que agregar cuando menos 7 ú 8 kilómetros que separan á Cuba (se refería a Santiago, GPC) de la costa, distancia a la cual podría colocarse la Escuadra enemiga, sin dejar de iluminar con sus focos eléctricos la entrada de la bahía".* [273]

Capitán de navío John Philip.

El bloqueo cerrado de Santiago de Cuba desempeñó un papel de la mayor significación en la guerra, tal y como el comandante del acorazado **"Texas"**, capitán de navío John Philip, expresara después suscintamente:

*"Fue el bloqueo lo que hizo posible la batalla (naval) del 3 de julio de 1898. La ba-*

---

[273] El memorándum N° 13 aparece en *BN 98*, pp. 485-486; el N° 14 está en Ibídem, p. 486. La explicación del porqué la artillería costera no hacía fuego contra los buques bloqueadores, aparece en Concas, Op. cit., pp. 126-127 y en Cervera, Op. Cit., p. 136.

talla fue una consecuencia directa del bloqueo e, inclusive, el método y la efectividad del bloqueo influyeron grandemente en la batalla (...) La incesante vigilancia de día y de noche, era una necesidad absoluta". [274]

Por supuesto, el mantenimiento del bloqueo obligaba a las tripulaciones y mando de los buques a una elevada y prolongada tensión, lo que hizo que Sampson pidiera en reiteradas ocasiones la urgente presencia de tropas del Ejército para que ocuparan las márgenes de entrada a la bahía. [275]

Mientras esto ocurría del lado americano, Cervera seguía buscando una salida a la desesperada situación de la escuadra española. El 8 de junio el almirante español volvió a reunirse con los jefes de su escuadra, quienes escucharon una proposición preparada por el Jefe de Estado Mayor, capitán de navío Bustamante, para efectuar una salida nocturna. Según este plan, los primeros en salir debían ser los destructores *"con rumbo sur, pasando a toda velocidad por los costados, o mejor dicho, proximidades del '"Texas"* y los tres acorazados gruesos". Después saldrían el resto de los buques españoles, tomando cada uno diferente dirección. Bustamante consideraba que *"de este modo se poduciría confusión en la Escuadra enemiga que permitiría salvar, cuando menos, el cincuenta por ciento, de la nuestra..."*. En la reunión intervino el capitán de navío Concas, quien consideró que el plan era factible de realizar *"si desapareciera uno de los cruceros rápidos, **"Brooklyn"** o **"New York"***. En caso contrario, dijo, *"debe interesarse la salida en las cercanías del novilunio, siempre con la escuadra unida y toda a un mismo rumbo"*.

Pero una vez más, el segundo jefe de Escuadra, capitán de navío Paredes, y los comandantes de los buques se opusieron a la salida. [276]

Después de eso, las fuerzas navales españolas bloqueadas en Santiago de Cuba tomaron parte en los esfuerzos por tratar de

---

[274] La opinión de Philip está tomada de Trask, Op. Cit., p. 138.
[275] Las reiteradas solicitudes de Sampson aparecen en sus mensajes a Long del 3 de Junio, 6 de Junio, 8 de Junio y 17 de Junio, que pueden verse en *BN 98*, pp. 483, 485, 488, 495, respectivamente.
[276] Ver acta de reunión con propuesta de Bustamante, opinión de Concas y criterio opuesto de los comandantes de los buques, en Cervera, Op. Cit., pp. 131-133.

mejorar las defensas terrestres. Cervera y el jefe de la plaza de Santiago, teniente general Arsenio Linares, acordaron que una parte importante de los marinos de la escuadra (alrededor de mil, según Concas) ocuparan posiciones en la defensa de la ciudad y sus alrededores, si los norteamericanos intentaban atacarla. También conversaron sobre la instalación de algunas de las piezas de artillería gruesa de los buques (especialmente los cañones Hontoria de 160 mm) en la boca de la bahía, para rechazar o alejar a los buques bloqueadores, pero esto no llegó a materializarse.

El almirante Eliseo Alvarez Arenas, caústico en sus críticas a Cervera, lo ha acusado de indecisión y pesimismo. Sin embargo, Concas, más cercano a los hechos, inmerso él mismo en ellos, nos da otra opinión:

*"el gran auxilio que pudo haberse dado a la plaza hubiese sido el desembarco de la artillería de tiro rápido; lo que no podía hacerse, pues siempre dominaba en La Habana y Madrid la idea de la salida de la escuadra".*

Resulta innegable que la situación en que se encontraba Cervera y las presiones a que se veía sometido, pudieron haber disminuído su capacidad de discernimiento y decisión.

El pueblo santiaguero, atento a toda esta situación, la resumía, en una copla:

> *"Aquí ha llegado Cervera*
> *con su escuadra sin carbón*
> *y en el Morrillo lo espera*
> *el Almirante Sansón"* [277]

Otra de las cosas curiosas y sorprendentes de esta guerra, lo es el hecho de que no fue hasta el 13 de junio que el Almirante Sampson tuvo evidencias concluyentes de que todos los buques que se suponían bajo el mando de Cervera estuvieran realmente en Santiago de Cuba. El 11 de junio, el teniente de navío Víctor

---

[277] Con relación al apoyo de la escuadra a las fuerzas terrestres, ver Cervera, Op. Cit, pp. 134-135; también Arderius, Op. Cit., p. 110. Las opiniones de Alvarez Arenas están en su Op. Cit., pp. 98-100. Con respecto a la opinión de Concas, ver Op. Cit., p. 128. La estrofa de la canción tomada de Poumier, Op. Cit., p. 127.

Blue, del yate artillado **"Suwannee"**, fue desembarcado para hacer un reconocimiento de la bahía y de los buques que en ella estaban.

Después de tocar tierra en los alrededores de Aserradero, Blue hizo contacto con las fuerzas cubanas al mando del general Jesús Rabí, quien le proporcionó un práctico, el comandante Francisco Masaba Reyes, así como una cabalgadura.

El práctico cubano guió a Blue a través de la líneas españolas hasta un lugar situado al noroeste de la bahía desde donde se dominaba visualmente toda su extensión. El día 12, el oficial norteamericano pudo observar a los buques de la escuadra española. El informe de Blue, a su regreso el día 13, estableció, ya sin lugar a dudas, que Cervera tenía en Santiago cuatro cruceros acorazados y dos destructores.[278]

Batería de la Socapa, al fondo se aprecia el Morro. En primer plano un oficial norteamericano, por lo tanto esta foto se tomó posterior al combate. [N. del E.]

Mientras la escuadra de bloqueo norteamericana esperaba a la

---

[278] Con relación a la misión de Blue, ver su informe al capitán de corbeta D. Delehanty, comandante del **"Suwanee"** y el endoso de este último a Sampson, ambos de fecha 13 de junio, en *BN 98*, pp. 444-445.

fuerza expedicionaria que se embarcaba en Tampa, llevó a cabo, esporádicamente, bombardeos contra las baterías españolas de la boca de la bahía. El 6 de junio, por ejemplo, el contralmirante Sampson envió cuatro de sus acorazados -"**Texas**", "**Massachusetts**", "**Iowa**" y "**Oregón**"- a interferir los esfuerzos que se pensaba que estaban realizando los españoles para remover al "**Merrimac**". Entre las 7:30 y las 10:30 a.m. los cuatro buques bombardearon las baterías desde distancias entre las tres millas y media milla del Morro.

La batería de Punta Gorda sólo hizo, según Müller, siete disparos. Esta acción convenció a Sampson de que las baterías costeras no constituían una dificultad seria, no obstante lo cual siguió considerando que el ataque a las fortificaciones tenía que ser una misión para el Ejército norteamericano, para el cual, pensaba, no sería difícil cumplirla, con un adecuado apoyo naval. Como consecuencia del bombardeo, los defensores españoles tuvieron 9 muertos y 33 heridos. Eufórico aún, después del cañoneo, Sampson aprovechaba el viaje de uno de los remolcadores fletados por la prensa a Môle de San Nicolás (Haití) para enviar al Secretario de Marina su informe sobre el mismo, agregándole, con optimismo, *"si hubiera aquí 10 000 hombres, la ciudad y la flota serían nuestros antes de cuarenta y ocho horas"*, reiterando a continuación su demanda de envío inmediato de fuerzas del Ejército, pues *"si demora, la ciudad será defendida más fuertemente con artillería procedente de los buques"*. Sin embargo, esta última predicción del almirante norteamericano no se haría realidad. El mando español, teniendo pesente siempre la idea de que la escuadra de Cervera iba a salir de puerto, no se decidió a desmontar los cañones de los buques y emplazarlos en tierra para contribuir a la defensa de la ciudad.[279]

Un aspecto novedoso de los bombardeos norteamericanos lo fue la incorporación a los mismos del cañonero dinamitero "**Vesuvius**", buque único en su género y que vendría a ser el precursor de las actuales lanchas coheteras. Los resultados obtenidos no fueron significativos y el empleo del "**Vesuvius**" no pasó de ser un ensayo espectacular.[280]

---

[279] Información respecto al bombardeo del 6 de Junio se encuentra en Cervera, Op. cit., p. 130; también en Müller, Op. Cit., pp. 107-111 y Arderius, Op. Cit., p. 100. El mensaje de Sampson puede verse en *BN 98*, p. 485.

[280] Con relación al **"Vesuvius"** y su actividad frente a Santiago de Cuba, ver

El bombardeo del 6 de junio no fue sino el inicio de una serie de acciones de este tipo. El día 16, con el objetivo de destruir obras de fortificación que, según informes, estaban realizando de manera acelerada los españoles en la boca de la bahía, se llevó a cabo un fuerte bombardeo por siete buques de la escuadra que lanzaron cerca de 1 500 proyectiles de diferentes calibres, causando daños en las fortificaciones del Morro y La Socapa, así como 3 muertos y 18 heridos entre el personal. Varios días después, coincidiendo con el desembarco de las fuerzas expedicionarias, los días 21 y 22 de Junio, los buques de la escuadra volvieron a bombardear las posiciones españolas en la boca de la bahía.[281]

### Toma de la Bahía de Guantánamo

Una de las acciones más importantes llevadas a cabo por las fuerzas norteamericanas antes del arribo del 5º Cuerpo Expedicionario procedente de Tampa, lo fue el desembarco de fuerzas de la Infantería de Marina en la Bahía de Guantánamo, con el objetivo de ocupar la boca y la parte exterior (Parte Sur) de la extensa bahía para emplearla como base de reabastecimiento de los buques, fundamentalmente para carbonear.

Las defensas artilleras de Guantánamo eran muy rudimentarias; consistían de dos baterías con cañones muy anticuados, una en Caimanera y otra en Cayo Toro, situado entre las partes Norte y Sur de la bahía. En el mes de abril se había trasladado para esa bahía el cañonero **"Sandoval"**, con la misión de instalar en la entrada y parte exterior de la bahía un campo de minas de contacto tipo Bustamante.[282]

La posibilidad de emplear la Bahía de Guantánamo como base naval, particularmente para reabastecer los buques con carbón,

---

Maclay, Op. Cit., pp. 333-334; también Gómez Núñez, Severo: *"La Guerra Hispano-Americana. Barcos, Cañones y Fusiles"*, Madrid, 1899, pp. 112-114 y Müller, Op. Cit., p. 115.

[281] La orden de combate de Sampson del 15 de Junio de 1898 está incluida en su informe a Long del 3 de agosto y aparece en *BN 98*, p. 493. Para información concerniente a los bombardeos y bajas causadas por estos, ver Gómez Núñez, Severo: *"La Guerra Hispano-Americana. Santiago de Cuba"*, pp. 92-98.

[282] Información acerca de las características de la bahía de Guantánamo puede ser encontrada en Díaz Aztaraín, Op. Cit., tomo II, pp. 28-37. Con relación a las defensas instaladas allí por los españoles, ver Müller, Op. cit., p. 41; también Gómez Núñez, *"La Guerra.... El Bloqueo y la Defensa de Costas"*, pp. 124-125.

había sido estudiada desde antes del arribo de Sampson a la región de Santiago de Cuba. En mayo 31, el capitán de navío Sigsbee, comandante del crucero auxiliar "St. Paul", recomendó que la Marina ocupara la parte exterior de la bahía y que las tropas norteamericanas ocuparan las márgenes, señalando que *"una gran ventaja en favor de esta bahía es que las tierras circundantes son más bajas que en otros lugares, y por lo tanto no proporcionan las facilidades usuales en la región para hacer fuego contra los buques y tropas desde las alturas situadas en las inmediaciones".*

Salida de tropas desde el puerto de Tampa.

El 3 de junio, la Junta de Guerra Naval (NWB) recomendó que el 1$^{er}$ Batallón de Infantería de Marina, que estaba acampado en Key West, fuera trasladado a Cuba. Esta unidad, compuesta por 23 oficiales, el cirujano de la Marina y 623 alistados, fue embarcada el 7 de junio a bordo del crucero auxiliar **"Panther"**; mientras tanto, el crucero **"Marblehead"** y el crucero auxiliar **"Yankee"** dejaron sus estaciones de bloqueo frente a Santiago, y se dirigieron a la entrada de la Bahía de Guantánamo, llevando a bordo un destacamento de 100 infantes de marina procedentes del acorazado "**Oregón**", del crucero acorazado "**New York**" y del propio "**Marblehead**", con el fin de seleccionar y ocupar varios puntos de la bahía para que sirvieran de apoyo a un destacamento ulterior de mayor envergadura.

Tras breve resistencia, la artillería del "**Marblehead**" y el "**Yankee**" silenció a las baterías españolas, y el cañonero "**Sandoval**" se vio forzado a retirarse a Caimanera, en la parte norte de la bahía. El destacamento de marines, bajo las órdenes del comandante del "**Marblehead**", capitán de fragata Bowman McCalla, tomó tierra en Playa del Este, cerca de la Punta Barlovento destruyendo la caseta del cable allí existente, poco después que las tropas españolas que allí se encontraban fueron obligadas a retirarse por el denso fuego artillero de los buques. El 9 de junio el "**Marblehead**" retornó a Guantánamo para preparar el arribo del batallón de marines.[283]

Bombardeo naval a Daiquirí. Foto de la colección de la de la Biblioteca del Harvard College. [N. Del E.]

---

[283] Las opiniones de Sigsbee sobre Guantánamo están contenidas en su informe al secretario de Marina, fechado el 31 de mayo, que puede verse en *BN 98*. p. 414. Con relación a la organización, entrenamiento y traslado del batallón de infantería de marina; véase *BN 98*, pp. 440-441. Para información sobre la acción del 7 de Junio, ver Maclay, Op. Cit., p. 337; también el mensaje de Sampson a Long del 8 de Junio, citado por el primero en su informe de fecha 3 de agosto, y que puede verse en *BN 98*, p. 488.

En la mañana del 10 de junio, el "**Panther**" arribó a Guantánamo. Los infantes de marina desembarcaron sin mayores dificultades, estableciendo su campamento, con el nombre de Camp McCalla, en la antigua ubicación de la caseta del cable. Al anochecer del día siguiente, 11 de junio, tropas españolas atacaron sorpresivamente a una de las avanzadas norteamericanas causándole dos muertos. Esa misma noche los españoles mantuvieron fuego esporádicamente sobre el campamento. En respuesta a ello, el "**Marblehead**" y el cañonero "**Dolphin**" bombardearon la zona circundamte, y los marines, bastante nerviosos, dispararon con frecuencia contra el enemigo invisible, sin que pudieran desalojar a los tiradores españoles. En esas circunstancias, el cirujano del batallón resultó muerto *"accidentalmente por uno de nuestros propios hombres durante un tiroteo que tenía lugar en ese momento"* informó después McCalla.

Soldados españoles en el campo de batalla. [N. Del E.]

Durante el día siguiente los españoles continuaron hostigando el campamento norteamericano, causándole un muerto y varios heridos. Y durante la noche, al intentar una incursiòn fuera del área del campamento, los norteamericanos sufrieron otra baja mortal. Al amanecer del día 13, las bajas norteamericanas sumaban 5 muertos y 23 heridos. *"Se hacía evidente,* -escribe Maclay- *que los norteamericanos debían, o retirarse de su posición o expulsar a los españoles de sus escondites"*. El teniente coronel

Huntigton, jefe del batallón desembarcado, solicitaba con urgencia que lo reforzaran con 100 marines pertenecientes a los buques, y McCalla ordenaba al comandante del "**Panther**" que trasportara a tierra inmediatamente 50 000 tiros de 6 mm.[284]

Mambises cubanos in Villa Clara. Colección American Memory de la Biblioteca del Congreso de los EEUU. [N. del E.].

---

[284] Con respecto al arribo del batallón de marines a Guantánamo y su desembarco ver el informe de Sampson a Long del 3 de agosto de 1898 en *BN 98*, p. 489; también Maclay, Op. cit., pp. 337-338. Con relación a los ataques españoles al campamento ver Ibídem, p. 338; también el informe de McCalla a Sampson, del 12 de junio, citado en el informe de Sampson a Long del 3 de agosto, que aparece en *BN 98*, p. 491. Acerca de la disyuntiva de los norteamericanos, Maclay, Op. Cit., p. 338. La solicitud de refuerzos está contenida en el informe de McCalla ya mencionado en esta nota. Sus órdenes al "**Panther**" para el suministro a los infantes de marina están en *BN 98*, p. 491.

Es en esas circunstancias que se produce la llegada de 60 soldados cubanos mandados por el teniente coronel Enrique Thomas, quien le proporcionó a Huntigtnon: *"mucha información valiosa respecto a las tácticas de los españoles, y también le ofreció prácticos que podían guiarlo a través de cualquiera de los intrincados senderos de la región".*

Al conocer estos pormenores a través de McCalla, Sampson le informaba al secretario de Marina:

*"Los asuntos en Guantánamo son mucho más satisfactorios. Nuestras fuerzas han sido reforzadas por 50 cubanos, quienes, según el capitán de fragata McCalla, son de la mayor ayuda. Quinientos más son esperados; para ellos se necesitan fusiles Springfield. La flota les suministrará ropa y alimentos en la medida de lo posible".*

Fortín y tropa española.

Al conocer, por la información suministrada por los cubanos, que el campamento español estaba en el Cuzco, a unos 10 km de allí, donde había un fortín, y era el único lugar en muchos kilómetros a la redonda donde podía obtenerse agua potable, Huntington y Thomas organizaron un incursión con el propósito de expulsar a los españoles y cegar el manantial. El destacamento, compuesto por 160 norteamericanos mandados por un capitán y 50 cubanos a las órdenes del propio Thomas, salió en la mañana del día 14 del campamento con dirección al este, tratando de mantenerse cerca de la costa para contar con el apoyo del *"Dolphin"*, que navegaba cerca y a lo largo de la misma.

Tras una marcha agotadora a través de intrincados senderos bajo un fuerte sol, el destacamento arribó a un lugar a unos 3 kilómetros del Cuzco, donde se dividió en dos grupos para rodear la posición española que se encontraba cerca de la costa, por lo que era posible que el cañonero los apoyara.

El ataque comenzó, precisamente con el cañoneo del campamento español por el *"Dolphin"* con sus piezas de 100 mm, lo que obligó a los defensores a salir de su refugio y dispersarse cayendo bajo el fuego cruzado de cubanos y norteamericanos. Los españoles se vieron obligados a retirarse perseguidos por los cubanos, mientras un grupo de marines incendiaba el fortín abandonado y cegaba el manantial. Cumplido el objetivo, la expedición emprendió el camino de regreso al Campamento McCalla.

En la acción los norteamericanos tuvieron dos heridos y 23 desmayados a causa del intenso calor. Los cubanos sufrieron dos muertos y cuatro heridos. Las bajas españolas ascendieron a cerca de 40 muertos, un crecido número de heridos y 18 prisioneros. Fueron capturadas gran cantidad de armas y municiones, y destruido el fortín, un equipo heliográfico y la estación de señales.

Respecto al comportamiento de los cubanos en el combate, el contralmirante Sampson, en un informe dirigido al Secretario de Marina, con fecha 22 de junio de 1898 diría:

*"La flota, bajo mi dirección, ha suministrado armas, ropas y alimentos, en la medida de sus posibilidades, a las fuerzas cubanas tanto al este como al oeste de Santiago. Mucho se ha hecho en esa dirección, por nuestros buques en Guantánamo, y el capitán de fragata McCalla ha sido el más enérgico en proporcionarles*

*toda la asistencia posible. Creo que la respuesta por la ayuda prestada será buena. La mejor evidencia de ello* **es la actividad y el coraje mostrados por los cubanos en Guantánamo,** *y el capitán de fragata McCalla es el más elogioso respecto a esa conducta".*[285]

En el *USS Texas*, una mina encontrada en la Bahía de Guantánamo por las fuerzas navales estadounidenses. Colección *American Memory* de la Biblioteca del Congreso de los EEUU. [N. del E.].

El día 15 de junio, en vista de que los españoles estaban enviando refuerzos al litoral de la parte exterior de la bahía y que

---

[285] Información sobre la llegada de las fuerzas cubanas puede verse en Escalante Beatón, Aníbal:*"Calixto García. Su Campaña en el 95"*, La Habana, 1978, p. 515; también en Maclay, Op. Cit., p. 338. El informe de Sampson sobre el refuerzo cubano es de junio 13 y está incluido en el informe general de Sampson a Long del 3 de agosto, en *BN 98*, p. 492. Una descripción bastante completa de la incursión contra la posición española en Cuzco está en Maclay, Op. Cit., aunque dicho autor es renuente a admitir la importancia que tuvo la participación de los cubanos en esta y otras acciones de la guerra. La valoración del contralmirante Sampson sobre la cooperación de los cubanos y la conducta de estos, está recogida en un informe a Long del 22 de junio, incluído en su informe general del 3 de agosto y puede verse en *BN 98*, p. 500 (El subrayado es mío. GPC).

desde un pequeño fuerte situado en la margen oeste se hacían, esporádicamente, disparos contra los buques norteamericanos, Sampson envió al acorazado **"Texas"** y al yate artillado **"Suwanee"** para que, junto al crucero **"Marblehead"**, que permanecía en Guantánamo, procedieran a destruir el fuerte, misión que fue cumplida con facilidad.

Durante las maniobras que llevaban a cabo los buques norteamericanos para cañonear las posiciones españolas, no tuvieron en cuenta el peligro de minas, por lo que estuvieron a punto de meterse en graves complicaciones. El **"Marblehead"** tocó con su hélice a una mina de contacto que no estalló debido a un desperfecto de su espoleta, y el **"Texas"** casi choca con otra, que habiéndose soltado de sus amarras, se encontraba a la deriva. En vista de lo ocurrido se procedió a efectuar la búsqueda de minas de manera sistemática en toda la parte exterior de la bahía, empleando para ello las 4 lanchas de vapor de los buques **"Marblehead"** y **"Newark"**, las cuales cumplieron esta tarea bajo el fuego frecuente de tiradores españoles ocultos en las orillas.

Durante el primer día, las lanchas extrajeron, mediante cadenas que remolcaban, trece minas, y durante unos pocos días más, otras 35. Cada una de estas minas estaba cargada con 120 libras de algodón pólvora. *"Muchas de ellas tenían evidencias de haber hecho contacto con el fondo de buques o sus hélices, pero sus mecanismos de fuego no podían operar. Las espoletas mostraban graves defectos, que evidenciaban que el trabajo de construcción no se había efectuando bajo la supervisión de un especialista".*

Todas las minas extraídas, así como las amarras, estaban cubiertas de incrustaciones marinas. [286]

Después de estos hechos, los españoles desistieron de nuevas acciones en las inmediaciones de la parte exterior de la bahía de Guantánamo, con lo que los norteamericanos pudieron contar con una base naval cómoda y tranquila, a muy poca distancia del

---

[286] Con relación al envío del **"Texas"** y el **"Suwanee"** a Guantánamo, ver Maclay, Op. Cit., p. 342; también el parte de Sampson a Long del 22 de junio incluído en su informe general del 3 de agosto, verlo en *BN 98*, p. 499; véase además Parker, Op. Cit., p.174, quien cita al comandante del acorazado **"Texas"**, capitán de navío John Philip, diciendo, respecto a las minas: ***"Gracias al cuidado Divino, ninguna explotó"***. La información de las minas encontradas proviene de Plüddemann: *"Comments on the Main Features of the War with Spain"*, Washington, 1899, p. 12.

teatro principal de las acciones militares. El 14 de junio, la expedición del Ejército, tan solicitada por Sampson, había zarpado de Tampa y arribaría a la región de Santiago de Cuba el día 20. El bloqueo había cumplido con sus objetivos, asegurando el dominio del mar en la región del Caribe para las fuerzas navales estadounidenses de manera tal, que la expedición de tropas del Ejército podía realizar su travesía por mar con seguridad absoluta. Asimismo, el bloqueo había mantenido a la escuadra de Cervera embotellada en la bahía de Santiago de Cuba, lo que convirtió a la ciudad en objetivo principal y decisivo.

**Acciones frente a San Juan de Puerto Rico**

Un cañón de 8" del *USS New York*.

Después del bombardeo del 12 de mayo, San Juan de Puerto Rico vivió casi cuarenta días de calma hasta que, el 22 de junio, cerca de las 08:00 am., apareció por el oeste el crucero auxiliar norteamericano **Saint Paul**, para bloquear el puerto. El buque, mandado por el capitán de navío Charles D. Sigsbee, era un mercante de 11 600 toneladas, capaz de alcanzar los 20 nudos de velocidad y al que se había artillado con 8 cañones de 152 mm y 8 cañones de 57 mm, todos de tiro rápido.

El **Saint Paul** navegó lentamente a lo largo de la costa hasta situarse frente al castillo de San Cristóbal, fuera del alcance de los cañones del mismo. La presencia del buque estadounidense causó gran expectación entre la población de San Juan y antes del mediodía millares de personas ocupaban las murallas y las azoteas del recinto norte del ciudad, deseosos de presenciar el posible combate.

Cerca de laas 12:00 hrs. el crucero español **Isabel II**, levó anclas y se dirigió a la boca del puerto, poniendo después rumbo este navegando muy aterrado, para no perder el apoyo de las baterías costeras, mientras el **Saint Paul** permanecía inmóvil.

USS S*aint Paul*.

El buque español abrió fuego estando aún a gran distancia y el crucero norteamericano respondió. Ambos contendientes intercambiaron unos 30 disparos, sin resultado alguno. La multitud, subida a las murallas, aplaudía frenéticamente cada vez que el

Isabel II disparaba.[287]

Eran apróximadamente las 13:30 hrs., cuando el destructor de torpederos **Terror**, salió por la boca del puerto, cruzó delante del **Isabel II** y poniendo rumbo nordeste, forzó su andar, enfilando al crucero auxiliar norteamericano, con la evidente intención de atacarlo con sus torpedos. La mar, que estaba bastante movida, le producía fuertes bandazos al destructor español, que embarcaba recios golpes de agua.

El **Saint Paul**, cuyo comandante observaba la maniobra del **Terror**, se movió lentamente hacia el norte, con el objeto de atraerlo hacia afuera, y en tal rumbo, que el oleaje lo tomase de través. A unos 4 000 metros de distancia, el destructor español, que estaba desprovisto de su artillería principal, abrió fuego con sus dos piezas de 55 mm, y sobre la marcha, cambió de rumbo poniendo proa al crucero estadounidense y a toda máquina se lanzó hacia él, aproximándosele hasta una distancia de 1 200 metros. En ese momento, el buque norteamericano abrió fuego con todas sus piezas. Angel Rivero, que desde el castillo de San Cristóbal seguía atento el curso de las acciones, relata que "era tal el volumen de fuego del **Saint Paul**, y tan certera su puntería, que, en aquellos mismos instantes, pensé que el mar estaba hirviendo junto al **Terror**..." [288]

En momentos en que todo parecía indicar que el **Terror** estaba próximo a lanzar sus torpedos, el destructor español fue alcanzado por varios proyectiles que le causaron diversas averías así como dos muertos y cuatro heridos. Escorado, perdida gran parte de la velocidad y haciendo agua, el buque hispano puso proa al puerto al que pudo llegar a duras penas. El **Isabel II**, después de acompañar por algún tiempo al **Terror**, se situó cerca de la boca hasta la noche.

La salida del **Terror** que había sido ordenada, en un acto de irresponsabilidad, por el capitán de navío Eugenio Vallariño, comandante de la Marina, terminó en un completo fracaso. Su resultado causó un efecto aplastante sobre la moral de la población, convenciendo hasta a los más belicosos de que las escasas fuerzas navales con que contaba España en Puerto Rico eran impotentes, aún contra vapores mercantes armados en guerra

---

[287] Rivero, Op. Cit., pp. 160-161.
[288] Ibíd. p. 161.

como auxiliares de la Marina.[289]

Varios días después, el 28 de junio, tuvo lugar, en el mismo escenario, la persecución y hundimiento del mercante español **Antonio López**, de 6400 toneladas que, procedente de la Península, conducía a Puerto Rico un importante cargamento de pertrechos de guerra. El puerto de San Juan estaba entonces bloqueado por crucero auxiliar **Yosemite**, mercante armado en guerra, de 6200 toneladas, capaza de una velocidad de 15 nudos y al que se había dotado de 10 piezas de 152 mm. y 6 de 57 mm.

En la acción también participaron varios buques españoles (el crucero **Isabel II**, el crucero de 3ª **General Concha** y el cañonero **Ponce de León**) así como las baterías costeras, tratando de defender al mercante español, que fue alcanzado por varios disparos y se metió a toda máquina contra la costa, varando en arena, siendo abandonado por su capitán y la mayoría de los tripulantes. El fuego de los defensores logró alejar al buque atacante y los españoles procedieron a descargar rápidamente los materiales que traía el barco varado, logrando rescatar varias piezas de artillería con su correspondiente parque, raciones para las tropas y más de 50 toneladas de pólvora.

El 16 de julio, se presentó frente a San Juan el crucero **New Orleans** que, después de intercambiar señales con el **Yosemite**, se acercó a unas tres millas del **Antonio López** y le hizo fuego con su artillería de tiro rápido, incendiándolo. [290]

Las acciones navales que tuvieron lugar frente a San Juan de Puerto Rico, si bien fueron de carácter episódico, ejercieron un significativo efecto psicológico sobre los defensores y sirvieron para mostrar la superioridad de las fuerzas navales norteamericanas.

En su conjunto, las primeras acciones navales en la región del Caribe crearon condiciones muy favorables para las operaciones que ulteriormente llevaron a cabo las fuerzas norteamericanas, abriéndoles así el camino a la consecución de sus objetivos en la guerra.

---

[289] Ibíd., p. 172.
[290] Ibbíd., pp. 172-175.

# Capítulo 9
## La movilización del Ejército Norteamericano

**Reclutamiento del Ejército.**

Tropas congregadas en los patios del ferrocarril en Tampa. [N. del E.]

La legislación aprobada por el Congreso el 26 de Abril, permitía la expansión del ejército regular a más del doble de sus efectivos. El 1 de abril, el ejército regular estaba compuesto por 2143 oficiales y 26 040 alistados, lo que hacía un total de 28 183 hombres. Su límite máximo permitido, para tiempo de guerra, fue de 65 700 hombres. Conjuntamente con esto, McKinley emitió un llamado de 125 000 voluntarios, y en mayo 25, un segundo llamado de otros 75 000.

En total, durante la guerra fueron autorizados 216 500 voluntarios, los que, sumados a los 65 700 del ejército regular, dan una cifra de 282 700 hombres. Según estimados, un total de 263 609 hombres sirvieron en el ejército durante la guerra. La cifra total de efectivos de las fuerzas armadas norteamericanas, incluyendo la Marina de Guerra ( que contaba el 30 de junio con 24 123 alistados y 1715 oficiales), fue de, aproximadamente 290 000 hombres.[291]

Durante la guerra no se encontraron dificultades para obtener el material humano necesario. La patriotería y el "jingoísmo" enardecían a la opinión pública de los Estados unidos y una euforia bélica se adueñó de las multitudes.

"De acuerdo a las estadísticas disponibles -nos dice el historiador David F. Trask -, el voluntario promedio era blanco, joven, soltero, nacido en los Estados Unidos y proveniente de las clases trabajadoras". De acuerdo con esa misma fuente, entre 8 y 10 mil negros se alistaron como voluntarios, agregándose las unidades que con ellos se formaron a los cuatro regimientos de negros que ya tenía el Ejército regular.

Voluntarios negros estadounidenses.

Muchos de esos voluntarios negros fueron alistados en los regimientos de "inmunes", pues se creía, erróneamente, que los negros eran inmunes a las enfermedades tropicales tales como la malaria y la fiebre amarilla. Sólo tres estados -Alabama, Ohio y Massachusetts-, tenían regimientos negros disponibles para

---

[291] David F.Trask:*"The War with Spain in 1898"*, New York, 1981, p. 156.

prestar servicio dentro del primer llamado. Cuando se hizo el segundo llamado para voluntarios, cinco estados aceptaron unidades de negros - Illinois, Kansas, Virginia, Indiana y Carolina del Norte. Y sólo en tres de esas unidades se permitieron oficiales negros - el 8º Regimiento de Illinois, el 33 de Kansas y el 3º de Carolina del Norte. Los regimientos regulares de negros - 9º y 10º de caballería y los 24º y 25º de infantería -, fueron enviados a Tampa y formaron parte del 5º Cuerpo de Ejército, siendo todos enviados a Cuba.[292]

**Evolución de los planes estratégicos en mayo de 1898.**

Desde antes de la declaración de guerra, el secretario Alger había informado al presidente que el Ejército no estaría en condiciones, por algún tiempo, de organizar una expedición de gran escala en la región del Caribe. Esto condujo a que se pensara sólo en esfuerzos limitados, al menos en el período inicial de la guerra. El 29 de Abril, el mayor general William Rufus Shafter fue enviado a Tampa, desde donde se preveía enviarlo a desembarcar en la costa sur de Cuba con una fuerza de unos 6 mil regulares. El desembarco debía efectuarse en las inmediaciones de Tunas de Zaza, tras lo cual debía "penetrar en el territorio cubano lo suficiente para hacer contacto con las fuerzas del general Máximo Gómez", para entregarle a éste abastecimiento de todo tipo.

Después de esto debía "reembarcar y dirigirse por mar hacia la costa norte de la región occidental de Cuba, hacer allí contacto con los buques norteamericanos que ejercían el bloqueo naval y entregar suministros a las fuerzas cubanas de esta parte de la Isla". Sin embargo, se le advertía que, "de tener conocimiento de que la escuadra de Cervera había arribado a las Antillas, debía "retornar inmediatamente al puerto norteamericano más cercano" que se considerara seguro. Sus órdenes precisaban al respecto "No se espera que Ud. penetre en el interior más que para hacer contacto con el general Gómez, prestarle toda la ayuda posible; y "no se espera que Ud. mantenga sus fuerzas en la Isla de Cuba sino por unos pocos días"..... "Esta expedición es un reconocimiento en fuerza, para llevar ayuda y socorro a los insurgentes, ocasionar a las fuerzas españolas todo el daño posible y evitar

---

[292] Ibídem., p. 158.

daños serios a las fuerzas bajo su mando".

Una operación de tal naturaleza estaba encaminada, en lo fundamental, a aplacar a la opinión pública que, azuzada por la prensa, presionaba para que el Ejército se mostrara activo, al igual que ya lo hacía la Marina.[293]

Sin embargo, el mismo día en que esas órdenes eran impartidas, se recibieron en Washington noticias sobre la salida de Cabo Verde de la escuadra de Cervera y los planes fueron cambiados inmediatamente. El 30 de abril, el Departamento de la Guerra canceló las órdenes de Shafter de dirigirse a Cuba y se le dio a cambio, la orden de continuar preparando una expedición más limitada para llevarla a cabo en cuanto la situación lo permitiera. Mientras, el Departamento de la Guerra, presionado por la prensa, llevaba a cabo una verdadera aventura.

**La prensa obliga a desembarcar: la expedición del "Gussie"**

Confusión y desorganización en los muelles en Tampa. [N. del E]

En los primeros días de mayo en el Departamento de la Guerra tomó fuerza la idea de que fuerzas del Ejército realizaran algún tipo de expedición para demostrarle a la prensa impaciente que

---

[293] Ibídem., pp. 162-163; véase Russell A. Alger, *"The Spanish-American War"*, New York y Londres, 1901, p. 44-45 donde aparece el texto completo de orden a Shafter. Véase, French E. Chadwick, *"The Relations of the United States and Spain: The Spanish-American War"*, New York, 1911, Vol. 2, p. 7.

no se estaba quedando atrás en sus servicios a la nación.

Fueron estas las circunstancias en las que fue organizada una expedición que debía desembarcar en la zona cercana a Mariel, conduciendo un cargamento de armas y provisiones para los insurrectos cubanos. Para cumplir la misión fueron designadas las compañías E y G del 1º Regimiento regular de infantería, bajo el mando del capitán J. H. Dorst del 4º Regimiento de caballería.

En vista de que no pudo obtenerse del Departamento de Marina un buque adecuado para el transporte de la expedición pues se argumentó que todas las unidades de superficie estaban comprometidas en las acciones de bloqueo naval y en la búsqueda de la escuadra española que bajo el mando del contralmirante Cervera había salido hacia las Antillas, se echó mano a un viejo vapor fluvial movido por ruedas de paletas, matriculado en Nueva Orleans y que se denominaba **Gussie**.

Toda la operación fue anunciada por la prensa a lo largo y ancho del país. Las tropas embarcaron el 9 de mayo en horas de la noche, pero el **Gussie** no zarpó hasta el día siguiente por la tarde y una gran multitud se congregó cerca de los muelles de Tampa para verlo salir. Junto a las tropas estadounidenses embarcaron, en calidad de prácticos y enlaces con las fuerzas cubanas, dos experimentados comandantes del Ejército Libertador, Donato Soto y Antonio M. Caíñas Figarola, así como un ordenanza. También subieron a bordo del vapor un grupo de periodistas que incluía, entre otros, a M. Akees del *"London Times"*, a Poultney Bigelow, al dibujante R. F. Zogbaum, al artista y escritor Stephen Bonsal, al reportero y dibujante James F. J. Archibald del *"San Francisco Post"* y al dibujante Frederic Remington.[294]

Además, el viejo vapor fue seguido por los remolcadores **Tritón** y **Dewey**, alquilados por la prensa. El **Dewey** remolcó al **Gussie** hasta situarlo en aguas profundas. Al poco tiempo de navegación el guardacostas **Manning** se unió al pequeño convoy en calidad de escolta.

El primer intento de desembarco se pensó efectuarlo en las inmediaciones de la bahía del Mariel, pero los cubanos a bordo se opusieron, y tenían sobradas razones para ello. Resultaba claro

---

[294] Archibald, James F.J.: *"The First Engagement of American Troops on Cuban Soil"* en **Episodes of the War Scribner's Magazine**, pp. 177-182.

que la publicidad de la operación no se había limitado a los Estados Unidos. Si una gran cantidad de habitantes de la Florida se había congregado para verlos salir, parecía como si todo el mundo en Cuba se hubiera reunido en la costa para recibirlos.

Cuando el vetusto y pintoresco **Gussie** y su comitiva navegaban lentamente a lo largo del litoral hacia el oeste, a menos de una milla de tierra, en busca de un lugar para desembarcar, un destacamento de caballería del Ejército español, compuesto por varios cientos de jinetes, apareció en la playa y siguió al vapor y su comitiva durante cerca de una hora, hasta que se quedó atrás.

Un poco más tarde, el cañonero **Wasp**, que estaba patrullando en la región encontró a los expedicionarios y se unió a ellos.

Convoy de barcos partiendo de la Bahía de Tampa. [N. del E.]

Al filo de las 2 p.m., el convoy arribó a la boca de la bahía de Cabañas donde todo parecía indicar que el desembarco podría efectuarse con seguridad. El **Gussie** fondeó a unos cien metros de Punta Arbolitos, extremo norte de la margen oeste de la boca de la bahía, y unos 40 hombres iniciaron la maniobra de embarcarse en los botes.

La costa del lugar escogido para desembarcar es baja, rocosa, con acumulaciones de arena, seguida de mangles y de una maleza alta sobre un terreno que asciende suavemente. Del extremo de la Punta bota un arrecife poco profundo, con partes que velan, donde rompe continuamente la mar.

Veamos la descripción que nos hace Walter Millis de lo que siguió a la llegada de la expedición:

*"Comenzó a caer un fuerte aguacero tropical, que amenazaba con apagar la brillantez de la tarde, pero aún así, se reunió una nutrida concurrencia, compuesta de buques de guerra norteamericanos que, atraídos por la curiosidad, formaron un semicírculo*

*detrás de los barcos de la expedición y los apoyaba moralmente. Los botes fueron impulsados con excitación y vehemencia a través de la lluvia pues se trataba del primer desembarco de tropas norteamericanas en suelo cubano. En aquel momento de elevada tensión (una chalupa en la iban los prácticos cubanos se había volcado en la rompiente y los patriotas nadaban ahora hacia la costa), los dos remolcadores que conducían a los periodistas se acercaron haciendo sonar sus sirenas mientras las tripulaciones gesticulaban salvajemente..."*[295]

Uno de los presentes, Stephen Bonsal, citado por Millis, relata así aquella escena, típicamente norteamericana:

*"Era un momento excitante. La lluvia había cesado, el viento se había corrido al norte y soplaba ahora con mucha fuerza. Las olas rompían con un tremendo rugido contra los arrecifes de coral. Fue con mucha dificultad, gritando por encima del estruendo de la rompiente, a través de una bocina, que preguntaron: "¿Cuál es el nombre de ese hombre que está en la proa del primer bote?"*
*El soldado respondió tímidamente, "Metzler, de la compañía E".*
*De esa manera, la prensa informó que Metzler fue el primer soldado del Ejército de los Estados Unidos que desembarcó en suelo cubano.*
*Pero no fue así. El bote del capitán O'Connell, donde iba Metzler, y que fue el primero que se separó del vapor, se metió en dificultades al cruzar el arrecife y finalmente se volcó, mientras el segundo bote pudo seguir adelante y llegó primero......".*

Millis continúa narrando:

*"Una vez en tierra, se vieron en una selva. De la espesura partieron varios disparos y los norteamericanos respondieron al fuego mientras avanzaban desplegados en guerrilla y la oposición cesó. Los cañoneros realizaron un ligero bombardeo a la manigua circundante -una especie de primitiva barrera de fuego-, y un poco después arribaron a nado los caballos de los prácticos*

---

[295] Walter Millis,*"The Martial Spirit"*, pp. 207-212.

*cubanos, que partieron rápidamente en busca de los insurrectos....'*[296]

Minutos después, al continuar avanzando, los norteamericanos cayeron bajo el fuego de tiradores españoles convenientemente parapetados en la espesura.

Reportero James F. J. Archibald.

El reportero James F. J. Archibald que, tocado con un sombrero tejano y revólver al cinto, se desenvolvía como improvisado jefe de un destacamento de unos 20 hombres, resultó herido levemente en un brazo. Fue la única baja norteamericana de la operación.[297]

Temiendo que los españoles pudieran recibir refuerzos desde Cabañas y ser batido por ellos, el jefe norteamericano decidió reembarcar, para lo cual pidió, con urgencia, el apoyo de los buques de guerra allí presentes - reforzados con la llegada del cañonero **Dolphin** que llevaba a bordo al mismísimo comodoro Watson, jefe de las fuerzas de bloqueo naval a Cuba-, los cuales sometieron las inmediaciones del lugar del desembarco a un fuerte cañoneo. Eran, aproximadamente, las 3:30 pm.[298]

Cerca de las 5 p.m. los efectivos norteamericanos que habían desembarcado, se encontraban de nuevo a bordo del **Gussie**, sanos y salvos. Los prácticos cubanos quedaban en tierra, abandonados a su suerte.

La comitiva norteamericana abandonó el lugar y estuvo deambulando durante toda la noche, con el propósito de desembarcar al amanecer al este de Mariel, idea esta que luego se desechó cuando al acercarse a la costa, siendo las 9:15 a.m., a unas tres

---

[296] Ibídem.
[297] Archibald, Op. Cit.
[298] Según el informe del teniente de navío Aaron Ward, comandante del **Wasp** se efectuaron más de 80 disparos de las piezas de 6 libras (57 mm). Ver *"Appendix to the Report of the Chief of the Bureau of Navigation"*, Washington, 1898 (en lo adelante BN 98), pp. 661-662.

millas al este de la boca de Mariel, fueron recibidos por fuego de fusilería proveniente de una torre de vigilancia de costas allí situada. Los buques norteamericanos **Manning** y **Wasp** abrieron fuego contra la torre con sus cañones de 6 libras, haciéndole por lo menos, según informaron, 18 disparos, algunos de ellos con impacto directo.[299]

A las 9:40 a.m. el **Gussie** y su comitiva pusieron proa a la Florida. El 16 de mayo la expedición estaba de vuelta en Tampa, los suministros permanecían a bordo y por lo tanto la misión anunciada no se había cumplido, pero el prestigio del Ejército, gracias a la publicidad recibida había mejorado ligeramente. El capitán Dorst, por su parte, subrayó severamente que el fracaso fue debido precisamente a esa publicidad. Las incidencias de la expedición del **Gussie** se prestaron, desde un principio a las más variadas manipulaciones, de acuerdo con los diferentes intereses. Por ejemplo, el secretario de la Guerra de los Estados Unidos, Russell A. Alger, escribió:

*"...Un desembarco fue efectuado en Punta Arbolitas (sic.), cerca de Cabañas; unas 40 millas al oeste de La Habana. Apenas 15 minutos después del desembarco nuestras fuerzas chocaron y rechazaron a un regimiento español (1200 hombres) mandados por el coronel Balboeis, quien resultó muerto, junto con varios de sus hombres. Nosotros no tuvimos bajas..."*[300]

Capitán artillero Severo Gómez Núñez, director de *El Diario del Ejército* de La Habana. [N.del E.]

Por otra parte, Severo Gómez Núñez, dio otra versión de los hechos:

*"...la escuadra pareció querer efectuar un desembarco frente a Mariel, el que no llevó á efecto, porque al acercarse tres lanchones, remolcados y llenos de gente, á la Playa de la Herradura, fueron recibidos por el fuego de las tropas pertenecientes al batallón de Gerona y tuvieron que reembarcar á toda*

---

[299] Ibídem., p. 662.
[300] Alger, Op. Cit., p. 43.

*prisa. Ha de tenerse en cuenta que, los norteamericanos traían á bordo de sus barcos, como prácticos, jefes de la insurrección cubana y á muchos insurrectos, que eran los que en estas operaciones echaban por delante."*[301]

Alguna prensa norteamericana por su parte, daba, muy a su manera, una valoración de las consecuencias del fracaso de lo que, más que una operación militar, tuvo todas las trazas de una aventura realizada con fines propagandísticos:

*"El efecto del fracaso de la expedición del* **Gussie** *será el de cuestionar la actividad potencial de los cubanos y en particular poner en duda su capacidad para hacer algo más que una guerra de guerrillas, la cual no es el tipo de guerra que los Estados Unidos está llevando a cabo".*

Sin embargo, ésta y toda la experiencia posterior de la guerra demostraría que sin la cooperación de los cubanos resultaba imposible realizar, con éxito, el desembarco de fuerzas en las costas de la Isla.

### Problemas en la Casa Blanca

Mientras tanto, proseguían los cambios en la planificación de la campaña. El 2 de mayo, había sido convocado un consejo de

---

[301] Gómez Núñez, Severo: *"La Guerra Hispanoamericana. El Bloqueo y la Defensa de Costas"*, Madrid, 1899, p. 122. El subrayado es mío, GPC. Por cierto, Gómez Núñez comete un error al dar como fecha del intento de desembarco la del 29 de Abril. Este error lo subsana en otro de los tomos de su obra: *"La Guerra Hispanoamericana. Santiago de Cuba"*, Madrid, 1901, p. 67, cuando dice: *"...Sólo dos veces se intentó lanzar tropas sobre Cuba antes del arribo de la escuadra española. Una sin éxito, el 13 de mayo, sobre Cabañas, por el coronel Dorst, quien á bordo del transporte* **Sussie** *(sic.), llevaba algunas compañías, que fueron rechazadas...."*. Sin embargo, esta rectificación no fue advertida por algunos historiadores que han dado como fecha del intento de desembarco la del 30 de Abril (Véase, Martínez Arango, Felipe: *"Cronología Crítica de la Guerra Hispanocubanoamericana"*, La Habana, 1973 (reed.), p. 62). Otros historiadores también influidos al parecer directa o indirectamente por la primera información de Gómez Núñez han mencionado la existencia de dos ó más expediciones norteamericanas donde sólo hubo una (véase García del Pino, César: *"Expediciones de la Guerra de Independencia. 1895-1898"*, La Habana, 1996, pp. 86-87); véase Abdala Pupo, Oscar Luis: *"La Intervención Militar Norteamericana en la Contienda Independentista Cubana: 1898"*,Santiago de Cuba, 1998, p. 43.

guerra en la Casa Blanca, para decidir sobre un nuevo plan de operaciones contra Cuba. Participaron en el mismo, además del presidente McKinley, el secretario Alger y los generales Nelson Miles y Wesley Merrit, en representación del Ejército; el secretario Long y el almirante Sicard, representaban a la Marina.

El grupo acordó que debía efectuarse un desembarco en Mariel, magnifica bahía situada a unas 26 millas al oeste de La Habana. La idea era establecer allí una posición fortificada que sirviera como base para un ataque a La Habana. El anterior proyecto de efectuar un "reconocimiento en fuerza" desembarcando en Tunas de Zaza, fue cancelado debido a que la escuadra de Cervera se acercaba a las Antillas y se consideró que era más fácil escoltar convoyes hasta Mariel que hasta la costa sur. Se determinó, asimismo, que la primera expedición hacia Mariel partiera en aproximadamente 15 días.

Este plan estaba muy próximo a la proposición presentada, el 4 de Abril, por la Junta Ejército-Marina aunque se diferenciaba de ella en cuanto al número de fuerzas que ser desembarcadas en Cuba en un inicio. Los preparativos para materializar los acuerdos comenzaron inmediatamente: Shafter envió a Key West al general de brigada Henry W. Lawton para establecer las coordinaciones pertinentes con los jefes navales.[302]

General Henry W. Lawton.

Sin embargo, el plan del 2 de mayo no se llevó a efecto. El 6 de mayo, el almirante Sicard, en representación de la Junta de Guerra Naval, informó al secretario Long que el Ejército no podía llenar su cometido y le proponía que se comunicara con el Departamento de la Guerra para tratar de acelerar los preparativos. Ese mismo día, en una reunión del gabinete, Long le entregó a Alger una carta en la que le reiteraba los acuerdos alcanzados y le urgía a fijar una fecha para realizar el movimiento de tropas. Alger reaccionó de una manera impredecible: el 8 de mayo le ordenó al general Miles ponerse al frente

---

[302] Alger, Op. Cit., pp. 46-47. Alger dice que el Congreso dispuso un fondo de 350 000 dólares para financiar la operación.

de una fuerza de 70 000 hombres y proceder inmediatamente a la captura de La Habana (¡!) en lo que algunos analistas han considerado una maniobra para poner en un grave aprieto a Miles con quien sus relaciones eran cada vez peores.[303]

En cuanto Miles recibió la sorprendente orden de Alger, corrió a la Casa Blanca y logró convencer al presidente de que la cancelara, argumentando que los españoles tenían en La Habana y sus inmediaciones más de 125 000 hombres, apoyados por 125 piezas de artillería emplazadas en puntos fortificados, y que en ese momento los Estados Unidos carecían de las municiones necesarias para de 70 000 hombres. Además, consideraba imprudente lanzarse en una operación en Cuba sin que la Marina hubiera alcanzado el pleno dominio del mar. Miles se apoyó también en una consideración táctica: "El método de tomar por asalto posiciones sólidamente fortificadas hace ya tiempo que es obsoleto", y se mostró partidario decidido de movimientos de flanqueo y contra los ataques frontales.

Así, ya a principios de mayo, Miles ponía objeciones contra una inmediata operación terrestre que él había defendido el 18 de Abril. Ahora planteaba realizar una cuidadosa preparación para una campaña terrestre en Cuba prestando especial atención a los problemas de hacer una guerra en ambiente tropical. El 9 de mayo envió instrucciones a Shafter, ordenándole capturar Mariel u otro punto de mayor importancia de la costa norte de Cuba, "donde el territorio sea amplio para desembarcar y desplegar el Ejército". Las tropas le serían enviadas lo más pronto posible. El propósito era el establecimiento de una cabeza de playa a partir de la cual las tropas podrían moverse hacia su objetivo principal, La Habana. Este plan implicaba una solución de compromiso; por un lado, al realizar una rápida operación terrestre daba satisfacción a las demandas de la opinión pública exaltada, pero por otra parte, no conducía a un asalto precipitado al centro del poderío militar enemigo.[304]

---

[303] La carta de Long a Alger tiene fecha 6 de mayo y aparece en BN 98, p. 662. En la misiva se establecía que la fuerza a enviar a Cuba estaba fijada en 40-50 mil hombres. Respecto a la reacción de Alger, la misma es comentada en Trask, Op. Cit., p. 165. Véase también Williams, Thomas H.: *"The History of American Wars"*, Baton Rouge-London, 1981, p. 332.

[304] Véase el telegrama del 9 de mayo de 1898 del general H. C. Corbin, ayudante-general al general Wade, jefe de las tropas en Tampa en *"Correspondence Relating to the War with Spain"*, Washington, 1902, p. 11.

Pero las órdenes del 9 de mayo tropezaron con serias dificultades para ser cumplidas. El secretario de Marina reaccionó enérgicamente contra ellas y se quejó al presidente, por lo que tuvo lugar una reunión en la que participaron el propio Long, Alger y Miles para que se pospusiera la salida de la expedición hasta tanto la Marina completara los preparativos del convoy. "Nuestros buques están listos"- afirmó Long- "pero debemos tener al menos algún indicio de cuándo se les necesitará". De esa manera, la expedición fue postergada hasta el 16 de mayo.

Transportes en el puerto de Tampa.

Mientras tanto, se ordenó a Shafter mover 12 000 hombres hacia Key West, donde serían embarcados en transportes provenientes de New York. Al mismo tiempo, cinco regimientos de regulares recibían órdenes de moverse de Camp Thomas (Tennessee) hacia Tampa. Sin embargo, al conocerse en ese momento en Washington la noticia de que Cervera había sido visto frente a Martinica, el movimiento hacia Mariel fue cancelado hasta nuevo aviso, aunque Shafter continuó en Tampa su organización con el consenso de que no habría movimientos marítimos del Ejército hasta que la Marina se enfrentara a la flota española de

Cervera.[305]

Los primeros días de mayo fueron bastante complicados para el Gobierno norteamericano y, en especial, para el Departamento de Guerra, pues se vieron precisados a tomar decisiones no sólo sobre Cuba sino también sobre Filipinas. El presidente McKinley estaba sumamente preocupado por el cariz que estaban tomando las cosas, porque, ya embarcado en la contienda bélica, deseaba hacerlo al menor costo de vidas y de finanzas, y, sin embargo, los acontecimientos conducían hacia una escalada de operaciones cuyo fin era difícil de prever, y dado que era año de elecciones parciales, temía que cualquier fallo o desliz fuera aprovechado por sus enemigos políticos, que le preocupaban más que el enemigo español. El verdadero enemigo, para McKinley, era el Partido Demócrata.

Tratando de mantener el control de los acontecimientos que a diario se sucedían, el presidente ordenó montar, cerca de su despacho en la Casa Blanca, una "Sala de Guerra" (lo que hoy llamaríamos un Puesto de Mando) con comunicaciones telegráficas con todas las instalaciones militares que pudieran ser alcanzadas mediante cable. Años más tarde, el secretario Long, en su diario, describiría la situación en la Casa Blanca durante los meses que duró la guerra: "Frecuentemente, en la tarde, iban llegando los miembros del gabinete a la Casa Blanca para discutir la campaña en las Filipinas y en las Antillas, permaneciendo allí a menudo hasta la media noche". La información llegaba y se emitían órdenes. "Había una constante comunicación telegráfica de los departamentos ejecutivos con nuestros oficiales del Ejército y Marina, y en uno de los salones había un mapa con banderitas movibles que, de un vistazo, permitían conocer la posición de nuestros buques y unidades del Ejército".[306]

McKinley trataba, por todos los medios, de evitar verse involucrado en detalles tácticos y logísticos, así como en largas discusiones sobre política y estrategia. El secretario Alger, raramente daba muestras de ser competente y estaba en constante litigio con el general Miles. Por su parte, el secretario Long era con frecuencia vacilante cuando tenía que enfrentar su opinión con la

---

[305] Trask, Op. Cit., p. 166.; véase también carta de Long a Alger del 13 de mayo, 1998 en BN 98, p. 663.
[306] Trask, Op. Cit., p. 169.

de los militares profesionales. Una biógrafa de McKinley, Margaret Leech, ha descrito la situación como sigue: "Entre el Ejército y la Marina, el presidente era siempre enlace y mediador. Como comandante en jefe, sólo él poseía autoridad para dar solución a las disputas que conducían a un atolladero en cada programa de acción unida".

General de brigada Henry Clark Corbin.

Con ese propósito, McKinley sostenía frecuentes reuniones con sus consejeros militares y navales. Alger, Miles y el Ayudante General Corbin, representaban usualmente al Departamento de Guerra, mientras Long, Sicard y ocasionalmente el capitán de navío Alfred T. Mahan, lo hacían por el Departamento de Marina. Como tanto Alger como Miles habían ido perdiendo su confianza, McKinley convirtió al general de brigada Henry Clark Corbin en algo así como un "jefe de estado mayor extraoficial", por lo que este ejercía una influencia que estaba más allá de su cargo de jefe de un negociado (buró) del Departamento de Guerra.

**La expedición Lacret - Sanguily**

Recién llegado a Tampa -después de la aventura del **Gussie**-, Joseph H. Dorst fue ascendido de capitán a teniente coronel y se le encomendó la conducción de una fuerte expedición de fuerzas cubanas hacia Banes, en la costa norte de la región oriental de Cuba. La expedición, al frente de la cual estaba el general del Ejército Libertador de Cuba, José Lacret Morlot -aunque en la misma se encontraba el mayor general Julio Sanguily-, embarcó a bordo del vapor **Florida** y escoltada por el cañonero **Osceola**, salió el 21 de mayo de Key West, realizó un rodeo por las Bahamas, arribó a la entrada de la bahía de Banes la noche del 25 y desembarcó al día siguiente. El contingente expedicionario estaba compuesto por más de 400 hombres, muchos de ellos oficiales de experiencia, que conducían 7600 fusiles Springfield, más de 1 300 000 tiros, ropa, calzado, animales de tiro y carga y una gran cantidad de raciones. Según Dorst, "El desembarco se realizó sin interrupciones de ningún tipo y aparentemente no fue visto". Los informes tanto de Dorst, como del comandante del

**Osceola**, teniente de navío J. L. Purcell, ponen de relieve, aunque escuetamente, el papel de los prácticos cubanos en el éxito de la expedición.

Mambises cubanos en campaña.

La expedición del **Florida**, reverso de la del **Gussie**, demostró que, únicamente con la coordinación y el apoyo de los insurrectos cubanos, podían conducirse exitosamente las operaciones de desembarco en territorio de Cuba.[307]

Si McKinley confrontaba dificultades en Washington, la situación en Madrid era desesperada, dada la secuela de pesimismo generada por los éxitos norteamericanos. A pesar de ello, en los comienzos de la guerra, el gobierno Liberal no mostró deseos de buscar un fin inmediato a la misma, sino que continuó realizando esfuerzos para obtener el apoyo de las grandes potencias

---

[307] Informe del comandante del cañonero **Osceola** (BN 98, pp. 337-338; informe del teniente coronel Dorst (está contenido en un informe del general Miles dirigido al secretario Alger, fechado en Tampa el 1º de junio, publicado en *"Correspodence to the War with Spain"*, Vol. 1, p. 21); García del Pino, Op. Cit., pp. 86-87; Escalante Beatón, Aníbal *"Calixto García y su campaña en el 95"*, La Habana, 1978 (reed.), pp.498. Las cifras de lo transportado difieren según la fuente, Purcell informa 415 hombres, 180 toneladas de armas y 20 000 fusiles; Dorst reporta 7 500 fusiles, 20 000 raciones; la carta del general García que publica Escalante, habla de 7600 fusiles y 150 000 raciones. En dicha carta Calixto García informa al mayor general Máximo Gómez de la llegada de la expedición y del mal manejo que de las raciones hizo el general Lacret.

europeas, cosa que. claro está, preocupaba al gobierno de Washington. Gran parte de la opinión pública española apoyaba la decisión de combatir, basada en el supuesto de que los norteamericanos eran malos soldados, tal y como se le había hecho creer por la prensa de Madrid y otras ciudades. Sin embargo, observadores más sagaces y objetivos, se dieron cuenta enseguida de que España tenía muy pocas o ninguna posibilidad de triunfo. Dentro del propio gabinete, el *shock* causado por los primeros reveses condujo a una crisis.

Aquellos políticos que antes del comienzo de las hostilidades habían sido proclives a hacer concesiones a los norteamericanos, especialmente Moret y el ministro de Relaciones Exteriores, Pío Gullón, fueron sometidos a fuertes ataques, y el ministro de Marina, almirante Segismundo Bermejo, fue responsabilizado por el desastre de Manila y la sombría situación naval. En un esfuerzo por fortalecer su posición, el presidente del Consejo de Ministros, Práxedes Mateo Sagasta, procedió a reorganizar su gabinete. Reemplazó a Gullón por el Duque de Almodóvar en Relaciones Exteriores; nombró en la cartera de Ultramar a Vicente Romero Girón en lugar de Moret y en Marina sustituyó a Bermejo por el capitán de navío de primera clase Ramón Auñón y Villalón, quien se había mostrado muy ansioso e interesado en el envío de la escuadra de Cervera a las Antillas.

Precisamente cuando el nuevo gobierno Liberal recién se inauguraba, arribaba Cervera a Santiago de Cuba, hecho que influiría notablemente en el curso de la guerra. Tan pronto como la noticia se conoció en Washington, el Departamento de Guerra se unió al esfuerzo contra la escuadra española.

El 26 de mayo, aún cuando la presencia de Cervera en Santiago no había sido confirmada por la Marina, McKinley convocó a un consejo de guerra en el que participaron Miles, Alger, Long, y los miembros de la Junta de Guerra Naval. En dicho consejo se tomaron algunas de las decisiones más importantes del conflicto: se abandonó la idea de atacar La Habana -planteada a principios de mayo pero suspendida cuando se conoció la presencia de Cervera en las Antillas-, de manera tal que el Ejército pudiera enviar expediciones a Santiago de Cuba y Puerto Rico.

Lo anterior representaba un triunfo parcial para el general Nelson A. Miles, quien desde hacía tiempo abogaba por una aproximación indirecta en lugar de un ataque frontal contra el centro del poderío militar español en las Antillas: La Habana. Órdenes emitidas desde Washington pusieron inmediatamente en alerta a los jefes del Ejército y la Marina de los diferentes niveles jerárquicos.

Miles dio instrucciones a Shafter de que embarcara 25 000 hombres en buques de transporte, junto con la artillería necesaria y un escuadrón de caballería. Tan pronto como se recibiera la confirmación de que Cervera estaba en Santiago de Cuba estas fuerzas debían moverse hacía allí. (Muy pocos, a estas alturas, dudaban de la presencia de Cervera y su escuadra en Santiago, pero como ya se explicó, la negligente conducta - por llamarla de algún modo- del comodoro Schley había impedido confirmarla).

Acorazados *New York* y *Vixen*. Foto de la Colección Theodoro Roosevelt, de la Biblioteca del Harvard College. [N. del E.]

En mayo 27 se envió a Sampson y a Schley información detallada de los movimientos de tropas.

Tan pronto como fuera confirmada la presencia de la escuadra española en la bahía de Santiago, las tropas saldrían de Tampa para desembarcar a unas ocho millas el este de la ciudad; Sampson debía prepararse para escoltar de 15 a 20 transportes a lo largo de la costa norte de Cuba hacia el este, hasta el Paso de los Vientos - que separa a Cuba de Haití-, y de allí, hacía Santiago, llevando para ese propósito a los acorazados **Iowa** y **Oregon** y al crucero-acorazado **New York**, junto a buques de guerra menores necesarios para rechazar posibles ataques de torpederos. Los monitores y otros buques podrían mantener el bloqueo de La Habana. Cuando el desembarco se hubiera efectuado en las inmediaciones de Santiago, Sampson podría devolver parte de los buques a la misión bloqueadora.[308]

Mientras tanto, el general Nelson Miles, sobre la base de las instrucciones del 26 de mayo, elaboró un plan de campaña para el teatro del Caribe. Al escribir el día siguiente al secretario Alger, bosquejó un conjunto de puntos de vista que ejercerían considerable influencia: Las tropas debían ser enviadas inmediatamente a Santiago de Cuba. Si en el ínterin se capturaba a la escuadra de Cervera, o si esta escapaba, Miles proponía enviar rápidamente la expedición a Puerto Rico, aplazando la operación de Cuba. Coincidiendo con los capitanes de navío Mahan y Chadwick, el jefe del Ejército apreciaba que Puerto Rico podía convertirse en una buena base para futuras operaciones navales, especialmente para aquellas encaminadas a interceptar los refuerzos que España eventualmente podía enviar a las Antillas, y subrayaba el hecho de que Key West estaba mucho más cerca de San Juan que Cádiz, lo cual era un factor que favorecía las operaciones norteamericanas allí.

Después de la victoria, bien en Santiago de Cuba o en Puerto Rico, el general proponía realizar una operación más elaborada en conjunto con las fuerzas del Ejército Libertador Cubano. Como parte de dicha operación, se efectuaría un desembarco en la costa norte de Cuba para avanzar después hacia occidente, en dirección a La Habana, según la línea Nuevitas-Puerto Príncipe-

---

[308] Respecto a las instrucciones para las fuerzas en Tampa, véanse los sucesivos mensajes enviados por el general Miles al general Shafter los días 26, 29 y 30 de mayo y el que le envía, también a Shafter, el general Corbin el 31 de mayo en Alger, Op. Cit.. pp. 63-64. Para entender el estado de las relaciones Ejército-Marina, resulta esclarecedora la anotación hecha por el secretario Long en su diario el 27 de mayo de 1898 y que es reproducida por Trask en la nota 50 del capítulo 7 (pág. 539) de su obra *"The War with Spain in 1898"*: "El Secretario Alger, que en la última reunión del gabinete anunció que tenía 75 000 hombres listos para ser enviados a Cuba, dice ahora que no están preparados y que no lo estarán hasta dentro de dos o tres semanas. Alger es un hombre entusiasta, patriota y de espíritu, pero no parece tener las cosas en la mano. Existen fricciones entre él y sus oficiales, cosas de la cual la Marina está enteramente libre. El (Alger), está listo para prometer mucho más de lo que puede cumplir, simplemente porque no está bien informado de sus propios recursos y preparativos".

Santa Clara. "Estos movimientos", planteaba, "pueden realizarse durante la estación lluviosa, a través de regiones comparativamente libres de fiebre amarilla, con abundante ganado y pasto suficiente para nuestros animales". Cuando se estuviera efectuando este movimiento por tierra, el cual requeriría mayormente caballería y artillería del ejército regular, unidades de voluntarios desembarcarían cerca del Mariel o de Matanzas, y prepararían las condiciones para un asalto a La Habana. Miles tenía también en mente utilizar algunos de los puntos de la costa norte para llevar abastecimiento a las fuerzas cubanas, las cuales apoyarían su campaña de caballería en el interior del país.

Argumentando en favor de realizar operaciones primero en la periferia del poderío naval español durante los meses de verano y otoño, para después, con todas las fuerzas posibles, atacar La Habana, Miles razonaba: "La ventaja de estos movimientos será que el Ejército y la Marina actuarán en concertada y estrecha armonía, que nuestra Marina no será dividida, y que se utilizará nuestra fuerza militar más preparada (los regulares) de la mejor manera, durante la época del año en que las operaciones militares son más difíciles". Una vez más, el general Miles se mostraba partidario de operaciones que envolvieran o flanquearan al enemigo en sus puntos débiles, dependiendo principalmente del despliegue del Ejército regular– las mejores tropas con las que podía contar-, en cooperación con la Marina.[309]

Fue el general Miles, entre todos los jefes militares norteamericanos, uno de los que más interés puso en la participación de fuerzas del Ejército Libertador Cubano en la contienda. Este criterio de Miles no estaba por supuesto, motivado por sentimientos de solidaridad o simpatía a la causa cubana de la independencia, sino que estaba sustentado en argumentos de índole práctica. Miles se había dado cuenta, quizás con más claridad y rapidez que otros, que sin el apoyo de los cubanos le sería muy difícil y costoso a los norteamericanos librar una campaña terrestre contra el Ejército español en Cuba. Y esto se reflejó no sólo en el mencionado plan del 27 de mayo, sino que tuvo una marcada influencia en las acciones de la campaña de Santiago de Cuba. Desde antes del comienzo de la guerra, Miles había iniciado sus

---

[309] Musicant, Ivan:"Empire by Default", New York, 1998, pp. 264-265.

contactos con representantes de la causa cubana.

## Contactos con el Ejército Libertador Cubano

El 9 de abril, dos semanas antes de la declaración de guerra, en los mismos momentos en que el presidente McKinley se comprometía con el Papa León XIII a "ejercer sus buenos oficios" en la pacificación de Cuba, el coronel Arthur Wagner, jefe de la Sección de Información Militar, siguiendo instrucciones del propio presidente, confiaba al teniente Andrew S. Rowan la misión de viajar clandestinamente a Cuba, con el fin de hacer contacto con el mayor general Calixto García Iñiguez, Lugarteniente General del Ejército Libertador y jefe de su Departamento Oriental, para solicitar de éste apoyo para los planes militares norteamericanos. Con esta maniobra, el gobierno de los Estados Unidos estaba, a su vez, desconociendo al Gobierno de la República en Armas.

Teniente Andrew S. Rowan. Foto de los Archivos del Estado de West Vrginia, EEUU. [N. del E.]

Rowan hizo de inmediato contacto con el representante cubano en Washington, Gonzalo de Quesada, quien lo encaminó a la Delegación cubana en New York, cuyo jefe, Tomás Estrada Palma, lo proveyó de credenciales y una carta de presentación para la Junta Revolucionaria Cubana en Jamaica, lugar hacia el que se dirigió. En Jamaica, Rowan estableció las coordinaciones pertinentes con los cubanos tras lo cual fue trasladado a Cuba por el comandante Gervasio Savio, quien se encargaba de las comunicaciones marítimas cubanas con Jamaica. La travesía hasta las costas cubanas se realizó sin el menor contratiempo, dado el hecho de que la guerra ya había comenzado y establecido el bloqueo naval norteamericano a varios tramos de las costas cubanas por lo que las escasas y pequeñas unidades navales con que contaba España en el sur de Oriente se habían concentrado en Santiago de Cuba y suspendido sus patrullajes. El desembarco se produjo en Portillo, Ensenada de la Mora. Después de desembarcar, Rowan fue conducido a través de las montañas de la Sierra Maestra por prácticos cubanos hasta el cuartel del jefe de la división de Manzanillo, general Salvador Hernández Ríos, y de allí, escoltado, a Bayamo, ciudad que había sido ocupada, el 28 de abril, por las fuerzas cubanas dirigidas por el propio general Calixto García, quien lo recibió allí el día 1 de mayo.

El General Calixto Garcia (primer plano la derecha) y el Brigadier General William Ludlow (a su izquierda). Foto tomada durante su conferencia durante el desembarco de las tropas estadounidenses, p. 312 del *Harper's Pictorial History of the War with Spain*, V. II, Ed. Harper and Brothers, 1899.

Una vez conocido por García el mensaje verbal que le traía Rowan, dispuso que una comisión integrada por el general Enrique Collazo, el coronel Carlos Hernández y el teniente coronel Dr. Gonzalo García Vieta partiera para los Estados Unidos. La delegación salió de Cuba por Nuevitas, dirigiéndose a Nassau, en las

Bahamas, de donde partió después hacia territorio norteamericano. Una vez en Washington, los emisarios del general García, que llevaban consigo valiosa información militar, mapas y un mensaje dirigido al secretario de la Guerra, se entrevistaron con este y con el general Miles. En el mensaje mencionado Calixto García le confería al general Collazo plenos poderes "para informar a ud., verbalmente, asuntos de importancia, que serán de gran utilidad para un futuro entendimiento entre ese Departamento y este Ejército...".[310]

Casi simultáneamente con el encuentro entre Rowan y Calixto García en Bayamo, el general en jefe del Ejército Libertador, Máximo Gómez, recibía el 2 de mayo, a través del corresponsal norteamericano Sylvester Scovel, un mensaje del almirante Sampson, pero en vista de que el periodista no se atrevió en ese momento en llegar hasta Gómez, este último designó como representante suyo al vicecónsul norteamericano en Sagua, Juan Joba, quien fue despachado, el 5 de mayo, con instrucciones precisas. A los pocos días, el 12, Joba regresó, procedente de Key West con ofrecimientos concretos de ayuda, pero sobre todo, con solicitud de información:

*Key West, mayo 9 de 1898.*
*Al General en Jefe del Ejército Cubano*
*Señor:*

---

[310] Para más información sobre la misión de Rowan véanse: Rowan, Andrew S.: *"Cómo llevé el Mensaje a García"* en **Revista de La Habana**, Año I, T. II, No. 11, julio de 1943, pp. 495-519 (traducción de Lino Novás Calvo); en ese mismo número, de la Torriente, Cosme: *"Notas sobre el Mensaje a García",* pp. 520-528; Escalante Beatón, Aníbal:*"Calixto García. Su Campaña en 1895",* La Habana, 1978, pp. 432- 464; ver también Foner, Phillp S.:*"La Guerra Hispano-Cubano-Norteamericana y el Surgimiento del Imperialismo Yanqui",* La Habana, Vol. 2, pp. 6-8. Algunos historiadores han visto en la misión de Rowan no sólo un intento de desarrollar una efectiva cooperación y comunicación con las fuerzas cubanas sino una maniobra para dividir la jefatura del Ejército Libertador (Véase Portell Vilá, Herminio: *"Historia de Cuba en sus relaciones con los Estados Unidos y España",* Vol. 3: 1878-1899, La Habana, 1939, p. 465. Para una descripción de la visita de la comisión presidida por Collazo a Washington, véase la carta de Gonzalo de Quesada al general Calixto García del 30 de mayo de 1898, citada en, de la Torriente y Peraza, Cosme:*"Calixto García cooperó con las fuerzas armadas de los EE. UU. en 1898, cumpliendo órdenes del gobierno cubano",* La Habana, 1952, pp. 23-24. La carta de presentación de Collazo aparece (en inglés y traducida al español) en, Escalante Beatón, Op. Cit., p. 464.

Esta Guerra se ha llamado de los "corresponsales", por la importancia de la cobertura periodística del conflicto, como lo muestra la portada de la revista técnica *Fourth Estate*, reconociendo a los más destacados, como Stephen Crane, Richard Harding Davis, Sylvester Scovel, Edward Marshall y Frederic Remington.[N. del E.]

*Sería de gran beneficio para la causa cubana y para el gobierno de los Estados Unidos, si yo pudiese obtener de usted informes y noticias sobre los puntos que a continuación le indico:*

1. El número de hombres hábiles para el servicio, que hayan estado sobre las armas, organizados y que gocen de buena salud, de que pueda usted disponer. Su distribución en las provincias de Cuba. Los nombres de los distintos cuerpos, de las brigadas, de los jefes y sus distritos.

2. Cuáles son los mejores lugares de desembarco próximos a cada una de estas brigadas o cerca de cada cuerpo y cuáles costas, profundidad del agua y quiénes son los pilotos prácticos para cada uno de estos lugares.

3. Cuántos rifles "Springfield" y cartuchos necesita usted para cada brigada o cuerpo.

4. En caso de que un torpedero llevase orden de usted a los jefes de cuerpo, ¿cuánto tiempo tardarían ellos en acudir con sus fuerzas a los lugares donde se les ordene, para recibir municiones?

5. ¿Cuántos rifles desea usted, cuándo y donde?

6. ¿Qué clase de armamento? ¿Cómo quiere usted que se le envase? ¿Cuánto calzado, colchas, medicinas; qué clase y cuanta ropa?

7. ¿Puede usted mandar aviso por tierra a las provincias de Santa Clara y Matanzas, para notificar a los jefes allí de la llegada de armas y abastecimientos en puntos designados y fechas?

8. ¿Qué clase de campaña aconseja usted contra los pueblos, si el gobierno de los Estados nidos le facilita artllería montada, así como ingenieros para destruir ferrocarriles y destruir puentes?

9. ¿Desea usted cooperación de la flota para romper la trocha de Morón para que el general García pueda reunirse con usted, o prefiere usted que éste se traslade en barcos facilitados por los Estados Unidos?

10. ¿Qué necesita usted de bagajes para el transporte de las fuerzas combinadas?

11. ¿Desea usted ser reforzado por infantería y caballería americana?

12. ¿Tiene usted algo más que advertir a la armada, después de su cooperación en el desembarco de abastecimientos, municiones y armas?

13. ¿Cuántos hombres puede usted reconcentrar cerca de La Habana en un mes?

14. ¿Qué plan de campaña propone usted, cooperando con el ejército y la armada americana?

15. ¿Serán de su satisfacción para marchas ligeras, los equipos siguientes?: Cada soldado un rifle "Springfield" y 200 cartuchos, una mochila conteniendo harina de maíz, tocino y galletas; un par de zapatos y una muda de ropas envueltos en una frazada.

16. Cualquier pedido o indicación que usted haga, se recibirá gustosamente, trasmitiéndola enseguida al presidente de los Estados Unidos.

Con las mayores consideraciones quedo de usted obediente servidor.

*J. C. Watson*
Comodoro de la Armada Americana
Jefe de la División Cuba

El mayor general Máximo Gómez anotaría ese día en su Diario de Campaña: "El jefe aliado ofrece todos los recursos que podamos necesitar; en su consecuencia vuelvo a despachar enseguida (día 13) a Joba, con pliegos pidiendo tres expediciones; dos para

Las Villas y una que ha de ir a Camagüey..."[311]

Mayor General Máximo Gómez.

En una carta dirigida a Gómez, en la que le informaba de la entrevista con Rowan y los hechos que le sucedieron, Calixto García bosquejaba su plan de acciones en Oriente de forma detallada, y le expresaba a continuación:"Tan pronto estuviese conseguido el resultado del plan que, en resumen y a grandes rasgos acabo de exponerle, pensaba al frente de 8 ó 10 mil hombres pasar a Occidente a ponerme a sus órdenes..." De esta carta se desprende claramente que la campaña terrestre contra España se iniciaría en Oriente y se dirigiría hacia el Occidente del país, donde tendrían lugar los combates finales y decisivos, lo cual concordaba con las ideas que Miles venía planteando desde un inicio: Mientras los cubanos lanzaban una ofensiva en Oriente, abastecidos por los estadounidenses con armas, municiones y alimentos, y apoyados por las fuerzas navales norteamericanas, el Ejército de los Estados Unidos atacaría y ocuparía Puerto Rico, y después desembarcaría en la región oriental de Cuba, donde los cubanos habrían virtualmente derrotado a los españoles. Entonces se daría inicio a la campaña de Cuba, de Oriente a Occidente.

Por su parte, el general Máximo Gómez, al tener conocimiento de que las principales acciones de la campaña tendrían lugar en Occidente, en las inmediaciones de La Habana, y con la seguridad ofrecida por los norteamericanos de que le serían enviados con rapidez suministros, ordenó que un número importante de

---

[311] Sobre el mensaje llevado por Scovel y la designación de Joba véase, Gómez, Máximo: *"Diario de Campaña"*, La Habana, 1968, pp. 355-356. La carta del comodoro Watson a Máximo Gómez puede verse en Boza, Benigno: *"Mi diario de la guerra"*, La Habana, 1974, tomo 2, pp. 251-252. La cita es de Gómez, Op. Cit., p. 357; véase también Foner, Op. Cit., vol. 2, pp. 10-11.

efectivos del Ejército Libertador saliera del Departamento Oriental hacia el Occidente. Como podrá apreciarse estos contactos de representantes de las fuerzas armadas estadounidenses con importantes jefes militares cubanos, reflejaban, entre otras cosas, la rivalidad y falta de coordinación existentes entre el Ejército y la Marina. Mientras el Ejército contactaba y establecía coordinaciones con Calixto García en Oriente, la Marina trataba de hacer lo mismo con Gómez en el Centro.[312]

Sin embargo, la llegada a Santiago de Cuba de la escuadra de Cervera influyó decisivamente en que el presidente McKinley no aceptara todas las recomendaciones del general jefe del Ejército, sino que extrajera de ellas algunos elementos que, en su parecer, ayudarían a que la victoria se alcanzara más rápidamente. Decidió por tanto, atacar inmediatamente a Santiago de Cuba con una expedición compuesta principalmente por unidades del Ejército regular que estaban concentradas en Tampa, y, tan pronto fuera posible después, se realizaría la invasión de Puerto Rico empleando para ello las tropas desplegadas en Santiago de Cuba, reforzadas con otras provenientes de los Estados Unidos.

McKinley no estuvo de acuerdo con la campaña de caballería que proponía Miles, y decidió que no se efectuaría ningún movimiento sobre La Habana hasta después del verano, ya que para ese momento podía estar listo otro cuerpo de ejército, el 7°, que bajo las órdenes del mayor general Fitzhugh Lee, ex-cónsul en La Habana, se entrenaba en Jacksonville, Florida.

Tiempo más tarde, el secretario Alger señaló algunas debilidades que, en su criterio, tenía el plan de Miles de avanzar a través del norte de Cuba. La distancia por mar desde Key West a Nuevitas era de unas 400 millas náuticas, trecho mucho más largo que las 90 millas que separan a Key West de La Habana. Además la distancia entre Nuevitas y La Habana a lo largo de la línea según la cual Miles proponía avanzar, era de unos 560 kilómetros, lo que hacía necesarias largas líneas de comunicación y de apoyo logístico, y se preguntaba ¿Por qué marchar esa gran distancia cuando las tropas pueden desembarcar fácilmente a unas cuantas millas de La Habana, bajo la protección del fuego

---

[312] La carta de García a Gómez aparece publicada en Escalante Beatón, Op. Cit., pp. 473-474. Respecto a las ideas iniciales de Miles, véase Foner, Op. Cit., Vol. 2, pp. 8-9.

de la artillería naval?[313]

Tan pronto como el comodoro Schley confirmó que Cervera estaba en Santiago, se emitieron órdenes a Tampa para que se procediera a la inmediata salida del Ejército. El 29 de mayo se le dijo al general Shafter que pusiera a todos sus hombres a bordo de los buques de transporte y "telegrafiara cuando estuviera listo para zarpar con el convoy naval".

La artillería embarca en Tampa.

El comodoro Remey, jefe de la base naval de Key West, recibió órdenes de proporcionar la escolta. El 30 de mayo Shafter recibió una orden directa de Miles:"....Schley informa que dos cruceros y dos torpederos han sido vistos en la bahía de Santiago de Cuba. Parta con sus fuerzas para tomar la guarnición, y ayudar a la captura de la bahía y la flota". El ayudante de Shafter, coronel Edward J. McClernand, señalaría más tarde que este mensaje había sido la verdadera arrancada de la campaña de Santiago de Cuba.

El 31 de mayo, Shafter recibió una orden detallada para sus próximas operaciones, firmada por el general Corbin, documento este que, en nuestra opinión, no ha tenido la atención que merece por parte de la historiografía cubana que ha estudiado la guerra del 98. En el mismo:

- Se le indicaba dirigirse en convoy y desembarcar bien al este o al oeste de la bahía. Una vez en tierra, sus fuerzas debían "moverse hacia las alturas y farallones que circundan la bahía o hacia el interior, y proteger a la Marina cuando ésta enviara sus hombres en pequeños botes para remover las minas, o, con la ayuda de ella, capturar o destruir la flota española que, según informes, estaba en la bahía de Santiago". -Se le expresaba la confianza del gobierno "en que haría el más juicioso uso de su

---

[313] Sobre los señalamientos al plan de Miles, véase Alger, Op. Cit., pp. 52-53.

mando" y a continuación se le señalaba "pero se le enfatiza la importancia de alcanzar sus objetivos con la menores pérdidas posibles".

-Respecto a las fuerzas cubanas, las instrucciones eran precisas y tendrían una gran trascendencia en las futuras relaciones entre ambos ejércitos: *"Ud puede llamar en su ayuda cualquiera de las fuerzas insurgentes que se encuentran en las inmediaciones, y hacer empleo de ellas en la medida en que piense ud. que las mismas pueden ayudarle, especialmente como guías, exploradores, etc.".* Y a continuación, para que no hubiera dudas respecto a la distancia a guardar respecto al Ejército Libertador, se puntualizaba: *"Se le advierte que no deposite demasiada confianza en ninguna persona ajena a sus tropas".*

Todo lo que vendría después, respecto a las relaciones entre las fuerzas cubanas y norteamericanas, estuvo pues cuidadosamente premeditado.

A Shafter se le ordenaba, asimismo, "cooperar estrechamente con las fuerzas navales en toda dirección, acordando inclusive previamente un código de señales". Una vez que terminara su misión en Santiago de Cuba, debía trasladarse al puerto de Banes y esperar órdenes para "importantes servicios futuros", presumiblemente la invasión a Puerto Rico. El mensaje concluía preguntando: ¿Cuándo saldrá Ud.? [314]

Una vez que Shafter hubo de recibir su misión, el Departamento de Marina quiso "aconsejar" al Ejército. El secretario Long sugirió en una carta al presidente McKinley que Shafter se embarcara en el buque del jefe del convoy para asegurar "la coordinación de movimientos, tan necesaria y difícil en una operación coordinada". Deseando rechazar los posibles intentos defensivos de los españoles para reforzar el lugar de desembarco pla-

---

[314] Las órdenes de Miles a Shafter del 29 de mayo pueden verse en Ibídem., p. 63; las instrucciones de Corbin pueden verse en Ibídem., pp. 64-65 y en *"Correspondence of the War with Spain"* (*CWS*), Vol. 1, pp. 18-19. La traducción y subrayados son del autor. De la lectura de estas instrucciones resulta claro, que la conducta seguida por el general Shafter respecto a las fuerzas cubanas y que ha sido motivo de inculpaciones y adjetivaciones a su persona, por parte de muchos autores cubanos, era resultado de una política diseñada muy por encima de él. Shafter no era más que el ejecutor visible.

nificado, propuso también que dos ó tres mil hombres desembarcaran antes que el grueso de las fuerzas en Juraguá -lugar situado justamente al este de la entrada de la bahía -, y capturar un puente allí existente.

Caricatura del periódico catalán (España) *La Campana de Gràcia* (1896) del artista Manuel Moliné.[N. del E.]

Si esa operación era terminada en la noche, el resto de la expedición podría desembarcar más al este al día siguiente sin tener que preocuparse por la resistencia del enemigo. Long se oponía a cualquier uso del personal de los buques de la escuadra de bloqueo en operaciones tales como el desembarco en Juraguá, y esperaba modificar aquellos aspectos de las órdenes a Shafter del 31 de mayo que parecían contemplar desembarcos navales, arguyendo que "el objetivo principal de la expedición es la captura o destrucción de la flota enemiga en ese puerto, lo que sería lo más decisivo de la guerra. Por lo tanto, la escuadra estadounidense no debe ser debilitada por la pérdida de hombres diestros, en vista de una posible acción naval de tanta importancia".

Cuando el secretario de Guerra, Alger, tuvo conocimiento del contenido de la carta de Long, respondió en forma áspera, "me permito replicar que el mayor general, jefe de la expedición, desembarcará sus propias tropas. Todo lo que se requiere de la Marina es convoyar y proteger con su artillería a las fuerzas militares mientras desembarcan".

Este episodio resulta interesante desde dos puntos de vista. El mismo puso de manifiesto uno de los eslabones de la cadena de discrepancias entre el Ejército y la Marina de los Estados Unidos durante la campaña de Santiago de Cuba. Además, revelaba que la Marina consideraba que la campaña terrestre debía tener como propósito la captura o aniquilamiento de la escuadra de Cervera. Este criterio resultó completamente opuesto al que tenía el Ejército que se fijó como su objetivo central la captura de la ciudad como requisito indispensable inclusive para la rendición o destrucción de la escuadra. La diferencia residía en el hecho de que, mientras a la Marina, en última instancia, sólo le importaban los buques de Cervera, al Ejército le interesaba, además, la guarnición de la ciudad. Esta diferencia de objetivos sería fuente de problemas durante la campaña. Resulta notable que ambas concepciones coincidieran en esperar de los españoles una resistencia tenaz y prolongada.[315]

---

[315] La carta de Long a McKinley del 31 de mayo está en CWS, Vol. 1, pp. 19-20; otra carta de Long de la misma fecha y con argumentos análogos, dirigida a Alger, está en Ibídem., p. 19; la respuesta de Alger está en Alger, Op. Cit., p. 81.

# Capítulo 10
## Hacia el Sur del Oriente Cubano

### Preparativos en Tampa

El General Shafter y el Coronel Leonard Wood en Tampa con otros miembros de su Estado Mayor. [N. del E.]

En Tampa, el general William R. Shafter trabajaba intensamente para embarcar las tropas y suministros a bordo de los buques de transporte, pero le resultaba imposible cumplir con los plazos establecidos por el Departamento de Guerra. El 4 de junio, fecha en que se le había fijado la partida, tuvo que informar que necesitaba por lo menos dos días más, dando como razones para ello el atraso en la llegada de tropas provenientes de Chatanooga y Mobile, y dificultades con la carga.

El general Miles, que había llegado a Tampa para ayudar a acelerar la salida de Shafter, intentó explicar al secretario Alger la causa de la demora. Más de 300 vagones habían llegado a Tampa pero, como no estaban acompañados de la documentación correspondiente, nadie sabía lo que contenían. "Los oficiales se ven obligados a romper los sellos y abrir los vagones uno a uno para confirmar cuál contiene ropas, granos, equipos para los caballos, municiones, cañones de sitio, alimentos, etc.", informaba Miles. "Se está haciendo todo el esfuerzo para poner orden...... A pesar de estas dificultades, la expedición saldrá pronto". Pero Alger, sumamente disgustado con estas explicaciones, contestó irritado: "Veinte mil hombres bastan para descargar cualquier número de carros y ordenar su contenido. Hay muchas críticas respecto a la demora de la expedición".

A los apremios que le hacían, el general Shafter respondió al secretario, también con irritación, con el argumento de que Tampa carecía de facilidades para el embarque de personal y suministros, afirmando después:"**Se pueden poner las tropas a bordo y enviarlas precipitadamente pero sin equiparlas adecuadamente, como sé que desea el presidente. No demoraré un minuto más que el absolutamente necesario para poner mis fuerzas en condiciones, y saldré lo más pronto posible**".[316]

Durante los días 5 y 6 de junio, continuó el intercambio de mensajes, que reflejaban la tirantez de las relaciones entre Miles y

---

[316] Un testimonio calificado respecto a las condiciones en que se realizó el embarque en Tampa y sus problemas, puede verse en el informe del coronel ruso Ermolov,agregado al estado mayor de Shafter en calidad de observador, publicado bajo el título de *"Guerra Hispanoamericana"*, San Petersburgo, 1899 (hay traducción al español realizada por el Ministerio de las Fuerzas Armadas Revolucionarias, La Habana, s/f, véanse sus pp. 86-89.); respecto al mismo asunto, puede verse el artículo de Ramón Moiño Carrillo, *"Guerra Hispanoamericana, sus causas y errores"* en la revista **Ejército**, Madrid, Septiembre 1983, pp. 81-90, el cual contiene un análisis de la organización de la transportación y embarque del personal, medios y suministros en Tampa. El informe de Miles a Alger, fechado en Tampa el 4 de junio de 1898, aparece en Alger R. A.: *"The Spanish-American War"*, New York and London, 1901, pp. 67-68; la respuesta de Alger, fechada en Washington el día siguiente está en Ibídem., p. 68; el mensaje de Shafter, dirigido al ayudante-general Corbin, fechado en Tampa, el 5 de junio, 1898, está publicado en "U.S. War Department, Adjuntant-General's Office. `Correspondence relating to the War with Spain'" (en lo adelante citado como CWS), V. 1, p. 25.

Alger. En respuesta a las críticas del secretario, el general telegrafió: "Esta expedición ha sido demorada, sin que sea culpa de alguien relacionada con ella. La misma contiene la principal parte del Ejército.....En su composición tiene 14 de los mejor preparados regimientos de voluntarios, los últimos de los cuales llegaron esta mañana.

Embarque de las tropas en Tampa.

Los mismos nunca han estado bajo el fuego. Entre un 30 y un 40 por ciento carecen de instrucción, y en un regimiento más de 300 hombres nunca han disparado un arma". Miles subrayaba más adelante: "Solicito amplia protección en todo tiempo para estas fuerzas por parte de la Marina", y continuaba en un tono desafiante: "Esta empresa es tan importante que deseo ir con este cuerpo de ejército, u organizar inmediatamente otro y unido a este, tomar la posición No. 2 (Puerto Rico). Ahora que las tropas están prontas a ser empleadas, creo que debe continuarse con toda energía, elaborando las disposiciones más juiciosas sobre ello para alcanzar el resultado deseado." [317]

Alger, por su parte, no respondió a la proposición de Miles, explicando más tarde que ya el presidente McKinley había dado a Miles, explícitamente, las opciones de dirigir la expedición a Santiago u organizar otra hacia Puerto Rico. El jefe del Ejército fue así forzado a decidir él mismo qué papel iba a desempeñar. Años más tarde, en sus memorias sobre la guerra, Alger comentaría, de manera maliciosa, que "el general Miles no dirigió la operación a Santiago, y no hacerlo fue su propio error o infortunio. Perdió la oportunidad de dirigir la batalla terrestre más grande de la guerra". Miles envió su mensaje el 5 de junio para lograr una respuesta del secretario, pero este no la dio, y el general no repitió su proposición antes de que Shafter saliera. Por su parte Alger, quizá con el propósito de resguardarse, le telegrafió a Miles, el día 6, que "el Presidente desea conocer cuando puede ud. tener, lo más pronto posible, una fuerza expedicionaria lista para ir a Puerto Rico, que sea lo suficientemente grande para tomar y sostener dicha isla sin las fuerzas al mando del general Shafter".

Una vista del caos reinante en los muelles en Tampa en junio de 1898.

Esta pregunta refleja también que McKinley estaba decidido a proseguir y extender la guerra con toda energía para forzar al gobierno de Madrid a aceptar sus condiciones. Después de recibir este mensaje, Miles se dedicó, casi por entero, a la tarea de preparar la expedición a Puerto Rico, permaneciendo en Tampa hasta la salida de Shafter para Cuba, y aunque no recibió, de manera oficial, las órdenes de organizar dicha campaña, hasta

---

[317] Ibídem., p. 26. En un telegrama posterior, fechado el 6 de junio a las 2:37 pm., Miles pidió sustituir las palabras "en todo tiempo" (que aparecen subrayadas por el autor) por "cuando estén en la mar", véase Ibídem., p. 27.

el 26 de junio, realizó muchos preparativos antes de esa fecha.[318]

Los días 5 y 6 de junio, Miles y Shafter informaron que la expedición probablemente saldría el 7 de junio y ese día se hicieron ingentes esfuerzos por poner las tropas a bordo de los transportes en Tampa. El Departamento de Marina se unió al corro de los que presionaban a Shafter, en correspondencia con las urgentes solicitudes del contralmirante Sampson, que pedía insistentemente, el envío de fuerzas terrestres a Santiago de Cuba. Pero al llegar el día anunciado y no tenerse noticias de salida, una verdadera avalancha de mensajes fueron cursados entre Washington y Tampa. Desde el Departamento de Guerra se emitían órdenes perentorias, aguijoneando a Shafter para que partiera.

En sentido contrario, el agobiado general daba razones justificando sus incumplimientos. A las 7: 50 p.m. el general Corbin le informaba a Shafter que el presidente deseaba que no partiera con menos de 10 000 hombres. Sin embargo, a las 8:50 p.m., el secretario Alger telegrafiaba, "No obstante lo que se le telegrafió hace una hora, el presidente indica que salga ud. de una vez con las fuerzas que ya tenga".

Dos mensajes más, uno de Alger diciendo, "Debe partir inmediatamente, se le necesita ya en su destino. Responda", y otro de Corbin, que añadía una explicación: "Sampson informa que ha derruido prácticamente las fortificaciones [una referencia a los bombardeos a las fortificaciones de la boca de la bahía de Santiago de Cuba del 6 de junio], y sólo espera por ud, para ocupar Santiago. El tiempo es la esencia de la situación. Su pronta salida es de primera importancia". Shafter dio respuesta en tres telegramas: A las 9:00 p.m. informaba que saldría en la mañana con lo que tuviera a bordo, tan pronto tuviera presión de vapor. A las 9:52 p.m. explicaba que había estado embarcando tropas durante día y medio y que la situación durante el último día había sido satisfactoria. Finalmente, a las 10:15 p.m. enviaba un mensaje que debe haberse recibido con un suspiro de alivio en Washington:"Espero tener a bordo, al amanecer, 834 oficiales y 16 154 soldados, y saldré a esa hora". Por fin, el día 8 de junio,

---

[318] El comentario malicioso del secretario de la Guerra aparece en Alger, Op. Cit., p. 69; el telegrama de Alger, fechado el 6 de junio, dirigido a Miles, aparece en "U.S. War Department. `Annual Reports of the War Department for the Fiscal Year Ended June 30, 1898: Report of the Secretary of War. Miscellaneous Reports'", Washington, D. C., 1898 (en lo adelante ARWD 98), p. 24.

después de un embarque atropellado y confuso, realizado a troche y moche, la expedición se consideró lista para partir.[319]

El USS *Oregon* en la batalla de Santiago de Cuba.
Ilustración de Henry Reuterdahl. [N. del E.]

El general William Rufus Shafter había alcanzado la jefatura del 5° Cuerpo de Ejército en virtud de un conjunto de circunstancias. Shafter no estaba considerado entre los generales más brillantes del Ejército de los Estados Unidos e, inclusive, en los círculos militares era conocido como *"the ignorant man"* ("el ignorante"). Después de haber participado en la Guerra de Secesión, entró en el Ejército regular y participó en varias campañas de exterminio de indios. En 1897, a fuerza de antigüedad, al-

---

[319] Respecto a los informes desde Tampa, véase el de Shafter a Corbin del 5 de junio en *CWS*, vol. 1, p. 27; el Miles a Alger. del 6 de junio, en Ibídem., pp. 28-29. El 7 de junio, Miles informó directamente al presidente: " Desde el general en jefe para abajo, hasta los tamborileros, todos están impacientes por salir y molestos por la demora" (mensaje de Miles a McKinley, del 7 de junio de 1898, véase en *ARWD 98*, p. 90). Respecto a las presiones del Departamento de Marina, véase la carta de Charles H. Allen (secretario de Marina adjunto interino) al secretario de la Guerra, R. A. Alger, del 7 de junio de 1898, en *CWS*, vol. 1, p. 29. Respecto al intercambio de mensajes de la tarde-noche del 7 de junio entre Washington y Tampa, véase Ibídem., pp. 30-31.

canzó el grado de general de brigada. esta circunstancia lo condujo a su nombramiento como mayor general y jefe en Tampa al comienzo de la emergencia bélica. Shafter gozaba de la confianza de Alger y Corbin, y había manifestado no tener ambiciones políticas. Tenía un serio problema físico, la obesidad.

El escritor norteamericano Virgil Carrington Jones lo describió como "un veterano viejo, gordo y gotoso de 63 años de edad, que parecía como si tres hombres estuvieran enrrollados dentro de uno". Aníbal Escalante Beatón -quien lo conoció personalmente- nos dice que "era extremadamente corpulento, mastodóntico -pesaba 180 kilos-", y comenta más adelante, "A nuestro juicio fue un grave error el enviar a una empresa guerrera de esa índole a un soldado como Shafter que, por su constitución física, habría de verse, como así resultó en realidad, incapacitado de actuar con aquella precisión que el caso requería, y con mayor razón, en un territorio como el nuestro, donde el clima le tendría que causar graves perjuicios. El general Shafter no era el hombre para el puesto y por no serlo así, tuvo en su cometido ciertas dificultades....". Según el coronel ruso Ermolov, "....La elección (de Shafter) no pudo ser peor. En esos momentos los norteamericanos contaban con generales bien preparados, sin hablar ya del general Miles. Este último no tenía buenas relaciones con Shafter, protegido de Alger. ¿Pero acaso podía alguien tener buenas relaciones con Shafter?".[320]

Al igual que el resto de los generales norteamericanos, Shafter nunca había mandado grandes unidades. Cuando esta inexperiencia se combinó con la confusión creada en las primeras semanas de la guerra, Shafter perdió el control de la situación y si logró sobrevivir fue debido a que tenía en su estado mayor oficiales competentes. Por supuesto, una gran responsabilidad de todo aquel estado de cosas le correspondía al Departamento de Guerra, pero resulta lógico pensar que un jefe de mayor capacidad y experiencia profesional hubiera reducido al mínimo las consecuencias de esos errores.

---

[320] Shafter es descrito por Virgil Carrington Jones en *"Roosevelt's Rough Riders"* (New York, 1971, p. 22) que es citado por Trask, David F. en *"The War with Spain in 1898"*, New York and London, 1981, p. 180 de donde fue tomado. Véase Escalante Beatón, Aníbal: *"Calixto García. Su Campaña en 1895"*, La Habana, 1978 (reed.), pp. 525-526; véase también Ermolov, Op. Cit., p. 83.

**Desorden y confusión**

Las condiciones de Tampa como punto de embarque de la expedición a Cuba, merecen un comentario. Tampa había sido seleccionada tomando en cuenta sus supuestas facilidades portuarias y su proximidad a Cuba. Sin embargo, su principal inconveniente lo era su inadecuada conexión por ferrocarril con el norte del país. Sólo dos líneas de ferrocarril llegaban a Tampa propiamente dicha, y una sola línea la conectaba con el puerto, situado 15 kilómetros más al sur. Como la Florida estaba bastante alejada de los centros industriales norteamericanos, casi todos los suministros para la expedición tenían que llegar a través de tan inadecuado sistema.

No obstante todos estos inconvenientes, el secretario Alger escribiría más tarde defendiendo la elección de Tampa. Según él, la confusión y pérdida de tiempo hubieran tenido lugar en cualquier otra parte. Y sostenía que, a pesar de todo, Shafter salió de Tampa y llegó a la región de Santiago en un orden básicamente bueno, y que si hubieran tenido que salir de un puerto más lejano "habría estado obligado a cruzar un mar abierto (...), sujeto a dispersión por tormentas o por el ataque de buques enemigos" y el resultado pudo haber sido menos satisfactorio. Pero Alger no explica por qué trenes destinados a Tampa tuvieron que retroceder al norte, hasta Columbia, en Carolina del Sur. Por otra parte, Charleston, en Carolina del Sur, hubiera resultado mucho mejor como puerto de embarque, ya que tenía mejores condiciones que Tampa y no estaba tan alejado de los centros de producción del norte.[321]

Las inadecuadas condiciones de Tampa impidieron que el 5º Cuerpo de Ejército, durante su estancia allí, realizara entrenamientos y esto, lógicamente, incidió en su preparación y disposición combativa. Pero para la mayoría de las unidades las dificultades no terminaron cuando zarparon de ese puerto del Golfo de México.

El intendente general del Ejército, general de brigada Marshall I. Ludington, había confrontado grandes problemas para obtener transportes adecuados para las tropas. La Marina se le había

---

[321] Respecto a las condiciones de Tampa, véanse Ermolov, Op. Cit., p. 84 y Moiño Carrillo, Op. Cit. Respecto a los argumentos del secretario de la Guerra, defendiendo la selección de Tampa, véase Alger, Op. Cit., p. 82.

adelantado en la compra de barcos -utilizando para ello los fondos que le había proporcionado el presupuesto de 50 millones de dólares aprobado por el Congreso el 9 de marzo-, para convertirlos en cruceros auxiliares.

General de brigada Marshall I. Ludington, intendente general del Ejército.

Por otra parte, Ludington no podía adquirir barcos muy grandes, que tuvieran mucho calado, debido a que las aguas que circundan grandes tramos de las costas de Cuba y Puerto Rico, no son profundas. A esto hay que añadir que las leyes internacionales prohibían el traspaso de barcos extranjeros a los Estados Unidos después de la declaración de guerra, de manera que el intendente general sólo podía adquirir barcos bajo bandera estadounidense. Además, Ludington no recibió información exacta respecto a las necesidades del Ejército, a causa de la confusión que reinó a lo largo de todo el mes de mayo. Por todo ello, el general se vio forzado a comprar embarcaciones construidas para el cabotaje -la mayoría de ellas sucias y desgastadas.

En total, se lograron reunir 38 barcos, en los cuales se suponía que podían transportarse unos 25 000 hombres a Cuba. Sin embargo, se vio después que realmente sólo podían transportar unos 16 000 con los suministros y bestias (2 295 caballos y mulos). Los barcos, que no estaban adaptados para estas transportaciones, resultaron ser incómodos, mal ventilados y sin condiciones higiénicas. El embarque del personal a bordo de los transportes se realizó el 6 de junio y se convirtió en una verdadera rebatiña.

Muchas fueron las "hazañas" que tuvo que realizar cada unidad para asegurarse un lugar en los barcos de transporte. Por ejemplo, el 9º Regimiento de Infantería, una unidad regular, le sustrajo un vagón de ferrocarril al 6º Regimiento de Infantería, también de regulares, para transportarse al muelle de Tampa. Otro ejemplo, hombres del 71 de New York, a punta de bayoneta, se apoderaron de un tren que estaba asignado al 13 Regimiento. Los hombres de esta última unidad, para no quedarse atrás, se adueñaron de un tren vacío y de una locomotora, y con ellos llegaron a Tampa antes que los otros regimientos de regulares.[322]

Embarque de tropas en el abarrotado puerto de Tampa. [N. del E.]

**Formación del convoy y travesía**

No fue hasta la mañana del 8 de junio que el general William R. Shafter pudo informar que sus fuerzas estaban embarcadas y listas para partir. Mas, en el momento en que los barcos estaban efectuando su salida del puerto de Tampa para reunirse mar afuera y formar el orden de navegación, fue recibido un breve mensaje urgente:

*(Telegrama)*
*Departamento de la Guerra, Junio 8, 1898.*
*Mayor-General Shafter, Tampa, Fla.:*
*Espere hasta que reciba nuevas órdenes antes de zarpar. Responda rápido.*

*R. A. Alger, Secretario de Guerra*

---

[322] Véase Trask, Op. cit., p. 185; también Moiño Carrillo, Op. Cit. En Ermolov, Op. Cit., pp. 289-298, hay una relación de los barcos de transporte con sus principales datos técnicos. Detalles del embarque y carga ver Millis, Walter: *"The Martial Spirit: A Study of Our War with Spain"*, Boston y New York, 1931,p. 247.

Poco después de las 4:00 p.m., Shafter contestaba que había recibido el mensaje y que procedía a detener los barcos antes de que llegaran al Golfo. La causa de la posposición de la salida de la expedición fue un mensaje que, procedente de Key West, había llegado a Washington unas horas antes.

Escena tomada a bordo de uno de los transportes estadounidenses que conducían tropas hacia Santiago de Cuba.

El aviso **Eagle** informó que cuando navegaba a través del Canal de San Nicolás, había avistado dos buques de guerra españoles, un crucero acorazado y un destructor de torpederos. Otro buque, el transporte **Resolute**, llegado poco después, reportó haber sido perseguido por dos buques la noche anterior en el mismo canal.

Siguiendo el consejo de la Junta de Guerra Naval, se ordenó inmediatamente al contralmirante Sampson que enviara dos cruceros rápidos a través del Canal de San Nicolás hacia Key West; estos buques reforzarían la escolta naval asignada para la protección de los transportes que conducían a Shafter y sus hombres. Simultáneamente, el jefe de la Base Naval de Key West, comodoro George C. Remey, recibió instrucciones de organizar la búsqueda de los presuntos buques españoles avistados. Comenzó así el episodio denominado "La Escuadra Fantasma", que retrasó seis días la salida del 5º Cuerpo hacia Cuba.[323]

Voluntarios cubanos en Tampa.

Los informes sobre la presencia de buques de guerra españoles continuaron llegando y embrollándose. El 9 de junio, el **Dolphin** llegó a las inmediaciones de Santiago de Cuba, trasmitiendo a los buques que allí se encontraban, bloqueando a la escuadra de Cervera, la noticia de que el **Eagle** había informado sobre la presencia de dos buques de guerra españoles al norte de Cuba. Al día siguiente, el 10, arribó a la zona de Santiago el **Yankee**, procedente de Mole de San Nicolás, en Haití, e informó haber avis-

---

[323] El telegrama de Alger a Shafter deteniendo la salida está en CWS, p. 31. Los dos mensajes del comodoro Remey, informando de la presencia de buques españoles en aguas al norte de Cuba, en" "U.S. Navy Department.`Appendix to the Report of the Chief of the Bureau of Navigation.1898'", Washington, D.C., 1898.(en lo adelante BN 98), p. 667. El mensaje al jefe de la Base de Key West, fechado, 8 de junio, establecía: "Las tropas no saldrán hasta nueva orden. Envíe algunos cruceros para explorar los estrechos e informe sobre los movimientos de los españoles.(...). La expedición a Santiago saldrá tan pronto el convoy sea reforzado con dos navíos acorazados que enviará el comandante en jefe de la Estación del Atlántico"; este mensaje, completo, puede verse en Ibidem., p. 668.

tado una formación de 8 buques de guerra, incluyendo un acorazado.

Al día siguiente, arribaron a Santiago cinco buques estadounidenses (el yate artillado **Scorpion** y los cruceros auxiliares **Panther** y **Yosemite**, escoltando al buque transporte de municiones **Armeria** y al transporte de suministros **Supply**). Después de recibir información de estos buques respecto a su travesía, durante la cual habían encontrado, navegando por el Canal Viejo de Bahamas en un rumbo paralelo, al crucero inglés **Talbot** (al cual, momentáneamente, confundieron con un buque de guerra español), el contralmirante Sampson se dio cuenta de que el **Eagle** había tomado por enemigo a estos buques propios. Además, estaba seguro de que ninguno de los buques de Cervera había escapado inadvertidamente, de la bahía de Santiago. No obstante, respondiendo al apremio del Departamento de Marina, Sampson envió a tierra, teniente de navío Víctor Blue, quien determinó, que la totalidad de los buques españoles de Cervera estaban en la bahía. Con esto, el incidente de la *"Escuadra Fantasma"* se dio por terminado y el convoy que esperaba en Tampa pudo al fin, hacerse a la mar.[324]

## La travesía

Mientras se realizaban los preparativos finales para la salida del convoy de Tampa, el general Nelson Miles trató, una vez más, de influenciar en el plan de campaña, proponiendo que los transportes se dirigieran a Santiago dando la vuelta a Cuba a través del Canal de Yucatán, y no a través del Paso de los Vientos como se tenía planeado. Miles argüía que al navegar a lo largo de la costa sur de Cuba "la marejada sería más suave y habría menos peligro de ataque de torpederos". La proposición

---

[324] Sobre el incidente de la "Escuadra Fantasma", véase el informe de Sampson a Long (3 Ago. 1898), en *BN 98*, pp. 488-489; también hay información en Chadwick, French Ensor: *"The Relations of the United States and Spain: The Spanish-American War"*, New York, 1911, V. 1, pp. 368-370. La explicación de Sampson sobre estos hechos llegó a Washington el 12 de junio, véase el mensaje de Sampson al secretario Long (11 Junio) en *BN 98*, p. 490. Respecto a los requerimientos del Departamento de Marina para comprobar la presencia de los buques de Cervera en la bahía de Santiago de Cuba, véase el mensaje de Long a Sampson del 10 de junio en Ibídem., p. 491. También hay información sobre estos acontecimientos en Parker, James: *"Rear Admirals Schley, Sampson and Cervera"*, New York and Washington, 1910, pp. 172-173 así como en MacClay, Edgar: *"A History of the United States Navy"*, New York, 1902, vol. III, pp. 244-245.

de Miles, como era de esperarse, fue denegada por el secretario Alger, quien dejó la elección de la derrota a seguir en manos del general Shafter y el comodoro Remey.[325]

Batería costera española de morteros en Cayo Smith, ubicado en la bahía de Santiago de Cuba.

El convoy de transportes que fue organizado fuera de la bahía de Tampa el 14 de junio, carecía de una verdadera formación. Sus 29 transportes y cinco barcos de apoyo llevaban a bordo 819 oficiales y 16 058 alistados. Entre estos últimos 2 465 eran voluntarios, de manera que entre las tropas que arribaron a Santiago de Cuba, predominaban los regulares (con los refuerzos que

---

[325] Respecto a la correspondencia sobre formación del convoy, el papel de la escolta naval y la ruta, ver mensajes: de Allen a Alger del 11 de junio 1898, en *CWS*, vol. 1, pp. 37-38; de Corbin a Shafter del 12 de junio, en Ibídem., p. 38; de Allen a Alger del 12 de junio, en Ibídem., p. 39; y de Corbin a Shafter del 12 de junio, en Ibídem., p. 40. Respecto al intercambio de mensajes del 12 de junio entre Miles y Alger sobre la ruta ambos pueden verse en Ibídem., p. 39. No le faltaba razón al general Miles, además, la derrota por Yucatán permitía una maniobra más segura al abigarrado convoy. ¿Cómo hubiera podido defenderse de ser atacado en el Canal Viejo de Bahamas? Con referencia a los últimos ajustes antes de la salida, véase mensaje de Shafter a Corbin del 12 de junio a las 7:18 p.m. en Ibídem., pp. 40-41. Véase también Chadwick, Op. Cit., vol. 2, p. 19.

llegaron después, la cifra de voluntarios se elevó a 7 443). También fueron embarcados 959 caballos y 1 336 mulas de tiro y carga, lo que hacía un total de 2 295 bestias. Se embarcaron además 16 cañones ligeros de campaña de 3,2"; 8 morteros de campaña de 3,6"; un cañón-revólver Hotchkiss de tiro rápido, y 4 cañones Gatling.

La escolta naval estaba compuesta por el acorazado **Indiana**, el crucero **Detroit**; los cañoneros **Castine, Helena, Annapolis** y **Bancroft**; los avisos **Manning, Wasp** y **Eagle**; los yates artillados **Hornet, Wompatuck** y **Osceola** y los torpederos **Ericson** y **Rodgers**. El mando naval del convoy estaba a cargo del capitán de navío Henry C. Taylor, comandante del **Indiana**.

Cañones "de tiro rápido" de 6", en la batería del Oeste, bahía de Santiago de Cuba. Colección *American Memory*, Biblioteca del Congreso de los EEUU. [N. del E.].

Los buques de la escolta navegaban a unos 8 cables (aproximadamente 1 500 metros) delante y a ambos lados de las 3 columnas de transportes, que navegaban a intervalos de 2 cables (aproximadamente 350 metros) y unos 4 cables (aproximadamente 750 metros) detrás. Con el propósito de utilizarlas en la operación de desembarco, eran conducidas a remolque dos patanas, una de las cuales se perdió, debido a la marejada, en la costa norte de Cuba.

El presidente estadounidense McKinley –sentado con sombrero de copa- a bordo de un barco con los Generales Joseph Wheeler, Henry Lawton, William R. Shafter y Joseph W. Keifer. [N. del E.]

Esta pérdida se haría sentir después, pues la falta de la patana fue causa de múltiples dificultades durante el desembarco. A causa del lento andar del convoy (unos 6 nudos) y de las frecuentes paradas para esperar o buscar a los barcos rezagados, no fue sino el 20 de junio que la expedición llegó a las aguas frente a Santiago de Cuba. Para ese entonces había entre las tropas 82 enfermos, entre ellos varios casos de tifus.[326]

---

[326] Para información detallada sobre los animales y la artillería transportada, ver Chadwick, Op. Cit., pp. 19-20. A bordo de los transportes viajaban también 30 empleados civiles, 272 tronquistas y empacadores, 107 estibadores, 89 periodistas y 11 agregados militares extranjeros en calidad de observadores. La expedición llevaba 112 carros de 6 mulos, y 81 carros de escolta, pero sólo 7 ambulancias. La información sobre la composición de la escolta naval ha sido tomada del informe sobre la travesía rendido por el capitán de navío H. C. Taylor al comandante en jefe de la Fuerza Naval norteamericana frente a Santiago,

No obstante la confusión, el desorden y los actos de indisciplina que tuvieron lugar durante la preparación de la expedición, el mando norteamericano logró llevar hasta Cuba una fuerza relativamente grande en un período de tiempo corto. El contingente de tropas estadounidenses excedía en unos 7 mil hombres la cifra que el contralmirante Sampson había considerada necesaria para llevar a cabo operaciones contra el adversario español. La expedición fue enviada a su destino mucho antes de que las unidades que la componían estuvieran preparadas para combatir como consecuencia de una decisión política del presidente McKinley quien prefirió sacrificar la eficiencia en aras de la prontitud, tónica esta que acompañaría el accionar de las fuerzas norteamericanas durante toda la campaña. Siguiendo el criterio de que la rapidez en la consumación de los hechos forzaría a España a aceptar sus condiciones y le evitaría complicaciones, tanto externas como internas, durante y después del conflicto, el presidente estadounidense la prefirió siempre aunque fuera en detrimento de la eficiencia.

---

contralmirante Sampson, fechado el 1 de julio 1898, que puede verse en *BN 98*, pp. 676-678, y cotejada con la que ofrece Maclay, Op.Cit., pp. 343-344. El haber conducido sin mayores problemas, un convoy tan grande y heterogéneo, refleja la pericia marinera del capitán de navío Taylor y sus oficiales. La información sobre los enfermos está tomada de Ermolov, Op. Cit., p. 94.

## Capítulo 11
### Las primeras acciones terrestres cerca de Santiago de Cuba

### Santiago de Cuba bloqueada y sitiada

Un explorador de las fuerzas independentistas cubanas.

Desde antes del comienzo de la guerra, las fuerzas españolas en Santiago de Cuba habían comenzado a realizar preparativos para la defensa de la plaza y sus inmediaciones.

Como señala el historiador militar hispano Severo Gómez Núñez, cronista de aquellos acontecimientos, después de la entrada de la escuadra de Cervera en la bahía santiaguera y el establecimiento de un férreo bloqueo a dicha bahía por la escuadra estadounidense, no era ningún secreto la intención de los norteamericanos de atacar el lugar.

A principios de abril, el Gobernador General de Cuba, Ramón Blanco, había advertido al jefe militar de las fuerzas españolas en Oriente, teniente general Arsenio Linares, que Santiago era uno de los posibles objetivos seleccionados por los norteamericanos. Para defenderse contra las posibles acciones combinadas entre las fuerzas navales norteamericanas y los insurgentes cubanos, Linares pensó concentrar en Santiago todas las fuerzas bajo su mando en Oriente (Sagua de Tánamo, Baracoa, Guantánamo,

Holguín y Manzanillo), que sumaban unos 24 500 hombres, pero después decidió mantenerlas en sus lugares. En primer lugar, no se contaba con suficientes suministros en Santiago de Cuba para tan crecido número de tropas y, en segundo lugar, si se abandonaban esas localidades, éstas caerían inmediatamente en manos del Ejército Libertador Cubano (como sucedió con Bayamo, Jiguaní y otras localidades), que ya controlaba extensas áreas rurales del territorio, con lo que sólo les quedaría a los españoles la ciudad de Santiago de Cuba, aislada por tierra y bloqueada por mar. Por supuesto, existía también la posibilidad de abandonar Santiago. El Segundo Comandante de Marina de la provincia, teniente de navío José Müller y Tejeiro, al reflexionar sobre esta posibilidad, la descarta categóricamente, señalando ante todo, la imposibilidad de efectuar esta retirada por vía marítima debido al dominio de la mar que ejercían los norteamericanos y, por otra parte, el hecho de que los insurrectos cubanos hostigarían constantemente a cualquier columna española que saliera de una ciudad rumbo a otra. Además, los caminos estaban intransitables y había carencia de abastecimientos, sobre todo de alimentos. Si se hubiera, a pesar de todo, intentado una salida, Müller estimó que las bajas españolas, entre muertos, heridos y prisioneros, habrían sobrepasado la cifra de 8 mil, sin alcanzar resultado alguno.[327]

---

[327] Véase Gómez Núñez, Severo: *"La Guerra Hispano-Americana.Santiago de Cuba"*, Madrid, 1901, pp.47-49 y 71. Para conocer los estimados que hacían los norteamericanos respecto a las fuerzas españolas, véanse: informe de Miles a Alger del 1 de junio de 1898 en *"Correspondence Relating to the War with Spain"* (en lo adelante *CWS*), Washington, 1902, vol. 1, p. 21; informe de Sampson a Long (3 Jun. 1898) en *"Appendix to the Report of the Chief of the Bureau of Navigation. 1898"* (en lo adelante *BN 98*), Washington, 1898, p. 483; y el informe de Shafter a Alger (4 Junio 1898), en *CWS*, vol. 1, p. 25. Sampson pensaba que unos 7 mil efectivos españoles estaban atrincherados fuera de la ciudad, en Juraguacito y Daiquirí, 5 mil en la propia ciudad, unos 400 en el Morro y unos pocos más en varios puntos situados alrededor de la bahía. Información adicional puede obtenerse en Müller y Tejeiro, José: *"Combates y Capitulación de Santiago de Cuba"*, Madrid, 1898, p. 15. Un comentario crítico sobre Linares, por no concentrar las fuerzas en Santiago de Cuba, aparece en Jacobsen:*"Sketches from the Spanish-American War by Commander J..."*, Washington, 1899, p. 17. La argumentación de Müller aparece en su obra citada, pp. 275-277. Véase también al respecto, Gómez Núñez, Severo: *"La Guerra Hispano-Americana. La Habana: Influencia de las plazas de guerra"*, Madrid, 1900, pp. 115-116. Este último autor valora las adversas consecuencias para España abandonar el territorio a los insurrectos cubanos. Las dificultades del movimiento por tierra son analizadas en Müller, Op. Cit., pp. 276-277.

Durante el bloqueo, la vida en la ciudad de Santiago y sus alrededores se había tornado casi insoportable. En la ciudad escaseaban las provisiones. El 21 de abril, había arribado el barco mercante alemán **Polaria** con 1 700 sacos de arroz, destinados originalmente a La Habana, y, unos días después, el 25, lo hizo el vapor **Mortera**, con un cargamento de harina, arroz, garbanzos, frijoles, vino y 150 reses, siendo este el último auxilio que recibió la plaza. La población dependía de lo que pudieran suministrarle las zonas de cultivo de sus alrededores, pero las fuerzas cubanas dominaban gran parte de esa región y obstaculizaban constantemente el suministro.

Calle de Santiago de Cuba en la época. Foto de la Colección Theodoro Roosevelt, de la Biblioteca del Harvard College. [N. del E.]

Los aproximadamente 40 mil habitantes de Santiago (entre ellos unos 10 mil militares), habían casi agotado las reservas de alimentos. Müller, recordando la situación, nos dice: *"En las tiendas faltaban muchos artículos, y los que existían alcanzaban precios fabulosos"*. Y Federico Villoch subraya: *"El hambre afectó a cada cual según su rango social. La gente pudiente no pasó* mucha hambre ya que podía pagar a cualquier precio su alimentación". Müller nos refiere que "uno de los primeros artículos que se agotó fue la harina y no se amasaba pan; comíase galleta, que sólo podían pagar algunas personas, faltó la leche (...), y el soldado comenzó a comer pan de arroz y el arroz cocido con agua". Respecto a este particular relata José Joaquín Hernández que "faltando la harina trató la administración militar de hacer pan de arroz (...), resultó un producto glutinoso, indigerible, produjo en las tropas algunos casos de enterocolitis (....) se tuvo que desistir, y la ración militar se redujo a arroz con tocino y agua de café". Y Müller recalca sus impresiones:"....aquí ha habido hambre, y de hambre han perecido no pocas personas...y yo mismo he visto en los portales de la Casa Brooks, situada frente a la Capitanía del Puerto, un hombre muerto de hambre; muerto por no tener que comer".

El estado sanitario no tenía calificativo. El propio Müller relata que,

"... Los caballos, los perros y otros animales morían de hambre en medio de las calles y las plazas; y era lo peor que no se retiraban sus cadáveres, y he visto también, y esto es de suma importancia por las funestas consecuencias que podían acarrear, he visto, repito, a un perro arrojarse sobre otro más pequeño, matarlo y comérselo. Faltó, como se verá, el agua del acueducto....¿A qué seguir? .....".

Mientras tanto, los comerciantes locales, españoles en su mayoría, aumentaban las penurias de la población y de las tropas, pues, aprovechándose de la escasez, especulaban con los artículos de primera necesidad. Todo esto hacía, tanto a los habitantes civiles como a los militares de la plaza, muy vulnerables a las enfermedades -tifus, malaria, disentería, fiebre amarilla-. Entre los pobladores de Santiago, al igual que entre los de otras localidades del país, se manifestaron, en aquel entonces, un conjunto de trastornos, conocidos por aquel entonces como *"enfermedad del bloqueo"* ("ambliopía periférica", le llamaron algunos médicos), cuyos síntomas se asemejan a lo que hoy se conoce como polineuritis óptica.[328]

**Preparativos de los españoles para defender Santiago**

Como subraya Müller, se disponía de muy pocos recursos para la defensa de Santiago de Cuba, y la capital del Oriente cubano estaba aislada de las principales fuerzas del Ejército español en Cuba por los insurgentes cubanos. Los cubanos controlaban las comunicaciones terrestres, mientras que la escuadra norteamericana dominaba las marítimas.

El Castillo del Morro, Santiago de Cuba. Foto de la Colección Theodoro Roosevelt, de la Biblioteca del Harvard College. [N. del E.]

Como ya se ha explicado, las tropas españolas habían sido divididas en cuatro cuerpos y una división independiente. El Cuarto Cuerpo, mandado por el general Arsenio Linares Pombo, tenía su cabecera en Santiago de Cuba, donde se asentaba también su

---

[328] Ibídem., pp. 59-63. Respecto a la llegada del **Mortera**, véase Gómez Núñez, *"La Guerra Hispano-Americana. Santiago de Cuba"*, p. 52. Respecto a los efectos del bloqueo en la población de Santiago de Cuba, véase Placer Cervera, Gustavo: *"El Bloqueo Naval Norteamericano a Cuba"*, CID-FAR, 1995, pp. 60-61; también Müller, Op. cit., p. 115; véase además Poumier, María: *"La vida cotidiana en Cuba en 1898"*, La Habana, 1975, pp. 138-148, de donde se han tomado las citas de Villoch y José J. Hernández.

1ª División, que poseía dos brigadas, una en San Luis y la otra en Guantánamo; la 2ª División, tenía su asiento en Manzanillo y allí tenía sus dos brigadas. En resumen, el general Linares no podía reforzar Santiago con tropas del cuerpo a su mando atrayéndolas de las localidades vecinas y el gobernador Blanco tampoco podía enviarle tropas de otras regiones de Cuba. [329]

Santiago de Cuba se encuentra en el extremo oeste de un valle que se extiende unos 35 kilómetros en dirección este-oeste entre las montañas de la Sierra Maestra, al norte y el mar. Este valle se ensancha, desde una estrecha franja en Daiquirí,- hacia su extremo este-, hasta alcanzar unos 13 kilómetros cerca de El Caney. Varios son los riachuelos y arroyos que corren hacia el mar a través de un terreno escabroso y cubierto por espesa vegetación. De ellos, el minúsculo Río San Juan, que corre hacia el sur a unos 5 kilómetros al este de Santiago de Cuba, es el más importante. La ciudad está situada en el extremo norte de una magnífica bahía que tiene unas cuatro millas náuticas de largo. La bahía se comunica con el mar a través de un estrecho canal de aproximadamente una milla de largo y sobre el mismo se asoman dos alturas de unos 65 metros, el Morro en la margen oriental y La Socapa en la occidental. Ambas alturas son excelentes puntos de observación de la zona de mar adyacente. Justamente al norte del Morro se encuentra otra área elevada, Punta Gorda, que domina el canal. [330]

Los preparativos de la defensa de la plaza de Santiago de Cuba eran dirigidos por una junta de cinco miembros, encabezada por el general de división José Toral. Desde principios del mes de abril, la junta había decidido colocar minas eléctricas en el canal de la boca de la bahía. Una línea de siete minas fue colocada el 21 de abril. Otra línea de seis minas fue colocada al norte de la

---

[329] Esta información ha sido recopilada en, Gómez Núñez: *"La Guerra Hispano-Americana. Santiago de Cuba"*, p. 46; Gómez Núñez, *"La Guerra Hispano-Americana. La Habana"*, pp. 114-115 y Alger, Russell A., *"The Spanish-American War"*, New York and London, p. 42.

[330] El análisis del teatro se basa en observaciones hechas por el autor en el terreno y confrontadas con el estudio realizado por Jardines Peña, Abelardo y Carrero Preval, Alexis, en su ponencia *"Acciones terrestres en la Dirección Operativa Oriental durante la Guerra Hispano-Cubano-Norteamericana"* así como con las obras de Chadwick, French Ensor: *"The Relations of the United States and Spain: The Spanish-American War"*, New York, 1911, vol. 2, pp. 26-29 y Müller, Op. Cit., pp. 9-11.

anterior, el 27 de abril. Estas líneas de minas eran controladas por sus estaciones de fuego ubicadas en la ensenada de la Estrella y en La Socapa, para la primera línea, y en La Socapa y Cayo Smith (hoy Cayo Granma) para la segunda línea.[331]

General de división José Toral.

Pero ninguna cantidad de minas colocadas en el canal podían, por si mismas, impedir el paso de buques enemigos si no se mantenían las alturas del Morro y La Socapa. "El Morro y La Socapa tenían que estar no sólo ocupadas, sino muy protegidas: eran la llave del puerto. Ocupadas por el enemigo, fácil le era levantar los torpedos y forzar la bahía, con lo cual la ciudad y los defensores tenían que rendirse a discreción", comenta Müller. Llevado por este mismo razonamiento el general Linares ordenó colocar en la boca del canal y a lo largo de éste, gran parte de la escasa artillería de que disponía.

Estos emplazamientos incluían la batería del Morro compuesta por cinco cañones de 160 mm. y dos obuses de 210 mm., todos antiguos, en la margen oriental de la entrada; la batería alta de La Socapa, que contaba con 3 viejos obuses de 210 mm., en la margen occidental; la batería de la Estrella, situada al norte de la del Morro, y que poseía dos obuses de 210 mm. (antiguos) y dos cañones de 80 mm., modernos, y la batería de Punta Gorda, al norte de la anterior, compuesta por 2 obuses de 150 mm. y dos cañones modernos de 90 mm. Müller agrega el comentario de que, "... Como se ve, entre toda esta artillería sólo había 6 piezas de retrocarga: cuatro emplazadas en Punta Gorda y dos en la Estrella (....). Las demás son piezas antiguas, y sabido es cuánto tardan en cargarse y cuán incierto es el tiro de obús". Todas estas piezas de artillería carecían del suficiente alcance y

---

[331] La junta estaba compuesta, además del general Toral -quien la presidía en su calidad de Gobernador Militar de la plaza-, por el Comandante de Marina, capitán de navío Pelayo Pedemonte; el Comandante de Ingenieros de la plaza, coronel Florencio Caula; el Comandante de Artillería de la plaza, teniente coronel Luis Melgar y el Jefe de las Defensas Submarinas, teniente de navío de 1ª José Müller Tejeiro. Véase Müller, Op. Cit., p. 39. Información sobre ubicación de las minas en el canal de la bocana de la bahía fue obtenida en Ibídem., pp. 40-41.

precisión necesarios, para hacer fuego contra los buques bloqueadores.

Pero aún cuando estos cañones resultaran obsoletos y las minas eléctricas colocadas en el canal no resultaran del todo confiables, estas defensas constituían un problema a considerar por una fuerza naval atacante, debido a que el estrecho canal de la boca de la bahía era (y es) muy difícil de navegar, y a que los buques sólo podían pasarlo uno a uno.

Balas de canón en un emplazamiento al oeste de El Morro.

Y aún en el caso de que el canal se viera libre de minas, la artillería de los buques de Cervera podía hundir uno de los buques atacantes sobre el canal, bloqueando así la vía acuática. Por esta misma razón, las peculiaridades del canal hacían relativamente fácil la tarea de mantener dentro a los buques españoles bloqueados, especialmente si los bloqueadores podían actuar desde fuera del alcance de las piezas de artillería de los defensores. Al describir estas características, Müller concluía, "... Por lo expuesto, fácil es comprender que la boca del puerto de Santiago de Cuba está defendido por la Naturaleza".[332]

Mientras se hacían esfuerzos para frustrar un ataque desde la mar, el general Linares preparaba dos líneas exteriores de defensa terrestre. La primera, de defensa contra el desembarco enemigo, era extremadamente larga. Desinformados respecto al lugar seleccionado para desembarcar, temiendo inclusive que pudieran producirse desembarcos simultáneos tanto al este como al oeste de la boca de la bahía, el mando español dispersó

---

[332] Comentarios aparecen en Ibídem p. 128. La información de la composición de las baterías está tomada de Ibídem pp. 43 y 47-48. La opinión de Müller sobre la defensa natural del canal de la bahía de Santiago en Ibídem p. 28.

fuerzas a lo largo de los más de 50 kilómetros de costa comprendidos entre Punta Cabrera, al oeste de la boca de la bahía y Daiquirí, al este de dicha boca.[333]

La otra línea defensiva, encaminada a proteger contra los insurrectos cubanos la zonas de cultivo y las líneas de ferrocarril, tenía unos 15 kilómetros de largo y se apoyaba en una serie de fortines y blockhaus, situados en su mayoría al norte y este de Santiago. Esta línea exterior de defensa comenzaba en Escandel, se dirigía al sur, pasando por El Caney, San Miguel de Lajas, Loma de Quintero, y las Lomas de Veguita y La Caridad, Alturas de San Juan, Chicharrones, las lagunas, río Aguadores hasta el litoral. Si esas posiciones podían sostenerse, los defensores de la ciudad por lo menos tendrían agua y comida. Sin embargo, el mando español carecía de fuerzas suficientes para defender, simultáneamente, sus comunicaciones con el interior del país y los accesos a la ciudad.[334]

Otra línea defensiva, interior, comprendía posiciones situadas en las afueras de la ciudad.

**Desembarco de las fuerzas expedicionarias norteamericanas**

El 19 de junio, el jefe de estado mayor de la agrupación naval norteamericana que bloqueaba la boca de la bahía de Santiago de Cuba, capitán de navío French E. Chadwick, se dirigió a bordo del **Vixen** a la ensenada de Aserradero donde desembarcó, hizo allí contacto con las fuerzas cubanas que ocupaban el lugar, y fue conducido a presencia del mayor general Calixto García, a quien invitó a una visita al crucero acorazado **New York**, buque insignia de la agrupación, para sostener a bordo una entrevista con el contralmirante Sampson. Horas después, el general García acompañado por el general Saturnino Lora y oficiales de su estado mayor, cumplimentaba la invitación.[335]

En la breve entrevista que sostuvieron se discutió acerca del plan de campaña futuro. El contralmirante norteamericano era partidario de atacar sorpresivamente las posiciones españolas

---

[333] Chadwick, Op. Cit., p. 44; Gómez Núñez, Severo: *"La Guerra Hispano-Americana. Santiago de Cuba"*, pp. 102-103.
[334] Véase, Gómez Núñez, Severo:*"La Guerra Hispano-Americana. Santiago de Cuba"*, Madrid, 1901, pp. 49-51, 54-55.
[335] Informe del contralmirante Sampson al secretario de Marina, en *BN 98*, p. 496

en La Socapa y El Morro, situadas respectivamente, en las márgenes occidental y oriental de la boca de la bahía para, después de tomarlas, limpiar el canal de minas con el ulterior propósito de penetrar por él con sus buques y aniquilar a la escuadra de Cervera en el interior de la bahía, idea esta que venía elaborando desde hacía algún tiempo.

El Mayor General Calixto García (sentado), Lugarteniente General del Ejército Libertador y jefe de su Departamento Oriental, conversa con el periodista norteamericano James Creelman, corresponsal del periódico *New York World*.

El general cubano, por su parte, no estuvo de acuerdo con tal proposición, ratificando la sugerencia de desembarcar por el oeste de la boca que ya le había comunicado por escrito en una carta fechada en Mejía el 13 de junio y recibida por Sampson el 18. Dicha región estaba bajo el control de las fuerzas cubanas, lo que le permitiría apoyar a las tropas que iban a desembarcar. En vista de que no se ponían de acuerdo, el jefe militar cubano sugirió que se debía esperar la llegada del jefe del Cuerpo Expedicionario, general Shafter.

Justo es consignar que la entrevista se llevó a cabo en una atmósfera de respeto y que el general García fue objeto de la cortesía y atenciones correspondientes a su jerarquía.[336]

---

[336] Al informar al secretario de Marina expresa Sampson: *"El día 19, el general*

Al día siguiente, 20 de junio, en horas de la mañana, arribó a la región frente a Guantánamo el convoy que transportaba a las tropas del Cuerpo Expedicionario.

Los generales William R. Shafter y Calixto García Iñíguez. Foto tomada durante su histórico encuentro en El Aserradero el 20 de junio de 1898.

Unas horas después, el capitán de navío French E. Chadwick, jefe de estado mayor del contralmirante Sampson abordó el **Segurança**, buque transporte en el cual estaba instalado el cuartel general de la expedición, y explicó al general Shafter la situación desde el punto de vista naval, y las ideas de Sampson al respecto, o sea que, las fuerzas del ejército asaltaran al Morro y la boca de la bahía. El **Segurança** efectuó entonces un recorrido a lo largo de la costa y cerca de ella para que Shafter y sus oficiales la reconocieran y

---

*García y su estado mayor hicieron una visita al buque, proviniendo del campamento del general Rabí adonde habían llegado esta mañana, adelantándose a los 4 mil hombres que le acompañan (....) y ha venido a la costa para conferenciar. (....) Mis impresiones sobre el general García son del más satisfactorio carácter. Es un hombre corpulento, gallardo, de maneras francas y simpáticas y un gran porte militar. Estuvo algún tiempo abordo, aunque desgraciadamente tan mareado que se vio obligado a estar acostado durante todo el tiempo que duró la visita"* (véase BN 98, pp. 449). Sobre esta entrevista a bordo del **New York**, véase también, Escalante Beatón, Aníbal: *"Calixto García. Su campaña del 95"*, La Habana, 1978, pp. 523-525. Sobre el criterio que, en ese momento, tenía Calixto García acerca de la región de desembarco, véase Chadwick, Op, Cit., vol.2, pp. 22-24, allí aparece, completa, la traducción al inglés de la carta del general García al contralmirante Sampson.

observaran por si mismos varios puntos, sugeridos por Chadwick, al este y oeste de la boca de la bahía, donde las tropas recién llegadas podían desembarcar.

Cuando se encontraban frente al Morro, el propio contralmirante Sampson subió a bordo y después de una breve conferencia con el general Shafter, en la que participaron Chadwick y varios oficiales del estado mayor del cuerpo expedicionario el **Segurança** se dirigió a la ensenada del Aserradero, en la desembocadura del río de ese nombre, a unos 30 kilómetros al oeste de la boca de la bahía, con el fin de reunirse con el general Calixto García y otros jefes cubanos. [337]

En el encuentro por la parte norteamericana participaron el general Shafter y su ayudante teniente John D. Miley así como el contralmirante Sampson acompañado de su jefe de estado mayor adjunto, teniente de navío Sidney A. Staunton.

(Desde la Izquierda) El ayudante del General Demetrio Castillo Duany y los generales Castillo, William Shafter, Joe Wheeler, Kent, Nelson Miles y Calixto Garcia. [N. del E].

Por la parte cubana estaban presentes el mayor general Calixto García y los generales Saturnino Lora, José Manuel Capote, Jesús Rabí y Demetrio Castillo Duany, así como oficiales de sus

---

[337] Chadwick, Op. Cit., vol. 2, p. 22.; Alger, Op. Cit., pp. 84-85.

respectivos estados mayores. En la entrevista se tomaron varios acuerdos importantes, cuya esencia fundamental era que el desembarco sería protegido desde el mar por la escuadra norteamericana y desde tierra por las fuerzas cubanas. Hubo sin embargo, una propuesta del general Calixto García que Shafter no aceptó y que consistía en el envío del general Jesús Rabí con un fuerte contingente a las riberas del río Contramaestre para interceptar allí los probables intentos españoles de enviar refuerzos a Santiago desde Manzanillo.

El cumplimiento de los acuerdos tomados implicaba efectuar varias maniobras y traslados de tropas. En primer lugar, realizar el desembarco de las tropas estadounidenses, según la idea propuesta por el general cubano Demetrio Castillo Duany, gran conocedor de la zona y de las fuerzas españolas ubicadas en la misma, en la mañana del día 22, en el lugar conocido por Daiquirí, situado unos 25 kilómetros al este del Morro.

Mambises cubanos, transportados por la marina estadounidense desembarcan en Daiquirí. Foto de la Colección Theodoro Roosevelt, de la Biblioteca del Harvard College. [N. del E.]

Para asegurar el desembarco de los norteamericanos, ocupando la cabeza de playa, fuerzas del Ejército Libertador, en número de 530 hombres, pertenecientes a las brigadas 1ª y 2ª, de la 2ª División del 2º Cuerpo de Ejército, bajo las órdenes del coronel Carlos González Clavell, embarcaron en Aserradero y fueron transportados, con el mayor secreto, a Playa Sigua, situada unos 15 kilómetros al este de Daiquirí, el día 21, para sumarse allí a los 780 combatientes pertenecientes a la brigada de Ramón de las Yaguas, cuyo jefe era el general de brigada Castillo Duany, con el propósito de constituir una vanguardia que asegurara y protegiera los desembarcos norteamericanos.

Algunos de los patriotas negros y mestizos de la Guerra por la Independencia de Cuba. En Costa Rica en 1892 (de pié desde la izquierda): Antonio Collazo, Flor Crombet, Antonio Maceo, Agustín Cebreco y José Barrenqui. Sentados: Martín Morúa Delgado, Rojas, Pedro Castello, Peña y José Rogelio Castillo. [N. del E.]

Mientras tanto, otros 500 combatientes, dirigidos por el coronel José Candelario Cebreco, libraron acciones diversionistas en Mazamorra, Bejuquero, Bartolón y otras posiciones situadas al oeste de Santiago de Cuba. Al mismo tiempo, se cursaron órdenes al general Pedro Agustín Pérez para que, al frente de cerca de 3 000 combatientes, se situase "cerca de Guantánamo de manera que impida que las fuerzas que guarnecen esa ciudad se unan a las de Santiago...". Instrucciones similares fueron cursadas al general Luis de Feria para que con 3 000 hombres impidiera a los cerca de 12 000 españoles que se encontraban en Holguín bajo el mando del general Luque, pudieran acudir en ayuda de los que defendían Santiago de Cuba. De manera análoga, se le ordenó al general de división Francisco Estrada, pese a la negativa del general Shafter de reforzar esa dirección, oponerse a todo movimiento de tropas españolas desde Manzanillo.

Se puso así en marcha, por las fuerzas cubanas, toda una operación de alcance estratégico que no sólo apoyaba el desembarco norteamericano sino que les aseguraba tener superioridad de fuerzas en la región de Santiago de Cuba y sus inmediaciones, escogida como teatro de acciones combativas. El desembarco de los estadounidenses en Daiquirí, se llevó a cabo según lo planificado, el 22 de junio en horas de la mañana.[338]

---

[338] Sobre la reunión de El Aserradero y lo allí acordado, véase Escalante Beatón, Op. Cit., pp. 525-532. En Ibídem, p. 571 se explica la negativa de Shafter al envío de Rabí al Contramaestre. Algunos detalles de la entrevista se comentan en Chadwick, Op. Cit., pp. 22-23, donde se resalta el cambio de opinión del general García sobre la región de desembarco. Puede verse también el informe de Sampson a Long del 22 de junio en BN 98, p. 450. Sobre las fuerzas cubanas y sus acciones de apoyo, véase Escalante Beatón, Op. Cit., pp. 535-536. Un análisis de fuentes cubanas, que aportan información sobre la entrevista y los planes acordados, puede verse en, Abdala Pupo, Oscar Luis: *"La intervención militar norteamericana en la contienda independentista cubana: 1898"*, Santiago de Cuba, 1998, pp. 61-63 donde se sugiere que el cambio de criterio de la jefatura cubana respecto a la región de desembarco fue resultado de la información reciente que poseía Castillo Duany "sobre la situación de los españoles y sus preparativos de defensa".
En una carta dirigida al general Corbin, ayudante general, fechada el 24 de diciembre de 1898, el general Shafter refuta los términos de un artículo escrito por el almirante Sampson publicado en Army and Navy Register de Diciembre 3 y de paso, al apropiarse de la paternidad de la idea, niega el papel desempeñado por los cubanos en la decisión sobre la región de desembarco: *"... Yo había decidido, a partir de lo que conocía sobre la costa, que el mejor lugar para desembarcar era el este de Santiago y, sólo esperé entrevistarme con el General García y sus oficiales para obtener de ellos una idea exacta del terreno que tendría que atravesar. En dicha entrevista me convencí de que Daiquirí y Siboney eran los puntos para desembarcar, y de que la propia ciudad de Santiago era el objetivo, toda vez que la misma abarcaba tanto la ciudad con la escuadra del almirante Cervera".* La mencionada carta puede verse en Alger, Op. Cit., pp. 88-90 y está acompañada por notas tomadas en la entrevista sostenida con Calixto García en El Aserradero.

Para apoyar el desembarco con su fuego artillero destinado a destruir las fortificaciones y refugios españoles en Daiquirí y sus inmediaciones, se dispuso de los buques **Detroit, Castine, Wasp, New Orleans y Suwanee**. Mientras esto ocurría Siboney (Ensenada de los Altares) era bombardeado por el **Hornet, Helena y Bancroft**, al tiempo que Aguadores era blanco del fuego del **Eagle** y el **Gloucester**. Simultáneamente al desembarco real, se efectuó una maniobra diversionista, con la participación de 10 buques de transporte y los buques de guerra **Texas, Scorpion y Vixen**, frente a Cabañas, a unas 2,5 millas al oeste de la boca de la bahía de Santiago de Cuba. Asimismo, el mando norteamericano dispuso, que mientras se efectuaba la operación, los cruceros acorazados **Brooklyn** y **New York** y los acorazados **Massachusetts, Iowa, Oregon, e Indiana** se mantuvieran en sus estaciones de bloqueo, frente a la boca de la bahía santiaguera en prevención de cualquier movimiento que pudiera hacer la escuadra de Cervera.[339]

Daiquirí, punto elegido para efectuar el desembarco, es un pequeño entrante de la costa sur de la región oriental de Cuba. En el mismo las montañas bajan, formando como un anfiteatro hacia una depresión rodeada por ellas, lugar en el que se encontraban las instalaciones de la firma minera norteamericana Spanish-American Iron Company, que extraía mineral de hierro de la zona y un pequeño caserío. Contaba el lugar con un atracadero de hierro que estaba en bastante buen estado (pero que no podía emplearse para el desembarco por ser muy alto), y tenía buen abastecimiento de agua mediante tuberías que bajaban de las montañas.

En este lugar era posible acercarse bastante a la costa, dada la profundidad del mar allí, pero la marejada suele ser fuerte. Además del atracadero de hierro, existía uno pequeño de madera, que fue utilizado, aunque la marejada dificultaba la maniobra. La orilla de este lugar es arenosa. Detrás del caserío había una pequeña extensión de terreno utilizable para instalar allí campamentos y corrales, pero en general, las lomas salen casi del mar alcanzando alturas considerables en la más prominente de las cuales se encontraba un fortín español con varios soldados

---

[339] Sobre la distribución de los buques y misiones de los diferentes destacamentos en interés del desembarco, véase la orden emitida por el contralmirante Sampson el 21 de junio, 1898, en Chadwick, Op. Cit., vol. 2, pp. 30-32.

sobre el cual ondeaba constantemente una gran bandera española. Daiquirí no presentaba pues, comodidades para desembarcar, pero era el único punto de la región que contaba, al menos, con un atracadero y tenía buena agua, elemento este que fue uno de los que más influyó en su elección. Además, se tenían informes de que en Daiquirí la cantidad de defensores españoles era pequeña. [340]

El procedimiento anárquico de desembarco de la caballería provocaba la muerte y el sufrimiento innecesario de los animales. [N. del E].

El cañoneo de la costa por los buques de apoyo artillero comenzó a las 9:00 a.m. y duró muy poco, ya que no hubo ninguna reacción de la costa. Los cubanos desembarcados en Sigua, habían avanzado durante la noche, a lo largo del litoral y tomado el pequeño caserío de Daiquirí, y los españoles abandonaron sus posiciones y los fortines ubicados en las elevaciones circundantes, aún antes de que comenzara el fuego, replegándose hacia Siboney, lo que convertía al desembarco norteamericano en puramente administrativo.

---

[340] La descripción de Daiquirí aparece en Chadwick, Op. Cit., p. 28. Hay también información interesante en Ermolov: *"Guerra Hispanoamericana"*, San Petersburgo, 1899, pp. 103-104 y en Millis, Walter: *"The Martial Spirit"*, Boston, 1931, p. 263.

Mientras se efectuaba el cañoneo, las tropas comenzaron a embarcarse en botes de remo y fueron remolcados hacia la costa por las lanchas de vapor y una vez que estuvo claro que no había enemigos, las embarcaciones se acercaron a la orilla y cada cual desembarcó como pudo o como se le antojó, creándose un gran desorden. Las unidades se confundieron totalmente y costó gran esfuerzo a los oficiales lograr reunir a las compañías. Al atardecer ya estaban en tierra cerca de 6 000 hombres.

Los caballos y mulos eran extraídos de las bodegas de los barcos de transporte y empujados al agua para que, guiados por el instinto, ganaran la costa a nado, pero esto se hacía sin la debida observación de los animales desde las embarcaciones.

Las bestias nadaban desesperadamente, pero muchas de ellas al aproximarse a la orilla se espantaban con la rompiente y retrocedían, se adentraban en el mar y se ahogaban. De esa manera se perdieron unos 60 animales. Los botes embarcaban diferentes cantidades de hombres, desde 10 hasta 25. Las lanchas de vapor remolcaban hasta 6 botes, en racimo.

El 5° Cuerpo de Ejército estadounidense desembarcando sin oposición en un espigón de madera, en Daiquirí, en la costa sur del Oriente de Cuba, el este de Santiago de Cuba el 22 de junio de 1898. Las fortificaciones abandonadas por los españoles pueden verse al centro.

Como no había resistencia, la artillería ligera fue descargada mediante una patana, después del personal, el armamento y otras cargas. La artillería pesada no fue desembarcada. Una vez en la orilla, las tropas acamparon junto a un arroyo, cada quien dónde y cómo le parecía. El informe de Shafter al secretario de la Guerra, Alger, no podía ser más lacónico:

*Playa del Este, Junio 22, 1898.- 6:22 p.m.*
*Secretario de la Guerra, Washington, D.C.:*
*Frente a Daiquirí, Cuba, Junio 22, 1898.-El desembarco en Daiquirí esta mañana ha sido exitoso. Muy poca o ninguna resistencia.*
*Shafter*

El contralmirante Sampson fue un poco más explícito al informar ese día de las acciones de la Marina en apoyo al desembarco:

*Daiquirí, Cuba, Junio 22, 1898.*
*Secretario de Marina, Washington:*
*El desembarco del ejército progresa favorablemente en Daiquirí. Hubo poca o ninguna resistencia. El **New Orleans, Detroit, Castine, Wasp,** y el **Suwanee** cañonearon las inmediaciones antes del desembarco. Se hizo una demostración en Cabañas para atraer la atención del enemigo. El **Texas** se batió con las baterías del oeste durante algunas horas. Un tripulante resultó muerto. En el canal de Guantánamo han sido recuperadas diez minas submarinas. Ha sido establecida la comunicación telegráfica con Guantánamo.*                   *Sampson.* [341]

Como podrá apreciarse, en nínguno de los mensajes de los jefes estadounidenses se hace mención de la valiosa ayuda que les fue

---

[341] El desembarco en Daiquirí está expuesto, en rasgos generales, en Ibídem., pp. 109-111. Para un mayor detalle en la información véase Chadwick, Op. Cit., vol. 2, pp. 32-36. En Ibídem, p. 38 se apunta que 500 cubanos de las fuerzas del general Castillo Duany habían sido embarcados a bordo del **Gloucester** y el **Vixen** para ser desembarcados en Damajayabo, 3 kilómetros al oeste de Daiquirí, a fin de que cubrieran el flanco izquierdo del desembarco norteamericano, pero la fuerte marejada impidió la operación en aquel lugar. Una crítica al general Linares por no haber resistido el desembarco en Daiquirí puede verse en: US Navy Department *"Comments of Rear-Admiral Plüdemann, German Navy",* en *The Main Features of the War with Spain,* Washington, 1899, p. 14. En Gómez Núñez, Severo: *"La Guerra Hispano-americana. Santiago de Cuba",* p. 76, el autor afirma que las fuerzas españolas que estaban en Daiquirí tenían órdenes de retirarse tan pronto comenzara el ataque para evitar ser copadas. Los informes de Shafter y Sampson pueden verse en, *"Correspondence Relating to the War with Spain",* Washington, 1902 (en lo adelante *CWS),* p. 50.

prestada por los patriotas cubanos.

El general Henry W. Lawton, jefe de la 2ª División de Infantería, recibió la orden de colocar una avanzada en dirección a Siboney, pequeña playa situada a unas 4 millas al oeste de Daiquirí, que fue ocupado sin gran resistencia, a la mañana siguiente. La ocupación de Siboney proporcionó a los norteamericanos otro punto de desembarco situado aún más cerca de Santiago.

Otro ángulo del desembarco en Daiquirí.

La importancia de Daiquirí se redujo. Ya el 23 de junio se ordenó a las tropas de la 1ª División de Infantería desembarcar en Siboney y al anochecer estaban en tierra unos 6 000 hombres. Durante la noche y madrugada del 23 al 24, continuó la operación de desembarco bajo la iluminación de los proyectores de los buques y, al anochecer del día 24, todo el 5º Cuerpo Expedicionario de Shafter estaba en tierra.[342]

En cuanto a sus características geográficas, Siboney es muy pa-

---

[342] Respecto al desembarco en Siboney, véase Ermolov, Op. Cit., p. 110. Hay también valiosa información en Escalante Beatón, Op. cit., pp. 536- 539. Otra fuente de información es Chadwick, Op. cit., vol. 2, pp. 36-38.

recido a Daiquirí, pero la playa es más corta y estrecha. En Siboney no había atracadero. Allí estaban ubicadas instalaciones, talleres, un almacén y un acueducto de la compañía minera *Juraguá Iron Company*, así como un hospital, varias casas y numerosos bohíos. Una línea de ferrocarril perteneciente a la empresa partía de allí, a lo largo de la costa, hasta Aguadores, en la desembocadura del río San Juan, 12 kilómetros hacia el oeste, siguiendo después en dirección noroeste, dejando El Morro a la izquierda para llegar al embarcadero de la compañía, situado en las márgenes de la bahía santiaguera, en la Ensenada de la Cruz, al sur de la ciudad.

Tropas norteamericanas concentrándose
en Daiquirí para partir en dirección a Siboney.

El fondeadero formado por el acarreo del pequeño río que allí desemboca no es buen tenedero y carece de protección excepto la que le proporciona un promontorio que penetra en el mar en su extremo este. En condiciones normales del tiempo predomina allí el viento del sureste que va levantándose desde antes del mediodía para caer en la tarde cediendo lugar al terral nocturno que en la mañana siguiente es sustituido por la brisa marina.

Desde Siboney salían dos caminos para Santiago de Cuba: uno, denominado *"Camino Real"* o "camino bajo", que sigue la depresión que queda al norte de la sierra que corre aledaña al mar (por este camino la distancia hasta Santiago de Cuba es de unos 20 kilómetros), y otro, prácticamente un trillo, denominado "camino alto", que, desde Siboney, toma dirección oeste, atravesando la Sierra, recorriendo su firme paralelamente a la costa por unos 5 kilómetros, para virar después hacia el norte y entroncar con el camino principal ya mencionado, cerca del lugar conocido por Las Guásimas.

Tropas acampadas en Siboney.

Desde Siboney hasta El Morro hay por mar, aproximadamente, 11 millas. El acceso al Morro desde Siboney resultaba difícil, pero la vía férrea de la Juraguá Iron Company llevaba hasta las inmediaciones de la fortificación. Esta vía era cortada solamente por un obstáculo natural, la boca del río San Juan en Aguadores, y los españoles, inutilizaron el puente allí existente. Las vías a través de Aguadores y Las Guásimas, anteriormente descritas, determinaban las dos direcciones posibles de la marcha y la maniobra: siguiendo la línea del ferrocarril a través de Aguadores hacia El Morro, o pasando por Las Guásimas hacia Santiago de Cuba, siguiendo los caminos. Varios factores y circunstancias hicieron a Shafter decidirse por la segunda dirección.[343]

El desembarco norteamericano tuvo lugar sin combate, casi sin bajas (dos soldados negros se ahogaron al desembarcar en Daiquirí). Los españoles perdieron así, el primer acto de la defensa. Respecto a esto el coronel Ermolov, agregado militar ruso en el estado mayor de Shafter relata: *"El general Castillo Duany me dijo, durante la navegación que, con toda seguridad, los españoles retrocederían sin combate hacia la ciudad, pero que una vez en las posiciones junto a la misma, ofrecerían una encarnizada resistencia. Así fue".* [344]

---

[343] La descripción geográfica de Siboney puede verse en Chadwick, Op. Cit., pp. 28- 29. También Ermolov, Op. Cit., pp. 111-112, contiene información de interés.
[344] Ibídem., pp. 111-112, a pie de página.

El 5° Cuerpo Expedicionario del Ejército norteamericano desembarcado en el sur de Oriente, se componía de dos divisiones de infantería, una de caballería desmontada, un escuadrón de caballería montada, una brigada independiente y unidades de artillería, ingenieros, globo cautivo, etc. que, en su conjunto sumaba 819 oficiales, 16 058 alistados, 30 empleados civiles, 272 arrieros y estibadores y 107 estibadores. Lo acompañaban 89 corresponsales de prensa y 11 agregados militares y navales de embajadas en Washington.[345]

El ganado de transporte consistía en 390 mulas de carga, 946 de tiro, 571 caballos de tropa (pertenecientes al estado), 381 caballos de oficial (privados). Se transportaron 114 furgones de 6 mulas, 81 carruajes ligeros y 7 ambulancias.[346]

Escena en un campamento de la infantería estadounidense. Abriendo latas de carne estofada.

La estructura organizativa del 5° Cuerpo era la siguiente:

Jefe del Cuerpo: mayor general William R. Shafter.

**Estado Mayor:**
Ayudante- general(jefe del Estado Mayor): teniente coronel Edward J. McClernand.

Ayudante-general adjunto: capitán James C. Gillmore.

Formaban también parte del Estado Mayor del general Shafter, entre otros, sus ayudantes de campo tenientes R. H. Noble y John D. Miley; el teniente coronel Arthur L. Wagner, a cargo de

---

[345] Chadwick Op. Cit., vol 2, pp. 20-21. Los agregados eran: coronel Ermolov (Rusia); mayor de Grandpré (Francia); mayor Shiba y teniente de navío Saneyuki (Japón); capitán de fragata Dahlgren, capitán Wester y capitán Abildgard (Suecia y Noruega); capitán Lee (Gran Bretaña), conde von Goetzen y capitán de corbeta von Rebeur Paschwitz (Alemania) y teniente Roedler (Austria -Hungría). A ellos se unió posteriormente el capitán de navío Paget, agregado naval británico.
[346] Ibídem, p. 19.

la División de Información Militar, su asistente, teniente Edward Anderson; el Dr. Joaquín Castillo del Ejército Libertador de Cuba y el Dr. Juan Guiteras, experto en enfermedades tropicales.[347]

**1ª División de Infantería**, cuyo jefe era el general de brigada Jacob F. Kent y que constaba de tres brigadas: la 1ª, mandada por el general de brigada Hamilton S. Hawkins y compuesta, a su vez, por los regimientos regulares 6° y 16° y 71° de voluntarios de New York; la 2ª Brigada, de regulares, compuesta por los regimientos 2°, 10° y 21°, siendo su jefe el coronel Edward P. Pearson y la 3ª Brigada, de regulares, mandada por el coronel Charles A. Wikoff y en cuya composición estaban los regimientos 9°, 13° y 24°. Los efectivos de esta división sumaban 5 137 hombres.

Ilustración de las acciones de la batería de cañones-ametralladoras Hotchkiss y tropas negras del 10° Regimiento de Caballería en acción contra los españoles en Las Guásimas, al este de Santiago de Cuba.

**2ª División de Infantería**, de la cual era jefe el general de brigada Henry W. Lawton. Constaba de tres brigadas: la 1ª, a las órdenes del general William Ludlow, y en cuya composición estaban los regimientos 8°, 22° de regulares y 2° de voluntarios de Massachusetts; la 2ª Brigada, de regulares, mandada por el coronel Evan Miles, compuesta por los regimientos 1°, 4° y 25°, este

---

[347] Chadwick, Op. Cit., vol. 2, pp. 20-21 (nota 2).

último de tropas negras ; y la 3ª Brigada, de regulares, mandada por el general de brigada Adna R. Chaffee, compuesta por los regimientos 7°, 12° y 17°. Los efectivos de esta división sumaban 5 379 hombres.

**División de Caballería** (desmontada), bajo el mando del mayor general Joseph Wheeler, integrada por dos brigadas: la 1ª Brigada, de regulares, dirigida por el general de brigada Samuel S. Sumner, compuesta por los regimientos 3°, 6° y 9°; y la 2ª Brigada, compuesta por los regimientos 1° y 10° de regulares y el 1° de voluntarios de caballería ("Rough Riders"); mandaba esta brigada el general de brigada Samuel B. Young. Esta división contaba con 2 137 hombres.

**1ª Brigada Independiente**, de regulares, cuyo jefe era el general de brigada John C. Bates, compuesta por dos regimientos de infantería, el 3° y 20°, y un escuadrón montado. Los efectivos de esta brigada sumaban 1 085 hombres.

A estas unidades se sumó, como refuerzo, la **2ª Brigada Independiente** (voluntarios), cuyo jefe lo era el general de brigada Henry M. Duffield y estaba compuesta por los regimientos 33° y 34° de Michigan y 9° de Massachusetts. Sus efectivos sumaban 2 543 hombres. Esta brigada llegó el 27 de junio y era la única gran unidad compuesta sólo por voluntarios. [348]

El armamento de las unidades de infantería consistía en fusiles Springfield modelo 1895, con cargadores, calibre .30: cinco cartuchos en el cargador y el sexto en la recámara. Empleaban pólvora sin humo. La infantería de los voluntarios estaba dotada de fusiles Springfield, sin cargadores, calibre .45, empleaba pólvora con humo. Esto último, al tener que enfrentarse con un enemigo armado con fusiles Mauser, que empleaban cartuchos de pólvora sin humo, colocó a las tropas de voluntarios norteamericanos en una situación desfavorable.[349]

El equipamiento del soldado de infantería, es descrito por el coronel Ermolov, observador ruso: "una canana de 100 cartuchos a la cintura; una bolsa, que llevaba al hombro izquierdo, que contenía café, azúcar, raciones para tres días, pan seco, cubiertos y

---

[348] Chadwick, Op. Cit., vol. 2, pp. 19-20.
[349] Ermolov, Op. Cit., p. 18.

una pequeña cazuela (que utilizaba también como pala para atrincherarse); al costado derecho llevaba una cantimplora para agua (que generalmente llenaban con café frío) y una pequeña vasija de lata para hacer el café. Al hombro izquierdo, enrrollados llevaban una tienda-abrigo, un poncho impermeable y una frazada. En el bolsillo de la camisa llevaban un pequeño cepillo para la limpieza del fusil. Casi todos los hombres portaban cepillos de dientes, metidos en el sombrero." [350]

Las unidades de caballería tanto regulares como de voluntarios ("Rough Riders"), estaban armadas con carabinas Krag-Jorgensen modelos 1892 y 1898 calibre .30, revólver Colt calibre .38, modelo 1894 y sable.

Theodoro Roosevelt y un grupo de *Rough Riders* "posan" para la prensa en la Loma de San Juan. [N. del E]

La **artillería** del 5° Cuerpo era bastante reducida. La inicialmente desembarcada estaba constituida por cuatro baterías de campaña de cuatro cañones cada una; un cañón Hotchkiss, uno

---

[350] Ermolov, Op. Cit., pp. 26-27.

neumático de dinamita (experimental), cuatro obuses de 175 mm., ocho morteros de 80 mm. y cuatro ametralladoras Gattling. De todos estos elementos, sólo el destacamento de ametralladoras Gatling tuvo una participación significativa en la campaña de Santiago de Cuba. Toda la artillería norteamericana empleaba pólvora con humo.[351]

Integraban además el 5° Cuerpo un batallón de ingenieros, destacamentos de señales (telégrafo y teléfono), un destacamento de aeróstatos (globo cautivo) y dos compañías hospitalarias.

Contrariamente a la opinión más generalizada, los voluntarios constituían sólo una pequeña parte de las fuerzas del cuerpo (6 regimientos de 29) hasta después de los importantes combates del 1 de julio. Sólo cinco regimientos de voluntarios tomaron parte en las primeras fases de la campaña -el 1° de caballería ("Rough Riders"), el 2° de Massachusetts, el 71° de New York, el 33° de Michigan y un batallón del 34° de Michigan.

El 5° Cuerpo Expedicionario ha sido caracterizado como "una colección de eficientes pequeñas unidades y no una maquinaria integral de combate". Los regulares estaban bien entrenados y tenían buenos oficiales, pero se carecía de jefes que tuvieran experiencia en el mando de grandes unidades -brigadas y divisiones-, y de oficiales de estado mayor con experiencia y preparación.

Aunque los "Rough Riders" demostraron impetuosidad, otras unidades de voluntarios se comportaron con bastante ineficiencia y escasa moral combativa lo cual tenía en parte su causa en lo improvisado y precipitado de su entrenamiento. Otra crítica deficiencia empantanaba al mando de Shafter: la carencia de aseguramientos adecuados -ingeniero, sanitario, comunicaciones, unidades de exploración, medios de transporte, entre otros. Si el adversario español hubiera contado con una verdadera disposición y moral combativa, la situación de las fuerzas norteamericanas pudiera haberse tornado peligrosa.[352]

Pero el Ejército español tenía sumamente quebrantada su voluntad de resistencia y combate. Más de tres años de una lucha incesante con la insurrección cubana, en la que había perdido la

---

[351] Chadwick, Op. Cit., p. 20.
[352] Cosmas, Graham: *"An Army for Empire: The United States Army in the Spanish-American War"*, Columbia, Mo., 1971, p. 194, citado en Trask, David F.: *"The War with Spain in 1898"*, New York-London, 1981, pp. 216-217.

iniciativa, lo habían desgastado mucho. Para decirlo con una frase popular: "**los norteamericanos habían llegado a Cuba para matar a un muerto**". Por eso sus grandes deficiencias de organización, disciplina y moral combativa y la incapacidad de su jefatura, no tuvieron consecuencias.

Ilustración de una carga al machete de la caballería mambisa. [N. del E]

Resulta importante consignar que, en el éxito de las operaciones de desembarco efectuadas por los efectivos del Ejército norteamericano, las fuerzas del Ejército Libertador de Cuba desempeñaron un papel de suma importancia. Los jefes, oficiales y soldados cubanos, aguerridos y experimentados combatientes, conocedores del terreno, y de la manera de combatir del Ejército español, no sólo actuaron como prácticos y guías si no que, operando en la extrema vanguardia llevaron a cabo la exploración, atacaron y ocuparon las posiciones enemigas en la costa sur entre Santiago y Guantánamo y, mediante acciones combativas, impidieron al mando español reforzar la defensa del litoral. Gracias a ese esfuerzo pudieron los estadounidenses desembarcar con toda tranquilidad.

### Repercusión en el Alto Mando en La Habana

Tan pronto se conoció en La Habana el día 22 de junio, la noticia del desembarco norteamericano en Daiquirí, tuvo lugar en el alto mando de las fuerzas españolas de la Isla una profunda crisis, que se resolvió con la remoción de su cargo del hasta entonces jefe del Estado Mayor General del Ejército de Cuba, teniente general Luis Manuel de Pando Sánchez. Este alto oficial manifestó el criterio, contrario al que sostenía el capitán general Ramón Blanco, de que hacia Santiago de Cuba debía ser enviado un cuerpo de ejército, a cuyo frente se pondría el mismo, y las tropas que conformarían ese cuerpo, que no podían ser menos de diez mil hombres, tenían que ser tomadas de las 26 000 destinadas a la defensa de la capital.

El plan del general Pando planteaba hacer este movimiento de tropas de manera escalonada, a fin de ganar tiempo y no extenuar a las tropas. De esa manera, planteaba, las tropas extraídas de La Habana, transportadas en trenes, ocuparían el lugar de las estacionadas en Santa Clara; éstas harían lo mismo respecto a las que se encontraban en Sancti Spíritus, y así sucesivamente hasta llegar a Holguín, cuyas fuerzas eran las que en realidad debían marchar hacia Santiago. El plan fue rechazado por Blanco, y Pando le planteó no estar dispuesto a quedarse cruzado de brazos, mientras las fuerzas españolas en Santiago eran sacrificadas al tiempo de que en la Isla había "más de 200 mil hombres inactivos...". El encuentro entre Blanco y su jefe de Estado Mayor General, concluyó con el envío de este último a México, en una supuesta "comisión oficial y reservada del servicio".[353]

### Combates en Las Guásimas

Las fuerzas españolas que se habían retirado de la denominada "zona minera" (Daiquirí, Vinent, Firmeza y Siboney) sumaban unos 1500 hombres bajo el mando del general de brigada Antero Rubín. Las mismas ocuparon tres escalones defensivos sobre el camino de Siboney. El primero de estos escalones se situó en las alturas conocidas por Las Guásimas -punto donde se hallaba la

---

[353] Bacardí Moreau, Emilio: **"Crónicas de Santiago de Cuba"**, Santiago de Cuba, 1923-1925, T. IX, p. 356.

bifurcación de los caminos alto y bajo de Siboney-, situadas aproximadamente a cuatro kilómetros del lugar de desembarco en Playa Siboney y a una altura de unos 150 metros sobre el nivel del mar. Este primer escalón se encontraba defendido por tres compañías del Batallón Provisional de Puerto Rico, y una movilizada, dos de las cuales se habían ubicado en los puntos altos más cercanos, todas ellas bajo las órdenes del comandante Andrés Alcañiz.

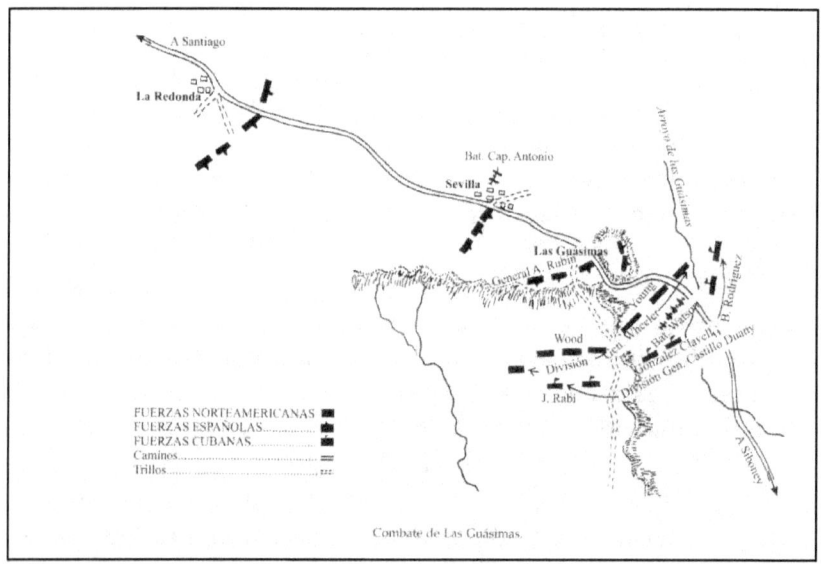

Combate de Las Guásimas.

El segundo escalón, donde se encontraba el general Rubín, fue situado en lugar conocido como Asiento de Sevilla, siendo defendido por tres compañías, pertenecientes al 1er. Batallón de San Fernando, dos secciones de ingenieros de ferrocarriles, guerrillas y una sección de artillería.

El tercer escalón, a cuyo frente se encontraba el coronel Domingo Borry Sáenz, fue situado en La Redonda, estando defendido por cinco compañías del Batallón Peninsular de Talavera, que debían controlar los caminos de Justicí y El Pozo. [354]

El día 23 de junio, cuando las fuerzas españolas aún no habían acabado de establecerse, son atacadas por fuerzas cubanas mandadas por el coronel Carlos González Clavell, que constituían

---

[354] Gómez Núñez, Severo: **"Guerra Hispanoamericana. Santiago de Cuba"**, p. 109.

una avanzada de las tropas norteamericanas desembarcadas. Los cubanos, tras sufrir dos muertos y cinco heridos, se vieron obligados a retirarse pues los españoles tenían una posición muy ventajosa y los dominaban con su fuego. En esas condiciones y para rechazar un posible contraataque, González Clavell desplegó sus fuerzas y se limitó a tirotear las posiciones españolas sin avanzar. [355]

Las órdenes del general Shafter al general Lawton, -en su ausencia, al oficial superior que estuviera en el frente-, eran las de avanzar hasta Siboney. Si la división de Lawton no encontraba resistencia, debía acampar, atrincherarse y mantenerse en su posición al oeste de Siboney, donde cubriría la operación de desembarco que allí tenía lugar. La división de Kent seguiría a la de Lawton y la de Wheeler cubriría la retaguardia. También la brigada independiente de Bates recibió instrucciones de apoyar a Lawton.

Tal era el estado de cosas cuando el mayor general Joseph Wheeler, jefe de la División de Caballería (desmontada), veterano confederado de la guerra civil conocido por el sobrenombre de "Joe, el peleón" tuvo conocimiento del choque de la avanzada cubana y decidió, por su cuenta, exceder los límites impuestos por las órdenes de Shafter, contando con el apoyo entusiasta de los "Rough Riders" de Leonard Wood y Theodore Roosevelt, ansiosos de entrar en combate y "verter la primera sangre española".

General de brigada Samuel B. M. Young

El general de brigada Samuel B. M. Young, jefe de una de las brigadas de Wheeler, propuso realizar un "reconocimiento en fuerza" durante la mañana siguiente (junio 24) para revelar las posiciones hispanas. Wheeler dio su autorización, haciendo un uso particular del hecho de que las instrucciones de Shafter iban diri-

---

29 González Clavell, Carlos: *Diario de Campaña*, citado en Abdala Pupo, Oscar Luis:**"La intervención norteamericana en la contienda independentista cubana: 1898"**, Santiago de Cuba, editorial Oriente, 1998, p. 94.

gidas a Lawton o al "oficial superior presente". El jefe del 5º Cuerpo había encabezado así su directiva con la intención de cubrir el caso de que Lawton no fuera capaz de actuar, pero como Wheeler era el oficial superior en el lugar en que se encontraba, el astuto veterano sudista hizo una interpretación muy singular de la directiva decidiendo que la misma requería que se debía atrincherar sólo si no encontraba oposición, una clara tergiversación de las intenciones de Shafter. En consecuencia, Young fue enviado a reconocer Las Guásimas la mañana siguiente. Wheeler trató de enrolar en su aventura a las fuerzas cubanas de González Clavell pero el oficial cubano, que había recibido órdenes expresas del general Calixto García de obedecer sólo órdenes del general Lawton, se negó a secundar a Wheeler, quien basándose en aquel hecho no vaciló en calificar de cobardes a las tropas cubanas y sus jefes.[356]

El mayor general Wheeler había decidido sobrepasar a la división de Lawton llevado por la idea aventurera de ganar crédito como vencedor de la primera acción combativa en suelo cubano y no tuvo reparos en incumplir lo dispuesto por el jefe del 5º Cuerpo. Cuando Lawton tuvo conocimiento de las intenciones de Wheeler y sus conmilitones, trató de alertar a Shafter pero este último no había aún desembarcado, encontrándose todavía a bordo del transporte **Segurança** y no pudo ser avisado a tiempo de que impidiera los propósitos del jefe de la división de caballería.

La idea de Shafter era la de que todas las fuerzas a su mando terminaran de desembarcar, se concentraran en Siboney, se les suministrara de manera conveniente y desde allí se organizaría el avance. La iniciativa aventurera de Wheeler, rompió la racionalidad del despliegue y condujo a serios problemas logísticos.[357]

El plan de ataque de Young requería que sus dos regimientos regulares de caballería – o sea el 1º y el 10º-, avanzaran hacia el norte a la derecha de su otro regimiento, el 1º de voluntarios, conocido como los "Rough Riders". El más oriental de los caminos que conducía de Siboney a Las Guásimas, el denominado *Camino Real*, fue el que tomaron los regulares, encabezados por Young y el propio general Wheeler -que era quien en realidad

---

[356] Alger, Op. Cit., pp. 103-104. Respecto al incidente con el coronel González Clavell, ver Escalante Beatón, Op. Cit., pp. 537-538.
[357] Véase Alger, Op. Cit. p. 103-104.

dirigía la operación-, seguidos por una batería integrada por cuatro cañones Hotchkiss.

Mientras, el coronel Leonard Wood y su segundo, el ex-secretario adjunto de Marina devenido teniente coronel del voluntarios, Theodore Roosevelt, al frente de los "Rough Riders" seguían el denominado "camino alto" de Siboney, en la realidad un trillo de montaña. Las fuerzas sumaban en total unos 964 hombres. Ambas columnas estaban separadas por más de un kilómetro y no fueron tomadas medidas para mantener comunicación entre ambas.

El coronel Leonard Wood en campaña.

Dada la abrupta topografía y la vegetación de la zona, así como el desconocimiento que tenían de la misma, el avance de las tropas estadounidenses, que comenzó a las 5:00 am. del día 24, se hizo difícil. En las medida en que ambas alas de la formación norteamericana se aproximaban a las alturas donde las esperaban los españoles, sus flancos interiores se aproximaban entre sí, de manera tal que se fue formando una línea para el asalto.

Mientras tanto, durante la noche del 23, el general Linares había concentrado en Las Guásimas cerca de 1 500 hombres a las órdenes directas del general Rubín, que se parapetaron en trincheras y detrás de cercas de piedra; en Sevilla había además unos 500 soldados españoles y en La Redonda otros tantos. Linares ordenó tender alambradas y preparó con cuidado una emboscada. Su plan consistía en sorprender a los atacantes y oponerles resistencia mediante una defensa escalonada en puntos decisivos y así irlos desgastando y demorando.

Wheeler y Young examinaron apresuradamente las posiciones españolas y ordenaron abrir fuego. Esto prueba de que tenían en mente algo más que un "reconocimiento en fuerza". La respuesta española, en forma de descargas cerradas, desde posiciones ventajosas, no se hizo esperar.

A la derecha la espesura del monte, que impedía casi todo movimiento, se convirtió en un aliado pues proporcionaba un excelente refugio. El avance, bajo el mortífero fuego de los españoles, se hizo muy difícil, y responderle incómodo y esporádico, debido a la tupida vegetación.

A la izquierda, el coronel Wood y sus "Rough Riders" avanzaron junto a los regulares. Al observar que el fuego español caía sobre las unidades de la derecha, ordenó a sus hombres responderle. El combate se prolongó cerca de dos horas. Las bajas norteamericanas alcanzaban ya 16 muertos y 52 heridos, entre oficiales, clases y soldados, viéndose obligados a replegarse. Fue entonces que Wheeler decidió solicitar ayuda a Lawton, con vistas a reanudar el combate en horas de la tarde. Lawton dispuso que el 9º de caballería y la 3ª brigada de infantería de Chaffee acudieran en ayuda de Wheeler, pero esto último no sería necesario.

Movimiento de tropas estadounidenses en Las Guásimas. [N. del E]

Antes de que llegaran dichos refuerzos, el general Rubín, siguiendo instrucciones de Linares -quien no supo ser consecuente con la idea general de la operación que había planteado y, presa del derrotismo y la desmoralización se justificó con el absurdo temor a que sus fuerzas fueran envueltas y cayeran en un copo, algo prácticamente imposible en aquel lugar- ordenó la retirada de las tropas españolas, para sorpresa de los propios atacantes. Las tropas de Wheeler, extenuadas por el calor y el combate no las persiguieron, contentándose con la conquista de Las Guásimas, Sevilla y La Redonda. Las bajas españolas en Las Guásimas sumaron 10 muertos y 25 heridos.

Los resultados de las acciones de Las Guásimas habrían de tener una significativa influencia en el curso de la campaña. En primer lugar, una parte considerable de las fuerzas del Ejército se fue escalonando por el camino de Santiago de Cuba, alejándose del apoyo que podía haberle brindado la escuadra y adelantando mucho más de lo que deseaba la jefatura del 5° Cuerpo, debido a no contar aún con una base de suministros ni organizado un sistema de transportaciones adecuado.

En segundo lugar, este combate puso de manifiesto que los españoles sabían combatir. Finalmente, no puede afirmarse que en el aspecto moral, Las Guásimas haya ejercido una influencia favorable sobre las tropas norteamericanas: por el contrario, como combate improvisado, con un crecido número de bajas, influyó sobre la moral combativa de las tropas en una forma muy seria; haciendo recapacitar a muchos, que comprendieron que los españoles no eran el enemigo fácil y esquivo del que antes se hablaba.[358]

Desde el 24 hasta el 30 de junio inclusive, no hubo combates. Durante esos seis días casi todo el Cuerpo Expedicionario fue adelantado hasta el Asiento de Sevilla, acampando escalonadamente a la derecha e izquierda del camino. En ese lapso el ejército estuvo detenido y lo hizo así para acondicionar la base de Siboney. Sin embargo, la retaguardia del Cuerpo Expedicionario continuó siendo caótica. En Siboney no se designaron jefes de las comunicaciones, de logística ni del puerto. Tampoco había comandante, por lo que cada quien hacía lo que quería o podía. Allí tampoco llegó nunca a acondicionarse una base, en el verdadero sentido de la palabra. De hecho, la base continuó ubicada en los barcos de transporte, y las comunicaciones entre estos y la costa eran lentas y difíciles.

En la playa se organizó algo parecido a un almacén intermedio de abastecimientos; en la medida en que las provisiones llegaban procedentes de los barcos eran distribuidas y casi no se acumulaban en Siboney. Los servicios de intendencia y campamento del Cuerpo trabajaban hasta el agotamiento. No había atracadero ni facilidades para la descarga. Los hospitales fueron organizados en la forma más deplorable. En lo referente a las vías de comunicación, el camino principal hacia Las Guásimas y Sevilla

---

[358] Ermolov, Op. Cit., pp. 121-122.

no era tan malo. Es cierto que era arcilloso y que después de los aguaceros se enfangaba terriblemente, pero secaba con rapidez. Los ingenieros trabajaron en su acondicionamiento, pero lo hicieron mal, y lo principal, no se organizó el tráfico por horario en uno u otro sentido, lo que dio lugar a atascos. En el camino, entre las tropas y carretas que se desplazaban no había orden: ruido, gritos, algarabía. El mismo desbarajuste que reinaba en Siboney. Los heridos de Las Guásimas comenzaron a ser trasladados al transporte **Olivette**, pero sin la debida preparación y cuidados.[359]

Algunos estudiosos de la campaña de Santiago de Cuba han señalado que el general Arsenio Linares, quien había cometido un error inicial al no oponerse en lo absoluto al desembarco, tuvo una falta aún más grave al no defender la estratégica posición de Las Guásimas, que era un paso obligado y la más firme y ventajosa con que contaban los españoles entre Siboney y Santiago de Cuba. Detener allí a los norteamericanos pudo haber significado ganar tiempo y, simultáneamente, minar seriamente la moral combativa de estos.

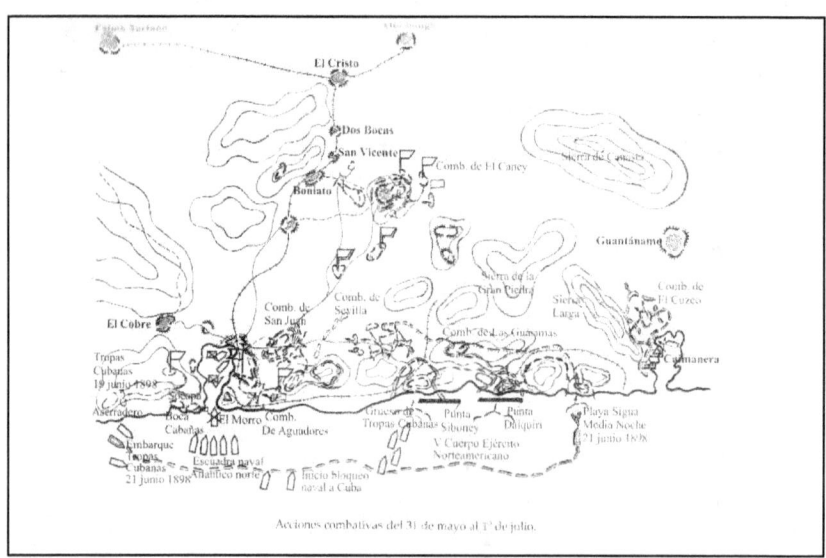

La acción de Las Guásimas, reforzó el convencimiento de Shafter de aproximarse a Santiago de Cuba a lo largo de una ruta

---

[359] Ibídem, pp. 123-125.

interior e hizo perder fuerza a la idea de atacar por tierra a las alturas cercanas a la boca de la bahía. Después de Las Guásimas, ya nadie en el Estado Mayor del Cuerpo, mencionaba la toma de El Morro.

Shafter no sancionó a Wheeler por haber sobrepasado a Lawton y atacado Las Guásimas, pero tomó algunas medidas para evitar, en el futuro, actos de aventurerismo semejante. Las instrucciones que impartió después del combate, privaron al veterano general de nuevas oportunidades para presuntas correrías.[360]

---

[360] Véanse las instrucciones de Shafter a Wheeler del 24 de junio de 1898 en Alger, Op. Cit., p. 118.

# Capítulo 12
## Los combates de El Caney y San Juan

La captura de Las Guásimas por las tropas norteamericanas preparó el camino para el despliegue contra la principal línea defensiva española, situada al este de Santiago de Cuba. Tanto Shafter como el gobierno estaban ansiosos por proseguir las acciones. Pero era necesaria una pausa para realizar los preparativos indispensables, ubicar las tropas en sus posiciones, suministrarlas, establecer las comunicaciones, explorar, y decidir un plan de ataque. Cuando todas esas tareas fueran cumplimentadas, el 5º Cuerpo podía empezar sus movimientos hacia las posiciones españolas situadas en las Alturas de San Juan, que guardaban los accesos de Santiago de Cuba por el este.

La artillería estadounidense en combate. El canón número 1 de la batería *Grime*, el primero en disparar al blochouse español de San Juan el primero de Julio. [N. del E.]

El 25 de junio la ubicación general de las fuerzas era la siguiente: delante de Sevilla, fuerzas cubanas a las órdenes del coronel Carlos González Clavell; tras ellos, en el camino, la División de Lawton; detrás de ella, la 2ª Brigada de la División de Caballería (Young). En Siboney, la División de Kent y la Brigada de Bates; la 1ª Brigada de la División de Caballería permanecía aún en Daiquirí. Las ametralladoras estaban ya en manos de las tropas.

Para el 27 los cubanos estaban más allá de Sevilla y tras ellos se encontraba la 2ª División de Infantería (Lawton); detrás de Lawton, entre Sevilla y Las Guásimas, se ubicaba la 2ª Brigada de la División de Caballería (Young) con las ametralladoras y una batería ligera. En Siboney se encontraban toda la 1ª División de Infantería (Kent), la Brigada Independiente de Bates y cerca de tres mil combatientes cubanos, encabezados por el general Calixto García, que habían sido trasladados desde Aserraderos el día 26. En Daiquirí permanecía, en el extremo de la cola, la 1ª Brigada de la División de Caballería (Sumner). El general Shafter y su Estado Mayor, encabezado por el coronel Edward McClernand, permanecían a bordo del transporte **Segurança**, moviéndose casi continuamente entre Siboney y Daiquirí.

El 28 de junio las tropas se acercaron aún más a Sevilla y se ubicaron de la forma siguiente: los cubanos, entre Sevilla y las alturas de la finca El Pozo, manteniendo su avanzada en este último lugar; delante de Sevilla las tres brigadas de infantería de la División de Lawton; tras ellas, dos regimientos de infantería (6º y 16º) de la División de Kent y toda la caballería, así como todas las ametralladoras y 4 baterías ligeras; en Las Guásimas se encontraban los restantes regimientos de la División de Kent; en Siboney, la Brigada Independiente de Bates y los primeros refuerzos, llegados el 27, al mando del general Duffield, consistentes en una brigada independiente de infantería compuesta por los Regimientos 33 y 34 de voluntarios de Michigan y 9º de voluntarios de Massachussetts.

El Estado Mayor del Cuerpo desembarcó el 29 y estableció su campamento con las tropas de la División de Lawton.[361]

### Preparativos para el ataque a Santiago de Cuba

El general Shafter informó al contralmirante Sampson que avanzaría sobre Santiago "tan pronto como tenga en la costa todas las fuerzas, con suficientes raciones y municiones". En esos momentos los planes de Shafter se habían, en cierta medida, clarificado. Al informarle a Sampson que los españoles estaban atrincherándose para evitar un movimiento contra la boca de la bahía al sur de Santiago de Cuba, le indicaba su intención de atacar el área de El Caney, situada al noroeste de la ciudad, aprovechando las ventajas del terreno en las cercanías de la tubería del acueducto de Cuabitas, que surtía de agua a la ciudad.

---

[361]La ubicación de las tropas ha sido tomada de Ermolov: *"La Guerra Hispano-Americana"*, San Petersburgo 1899 pp. 124-127.

La idea de Shafter era la de interponerse entre las fuerzas españolas y Santiago, con el fin de forzar la ciudad a rendirse o empujar al enemigo hacia El Morro. Cuando esa acción tuviera lugar, Shafter quería que la Marina evitara el cruce de refuerzos por el puente del ferrocarril situado en Aguadores. No obstante, deseaba que el puente se preservara, pensando que pudiera necesitarlo más adelante.[362]

Vista de la bahía de Guantánamo desde una de las naves norteamericanas.

La región de Sevilla, donde estaban acampadas la mayor parte de las fuerzas norteamericanas y cubanas, resultaba agobiante para las tropas. En la misma había agua suficiente pero la fiebre amarilla y la malaria eran allí endémicas, no había comida para los soldados ni forraje para los animales. Los fuertes aguaceros, el calor abrasador durante el día y las noches frías y húmedas,

---

[362] Véase, la carta de Shafter a Sampson del 26 de junio de 1898 en, Alger, Russell A.: *"The Spanish- American War"*, pp. 124-125. Véase también, Chadwick, French Ensor: *"The Spanish-American War"*, vol. 2, pp. 61-62.

eran causa de incomodidad, como lo eran los abundantes mosquitos y otros insectos. La situación de los aseguramientos, como ya se ha explicado, era en extremo difícil y se complicaba aún más con la afluencia de población civil hambrienta, que salía de la ciudad sitiada.

El día 27 de Junio, al conocerse de los avances de una columna de más de 3500 españoles mandada por el coronel Federico Escario que había salido de Manzanillo el día 22 para reforzar a Linares en Santiago, el general Calixto García ratificó a Shafter la propuesta que le había hecho en la entrevista del Aserradero y denegada en aquella ocasión por el jefe norteamericano y que consistía en el envio urgente de un fuerte contingente de fuerzas cubanas hacia Aguacate, lugar de convergencia de los caminos provenientes de Manzanillo y por tanto de paso obligado para la columna de Escario.

General cubano Jesús Rabí.

La proposición tenía como idea principal el traslado inmediato por mar de los 2 000 hombres del general Jesús Rabí, que estaban en Siboney ya amunicionados y con raciones para cuatro días, hacia Aserradero, para que desde allí, a marchas forzadas, llegaran a Aguacate el día 29, uniéndose en dicho lugar a las fuerzas del general Francisco Estrada (unos 600 hombres) que había recibido instrucciones de hostigar a los españoles durante su marcha y resistir en Aguacate para dar tiempo a la llegada de Rabí. Cumpliendo órdenes de García el general Demetrio Castillo Duany y el coronel Carlos García Vélez se entrevistaron con Shafter a bordo del **Segurança** para tratar de convencerlo de la conveniencia del movimiento de tropas propuesto, pero el general norteamericano rechazó el plan, pues según dijo, "no pensaba separar, un solo hombre del núcleo del ejército". Aparentemente, el general norteamericano quería tener bajo su control cercano el mayor número de tropas posible y le parecía poca aún la correlación de fuerzas favorable que ya tenía. No obstante la negativa del jefe norteamericano, el general García dió instrucciones al general Francisco Estrada para que, con las escasas fuerzas de que disponía y el refuerzo que pudo enviarle, consistente en dos escuadrones de caballería, defendiera la margen derecha del Contramaestre de todo intento español por vadearlo.[363]

En un informe a Alger, Shafter le expresó su confianza en poder tomar Santiago de Cuba, aunque esto costaría muchas bajas y argumentaba: "No es necesario apresurarse" ya que "nos fortalecemos cada día, mientras ellos se están debilitando". Una vez más, consideró necesario contener a Wheeler: "Bajo ninguna circunstancia, a menos que sea usted atacado, debe precipitarse un combate...Una política de espera es la única que debemos observar, estrictamente, al menos por unos días". Alger autorizó a Shafter a tomarse el tiempo que fuera necesario para preparar adecuadamente el ataque. Esta espera no fue del agrado de las tropas.[364]

Shafter quería solucionar además, el problema de las comunicaciones. En una fecha tan temprana como el 21 de junio se había establecido comunicación por cable entre Guantánamo y Môle San Nicolás, en Haití. Ya entonces había comunicación directa entre Môle y Washington. Más adelante, se conectó por cable Siboney con Playa del Este, en Guantánamo. También se establecieron líneas telefónicas entre Siboney y La Redonda, donde Shafter estableció su Cuartel General, y de esa manera, el 5º Cuerpo tuvo comunicación directa con Washington. Pero eso no compensaba la falta de facilidades para el desembarco, de transportaciones y de caminos.

El apresuramiento de la salida de Tampa empezó pronto a hacer sentir sus efectos. Debido a que el ejército no consiguió chalanas, patanas, lanchas de vapor y otras embarcaciones menores, necesarias para llevar los suministros de los barcos a tierra, se formaron "cuellos de botella", que no se solucionaron en sema-

---

[363] Según Chadwick, Sampson había sugerido a Shafter, en una nota del día 23 de junio, dejar a Calixto García y sus fuerzas en la región oeste de Santiago, ver Chadwick, Op. Cit., vol. 2, p. 39. Con referencia a la entrevista de Castillo Duany y García Veliz con Shafter, ver Collazo, Enrique: *"Los Americanos en Cuba"*, La Habana, 1972, pp. 150-151; también *"The Campaign in Cuba as Remembered by Sergeant John J. Turner, USV"* (Part Three), p. 2. Respecto a las instrucciones al general Estrada, ver Escalante Beatón, Aníbal: *"Calixto García. Su Campaña en el 95"*, La Habana, 1978, pp. 571-572.

[364] Véanse, carta de Alger a Shafter del 27 de junio de 1898 y de Shafter a Alger del 28 de junio de 1898, así como la carta de Shafter a Wheeler, en Alger, Op. Cit., pp. 125-127.

nas. Para aumentar las tensiones, dos embarcaciones de la Marina, se embarrancaron y perdieron en la playa. Y cuando las enfermedades tropicales empezaron a hacer estragos entre los cargadores y carretoneros, comenzó a faltar la mano de obra. Sampson se quejaba de que su personal estaba haciendo todo lo que podía para aliviar las deficiencias del ejército que "esta arruinando embarcaciones y haciendo trabajar a muchos de nuestros hombres más allá de sus límites". El contralmirante pensaba que la solución estaba en asignar la responsabilidad de los desembarcos a la Marina, como lo hacían los británicos.[365]

Desembarco en Daiquirí.

Una seria consecuencia de las complicaciones en Daiquirí y Siboney, fue la decisión de no desembarcar los cañones pesados de sitio que había traído la expedición. Explicándole a Alger que cualquier intento por llevarlos hacia el frente traería como resultado el bloqueo del camino, Shafter le comunicaba su intención de confiar solamente en la artillería ligera: "Tengo cuatro baterías en el frente, y son lo suficientemente potentes para superar cualquier cosa que tengan los españoles". El jefe del 5° Cuerpo prometió atraer la artillería pesada en el caso de que la necesitara para asediar la ciudad, pero en realidad no hizo nada en ese sentido. Shafter previó, además, ciertas necesidades para las fu-

---

[365] Sobre lamentaciones de Sampson, ver Chadwick, Op. Cit., V. 2, pp. 217-218.

turas etapas de la campaña, y el Departamento de la Guerra trabajó fuertemente en tratar de resolverlas.[366]

Mientras Shafter se enfrascaba en los problemas logísticos y de organización de sus fuerzas, el general Arsenio Linares trataba de prepararse para resistir un asalto a Santiago de Cuba. El jefe español concentró sus esfuerzos principales en fortalecer la línea exterior de defensa de la ciudad que corría desde El Escandel, pasando por El Caney, San Miguel de Lajas, Loma de Quintero, Sueño, Veguita, Alturas de San Juan, Chicharrones, Las Lagunas y el río Aguadores hasta la ensenada de este nombre, al este de la entrada de la bahía. Esta actividad era plenamente visible para las avanzadas norteamericanas y cubanas. El capitán de navío Chadwick, reflexionando años después sobre las deficiencias de la campaña de Santiago de Cuba, enfatizaba el error de Shafter de no solicitar fuego de la artillería naval contra las tropas españolas atrincheradas en la línea El Caney-Alturas de San Juan. "Día y noche, desde una fácil distancia de 8 000 yardas, medio centenar de cañones pudo haber estado arrojando una continua lluvia de metralla sobre las posiciones, haciéndolas absolutamente insostenibles".[367]

La omisión al considerar esta opción revela una vez más el rechazo de Shafter, por evidente ignorancia, de mantener la cooperación con la Marina, con lo que prescindía de un servicio inestimable que podía recibir a cambio de nada.

El 30 de junio Linares había completado la disposición de sus tropas para la defensa de Santiago de Cuba. En el área que consideró de probable ataque, designó 4760 hombres distribuidos en once puntos fuertes desde Dos Caminos, a unos dos kilómetros al norte de la ciudad, hasta Las Cruces, en la bahía. Dispuso 822 hombres en El Sueño, y exactamente el mismo número a lo largo

---

[366] Respecto a los informes de Shafter sobre la artillería, véase el telegrama de Alger a Shafter del 27 de junio de 1898 en *"Correspondence Relating to the War with Spain"* (en lo adelante *CWS*), vol. 1, p. 59; también el mensaje de Shafter a Alger del 29 de junio de 1898 en Ibídem, pp. 66-67. Respecto a los esfuerzos del Departamento de Guerra para solucionar futuros problemas, ver mensajes de Corbin a Shafter del 28 de junio de 1898 en Ibídem, vol. 1, p. 61; de Shafter a Corbin del 30 de junio de 1898 en Ibídem, p. 68 y de Shafter al Comisario-General de Subsistencia, 2 de julio de 1898 en Ibídem, p. 73.
[367] Sobre las actividades de Linares, ver Gómez Núñez, Severo: *"La Guerra Hispano-americana. Santiago de Cuba"*, Madrid, 1901, p. 117. Las observaciones de Chadwick están en su *"Spanish-American War"*, vol. 2, p. 67.

de la línea Loma de San Juan a Las Cruces. Algunas de las posiciones estaban detrás de las línea principal; por ejemplo, 140 hombres fueron situados en Fuerte Canosa, casi un kilómetro al oeste de la Loma de San Juan. Sólo 520 hombres fueron asignados a El Caney y 137 a Loma de San Juan y un número igual a la Loma de la Caldera, puntos prominentes de las Lomas de San Juan. El jefe español mantuvo 1 869 en reserva dentro de Santiago de Cuba. Un total de 3 389 hombres fueron ubicados al oeste de la ciudad en El Cobre, Mazamorra-Monte Real, La Socapa, alrededor de la bahía, y en los puertos de montaña. En El Morro otros 411 hombres esperaban el asalto. El total de efectivos de la guarnición española ascendía a 10 429 hombres.[368]

Batería de campaña avanzando en la colina El Pozo.

Casi todos los que han estudiado la campaña de Santiago de Cuba coinciden en criticar la disposición de fuerzas adoptada por Linares. Chadwick, por ejemplo, señala que el jefe español "intentó cubrir cada punto de ataque que la imaginación pudo sugerirle, en lugar de concentrarse contra el avance de un enemigo que iba a atacarlo desde el este, y cuyo avance podía tener lugar a lo largo de uno ó a lo sumo, dos caminos". Al haberse trasladado, por órdenes de Shafter, gran parte de las fuerzas cubanas del oeste de Santiago hacia la dirección este, el general español

---

[368] Chadwick, Op. cit., vol. 2, pp. 71-72.

pudo, en consecuencia, transferir parte de las fuerzas que tenía en la dirección oeste para oponerlas al ataque de las tropas norteamericanas, especialmente si sabía que el coronel Escario, que venía desde Manzanillo, aunque con muchas dificultades y demoras, debido a la oposición que le hacían los cubanos, se aproximaba a la plaza. A causa de la errónea disposición que dio Linares a sus fuerzas, sólo una pequeña parte de las mismas fue situada sobre el más probable paso de los atacantes. Como consecuencia, sólo emplearía en los combates que resultaron ser decisivos el 13% de los efectivos inmediatamente disponibles en Santiago y sus alrededores y menos del 6% de los que tenía a su mando en su jurisdicción. En contraste, Shafter acumularía contra él un 86% de sus efectivos. Este desconocimiento de Linares del lógico y elemental principio de la concentración le costaría muy caro.[369]

El 28 de junio, cuando Shafter tuvo noticia de la aproximación del coronel Escario a Santiago de Cuba, cambió bruscamente su decisión de preparar la ofensiva con cierta calma. La información que llegó a su conocimiento señalaba erróneamente al general Pando como jefe de la columna española y le atribuía a la misma 8 000 efectivos en lugar de los 3 700 que en la realidad la componían. La información también decía que el refuerzo español podía arribar a la ciudad sitiada entre el 2 y el 3 de julio. En consecuencia, el jefe norteamericano decidió atacar antes y para ello ordenó un reconocimiento de las posiciones españolas situadas al este de la ciudad. La exploración se concentró en dos lugares, el poblado de El Caney y las Lomas de San Juan. El propio Shafter, con su jefe de Estado Mayor, McClenard y el jefe de Ingenieros, coronel Derby, salió de su Cuartel General, el 30 de junio y efectuó un reconocimiento visual, desde las alturas de El Pozo, de las posiciones españolas de San Juan y márgenes del río Aguadores. Por otra parte, los generales Lawton y Chafee, hicieron ese mismo día reconocimientos hacia El Caney, dando cuenta a Shafter de que, con artillería, creían poder reducirlo en

---

[369] Ibídem, pp. 72-73. Véase también el artículo de Calleja Leal, Guillermo G.: **"La Guerra Hispano-Cubana-Norteamericana: Los Combates terrestres en el escenario oriental"** en *Revista de Historia Militar*, Madrid, Año XLI, No. 83, 1997, pp. 91-160, esp. p. 127-128.

dos o tres horas, pues la posición carecía de ella.[370]

Estaba guarnecido El Caney por poco más de 500 hombres al mando del general de brigada Joaquín Vara de Rey, cuya misión era impedir que los atacantes, actuando en aquella dirección, se apoderasen de la represa de Cuabitas, que suplía de agua a Santiago, y de la vía férrea que unía a la plaza con varios poblados en que había siembras y por los cuales tenía que llegar Escario desde Manzanillo.

Wheeler, Chaffee y Lawton en campaña.

---

[370] Gómez Núñez, Op. Cit., p. 137, sostiene que el movimiento de tropas cubanas mandadas por Calixto García desde Aserraderos a Daiquirí, no fue detectado por el mando español. Respecto a las informaciones de Shafter sobre los movimientos de Escario, ver mensaje de Shafter a Sampson del 28 de junio de 1898; de Shafter a Corbin del 29 de junio, 1898, en CWS, vol. 1, p. 64; y Alger, Op. Cit., p. 127. Respecto al reconocimiento de las posiciones españolas, ver, Gómez Núñez, Op. Cit., pp. 119-120.

El Caney era un caserío de alguna importancia, situado en una altura a 6 kilómetros sobre el camino que desde Santiago de Cuba salía por Escandel, a la entrada del puerto de montaña de dicho nombre. Las casas se agrupaban alrededor de la plaza en forma de cuadrilongo, cuyos lados menores ocupaban la iglesia y la Comandancia militar. La posición resultaba dominada por otras muy cercanas de la sierra del Escandel, y por lo tanto, era insostenible de ser atacada con artillería. Sus defensas se reducían a seis fortines (conocidos en la época por la denominación alemana de *blockhaus*) de madera situados al noroeste del poblado y un fuerte de piedra denominado El Viso, ubicado unos 500 metros hacia el sureste, sobre un pequeño cerro del cual toma su nombre, obras estas designadas para contener a los insurrectos cubanos.

Trincheras en San Juan frente al *blockhaus* español allí ubicado. [N. del E.]

Tres caminos convergían sobre El Caney desde las posiciones ocupadas por los norteamericanos: Uno que partiendo al norte de la calzada de Siboney a Santiago, por La Redonda, salía al este del poblado a una senda que atravesaba la sierra por Escandel hasta Guantánamo; otro desde El Pozo a Marianage atravesando el río Guamas, y salía cerca de Ducoureau en el camino de Santiago a Caney; otro partía de una senda que unía esos dos y venía hasta el fuerte El Viso.

Las Alturas de San Juan se encuentran a lo largo de la ruta a Santiago de Cuba, el llamado *Camino Real*, unos tres kilómetros al este de la ciudad. Justo al norte de ese camino yace una altura relativamente baja, conocida como Loma de la Caldera. La Loma de San Juan se eleva unos 400 metros más hacia el suroeste, es una altura prominente de unos 40 metros con un blockaus de ladrillo en su cima. Justo al este de la Loma de la Caldera y de la Loma de San Juan, corre de norte a sur un pequeño río, el San Juan. Unos mil metros al oeste de las Alturas de San Juan estaba situada una fuerte línea de fortificaciones. Alambradas, pozos de tiradores y trincheras habían sido preparadas en las Alturas y en su retaguardia.

El coronel ruso Ermolov, señala las particularidades de las trincheras españolas: "los españoles las excavaban en profundidad y no hacían parapetos. La tierra de la zanja se la llevaban hacia atrás o hacia un lado; los perfiles de las trincheras son extremadamente cortos al igual que las bases de los taludes de las zanjas; las zanjas son profundas y estrechas; el largo de las trincheras comúnmente es poco, a fin de cubrirse del fuego de flanco. Estas trincheras no se advierten en lo absoluto desde el campo de combate y ésta es una idea extraordinariamente acertada"[371]

Los reconocimientos de las posiciones españolas realizados el día 30, sobre todo el efectuado hacia San Juan, fue bastante superficial y deficiente. Algo mejor fue el efectuado hacia El Caney. El Caney tenía preocupado a Shafter por su posición sobre el camino a Guantánamo. El jefe del 5° Cuerpo pensaba que desde esa posición, los españoles podían moverse con facilidad y atacar el flanco de las fuerzas norteamericanas que se desplegaran frente a las Alturas de San Juan, o, alternativamente, atacar en

---

[371] La descripción de El Caney ha sido tomada de Gómez Núñez, Op. Cit., pp. 120-121. Ver también Chadwick, Op. Cit., vol. 2, pp. 69-71. La descripción de las trincheras españolas está en Ermolov, Op. Cit., p. 150. También el Agregado militar británico en Cuba en 1898, mayor G. F. Leverson, describe este tipo de trinchera de la que dice que se denominaba "trinchera carlista", ver Sánchez Mederos, José A.:*"Informe del Agregado Militar Británico en Cuba, 1898"* en, **TEBETO Anuario del Archivo Histórico Insular de Fuerteventura**, No. 5 (Especial Canarias-América), Tomo II, 1992, p. 89.

dirección sur para cortar las vías de comunicación entre Siboney y el frente. El 29 de junio el general Wheeler informó correctamente que el general Vara de Rey tenía en El Caney poco más de 500 hombres, pero menospreciando una vez más a los españoles, pensaba que, caso de ser atacados, abandonarían dicha posición sin mucha resistencia. El veterano e impetuoso general sudista consideraba que si Vara de Rey trataba de resistir, podía ser desalojado o capturado sin mucha dificultad.[372]

Shafter y Miles en San Juan. [N. del E.]

La información de que disponía Shafter sobre El Caney y las Alturas de San Juan le indujeron a planificar dos ataques secundarios en apoyo al golpe principal que estaría dirigido a la Loma de la Caldera y a la Loma de San Juan. A la división del general Lawton, con el apoyo de la brigada independiente del general Bates, se le ordenó atacar El Caney al amanecer del día 1º de julio. Al mismo tiempo, el general Duffield con sus voluntarios de Michigan debía realizar una acción demostrativa sobre Aguadores, con la asistencia de la Marina, para confundir a los españoles haciéndoles creer que el ataque se dirigía a las alturas que dominan la boca de la bahía. Esta finta de las fuerzas de Duffield tenía el propósito de evitar que Linares reforzara las Alturas de

---

[372] Trask, David F.: *"The War with Spain in 1898"*, New York-London, 1981, pp. 233.

San Juan con tropas situadas al sur de esa posición. La otra división de infantería, la del general Kent, y la división de caballería desmontada del general Wheeler tenían a su cargo la realización del ataque principal contra las Alturas de San Juan. El general Lawton, debía acudir en apoyo de Kent y Wheeler tan pronto como redujera a El Caney, desplazándose por el camino a Santiago de Cuba y tomando posiciones en el flanco derecho de las fuerzas principales de asalto, cerca de la caballería desmontada. Shafter suponía que Lawton podía participar en el ataque principal pues esperaba que El Caney cayera en no más de dos horas.

El ataque a las Alturas de San Juan empezaría sólo cuando El Caney hubiera sido tomado y Lawton se encaminara hacia su posición. El 30 de junio, después de que el plan de operaciones había sido aprobado, Lawton hizo una solicitud al jefe del Estado Mayor: "McClernand, no ordene atacar a las otras divisiones hasta que yo no esté listo. Déme tiempo para rendir El Caney". Esta advertencia sugiere que Lawton consideraba posible cierta demora en la operación de El Caney. Una batería de artillería ligera, al mando del capitán Allyn K. Capron, apoyaría a Lawton en El Caney. Otra batería, cuyo jefe lo era el capitán George Grimes, haría fuego contra las Alturas de San Juan desde las elevaciones de El Pozo donde era protegida por fuerzas cubanas al mando del coronel González Clavell, en unión de otras norteamericanas. Otras dos baterías de artillería ligera, mandadas por el mayor J. W. Dillenback, fueron colocadas como reserva. El grueso de las fuerzas cubanas, unos 3 000 hombres, al mando directo del mayor general Calixto García, se ubicó de acuerdo a las instrucciones de Shafter, en las alturas de Marianaje, situadas a medio camino entre San Juan y El Caney. Después de la rendición de El Caney a Lawton, se esperaba que las fuerzas cubanas del general García se trasladaran a la zona al norte de Santiago para cortar una eventual retirada de la plaza e interceptar a la columna del coronel Escario. [373]

---

[373] El general Lawton tuvo una particular influencia en la decisión de atacar El Caney (Chadwick, Op. cit., vol. 2, pp. 68- 69). El 30 de junio Shafter envió a Sampson el siguiente mensaje: "Espero atacar Santiago mañana en la mañana. Deseo que usted bombardee las obras en Aguadores en apoyo a un regimiento de infantería que enviaré allí mañana temprano, y que haga una demostración como considere propio en la boca de la bahía, para retener allí tantos enemigos

La idea de Shafter consistía en asaltar las Alturas de San Juan, derrotando de tal manera al enemigo que le permitiría capturar inmediatamente Santiago de Cuba, todo con un solo ataque fulminante. Dentro de sus propósitos entraba el de apoderarse de la bahía y de la escuadra de Cervera, con lo cual sería alcanzado -exclusivamente por el Ejército estadounidense-, el objetivo principal de la expedición. Un ataque exitoso el 1º de julio no sólo impediría cualquier refuerzo de la plaza desde Manzanillo o Guantánamo sino que daría facilidades portuarias a los buques norteamericanos con lo que podrían resolverse los problemas logísticos permitiendo esto el cumplimiento de la misión antes de que las enfermedades pudieran hacer serios estragos en los efectivos del Cuerpo expedicionario.

Compañía D de voluntarios de la Florida preparando alimentos. [N. del E.]

En general, la concepción de la operación, con la disparatadamente optimista maniobra de Lawton en El Caney y sin reservas suficientes para incrementar el golpe después de tomado San Juan, habla muy mal de la capacidad táctico-operativa de Shafter. En esta ocasión y sin disponer de su artillería pesada, tampoco solicitó el apoyo de la Marina. Por otra parte dejó, sin propósito alguno, dos baterías de artillería en la reserva y proporcionó el mismo apoyo artillero al golpe auxiliar en El Caney y al principal en San Juan.

Desde antes que se produjera el choque armado, el plan de Shafter comenzó a alterarse. La marcha hacia sus respectivas

---

como sea posible" (U. S. Navy: *"Appendix to the Report of the Chief of the Bureau of Navigation. 1898"*[en lo adelante, *BN 98*], p. 503; Citado en Chadwick, Op. Cit., vol. 2, p. 75). La solicitud de Lawton a McClernand, está citada en Trask, Op. Cit., p. 233. Respecto a las fuerzas cubanas, Shafter estuvo manejando diversas variantes para su empleo, pero siempre tratando de que no desempeñaran un papel principal (recuérdese las instrucciones de Corbin del 29 de mayo de 1898 [ver *CWS*, vol. 1, pp. 18-19] respecto al trato a los cubanos).

posiciones de partida para el combate de las tres divisiones no fue adecuadamente planificada, organizada ni asegurada por lo que comenzó con mucho retraso. A causa de que el movimiento no fue completado hasta pasada la medianoche, gran parte de las tropas no ingirieron alimento ni descansaron antes de entrar en combate. Simultáneamente, algunos de los principales jefes cayeron enfermos. Wheeler se enfermó, y el general Samuel S. Sumner tuvo que ocupar su puesto al frente de la división de caballería desmontada. Por otra parte el coronel Leonard Wood tuvo que asumir el mando de la 2ª brigada de caballería montada, en lugar del general Young, quien también se enfermó; estos movimientos pusieron al teniente coronel Theodore Roosevelt al frente de los Rough Riders. Shafter no emitió directivas específicas para sus jefes divisionarios ni les permitió actuar a discreción. El jefe del 5º Cuerpo intentó dirigir las acciones desde su Cuartel General ubicado a casi 2 kilómetros al este de El Pozo, no previendo las dificultades que podrían presentarse para el mantenimiento de comunicaciones eficientes con unidades dispersas por toda el área desde El Caney hasta Aguadores.

La inercia de Shafter era causada en parte por su enfermedad. Víctima crónica de la gota, fue muy afectado por el calor y el sobresfuerzo que había realizado el día 30, circunstancias que contribuyeron a impedir que se acercara a las acciones el 1º de julio. Su situación se complicó con un ataque de malaria. El jefe norteamericano pudo observar tanto El Caney como las Alturas de San Juan desde una elevación situada cerca de su puesto de mando, pero en realidad desde allí las copas de los árboles le impedían ver lo que pasaba a ras de suelo y no tuvo una visión completa del terreno hasta que fue a El Pozo ya después del asalto.

En la madrugada del día 1º, a eso de las 3:00 a.m., Shafter envió a su jefe de Estado Mayor, teniente coronel McClernand a El Pozo para que desde allí pudiera retransmitir mensajes entre las dos fuerzas atacantes y el Cuartel General. Mensajeros y líneas telefónicas serían empleados para transmitir informaciones y órdenes. El ayudante de campo de Shafter, teniente John D. Miley, fue enviado por el general a las Alturas de San Juan para coordinar las operaciones en dicha área. Este engorroso sistema de autoridad delegada demostró ser incapaz de funcionar adecuadamente el día de los combates. Por esa razón, los oficiales del

Estado Mayor tuvieron que tomar decisiones sin la anuencia específica de Shafter, y los jefes de pequeñas unidades tuvieron que actuar sin instrucciones de sus superiores. En esas condiciones, se puso de manifiesto la inexperiencia del Ejército en el mando de grandes unidades (brigadas y divisiones). Los combates del 1º de julio carecieron de coordinación; en su mayor parte "se pelearon por sí mismos". [374]

## Aguadores

Tropas cubanas y estadounidenses avanza por la vía férrea. [N. del E.]

Al amanecer del 1º de Julio, el general Duffield se movió a lo largo de la vía férrea en dirección a Aguadores para realizar el ataque diversionista planeado. El contralmirante Sampson ordenó a su buque insignia, el crucero acorazado **New York**, así como al **Suwannee** y al **Gloucester**, comenzar el cañoneo de Aguadores a las 6:00 a. m., pero la acción fue diferida hasta las 9:20 a.m. a causa de que Duffield se demoró considerablemente

---

[374] Regan, Geoffrey: *"Historia de la Incompetencia Militar"*. Barcelona, 1989. pp. 299-313.

en alcanzar su posición. Sus tropas se detuvieron a unos dos kilómetros del objetivo, una precaución innecesaria ya que los buques de guerra podían darle cobertura en puntos más avanzados. Cuando las tropas llegaron al puente del ferrocarril, que tenía una luz de unos 200 metros, descubrieron que los españoles habían destruido unos 15 metros en el extremo oeste. Ni uno de los soldados de Duffield cruzó la profunda garganta, y por supuesto, nunca alcanzaron una buena posición desde la cual hacer fuego contra los defensores españoles. Sólo unos 275 soldados españoles se oponían a una fuerza de alrededor de 2 500 norteamericanos. Después de un fuego disperso y sin método, Duffield se retiró, regresando a Siboney. Tiempo después, el secretario Alger afirmó -justificando a Shafter- que esta operación evitó que Linares reforzara las Alturas de San Juan, pero no aporta pruebas de su aserto. En realidad la acción demostrativa de Aguadores ejerció poca o ninguna influencia en los combates que se libraron ese día más al norte.[375]

## El Caney

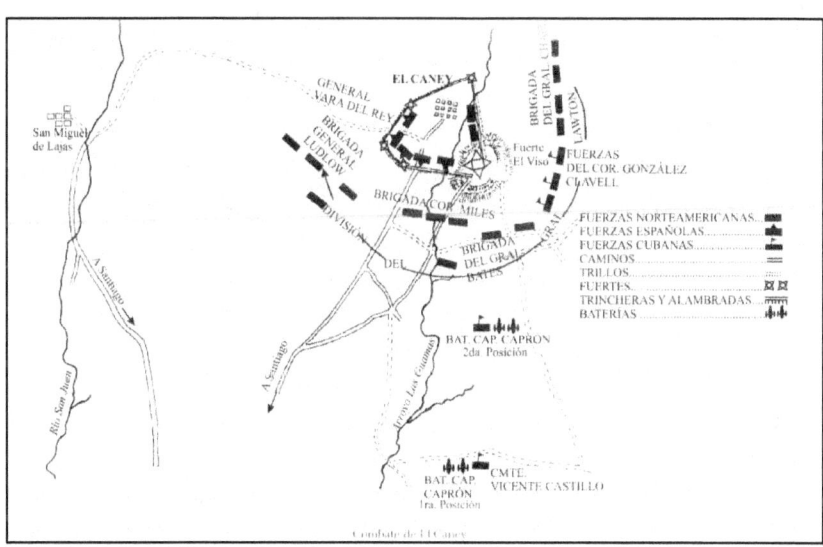

En El Caney, el general Lawton preparó su división para atacar

---

[375] Alger, Op. Cit., pp. 129-130; Chadwick, Op. Cit., vol. 2, pp. 98-99. Un informe sobre la participación de los buques en la operación de Aguadores puede verse en *BN 98*, p. 503.

a las 7:00 a.m., esperando ganar el control de la posición española sobre las 9:00 a.m., lo que le permitiría moverse después hacia el suroeste por el camino a Santiago de Cuba y unirse a las restantes divisiones del 5º Cuerpo (generales Sumner y Kent). Las Alturas de San Juan serían asaltadas a las 10:00 a.m. Lawton colocó su izquierda -la brigada del general William Ludlow - sobre el camino de Santiago de Cuba con el propósito de cortar una posible retirada de los defensores españoles. Su derecha -la brigada del general Adna R. Chaffee- fue ubicada cerca del fuerte de piedra.

El fuerte El Viso y un blockhouse español en El Caney.

La tercera brigada -mandada por el coronel Evan Miles- fue mantenida como reserva. La batería de artillería ligera del capitán Capron -cuatro cañones de 3,2 pulgadas- fue situada a unos 2 000 metros al sur de El Caney, donde no tenía que preocuparse por el fuego de respuesta pues Vara de Rey no tenía artillería. Capron abrió fuego, iniciando así el ataque, a las 6:30 a.m., pero sus disparos resultaron dispersos e inefectivos, sin concentración en el principal punto fuerte de la defensa española, el fuerte El Viso.

Fue casi al final de la acción, por la tarde, después que Capron cambió su posición y prestó toda su atención a El Viso, cuando la artillería resultó de utilidad a los atacantes. Por supuesto, las piezas de artillería debieron haberse aproximado mucho antes, sobre todo si se tiene en cuenta que no corrían peligro alguno.

Desde cualquier punto de vista, resulta claro que cuatro cañones de artillería ligera no eran suficiente apoyo para un ataque frontal contra una posición fortificada como El Caney. (Las dos baterías de artillería que se mantenían en reserva detrás de El Pozo, fueron al parecer olvidadas y no tomaron parte en los combates del 1º de Julio.)[376]

Fuerte El Viso después del combate.

A las 7:00 a.m., tal como estaba planeado, la infantería de Lawton abrió fuego de fusilería contra las posiciones españolas, a distancias entre 600 y 800 yardas, atrayendo inmediatamente el fuego de respuesta de los defensores, que se encontraban bien protegidos en sus trincheras y blockaus. Enseguida se hizo evidente que El Caney no iba a ser tomado fácilmente. Un testigo de los hechos, el capitán Wester, del ejército de Suecia, agregado como observador en el Estado Mayor del 5º Cuerpo, describió así aquel momento inicial:

*"Hacia las seis de la mañana comenzó el fuego de las trincheras españolas; de improviso se descubre sobre ellas una línea de sombreros de paja; inmediatamente el ruido de una descarga, seguido de la desaparición de los sombreros; esta operación se repite cada minuto, observándose una gran regularidad y acción de una voluntad firme, lo que no deja de producir una profunda impresión en la línea de exploradores americanos; las balas cruzan el aire, rasando el suelo, hiriendo y matando."* [377]

Tan certero era el fuego de los españoles que los asaltantes se vieron obligados a proseguir su avance a rastras, a pesar de lo cual sufrieron muchas bajas. A eso de las 8:30 el combate se ha-

---

[376] Para la disposición de las fuerzas norteamericanas, ver Alger, Op. Cit., pp. 132-133, 137. Cuando la artillería ligera de Grimes abrió fuego contra las Alturas de San Juan, a eso de las 8:00 a.m., resultó rápidamente silenciada por el fuego de contrabatería de los españoles. La batería norteamericana fue perfectamente ubicada por los artilleros hispanos debido a que sus cañones utilizaban pólvora negra que despedía mucho humo y los hacía muy visibles.
[377] Tomado de Gómez Núñez, Op. Cit., p. 125.

bía intensificado, y los asaltantes, a menos de 300 metros, mantenían su fuego contra El Viso y el poblado, siendo respondido con igual ímpetu por los defensores. A pesar de que la correlación de fuerzas les era muy favorable, los avances logrados por los norteamericanos desde todas las direcciones, les habían resultado muy costosos.

Lawton pudo entonces romper el contacto o continuar el combate con una pequeña parte de sus fuerzas, y dirigirse con la mayor parte de las mismas a ocupar su puesto en las Alturas de San Juan, que era la dirección del golpe principal, pero en vez de ello, se empecinó en un ataque de gran escala contra El Caney. La mañana transcurrió sin señales de que la defensa se debilitara, mientras las bajas aumentaban en ambos bandos.

Cerca de las 11.30 a.m. tuvo lugar una pequeña pausa que hizo pensar al general Vara de Rey en un posible repliegue de los atacantes. Mientras tanto, el general Lawton ordenaba que la 2ª brigada de su división, mandada por el coronel Evan Miles, que había permanecido en una segunda línea, ocupara posiciones en el frente a la derecha de Ludlow. Poco después de las 12:00 se reanudó el combate y minutos después, cuando Vara de Rey entraba en una de las casas del pueblo, fue gravemente herido en ambas piernas, por lo que tuvo que entregar el mando al teniente coronel Juan Puñet.

Poco después del mediodía, Shafter ordenó a Lawton cesar el ataque a El Caney e incorporarse a la operación contra las Alturas de San Juan, ocupando su posición prevista a la derecha de la línea norteamericana (la línea que se suponía barriera a través de dichas elevaciones y asaltara la ciudad). Cuando el mensajero de Shafter le entregó la orden, Lawton se resistió a cumplirla. Replegarse en esos momentos, consideró, constituiría una derrota; y aún más, sus brigadas estaban tan comprometidas en el combate que resultaba imposible sacarlas del mismo. [378]

Dada la tenaz resistencia que seguían haciendo los defensores, Lawton decidió hacer entrar en combate a la brigada del general Bates, que le había sido enviada por Shafter, así como incorporar

---

[378] Chadwick, Op. Cit., pp. 80-81. La orden de Shafter a Lawton, escrita a lápiz, decía textualmente: "Lawton: No puedo molestarme por esos pequeños blockhaus. No pueden hacernos daño. La brigada de Bates, su división y García deben moverse hacia la ciudad y formar a la derecha de la línea, sobre el camino de Sevilla..." (Ibídem, p. 80).

a las brigadas de Ludlow y Chaffee sendas compañías[379] de soldados cubanos del destacamento que al mando del coronel González Clavell se había trasladado a marcha forzada desde las inmediaciones de San Juan. Al fin y al cabo, la batería de Capron logró afinar su puntería sobre El Viso, y su fuego abrió el camino para una carga que condujo a la terminación del combate. Serían aproximadamente las 3:00 p.m. cuando el 12° Regimiento de la brigada de Chaffee, con la ayuda de regimientos de las brigadas de Bates y Miles y el destacamento de fuerzas cubanas, logró apoderarse del fuerte de piedra.

Prisioneros de guerra españoles en la comandancia del general Shafter.

Se requirieron dos horas más para que finalizara toda resistencia en los blockhaus de madera y las trincheras alrededor de El Caney. Los españoles se replegaron sólo cuando estaban reducidos a menos de 80 hombres. Por lo menos, la mitad de los defensores habían sido muertos o heridos -unos 235 hombres- y alrededor de 120 fueron hechos prisioneros. Entre los muertos figuraban el general Joaquín Vara de Rey y un sobrino suyo, segundo teniente (entre los heridos había un hermano del general).

De la cifra original de 521 defensores, sólo unos 100 lograron

---

[379] Escalante, Op. Cit., p. 549.

llegar organizadamente a Santiago de Cuba, el resto de los sobrevivientes se dispersó durante la retirada. Las bajas norteamericanas fueron numéricamente superiores, aunque representaron un menor porcentaje de las tropas participantes en el combate: 81 muertos y 360 heridos. Aproximadamente el 14 por ciento del 7° Regimiento de infantería resultó baja.[380]

Un participante en los combates, el capitán George McIver, jefe de la compañía "B" del 7° regimiento de infantería, perteneciente a la 3ª brigada (Chaffee) de la 2ª división (Lawton), que estaba en la primera línea nos dice en sus memorias inéditas:

*"No había un plan de acciones definido y la batalla se desarrolló como un duelo de fuegos a distancias indecisas entre nuestras tropas, que estaban en su mayor parte al descubierto y los españoles que peleaban bien protegidos en el pueblo......Nunca oí decir que Lawton o Chaffee tuvieran algún plan de acción para El Caney, bien en un papel o en sus mentes. Ambos estaban en puestos para los que no estaban preparados. El problema estaba más allá de ellos. No sabían como emplear eficientemente los instrumentos que habían colocado en sus manos. Lawton tenía a su disposición 8 regimientos regulares...Hubo regimientos que no fueron empleados y otros que lo fueron sólo parcialmente. El 1° estuvo en reserva y no tuvo acción alguna. El 17° estuvo en reserva y, con excepción de una compañía, no disparó ni un tiro, sus bajas fueron resultado de balas perdidas. El 4°, 8°, 12°, 22° y 25° fueron empleados parcialmente y tuvieron 188 muertos y heridos para un 7% de los participantes. El 7° estuvo bajo fuego en campo abierto más tiempo del debido y tuvo 132 muertos y heridos, un 14,4% de los participantes en el combate. Los muertos fueron 33 y los heridos 99, de estos últimos 11 murieron posteriormente".* [381]

---

[380] Respecto al ataque final ver el informe del capitán Wester en Gómez Núñez, Op. Cit., pp. 126-127; también Chadwick, Op. Cit., pp. 80-81. Respecto al número de participantes así como de bajas sufridas en los combates por los distintos ejércitos existen diferentes versiones. Un análisis de varias de esas versiones discrepantes en Abdala Pupo, Oscar Luis: *"La Intervención Militar Norteamericana en la Contienda Independentista Cubana: 1898"*, Santiago de Cuba, 1898, pp. 112-164.

[381] George W. McIver's Papers, Manuscript Department, Wilson Library, University of North Carolina, Chapell Hill (Autobiografía inédita), pp. 106-107.

Sobre la participación de los cubanos en el combate el coronel González Clavell escribió en su diario de campaña:

*"Julio 1°. Hoy empiesan (sic.) las operaciones del Ejército sobre "Caney y Santiago" (sic.). Estamos acampados desde ayer en el "Poso de Giro" (sic.) y a las órdenes del general Summer (sic.). A las siete de la mañana rompió fuego la artillería americana contra las fortificaciones de San Juan, camino de Santiago y al propio tiempo rompían el fuego en el "Caney" las tropas americanas.*

Ilustración de los efectos del bombardeo en las calles de Santiago de Cuba.

*A las ocho contestó San Juan, con fuego de artillería, callendo (sic.) en mis líneas cuatro botes de metralla que me causaron 14 heridos y dos muertos.* **En el acto recibí orden de marchar hacia el Caney y ponerme a las órdenes del general Lawton, que atacaba por el flanco derecho de su brigada, llegué a las doce y este me ordenó que me colocase con mis fuerzas en segunda línea, en cuyo puesto, permanecí hasta que me ordenó el avance que lo hice según me fué ordenado penetrando en El Caney cuando lo hicieron las otras fuerzas. Acampé en el pueblo".** [382]

---

[382] Este fragmento del diario del coronel Carlos González Clavell está publicado

La guarnición española, armada solamente con fusiles Mauser y carente de apoyo artillero, se sostuvo en una difícil situación por más de ocho horas, a pesar de la enorme superioridad numérica y de la verdadera lluvia de fuego que sobre ella caía. Poco más de medio millar de españoles sostuvieron, durante casi todo un día, sus posiciones contra la división de Lawton, que sumaba unos 5 400 efectivos, lo que les daba una superioridad de más de 10 a 1.

Todas las tropas norteamericanas, excepto el 2º Regimiento de voluntarios de Massachusetts, eran regulares experimentados. Los voluntarios se vieron afectados durante el combate debido a que su armamento consistía en fusiles Springfield, que utilizaba cartuchos de pólvora negra, lo cual denunciaba sus posiciones y los hacía blanco fácil para los tiradores españoles.[383]

La participación de las fuerzas cubanas en el combate como se ha visto fue limitada, por expreso deseo de los jefes norteamericanos.

El fracaso de Lawton de tomar rápidamente El Caney tuvo importantes efectos en el despliegue frente a las Alturas de San Juan. Cuando McClernand se dio cuenta, desde su puesto de observación situado en El Pozo, de la demora de las fuerzas de Lawton, hizo diferir la orden de inicio de los movimientos de las dos divisiones dispuestas para atacar la Loma de la Caldera y la Loma de San Juan, pero comprendiendo que cualquier vacilación causaría una confusión muy seria, determinó autorizar a Sumner y a Kent a comenzar sus movimientos.

Sobre la lucha sostenida en El Caney se han hecho muy diversas evaluaciones. Mientras Chadwick pensaba que tanto norteamericanos como españoles debían ufanarse de "aquel insuperable ejemplo de varonil coraje y devoción militar", dicho autor mantuvo, como lo han hecho muchos otros, que Shafter nunca debió ordenar un ataque frontal contra dicha posición fortificada. Si El Caney hubiera sido ignorado, o se hubiera asignado a una fuerza relativamente pequeña la misión de retener allí a la guarnición de dicha plaza, la división de Lawton habría estado

---

en: Abdala Pupo, Oscar L.: *"La Intervención Militar Norteamericana en la Contienda Independentista Cubana: 1898"*, Santiago de Cuba, 1998, p. 142. De allí fue tomado. (El subrayado es mío,GPC).
[383] Gómez Núñez, Op. Cit., pp. 120, 123.

disponible para participar en el asalto principal en las Alturas de San Juan, y Santiago pudiera haber caído ese mismo día.

El secretario Alger, por su parte, esgrimió el sorprendente argumento de que, si el combate de El Caney se hubiera desarrollado en la forma esperada, el asalto a Santiago de Cuba habría costado una gran cantidad de bajas innecesarias y sostuvo resueltamente: "He considerado siempre la inesperada demora en tomar Caney como uno de los muchos incidentes relacionados con la campaña de Santiago en los que la mano de la Providencia se interpuso en favor de los norteamericanos".

El autor español Müller y Tejeiro apunta que la pérdida de El Caney privó a Santiago de Cuba del suministro de agua y de su zona de cultivos, pero sostiene que dichos objetivos pudieron haberse alcanzado sin haber empleado para ello toda una división en una encarnizada batalla periférica, particularmente si dicha maniobra dividía el ejército norteamericano frente a un número indeterminado de defensores atrincherados en un área relativamente poco reconocida. El coronel ruso Ermolov coincide en lo fundamental con los criterios anteriores y hace énfasis en la inefectividad del apoyo artillero. El analista e historiador militar Geoffrey Regan concluye que, "**El ataque de Shafter sobre El Caney y la obsesiva lucha de ocho horas de la división de Lawton fueron inútiles y además contraproducentes.**" [384]

Para el autor resulta evidente que la guarnición de El Caney era fuerte en sus posiciones defensivas, pero no podía influir en la dirección principal de la ofensiva: las Alturas de San Juan. Habría bastado un regimiento para bloquear el acceso de los defensores al lugar donde se decidía la operación. Todo parece indicar que Shafter quiso llevar cabo una maniobra que resultara clásica y obtuvo un costoso disparate.

### Las Alturas de San Juan

Las Alturas de San Juan dominaban los accesos a Santiago de Cuba por el este, y el general Linares basó su defensa en este terreno. El jefe español desarrolló una red de fortificaciones de unos 400 metros de largo, anclado en Loma de San Juan, parte de un recinto que circundaba el área de Dos Caminos a Punta

---

[384] Chadwick, Op. Cit., vol. 2, p. 75, 81; Müller y Tejeiro, Op. Cit., p. 156; Alger, Op. Cit., p. 150; Ermolov, Op. Cit., p. 141, 149-150; Regan, G.: *"Historia de la Incompetencia Militar"*, Barcelona, 1989, p. 312.

Blanca. Desde la elevada posición de la Loma de San Juan, de unos 40 metros de altura y con un blokhaus de ladrillo en la cima, los defensores españoles disponían de una magnífica perspectiva de la zona en la que tenían que desplegarse las fuerzas norteamericanas antes de su ataque. Linares estableció su puesto de mando en Fuerte Canosa, a algo más de 1,5 kilómetro de las alturas.

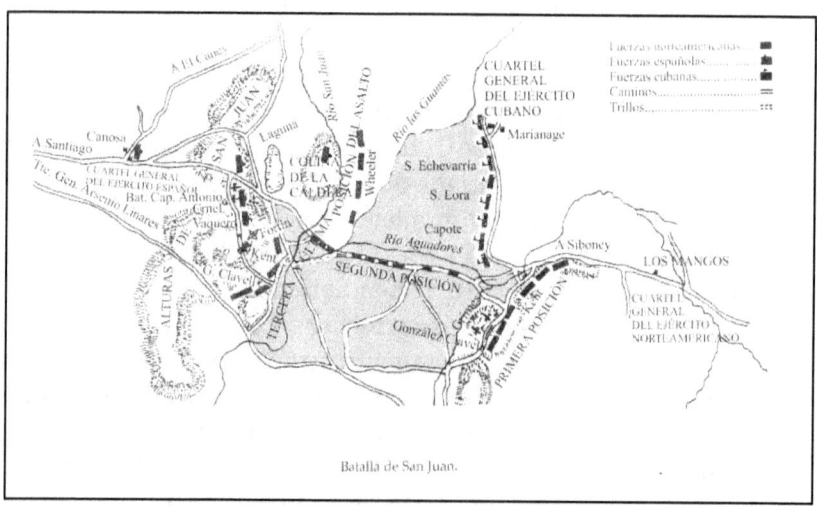

Batalla de San Juan.

El militar hispano calculó que sólo podía asignar unos 1 700 hombres a la defensa de las Alturas, al considerar que el resto de sus fuerzas eran necesarias para contener a las fuerzas cubanas, cuyo traslado del oeste hacia la región este no conocía, y apoyar la llegada de la columna del coronel Escario. Originalmente, Linares ubicó pequeños contingentes en la Loma de San Juan y en la llamada Loma de la Caldera (así denominada pues había una gran paila, resto de un trapiche azucarero que allí existió), pero después los reforzó, llegando a tener allí alrededor de 520 hombres.

Tres compañías del regimiento de Talavera, unos 411 hombres, con dos piezas de artillería (un cañón de 6,3 pulgadas y otro de 4,7), que se encontraban en San Antonio y Santa Inés, al norte de Santiago de Cuba, y fueron atraídos a Fuerte Canosa, formando la reserva, a las órdenes directas de Linares. Un contingente de marinos enviados por la escuadra del almirante Cervera para reforzar la defensa de la ciudad apoyaban el Fuerte Canosa.

Globo cautivo tripulado por los tenientes coroneles Maxfield y Derby para dirigir la marcha de las tropas estadounidenses hacia San Juan. Sirvió, sin embargo, para que la artillería española las localizara y barriera con su fuego.

Detrás de esta posición, una tercera línea de 140 jinetes, constituían las restantes fuerzas españolas asignadas a las Alturas de San Juan. Se contaba, además, con una reserva de unos 4 350 hombres compuesta de regulares, marinos, voluntarios y bomberos, ubicados en distintos puntos de la ciudad. Sin embargo, casi 1 000 de esos hombres se encontraban en los hospitales.[385]

El 30 de junio la caballería desmontada, bajo el mando del general Sumner, vivaqueó cerca de El Pozo mientras la división de infantería de Kent se estacionaba sobre el camino a Santiago de Cuba, posiciones estas de las que partirían el 1º de julio para atacar las Alturas de San Juan. Cerca de las 7:00 a.m. del día 1º la primera de las dos brigadas de Sumner comenzó a moverse a lo largo del camino - prácticamente un sendero-, que llevaba a la ciudad. Simultáneamente, Kent ultimaba los preparativos para seguirlo con sus tres brigadas. Cerca de las 8:00 a.m., cuando ya el fragor del combate en El Caney se escuchaba claramente, la batería de Grimes, formada por cuatro piezas de 3,2 pulgadas, ubicada cerca de El Pozo, abrió fuego contra los blockhaus y atrincheramientos, apenas visibles debido a la neblina matutina, situados en las Alturas de San Juan a una distancia de unos 2 600 metros. El humo blanco azulado producido por la pólvora negra empleada por los estadounidenses reveló enseguida la posición de la batería y los artilleros españoles, familiarizados

---

[385] Chadwick, Op.Cit., vol. 2, p.73; Gómez Núñez, Op. Cit, pp. 137-140; Müller y Tejeiro, Op. Cit., pp. 145-146; Alger, Op. Cit., p. 152

como estaban con el lugar, no tuvieron dificultades para determinar su distancia a El Pozo. Los cañones de los defensores hispanos, que disparaban desde detrás de las alturas, silenciaron rápidamente a la artillería norteamericana. Según relata Walter Millis:

*"El Congreso no había consentido en dotar a nuestra artillería con la moderna pólvora blanca -sin humo- y cuando las primeras nubes de humo causadas por la pólvora negra empezaron a flotar sobre El Pozo, los españoles las tomaron con muy buen criterio como blanco para su propia artillería. Las cámaras que filmaban el "primer disparo" estaban aún en funcionamiento y una multitud de curiosos formada por miembros de los regimientos que estaban abajo todavía trepaba colina arriba para ver lo que estaba pasando, cuando el primer proyectil de respuesta pasó por encima de la batería y explotó en la ladera que había a su lado, causando la muerte de algunos cubanos e hiriendo a alguno de los "Rough Riders" que estaban en el corral cercano."*

Por falta de pólvora blanca, el país más rico del mundo enviaba a sus tropas al ataque contra una posición fortificada sin apoyo de la artillería.[386]

Cuando los casi 8 000 hombres avanzaban penosamente por el sendero llevaban consigo un globo aerostático desde el cual el teniente coronel G. McC. Derby observaba el terreno. Este acto fue calificado por el coronel Wood como "uno de los actos más imprudentes y estúpidos que jamás hubiese presenciado". Si los españoles tenían alguna duda acerca del lugar en que estaban las tropas norteamericanas, el globo les sirvió de referencia para desencadenar una lluvia de fuego sobre la indefensa masa de hombres que estaba debajo.

Si Shafter hubiese realizado un reconocimiento de la región oeste de El Pozo el globo no habría sido necesario, pero nadie, desde los jefes de división hasta el último soldado, había tenido oportunidad de examinar el terreno que conducía a las posiciones españolas o de calcular el número de soldados enemigos o la fortaleza de sus defensas. La frondosidad de la vegetación en

---

[386] Chadwick, Op. Cit., vol. 2, p. 85. La cita es de, Millis, Walter: *"The Martial Spirit"*, Boston, 1931, p. 282.

torno al sendero era un grave inconveniente.

Desde la loma de El Pozo donde Shafter trataba de seguir el avance, parecía que "todas las tropas estaban ocultas bajo un mar de vegetación, del cual sólo destacaban algunas palmas dispersas y la bamboleante mole del globo, que delineaba cuidadosamente el avance". Los españoles respondieron barriendo con metralla la zona alrededor del globo, y nadie en las filas estadounidenses pudo devolver el fuego, ni siquiera ver de dónde procedía.[387]

Tropas estadounidenses del 16° Regimiento de Infantería bajo fuego en San Juan.

Cuando la columna se aproximaba a la pradera abierta situada bajo las Alturas de San Juan, Sumner se detuvo por espacio de una hora, perplejo ante la situación de tener que desplegar sus tropas bajo un fuego tan concentrado. De repente se oyó desde lo alto una voz que preguntaba "¿Hay algún oficial ahí abajo?". A pesar de las numerosas bajas ocasionadas a ras de tierra por la presencia del globo, y que el mismo fuera alcanzado por el fuego de los españoles y derribado, el teniente coronel Derby resultó

---

[387] Reagan, Geoffrey: *"Historia de la Incompetencia Militar"*. Barcelona, 1989, p. 308. La cita de las palabras de Wood está tomada de Trask, Op. Cit., p. 239. La cita describiendo el paisaje visto desde El Pozo es de Millis, Op. Cit., p. 283

ileso. Y de hecho había realizado un descubrimiento importante. Existía una senda que se apartaba hacia la izquierda (sur) del camino principal que podía significar una segunda vía de acceso a la pradera, facilitando el despliegue de las tropas norteamericanas.[388]

Ilustración de William Glackens (Julio de 1898) sobre el combate de El Pozo. Colección American Memory de la Biblioteca del Congreso de los EEUU. [N. del E.].

El general Kent resolvió trasladar su división a esta nueva senda, colocando en la vanguardia de las tropas el 71º Regimiento de New York, la única unidad de la Guardia Nacional que tomaba parte en el combate. Esta elección no fue buena: de todas las tropas presentes, los hombres del 71º eran los únicos que tenían la desventaja de utilizar fusiles antiguos con cartuchos de pólvora negra, que convertían a quienes los empleaban en un blanco fácil para el enemigo. Sofocados aún por la marcha, aquellos semisoldados se encontraron de pronto encabezando el avance de la división a través de un sendero que no conocían, bajo un fuego mortificante y frente a un enemigo cuyo poderío ignoraban.

---

[388] Respecto al incidente del globo, puede encontrarse información adicional en, Alger, Op. Cit., p. 155; también en Chadwick, Op. Cit., vol. 2, pp. 86-87.

Los hombres empezaron a vacilar y detenerse, hasta que quedaron apiñados unos junto a otros, sin disposición alguna para seguir avanzando. Algunos comenzaron a retroceder, presas del pánico, pero Kent y algunos de sus oficiales más antiguos lograron, no sin gran esfuerzo, contenerlos. No obstante, al ver que resultaba imposible hacer que el regimiento continuara el avance; Kent ordenó que salieran del camino y se tendieran, de manera que permitieran que los otros regimientos de la brigada del general Hawkins, el 6º y 16º de infantería, pudieran sobrepasar a los voluntarios.

Fusileros de Fulton en combate. Colección American Memory de la Biblioteca del Congreso de los EEUU. [N. del E.].

Algunas características geográficas influenciaron en el despliegue planificado del 5º Cuerpo antes del asalto a las Alturas de San Juan: Dos pequeños ríos cruzan el camino de Santiago al este de las mencionadas alturas. Uno es el río Aguadores, que corre a poco más de un kilómetro al norte de El Pozo, y el otro es el río San Juan que fluye hacia el sur pasando frente y a una distancia de unos 600 metros de la Loma de San Juan. Al este del río San Juan la manigua era muy espesa e impedía el movimiento, aunque por otra parte, ofrecía cobertura. Desde el río hasta la base de la Loma de San Juan se extiende un estrecho valle que estaba cubierto por hierba alta.

Se había planificado que la caballería desmontada de Sumner avanzara por el camino de Santiago y luego virara hacia el norte para ocupar una posición cerca del río San Juan a partir de la cual podría moverse a través de la Loma de la Caldera. Las tropas entonces continuarían moviéndose pasando una laguna y avanzando hacia las Alturas de San Juan propiamente dichas. Cuando llegara la división de Lawton, después de rendir El Caney, ocuparía la derecha de Sumner y se suponía que atacara por el frente las elevaciones situadas más al norte.

Mientras tanto, la división de infantería de Kent debía girar hacia el sur para disponerse a un movimiento a través del pequeño valle hacia la Loma de San Juan.[389]

Todo este plan se desarmó por dos razones: Lawton se atascó en El Caney, y las dos divisiones que tenían que envolver las Alturas de San Juan se encontraron con dificultades imprevistas. El asalto estaba supuesto a comenzar a las 10:00 a.m., pero tuvo que ser pospuesto hasta bien pasado el mediodía. Aún después que Kent conociera del sendero que iba hacia la izquierda del camino principal y dirigiera por el mismo a dos de sus brigadas para que tomaran posiciones de partida para el ataque a la Loma de San Juan, el progreso era extremadamente lento por las circunstancias ya explicadas. Para complicar aún más las cosas, tuvo lugar el ataque de pánico ya explicado en el 71º Regimiento de New York.

El coronel Charles Wikoff, jefe de la 3ª brigada que incluía a los regimientos de infantería 9º, 13º y 24º, dirigía a sus tropas hacia una posición a la izquierda de la brigada de Hawkins, cuando resultó muerto. Cuando las primeras dos brigadas de la división de Kent llegaron a la línea, el coronel Edward P. Pearson condujo a la tercera brigada para apoyarlas. Sus regimientos 2º y 10º de

---

[389] Una descripción del terreno, según lo veían los norteamericanos, puede verse en Alger, Op. Cit., p. 151. Sobre el despliegue planificado antes del ataque, Ibídem, p. 153.

infantería llegaron detrás de la brigada del fallecido Wikoff, quien había sido sucedido en el mando por el teniente coronel Ezra P. Ewers, mientras el 21° regimiento apoyó a Hawkins. Todo este movimiento se hacía bajo el fuego de los defensores de las alturas; en ese momento ni la artillería norteamericana ni las tropas que trataban de avanzar hacían fuego, circunstancia esta que, por supuesto, contribuía a aumentar el número de bajas.

Entretanto, la división de caballería desmontada se esforzaba por llegar a sus posiciones de asalto debajo de la Loma de la Caldera. La 1ª brigada, compuesta de los regimientos de caballería 3°, 6° y 9°, hizo firme su ala izquierda en el camino. Un poco más al norte, el coronel Wood llevó a su brigada, compuesta por los regimientos 1° y 10° de caballería y los "Rough Riders", a las posiciones de partida para el asalto.[390]

Ametralladoras del tipo *Gatling* destinadas a la Guerra.
Tomado de *Small Arms Defense Journal*. [N. del E.]

Por fin, las dos divisiones alcanzaron sus posiciones de asalto en las faldas de la Loma de San Juan. Frente a ellos se alzaban unas alambradas y, a causa de la poca previsión, no se disponía

---

[390] Respecto a los movimientos de Sumner, véase Millis, Op. Cit., pp. 285-286 y Chadwick, Op. Cit., vol. 2, p. 88. Cuando el coronel Wikoff cayó muerto, lo sustituyó el teniente coronel Worth, jefe del 13° de infantería, quien a su vez, fue herido, siendo sustituido por el teniente coronel Liscum, del 24° de infantería, quien también fue herido, tomando el mando el teniente coronel Ewers.

de ninguna cizalla, por lo que las mismas se convirtieron en un formidable obstáculo. Como se carecía de apoyo artillero, la única solución consistía en que la infantería atacase y tomase las lomas. La poco envidiable tarea de autorizar el ataque, recayó en el joven teniente John D. Miley, ayudante de campo del general Shafter. Urgido por el general Sumner, quien le dijo que los hombres no podían continuar por más tiempo en aquella posición tan expuesta: debían atacar o retirarse. A la 1:00 p.m., sin que se vieran señales de que Lawton viniera de El Caney, Miley autorizó el ataque.[391]

En el ala izquierda la brigada de Hawkins avanzó en dirección a la Loma de San Juan. Los infantes norteamericanos empezaron a abrirse paso por la alambrada a fuerza de tajos con sus bayonetas. En muchos casos esto de nada servía, pues el alambre de púas estaba enrollado en troncos de árboles. La salvación apareció a eso de la 1.15 p.m. Un destacamento de ametralladoras Gatling -tres piezas de calibre .30-, mandado por el teniente John D. Parker, abrió fuego contra las posiciones españolas de la cima de la loma desde una distancia de 600-800 yardas. Esto fue también una mala señal para los neoyorquinos del 71° que continuaban tumbados a la orilla del camino. Al ver las piezas de Parker haciendo fuego los hombres se pusieron de pie dando grandes gritos de entusiasmo y los defensores españoles lanzaron una andanada sobre la zona de la que procedían los vítores, a causa de la cual muchos hombres "perdieron para siempre la capacidad de vitorear".[392]

Los ametralladoras de Parker sostuvieron el fuego por algo más de ocho minutos, pero el mismo resultó un apoyo esencial en el momento en que la infantería lanzaba su asalto. Los tiradores barrieron la cima de la loma con un fuego de 3 600 disparos por minuto. El efecto fue casi inmediato. Mientras los estadounidenses subían por la ladera este, encabezados por el 6° y el 16° regimientos de infantería, los españoles, abandonaban sus posiciones y bajaban apresuradamente la ladera opuesta en dirección a Santiago de Cuba.

Al cesar el fuego de los defensores, los infantes norteamericanos se precipitaron hacia la cima de la Loma de San Juan. Pero ni

---

[391] Millis, Op. cit., pp. 285-286, 288; Chadwick, Op. Cit., V,2, p.91
[392] Millis, Op. cit., p. 189.

siquiera en ese momento la artillería propia los dejó en paz. Desde El Pozo los artilleros habían sido incapaces de seguir la lucha y se vieron forzados a permanecer en silencio. Sin embargo, al ver unos puntos azules que ascendían por la ladera creyeron llegado el momento de incorporarse al combate y abrieron fuego, con unos resultados desastrosos. Según relatara el capitán Leven Allen, jefe de la compañía E del 16º de infantería:

*"El avance continuó resueltamente y sin pausa hasta el promontorio cercano a la cima y cuando ya habíamos recorrido dos terceras partes del camino el fuego de nuestra artillería empezó a ser peligroso....Algunos proyectiles se estrellaron en la ladera, entre la cumbre y nosotros...entonces, desde el pie de la loma y del campo que había detrás nuestro surgió un potente grito: ¡Atrás! ¡Regresen! ....Las cornetas tocaron "¡Alto al fuego!", "¡Llamada!" y "¡Reunión!". Los hombres titubearon, y empezaron el descenso...."*

La caballería (Rough Riders) desmonta y ataca con fuego de fusil. En la foto en prácticas. [N. del E.]

A un oficial se le ocurrió agitar su sombrero y hacer señales a los artilleros, pero éstos dispararon sobre él, hiriéndole. Fue necesario que transcurriese algún tiempo hasta que la artillería se silenciara y se pudiera reanudar el avance.[393]

Un error inexplicable de los españoles había beneficiado a los norteamericanos. Las posiciones de fuego de los defensores fueron ubicadas en la misma cima de la loma en lugar de hacerlo en la "cresta militar" -punto más bajo que la cima desde el cual los defensores pueden obtener una visión sin obstáculos del fondo de la ladera. Aún si los defensores españoles hubieran permanecido en sus posiciones, no habrían podido hacer un fuego efectivo contra la infantería norteamericana una vez que esta estuviera ascendiendo la ladera. De cualquier manera, las ametralladoras Gatling del teniente Parker permitieron al general Hawkins completar exitosamente su asalto sin tener que enfrentar una gran oposición cerca de la cima.

Mientras tanto, la caballería desmontada de Sumner tomaba la Loma de la Caldera, una pequeña elevación situada entre la Loma de San Juan y la porción norte de las Alturas de San Juan. El 9° de caballería encabezaba el avance, con el 1° de caballería y los Rough Riders siguiéndole cerca. El teniente coronel Roosevelt precedía a sus hombres montado a caballo. Unos 40 metros antes de llegar a la cima, se desmontó y estuvo entre los primeros que finalizaron a pie el ascenso. Como en el caso de la Loma de San Juan, los españoles habían abandonado la cima antes de que los primeros norteamericanos llegaran a ella.

Contra la Loma de la Caldera no se hizo ningún fuego de apoyo. Desde esa elevación algunos soldados se detuvieron para hacer fuego de fusilería contra la cresta sur de la Loma de San Juan. El resto de los regimientos de Sumner- 3°, 6° y 10° de caballería- y unos pocos hombres de otras unidades avanzaron cerca o en la ladera sur de la Loma de la Caldera y cubrieron el avance hacia la parte más al norte de la Loma de San Juan. Mientras tanto, los oficiales blancos del 10° regimiento, una unidad de tropas negras, sufrió las mayores bajas sufridas por cualquier grupo de oficiales durante el combate por las Alturas de San Juan; once de 22 fueron muertos o heridos.[394]

---

[393] Respecto al empleo de los cañones Gatling en la Loma de San Juan, véanse, Millis, Op. Cit., p. 289; Chadwick, Op. Cit., vol. 2, pp. 92-93; Alger, Op. Cit., p. 162. El relato del capitán Allen aparece en Chadwick, Op. Cit., V. 2, pp. 94-95. Para otra versión, suavizada, de los hechos, ver Alger, Op. Cit., p. 163.
[394] Millis, Op. Cit., pp. 290-291; Chadwick, Op. Cit., V. 2, p. 92.

Una vez alcanzada la Loma de la Caldera, Roosevelt obtuvo autorización del general Sumner para unirse al avance en la parte norte de la Loma de San Juan, para lo cual él y sus tropas se desplazaron por un pequeño valle hacia el frente, pasando una pequeña laguna. Después de los combates, los periódicos y revistas norteamericanos publicaron ilustraciones en las que aparecían tropas de caballería cargando a galope contra una potente concentración de tropas españolas atrincheradas en las Alturas de San Juan cuando en la realidad, como ha sido aclarado después, allí no hubo ataque en masa.

Una vez alcanzada la cima de San Juan, los norteamericanos intentaron un avance en dirección a la altura de Canosa, donde estaba situada la segunda línea de la defensa española personalmente dirigida por el general Arsenio Linares, siendo rechazados.

Repuestos y reforzados los atacantes, reanudaron su avance, produciéndose un fuerte intercambio de fuegos con numerosas bajas de ambas partes. Entre las españolas se contó el general Linares, que resultó herido. Los sucesivos intentos norteamericanos de tomar la posición de Canosa fueron infructuosos, por lo que optaron por hacerse fuertes en las Alturas de San Juan y desde allí hostigar las posiciones españolas. En esos momentos el jefe de estado mayor de la escuadra de Cervera, el capitán de navío Joaquín Bustamante, al frente de una compañía de marinos procedentes de las dotaciones de la escuadra, intentó contraatacar sobre las posiciones norteamericanas, cayendo mortalmente herido. Fue este el único intento español por recuperar las posiciones perdidas. Poco después, los defensores de Canosa, se retiraron hacia posiciones más cercanas a la ciudad. [395]

Una vez en posesión de las Alturas de San Juan, los atacantes norteamericanos, al no poseer reservas con las cuales desarrollar el éxito, tuvieron que hacer un alto, en lugar de continuar hacia Santiago de Cuba, como se había pensado inicialmente. Las dos divisiones comenzaron inmediatamente un confuso esfuerzo por tratar de consolidarse en las nuevas posiciones alcanzadas, temiendo que el ejército español lanzara un contraataque. Pero esto no se materializó; los soldados españoles que evacuaron San

---

[395] Lorente y Herrero, Luis: *"Bloqueo y Sitio de Santiago de Cuba"*, Madrid, 1898, pp. 24-26; Gómez Núñez, Op. Cit., 145-147.

Juan, retrocedieron hasta las posiciones defensivas situadas en los suburbios de la ciudad que constituían una línea de defensa más fuerte que las posiciones de las alturas. El general Linares, que había resultado herido, fue sustituido por el general de división José Toral en el mando de las fuerzas que defendían Santiago de Cuba. Los combates del 1º de julio desvanecieron la ilusión prevaleciente entre los norteamericanos de que los españoles eran incapaces de ofrecer una resistencia determinada contra un ejército de valientes.

Tumbas de campaña de soldados de los Rough Riders. Colección American Memory de la Biblioteca del Congreso de los EEUU. [N. del E.].

Los defensores de El Caney habían sido superados numéricamente en una proporción que llegó a ser de 12 a 1, en las Alturas de San Juan, la correlación era aún más desfavorable, 16 a 1. Pero aún cuando ante ellos no se presentaran otros obstáculos, los norteamericanos no podían continuar. Los regimientos estaban completamente agotados; no se podía contar con apoyo artillero; y sólo una pequeña parte de los efectivos del 5º Cuerpo habían alcanzado posiciones de partida para el asalto a la ciudad.

Unos tres mil hombres de los más de 16 mil alcanzaron las alturas en el primer movimiento. En vista de que las avanzadas españolas estaban sólo a unos pocos cientos de metros -al alcance de tiro de fusil- los estadounidenses comenzaron rápidamente a atrincherarse.

Inmediatamente el general Shafter ordenó reforzar las Alturas de San Juan abandonando sus ideas de tomar Santiago en un solo empuje. El jefe norteamericano se encontraba en un embrollo debido a que - como ocurrió varias veces durante la campaña- no había elaborado planes para consolidar las posiciones alcanzadas por sus tropas ya que esperaba pasar el 2 de julio en Santiago de Cuba y no a más de dos kilómetros, en unas lomas poco hospitalarias. Su primer informe a Washington sobre los combates del día 1º era sumamente cuidadoso: "Hemos atacado sus posiciones exteriores y las hemos tomado. Ahora mis líneas están separadas de la ciudad por aproximadamente tres cuartos de milla de terreno abierto". Un poco más adelante "Lamento decir que nuestras bajas serán unas 400. Entre ellas no son muchos los muertos".

Shafter se dio cuenta muy pronto de que había subestimado sus bajas pues las mismas sumaban 1385; 205 muertos y 1180 heridos. La división de Lawton sufrió 81 muertos y 360 heridos en El Caney. En las Alturas de San Juan la división de Kent perdió 89 hombres y tuvo 489 heridos. La división de caballería mandada por Sumner fue la que menos sufrió, pero aún así tuvo 35 muertos y 328 heridos. Entre los oficiales se contaron 22 muertos y 94 heridos. Si se consideran además las bajas de los días 2 y 3 de julio - que sumaron 9 muertos y 215 heridos- las bajas norteamericanas alcanzan aproximadamente el 10 por ciento de las fuerzas participantes en las acciones del 1º de julio. Las bajas españolas fueron 215 muertos, 2 prisioneros y 376 heridos para un total de 593, o sea aproximadamente un 35 por ciento de los 1700 participantes en El Caney y San Juan. Entre los oficiales hispanos sumaron 16 las bajas mortales.[396]

Los estudiosos de la estrategia y la táctica de los españoles han criticado fuertemente al general Arsenio Linares preguntándose ¿ por qué no concentró más tropas en las Alturas de San Juan? ¿

---

[396] Las cifras de bajas han sido tomadas de Chadwick, Op. Cit., vol. 2, pp. 82, 101-102 y de Müller y Tejeiro, Op. Cit., pp. 156-157.

por qué no hizo empleo de la artillería naval, bien instalándola en tierra o haciendo fuego desde los buques que estaban en la bahía? Solo una pequeña fracción de las tropas que tenía a su disposición fueron empleadas en El Caney y las Alturas de San Juan para tratar de rechazar los ataques norteamericanos. Si el mando español hubiera concentrado adecuadamente sus tropas y empleado convenientemente la artillería naval, pudiera haber frenado a las tropas estadounidenses haciéndolas pasar a la defensa, lo que les hubiera hecho encarar una suerte de carrera con los suministros y el progreso de las enfermedades tropicales.

Pieza de artillería de campaña de 3.2 pulgadas, de la batería Capron emplazada en la colina de San Juan Ridge, apuntando hacia Santiago de Cuba, en Julio de 1898. Foto tomada por el QMSGT C.E. Ring, del regimiento de infantería 71 de los voluntarios de Nueva York. [N. del E.]

Esta especulación supone que los norteamericanos no explotaran sus oportunidades tácticas y la artillería naval de que disponían y se olvida de que Linares estaba preocupado por la posibilidad de ataques de fuerzas cubanas desde otras direcciones. Pero aún teniendo en cuenta las diferentes restricciones a que se enfrentaba el jefe español para mover sus efectivos, nos parece una verdad incontrovertible que pudo y debió situar en San Juan muchas más tropas que los 521 hombres que allí había en el momento del ataque norteamericano. Asimismo, debió emplear la artillería para defender sus posiciones antes del ataque y hostigarlo después. Resulta también difícil de comprender por qué el mando español no lanzó un contraataque y, si bien es cierto que Linares fue herido durante el combate, esta contingencia debió ser prevista así como tomadas las medidas necesarias para asegurar la continuidad del mando.

Los errores cometidos por Linares fueron en gran medida un paliativo para los numerosos cometidos por Shafter. En primer lugar, no debió atacar El Caney empleando para ello fuerzas tan numerosas como lo hizo. Un ataque de hostigamiento habría bastado para inmovilizar aquella guarnición y, en cualquier caso, la captura de las Alturas de San Juan habría forzado a las tropas que defendían El Caney a retirarse o rendirse. Un plan mal concebido y una exploración completamente deficiente retrasó el ataque en la dirección principal y disminuyó su fuerza. Por otra parte, mantuvo a las fuerzas cubanas -cerca de 4 000 hombres- en la más completa inactividad, lo cual no tiene justificación desde el punto de vista militar y sólo puede explicarse como una expresión del deliberado propósito político de apartarlas de toda acción que pudiera significar el desempeño de un papel protagónico.

El coronel ruso Ermolov, ya mencionado, resume así las experiencias que, en el aspecto táctico, podían deducirse de los combates de El Caney y de San Juan:

*"...1) insuficiencia, poca efectividad de la artillería y de la preparación artillera; 2) los inconvenientes de la pólvora con humo de la artillería y los regimientos de infantería de voluntarios contra un enemigo que tenía pólvora sin humo; 3) la falta de dirección del combate por el Estado Mayor del Cuerpo; 4) el insuficiente conocimiento de las tropas y de los jefes superiores sobre el terreno y la ubicación del enemigo; 5) el ataque con la infantería de fuertes posiciones enemigas de forma completamente frontal, sin ningún tipo de apoyo de artillería (ni el más mínimo); y, finalmente, como resultado de los puntos 3) y 4): 6) que en San Juan la iniciativa del combate pasó a manos de los jefes subordinados y el combate del día 1º de julio fue un combate prematuro y casual. Y en general, Shafter cometió un enorme error al tratar de tomar en un mismo día dos objetivos y dispersar por ello sus fuerzas, asignando a Lawton la más peligrosa y difícil maniobra de envolvimiento".* [397]

Llevando su análisis al aspecto estratégico continúa diciendo el oficial del ejército zarista:

*"Desde el punto de vista estratégico, Shafter cometió el error capital de orientar toda la operación no hacia Aguadores (adonde se dirigió el 1º de julio solo el débil ataque demostrativo de la brigada del general Duffield), sino a un frente terrestre fuerte*

---

[397] Ermolov, Op. Cit., pp. 163-164.

*como el de Santiago de Cuba, abiertamente bajo el fuego de Cervera desde el flanco y privando totalmente al Cuerpo Expedicionario de todo apoyo por parte de la escuadra del contralmirante Sampson".* [398]

Como expresara un analista: *"No debe ser frecuente en la historia militar que un ejército actúe con tanta ineptitud como lo hicieron los estadounidenses en las Lomas de San Juan y que aún así gane la batalla".* [399]

Las tropas estadounidenses avanzan por una colina.

Se ha dicho, por algún estudioso, que si Shafter no hubiera incurrido en las deficiencias antes señaladas, podría haber tomado Santiago de un sólo ataque el mismo día 1° o el 2. Esta consideración especulativa no parece tener fundamento. En primer lugar, las fuerzas norteamericanas tendrían que haber vencido las extensas fortificaciones y las concentraciones de tropas ubicadas en las afueras de la ciudad sobre la línea de ataque. Sobre

---

[398] Ibídem, pp. 164-165.
[399] Regan, Op. Cit., p. 311.

todo esto, no puede perderse de vista que Shafter no estableció un mando y control adecuados. Los combates del 1º de julio se libraron, casi desde su comienzo, de una manera espontánea. Los éxitos de ese día no constituyeron una victoria completa; el objetivo, después de todo, había sido la propia ciudad de Santiago de Cuba.

Como se ha dicho ya, una vez que las acciones concluyeron, Shafter concentró sus esfuerzos en consolidar sus posiciones, actividad que continuó durante toda la noche del día 1º y el siguiente día. Respecto a Lawton, tan pronto terminó la ocupación de El Caney, fue enviado a todo correr a ocupar la posición que se le había asignado en el flanco derecho de la línea norteamericana frente a las Alturas de San Juan.

Justo al sureste de El Caney cerca de la denominada casa de Ducoureau, la vanguardia cayó bajo el fuego enemigo. Esta inesperada oposición, hizo que el teniente coronel McClernand ordenara un cambio en la ruta, dando un largo rodeo. De esa manera, el arribo de Lawton a San Juan se retrasó hasta el mediodía del 2 de julio. Irónicamente, su eventual posición en la línea estaba a poco más de un kilómetro del lugar donde su vanguardia había sido tiroteada el día anterior.

La brigada independiente de Bates, que había apoyado a Lawton en El Caney, se movió rápidamente al área de San Juan, llegando a la línea en su extremo izquierdo, enlazando con la divi-

-incluyendo una unidad recién llegada, el 9º regimiento de Massachusetts- se ubicó en la línea junto a Bates. El 34º de voluntarios de Michigan fue situado como reserva en la retaguardia de Kent. Las fuerzas cubanas del general García fueron ubicadas a la derecha de Lawton pero sus líneas no se extendían suficientemente al oeste como para bloquear el camino de Manzanillo que pasaba por Dos Caminos.

Shafter también reubicó su artillería y el destacamento de ametralladoras Gatling. Las baterías de artillería ligera fueron colocadas en lugares apropiados detrás de las fortificaciones en las Alturas de San Juan y las Gatling fueron llevadas al mismo frente y empleadas allí. Durante el 2 y 3 de julio se efectuaron algunos intercambios de fuego en los que ambas partes tuvieron algunas bajas, pero ni los norteamericanos realizaron esfuerzos por penetrar las defensas españolas -mucho más fuertes que las que ya habían vencido- ni el general Toral hizo intentos por contraatacar.

### Después de los combates

Los combates del 1º de julio dieron mucho que discutir acerca del ejército norteamericano y en particular sobre su jefe, el general William R. Shafter. Müller y Tejeiro no pudo abstenerse de meditar sobre la sorprendente inactividad de las tropas estadounidenses después de El Caney y San Juan:

*"El día 1º de julio se batieron los americanos,...., á pecho descubierto y con un arrojo verdaderamente asombroso; pero ya no volvieron á batirse más como aquel día. Se atrincheraron, emplazaron su artillería á medida que la recibían, y ya no salieron más de las fortificaciones. ¿Creyeron el día 1º que no tenían más que atacar en masa para hacer huir a nuestros soldados?"*

Esta especulación estaba quizás muy cerca de la verdad. Respecto a Shafter, se encontraba enfermo -postrado en el catre víctima de una crisis de gota y de malaria- y sumamente deprimido por las bajas sufridas y haber fallado en su proyecto de tomar Santiago. El obeso general, enfermo de cuerpo y mente, evadió en lo adelante exponer sus fuerzas en combate.

Inmerso en sus propios problemas, Shafter no prestó atención a la desesperada situación que se vivía dentro de Santiago de Cuba. Cuando los norteamericanos hicieron alto para atrincherarse en San Juan, sólo unos trescientos soldados españoles -de ellos un tercio eran convalecientes sacados de los hospitales- ocupaban las posiciones inmediatas al frente. El general Toral intentó remediar esta situación; prácticamente todas las tropas que guarnecían el oeste (excepto las que estaban en La Socapa) fueron trasladadas a la ciudad. Esta precipitada reorganización creó una línea de 10-12 kilómetros entre Dos Caminos y Punta Blanca. Toral dispuso la colocación de unos 5 500 hombres a lo largo de dicha línea con unos mil en la reserva. Todas esas unidades estaban en una situación muy precaria: Quedaban 200 cartuchos para cada soldado. La captura por fuerzas cubanas del acueducto de Cuabitas privó a los defensores del suministro de agua y no podían ya traerse alimentos de la zona de cultivo. Las miserables raciones que quedaban en la ciudad fueron distribuidas entre las tropas por lo que la población, hambrienta, se vio compelida a abandonar la ciudad en dirección a El Caney y San Luis. Una vez que los norteamericanos ganaron el control de las Alturas de San Juan, la ciudad estaba, en la práctica, abierta a un ataque. Desde sus posiciones protegidas en las lomas, la artillería ligera y la fusilería podía apoyar un asalto e inclusive, si se atraían los cañones de sitio se podía cañonear a los buques de Cervera que estaban en la bahía.

Todas estas circunstancias sugerían a Toral el abandono de la ciudad y replegarse hacia el interior, pero esto no era ya posible: Todas las rutas hacia el norte y el oeste estaban cortadas y las fuerzas cubanas controlaban el territorio situado al oeste de Santiago de Cuba.[400]

El General Shafter en su mula.

Las actividades de Shafter en los dos días siguientes a los combates en El Caney y las Alturas de San Juan reflejan más preocupación con las dificultades de su propio ejército que respecto a

---

[400] Sobre la nueva línea defensiva creada por Toral ver, Gómez Núñez, Op. Cit., p. 216.

una adecuada apreciación de la situación del enemigo. El jefe estadounidense temía que las fuerzas españolas le atacaran por sus flancos o que la columna de Escario proveniente de Manzanillo reforzara a Toral. Estaba también consciente de lo deficiente que era su línea de suministros desde Daiquirí y Siboney y eran grandes sus temores de que las enfermedades comenzaran a hacer estragos en sus tropas. Además, se acercaba la temporada ciclónica pudiendo interrumpirse sus comunicaciones marítimas con los Estados Unidos.

Tan desesperado y agobiado estaba Shafter en la búsqueda de una vía para mejorar su posición, que pidió al general Wheeler un plan para enviar una división a la retaguardia de la división de Kent (la situada más a la izquierda) para tomar los fuertes de la boca de la bahía y que la escuadra pudiera penetrar en ella. Era una especie de *"viaje a la semilla"* pues lo que ahora proponía el enfermo general era el mismo esquema propuesto por Sampson y que fuera rechazado por él. Sin embargo, Wheeler no pensaba que el Morro pudiera ser atacado fácilmente debido a que las posiciones españolas eran excelentes para ubicar en ellas piezas de artillería y expresó a su jefe que la captura de dichas posiciones costaría un gran número de bajas. Espantado ante la idea de nuevos derramamientos de sangre propia, Shafter ahuyentó de su mente todo pensamiento relacionado con la captura de los fuertes de la boca.

El obeso y enfermo general comenzó entonces a considerar seriamente la idea de replegarse. A las 7:00 p.m. del 2 de julio convocó en El Pozo a una conferencia de generales a la que asistieron Wheeler, Lawton, Kent y Bates a quienes comunicó sus impresiones de la situación: *"He hablado con muchos durante la tarde y la mayoría me ha dicho que no podemos sostenernos en estas posiciones, y que es absolutamente necesario que nos retiremos para no de ser flanqueados por los españoles y cortada nuestra línea de suministros, con lo que un ataque español con un poco de tropas frescas resultaría en nuestra derrota"*.

Shafter concedía muchas posibilidades a la llegada de la columna española procedente de Manzanillo y a que otras procedentes de Holguín, Guantánamo y otros pudieran también arribar a Santiago de Cuba con miles de hombres. Después de casi dos horas de discusión, sin acuerdo, pues los generales no estuvieron conformes con la retirada, Shafter expresó su intención de no hacer cambios en su posición hasta que no considerara la cuestión más adelante. Respecto a las preocupación de Shafter, el capitán de navío Chadwick, testigo ocasional del ambiente que se respiraba entre los oficiales del ejército, escribió, con mal disimulado desdén: "Las dificultades de transporte que en ese momento experimentaba el ejército norteamericano debieron dar certeza de la imposibilidad de concentrar 25 000 hombres [españoles] a través de los senderos de montaña de Cuba".[401]

Con excepción de un breve mensaje recibido en Washington el 2 de julio en el que indicaba que había subestimado sus bajas, Shafter había dejado de informar a sus superiores respecto al éxito obtenido y sus perspectivas. Las únicas informaciones que llegaban a Washington eran las de los periodistas. El secretario Alger permaneció junto al presidente hasta las 4:00 de la madrugada del día 3, esperando ansiosos las noticias. Ocho horas después el secretario de la Guerra, quejumbroso, notificaba a Shafter de su infructuosa vigilia junto a McKinley y, después de congratular al general "de todo corazón" por su victoria, le añadía, "Deseo que de ahora en lo adelante ud. interrumpa cualquier mensaje que estén enviando a la Associated Press u otros, y envíe un informe al final de cada día o durante el mismo si hay algo de especial importancia." Como podrá apreciarse el frente doméstico estaba decididamente ansioso e impaciente.[402]

No habían pasado 45 minutos de que Alger enviara su mensaje, cuando recibió desde Santiago de Cuba la noticia más desalentadora. Shafter informaba que la ciudad estaba tan bien defendida que él no podía tomarla con un asalto frontal. Por tal razón estaba *"considerando seriamente replegarse unas cinco millas y tomar una nueva posición en las alturas situadas entre el río San Juan y Siboney, con nuestra izquierda en Sardinero para transportar en gran parte nuestros suministros mediante el ferrocarril, el cual podemos usar, teniendo máquinas y carros en Siboney".*[403]

---

[401] Chadwick había arribado esa misma tarde del día 2 a Siboney para proponer, a nombre de Sampson, una reunión con Shafter y conversó con varios oficiales; su comentario desdeñoso está en su *"Spanish American War"*, vol. 2, p. 109. Toral hizo un intento de ordenar al general Pareja venir en su ayuda desde Guantánamo, pero tal orden nunca llegó a su destino.

[402] La vigilia de Alger junto al presidente está tratada en Alger, Op. Cit., p. 172. Su mensaje de las 11:00 a.m. del 3 de julio de 1898 está en *CWS*, vol. 1, p. 74.

[403] El mensaje de Shafter a Alger, recibido el 3 de julio, 1898 a las 11:44 a.m. está

Este mensaje causó consternación en Washington, una retirada de cara al enemigo era algo extraordinariamente humillante. McKinley y Alger dejaron la decisión a Shafter, pero al mismo tiempo, le dieron indicaciones inequívocas de su deseo de que permaneciera en las Alturas de San Juan. *"Por supuesto, ud. puede juzgar la situación mejor de lo que nosotros podemos hacerlo en este extremo de la línea,"* le señalaban. *"Si, no obstante, Ud. puede sostener sus posiciones actuales, especialmente las Alturas de San Juan, el efecto en el país será mucho mejor que el de una retirada".* Y le prometieron refuerzos.

Tropas estadounidenses descansan.

Percibiendo el desaliento de Shafter, el general Corbin le envió un mensaje de ratificación: *"Ud. podrá tener todos los refuerzos que quiera. Comuniqué que tropas adicionales ud. desea y se le enviarán tan pronto los transportes puedan asegurarse".* Haciendo bueno el ofrecimiento, el Departamento de la Guerra realizó esfuerzos para enviar la ayuda prometida. Varias unidades que se preparaban para la proyectada invasión a Puerto Rico fueron dispuestas para un rápido embarque con destino a Cuba.[404]

Las informaciones procedentes de Santiago de Cuba llevaron al presidente McKinley a considerar la sustitución, por cuestiones de salud, del general Shafter. Después de una reunión en la que participaron el presidente, Alger y Corbin, se envió un mensaje a Santiago en el que se indicaba que si Shafter no se restablecía y el general Wheeler continuaba enfermo, tomara el mando el general que les siguiera en el orden escalafonario. Ese mismo día, el general Nelson Miles recibió orden de estar preparado para partir hacia Cuba si fuera necesario. Lleno de planes para Santiago de Cuba -en particular un proyecto para desembarcar al oeste de la boca de la bahía, de acuerdo a la proposición de Sampson- el general jefe del Ejército envió a Shafter un mensaje en el que le anunciaba su inminente arribo con "poderosos refuerzos".

Antes de las acciones del 1º de julio, Shafter había sido consistente en su reticencia a que la Marina tuviera otro papel que no fuera el de subordinada en las operaciones contra Santiago de Cuba. Así, había rechazado la proposición de Sampson de que el ejército atacara los fuertes de la boca de la bahía y no hizo empleo de la ventaja que le proporcionaba la artillería de los buques, limitando el cañoneo naval a bombardeos el día del desembarco y en apoyo al ataque diversionista efectuado por Duffield en Aguadores el 1º de julio. Años más tarde, Chadwick haría énfasis en la equivocación de Shafter al no coordinar un bombardeo naval a las Alturas de San Juan antes de lanzar las tropas al asalto: *"Si lo hubiera hecho así, es probable que no hubieran tenido lugar acciones fuera de Santiago, y que las fuerzas españolas se hubieran desmoralizado tanto que las tropas norteamericanas habrían podido entrar a la ciudad con pocas dificultades".*

---

[404] El mensaje de Alger a Shafter está en *CWS*, vol. 1, p. 75. Ver también Chadwick, Op. Cit., vol. 2, p. 110. El mensaje del ayudante general Corbin puede verse en *CWS*, vol 1, p. 77. Respecto a los esfuerzos del Departamento de la Guerra para enviarle ayuda a Shafter, véase Alger, Op. Cit., pp. 177-178.

Un sistema de estado mayor general en los departamentos de Guerra y de Marina, analizaba Chadwick, habría coordinado con más efectividad las operaciones terrestres y navales. Este error de Shafter al no emplear los cañones de la escuadra contra San Juan previamente al asalto, siquiera fuera para probar su potencial, constituye una de las faltas más serias en que incurrió durante la campaña.[405]

Armamento del USS *Boston.*

El 2 de Julio Shafter dio un brusco cambio en su conducta al pedir a Sampson que atacara los fuertes situados en la boca de la bahía. Después de informarle que ha sostenido una "lucha terrible" el día anterior y que sus líneas se encontraban a menos de una milla de la ciudad, le continúa diciendo, *"Le insto a que*

---

[405] Chadwick, Op. Cit., vol. 2, p. 58. Poco después de los combates del 1º de Julio, Shafter solicitó a Sampson estacionar un buque de guerra cerca de Daiquirí y Siboney para proteger las áreas de desembarco ya que las tropas habían sido enviadas al frente. También pidió que hacer fuego contra la batería situada en Punta Gorda que hostigaba con su cañoneo. Sampson cumplimentó las solicitudes. Más tarde, Shafter también pidió que hacer fuego contra la zona litoral de Santiago de Cuba desde la cual, varios cañones de 6 plgd. estaban disparando contra las líneas norteamericanas. (Para información sobre estos mensajes de Shafter a Sampson del 1º de Julio, véase *BN 98*, p. 617.)

*haga ud. un esfuerzo inmediato para forzar la entrada y evitar bajas futuras entre mis hombres, las cuales son ya muy numerosas. Ud. puede ahora operar con menos pérdidas de vidas que yo".* Sampson respondió por teléfono a través de su ayudante, teniente de navío Sidney A. Staunton, sin escatimar palabras al rechazar el actuar solo. *"Imposible forzar la entrada hasta que no sean barridas las minas del canal -labor que llevará cierto tiempo después que los fuertes sean tomados por las tropas de ud. Nada se hizo ayer en esa dirección con el avance sobre Aguadores."*

La irritada réplica de Shafter al mensaje de Sampson reflejaba su apreciación pesimista de la situación: *"Es imposible para mi decir cuando podré tomar las baterías de la entrada de la bahía. Si las mismas son tan difíciles de tomar como aquellas contra las que hemos chocado, tomará algún tiempo y gran pérdida de vidas."* Probablemente este comentario de Shafter estaba influenciado por el parecer de Wheeler. Lo que ninguno consideró fue que el fuego de la artillería naval contra las baterías del Morro, La Socapa y las otras situadas a lo largo del canal podía facilitar en mucho la realización de un asalto a dichas posiciones aunque, por supuesto, existía la posibilidad de que entonces Cervera dirigiera el fuego de los cañones de sus buques contra las posiciones norteamericanas en las Alturas de San Juan. Shafter soltaba a seguidas una amarga insinuación: *"Estoy perplejo al ver que la Marina no puede actuar bajo un fuego destructivo como lo hace el Ejército. Mis bajas de ayer fueron más de 500."* (Aparentemente todavía no sabía que el total de sus bajas ascendía a más de mil.) A continuación, Shafter solicitaba a Sampson que continuara bombardeando *"todo lo que tuviera a la vista hasta su demolición."* Y terminaba diciendo: *"Espero, no obstante, con tiempo y suficientes hombres, tomar los fuertes a lo largo de la bahía."*[406]

Tratando de no echar más leña al fuego de la discordia, Sampson escribió a Shafter una carta, en tono mesurado, en la que le explicaba, en detalle, sus razones por las cuales no deseaba asaltar la entrada. Su preocupación no era la artillería española. Los

---

[406] Véanse: el mensaje de Shafter a Sampson del 2 de Julio de 1898 en *BN 98*, p. 504; la respuesta, a través de Staunton, vía telefónica, en Ibídem, p. 504, 608; la réplica de Shafter a Sampson del 2 de Julio, 1898, en Ibídem. Para un recuento de ese intercambio, ver Chadwick, Op. Cit., vol. 2, pp. 106-107.

cañones de las baterías costeras sólo podían disparar hacia el mar y los mismos no eran contrincante para los de la escuadra. Lo que le preocupaba era el peligro de las minas que se conocía estaban instaladas en el estrecho canal. La carta terminaba refutando la pulla de Shafter respecto a que la Marina no estaba preparada para sacrificios como los que hacía el Ejército. "No es tanto la pérdida de hombres," afirmaba, "como la pérdida de buques lo que, hasta ahora, me ha disuadido de lanzar un ataque directo con los buques hacia dentro del puerto." [407]

Defensas españolas en La Socapa, frente a El Morro.

Yendo aún más lejos en su propósito de arreglar las desavenencias surgidas entre el ejército y la marina Sampson propuso a Shafter una reunión con el fin de ponerse de acuerdo en la realización de futuras operaciones combinadas. A esos efectos, envió a su jefe de estado mayor, Chadwick, a Siboney. El contralmirante estaba al parecer ansioso por realizar el barrido de minas en el canal y penetrar con los buques en la bahía. Por ello, Chadwick era portador de dos variantes de un proyecto de ataque a las baterías situadas en las márgenes de la boca de la bahía. La

---

[407] *BN 98*, p. 504. Ver también Chadwick, Op. Cit., V. 2, p. 107.

primera consistía en un asalto a las fortificaciones del Morro por un millar de infantes de marina que se encontraban en Guantánamo y que desembarcarían por la Caleta de la Estrella. La segunda consistía en un asalto simultáneo a las baterías de La Socapa -que sería realizado por los infantes de marina -y a las del Morro- que efectuarían tropas del ejército.

Al conocer la propuesta, Shafter planteó que su estado de salud no le permitía moverse de su campamento por lo que solicitaba a Sampson que se trasladara hasta allí. La entrevista quedó acordada para la mañana del día 3 de julio. Al informar a Alger que el contralmirante venía a su cuartel general para realizar consultas con vistas a futuras operaciones, Shafter aprovechó la ocasión para poner en conocimiento del secretario de la Guerra que no tenía intención de hacerse a un lado: *"He estado incapacitado de salir durante el calor del día por cuatro días, pero retengo el mando."* Poco antes de las 9:00 a.m. del domingo, 3 de julio, el buque insignia **New York** se separó de la escuadra bloqueadora y, tomando rumbo al este, se dirigió a Siboney donde Sampson iba a desembarcar para seguir después a caballo hacia el campamento de Shafter. Sin embargo, a eso de las 9:35 a.m., el contralmirante, desde la toldilla del **New York**, observó humo de cañoneo en la boca de la bahía a unas 7 millas de donde se encontraba. Por uno de esos azares del destino, el jefe de la escuadra norteamericana se había alejado de sus buques poco antes de que Cervera intentara salir de la bahía de Santiago de Cuba.[408]

En esa misma mañana, bien temprano, Shafter había tomado una decisión inesperada sugerida por su ayudante. El teniente coronel McClernand recordó una conversación con Shafter a bordo del barco que los transportaba a Santiago de Cuba en la cual el general había dicho que, una vez que el ejército tomara posiciones alrededor de Santiago de Cuba, demandaría al enemigo su rendición y luego actuaría de acuerdo con las circunstancias. McClernand entró a la tienda de campaña donde Shafter yacía, enfermo y postrado en su catre, y le propuso a este demandar la rendición. Shafter dio su aprobación a la idea y McClernand redactó la demanda de rendición, la cual fue llevada

---

[408] Ver informes: de Sampson a Long del 15 de Julio, 1898, en *BN 98*, p.618; de Shafter a Alger (3 Jul. 1898) *CWS*, V.1, p.74.

bajo bandera de parlamento por el coronel Joseph H. Dorst, siendo entregada a las 8:30 a.m. del día 3. El mensaje, dirigido al general Toral era formal y escueto:

"Señor:
Me veré forzado, a menos que ud. se rinda, a bombardear Santiago de Cuba. Haga el favor de informar a los ciudadanos extranjeros y a todos los hombres y mujeres que deben abandonar la ciudad antes de las 10 de la mañana del día de mañana."

Esa tarde, a eso de las 6:30 p.m., Toral contestó:

"Es mi deber decirle que esta ciudad no se rendirá y que informaré a los cónsules extranjeros y habitantes del contenido de su mensaje."[409]

Población civil de Santiago de Cuba huyendo de la ciudad bloqueada por mar y asediada por tierra.

Desde el momento en que Shafter envió su demanda y la hora en que la misma fue rechazada por Toral habían ocurrido hechos que transformaban de manera dramática la situación en Santiago de Cuba: La escuadra de Cervera intentó salir de la bahía, siendo aniquilada. Después que supo esa noticia, Shafter accedió a la urgente solicitud de varios cónsules extranjeros de permitir la salida de la población civil de Santiago de Cuba hacia El Caney. Toral fue informado de que el bombardeo norteamericano sería aplazado hasta el 5 de julio, a fin de que los civiles pudieran evacuar la ciudad -a condición de que no se atacara a las fuerzas del 5° Cuerpo.

A las 7:31 p.m. del 3 de julio Shafter envió un cable al Departamento de la Guerra informando que había efectuado una demanda de rendición y que la línea del frente hacía una hora que

---

[409] Respecto al intercambio de mensajes véase, de Shafter a Toral y de Toral a Shafter, 3 de julio 1898, en *CWS*, vol. 1, p. 79; ambos están citados en Chadwick, Op. Cit., vol. 2, p. 111.

estaba tranquila. Todo parece indicar que el general no tenía conocimiento aún del aniquilamiento de la escuadra española, pues agregaba: *"Noticias recién recibidas dan cuenta de la escapada de la escuadra estoy satisfecho la plaza se rendirá".*[410]

Cuando conoció de los resultados del combate naval, la primera reacción de Shafter fue la de olvidar la idea de replegarse de San Juan; Alger se sintió aliviado al recibir un mensaje en el que el general declaraba escueta y categóricamente, *"Me mantendré en mi presente posición".* Al día siguiente, Shafter había ya elaborado sus intenciones *"Puedo mantener mi línea actual y hacerlos rendir por hambre, permitiendo a los no combatientes salir tranquilamente mientras ellos se agotan sin alimentos, y mantenerlos así hasta que se vean forzados por el hambre. Espero sus órdenes."*[411]

Ilustración de la Batalla naval de Santiago de Cuba.

### Llegada de la columna del coronel Escario

El día 3 de Julio, al anochecer, hizo su entrada en Santiago de

---

[410] Respecto al aplazamiento del bombardeo ver, *CWS*, vol. 1, p. 79. Respecto a los mensajes de Shafter al Departamento de la Guerra, Ibídem, p. 78
[411] *CWS*, vol. 1, pp. 78-79.

Cuba[412], proveniente de Manzanillo, la columna española mandada por el coronel Federico Escario compuesta por más de 3 500 hombres.

Estas fuerzas habían efectuado una penosa marcha de más de 250 kilómetros, constantemente hostigadas por las fuerzas cubanas que, aunque escasas en número en esa dirección, supieron aprovechar el conocimiento que tenían del terreno para colocar en su ruta un gran número de emboscadas con lo que se consiguió diezmar la columna y retrasar considerablemente su llegada a Santiago.

Tropas mambisas cubanas.

Como ya se ha explicado, el general Calixto García había propuesto oportunamente, en dos ocasiones, destinar parte de las

---

[412] Un cambio de última hora en su itinerario permitió a Escario recorrer el último tramo de Palma Soriano a Santiago. Avisado por la estación heliográfica situada en Puerto Boniato, cercada por fuerzas cubanas, de que un importante contingente cubano se dirigía a interceptarlo en el camino de San Luis, Escario salió a las dos de la mañana y entró a Santiago por el puerto de Bayamo, situado más hacia el oeste y que aún estaba controlado por los españoles.(Ver Lorente y Herrero:*"Bloqueo y Sitio de Santiago de Cuba"*, Madrid, 1898", pp. 29-30; también, Müller y Tejeiro, Op.Cit., pp. 207-208).

tropas de que disponía para interceptarla, pero el general Shafter rechazó dicha proposición, prefiriendo que las mencionadas fuerzas cubanas se mantuvieran en la región al este de Santiago de Cuba. Con posterioridad, en uno de sus peculiares vaivenes, al ver que el arribo de la columna de Escario era inminente, olvidándose de sus negativas anteriores, Shafter solicitó de García que la interceptara lo que estaba en contradicción con una orden anterior de que ocupara el flanco derecho de las fuerzas norteamericanas a fin de impedir cualquier intento de salida de las fuerzas españolas sitiadas en Santiago, posición que hubiera tenido que abandonar para ir al encuentro de la columna, a lo que no se le autorizó por el propio Shafter.

Sin embargo, el jefe norteamericano, al conocer la llegada de Escario y su columna a Santiago, fue pronto en culpar al jefe cubano de que aquello hubiera sucedido en cuanto informe elaboró, eludiendo así su responsabilidad.

Shafter no reconoció, ni en ese momento ni después, que las pocas fuerzas cubanas que había entre Manzanillo y Santiago, combatiendo denodadamente, retrasaron el avance de la columna del esforzado coronel español hasta el punto de que una marcha calculada para seis días demoró casi trece, impidiéndole participar en los combates del 1º de julio con lo cual hicieron un aporte significativo al resultado alcanzado. Müller y Tejeiro sostiene que si Escario hubiera entrado antes a la ciudad *"y se hubieran tenido 3 000 hombres más en nuestras líneas, ni El Caney ni San Juan se hubieran perdido, atacadas como fueron por casi todo el Ejército enemigo".*

Otros autores han señalado que, diezmadas y exhaustas como estaban las tropas de Escario, su llegada, después de los combates del día 1º y de que la escuadra fuera aniquilada, no fue sino un agravante para la situación de los defensores de la ciudad, asediados por el hambre y escasos de municiones.[413]

---

[413] Sobre la marcha de la columna de Escario, ver: Müller y Tejeiro, Op. Cit., pp. 197-210; Escalante, Op. Cit., pp. 571-573. La solicitud de Shafter a García, traducida, aparece en Collazo, Op. Cit., pp. 150-151. García explica su situación en el parte oficial que rinde el 15 de julio, 1898 al mayor general Máximo Gómez sobre la participación de las fuerzas cubanas a su mando en la campaña de Santiago de Cuba (Ver Escalante, Op. Cit., pp. 607-615). Las inculpaciones de Shafter a Calixto García están en su informe al Ayudante-General de Julio 4, 1898 (11:50 p.m.) que aparece en *CWS*, vol. 1, p. 87. También en su carta a Sampson del 4 de Julio que aparece en *BN 98*, pp. 618-619. El comentario sobre las posibles

# Capítulo 13
## El combate naval frente a Santiago de Cuba

### Antecedentes inmediatos

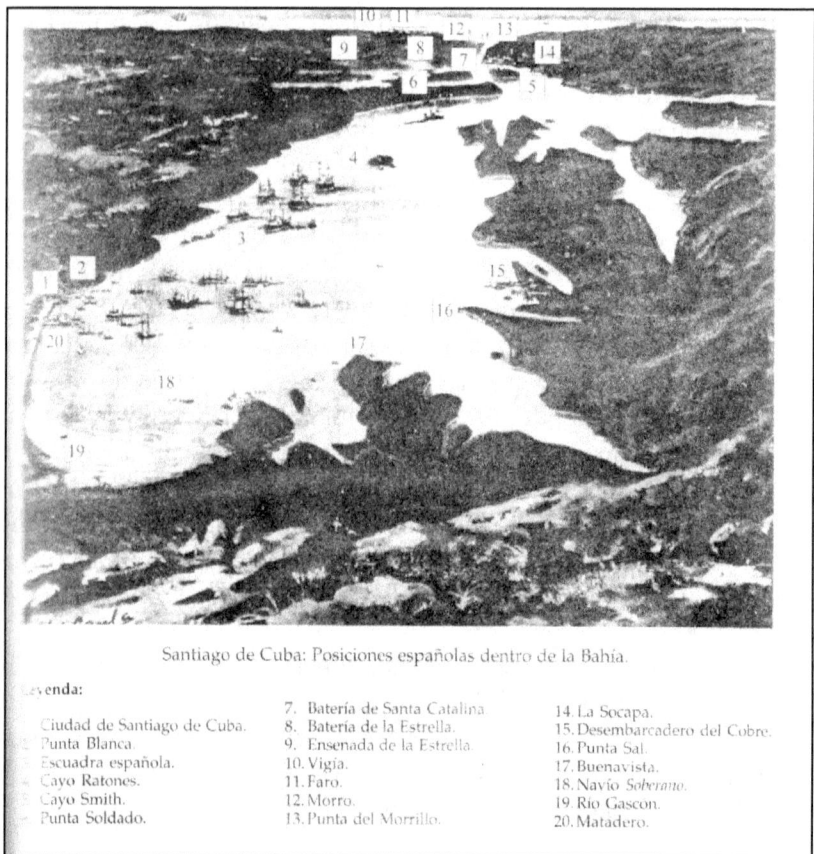

Santiago de Cuba: Posiciones españolas dentro de la Bahía.

Leyenda:
- Ciudad de Santiago de Cuba.
- Punta Blanca.
- Escuadra española.
- Cayo Ratones.
- Cayo Smith.
- Punta Soldado.
- 7. Batería de Santa Catalina.
- 8. Batería de la Estrella.
- 9. Ensenada de la Estrella.
- 10. Vigía.
- 11. Faro.
- 12. Morro.
- 13. Punta del Morrillo.
- 14. La Socapa.
- 15. Desembarcadero del Cobre.
- 16. Punta Sal.
- 17. Buenavista.
- 18. Navío *Soberano*.
- 19. Río Gascón.
- 20. Matadero.

El 22 de junio, al producirse el desembarco norteamericano por Daiquirí, a solicitud urgente del general Linares, jefe de la plaza

---

consecuencias de la llegada a tiempo de la columna de Escario, aparece en, Müller y Tejeiro, Op. Cit., p. 158. Un comentario sobre el agravamiento de la situación de los defensores de Santiago en, Escalante Op. Cit., p. 573.

militar de Santiago de Cuba, ocho compañías formadas con personal de la escuadra del almirante Cervera fueron desembarcadas para reforzar las defensas de la ciudad y sus accesos. Cervera comunicó al ministro de Marina Auñón el hecho en estos términos: *"El enemigo desembarca por Punta Verracos. Como la cuestión ha de resolverse en tierra, voy a desembarcar las tripulaciones de la escuadra hasta donde alcancen los fusiles. La situación es muy crítica"*. Las compañías estaban formadas por unos 130 hombres cada una. Al mando del personal de los buques se designó al Jefe del Estado Mayor de la Escuadra, capitán de navío Joaquín Bustamante.

El 23 de junio, un día después, el contralmirante Pascual Cervera recibía un mensaje del ministro de Marina español que lo conminaba a efectuar la salida de la bahía de Santiago de Cuba. Desde ese momento, Cervera realizó grandes esfuerzos tratando de evitar dicha salida. Ese mismo día el almirante le enviaba un mensaje al Ministro Auñón: *"Como es absolutamente imposible que la Escuadra escape en estas condiciones, pienso resistir cuanto pueda, y destruir los buques en último extremo. -Aunque otros son responsables de esta situación insostenible, acarreada a pesar de mi gran oposición, es muy doloroso ser actor (encadenado) en éstas"*. Al día siguiente, se convocó a una reunión de los capitanes de navío de la Escuadra, quienes conocieron del texto del telegrama del Ministro y de la respuesta de Cervera *"...y después de exponer cada uno su opinión sobre la situación presente, acordaron de la más completa unanimidad, declarar que, desde el día 8 ha sido y continúa siendo absolutamente imposible dicha salida"*. Por supuesto, aunque la escuadra no podía batirse en la mar, sí le era posible apoyar a las fuerzas terrestres que defendían Santiago.

Con esa idea en mente, el jefe de la artillería de la plaza, coronel Salvador Díaz Ordóñez, inspeccionó el día 25 los cañones de los buques de Cervera para determinar su posible empleo en la defensa de la ciudad y sus accesos. El capitán de navío Villaamil, jefe de la escuadrilla de destructores, explicó a uno de sus oficiales que las piezas de artillería de la escuadra podrían muy bien emplazarse alrededor de la ciudad y toda la marinería -excepto un mínimo imprescindible para atender los buques- sería desembarcada para reforzar el Ejército. [414]

Pero otra cosa pensaba el gobernador general Blanco, ubicado en La Habana, quien desde hacia ya desde tiempo se había convencido de que Cervera debía salir. *"Me parece exagera V. E. algo dificultades salida, no se trata de combatir sino de escapar de ese encierro en que fatalmente se encuentra Escuadra, y no creo imposible, aprovechando circunstancias oportunas, en noche obscura y con mal tiempo, poder burlar vigilancia enemigo y huir en el rumbo que crea V.E. más a propósito"*, decía Blanco en su mensaje del 26 de junio a Cervera, para argüir después que *"Si esos cruceros llegan a ser apresados en cualquier forma dentro del puerto de Cuba, el efecto en el mando entero será desastroso, y la guerra podía darse por terminada en favor del enemigo"*. Estos puntos de vista de Blanco eran determinantes, toda vez que a partir del día 24, Cervera y su escuadra habían sido puestos bajo sus órdenes. El almirante reaccionó de manera inmediata, dando rienda suelta a los sombríos pensamientos que desde un principio se habían adueñado de él. *"Creo a la Escuadra perdida desde que salió de Cabo Verde"*, -le expresó al general Linares- *"porque me parece insensato pensar otra cosa, dada la desproporción enorme que hay entre nuestras fuerzas y las enemigas. Por esa razón me opuse enérgicamente a la salida, y aún creía sería relevado por alguno de los que opinaban en contra mía"*. Cervera tenía varias poderosas razones para oponerse a la salida" *"La salida de aquí ha de hacerse uno a uno; no cabe ardid ni disfraz, y la consecuencia de ello, absolutamente segura, es la ruina de todos y cada uno de los barcos con la muerte de la mayor parte de los tripulantes"*, y continuaba asegurando que,

---

[414] Véase Martínez Arango, Felipe:*"Cronología Crítica de la Guerra Hispano-Cubano-Americana"*, La Habana, 1973, p. 81. El mensaje de Cervera a Auñón, del 22 de Junio de 1898, puede verse en Cervera y Topete, Pascual:*"La Guerra Hispanoamericana. Colección de documentos referentes a la escuadra de operaciones en las Antillas"*, El Ferrol, 1900, p. 138. La composición de las fuerzas desembarcadas aparece en Müller y Tejeiro, José: *"Combates y Capitulación de Santiago de Cuba"*, Madrid, 1898, p. 125. El texto completo del mensaje del ministro Auñón a Cervera, del 23 de Junio de 1898, puede verse en, Cervera, Op. Cit., p. 138. La respuesta de Cervera aparece en Ibídem, pp. 140-141. Respecto a las actividades del coronel Ordóñez, ver Arderius, Francisco: *"La Escuadra española en Santiago de Cuba: Diario de un testigo"*, Barcelona, 1903, p. 119. Las opiniones de Villaamil pueden verse en Ibídem, p. 120. (La cursiva y subrayados son del autor,G.P.C.).

*"Si yo creyera que hay posibilidades de éxito, aunque fueron remotas, lo hubiera intentado a pesar de que, como digo antes, sólo hubiera cambiado el teatro de la acción a menos de haber ido a La Habana, donde tal vez la cosa hubiera cambiado".* [415]

El 26 de junio, el Ministro de Marina, Ramón Auñón, enviaba un mensaje según el cual su opinión -coincidía con la de Blanco- era que la escuadra debía intentar una salida nocturna, a lo que Cervera se oponía considerándola más peligrosa: *"Tal cual está bloqueada la boca del puerto, es la salida durante la noche más peligrosa que de día, porque están más cerca de tierra".* Blanco, inflexible, le dio a Cervera instrucciones precisas el 28 de junio, que sellaban el destino de la escuadra: *"...Mi resolución, por lo tanto, que desearé satisfaga V. E., es la siguiente, (...), acechará la ocasión oportuna para salir, dirigiéndose a donde V.E., juzgue conveniente, pero en el caso de que los acontecimientos se agravaran hasta el punto de creerse próxima la caída de Santiago de Cuba, la Escuadra saldrá resueltamente, lo mejor que pueda".* Blanco, astutamente, con el fin de cubrirse, tomó la precaución de consultar su decisión con el Gobierno a través de un mensaje que dirige, el 30 de junio, al Ministro de Marina.

Soldados españoles en Cuba.

---

[415] Los puntos de vista de Blanco pueden leerse en su mensaje a Cervera, del 26 de Junio de 1898, que aparece en, Cervera, Op. Cit., pp. 145-146. La carta de Cervera a Linares puede verse en Ibídem, pp. 143-145.

La respuesta afirmativa le llega al 1 de julio. En el ínterin, Cervera se apresta para cumplir las órdenes recibidas de Blanco, para lo cual requiere que el personal que hubo de desembarcar para apoyar al Ejército retorne abordo. Cuando el general Toral -que había sustituido al general Linares por haber sido éste herido-, al frente de la plaza, le contesta que la retirada del personal de Marina de las líneas defensivas implicaría la pérdida de la plaza, Cervera apela una vez más al general Blanco, informándole que sin el personal marinero que se encuentra en tierra le es imposible intentar la salida. [416]

Es en ese momento en que tienen lugar los combates de El Caney y Loma de San Juan y los avances de las fuerzas cubanas por el oeste, cerrando el cerco sobre Santiago de Cuba, y el general Blanco, obviando los argumentos de Cervera, le ordena el 1 de julio a las 2230 hs: "*....reembarque vuecencia tripulaciones y, aprovechando oportunidad más inmediata, salga con todos los barcos de esa escuadra, quedando en libertad de seguir derrota que considere oportuna...*" y otro mensaje enviado, sólo 15 minutos más tarde le reitera: "*...prevengo a V.E. apresure lo posible su salida de ese puerto antes de que el enemigo pudiera apoderarse de la boca*". Como para no dejar dudas de sus propósitos, Blanco le envía, esa misma noche, a las 2255 hs, un mensaje a Toral en el que le indica: "*Es indispensable concentrar las fuerzas y prolongar cuanto se pueda la defensa, procurando a toda costa que enemigo no se apodere de la boca del puerto antes de que salga la Escuadra, que deberá salir lo antes posible para no tener que rendir ni destruir los barcos*". En los combates de ese día, cuando al frente de la marinería de la escuadra intentaba recuperar la meseta de San Juan, cayó mortalmente herido el capitán de navío Joaquín Bustamante, jefe del Estado Mayor de Cervera. [417]

Ante la proximidad del enemigo y la inminencia de su entrada

---

[416] El mensaje de Auñón a Cervera, del 26 de Junio de 1898, puede verse en Ibídem, p. 146. El punto de vista de Cervera está expuesto en su respuesta del 27, ver Ibídem, p. 147. Las instrucciones de Blanco a Cervera del 28 de Junio, pueden verse en Ibídem, p.148. La consulta de Blanco al gobierno está en Ibídem, pp.148-149. La respuesta del gobierno en Ibídem, p. 149. La correspondencia intercambiada entre Cervera y Linares, en Ibídem, pp.149-150. La apelación de Cervera a Blanco, está en su mensaje del 1 de Julio 1898, ver Ibídem, p.151

[417] Los mensajes de Blanco a Cervera, del 1º de Julio de 1898, a las 10:30 p.m. y 10:45 p.m., pueden verse en, Ibídem, p. 152. La comunicación de Blanco a Toral de esa misma fecha, a las 10:55 p.m., aparece en Ibídem, p. 152.

en la ciudad, los buques españoles apuntaron sus cañones hacia la misma. Ante esa amenaza de bombardeo por parte de la propia escuadra española, como es lógico, cundió el pánico en la población. Esta amenaza fue ratificada por el propio Cervera al cónsul francés en Santiago, Edmond Hippeau, que se había dirigido a él en busca de aclaraciones. Informando de esto Frederick Ramsden, cónsul británico y decano del cuerpo consular en Santiago de Cuba, se dirigió al Cónsul General de su país en La Habana, Alexander Gollín, quien protestó de dicha situación ante el Gobernador General Blanco e informó a su vez al Ministerio de Relaciones Exteriores en Londres. [418]

El día 2, muy temprano en la mañana el general Blanco enviaba un mensaje, clasificado de urgentísimo, al almirante Cervera: *"En vista estado apreciado y grave de esa plaza que me participa general Toral, embarque V. E. con la mayor premura tropas desembarcadas de la Escuadra y salga con ésta inmediatamente"*. El resto del día lo empleó Cervera en reembarcar al personal y encender las calderas, alistándose para una salida inmediata. Sobre las 7:00 p.m. se dieron las últimas instrucciones para la salida de la escuadra que sería a las 9:00 a.m. del siguiente día, domingo 3 de julio.

La formación estaría encabezada por el crucero acorazado "**Infanta María Teresa**" el cual entablaría combate con el buque enemigo que se encontrara más próximo. Le seguirían los otros tres cruceros acorazados, el "**Vizcaya**", "**Cristóbal Colón**" y "**Almirante Oquendo**", y los destructores "**Furor**" y "**Plutón**" marcharían a retaguardia. Dado que el crucero acorazado "**Brooklyn**" era, por su veloz andar, el más peligroso de las unidades enemigas, los cruceros acorazados le darían prioridad como blanco. Los destructores, por su parte, dada su mayor velocidad, tratarían de escapar más que de combatir. Aquellos buques que lograran romper el bloqueo debían dirigirse a Cienfuegos o La Habana. Al hacer un recuento de los sucesos acaecidos en

---

[418] En relación a la amenaza de Cervera de bombardear la ciudad de Santiago de Cuba, consultar Archivo General de Indias (AGI), Fondos Diversos, Archivo del General Polavieja, legajo 25:**"La Escuadra de Cervera en Santiago de Cuba"**. Véase también Martínez Arango, Op. Cit., p. 95. Para una información más detallada, la cual incluye los textos intercambiados entre Cervera y Hippeau y el informe del cónsul británico en Santiago al Cónsul General en La Habana, ver Bacardí y Moreau: *"Crónicas de Santiago de Cuba"*, tomo X, pp. 11-12, 32-34.

Santiago de Cuba, el capitán de navío Víctor Concas, -que era el comandante del **"María Teresa"** y fungía además, como jefe del Estado Mayor en sustitución de Bustamante- hace énfasis en la estrechez del canal, circunstancias -que como hemos repetido- forzaba a los buques españoles a salir uno a uno y a poca velocidad, enfrentando cada uno al fuego concentrado de toda la Escuadra norteamericana. [419]

Ilustración de la flota norteamericana.

Algunos estudiosos del combate naval de Santiago de Cuba han expresado su opinión de que Cervera debió haber efectuado su salida de noche, de acuerdo a lo que le habían planteado Blanco y Auñón. El capitán de navío alemán, Jacobsen, comandante del crucero **"Geier"**, a la sazón en La Habana, es uno de los que pensó que los buques españoles debieron salir aprovechando la protección de la oscuridad, gobernando en varias direcciones,

---

[419] Respecto al plan de salida y preparativos para la misma, véase Concas y Palau, Víctor: *"La escuadra del almirante Cervera"*, Madrid, S/F, pp. 143-145; también Arderius, Op. Cit., p. 137. Los comentarios de Concas de los efectos de la estrechez del canal, pueden verse en Concas, Op. Cit., pp. 146-148. Sobre la influencia de esta característica geográfica en la situación táctica, consultar el estudio realizado por el autor: **"La Acción Naval de Santiago de Cuba: Aspectos Cuantitativos"** en *Revista de Historia Naval*, Madrid, Año XVI, N. 63, 1998, pp. 27-40

evitando el combate, para ir a reunirse en un punto previamente establecido. Mucho más recientemente el almirante español Eliseo Alvarez Arenas también ha criticado la salida diurna.

El almirante Cervera, explicó con posterioridad al combate, sus razones para salir de día. Según él, uno de los buques acorazados norteamericanos se acercaba cada noche a una distancia de menos de una milla de la boca de la bahía y la iluminaba con sus potentes proyectores, mientras, varias lanchas ubicadas aún más cerca, efectuaban una observación constante del canal. *"En estas condiciones, era absolutamente imposible salir de noche"* explicaba Cervera, *"porque en un canal tan estrecho, deslumbrados por tan vivo resplandor en los ojos, no habría podido seguirse la canal, y habríamos perdido los buques, embarrancados unos y abordados otros con sus propios compañeros".*

De cualquier manera, si alguno o todos los buques españoles hubieran logrado salir, *"antes de estar fuera el primero, ya habríamos sido descubiertos y batidos desde el primer momento por los fuegos convergentes de toda la Escuadra". "En cambio, de día",* argüía Cervera, *"La Escuadra enemiga estaba más dispersa y aun tenía algunos buques ausentes, como lo estaba el **"Massachussets"** el 3 de julio".* Y reflexionaba el almirante: *"Si Santiago de Cuba hubiera estado siquiera regularmente artillado, la Escuadra enemiga habría estado siempre a cinco ó seis millas, lo menos, y entonces no habrían podido alumbrar la boca del puerto con eficacia, y en esa zona podríamos haber maniobrado con algunas, aunque remotas, posibilidades de éxito".* Por su parte, el almirante Sampson, evaluando tiempo más tarde la decisión de Cervera, opinaba que el almirante español debió intentar su salida de noche y con mal tiempo. *"Pudo"* -expresaba Sampson- *"haber actuado contra los proyectores bien haciendo fuego contra ellos o empleando los suyos".* En este análisis, sin embargo, Sampson pasa por alto los problemas de navegación en el canal a los que Cervera dio tanta importancia.

Una cosa es indiscutible: la iniciativa de iluminar el canal durante la noche complicó la situación de la Escuadra española. Resultó ser un procedimiento táctico sencillo pero eficaz. [420]

---

[420] Los puntos de vista de Jacobsen están recogidos en el folleto publicado por el U.S. Navy Department, *"Sketches from the Spanish-American War by Commander J...."*, Washington, 1899, p. 17. Las opiniones de Alvarez Arenas se pueden ver en

Otro de los aspectos más debatidos de la salida de la escuadra de Cervera, lo ha sido el orden táctico empleado y del cual no dio una explicación posterior. En tal sentido, el mencionado Jacobsen, expresa que una salida en orden disperso, es decir, que cada buque tomara un rumbo diferente y aceptando el combate solo en último extremo, hubiera dado más posibilidades de escape por lo menos a algunos buques. Jacobsen resalta también el hecho de no haberse pensado en el empleo de los torpedos, y de que los destructores, que eran los buques más veloces, salieran los últimos. El capitán de navío John Philip, comandante del acorazado **"Texas"**, expresó un punto de vista análogo: *"Por mi parte, no puedo dejar de pensar que Cervera pudo haber salido, radiando los buques de su escuadra desde el Morro como centro. Uno o más de ellos, en la confusión que pudo formarse, podía haberse salvado".* *"Más especial"* -enfatiza Philip- *"hubiera sido la situación en el caso de que los torpederos salieran primero, enfilando a nuestra línea de acorazados".* El almirante Alvarez Arenas, coincide con estos puntos de vista: *"La escuadra salió de día ... y en un orden táctico obligadamente criticable (...) Si los destructores, aunque reducidos a dos, hubieran salido precediendo a los cruceros y con tácticas ofensivas de algún modo, habrían dificultado en mucho el tiro de los acorazados..."* [421]

## El Combate Naval

Domingo 3 de julio de 1898. *"Amaneció espléndido: uno de esos días de verano en que ni el más leve soplo de aire mueve las hojas de los árboles, ni la más pequeña nube cruza el espacio, ni el más ligero vapor empaña la atmósfera, que, por decirlo así, tiene tan excepcional trasparencia, que permite observar el horizonte a gran distancia"*, así describe Müller la mañana de aquel día.

Temprano en la mañana, sobre las 7, el capitán de navío Víctor M. Concas -en funciones de jefe del Estado Mayor de la Escuadra- se dirigió, a bordo del cañonero **"Alvarado"**, a la boca del

---

su artículo **"Lo Naval en el noventa y ocho"** publicado en *Cuadernos Monográficos del Instituto de Historia y Cultura Naval*, Madrid, 1990, Num. 11, pp. 71-107, especialmente p. 105. Los criterios de Cervera se exponen en su carta al general Blanco del 7 de octubre de 1898, que aparece en Cervera, Op. Cit., pp. 187-188. La valoración de Sampson está citada en Trask, David F.: *"The War with Spain in 1898"*, New York, 1981, p. 261.

[421] Jacobsen, Op. Cit., p. 17. Philip está citado en Trask, Op. Cit., p. 562. Alvarez Arenas, Op. Cit., p. 105.

puerto, por orden del almirante, para reconocer la situación de los buques norteamericanos que no eran visibles desde dentro de la bahía. *"Los buques enemigos estaban por este orden"* -relata Concas- *"empezando por el este: **"Indiana", "New York", "Oregon", "Iowa", "Texas"** y **"Brooklyn"**, y multitud de auxiliares, de que no hice mención; faltaba el **"Massachusetts"**; el **"Indiana"** estaba más a tierra que de costumbres, y el **"Brooklyn"**, al contrario de los demás días, (...), estaba completamente inmediato al **"Texas"**, y en el espacio intermedio que antes solía ocupar éste, había un pequeño yate (...)". "Respecto a distancias"* -sigue explicando Concas- *"con una estadía que yo llevaba, medí a la que se encontraba el **"Brooklyn"**, que pasaba de 7 000 metros, que era la máxima que medía el instrumento, de modo que calculo que estaría más cerca de los 9000 metros, que de los 7 000".*

Comodoro (después Contralmirante), Winfield S. Schley, jefe de la Escuadra Volante. La agrupación de buques a su mando realizó inexplicables movimientos y maniobras durante la búsqueda de la escuadra española del almirante Cervera y en el combate naval de Santiago de Cuba lo que dio lugar a controversias en el seno de la Marina de Guerra de los Estados Unidos.

De manera que, según la apreciación de Concas, la formación de bloqueo norteamericana presentaba esa mañana una brecha de unos 7-8 mil metros entre el crucero acorazado **"Brooklyn"** y la costa, al oeste de la boca de la bahía y además faltaba un acorazado (el **"Massachusetts"**). Esta información, con toda probabilidad, acabó de decidir a Cervera a dirigir sus buques hacia el oeste, en demanda de Cienfuegos. [422]

Ultimados los preparativos de la salida se leyó en los buques la arenga del Jefe de la Escuadra:

---

[422] La descripción de la mañana del 3 de Julio de 1898 puede verse en Müller y Tejeiro, Op. Cit., p. 165. Respecto al reconocimiento de la situación de los buques enemigos, ver Concas, Op. Cit., pp. 149-150.

*"¡Dotación de mi escuadra!*
*Ha llegado el momento de lanzarse a la pelea. Así nos lo exige el sagrado nombre de España y el honor de su bandera gloriosa. He querido que asistáis conmigo a esta cita con el enemigo, luciendo el uniforme de gala. Sé que es extraña esta orden porque es impropia en combate, pero es la ropa que vestimos los marinos de España en las grandes solemnidades y no creo que haya momento más solemne en la vida de un soldado que aquél en que se muere por la Patria. El enemigo codicia nuestros viejos y gloriosos cascos. Para ello ha enviado contra nosotros todo el poderío de su joven escuadra. Pero sólo las astillas de nuestras naves podrá tomar y sólo podrá arrebatarnos nuestras armas, cuando cadáveres ya, flotemos sobre estas aguas que han sido y son de España.*

*¡Hijos míos!*
*El enemigo nos aventaja en fuerzas pero no nos iguala en valor.*
*¡Clavad las banderas y ni un sólo navío prisionero!*
*Dotación de mi escuadra:*
*¡Viva siempre España!*
*Zafarrancho de combate y que el Señor acoja nuestras almas".*

A continuación, el Almirante ordenó izar la señal de levar anclas, y cuando todos los buques contestaron que tenían sus anclas aseguradas, se dio la señal de salida.[423]

La escuadra bloqueadora norteamericana, tal y como lo había apreciado Concas al hacer el reconocimiento, estaba aquella mañana ligeramente por debajo de su poderío habitual. El acorazado **"Massachusetts"**, los cruceros **"New Orleans"** y **"Newark"** y el **"Suwannee"**, se habían dirigido a la Bahía de Guantánamo para carbonear. Además, el crucero acorazado **"New York"**, llevando a bordo al contralmirante Sampson, junto al yate artillado **"Hist"** y el torpedero **"Ericson"**, había partido para Siboney, donde el jefe de la escuadra norteamericana iba a desembarcar para dirigirse a la jefatura del 5° Cuerpo Expedicionario y sostener allí una entrevista con el general Shafter.

---

[423] La arenga de Cervera ha sido tomada de la revista *Ejército*, Madrid, 1982, No. 8, p. 65.

Aún así, siete buques permanecían frente a la boca de la bahía, dispuestos en un tosco semicírculo. De este a oeste se encontraban el yate artillado "**Gloucester**"; los acorazados "**Indiana**", "**Oregón**", "**Iowa**" y "**Texas**"; el crucero acorazado "**Brooklyn**"; y el yate artillado "**Vixen**". Entre el "**Gloucester**" y el "**Vixen**", situados en los extremos del semicírculo, había unas 8 millas. Los buques se encontraban entre 3 y 4 millas del Morro. Como quiera que no tenían indicios de la salida de la escuadra española se encontraba efectuando las actividades de rutina dominical que incluía inspecciones, lectura de los reglamentos militares y servicios religiosos. [424]

Acciones de los días 2 y 3 de julio de 1898.

De acuerdo al orden de salida dispuesto por Cervera, le tocó encabezar la columna al crucero acorazado "**Infanta María Teresa**" (capitán de navío Concas), que portaba la insignia del al-

---

[424] Respecto a la disposición de la escuadra norteamericana al comienzo del combate, ver Chadwick, French Ensor: *"The Relations of the United States and Spain: The Spanish-American War"*, New York, 1911, vol. 2, pp. 129-131. Con respecto a las causas de la entrevista entre Sampson y Shafter, ver el capítulo "Los combates de El Caney y San Juan" de este trabajo.

mirante. El crucero español avanzó rápida y resueltamente hacia la boca de la bahía no siendo descubierto por los buques norteamericanos hasta que, siendo las 09:35 a.m., a la altura de la batería de la Estrella y después de haber dado la vuelta al bajo del Diamante enfiló la salida.

Las unidades norteamericanas, fueron alertadas por un cañonazo del acorazado **"Iowa"** que fue el primero en avistar al crucero español, y se aprestaron precipitadamente a combatir. Mientras esto sucedía, los buques españoles emergieron del canal, a intervalos de unas 800 yardas, a una velocidad de 8-10 nudos.

Los destructores que iban a cola de la formación, aparecieron a las 10:10 a.m.[425]

Por espacio de casi diez minutos, desde el momento en que salió por la boca, el **"Infanta María Teresa"** soportó, él solo, el fuego concentrado de toda la escuadra norteamericana pudiendo responder únicamente con dos de sus cañones. *"Según la orden que tenía, puse la proa al crucero acorazado* **"Brooklyn"**, relataria más tarde Concas. El **"Brooklyn"**, que llevaba a bordo al comodoro Schley, realizó en ese momento una insólita maniobra, ya que cayendo bruscamente a estribor, presentó la popa a los españoles, alejándose hacia el Sur, como si huyera del combate temeroso de ser embestido por el **"Teresa"**. La situación de aquel buque y el estar junto a los demás, que venían avante al par que él se alejaba, hizo que el **"Texas"** y el **"Iowa"** vinieran a interponerse entre el **"Teresa"** y el **"Brooklyn"**. El inesperado movimiento del **"Brooklyn"** estuvo a punto de provocar una colisión entre este buque y el acorazado **"Texas"**, que se vio obligado a parar y, a dar máquinas atrás con extrema urgencia. Dándose cuenta de que el rumbo que llevaban los conducía a un choque de proa con el **"Texas"** y el **"Iowa"**, y que era imposible seguir soportando tanto castigo, Cervera ordenó a Concas que pusiera proa a lo largo de la costa hacia el oeste. El buque de Cervera estaba prácticamente desarbolado con varios incendios y numerosos muertos y heridos, con pérdida creciente de la velocidad, y ya a punto de caer bajo el fuego de las piezas de tiro rápido de los buques norteamericanos, por lo que el almirante determinó

---

[425] Concas, Op. Cit., p. 154.

lanzar el buque contra la costa para impedir que cayera en manos del enemigo y salvar a lo que quedaba de la tripulación. El "**Teresa**" fue embarrancado en una pequeña playa justo al oeste de Punta Cabrera, unas 5 millas al oeste de la boca del puerto a las 10:35 a.m., apenas una hora después de que saliera por el canal. [426]

Los dos buques españoles siguientes en la columna eran el "**Vizcaya**" (capitán de navío Eulate) y el "**Cristóbal Colón**" (capitán de navío Díaz Moreu) los cuales no encontraron, en el momento inicial, tanta oposición como el "**Teresa**", el cual había atraído sobre sí casi todo el fuego de la escuadra norteamericana al principio del combate. Esta circunstancia permitió a estos dos buques ir más lejos que los otros.

El *Reina Mercedes* hundido frente a El Morro.

---

[426] Una descripción de la salida del **Teresa** y su intento de neutralizar al **Brooklyn**, puede verse en Concas, Op. Cit., pp. 156-159. Información detallada puede hallarse también en el parte del combate del almirante Cervera dirigido al general Blanco, que aparece en Cervera, Op. Cit., pp. 158-159. Véase también Chadwick, Op. Cit., vol. 2, pp. 134-138.

El cuarto buque en salir, el **"Almirante Oquendo"**, (capitán de navío Lazaga) resultó ser el segundo en ser destruido, viéndose obligado a lanzarse contra la costa a las 10:40, al oeste del **"Teresa"**, como resultado del intenso fuego concentrado que le hizo la escuadra norteamericana una vez que el buque insignia había embarrancado (más de cien años después, sus restos aún son visibles desde la costa). Cuando los destructores **"Furor"** y **"Plutón"** salieron a la boca de la bahía, cayeron bajo una verdadera lluvia de fuego proveniente de los cuatro acorazados presentes, **"Texas"**, **"Iowa"**, **"Oregon"** e **"Indiana"**, siendo el yate artillado **"Gloucester"** el encargado de darles el "tiro de gracia" con su artillería de tiro rápido. El **"Plutón"**, casi sumergido, logró varar en la costa a las 10:45 a.m., al oeste de Cabañas, y el **"Furor"** explotó y se fue a pique en aguas profundas algunos minutos después, cerca de Bahía Cabañas.[427]

A las 11:00 a.m. solo dos buques españoles sobrevivían -el **"Vizcaya"** y el **"Colón"**- tratando ambos de escapar, a toda máquina, rumbo al oeste, hacia Cienfuegos. Como el **"Vizcaya"** había precedido al **"Colón"** en la salida, estuvo al frente al inicio de la desesperada carrera, pero el crucero de fabricación italiana lo alcanzó y pasó muy pronto. Por esta razón, la escuadra norteamericana concentró primero su atención en el **"Vizcaya"**, el cual recibió el fuego de los cuatro acorazados y del crucero acorazado **"Brooklyn"**.

Eran aproximadamente las 11:30 a.m. cuando el buque español, a pesar de estar incendiado y con numerosas bajas, hizo un último intento maniobrando para tratar de embestir al **"Brooklyn"**, pero el **"Oregón"** y el **"Iowa"** se interpusieron y tuvo el **"Vizcaya"** que girar de nuevo rumbo oeste. Poco después de las 12:15, sumamente dañado, se vio obligado a lanzarse contra la costa, varando sobre el arrecife al este de Aserraderos, donde aún hoy en día, velan sus restos.

El almirante Sampson que en esos momentos se había unido

---

[427] Para una descripción detallada de la salida de los buques y el aniquilamiento del Oquendo y los destructores, ver Concas, Op. cit., pp. 161-163. Pueden verse, además, los partes de combate en Cervera, Op. Cit., pp. 165-167, 170-172. El combate, visto desde el punto de vista norteamericano, está descrito en Chadwick, Op. Cit., vol. 2, pp. 142-147, así como en el informe de Sampson a Long del 15 de Julio de 1898, que está en *Appendix to the Report of the Chief of the Bureau of Navigation 1898* (en lo adelante *BN 98*), pp. 506-507.

con el "**New York**" a la persecución de los buques españoles, ordenó al "**Iowa**" y al "**Indiana**" volver a sus puestos frente a Santiago, temeroso de que los dos buques españoles que quedaban en la bahía, el viejo crucero no protegido "**Reina Mercedes**" y el cañonero "**Alvarado**", pudieran aprovechar la oportunidad y atacar a los transportes norteamericanos que estaban fondeados frente a Siboney. Los cruceros acorazados "**New York**" y "**Brooklyn**" y los acorazados "**Texas**" y "**Oregón**" continuaron la persecución del único sobreviviente, el "**Cristóbal Colón**".[428]

Los restos del crucero acorazado español "*Vizcaya*" después del combate naval del 3 de julio de 1898.

El único de los buques de la escuadra de Cervera que permanecía aún a flote, carecía -como ya se ha explicado- de su artillería principal (6 cañones de 240 mm, que nunca se le instalaron) y no podía, por lo tanto, hacer fuego de larga distancia sobre sus adversarios; su única posibilidad radicaba en su velocidad. El crucero acorazado español podía alcanzar los 14,5 nudos, lo cual le daba una ligera ventaja sobre sus perseguidores y el hecho de

---

[428] Respecto a esta fase del combate, ver Concas, Op. Cit., pp. 163-164. También puede verse el parte del **Vizcaya** en, Cervera, Op. Cit., pp. 167-170. Del lado norteamericano, ver el informe de Sampson a Long del 15 de Julio de 1898, en *BN 98*, pp. 506-507.

que esto últimos hubieran dedicado tiempo al aniquilamiento de sus compañeros, permitió al "**Colón**" alejarse cerca de 6 millas de los buques norteamericanos por lo que parecía posible salvarlo. Pero aproximadamente a la 1:00 p.m. el buque comenzó a perder velocidad.

Restos del crucero acorazado español "*Oquendo*" destruido en el combate naval del 3 de julio de 1898 frente a las costas de Santiago de Cuba.

Ya se había consumido el carbón de buena calidad y sólo quedaba uno de calidad inferior, de menor poder calórico, que era el que había podido obtener en Santiago de Cuba, y con el cual las revoluciones de la máquina disminuían considerablemente, y el andar del buque en unos tres nudos.

En muy poco tiempo, el buque español estaba dentro del alcance de la artillería del "**Oregón**" y ya se acercaban el "**Brooklyn**", el "**New York**" y el "**Texas**". El "**Oregón**", trataba de interponerse entre el crucero español y la costa, con la clara intención de capturar el buque. En vista de la situación, el segundo jefe de la escuadra, capitán de navío de 1ª Paredes, y el comandante del "**Colón**", capitán de navío Díaz Moreu, decidieron arrojar al buque contra la costa a toda máquina, mandaron a abrir las tomas de fondo y arriaron la bandera. El buque embarrancó en arena cerca de la boca del río Turquino, aproximadamente a unas 50 millas al oeste de Santiago de Cuba y , como explica Concas: *"si el almirante Sampson, con más espíritu marinero, antes de sacarlo del bajo, hubiera mandado que los buzos cerrasen las válvulas, habría salvado el crucero con toda seguridad; pero con febril impaciencia le dio un remolque con el propio* **"New York"**, *de su insignia, y apenas el buque fue recibiendo agua, comenzó a inclinarse, en cuyo momento, con gran habilidad y con el espolón de su propio buque, empujó de nuevo al "Colón" hacia la arena; pero ya era tarde, y acabando de dar la vuelta, el noble y desgraciado crucero, se hundió en el mar para siempre, ..."* El hecho adquiría ribetes de dramático simbolismo, si se tiene en cuenta que el último buque de guerra español hundido ese día, anunciando el fin del dominio de España en América, llevaba el nombre del intrépido navegante que cuatro siglos atrás, con su memorable viaje iniciara la existencia de aquel imperio que ahora se extinguía y que, para mayor coincidencia, aquel buque hubiera sido construido precisamente en Génova, presunto lugar de origen del "Almirante de la Mar Océano". [429]

La victoria norteamericana -basada en su enorme superioridad tecnológica y en su ventajosa situación táctica- fue total, y obtenida a un mínimo costo: un solo muerto, -un marinero del **"Brooklyn"**, y un solo herido también del propio buque alcanzados por la metralla de un disparo del **"Vizcaya"**. Sólo tres de los buques norteamericanos -el **"Brooklyn"** y los acorazados **"Texas"** y **"Iowa"**- sufrieron algunos daños, ninguno de consideración. En contraste, los buques de la escuadra española sufrieron -según Concas-, 323 muertos, y 151 heridos graves, cifra de bajas que para un estimado de 2 227 tripulantes participantes en la acción, constituye un 22% aproximadamente. El número de prisioneros españoles, ascendió a 1 720, entre oficiales y marineros, y sólo unos 150 tripulantes lograron llegar a Santiago de Cuba. De acuerdo con los datos que pudieron reunir los españoles, las mayores pérdidas las sufrió el **"Vizcaya"**, que tuvo más de 100

---

[429] Concas, Op. cit., pp. 164-168. Puede verse también el parte del **Colón** en Cervera, Op. Cit., 163-164. Por la parte norteamericana, puede verse el informe de Sampson a Long del 15 de Julio, 1898, en *BN 98*, pp. 507-509, y Chadwick, Op. Cit., vol. 2, pp. 151-157. Para una visión general de los acontecimientos políticos que influyeron en el combate naval y sus implicaciones, véase García del Pino, César: *"La acción naval de Santiago de Cuba"*, La Habana, 1988, pp. 88-97.

muertos, aunque en proporción las tripulaciones que más muertos tuvieron fueron las de los destructores, el **"Furor"**, 30 (37% de los tripulantes) y el **"Plutón"** 40 (50%). El capitán de navío Lazaga, comandante del **"Oquendo"**, murió de un paro respiratorio momentos después de haber perdido su buque, y el capitán de navío Villaamil, jefe de la escuadrilla de destructores, recibió heridas mortales en el combate. [430]

Daños en el USS *Texas* por un proyectil español.

Los buques españoles tuvieron que soportar un tremendo castigo de la artillería norteamericana; un conteo efectuado a los impactos visibles en los cuatro cruceros, determinó que eran 123. De todos, el que más impactos presentaba era el **"Almirante Oquendo"** con 57. El "María Teresa" y el "Vizcaya" presentaban

---

[430] Las cifras del número de tripulantes y las bajas de los buques españoles son estimadas, debido a la destrucción total de los buques y la consiguiente pérdida de la documentación. Concas, Op. Cit., p. 175.

29 cada uno. El "Cristóbal Colón" presentaba 8 impactos. Basándose en esas estadísticas, Concas y Gómez Núñez, entre otros, señalan como disparidad crítica entre ambas escuadras al poderío artillero. La escuadra norteamericana había efectuado numerosas prácticas de tiro, y el frecuente empleo de la artillería en los bombardeos había familiarizado a las dotaciones con su armamento.

Por su parte, los artilleros de los buques españoles apenas habían tenido oportunidad de tirar con sus cañones de 280 mm. Además tenían pocas municiones para los cañones de 140 mm, y éstas estaban en gran parte defectuosas. Al intentar disparar con uno de los cañones de 140 mm del **"Almirante Oquendo"** el mismo "despidió el cierre matando a todos los sirvientes".

El almirante Sampson, por su parte, señala los numerosos incendios que tuvieron lugar a bordo de los buques españoles. Las cubiertas de madera y las superestructuras ardieron con facilidad, y estos fuegos incontrolables, contribuyeron mucho a la confusión durante el encuentro. [431]

Sin embargo, a pesar de su superioridad y de haber obtenido un triunfo tan rotundo, no puede decirse que la artillería haya tenido una efectividad satisfactoria en el tiro. El porcentaje de impactos por calibre fue bajo: 2,3% para 12" y 13"; 3,8% para 8"; y 2,8% para 6" y 5"; y 1,2% para 6 lb. Estos datos estadísticos, así como los reportados sobre el combate naval de Cavite, en Manila, causaron mucha preocupación en el Departamento de Marina por lo que, después de la guerra, se tomaron medidas para mejorar la efectividad del tiro artillero. [432]

Después de haber recibido la noticia del inicio del combate naval, el gobierno de los Estados Unidos esperaba ansioso el resultado del mismo, hasta que tras una tensa espera, se recibió el

---

[431] Concas, Op. Cit., pp 135-141, hace énfasis en la "diferencia colosal" en cuanto a entrenamiento de las dos escuadras, y señala que en los buques españoles, los cañones de 280 mm sólo habían efectuado dos disparos por pieza y subraya que por temor a accidentes, las piezas de 140 mm no habían tirado nunca. La opinión de Sampson aparece en su **"Parte de batalla con la flota española"** (15 Julio 1898) aparece en BN 98 pp. 506-511. Puede verse también Millis, Walter: "The Martial Spirit: A Study of our War with Spain", Boston y New York, 1931, p. 307.

[432] Sobre la información estadística, puede verse Chadwick, Op. Cit., vol. 2, p. 177; Wilson, H. W.: "The downfall of Spain", Londres, 1898; Gómez Núñez, Severo: "La Guerra Hispan-Americana. Barcos, cañones y fusiles", Madrid,1899.

parte del contralmirante Sampson, redactado en tono grandilocuente y jactancioso:

*"La flota bajo mi mando ofrece a la nación, como presente por el Cuatro de Julio, a toda la flota de Cervera. La misma intentó escapar a las 9.30 de esta mañana. A las 2 su último buque, el **"Cristóbal Colón"**, se lanzó contra la costa 75 millas al oeste de Santiago y arrió su pabellón. El **"Infanta María Teresa"**, el **"Oquendo"**, y el **"Vizcaya"** fueron forzados a embarrancar, incendiados, e hicieron explosión a menos de 20 millas de Santiago. El **"Furor"** y el **"Plutón"**, destruidos a menos de 4 millas del puerto".*

Sampson.

Restos de dos buques de guerra, al fondo, Cayo Smith.
Foto de la colección de la de la biblioteca del Harvard College. [N. Del E.]

Según cronistas e historiadores de la época, el tono del mensaje no fue bien recibido por la opinión pública estadounidense pues recordaba demasiado a un famoso mensaje del general Sherman ofreciendo Savannah como regalo de Navidad durante la Guerra de Secesión. Además, el mensaje enfatizaba en la figura de Sampson y no mencionaba a otros jefes y oficiales; esto causó irritación al saberse que el contralmirante no había participado directamente en la acción. Este hecho contribuyó a desacreditar a Sampson, y aunque más tarde se explicó que él no había escrito personalmente el parte sino que lo había redactado uno de sus ayudantes que, apresurado por dar la noticia, no lo sometió a su aprobación, el daño ya había sido hecho y siempre quedó flotando la duda sobre la veracidad de dicha explicación.[433]

Aunque el comodoro Winfield S. Schley era el oficial superior presente en el momento en que la Escuadra española realizó su intento de salida, algunas circunstancias limitaron la significación de este hecho. Es cierto que el almirante Sampson había organizado la operación de bloqueo correctamente -cosa esta no difícil dada la cantidad de fuerzas y medios, y la superioridad con que contaba- y que la acción se desarrolló dentro del esquema por él previsto para el caso de que Cervera intentara la salida -previsión no difícil, dado que Cervera no tenía muchas opciones para escoger- pero lo que más perjudicó la imagen de Schley e impidió que la opinión pública norteamericana lo aclamara como héroe, fue su responsabilidad en la maniobra realizada por el crucero "Brooklyn" -a bordo del cual estaba el comodoro- al producirse la salida del "María Teresa", maniobra esta que tenía características de huída y estuvo a punto de provocar una colisión con el acorazado "Texas" que, de haberse producido, hubiera podido tornar en catástrofe para los norteamericanos el resultado de la acción.

Por otra parte, esta maniobra, a la que se denominó el *"bucle de Schley"*, permitió al **"Cristóbal Colón"** tomar ventaja al más veloz de los buques norteamericanos, y dio posibilidades al rápido crucero español de escapar, cosa que pudo haber logrado de haber contado con carbón de buena calidad. La conducta de Schley en la primera etapa del combate, unida a sus acciones precedentes cuando incumplió en tiempo el establecimiento del bloqueo a Santiago, y después, cuando al descubrir al **"Colón"** en la boca del puerto, no lo atacó enseguida, junto a las desavenencias

---

[433] El parte de Sampson a Long, ha sido tomado de *BN* 98, p. 505. Respecto a las repercusiones del mensaje en la opinión pública norteamericana, ver Trask, Op. Cit., pp.266-267. Una fuerte crítica al mensaje puede verse en Parker, James: *"Admirals Schley, Sampson and Cervera"*, New York-Washington, 1910, pp. 217-219.

que tenía con Sampson y las represalias de este último, desembocaron, después de la guerra, en un escándalo que motivó la formación de una Corte Marcial, lo que causó la división de los oficiales de la Marina en partidarios de uno y otro, haciendo necesaria la intervención del Presidente de la nación en el conflicto.[434]

Al destruir la escuadra de Cervera, las fuerzas navales norteamericanas quedaron en plena libertad para actuar en el Caribe donde mejor les pareciera, sin la menor preocupación acerca de las comunicaciones marítimas. Tenían, además, la posibilidad de hacer más riguroso el bloqueo a Cuba y extenderlo a Puerto Rico.

La victoria del 3 de julio resultó decisiva en la guerra, ya que aseguraba el pleno y absoluto dominio del mar. Dicho de otro modo, tras la victoria frente a Santiago, la suerte de España en la guerra estaba sellada.

A pesar de los resultados de la acción naval de Santiago de Cuba, la guarnición española en la plaza se mantenía combatiendo. El 5to. Cuerpo aún encaraba la misión de forzar la ciudad a rendirse, aunque ahora, el desastre de la escuadra española la había simplificado. Se estaba ante una situación un tanto curiosa, pues la idea original que motivó el envío del Cuerpo Expedicionario a Santiago había sido la presencia en su bahía de la escuadra de Cervera y ésta ya no existía. Pero por otra parte, estando en tierra la expedición y teniendo cercada la ciudad, no tendría razón una evacuación, pese a lo cual el general Miles, el 5 de julio, solicitó el reembarque del 5to. Cuerpo y su empleo en

---

[434] Sobre el *"bucle de Schley"* y sus posibles consecuencias, Maclay, Edgar S.:*"A History of the United States Navy"*, New York, 1902, V. 3, pp. 364-366. Precisamente, el escándalo estalló al publicarse esta obra, adoptada como texto oficial en la Academia Naval de Annapolis. En la página 365, el autor escribió: "La contribución de Schley a la estrategia naval, como mostró su conducta a lo largo de toda la campaña, fue: **"Evite al enemigo todo lo posible, y si él viene por Ud., aléjese rápidamente"**. Los amigos de Schley le enviaron recortes y fragmentos del libro, y Schley interpuso una demanda por difamación y se designó una Corte Marcial que investigó los cargos contra Schley. Esto trascendió a la prensa y oficiales de la Marina expresaron allí sus opiniones, según fueran "sampsonitas" o "schledianos". El fallo de la Corte no dio crédito de la victoria a Schley, pero su presidente, el almirante Dewey, emitió un voto particular en desacuerdo. Schley apeló el veredicto y sus abogados se dirigieron al presidente Theodore Roosevelt que intervino reduciendo el alcance de las críticas y dio por terminado lo que llamó "capítulo infeliz de la historia de la Marina". Varios días después, Schley fue pasado a retiro.

la expedición a Puerto Rico.

Entretanto, una fuerte expedición cubana había llegado a Palo Alto, contando con la escolta de buques norteamericanos y oficiales de la Marina norteamericana habían entrado en contacto con el general Máximo Gómez, quien, a través de ellos, había propuesto un plan que consistía en continuar las acciones sobre Santiago de Cuba pero al mismo tiempo enviar 10-12 mil hombres a Cienfuegos. La caída de Cienfuegos debilitaría a La Habana y traería como consecuencia la rendición de numerosos lugares de sus proximidades. No hay constancia de que este plan de Gómez haya sido considerado por las altas esferas de Washington. En ese momento las únicas tropas norteamericanas disponibles eran los que se preparaban para invadir Puerto Rico, y si se les empleaba en Cienfuegos o cualquier otro lugar de Cuba, entonces esto significaría abandonar el plan de campaña contra esa isla. Por lo tanto, todo parece indicar que si el plan de Gómez fue considerado alguna vez, se le postergó hasta después que Shafter pudiera rendir Santiago. [435]

---

[435] Con respecto a las proposiciones del general Miles, ver Millis, Op. Cit., p. 321. Respecto al plan propuesto por Gómez, está brevemente esbozado por Trask, Op. Cit., p. 285, de donde ha sido tomado. Dicho autor da como fuente un informe del comandante del cañonero **"Peoria"** -que escoltó a la expedición del general Emilio Núñez hasta Palo Alto y se entrevistó allí con Gómez- e indica haber hallado dicho informe en el Record Group 45, NRC 372: *Correspondence of the Naval Board*, National Archives, Washington, D. C., pp. 228-229. En *BN 98*, pp. 690-691, aparece el parte del comandante del **"Peoria"**, teniente de navío T. W. Ryan, acerca de su misión de escolta a la expedición de Núñez. Este parte tiene fecha 14 de Julio de 1898 y en el hay una breve referencia a su entrevista con Gómez, sostenida el 4 de Julio: "....*el General Gómez llegó a Palo Alto y tuvo lugar una entrevista, en la cual el General Gómez presentó por escrito un plan de campaña, el cual respetuosamente le estoy remitiendo*". Por otra parte el mayor general Máximo Gómez, en su *Diario de Campaña* (La Habana, 1968, pp. 361-362), si bien menciona la expedición de Palo Alto, no hace alusión a la entrevista con el teniente de navío Ryan ni al mencionado plan de campaña.

## Capítulo 14
### Asedio y capitulación de Santiago de Cuba

Una vez conocida la victoria de la escuadra norteamericana sobre la española, el rechazo del general Shafter a la idea de un ataque a la ciudad de Santiago de Cuba se hizo más fuerte, decidiéndose a rendirla mediante el asedio y bombardeo. Tan pronto como la noticia del aniquilamiento de la escuadra de Cervera llegó a su conocimiento, el jefe del 5° Cuerpo Expedicionario envió un mensaje al general José Toral, reiterándole su anterior demanda de rendición, a la que el jefe español contestó reiterando su intención de no rendirse. Tal respuesta significaba que no era de esperar un final inmediato de la campaña, a menos que las fuerzas atacantes retomaran la ofensiva. Shafter, sin embargo, no se mostró partidario de ello.[436]

Respondiendo a la solicitud de los cónsules extranjeros, el jefe norteamericano accedió a que la población civil evacuara la ciudad concediendo para ello una tregua. Mientras tanto, el pánico era general. Según relata Müller y Tejeiro:

*"... la población, casi en masa, salió en dirección del Caney (....) Los vapores, llenos de gente, se enmendaron y fueron á Cinco Reales y á todas las ensenadas de la costa este de la bahía, donde se creyeron más resguardados y seguros, y en toda ella se establecieron verdaderos campamentos al abrigo de los montes. Puede asegurarse que en la ciudad no quedarían 5 000 habitantes...."*

Por su parte, Severo Gómez Núñez, olvidando que la evacuación de los no combatientes facilita en todo sentido la defensa de una ciudad sitiada, se queja de que el general Toral había tomado tal medida

---

[436] El intercambio de mensajes entre Shafter y Toral del 4 de julio de 1898 está citado en, Chadwick, French E.:*"The Relations of the United States and Spain: The Spanish-American War"*, New York, 1911, vol. 2, pp. 193-194.

*"para aliviar el consumo de subsistencias, creyendo que sólo abandonarían la ciudad los poco afectos a nuestra causa; y resultó que lo hicieron, al amparo de aquel amplio permiso, muchos que alardeaban de gran lealtad, y la inmensa mayoría de los voluntarios, bomberos, corporaciones y empleados...."*

Un grupo de refugiados de la población civil cerca de El Caney.

El cónsul británico en Santiago, Frederick W. Ramsden, trazó una imagen gráfica de la situación de los refugiados en El Caney:

*"En algunas casas usted encontrará quince personas en una pequeña habitación, y entre ellos uno muriéndose de fiebre, otro con diarrea, y quizás una mujer con los dolores del parto, y ni una silla donde sentarse ni un utensilio de ningún tipo y todos hambrientos"*.[437]

---

[437] Müller y Tejeiro, José: *"Combates y Capitulación de Santiago de Cuba"*, Madrid, 1898, p. 212. Gómez Núñez, Severo: *"La Guerra Hispano-Americana. Santiago de Cuba"*, Madrid, 1901, p. 218. La cita del cónsul británico está tomada de Chadwick, Op. Cit., vol. 2, p. 199.

Después de la desastrosa salida de Cervera, el general Toral solicitó al Gobernador y Capitán General permiso para cerrar la boca de la bahía. En las nuevas circunstancias, los buques norteamericanos podían forzar fácilmente el canal debido a que las minas eléctricas estaban casi todas fuera de servicio. Para evitar la entrada de los buques de Sampson, el jefe interino de la plaza de Santiago de Cuba propuso obstaculizar la boca mediante el hundimiento del viejo crucero **Reina Mercedes**. El intento se realizó la noche del 4 de julio, poco antes de la medianoche. A pesar de la oscuridad, el movimiento fue visto desde los buques bloqueadores estadounidenses que vigilaban la boca de la bahía iluminándola con sus reflectores. Los acorazados **Texas** y **Massachusetts** abrieron inmediatamente fuego logrando varios impactos en el viejo casco. A pesar del violento castigo, los tripulantes españoles continuaron tratando de conducir al buque hasta el lugar previsto, pero una vez más la fortuna les fue desfavorable a los hispanos: cuando el viejo crucero fue al fin hundido, no lo hizo atravesado en el centro del canal sino al este del mismo, cerca de la ensenada de la Estrella, de manera tal que no constituía un obstáculo que impidiera la navegación. Así, al igual que había sucedido con el intento norteamericano de cegar la bocana con el hundimiento del **Merrimac**, no bastó el valor de los tripulantes para asegurar el éxito en la misión. [438]

### El problema de los prisioneros

Uno de los problemas inmediatos que tuvieron que enfrentar las fuerzas navales norteamericanas fue el gran número de marinos españoles que cayeron prisioneros. Todos aquellos que no estaban heridos de gravedad, fueron ubicados en los vapores **Harvard** y **Saint Louis** para ser trasladados a los Estados Unidos. Cerca de la medianoche del 4 de julio, tuvo lugar en el primero de estos barcos un sangriento incidente que costó la vida a seis marineros españoles y heridas a otros trece. El hecho ocurrió, según explicaron los oficiales norteamericanos, cuando uno de los 600 prisioneros que estaban amontonados a popa de la cubierta superior traspasó los límites que tenían señalados por medio de unos cabos tendidos de babor a estribor. El centinela, un

---

[438] Müller y Tejeiro, Op.Cit., p.193. Chadwick, Op.Cit., V. 2, p.197

voluntario del 4º de Massachusetts, le ordenó que retrocediera y al no hacerlo, le hizo fuego. Al ruido, se levantaron asustados los restantes prisioneros. Los centinelas, excitados, les ordenaron que se sentaran y al no ser obedecidos, hicieron una descarga sobre la masa de hombres, con el resultado mencionado.

Marinos españoles, prisioneros de Guerra en el Patio de la Marina norteamericana de Portsmouth, Virginia.

El contralmirante Cervera y sus oficiales fueron confinados en la Academia Naval de los Estados Unidos en Annapolis, mientras el personal alistado fue conducido a Seavey Island, cerca de Portsmouth, en el estado de New Hampshire. Cuarenta y ocho heridos, que estaban en malas condiciones, fueron llevados a bordo del buque hospital **Solace** y tratados después en un hospital en Norfolk, Virginia.[439]

---

[439] Versiones españolas del incidente del **Harvard** pueden verse en, Cervera Pascual: *Colección de Documentos referentes a la Escuadra de Operaciones de las Antillas*, (5ª ed., Madrid, 1986), pp. 262-268 y en Concas y Palau, Víctor M.: *La Escuadra del Almirante Cervera*, (2ª ed., Madrid,s/f,), pp. 223-226. Una versión norteamericana se puede ver en, Chadwick, Op. Cit., vol. 2, p. 197. Respecto al confinamiento, ver el informe de Cervera a Auñón, de fecha 20 de septiembre en Cervera. Op. Cit., pp. 236-241; y Chadwick, Op. Cit., vol. 2, pp. 189-190. En Seavey Island permanecieron 20 oficiales y 1661 alistados. El almirante Cervera, junto a 78 oficiales y 14 alistados, permanecieron en Annapolis.

Por otra parte, después de los combates del 1° de julio, el general Shafter tuvo la idea de devolver algunos prisioneros heridos y de realizar un canje para recibir a cambio al teniente de navío Hobson y los hombres del **Merrimac**, y con tal motivo estableció una tregua. El 5 de julio fueron liberados 4 oficiales y 24 alistados y al día siguiente Hobson y sus hombres fueron cambiados por un número equivalente de prisioneros españoles.[440]

El Almirante Cervera y sus principales oficiales, sobrevivientes de la flota española. Fotografía de 1898 de George Buffham, de Annapolis, Maryland.

### Operación de asedio

No obstante la victoria naval, tanto Shafter como el Departamento de la Guerra continuaban muy preocupados por la situación de Santiago de Cuba. El jefe del 5° Cuerpo dejó a un lado la sugerencia proveniente de Washington de que, por razones de salud, le entregara el mando a otro oficial. Entonces el secretario

---

[440] Las ideas de Shafter respecto a los prisioneros pueden verse en los mensajes de Shafter a Corbin del 5 de Julio en U. S. War Department, *Annual Reports of the War Department for the Fiscal Year Ended June 30, 1898: Report of the Secretary of War. Miscellaneous Reports*, Washington, 1898 (en lo adelante ARWD 98), p. 108 y del 6 de julio en, U. S. War Department, Adjuntant-General Office, *Correspondence Relating to the War with Spain ...*, Washington, 1902 (en lo adelante CWS), vol. 1, p. 95. Sobre la devolución unilateral de prisioneros efectuada el 5 de julio, ver Chadwick, Op. Cit., vol. 2, pp. 193-194.

Alger le envió el 4 de julio, a través del Ayudante-General, general Corbin, un mensaje puntualizador: *"Estando ud. en el terreno y conociendo todas las condiciones, el secretario de la Guerra deja a su criterio cómo y cuándo tomará ud. la ciudad de Santiago de Cuba, pero, por razones manifiestas, esto debe realizarse lo antes posible".*

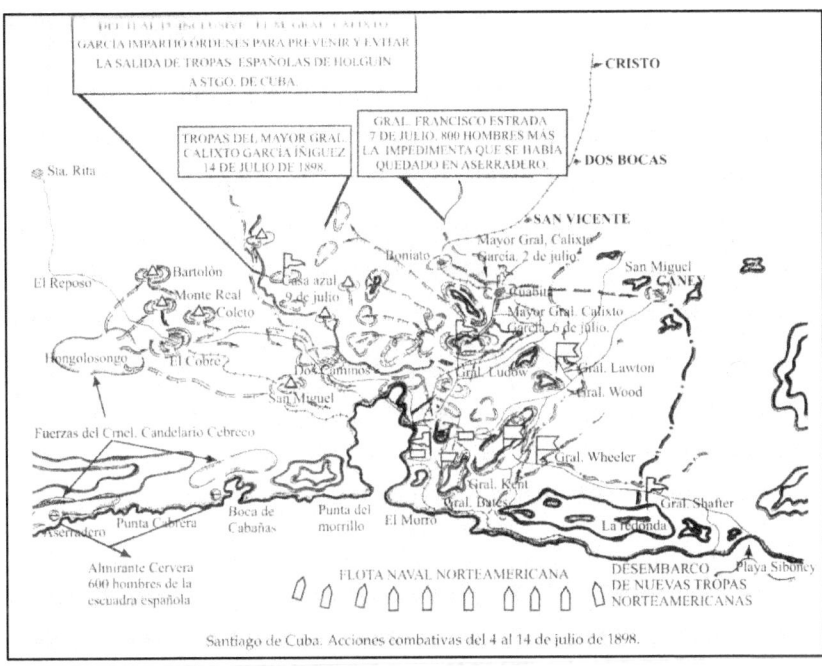

Santiago de Cuba. Acciones combativas del 4 al 14 de julio de 1898.

Este planteamiento era equivalente a proponer a Shafter atacar la ciudad en lugar de sitiarla, ya que la operación de asedio podía requerir un tiempo prolongado, más allá de lo deseado por el presidente McKinley. Esto reflejaba una importante consideración política: el presidente deseaba mantener presión sobre España en todos los puntos posibles, con el propósito de acelerar su capitulación. Corbin también quería saber si el 5º Cuerpo necesitaba ser reforzado. Shafter debía responder rápidamente pues si no requería refuerzos, el Departamento continuaría preparando la expedición a Puerto Rico. En realidad, Shafter se había adelantado a la cuestión con un ansioso mensaje del 4 de julio: *"¿Cuando puedo esperar refuerzos desde Tampa?".* Poco antes de la medianoche de ese día envió otro mensaje -de bastante extensión-, en respuesta a Corbin, en el que se refería a la entrada de la columna de Escario en Santiago de Cuba y en el que, sin perder la oportunidad de volver a culpar al general Calixto García y a las fuerzas cubanas por el hecho, informaba con nerviosismo que, *"esto da un aspecto diferente a la situación, y mantenernos será a un costo considerable de combates y bajas"*. Sin mostrar intención alguna de acelerar sus operaciones, añadía: *"Tenemos que reducir la ciudad, ahora que la escuadra fue destruida, lo que estaba considerado como el propósito principal de la expedición"*. Respecto a los refuerzos era explícito: *"No debe haber demora en el envío aquí de grandes unidades"*. Esta solicitud precipitó el envío del general Miles a Santiago de Cuba con las tropas que estaba originalmente destinadas a la invasión de Puerto Rico. [441]

Shafter no descansaba sólo en sus ruegos de refuerzo y renovó sus gestiones para lograr que la Marina atacara la boca de la bahía, empresa que le parecía especialmente atractiva después del aniquilamiento de la escuadra de Cervera. El 4 de julio le expresaba al Departamento de la Guerra su argumento para proponer dicha operación: Era *"necesario que la Marina fuerce la entrada de la bahía de Santiago antes del 6 de los corrientes y apoye en la captura de la plaza. Si así lo hace, opino que la plaza se rendirá sin más sacrificios de vidas"*. En otro quejumbroso mensaje reclamaba, *"Si el Ejército tiene que tomar la plaza, quiero 15 000 efectivos con rapidez,...... El camino más seguro y rápido es a través de la bahía. Ahora estoy en posición de hacer mi parte"*. El mensaje que Shafter dirigió al contralmirante Sampson con su solicitud se iniciaba con una nueva inculpación a las fuerzas cubanas por permitir la entrada de la columna del coronel Escario en Santiago seguida de la errónea apreciación de que tal arribo duplicaba los efectivos de la guarnición española. El jefe del 5° Cuerpo planteaba a continuación que había pospuesto las operaciones hasta el 6 ó 7 de julio para que se completara la evacuación de la población civil y el intercambio de prisioneros pero que después deseaba que la Marina

---

[441] Ver mensaje de Corbin a Shafter del 4 de julio en CWS 98, vol. 1, p. 84. El mensaje de Shafter a Corbin preguntando por los refuerzos está en ARWD 98, p. 107. Su extenso mensaje respecto a las consecuencias de la entrada de Escario en Santiago está dirigido a Corbin el 4 de julio y aparece en CWS 98, vol. 1, p. 87. Respecto al envío de Miles con refuerzos, ver ARWD 98, p. 30; y también Chadwick, Op. Cit., vol. 2, p. 199.

entrara en acción: *"Ahora, si ud. fuerza la entrada de la bahía la ciudad se rendirá sin más sacrificio de vidas. Mi posición presente me ha costado 1 000 bajas, y no deseo perder ninguna más".* [442]

Las acciones del general Shafter después del combate naval del 3 de julio reflejan las dificultades, reales o imaginarias, que aún le preocupaban. El jefe estadounidense sobreestimaba las posibilidades del enemigo; le daba la mayor importancia aún a cosas insignificantes; temía a la posibilidad de sufrir mayores bajas en sus filas y sentía pavor con sólo pensar en un brote de enfermedades tropicales. Este proceder inseguro, como es lógico, erosionaba su prestigio y hacía disminuir la confianza que en él pudieran tener sus subordinados.

Ilustracion de la atención médica y el transporte de soldados estadounidenses heridos en combate en Santiago de Cuba (Julio, 1898).

John E. Woodward del 16º de Infantería no escatimó palabras en su denuncia privada al general: *"Shafter es un estúpido y creo que debía ser fusilado.... Estamos y hemos estado mandados por hombres incompetentes y deseo sinceramente que algún día se*

---

[442] Mensajes de Shafter a Corbin del 4 de julio que aparecen en ARWD 98, p. 108. El mensaje de Sampson aparece en U. S. Navy Department, *Annual Reports of the Navy Department for the Year 1898*, 2 volumes, Volume II: *Appendix to the Report of the Chief of the Bureau of Navigation*, Washington, 1898 (en lo adelante BN 98), p. 609.

*les haga sufrir por ello"*. Y resumía la situación diciendo *"Demasiada teoría y muy poca inteligencia caballar"*. [443]

Después de consultar con sus principales asesores militares y navales, el presidente McKinley tomó un conjunto de decisiones importantes. Los preparativos para enviar refuerzos a Santiago de Cuba fueron impulsados con todo vigor y Shafter recibió instrucciones de conferenciar directamente con Sampson sobre futuras operaciones. Un mensaje de Corbin contenía una orden relativamente explícita de realizar una ofensiva: *"El Secretario de la Guerra me ha dado instrucciones de decirle que el Presidente ha indicado que Ud. conferencie con el almirante Sampson sobre la cooperación para tomar Santiago. Después de un exhaustivo intercambio de puntos de vista, ustedes se pondrán de acuerdo sobre el momento y manera de atacar"*.

Estaba claro que el gobierno esperaba acción y deseaba evitar una tediosa operación de sitio. No obstante, antes de conversar con Sampson, Shafter reiteró su punto de vista de que, independientemente del costo, la Marina debía atacar la boca de la bahía. *"Si ellos lo hacen"*, sostenía, *"pienso que tomarán la ciudad y todas las tropas que en ella están"*. Cualquier otro proceder, decía, conllevará a *"fuertes pérdidas"*. Cuando se reanudara el combate, proponía Shafter que se dirigiera el fuego de artillería sobre las trincheras españolas situadas ante Santiago de Cuba. Pidió entonces instrucciones adicionales, esperando que en Washington se emitieran órdenes que reforzaran su posición en el compromiso con Sampson.

La respuesta de Corbin no fue alentadora. El Ayudante-General procuró explicar las razones del gobierno por las cuales se había dado la orden de atacar. Aparentemente -comenzaba- Shafter no creía que sus fuerzas fueran suficientes para asaltar Santiago; por lo tanto era partidario de esperar los refuerzos ya en camino. Como sólo los jefes en el terreno de operaciones podían decidir los detalles de un ataque, se ordenó a Shafter ponerse de acuerdo con Sampson sobre *"el procedimiento de cooperación que asegurara los resultados deseados con el menor sacrificio"*. Analizado retrospectivamente este procedimiento resultaba correcto. Se trataba de una decisión operativo-estratégica,

---

[443] La cita, correspondiente al 5 de julio de 1898, del Diario de John E. Woodward aparece en Trask, David F.: *The War with Spain in 1898*, New York, 1981, p. 290.

pues implicaba el empleo de todas o la mayor parte de las fuerzas terrestres y de las fuerzas navales involucradas en el principal teatro de operaciones, decisivo para el desenlace de la guerra. La dificultad del Ejército estadounidense en 1898 partía de su inexperiencia y en la carencia de una doctrina coherente que guiara las decisiones requeridas en una operación conjunta.[444]

El 6 de julio, el capitán de navío Chadwick, jefe del estado mayor de la escuadra norteamericana, propuso al general Shafter un plan para atacar la boca de la bahía. Después de una discusión casi infructuosa, se pusieron de acuerdo en que, si el día 9, el general Toral rechazaba otra demanda de rendición, la escuadra bombardearía la ciudad con su artillería gruesa (proyectiles de 203 mm a 330 mm) cada dos minutos durante una hora.

Batalla de Santiago de Cuba con el USS Iowa al centro.

Después lo haría, durante 24 horas a un ritmo de un disparo cada 5 minutos. Si ese bombardeo no lograba que los españoles

---

[444] El primer mensaje de Corbin a Shafter ordenándole conferenciar con Sampson puede verse en ARWD 98, p. 109. El intercambio de mensajes entre Washington y Santiago de Cuba iniciado por Shafter después que recibió la orden de conversar con Sampson puede verse en CWS 98, vol. 1, p. 89.

se rindieran, Sampson desembarcaría alrededor de 1000 infantes de marina en la Bahía de Cabañas, al oeste de la boca de Santiago de Cuba, y en cooperación con fuerzas cubanas atacaría La Socapa. Simultáneamente, Shafter atacaría el Morro. Cuando las alturas de las dos orillas de la boca fueran tomadas, se limpiaría de minas el canal y la escuadra penetraría en la bahía. [445]

Mientras tanto, en la ciudad sitiada, el mando español en vista del auge de los actos de saqueo y pillaje en las casas y establecimientos abandonados -en gran parte cometidos por "guerrilleros"-, se veía obligado a organizar un servicio de vigilancia y seguridad. También era organizado el abastecimiento de agua potable a las tropas que estaban en las trincheras y en las baterías de la boca y el amunicionamiento desde el Parque de artillería a las posiciones. Participaban en estas tareas fuerzas del ejército y movilizados. El abastecimiento de agua era particularmente trabajoso pues al estar cortada las tuberías de suministro por los sitiadores, había que tomarla de aljibes y transportarla en vasijas a las trincheras con grandes dificultades y escaseces. También eran escasos los medicamentos. [446]

El general Shafter aprovechó la calma en los combates en torno a Santiago no sólo para procurar el apoyo naval y para negociar con Toral, sino también para reforzar sus líneas. Nada facilitó más esta actividad que el intento de salida de la escuadra de Cervera. Si los cañones de la escuadra española se hubieran dirigido contra las Alturas de San Juan, las posiciones norteamericanas allí pudieran haberse hecho insostenibles, y Shafter se hubiera visto en la disyuntiva de asaltar la ciudad o replegarse para ponerse fuera del alcance de la artillería naval española. Por supuesto, si Linares o Toral hubieran decidido emplear los cañones navales contra las Alturas de San Juan, la artillería de los buques de Sampson se hubiera empleado contra las posiciones españolas o contra la ciudad misma. La aceptación por Shafter, en la reunión que sostuvo el 6 de julio con Chadwick, de que la artillería naval bombardeara la ciudad, era también un tardío

---

[445] Las minutas de la conversación entre Shafter y Chadwick (6 Julio 1898), pueden verse en BN 98, p.610. Una versión del encuentro puede verse en Chadwick, Op. Cit., V.2, pp. 205-206
[446] Gómez Núñez, Op. Cit., pp. 218-219.

reconocimiento del obeso general al poder de fuego de la escuadra. Los cañones navales podían compensar la incapacidad del Ejército para trasladar cañones pesados a posiciones frente a la ciudad sitiada.

Entre tanto, los problemas del aseguramiento sanitario y logístico así como de transporte del 5º Cuerpo, lejos de solucionarse se agravaban más cada día.[447]

Artillería estadounidense.

Con todos estos problemas, los trabajos para completar el cerco de Santiago de Cuba marchaban con lentitud. En los días siguientes a los combates de San Juan y El Caney, el flanco izquierdo de las fuerzas atacantes no alcanzaba el mar y el flanco derecho no estaba lo suficientemente avanzado como para impedir todo acceso a la ciudad desde el oeste. De particular importancia resultaba el no haber podido desplegar toda la artillería de que disponía. Para justificar esas deficiencias, el general Shafter alegaba carecer de tropas suficientes para cubrir todo el

---

[447] Los problemas del transporte son tratados en Chadwick, Op. Cit., vol. 2, p. 105. Respecto a las dificultades hospitalarias, ver el informe del Cirujano Jefe, coronel Charles R. Greenleaf, del 24 de agosto en ARWD 98, p. 73.

frente, que comenzaba en la costa, en Aguadores, y corría hacia el norte, alrededor de Santiago de Cuba hasta Dos Caminos, al oeste de la ciudad. El Departamento de la Guerra manifestaba una ansiedad creciente respecto a la posición de Shafter, y le sugirió repetidamente que extendiera sus líneas, especialmente el flanco derecho. El general Nelson Miles, en un cable del 7 de julio, le advertía que un movimiento del enemigo alrededor del flanco derecho podía interrumpir sus comunicaciones con Daiquirí y Siboney. Shafter respondió preguntando cuándo podía esperar refuerzos. Al día siguiente, sin embargo, en uno de los peculiares vaivenes de su temperamental conducta, expresaba un relativo optimismo. Después de una visita al frente se formó la opinión de que sus líneas eran *"inexpugnables para cualquier fuerza que pudiera enviar el enemigo".*[448]

Se hicieron algunas mejoras en la disposición de la artillería. Cuatro baterías de artillería ligera fueron ubicadas para apoyar las posiciones en las Alturas de San Juan, dos detrás de la división del general Lawton en el flanco derecho y otras dos en El Pozo. El 9 de julio, el Jefe de la Artillería del Ejército de los Estados Unidos, general de brigada W. F. Randolph, arribó a Siboney y con él los regimientos de artillería 4° y 5° e inmediatamente, dispuso la ubicación de otras dos baterías de artillería ligera en la línea del frente. Además, ocho morteros de 3,5" se prepararon para entrar en acción aunque no se disponía de mucha munición para ellos. Estas medidas, sin embargo, no bastaban para que los jefes de las unidades situadas en el frente, que recordaban las consecuencias de la inefectividad de la artillería en los combates del 1° de julio, recobraran su confianza.[449]

La llegada de nuevas fuerzas permitió a Shafter completar el cerco a Santiago con tropas norteamericanas desde el extremo sureste donde estaba el general Bates hasta la orilla de la bahía en el noroeste donde se ubicaba el general Ludlow con la brigada derecha de la división del general Lawton. Las trincheras estadounidenses ocupaban las sinuosas crestas que dominaban las laderas conducentes a la ciudad y estaban en algunos lugares a una distancia no mayor de media a tres cuartos de milla de las

---

[448] El mensaje de Shafter a Corbin, del 7 de julio, preguntando por los refuerzos, puede verse en CWS, vol. 1, p. 106. Su informe optimista del 8 de julio está dirigido a Corbin y puede verse en ARWD 98, p. 114.
[449] La disposición de la artillería puede verse en Chadwick, Op. Cit., vol. 2, p. 217.

líneas españolas. El ala derecha de las fuerzas norteamericanas fue reforzada el 10 de julio con el 1º de Infantería, que había estado apoyando a las baterías de artillería ligera situadas en El Pozo, y el 71º de New York que había trabajado en el reparación del camino a Siboney, como castigo por su conducta durante el combate de San Juan. Los regimientos 1º de Illinois y 1º del Distrito de Columbia, recién llegados, fueron situados junto al 11º a la derecha de la caballería desmontada del general Wheeler, cuyo puesto de mando estaba en la Loma de San Juan exactamente al este de la ciudad a una milla de sus límites exteriores. Dos baterías ligeras estaban ubicadas en las alturas situadas al norte de la ciudad, otras dos en las lomas de San Juan donde permanecían desde el 3 de julio y allí se ubicaron también los morteros de 3,5". Las fuerzas cubanas del general Calixto García fueron ubicadas a varios kilómetros hacia el noroeste, sobre el camino de El Cobre, por donde se esperaba que pudieran ser enviados refuerzos, ubicación ésta que reiteraba el propósito de alejarlas del escenario de las acciones decisivas. El suministro de agua de la ciudad de Santiago estaba ahora bajo completo control de los norteamericanos.[450]

### Las negociaciones para la rendición de Santiago

El 8 de julio el general Toral presentó a Shafter una contraproposición. En ella ofrecía evacuar Santiago, dejando la plaza a los norteamericanos a cambio de que se le permita retirarse hacia Holguín sin ser molestado. El general hispano basaba su propuesta en el criterio de que su posición era aún fuerte. Afirmaba que tenía suficientes reservas de agua en los aljibes de la ciudad así como de alimentos y municiones para resistir durante algún tiempo. Expresaba además, que la amenaza de bombardeo sólo podía afectar a la poca población cubana que se encontraba en la ciudad pues sus tropas estaban acampadas fuera de la misma. Toral subrayaba que sus tropas estaban aclimatadas mientras las norteamericanas no lo estaban.[451]

La reacción de Shafter fue la de extender la tregua por el momento y trasmitir la proposición a Washington para que allí se evaluara. Al cablegrafiar al Departamento de la Guerra, el jefe

---

[450] Chadwick, Op. Cit., vol. 2, p. 209.
[451] Gómez Núñez, Op. Cit., p. 220; Chadwick, Op. Cit., p. 214.

del 5° Cuerpo aclaraba: *"Le he contestado (a Toral) que aunque he sometido el asunto a la consideración de mi gobierno no pienso que sus términos sean aceptados. El hace la proposición para evitar daños a la ciudad e inútiles derramamientos de sangre".* Shafter expresaba también su opinión de que a poco de comenzar el bombardeo el jefe español se rendiría incondicionalmente. [452]

Los generales estadounidenses Joseph Wheeler, William R. Shafter y Nelson A. Miles (de izquierda a derecha) conversando sobre las condiciones a imponer a los españoles en las negociaciones para la rendición de Santiago de Cuba.

Al conocer el mando cubano de los términos propuestos por Toral y de la indecisa actitud de Shafter, de inmediato tomó medidas para frustrar cualquier intento de salida de las tropas españolas sitiadas:

*Quintero, Cuba, julio 9 de 1898.*
*Al General de División Luis de Feria.*
*El jefe de la guarnición de Santiago de Cuba dice al general*

---

[452] Shafter a Alger, 9 de julio de 1898, a la 1: 00 p.m., en CWS, vol. 1, p. 116; Chadwick, Op. Cit., p. 214.

Shafter, jefe del Ejército americano, que están dispuestos a evacuar la ciudad, si le permiten marchar a Holguín. El general Shafter ha contestado que necesita consultar a Washington. Aunque parece imposible que intenten llevar a efecto ese plan, hay que redoblar la vigilancia pues la Escuadra, a pesar de tener la seguridad de que no podía escapar, salió y puede muy bien que lo lleven a efecto. Por lo tanto, cubra convenientemente el camino de Cuba y esté listo para batir a Luque si sale a esperar la que vaya de aquí y que iré batiendo hasta Holguín. Como por ahora el lado más importante es entre Holguín y Cuba puede usted disponer de algunas de las fuerzas que tiene entre Holguín y Camagüey. - P. y L.
                        Calixto García

Quintero, Cuba, julio 9 de 1898.
Al General de División Agustín Cebreco.
El enemigo ha solicitado del general Shafter que están dispuestos a abandonar la ciudad si le permiten retirarse a Holguín. A esta demanda ha contestado el general Shafter que consultará a Washington. Se dice que de todos modos, acepten o no la proposición, piensan retirarse bien a Manzanillo, bien a Holguín. Aunque yo dudo que lo hagan, hay que recordar que la escuadra sabía que estaba perdida y sin embargo salió. Le mando al coronel Góngora con unos cuatrocientos hombres para que cubra bien esos caminos y se atrinchere para que en caso que salgan, nos dé tiempo a ponernos delante. Es preciso que no se vayan, cueste lo que cueste. Es posible que mañana por la mañana vaya yo a verlo.- P. y L.    Calixto García[453]

El general Corbin respondió al mensaje de Shafter en cuestión de minutos con indicaciones precisas. *"El presidente"* -decía-, *"me ha dado instrucciones de que ud. no acepte nada que no sea la rendición incondicional y debe tomar todas la precauciones para evitar que el enemigo escape".*[454]

Sin embargo, en el ínterin, Shafter sostuvo una consulta con sus jefes de división, como resultado de la cual se formó un criterio favorable a la aceptación de la contrapropuesta de Toral. En

---

[453] Escalante Beatón, Aníbal: *Calixto García: Su Campaña en el 95*, La Habana, 2ª ed., Editorial de Ciencias Sociales, 1978, pp. 596-598.
[454] Corbin a Shafter, 9 de julio a la 1:50 p.m., CWS V.1, p. 116.

el cable en el que daba cuenta de ello, el jefe del 5° Cuerpo exponía cuatro razones para su cambio de opinión. Una rendición inmediata de Santiago dejaría libre la bahía, permitiría a los civiles reocupar la ciudad, evitaría destrucción de la propiedad y liberaría al 5° Cuerpo para que pudiera ser empleado en otro lugar.

Tropa mambisa en el campamento del General Calixto García cerca de Santiago de Cuba.

Otras dos cuestiones eran también elementos para la decisión: Haciendo notar que se habían detectado tres casos de fiebre amarilla en el regimiento de Michigan en Siboney, Shafter planteaba que si la enfermedad empezaba a propagarse *"nadie sabía donde iba a parar"*. Respecto a las fuerzas españolas, Shafter disminuía su importancia: *"Perderíamos simplemente algunos prisioneros que no deseamos y las armas que se puedan llevar. Considero que muchos de ellos desertarán"*. Parece obvio que los argumentos de Toral en su propuesta habían causado una fuerte impresión en Shafter y sus jefes de división. Una vez más, el jefe del 5° Cuerpo dio la impresión de haber perdido el control de sus nervios. La propuesta de Toral, pudo haberla interpretado como una señal de debilidad, pero optó, sin embargo, por enfatizar sus propias dificultades y no ver las del enemigo.[455]

Apenas dos horas después de haberse recibido el mensaje de Shafter recomendando aceptar la proposición de Toral, el general Corbin, en nombre del presidente, lo contestaba en términos que deben haber causado un gran disgusto en Santiago de Cuba:

*Tengo instrucciones de decirle que ud. ha sido repetidamente advertido de que no debe efectuar un asalto sobre el enemigo en Santiago hasta que no esté debidamente preparado para ello. Cuando esté listo deberá hacerlo. Su telegrama de esta mañana decía que su posición era inexpugnable y que el enemigo estaba a punto de rendirse incondicionalmente. Ud. también aseguró que podía forzarlos a esa rendición cortándoles todo suministro. Bajo esas circunstancias su mensaje recomendando que se permita a las tropas españolas evacuar y trasladarse a Holguín sin ser molestados es una gran sorpresa y no se le aprueba".*

"La responsabilidad de los daños a Santiago de Cuba", continuaba el mensaje, "correspondía enteramente al jefe español" y no a las fuerzas norteamericanas y proseguía: "El secretario de la Guerra ordena que cuando ud. sea lo suficientemente fuerte para destruir al enemigo y tomar Santiago, lo haga". Si carecía de fuerzas suficientes para ese propósito, había ya refuerzos en camino. "Mientras tanto", concluía el telegrama, con un cierto retintín: "nada se pierde sosteniendo la posición que ud. ahora tiene y que recordará que es inexpugnable". Es muy posible que, en la historia de las guerras, pocos jefes militares en campaña hayan recibido unas instrucciones que tuvieran tanto de censura implícita y de explícito rechazo. McKinley quería una victoria rápida y definitiva en Santiago de Cuba y hasta ese momento nada le hacía cuestionar la posibilidad de un triunfo rotundo.[456]

El mensaje forzó a Shafter a la actividad. Inmediatamente notificó a Toral que su contraproposición era rechazada por Washington e insistió en la rendición incondicional no más tarde de las 3 p.m. del día siguiente, 10 de julio. Si esa demanda era rechazada, el bombardeo comenzaría a las 4:00 p.m.

Envió entonces un cable al Departamento de la Guerra, en el que, de paso, volvía a inculpar a los cubanos de sus ineficiencias:

---

[455] Shafter a Alger, 9 de julio de 1898, 9:00 p.m., en CWS, vol. 1, pp. 117-118.
[456] Corbin a Shafter, 9 de julio de 1898, 11:15 p.m., en CWS, vol. 1, p. 119.

*"Mi posición es inexpugnable contra cualquier ataque que el enemigo pueda lanzar contra mi, pero no tengo tropas suficientes para cercar completamente la ciudad. **Las fuerzas cubanas no son confiables para un combate severo**".* Y para asegurarle a McKinley y los demás que el se mantendría firme, concluía: *"Las instrucciones del Departamento de la Guerra se cumplirán al pie de la letra".* [457]

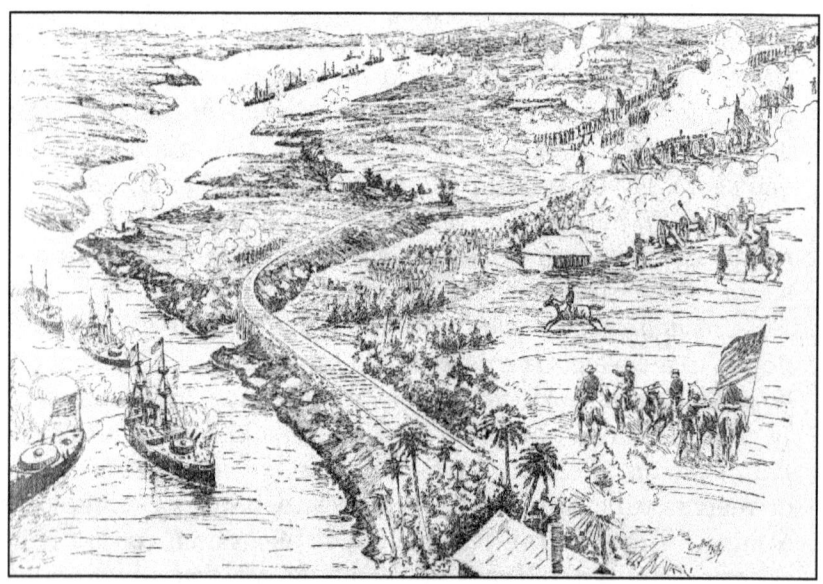

Ilustración de la Batalla de Santiago de Cuba. El pie original dice: "Vista de la escena del combate mostrando la división del General Lawton atacando a El Caney a la derecha y el General Joe Wheeler al centro, mientras el General Kent a la izquierda se mueve hacia Aguadores, la flota de Sampson bombardea a El Morro y otras posiciones a la entrada [de la Bahía, N. del E.]. La flota española en la parte superior de la bahía combate también". [Traducción del Editor].

Cuando el general Toral rechazó su última demanda de rendición, Shafter completó las coordinaciones para el bombardeo naval de Santiago de Cuba. El jefe norteamericano solicitó al contralmirante Sampson comenzar el fuego a las 4:00 p.m. del 10 de julio, acordándose que se informaría sobre la caída de los primeros disparos para ayudar a la Marina a reglar el tiro, comunicándose a través de banderas de señales. Temeroso de un error

---

[457] La comunicación de Shafter a Toral puede verse en Chadwick, Op. Cit., vol. 2, p. 216. El mensaje al Departamento de la Guerra, está dirigido a Corbin con fecha 10 de julio, 2:50 p.m. y puede verse en, CWS, vol. 1, p. 122 (subrayado del autor).

en la puntería de los buques, precisaba, *"Sería desastroso para la moral de mis hombres que algún proyectil cayera cerca de ellos y pienso que sería mejor que al comienzo pongan sus disparos en la porción oeste de la ciudad cerca de la bahía".* Durante una hora de la tarde del 10 de julio, el crucero acorazado **Brooklyn** y el acorazado **Indiana** estuvieron cañoneando la ciudad con sus piezas de 203 mm.

Un bombardeo mucho más intenso y extenso se realizó al día siguiente, en horas de la mañana. Esta vez, el crucero acorazado **New York**, buque insignia de la escuadra norteamericana, se incorporó a los buques de la víspera en la tarea de disparar contra la ciudad con sus piezas de 203 mm, entre las 9:27 a.m. y la 1:00 p.m. A esa hora Shafter ordenó cesar el fuego mientras hacía un nuevo intento para obtener la rendición de la guarnición. El jefe estadounidense informaba a Sampson que el tiro naval había sido preciso, y le solicitaba que, si Toral no aceptaba rendirse, al día siguiente empleara contra la ciudad sus cañones más gruesos. Una vez más le advertía al almirante que no se bombardearan sus líneas: *"Sean cuidadosos, no disparen más allá de la ciudad, pues mis tropas están a menos de milla y media de ella y ustedes dispararán directamente hacia nosotros".* [458]

Una comisión de oficiales de la Marina norteamericana nombrada más tarde para evaluar los resultados de los bombardeos encontró que 46 proyectiles habían dañado 57 casas, pero que un buen número habían ido a parar a las aguas de la bahía o más allá del área señalada como blanco. Este resultado se originaba en el requerimiento de Shafter de mantener el bombardeo bien lejos de las posiciones norteamericanas. *"Si se les hubiera permitido a los buques dirigir su fuego hacia el centro de la ciudad",* decía la comisión, *"la destrucción hubiera sido muy grande".*

Sin embargo, Shafter y Alger criticaron a la Marina, calificando de inefectivos los bombardeos del 10 y 11 de julio, a lo cual el

---

[458] El rechazo de Toral a rendirse es informado en, Shafter a Corbin, 10 de julio a la 5:55 p.m., CWS, vol. 1, p. 123. Las coordinaciones respecto al bombardeo, pueden verse en Shafter a Sampson, 10 de julio, en BN 98, pp. 611-612. Sobre el bombardeo, ver Chadwick, Op. Cit., vol. 2, p. 220, y Shafter a Corbin, 11 de julio a 12:01 a.m., en CWS, vol. 1, p. 125. Shafter no tenía intenciones de atacar mientras duraran los bombardeos (Ver Shafter a Alger, 11 de julio a la 1:53 a.m., en Ibídem). Las instrucciones de Shafter para la reanudación del bombardeo están en Shafter a Sampson, 11 de julio, BN 98, p. 612.

capitán de navío Chadwick ripostó vigorosamente diciendo que el bombardeo había cesado prematuramente, antes de que la escuadra empleara sus cañones más gruesos.

Caballería mambisa del Generalísimo Máxigo Gómez en Remedios.

El resultado pudo haber sido devastador si se hubieran empleado todos los cañones de 203 mm de la escuadra así como sus 18 piezas de 305 mm y 330 mm. Sampson tenía "armamento *suficientemente potente para haber arrasado la ciudad en pocas horas y haber hecho insostenible su sitio para cualquier cuerpo de tropas"*. Estos argumentos de Chadwick que pudieran tener fundamento desde el punto de vista exclusivamente técnico, no tuvieron, afortunadamente, oportunidad de probarse en la práctica. El 12 de julio Shafter informó que existía una tregua y que debían suspenderse el cañoneo hasta nueva orden. Terminaron así los bombardeos a la ciudad de Santiago de Cuba.[459]

---

[459] El informe de la comisión investigadora de los resultados de los bombardeos, dirigido a Sampson, puede verse en BN 98, pp. 629-630. Las réplicas a las críticas hechas a la Marina pueden verse en Chadwick, Op. Cit., vol. 2, pp. 230-231. Respecto a la suspensión de los bombardeos, ver BN 98, p. 613. Las bajas debidas a los bombardeos, reportadas por los españoles, fueron siete muertos y alrededor

El lunes 11 de julio fueron reanudadas negociaciones que llevarían al fin de la resistencia española en Santiago de Cuba. Esa mañana Shafter recibió un mensaje del secretario de la Guerra que desempeñaría un importante papel en los sucesos: *"Si los españoles se rinden incondicionalmente y desean regresar a España"*, decía Alger, *"serán devueltos directamente a expensas del gobierno de los Estados Unidos"*. Esta decisión verdaderamente inusual fue explicada más tarde por Alger como un medio para hacer expedita la rendición de Toral. El secretario insistía en que tenía muchas ventajas: Ayudaría a obtener una decisión antes de que la fiebre amarilla se propagara entre las tropas estadounidenses; tendría un fuerte impacto en la opinión pública española; impresionaría al mundo como un acto de generosidad hacia el enemigo derrotado; desmoralizaría al resto de las unidades españolas en Cuba; y costaría sólo un poco más que mantener un campo de prisioneros en los Estados Unidos. Shafter trasmitió este edulcorante a Toral, junto a una renovada demanda de rendición incondicional. A la mañana siguiente, recibió noticia de que su mensaje había sido trasladado al Gobernador General Blanco.[460]

Es en esa coyuntura cuando se produce el arribo a Santiago de Cuba del general Nelson A. Miles con un contingente de tropas.

Como general jefe del Ejército, Miles podía haber reemplazado a Shafter, pero antes de salir de Washington había informado personalmente al presidente que no tenía en sus planes asumir el mando si Shafter era físicamente capaz de cumplir sus deberes. De acuerdo con esto, cuando Alger le anunció a Shafter la salida de Miles para Cuba, precisó los límites de las responsabilidades del mismo. Un mensaje de Corbin del 8 de julio puntualizaba, *"El secretario de la Guerra me ha ordenado informarle que el general Miles salió de aquí a las 10:40 de anoche para Santiago, pero con instrucciones de no reemplazarlo de ninguna manera como jefe de las fuerzas en campaña cerca de Santiago en tanto esté usted apto para cumplir sus deberes"*. Obviamente,

---

de 50 heridos. Debido al fuego de respuesta de los españoles contra las posiciones estadounidenses estos últimos tuvieron dos muertos y dos heridos.

[460] La proposición de Alger está en Alger a Shafter, 10 de julio de 1898, en CWS, vol. 1, p. 125. Los argumentos defendiendo la proposición en, Alger, Russell A.: *The Spanish-American War*, New York, 1901, p. 198. El intercambio entre Shafter y Toral está publicado en Chadwick, Op. Cit., vol. 2, p. 223.

a Alger le agradaban estas restricciones a Miles, un paso consistente con su manifiesta animosidad hacia el general jefe y con su confianza en Shafter. El mensaje de respuesta de este último, informando que había recobrado la salud, debe haber tenido como intención despejar en Washington cualquier duda remanente respecto a su capacidad para mantenerse al mando. [461]

Batería estadounidense *Capron* en El Caney.

Miles, en cuanto llegó, se dedicó a planificar un ataque contra la boca de la bahía, el mismo proyecto en que venía insistiendo Sampson desde la misma llegada del 5° Cuerpo. El general jefe del Ejército, había estado pensando en dicha operación desde antes de salir de Washington. Después de hacer algunas coordinaciones con Sampson en la mañana del día 11 -la misma mañana del bombardeo- para desembarcar sus tropas con apoyo de la artillería naval, fue a tierra para darle a conocer sus intenciones a Shafter. La idea era efectuar la operación al mediodía del 14 de julio. [462]

Miles no encontró receptividad en Shafter. El jefe del 5° Cuerpo tenía otras ideas y se resistía a participar en el ataque. El 12 de julio reiteraba al Departamento de la Guerra su criterio de que

---

[461] Respecto a la notificación a Shafter del papel de Miles, ver Corbin a Shafter, 8 de julio, en CWS, vol. 1, p. 110. El mensaje de Shafter a Washington sobre su salud, está en Shafter a Corbin, 10 de julio, en Ibídem, p. 120. Alger da su versión de su papel en este episodio en Alger, Op. Cit., p. 204.
[462] Miles a Sampson, 11 de julio de 1898, en BN 98, p. 612.

el asalto a la boca debía ser asunto exclusivo de la Marina, enfatizando en que tenía muchos problemas de suministros, complicados ahora con la llegada de las lluvias. Si la Marina no ataca y si los caminos se vuelven intransitables, *"sencillamente tendremos que tomar la ciudad por asalto, sin tener en cuenta a qué costos"*. Shafter hizo partícipe de su parecer al general Miles.[463]

Entonces, Miles se unió a Shafter en el deseo de evitar nuevas acciones, como se muestra en dos mensajes enviados a Washington el 12 de julio (uno por Shafter y el otro Miles). Los dos generales resucitaron el proyecto de permitirle a Toral retirarse hacia Holguín a cambio de rendir Santiago de Cuba. Shafter invocaba, una vez más, sus preocupaciones sobre las bajas, el suministro y las enfermedades tropicales. Consideraba que podía tomar la ciudad, pero si Toral combatía -lo cual pensaba posible- *"sería a un espantoso costo de vidas"*. Miles daba cuenta de las dificultades de Shafter, alegando que un asedio podría durar varias semanas y que las tropas de Shafter eran necesarias para operaciones en otros lugares, presumiblemente en Puerto Rico. Le daba, no obstante, un gran énfasis al problema de las enfermedades tropicales: *"Lo más serio de esta situación es que hay un centenar de casos de fiebre amarilla entre estas tropas, y el Cirujano Jefe opina que se propagará rápidamente"*.[464]

El 12 de julio, Shafter puso en conocimiento del jefe español que iba a extender la tregua hasta el mediodía del 13 y sugirió que Toral se reuniera con Miles y él, bajo bandera de parlamento y en un lugar equidistante de ambas líneas, a las 9:00 a.m. de la siguiente mañana. Toral aceptó la invitación, repitiendo su contraproposición e informando a Shafter de su necesidad de *"una solución...que deje intacto el honor de mis tropas; de lo contrario ud. comprenderá que me veré obligado a defenderme hasta que me lo permitan mis fuerzas"*.[465]

A la reunión sostenida en la mañana del día 13 de julio, asistieron por la parte norteamericana los generales Miles, Shafter, Wheeler y Gilmore, los coroneles Morse y Mans y el capitán Wi-

---

[463] Shafter a Alger, 12 de julio a 7:33 p.m., CWS, vol. 1, p. 132.
[464] Shafter a Corbin, 12 de julio, en ARWD 98, p. 117; Miles al Departamento de la Guerra, 12 julio, en Chadwick, Op.Cit., p. 231
[465] Shafter a Toral, 12 de julio, en Chadwick, Op. Cit., vol. 2, p. 225. Toral a Shafter, 12 de julio, en Ibídem, pp. 225-226.

lley. La representación española estaba compuesta por el general Toral y su jefe de Estado Mayor. En la entrevista Miles le reiteró a Toral la demanda de rendición incondicional y el ofrecimiento de transportar la guarnición directamente a España. Cuando Toral planteó que las leyes españolas no le permitían capitular mientras le quedaran municiones y alimentos, Miles insistió en que debía rendirse o aceptar las consecuencias. La platica produjo el compromiso de mantener la tregua hasta el mediodía del 14 para darle a Toral tiempo de consultar con su gobierno.[466]

Y mientras el general Toral, una vez concluida su reunión con los norteamericanos, realizaba consultas con sus superiores, el general Miles convocaba a una reunión a la jefatura del Ejército Libertador. A la misma asistieron, por el mando norteamericano, los generales Miles, Shafter y Wheeler, y por el cubano, el mayor general Calixto García y el general Demetrio Castillo Duany acompañados de oficiales de sus estados mayores.

General cubano Demetrio Castillo Duany

En esta reunión, los altos jefes de ambos ejércitos *"después de inspeccionar las posiciones del sector derecho convinieron todos en que el general Toral estaba completamente cercado y que era imposible que se abriese una salida. Pero queriéndose evitar toda tardanza y la pérdida de vidas que habrían de resultar necesariamente de un asalto a la población, así como el peligro que corrían las tropas a causa de las enfermedades, y, sobre todo, teniendo en cuenta la destrucción de la escuadra española, lo cual había sido el principal objetivo de aquella campaña, todos mostraron inclinación a permitir al general Toral la evacuación de Santiago de Cuba"*.[467]

Ese mismo día el Secretario de la Guerra envió a Shafter una reiteración de la decisión de rechazar la contraproposición de To-

---

[466] Ibídem, pp. 233-234. Las actuaciones de Miles y Shafter fueron aprobadas en Alger a Miles, 13 de julio, CWS, Vol. 1, pp. 136-137.
[467] Bacardí Moreau, Emilio: *Crónicas de Santiago de Cuba*, vol. X, Santiago de Cuba, 1924, p. 101.

ral. *"No se harán modificaciones de las anteriores órdenes respecto a permitir al ejército español la evacuación de Santiago en las condiciones propuestas por Toral".* Estas instrucciones rigieron todas las negociaciones posteriores.[468]

Por otra parte, las negociaciones se convirtieron en otra "manzana de la discordia" en las ya tirantes relaciones entre el general Shafter y el almirante Sampson. Cuando este último se enteró de las conversaciones con Toral, planteó que la Marina tomara parte en las mismas. Sampson notificó a Shafter su deseo de participar *"en cualquier conferencia sostenida para acordar los términos de la rendición de Santiago, incluyendo la rendición de los buques que se encontraban en la bahía".* Resumía sus razones simplemente: *"Las cuestiones a tratar son de importancia para ambas ramas del servicio".* Shafter replicó de manera conciliatoria; estaría gustoso de incluir un representante naval, pero sería difícil avisar las reuniones a la Marina debido a que no había hora fija para las negociaciones con los españoles. Para remediar ese problema recomendaba que Sampson enviara un oficial que lo representara en el estado mayor del ejército. Si dicha solución era inconveniente, trataría de avisar con tiempo suficiente para asegurar que un oficial de la Marina estuviera presente cuando Toral se rindiera. Sampson, por supuesto, buscaba más que una simple representación sino que aspiraba a un papel sustantivo en las discusiones. [469]

Cuando en Washington se recibieron los informes de la reunión con Toral del 13 de julio, se enviaron a Miles instrucciones concretas respecto a la rendición de Santiago y su guarnición. Se podía llegar a un acuerdo que aceptara la palabra de honor de las fuerzas españolas y permitiera a los oficiales mantener sus armas de cinto. Los soldados rendidos serían retornados a España corriendo los gastos a cargo de los Estados Unidos. Si esta oferta era rechazada, el 5° Cuerpo llevaría a cabo un ataque, a menos que el general jefe decidiera que no podía efectuarse un ataque exitoso. Debía consultarse a Sampson y realizar operaciones conjuntas sobre la base de un acuerdo entre los dos servicios. Alger también cablegrafió a Shafter para decirle: *"Su mensaje anunciando que a menos que se acepten sus términos antes*

---

[468] Alger a Shafter, 13 de julio, ARWD 98, p. 117.
[469] Sampson a Shafter, 13 de julio de 1898, en BN 98, p. 624; Shafter a Sampson, 13 de julio, en Ibídem,

*de la tarde de mañana ud. efectuará un asalto a lo largo de toda la línea fue recibido y aprobado. Dios lo bendiga a ud. y a su heroico ejército".*[470]

Mientras las fuerzas norteamericanas y cubanas desarrollaban el sitio de Santiago de Cuba, el gobierno de Madrid seguía con atención el curso de los acontecimientos. Después de las derrotas del 1 y 3 de julio se hizo evidente que Toral estaba en una situación desesperada. La guarnición solo podía comer arroz hervido y pan de arroz, pero una dieta así debilitaba las tropas. *"Todo el mundo sabía que la calamidad no estaba lejos y que era inevitable,"* escribió Müller y Tejeiro, *"no podían esperarse provisiones, ni por mar ni por tierra".* La columna de Escario engrosó el número de los defensores, aunque muchos voluntarios desaparecieron tras la salida de Cervera.

Prisioneros de guerra españoles en Guantánamo.

Aún si la situación de Santiago pudiera revertirse, el gobierno liberal tenía que considerar la posibilidad de otras operaciones

---

[470] Alger a Miles, 13 de julio, en ARWD 98, p. 31; y Alger a Shafter, 13 de julio, en CWS, vol. 1, p. 138.

norteamricanas -entre ellas la formación y salida de una escuadra hacia Canarias y la Península, un ataque e invasión a Puerto Rico, y el refuerzo de Dewey en Manila. Si España continuaba resistiendo, podía significar la pérdida total de los restos de su imperio. Cuando el presidente del gobierno, Sagasta, comenzó un intercambio de mensajes con el Gobernador y Capitán General de Cuba, Ramón Blanco, respecto al futuro, este último convocó a una junta de jefes militares para arribar a una recomendación.

El cónclave decidió que la resistencia en Cuba debía continuar a pesar de lo que pasara en Santiago. El 9 de julio Blanco envió un cable al Ministro de la Guerra diciéndole que podía seguir resistiendo durante varios meses y que el ejército deseaba, como cuestión de honor, seguir combatiendo. A ese inoportuno mensaje, Sagasta contestó que, en su opinión, España no tenía otra alternativa que capitular, y citó los peligros que corrían Puerto Rico, las Islas Baleares, las Canarias y la propia Península, teniendo en mente posibles operaciones de una escuadra norteamericana que se estaba formando bajo el mando del comodoro Watson.

Más aún, la prolongación de la guerra podía llevar a desórdenes internos y además, obtener una paz inmediata sería honorable; los términos, después de mayores calamidades, podrían endurecerse y hacerse inaceptables. Sagasta preguntaba cómo reaccionaría el ejército ante las negociaciones de paz. [471]

El 12 de julio el general Arsenio Linares, convaleciente de la herida recibida en las Alturas de San Juan, remitía a Blanco y al Ministro de la Guerra un cable en el que refería la desesperada situación de la guarnición de Santiago de Cuba: No podía abandonar la ciudad ni recibir refuerzos. *"....fatalmente la situación se impone, la rendición es inevitable y únicamente lograríamos prolongar la agonía; el sacrificio es estéril, el enemigo lo*

---

[471] Müller, Op. Cit, pp. 46, 63. Blanco a Correa, 9 de julio de 1898, citado en Ortega Rubio: *Historia de la regencia de María Cristina Hapsbourg-Lorena*, Madrid, 1906, vol. 4, p. 408. La respuesta de Sagasta a Blanco, de fecha 12 de julio de 1898, es citada en Duque de Tetuán, *Apuntes del ex-Ministro de Estado Duque de Tetuán para la defensa de la política internacional y gestión diplomática del gobierno liberal-conservador desde el 28 de marzo de 1895 á 29 de septiembre de 1899*, Madrid, 1902, vol. 2, pp. 133-134.

*comprende así, apercibido de nuestra situación, y bien establecido el cerco, agotará nuestras fuerzas sin exponer las suyas...."* y proseguía: *"Santiago de Cuba no es Gerona [ciudad española que se hiciera célebre por su heroica y legendaria defensa contra la invasión napoleónica en 1808] terreno de la Metrópoli defendida palmo a palmo por sus propios hijos..."*. Ese mismo día el Ministro de la Guerra, general Correa, pidió a Blanco dar seguridades de que el ejército en Cuba acataría las decisiones del gobierno. Blanco respondió el día 14 diciendo que el ejército obedecería aunque deseaba continuar la lucha y agregaba que si el gobierno decidía pedir la paz, se vería obligado a renunciar a su cargo. Entonces Sagasta efectuó consultas con un amplio conjunto de líderes políticos españoles. Sólo uno, el intransigente Romero Robledo, se opuso a las iniciativas de paz. Para evitar las posibles críticas, Sagasta clausuró las Cortes el día 14, quedando en facultad de autorizar tanto la capitulación de Santiago de Cuba como las negociaciones de paz.[472]

En la mañana del día 14, poco antes de que expirara el plazo de tregua concedido, el general Toral anunció su propósito de capitular, paso este que condujo a las conversaciones finales. El general español, envió una carta a Shafter mencionando la autorización recibida de Blanco para negociar *"la capitulación sobre la base de la repatriación"*, también decía que tenía conocimiento de que Blanco había consultado con Madrid la autorización para la capitulación. Dadas las circunstancias, Toral propuso que Shafter y él nombraran comisionados para acordar los detalles. Al mediodía del 14 Toral no sólo reiteró personalmente el contenido de su carta, sino que, en un gesto que denotaba su desmoralización, expresó su deseo de actuar en nombre de todas las tropas españolas de la División de Santiago de Cuba (incluyendo Guantánamo y otras), lo que sorprendió a los norteamericanos.[473]

---

[472] El mensaje de Linares está copiado a la letra en Müller, Op. Cit., pp. 235-237; el mensaje de Correa a Blanco, del 12 de julio, es citado en Ortega Rubio, Op.Cit., vol. 4, p. 408-409. Blanco contestó diciendo que iba a convocar a una nueva reunión de sus generales (ver Blanco a Correa, 13 de julio, en ibídem, 410). La decisión tomada en La Habana, es informada en Duque de Tetuán, Op. Cit., p. 410. Ver también Gómez Núñez, Severo, *La guerra hispano-americana. La Habana. Influencia de las plazas de guerra*, Madrid, 1900, pp. 143-144.

[473] El mensaje de Toral anunciando la rendición puede verse en Chadwick, Op. Cit., vol. 2, pp.236-237.

## La capitulación

Los comisionados españoles y norteamericanos se reunieron por primera vez el 14 de julio a las 2:30 p.m. Los generales Wheeler y Lawton y el teniente Miley representaban a Shafter. Dos auxiliares cubanos, Ramón Mendoza y Aurelio Maestre, actuaban en calidad de intérpretes. Toral envió a Escario, recién promovido a general de brigada, al teniente coronel Ventura Fontán y a Robert Mason, vice cónsul británico -este último como intérprete. Los comisionados norteamericanos presentaron un borrador del acta de capitulación que incluía sus planteamientos anteriores así como cláusulas que restauraban el suministro de agua a la ciudad y permitiendo a los oficiales españoles conservar sus espadas.

De izquierda a derecha, en primer plano: Los generales Miles, Shafter (con casco) y Wheeler, con sus ayudantes dirigiéndose al encuentro de los españoles a negociar la rendición de la plaza de Santiago de Cuba.

Los representantes hispanos quisieron insertar cláusulas que les permitieran llevarse sus archivos militares y autorizar a los cubanos que hubieran servido en el Ejército español ("voluntarios" y "guerrilleros") a permanecer en Cuba. Para disgusto de los norteamericanos, los comisionados españoles, en lugar de completar los acuerdos entonces y allí, retornaron a Santiago de Cuba, regresando a las 6 p.m. para solicitar un plazo de un día para consultar con el general Linares.

Ante las objeciones de los norteamericanos que sospechaban que los comisionados españoles estaban acudiendo a tácticas dilatorias, el general Toral les informó personalmente que no podía capitular oficialmente hasta tanto no recibiera autorización formal de Madrid.[474]

La tercera reunión del día 15, comenzó al filo de las 9 de la noche. Durante la misma, Toral entregó una carta dirigida a Shafter informándole que había recibido permiso para firmar la capitulación.

Tal y como estaba ya acordado, sus comisionados se reunirían con los de Shafter para redactar los artículos del documento correspondiente. El general español preguntaba específicamente si los Estados Unidos iban a permitir a sus tropas regresar a España con sus armas. Shafter envió un mensaje escueto al Departamento de la Guerra: *"Los españoles se rinden; particulares más tarde"*.[475]

Al conocer la noticia, el presidente McKinley envió un mensaje de felicitación a Shafter y sus hombres. Durante la campaña de Santiago de Cuba presidente norteamericano había sido partidario de mantener la máxima presión posible sobre los defensores españoles y, mientras buscaba allí una victoria contundente, se preparaba para otras operaciones -en Puerto Rico, Manila y hasta en las aguas españolas- como elementos coordinados que se encaminaban a obtener un rápido desenlace favorable.

---

[474] Estos hechos están relatados en Chadwick, Op. Cit., V. 2, pp. 239-241. Todo parece indicar que Toral no estaba demorando las negociaciones para lograr objetivos militares. El 15 de julio le dijo a Frederick Ramsden, cónsul británico, que el efectuaría todos los arreglos para la capitulación y solamente aguardaba la autorización formal de Madrid para firmarla. Si la misma no llegaba, le dijo a Ramsden que él capitularía, aunque corriera el riesgo de ser sometido a una corte marcial, (ver Ibídem, p. 241).

[475] El anuncio del jefe español puede verse en Chadwick, Op. Cit., vol. 2, pp. 243-244. Respecto al mensaje al Departamento de la Guerra, ver Shafter a Corbin, 16 de julio de 1898 a las 9:05 a.m., en CWS, vol. 1, p. 150. Shafter informó a Miles aún más lacónicamente, *"Se rindieron"*.

McKinley vivía un momento de euforia. Su decisión, casi aventurera, de enviar precipitadamente la expedición a Santiago de Cuba había culminado en un éxito.

La capitulación formal de Santiago de Cuba el 17 de julio de 1898. El general Shafter lleva un casco. El general español Toral está a su derecha.

El 16 de julio sólo restaba al general Shafter precisar los detalles finales con el general Toral. Reunidos por última vez a las 4:00 p.m., los comisionados firmaron dos horas después el acta de capitulación que constaba de 10 artículos. La palabra *"rendición"* no fue utilizada pues hería la sensibilidad de los españoles que prefirieron se empleara *"capitulación"* que les pareció menos peyorativa. Estas aparentes sutilezas lingüísticas del general Toral, así como su preocupación por que sus oficiales conservaran sus armamentos tenían una base real. Como jefe de la plaza de Santiago de Cuba, se le pedirían cuentas por la rendición y existía la posibilidad de que, a pesar de que había recibido autorización del gobierno para capitular, no recibiera igual respuesta ante una corte marcial en España. Por esta razón el general hispano quería evitar cualquier frase o expresión en el articulado del documento que pudiera servir de base a posteriores cargos en su contra.[476]

El acta de capitulación incluyó 10 artículos aplicables a todas las fuerzas españolas de la División de Santiago de Cuba situadas al este de la línea Aserraderos-Dos Palmas-Cauto Abajo-Puerto Escondido-Sagua de Tánamo-Aguilera para las cuales las hostilidades cesaban *"absoluta y terminantemente"*. La capitulación incluía todas las tropas españolas y material de guerra en dicho territorio. Toral convenía remover todas las minas y obstáculos colocadas en la bahía. El mando español entregaría un

---

[476] Sobre las acciones finales de los comisionados, ver Chadwick, Op. Cit., vol. 2, pp. 243-245. Toral tuvo que comparecer ante el Consejo Supremo de Guerra y Marina. Fue absuelto. Extensos fragmentos del alegato de su defensor, el general de brigada Julián Suárez Inclán, pueden verse en Gómez Núñez, *La guerra hispano-americana. Santiago de Cuba*, pp. 226-233.

inventario de todas sus armas y fuerzas. El personal español sería repatriado a la Península, *"con la menor demora posible"*. Los oficiales podrían llevar sus armas y las tropas sus propiedades personales. Los españoles podrían llevarse los archivos militares y documentos pertenecientes al Ejército español. Los voluntarios, guerrilleros y movilizados de las fuerzas españolas que desearan permanecer en Cuba, podrían hacerlo así, *"bajo condición de entrega de sus armas y prestación de palabra de no combatir contra los Estados Unidos"* durante lo que restara de guerra. Finalmente, *"las fuerzas españolas saldrán de Santiago de Cuba con honores de guerra, depositando después sus armas en un lugar mutuamente convenido, en espera de la disposición que de ellas haga el Gobierno de los Estados Unidos, bien entendido que los comisionados de los Estados Unidos recomendarán que se permita que el soldado español vuelva a España con las armas que ha defendido con tanto valor"*. Esta recomendación nunca recibió la aprobación del gobierno de Washington, pero sirvió al propósito de darle rapidez al acuerdo final.[477]

El acta de capitulación no fue firmada por ningún oficial de la Marina, a pesar de que el capitán de navío Chadwick se encontraba en esos momentos en el cuartel general de Shafter. Pero lo más significativo fue que, ni en el proceso negociador ni en al acto de la firma hubo representación alguna de las fuerzas cubanas. Es más, ni siquiera eran mencionados los cubanos en las cláusulas de la capitulación. Era como si ni Cuba ni los cubanos existieran.

La decisión de Toral de rendir toda la guarnición de la División de Santiago de Cuba (de Cuba se decía entonces) sorprendió completamente a los norteamericanos. Después de la guerra el propio Shafter declaró que *"se había quedado sencillamente **turulato** cuando le entregaron gratuitamente 12 000 hombres que estaban más allá de su alcance..."*. Toral, sin embargo, consideraba la cuestión desde otro punto de vista. Completamente desalentado y desmoralizado diría: *"No le deseo ni al peor de mis enemigos desempeñar el papel que yo he tenido que desempeñar*

---

[477] El texto completo del acta de capitulación puede verse en Gómez Núñez, *La guerra hispano-americana. Santiago de Cuba*, pp. 235-237; también en Müller, Op. Cit., pp. 246-247. La firma del documento se efectuó bajo la sombra de una gran ceiba que desde entonces ha sido conocida como el "Árbol de la Paz" y que se mantuvo con vida hasta 1999.

en las últimas dos semanas.... Todos mis generales habían sido muertos o estaban heridos,... y estaba cercado por un ejército poderoso" y agregaba: "Mis hombres contaron 67 buques en la costa, todos cargados con tropas". Cuando el general de brigada Suárez Inclán defendía a Toral, después de la guerra, frente al Consejo Supremo de Guerra y Marina, concedió considerable atención a esta cuestión. Ya que no había esperanzas para dichas guarniciones, -argumentaba-, ¿Por qué el general Toral debía condenarlas a privaciones adicionales? El historiador y cronista militar Severo Gómez Núñez apuntaba otro motivo: Si dichas guarniciones se rendían junto a las tropas de Santiago de Cuba, los Estados Unidos sufragarían los costos de la repatriación.[478]

Ilustración de la Batalla de las Guásimas.

Mientras tanto, el Gobernador Blanco sostenía un punto de vista diametralmente diferente al de Toral y el 17 de julio -en lo que pudiera considerarse una muestra antológica de quijotismo- informaba al gobierno de Madrid que podía continuar resistiendo si recibía municiones y suministros. "La caída de Santiago no tiene verdadera importancia militar", decía, para continuar: "puede decirse que esta guerra no ha comenzado todavía". En su mensaje Blanco pasaba por alto el hecho de que cualquiera que fuera su significado desde el punto de vista estrictamente militar, la rendición de Santiago de Cuba tenía una trascendental importancia política. El completo colapso de la resistencia española en la región oriental de Cuba anunciaba con carácter definitivo el próximo fin de la guerra. El gobierno

---

[478] Los comentarios de Shafter sobre su sorpresa ante la actitud española pueden verse en Millis, Walter: *The Martial Spirit. A study of our war with Spain*, Boston, 1931, p. 324. Sobre las razones de Toral para rendir todas las guarniciones, ver Gómez Núñez, *La guerra hispano-americana. Santiago de Cuba*, pp. 226-233.

de Madrid había aceptado la capitulación con la intención de abrir negociaciones de paz a la mayor brevedad posible. [479]

## La entrega de la plaza

La capitulación formal de la plaza de Santiago de Cuba tuvo lugar el 17 de julio. El general Shafter y el general Toral, cada uno de ellos con una escolta de 100 hombres se encontraron entre las líneas, cerca de las alturas de Canosa, a las 9:30 a.m. y confirmaron el acuerdo. Durante todo el día las tropas españolas estuvieron entregando sus armas en puntos convenidos y dirigiéndose fuera de la ciudad a dos campamentos improvisados, uno de los cuales fue ubicado próximo a las Alturas de San Juan y el otro en Las Lagunas -lugar por cierto bastante insalubre- en espera de ser repatriados a España. Cerca del mediodía entraron en la ciudad que previamente había sido evacuada por las tropas españolas, unos 1 000 efectivos del Ejército de los Estados Unidos, izándose a las 12:00 la bandera de esa nación en la sede del gobierno y en el castillo del Morro.[480]

El 18 de julio, después de retiradas las minas y obstáculos que estaban instalados en el canal de entrada, penetraron en la bahía de Santiago de Cuba más de 40 barcos de transporte norteamericanos y varios buques de guerra, entre ellos el crucero "New York", llevando a bordo al contralmirante Sampson.[481]

Ese mismo día, el presidente McKinley emitía una proclama sobre la capitulación de Santiago de Cuba en la que establecía las principales normas de la ocupación militar. En la proclama para nada se mencionaba la independencia de Cuba.[482]

## El agravio imperdonable

Respecto a los patriotas cubanos, no sólo fueron excluidos de las negociaciones que condujeron a la capitulación sino que no se les dio participación alguna en la entrega de la ciudad. Al Ejército Libertador le fue prohibida la entrada en Santiago de Cuba y ni

---

[479] Las expresiones quijotescas de Blanco pueden verse en Blanco a Correa, 17 de julio 1898, citado en Duque de Tetuán, Op. Cit., vol. 2, pp. 134-135.
[480] La descripción de la ceremonia de capitulación en Bacardí, T. X, p. 116. También en Müller, Op. Cit., pp. 255-256 y en Chadwick, Op. Cit., V. 2, p. 248.
[481] Martínez Arango, Felipe: *Cronología Crítica de la guerra hispanocubanoamericana*, La Habana, 1973 (3ª ed.), p. 114.
[482] El texto de la proclama puede verse en CWS, V.1, pp.159-161.

siquiera al general Calixto García se le invitó a la ceremonia de traspaso de poderes. Los jefes del Ejército de los Estados Unidos en la región de Santiago de Cuba seguían cumpliendo, al pie de la letra, las instrucciones de su gobierno del 31 de mayo, que exigían *"no depositar demasiada confianza en ninguna persona ajena a su tropa"*.

Calixto García y su Estado Mayor. De pie, de izquierda a derecha: Comandante Federico Funston; Ttes. Coroneles José Portuondo Tamayo y Gonzalo García Vieta; General Calixto García Íñiguez, Comandante Armando Zayas Ochoa; Tte. Coronel. Juan M. Portuondo; Gral. Porfirio Valiente; Cmdte. Francisco Rosado. Sentados: Coronel Eduardo Salazar, Gral. Rafael Portuondo; Tte. Coronel R. Lorié. Delante: Cmdte. Joaquín Escalante; Coronel Martín Poey. [Tomado del archivo de la biblioteca Ricther, Universidad de Miami, N. del E.]

Para aumentar el agravio, la mayor parte de las autoridades civiles españolas fue ratificada en sus cargos. Todos estos hechos provocaron honda y justa indignación en las fuerzas del Ejército Libertador, lo que movió al general García a escribir, dirigida a Shafter, una memorable carta en la que, con sólidos argumentos, le expresa la irritación y el disgusto que le han causado a él y al Ejército Libertador las ofensas de que han sido objeto y le comunica que ha hecho ya renuncia formal de la jefatura del Departamento Oriental del Ejército Libertador así como que se retiraba con sus fuerzas hacia Jiguaní. En respuesta, Shafter le envía una carta en la que, después de mostrarse sorprendido y lamentar que el general cubano se hubiera sentido agraviado, escribe un párrafo en el que revelaba el porqué limitó, en todo lo que pudo, la participación de las fuerzas cubanas en los combates:

*"Esta guerra, como lo sabe usted, tiene lugar entre los Estados Unidos y España, y está fuera de toda duda que la rendición de Santiago fue hecha al Ejército americano. Yo no puedo discutir la política del gobierno de los Estados Unidos, al querer que continúen en sus puestos temporalmente las personas que los ocupaban....".*

De esa manera se quería dar la impresión de que en la guerra sólo habían participado dos bandos, el norteamericano y el español. Al ignorar así, hasta la propia existencia de los cubanos, se estaba evitando todo compromiso.[483]

La carta de Calixto García no fue publicada en la prensa norteamericana hasta una semana después de la capitulación de Santiago, pero se sabía que el general y sus subordinados estaban encolerizados. El 20 de julio los periódicos norteamericanos publicaron una noticia de la Associated Press que señalaba que las relaciones entre los norteamericanos y los soldados cubanos se habían hecho muy tirantes.

Además, era ya significativo el hecho de que, a partir del momento en que se perfiló la victoria norteamericana, como al conjuro de una señal, la misma prensa que había colmado de elogios al Ejército Libertador, comenzó a tildarlo de cobarde, irresponsable, sucio y ladrón. Resultaba evidente que se preparaba a la

---

[483] La descripción de como llegó al general Calixto García la noticia de la rendición de Santiago de Cuba, puede verse en Escalante Beatón, Op. Cit., pp. 618-619. Respecto a la prohibición de la entrada de los cubanos a Santiago, hay evidencias de que fue una medida solicitada por Toral que tuvo la aquiescencia benévola de Shafter (ver Ibídem, p. 619). Las instrucciones a Shafter del 31 de mayo son tratadas en la página 300 de este trabajo. La carta de Calixto García a Shafter está copiada íntegramente en Escalante, Op. Cit., pp. 622-624. La respuesta de Shafter puede verse en Bacardí, Op. Cit., V. X, pp. 135-136.

opinión pública norteamericana para justificar el establecimiento en Cuba de una especie de protectorado.

El 23 de julio, Shafter informaba al Departamento de la Guerra su versión de los hechos: "... *Aquí todo esta muy tranquilo pero los cubanos están muy resentidos porque no se les permitió tomar parte en las conversaciones que condujeron a la capitulación y porque no les permito entrar armados a la ciudad. Ellos esperan y reclaman su derecho a tomar posesión de la ciudad y gobernarla. El general García se ha marchado al interior con sus fuerzas. Se informa que va a unirse a Gómez*". [484]

Unos días más tarde, ante la repercusión que estaba teniendo en la prensa norteamericana la carta de Calixto García, Shafter volvía a dar su particular versión de los hechos y de paso tratar, otra vez, de desacreditar al jefe cubano:

Las tropas estadounidenses celebrando la noticia de la rendición de Santiago de Cuba.

*Santiago de Cuba, Julio 29, 1898-2:50 a.m.*
*Hon. R. A. Alger*
*Secretario de la Guerra, Washington, D.C.*

---

[484] Shafter a Corbin, 23 de julio a 11:32 p.m., en CWS, vol. 1, pp. 174-175.

"*.... Deseo decir que el general García fue invitado por mi personalmente a ir a la ciudad al mismo tiempo en que yo entraba en ella, pero el declinó la invitación basándose en que los funcionarios civiles españoles permanecían en sus cargos. (...) La ayuda que me ha dado el general García, ha sido puramente voluntaria, y me dijo desde el comienzo que yo no ejercía sobre él ningún control excepto para aquello que el estimara. El problema con el general García fue que el esperaba asumir el mando de esta plaza; en otra palabras, que le debíamos entregar la ciudad. Yo le expliqué bien claro, que estamos en guerra con España y que yo no puedo considerar lo referente a la independencia de Cuba...*".
SHAFTER, mayor general.[485]

Unas horas después, no satisfecho aún, Shafter volvía a escribir sobre el mismo tema, revelando esta vez sus preocupaciones respecto a los españoles y otros sectores de la población santiaguera:

Santiago, julio 29, 1898-1:48 p.m.
Ayudante-General, Washington:
"*Parece haber un gran temor en parte de los españoles y otros residentes aquí respecto a que se entregue la ciudad de Santiago a los cubanos después de la guerra, y muchos de ellos se proponen irse (...) Les he asegurado que no creo que los Estados Unidos vaya a abandonar Santiago o marcharse de ella sin dejar una guarnición estable y suficiente y un gobierno adecuado, pero ellos desean tener otras y más altas seguridades. ¿Está el gobierno dispuesto o preparado para dárselas? ....*".
SHAFTER, mayor general.[486]

Unos días después, el general Henry W. Lawton, recién nombrado comandante general del Departamento de Santiago de Cuba, que abarcaba el territorio rendido por Toral, se unía a Shafter en su diatriba contra el Ejército Libertador:

Santiago de Cuba, vía Haití, Agosto 16, 1898-1:13 p.m.
General Corbin, Ayudante-General, Washington:

---

[485] CWS, vol. 1, p. 185.
[486] Ibídem, p. 186.

*"Deben darse instrucciones definitivas sobre la política a ser observada hacia el ejército cubano. Esa gente mantiene aún su organización, están dispersos por los campos en la vecindad de la ciudad, tienen una actitud amenazante, y mantienen a los habitantes alarmados y aterrorizados con amenazas y actos de violencia".*
H.W. Lawton, Mayor-General.[487]

La respuesta, recibida sólo horas después, era definitoria:

*Oficina del Ayudante-General,*
*Washington, Agosto 16, 1898-4:15 p.m.*
*Comandante General,*
*Departamento de Santiago:*

*"Contestando su solicitud de instrucciones, el Presidente indica que usted sea informado de que los Estados Unidos es responsable de la paz, y debe mantener el orden en el territorio rendido y en su departamento, y debe proteger a todas las personas y sus propiedades dentro de la mencionada jurisdicción. No se permitirá interferencia de ninguna clase. Los insurgentes cubanos deberán ser tratados justa y liberalmente, pero ellos, con todos los otros, deben reconocer la ocupación militar y autoridad de los Estados Unidos y el cese de hostilidades proclamada por este Gobierno.*

*Usted debe ver a los líderes insurgentes y advertirles".*
*Por orden del Secretario de la Guerra:*
*H. C. Corbin, Ayudante-General.*[488]

Ese mismo día, Shafter aprovechaba la coyuntura y continuaba su campaña para desprestigiar a los patriotas cubanos:

*Santiago de Cuba, vía Haití,*
*Agosto 16, 1898-8:03 p.m.*
*H. C. Corbin, Ayudante-General, Washington:*

*"............ La actitud de los insurrectos cubanos es hostil. No dan muestra de disposición a disolverse y ponerse a trabajar, y hasta que no lo hagan habrá problemas, pues tienen que vivir, y van a*

---
[487] Ibídem, p. 230.
[488] Ibídem, p. 231.

*tener que vivir del robo -no hay otro camino. Aquí no puede existir un doble gobierno (..) es duro para aquellos que han vivido en la violencia y sin trabajar volver a sus anteriores condiciones...."*
*Shafter, Mayor-General.*[489]

Todo parece indicar que el jefe del 5º Cuerpo no podía dejar pasar un día sin denostar de las fuerza cubanas y de sus jefes. El siguiente telegrama refleja también el temor que les tenía:

*Santiago de Cuba, vía Haití,*
*Agosto 17, 1898-5:24 p.m.*
*H. C. Corbin, Ayudante-General, Washington:*
*"...Se dice en un diario aquí que el general Gómez es esperado pronto en esta vecindad, y los soldados cubanos han sido notificados para que se encuentren con él en El Cobre, a unas 4 millas de aquí. Se informa en las calles que el general García viene con él. La reunión de tal fuerza puede traer complicaciones de carácter grave".*
*Shafter, Mayor-General.*[490]

La capitulación de Santiago de Cuba, constituyó uno de los capítulos más trascendentales de la guerra de 1898. Después de la caída de la ciudad en manos de los norteamericanos era evidente que el final de la guerra era cuestión de días.

---

[489] Ibídem, p. 232.
[490] Ibídem, p. 235.

# CAPÍTULO 15
## FINALIZA LA GUERRA EN CUBA

La capitulación de Santiago, con toda su importancia política y militar, no significó, sin embargo, el final inmediato de la guerra en el territorio cubano.

En la mar, las fuerzas navales estadounidenses continuaron llevando a cabo acciones de bloqueo y hostigamiento sistemático a las defensas costeras españolas.

En tierra, las fuerzas cubanas siguieron librando la guerra contra las fuerzas españolas, a todo lo ancho y largo de la Gran Antilla.

En Santiago, el general Shafter se enfrentaba a nuevos y difíciles problemas derivados unos de la nueva situación en que se encontraba al tener que gobernar el territorio ocupado, otros, de sus desavenencias con el mando naval y uno de los más graves, el de la situación sanitaria de sus tropas y, el más complicado y de mayor trascendencia, el de las relaciones con el Ejército Libertador y los cubanos en general.

### Acciones Navales en la etapa final de la guerra

Inmediatamente después del aniquilamiento, el día 3 de julio, de la escuadra del almirante Cervera, muchas de las unidades navales norteamericanas que habían estado comprometidas en el bloqueo a la misma en Santiago de Cuba, fueron enviadas a distintos puntos de las aguas cubanas con el propósito de extender el bloqueo naval. El bloqueo alcanzó casi toda la costa sur de Cuba, desde cabo Francés hasta cabo Cruz, y en la costa norte se hizo extensivo a los puertos de Isabela de Sagua y Nuevitas. Con estas medidas se trataba de impedir la llegada, a puertos cubanos, de barcos procedentes de México, América Central y el Caribe. Las autoridades norteamericanas también proclamaron el bloqueo de Puerto Rico, preparando así las condiciones para invadir en breve a esa isla. Otra medida fue el anuncio, el 7 de julio, de la formación, con varios de los grandes buques que habían estado bloqueando a Cervera, de la denominada Escuadra del Este que, bajo las órdenes del comodoro J. C. Watson, sería enviada a operar en aguas españolas, tanto de las islas como de la propia península Ibérica. En Cuba, junto a las acciones del bloqueo propiamente dicho, las fuerzas navales norteamericanas realizaron otras acciones tales como el bombardeo a puntos fortificados de la costa y a puertos y poblaciones del litoral. Veamos las más significativas.

**Bombardeo a Baracoa**

El 15 de julio, al mismo tiempo que se daban los pasos finales para la capitulación de Santiago de Cuba, el cañonero **Annapolis** bombardeaba con singular violencia a Baracoa con el propósito declarado de silenciar las piezas de campaña que se encontraban emplazadas en el fuerte Matachín. Según el informe del capitán de fragata John J. Hunker, comandante del cañonero norteamericano, su buque efectuó 275 disparos (101 de 100 mm, 52 de 57 mm y 122 de 37 mm) en 30 minutos (entre las 11:35 y las 12:05).[491]

USS *Annapolis*.

**Los combates de Manzanillo**

Las acciones navales que tuvieron lugar en Manzanillo forman, en su conjunto -aunque a considerable distancia por su envergadura y trascendencia-, la tercera campaña naval de la guerra, después de la de Santiago de Cuba y Cavite. El hecho se explica por el valor estratégico que pasó a tener Manzanillo al ser bloqueado Santiago y ocupado

---

[491] Los partes de operaciones del comandante y 2º comandante del **Annapolis**, pueden verse en: U.S. Navy, *Appendix to the Report of the Chief of the Bureau of Navigation. 1898* (en lo adelante BN 98), pp. 252-253.

Guantánamo. Concentradas como estaban las fuerzas norteamericanas en el bloqueo de la escuadra de Cervera en Santiago no prestaron, en un comienzo, la debida atención a Manzanillo, puerto que no fue bloqueado, lo que permitió que entraran en él varios barcos que burlaron el patrullaje de las unidades norteamericanas transportando provisiones. Como Manzanillo era cabecera de una división del Ejército español y la plaza no estaba bloqueada ni amenazada, fue posible organizar allí la columna del coronel Federico Escario que trató de reforzar a la guarnición sitiada en Santiago, objetivo que no pudo conseguir a tiempo debido al hostigamiento de que fue objeto por las fuerzas cubanas. Al darse cuenta de la importancia que había adquirido Manzanillo, las fuerzas navales norteamericanas realizaron varios ataques contra dicho puerto y las pequeñas unidades navales españolas allí basificadas, tanto antes como después de la capitulación de Santiago de Cuba. De hecho, en Manzanillo se combatió hasta el mismo instante final de las hostilidades.

El primer ataque contra Manzanillo se llevó a cabo el 30 de junio los cañoneros **Hist** (472 toneladas) y **Hornet** (425 toneladas) y el remolcador artillado **Wompatuck** (462 toneladas) penetraron, con la ayuda de prácticos cubanos, a través de los intrincados y peligrosos canales que dan acceso a Manzanillo.

Cercano ya a su objetivo, frente a Niquero, las unidades norteamericanas tuvieron un encuentro con la pequeña cañonera española **Centinela**, de apenas 30 toneladas. La embarcación hispana recibió más de 25 impactos y, con un tripulante muerto, varios heridos y contusos así como averías y vías de agua, fue varada por su comandante para evitar su completo hundimiento.

Las unidades estadounidenses prosiguieron su ruta hacia Manzanillo adonde arribaron a las 3:30 p.m. y atacaron a las unidades navales españolas que estaban allí basificadas. La pequeña escuadrilla estaba formada por las cañoneras **Guantánamo** (42 toneladas), **Estrella** (42 toneladas), **Delgado Parejo** (85 toneladas, antiguo yate norteamericano, obsequiado por la colonia española de New York) y **Guardián** (65 toneladas, antiguo yate, imposibilitado de moverse por averías en la máquina). Se encontraban también allí el viejo cañonero de madera **Cuba Española** de 255 toneladas, construido en el astillero de Casablanca en La Habana y armado con un obsoleto cañón de avancarga, y el viejo velero **María**, utilizados ambos como pontones.

Manzanillo no estaba defendido por minas y sólo contaba con tres piezas de artillería de 80 y 90 mm, así como el apoyo, más que todo simbólico y moral, de fusileros apostados en los muelles. Las tres cañoneras que podían moverse, juntas no sumaban la mitad del desplazamiento de cada uno de los buques adversarios y su armamento consistía en 6 piezas ligeras contra las 13 que poseían las unidades atacantes.

Pese a la superioridad del adversario, el comandante del puerto, teniente de navío de 1ª Joaquín Gómez Barreda, izó su insignia en la **Delgado Parejo** y seguido por la **Guantánamo** y la **Estrella**, salió a presentarle combate.

En el intercambio de fuego que se produjo, también participó la batería española ubicada en punta Caimanera. Como resultado de la acción, que duró una hora, el **Hist** recibió once impactos directos; el **Hornet**, recibió seis que le causaron varios heridos y averías que lo inmovilizaron por lo que tuvo que ser remolcado por el **Wompatuck**, que recibió tres impactos y algunas averías. Los buques españoles sufrieron también daños. En la **Delgado Parejo** murieron dos tripulantes, otros dos resultaron heridos y contuso el comandante; en el pontón **María**, que soportó un fuerte castigo, hubo dos heridos y en la **Guardián** un contuso. En tierra hubo tres heridos en la guarnición y dos entre la población civil.[492]

Al día siguiente, 1º de julio, el cañonero **Scorpion** de 850 toneladas y dotado de 4 cañones de 127 mm y el remolcador artillado **Osceola** (571 toneladas) incursionaron en la bahía de Manzanillo, sosteniendo un duelo de 30 minutos con los defensores. El **Scorpion** recibió algunos impactos y daños menores. Los atacantes no reportaron bajas. Los españoles reportaron algunos impactos en el **María**, donde hubo también dos heridos y algunos contusos. Resultó significativo que poco después se recogieran en tierra hasta 19 granadas norteamericanas de 127 mm sin estallar.[493]

Considerando que, de producirse un nuevo ataque su situación

---

[492] Rodríguez González, Agustín: **"Pequeños triunfos en un año de desastres"** en *Revista General de Marina*, Octubre 1998, pp. 409-420. Los partes de operaciones de los comandantes del **Hist**, **Hornet** y **Wompatuck** pueden verse en BN 98, pp. 227-232.

[493] Rodríguez González, Op. Cit. Los partes de los comandantes del Osceola y Scorpion, en BN 98, pp. 233-235.

sería en extremo difícil debido a la escasez de municiones, Gómez Barreda pidió al mando que se le permitiera romper el bloqueo y dirigirse a otro puerto donde sus unidades pudieran abastecerse pero la solicitud fue denegada.

Después de la derrota de la escuadra de Cervera y de la capitulación de Santiago, el mando naval norteamericano centró su atención en Manzanillo y dispuso que el 18 de julio, una flotilla lo atacara de nuevo. La agrupación, que integraban los cañoneros **Wilmington**, de 1 400 toneladas y dotado con 8 cañones de 100 mm; **Helena**, gemelo del anterior; así como los ya conocidos **Scorpion, Hist, Hornet, Osceola y Wompatuck** entró, procedente del oeste, en la rada manzanillera a través de tres de sus canales, a las 7:45 a.m. y atacó aprovechando el mayor alcance de sus piezas de 127 y 100 mm. Ante tal situación, el comandante del puerto ordenó abandonar los buques y, salvando equipos y artillería, atrincherarse en tierra. Los buques estadounidenses cañonearon libremente durante más de dos horas a las embarcaciones surtas en el puerto, tanto de guerra como mercantes y pesqueros, así como a las instalaciones portuarias.

USS *Newark*

Como resultado del violento ataque, resultaron hundidas todas las unidades de guerra y varios barcos y se produjeron incendios y destrucciones en edificaciones cercanas a la bahía. En la población y guarnición se reportaron tres muertos y catorce heridos.[494]

La situación de Manzanillo empeoró, atenazada por el bloqueo naval y cercada por las fuerzas del Ejército Libertador. El hambre y las enfermedades se enseñoreaban. Norteamericanos y cubanos coordinaron una acción conjunta para tomarla.

Se preparó una fuerte agrupación naval al mando del comodoro Goodrich, que izó su insignia en el crucero protegido **Newark** de 4 100 toneladas y provisto de 12 piezas de 152 mm al que acompañaban los cañoneros **Hist, Osceola y Alvarado** (cañonero español capturado en Santiago de Cuba en condiciones de combatir) así como el cañonero **Suwanee**, que poseía dos cañones de 100 mm y el transporte **Resolute**, donde estaba embarcado un batallón de infantes de marina. Los buques conminaron a la rendición de la plaza y al negarse a ello el jefe de la misma, coronel Sánchez Parrón, abrieron fuego a las 3:40 p.m. al mismo tiempo que las fuerzas cubanas atacaban por tierra.

Soldados españoles en un alto en la campaña.

A las 4:15 p.m. el jefe de la agrupación naval creyó observar que en las posiciones españolas se izaba bandera blanca por lo que ordenó cesar el fuego y que el **Alvarado** se acercara a la costa con

---

[494] Rodríguez González, Op. Cit. Los partes de operaciones de los comandantes de los buques participantes aparecen en BN 98, pp. 261-265.

bandera de parlamento. Los defensores, violando toda las normas, abrieron fuego de fusilería y cañón logrando algunos impactos en el **Osceola y Swanee**. A las 5:30 p.m. el bombardeo fue reanudado sólo por el **Newark**, que se mantuvo haciendo fuego, a intervalos de media hora, con sus piezas de principales durante toda la noche y madrugada. Mientras tanto, el ataque de los cubanos se había detenido y los infantes de marina esperaban la orden de desembarcar. Aquella noche se tuvo conocimiento en la plaza del cese de hostilidades y se intentó comunicárselo a los atacantes, lo cual resultó imposible. Cerca ya del amanecer, logró el comandante del puerto hacer contacto con el mando norteamericano y que cesara el fuego artillero. Es posible que el último cañonazo de aquella guerra, en territorio cubano, haya sido disparado por una pieza de 152 mm. del **Newark** en Manzanillo a las 5:20 del 13 de agosto de 1898.[495]

### Ocupación de la Bahía de Nipe

Otra acción importante de las fuerzas navales norteamericanas, fue la ocupación de la bahía de Nipe el 21 de julio. Tomaron parte en la misma los cañoneros **Annapolis, Wasp, Topeka** y **Leyden**. En el curso de la acción fue hundido, después de un breve duelo artillero, el viejo crucero español **Jorge Juan**, que allí se encontraba anclado, convertido en pontón. Aunque había información de que los españoles habían colocado unas 30 minas en los accesos de la bahía, ninguna de ellas explotó.[496]

### Acciones terrestres de la etapa final de la guerra

Mientras tanto, en el resto del país el Ejército Libertador cubano prosiguió luchando contra el Ejército colonialista español, adaptando su accionar a las características y posibilidades de cada región. Los cubanos estuvieron combatiendo incluso días después de que se firmara el armisticio.

En la región oriental, los focos remanentes del Ejército español

---

[495] Rodríguez González, Op. Cit. Pueden verse además los partes de los comandantes de los buques norteamericanos participantes en BN 98, pp. 301-311. También Maclay, Edgar S.: *A History of the United States Navy from 1775 to 1902*, New York, 1902, vol. 3, 399-409. Para un testimonio ver el folleto, Tirado, Modesto A.: *Bombardeos a Manzanillo en 1898*, Manzanillo, 1948.

[496] Los partes operativos de los comandantes de los buques que participaron en esta acción pueden verse en, BN 98, pp. 266-278. Puede obtenerse también información en Maclay, Op. Cit., pp. 391-398.

lo eran las ciudades de Manzanillo y Holguín. A la primera de ellas, hemos visto como se le hostigó desde el mar y finalmente por mar y tierra.

En Holguín tenía su asiento una división española al mando del experimentado general Luque, que contaba con 12 000 efectivos de todas las armas y 24 cañones de campaña. Para los españoles, muy afectados psicológica y moralmente por la rendición de Santiago de Cuba, su situación en Holguín se hacía desesperada. Era cada vez mayor la escasez de alimentos, cundía el sentimiento derrotista, sobre todo entre las fuerzas irregulares -voluntarios y guerrilleros-, produciéndose numerosas deserciones. Además, el mando español allí sabía que estaban prácticamente inmovilizados.

General Adolfo Jiménez Castellanos y Tapia.

Una retirada hacia Camagüey para unirse a las fuerzas del general Jiménez de Castellanos, era una tarea difícil y peligrosa, que podía llevarlos a un desastre. Luque tenía presente la reciente experiencia de la columna que se retirara de Mayarí, la cual fue batida por los cubanos, que le capturaron numerosos prisioneros, más de 300 armas y una gran cantidad de municiones. En busca de una solución, el general español convocó en Consejo de Guerra a los jefes principales de su división. En la reunión se acordó un movimiento de expansión hacia la zona agrícola que era atravesada por el ferrocarril Holguín-Gibara. En virtud de tal acuerdo, se preparó, inmediatamente, la salida de dos fuertes columnas, integradas cada una por dos batallones. Las columnas tomarían por caminos diferentes con el propósito de unirse ambas en Gibara.[497]

Mientras tanto, el general Calixto García, previendo la salida de las fuerzas españolas de Holguín, había ordenado a los generales Capote y Feria que ocuparan posiciones defensivas para

---

[497] Escalante Beatón, Aníbal: *Calixto García. Su Campaña en 95*, La Habana, 1978 (2ª ed.), pp. 649-650.

impedir dicho movimiento.

Los regimientos *Oriente* y *Holguín*, fueron apostados frente a Aguas Claras, cubriendo el flanco izquierdo, siendo mandados por el general Feria; mientras los regimientos *Martí* y *Ocujal*, a las órdenes del general Capote, cubrían el centro y flanco derecho, por donde pudiera atacar el enemigo si se decidía avanzar hacia Gibara.

Esas eran las posiciones que ocupaban los cubanos cuando, en la mañana del 16 de agosto, se conoció de la salida de los españoles. Poco después de iniciado el avance, comenzaron a ser hostigados por los exploradores cubanos, no obstante lo cual continuaron su marcha y cerca de las 10:00 a.m. las fuerzas hispanas se batían vigorosamente con las del general Feria, y unos minutos después, con las de Capote. Las fuerzas cubanas, cumpliendo órdenes del general García, se replegaron hacia posiciones más ventajosas, ocupando todo el camino de Auras a Gibara y haciéndose fuertes en las elevaciones vecinas, reforzadas por los regimientos *Tunas* y *Federación*. Mientras todo este movimiento se llevaba a cabo, García dio órdenes a la caballería para que no cesara de hostilizar a las columnas españolas.[498]

Como en los primeros combates sostenidos Luque encontró una resistencia superior a la que esperaba, pidió refuerzos a Holguín y se atrincheró en el pueblo de Auras, donde decidió pernoctar. Las bajas sufridas por los españoles sumaban más de un centenar. Su situación táctica había empeorado. Durante toda la noche del 16 y todo el día 17, las fuerzas de Luque estuvieron bajo el fuego constante de los cubanos que lo tenían completamente rodeado. Por su parte, el mayor general Calixto García, había ordenado que se atrajeran dos piezas de artillería para bombardear con ellas las posiciones de Luque, y en camino de ello se estaba cuando llegó a su poder una comunicación que le enviaba el comandante del cañonero norteamericano **Nashville**, surto en Gibara, transcribiéndole la proclama del presidente McKinley, en la que se daba a conocer la suspensión de hostilidades.[499]

En la región central del país, mientras tanto, las fuerzas directamente al mando del mayor general Máximo Gómez, General en Jefe del Ejército Libertador, habían tomado la iniciativa en

---

[498] Ibídem, pp. 650-651.
[499] Ibídem, p. 651.

las acciones. El 19 de julio, fuerzas mandadas por el general de división José Miguel Gómez, toman el caserío de El Jíbaro, haciendo empleo durante el combate, con buenos resultados, de los cañones de dinamita que se habían recibido con la expedición llegada a Palo Alto el día 3. *"Doy órdenes de seguir atacando a los pequeños poblados"*, escribiría ese día en su diario el general Máximo Gómez.[500]

Precisamente, durante esas acciones tuvo lugar un grave incidente provocado por miembros del ejército norteamericano llegados en la expedición mencionada. Protagonistas del vergonzoso acto fueron los jefes blancos de un escuadrón de caballería regular de negros.

Escolta del General Máximo Gómez.

Al respecto, el general Máximo Gómez consignaría en su Diario:

*"En la toma del Jíbaro ha cometido lamentable desacato el Gefe (sic.) Thompson (o Jhonson) de la Sección de Americanos, desobedeciendo las órdenes del General José Miguel Gómez y ultrajando nuestra bandera, sin respeto a nada ni, a nadie".*

Unos días después, en una Junta de Guerra convocada al efecto, se acordó expulsar del territorio a los dos encartados en los hechos y despacharlos al gobierno de los Estados Unidos o al General en Jefe del Ejército de esa nación.

Respecto al incidente, el General en jefe del Ejército Libertador reflexionó:

---

[500] Gómez, Máximo: *Diario de Campaña*, La Habana (1968) p. 363

"Ha sido, según el expediente instruido, un acto tan incivil el que han cometido estos oficiales americanos, que casi ha rayado en el salvajismo. Sin duda su ignorancia es tan crasa que no les ha permitido conocer a la luz de nuestra propia historia las consideraciones y respeto que merecemos, no solamente de los que se honran con ser amigos de nuestra causa, sino hasta de nuestros propios enemigos. Profanar la enseña noble de este pueblo heroico, faltar al respeto de uno de nuestros Generales y despreciar nuestras leyes, eso, después de los españoles, sólo se le ocurre a un americano borracho y brutal".

Agregando a continuación:

"Todo eso es preciso tener en cuenta como un detalle importante para la historia de esta guerra. En el expediente está todo sucintamente explicado". [501]

Siguiendo el plan trazado por el General en Jefe, el general José Miguel Gómez, atacó y tomó el pueblo de Arroyo Blanco, haciéndole a los españoles 300 prisioneros y ocupándole pertrechos de guerra. [502]

Durante los meses de junio, julio y agosto de 1898 las lluvias fueron muy intensas en la región occidental de Cuba, lo que dificultaba los movimientos de las fuerzas insurrectas cubanas. Había, además, carencia de parque y alimentos. Estos factores impidieron a las fuerzas cubanas pasar a la ofensiva en esos territorios. No obstante, se mantuvo en ellos la estrategia de guerra prolongada. En el territorio que ocupaba la provincia de La Habana, sólo en julio, las acciones combativas contra columnas españolas fueron 23, y los enfrentamientos a los guerrilleros sumaron 7. Junto a esto eran frecuentes las acciones de sabotaje. Fue hostigado un tren y explotó una mina en una vía férrea; 9 fuertes fueron atacados y uno de ellos tomado por asalto. Tres poblaciones fueron tiroteadas.

En agosto, la guerra continuaba, con sus peculiaridades, en el occidente del país. Hubo ataques de las fuerzas cubanas en Guanajay, Palos y Nueva Paz. [503]

---

[501] Ibídem., pp. 363-364.
[502] Ibídem
[503] Pérez Guzmán, Francisco: *El Gran Desafío de la Guerra de Cuba*, Capítulo

En Pinar del Río, durante junio y julio, sólo la 1ª División llevó a cabo más de 20 acciones combativas, entre ellas tiroteos a los pueblos de Cayajabos y Artemisa, ataques a las guerrillas y fuertes, así como a las vías férreas. El 30 de junio dos minas estallaron a unos 3 kilómetros de Candelaria destrozando los vagones de un tren. Hubo 19 muertos y 13 heridos.[504]

Mambises en Pinar del Río.

### La situación sanitaria del 5º Cuerpo

Uno de los más complicados y urgentes problemas que tuvo que enfrentar el mando norteamericano después de la capitulación de Santiago de Cuba fue el de la situación sanitaria de sus fuerzas. Las enfermedades tropicales, especialmente la malaria, la disentería y la fiebre amarilla, habían convertido al cuerpo expedicionario norteamericano en la sombra de si mismo. Desde el mismo comienzo de la operación, sus principales jefes habían expresado su preocupación respecto a las enfermedades. El primer caso de fiebre amarilla fue diagnosticado el 6 de julio, y poco después se produjo un violento brote de malaria y disentería.

Las autoridades médicas del ejército elaboraron planes para tratar de detener la epidemia, pero sin resultados, -téngase en cuenta que no se conocía aún que la malaria y la fiebre amarilla eran trasmitidas por la picada del mosquito *aedes aegypti*-, por lo que la situación se hizo alarmante y la moral de las tropas descendía incesantemente.[505]

En respuesta a informes del general Shafter de que la fiebre amarilla había hecho su aparición, el Departamento de la Guerra tomó medidas. El 13 de julio, Corbin envió un plan contra el

---

VII: **"La Guerra en el Departamento Occidental durante la intervención de los Estados Unidos"**, Instituto de Historia de Cuba (Inédito).
[504] Ibídem
[505] Respecto a las primeras preocupaciones sobre la situación sanitaria puede verse Chadwick, Op. Cit., vol. 2, pp. 253-254.

surgimiento de una epidemia.[506]

El efecto acumulativo del vestuario impropio, la mala comida, alojamientos inadecuados, precaria higiene y deficiente atención sanitaria debilitaban día a día al cuerpo expedicionario. A estos factores se agregaban el tedio resultado de la inactividad y la natural nostalgia.[507]

Muy pronto los jefes de las unidades de voluntarios comenzaron a expresar su descontento en cartas a diferentes líderes políticos estadounidenses. Estas cartas, combinadas con las informaciones de la prensa, hicieron surgir por todas partes, llamados a la repatriación de las tropas expedicionarias.

Sin embargo, la decisión al respecto se seguía dilatando. Shafter comenzó entonces, a enviar informes diarios de la situación sanitaria. El 24 de julio, informaba de 396 nuevos enfermos, y al día siguiente aproximadamente 500. No obstante, consideraba la situación ligeramente mejorada pues unos 450 hombres habían sido dados de alta. El 27 de julio informaba que la cantidad total de enfermos el día anterior era de 3770, de los cuales 2924 tenían fiebre; los nuevos casos eran 639 ya que 538 habían regresado al servicio. Al día siguiente, las cifras saltaron sorprendentemente, el total de enfermos reportado fue de 4122, de los cuales 3193 tenían fiebre; los nuevos casos eran 822 y sólo 542 fueron dados de alta. El informe de enfermos correspondiente a julio 28 mostraba que casi un cuarto de los efectivos en Santiago de Cuba estaban enfermos. Alrededor de 4 270 hombres estaban ese día enfermos, de ellos 3 406 tenían fiebre; los nuevos casos eran 696, comparados con un total de 590 dados de alta.[508]

No obstante estos informes alarmantes, la Secretaría de la Guerra no se decidía a efectuar la repatriación y seguía recomendando medidas tales como el traslado de los campamentos a lu-

---

[506] Corbin a Shafter, 13 de julio, en U.S. Department of War, *Correspondence relating to the War with Spain* (en lo adelante CWS), vol.1, p. 135-136.

[507] Ward, Walter W.: *Springfield in the Spanish-American War*, Easthampton, Mass., 1899, pp. 121-122, citado en Trask, David F., *The War with Spain in 1898*, New York 1981 pp.327-328

[508] Respecto a los informes de enfermos, ver Shafter a Corbin, 24 de julio, en CWS, vol. 1, pp. 175; Shafter a Corbin, 25 de julio, en Ibídem, p. 178; Shafter a Corbin, 27 de julio, en Ibídem, p. 183; Shafter a Corbin, 28 de julio, en Ibídem, p. 185 y Shafter a Corbin, en Ibídem, p. 187.

gares altos, donde según se pensaba, no llegaba la fiebre amarilla.

Cuando Shafter dio a conocer a sus subordinados inmediatos los puntos de vista de la Secretaría, se produjo en ellos una furiosa reacción. Todos ellos estaban convencidos de que la única medida correcta, dada la extensión de las enfermedades, era el traslado inmediato de las tropas a los Estados Unidos. Resultaba claro, que existían diferencias entre la malaria, que era la enfermedad más difundida entre las unidades y la fiebre amarilla, mucho más mortífera, pero eran del criterio de que aquellos que ya habían enfermado de la primera pronto contraerían la última.

Tumbas de primeros soldados muertos en Siboney.

Theodore Roosevelt, en una carta al senador Henry Cabot Lodge señalaba que la malaria debilitaría sus tropas *"hasta que llegue la fiebre amarilla y nos mate como ovejas podridas"* y aún cuando los oficiales provenientes del ejército regular rechazaron la idea de hacerle patente sus recomendaciones a Shafter, Roosevelt, un voluntario, decidió escribir una carta expresando los puntos de vista del grupo y lo hizo sin ambages: *"Mantenernos aquí, en opinión de cada jefe de división o brigada, significa simplemente, la destrucción de miles. No hay razón para no trasladar, inmediatamente, al Norte, al cuerpo completo"* y agregaba, *"Si somos mantenidos aquí, será un espantoso desastre, los estimados de los médicos dicen que aproximadamente la mitad del ejército morirá, si se le mantiene aquí durante la estación de las enfermedades".*[509]

Mientras tanto, los otros oficiales prepararon otra comunicación a Shafter, que se haría famosa pues sus autores, para estar todos al mismo nivel de responsabilidad firmaron en círculo, en lo que se conoce en inglés como *"round robin"*. En la carta, se expresaban puntos de vista semejantes a los de Roosevelt, aunque con un lenguaje más moderado.[510]

Como ha sido frecuente en los Estados Unidos, tanto la carta de Roosevelt como la *"round robin"*, se filtraron a la prensa y esto desató un escándalo que enfureció a la Casa Blanca. Shafter negó con vehemencia haber entregado los textos a los reporteros y no pudo encontrarse a quién exigir responsabilidad por el hecho.

El secretario de guerra, Russell A. Alger, calificó la publicación de los documentos como *"uno de los incidentes más infortunados y lamentables de la guerra"* pues según él, causaba *"alarma innecesaria en la ciudadanía y podía perjudicar las conversaciones de paz que en ese momento se llevaban a efecto."*[511]

Inmediatamente se tomaban medidas para evitar, en lo posible, nuevas "filtraciones", el secretario Alger cursaba una orden a Shafter para que no se suministrara a la prensa ninguna información que no fuera vista previamente por él.[512]

Pero el escándalo daría sus resultados. Las tropas del 5to.

---

[509] Citado en Trask, Op.Cit., pp. 330-331.
[510] El texto de la carta round-robin puede verse en Chadwick, Op. Cit., vol. 2, pp. 257-258. También en CWS, vol.1, p. 202.
[511] La condena de Alger a la filtración de los documentos a la prensa puede verse en Alger, Russell A., *The Spanish-American War*, New York, 1901, p. 270.
[512] Corbin a Shafter, Agosto 4, en CWS, vol. 1, p. 203.

Cuerpo comenzaron a salir de Cuba rumbo a Estados Unidos el 7 de agosto. El 3 de octubre se le disolvía oficialmente.[513]

**Las conversaciones de paz**

El 22 de julio, el ministro de Relaciones Exteriores de España le envió a su embajador en París un telegrama, transcribiéndole un texto cifrado destinado al presidente de los Estados Unidos, para comenzar conversaciones de paz, por mediación del embajador de Francia en Washington, Jules Cambon. El mensaje fue entregado personalmente a McKinley, el día 26 de ese propio mes.

Embajador de Francia en Washington, Jules Cambon.

Mientras el gobierno de Madrid esperaba por la respuesta a su solicitud, se llevó a cabo el desembarco de tropas norteamericanas en Puerto Rico y el inicio de la invasión a esa isla. En un desesperado esfuerzo por tratar de evitar que los Estados Unidos tomara posesión de Puerto Rico y Filipinas, el ministro de Estado de España, envía el 28 de julio un telegrama al embajador español en Madrid con instrucciones que debían ser trasmitidas al embajador de Francia en Washington. En dichas indicaciones, se proponen varias variantes para del destino de Cuba de las cuales la preferible para España sería la anexión definitiva, *"porque mejor garantiza la seguridad de vidas y haciendas de los españoles allí establecidos o fincados"*.[514]

El día 30 de julio, el presidente McKinley y el embajador francés Jules Cambon llegan a un acuerdo preliminar en el que los Estados Unidos impone a España sus condiciones. El día 7 de agosto, después de un leve forcejeo, España acepta las proposiciones que le impone Estados Unidos. Uno de los párrafos de la respuesta española, merece atención:

---

[513] CWS, vol. 1, p. 257.
[514] Ibídem, pp. 105-107.

*Respecto a ...., lo referente al porvenir de la Isla de Cuba, llegan uno y otro gobierno a conclusiones parecidas en cuanto a la incapacidad natural de aquella sociedad para constituir un Estado político independiente.*
*Sea por insuficiencia en su completo desarrollo, como entendemos nosotros, sea por la perturbación y abatimientos presentes, según dice V.E., la Isla de Cuba ha de menester de dirección. El pueblo americano quiere aceptar la responsabilidad de ella sustituyendo a la Nación española, cuyos derechos a conservar la Isla son incontestables. Nada oponemos a esa intimación.....*[515]

Firma en Washington, el 11 de agosto de 1898, del Protocolo de Paz entre España y los Estados Unidos. En representación de España fue firmado por el embajador francés, Jules Cambón.

El 11 de agosto las negociaciones en Washington culminaban con la firma de un Protocolo de Paz entre España y los Estados Unidos. En el telegrama que a esos efectos le enviara el ministro

---

[515] El texto completo de la respuesta en Ibídem, pp. 121-123.

de Estado español al embajador francés en Washington al referirse a la aceptación por parte de España de las condiciones que le imponía el gobierno norteamericano y la suspensión inmediata de hostilidades, reiteraba: *"Desea este gobierno hacer constar que espera del de los Estados Unidos emplee todos sus medios hasta alcanzar que las fuerzas separatistas de Cuba se abstengan de toda agresión".* [516]

El 12 de agosto de 1898 cesaron oficialmente las hostilidades entre Estados Unidos y España. En la práctica en Cuba se combatió durante unos días más entre cubanos y españoles, hasta que la noticia llegó a todos los mandos. En Filipinas se combatió hasta el día 13.

---

[516] El texto completo de este telegrama en, Ibídem pp. 129-130

## Capítulo 16
### La invasión norteamericana a Puerto Rico

**Preparativos, planes y discusiones**
Desde principios del mes de junio, el general Nelson A. Miles había comenzado a organizar en Tampa la denominada expedición **"Número 2"**, que tenía por misión la invasión de Puerto Rico (la "N° 1" era la destinada a Cuba). El día 4 de ese mes, el presidente William McKinley había preguntado a Miles cuándo podría estar listo, con lo cual estaba, de hecho, aprobando la invasión de la isla borinqueña. Esta decisión presidencial comenzó a tener de inmediato efectos de tipo político. En su primera comunicación, después del inicio de la guerra, el presidente estadounidense le informaba secretamente a John Hay, su embajador en la capital británica, que al final de la guerra los Estados Unidos reclamarían la posesión de Puerto Rico en lugar de cualquier indemnización monetaria. Esta determinación se había tomado simultáneamente con la de invadir a la Pequeña Antilla a continuación del ataque a Santiago de Cuba.[517]
Como señala Severo Gómez Núñez:

*"Descontado estaba que Puerto Rico había de seguir la misma suerte de Cuba (...), tampoco había duda, desde el instante en que se declararon las hostilidades, que Puerto Rico, la fértil hermana de Cuba, sería objeto de la acometida de los americanos".*[518]

El general Miles, que quería dar prioridad a la ocupación de Puerto Rico intentó en esa oportunidad, una vez más, dejar de lado la expedición a Santiago de Cuba, proponiendo a cambio tomar el mando de todas las fuerzas que se preparaban en Tampa, reunir allí 30 mil hombres e invadir Puerto Rico, dejando por el

---
[517] Trask, David F.: *"The War with Spain in 1898"*, New York, 1981, pp. 342-343.
[518] Gómez Núñez, Severo: *"La Guerra Hispano-Americana. Puerto Rico y Filipinas"*, Madrid, 1902, p. 45.

momento un destacamento de guardia en Santiago. Una vez ocupado Puerto Rico, planteaba volver sobre Santiago y tomarla. Después de ello, las tropas podrían moverse contra otros objetivos (Miles, con toda probabilidad, tenía en mente su idea, muchas veces reiterada, de realizar una campaña desde el norte de Oriente hacia el Occidente de Cuba, a lo largo de la costa norte de la Gran Antilla, hasta La Habana). A la propuesta de Miles el secretario de la Guerra, Russell A. Alger, contestó con un rotundo rechazo: *"El presidente dice no"*. El mensaje seguía con una precisión de McKinley: *"la máxima prisa en la salida de N° 1, y también de N° 2, pero N° 1 debe tener prioridad"*.[519]

El Departamento de la Guerra continuó presionando a Miles para que se apresurara en la preparación de la expedición a Puerto Rico. El 7 de junio se le ordenó prepararse en 10 días. Al día siguiente, el propio Departamento propuso que la expedición hacia la Pequeña Antilla saliera de un puerto que no fuera Tampa, teniendo en cuenta las dificultades por las que estaba atravesando el general Shafter para preparar allí la expedición a Santiago de Cuba. A esa sugerencia, Miles devolvió una contraproposición: enviar tropas desde Miami a Key West para complementar a las que estaban preparándose para embarcar en Tampa.

En ese momento, la falsa alarma causada al ser avistada, en el Canal de Bahamas, una supuesta escuadra española, surtió el efecto de demorar la salida de Shafter rumbo a Santiago, circunstancia esta que fue aprovechada por Miles para revivir su plan de operaciones en Puerto Rico y el norte de Cuba. Previendo una posible oposición española en alta mar, el general en jefe proponía que todas las fuerzas de la Marina de Guerra fueran dedicadas a escoltar la expedición a Santiago de Cuba (o hacia Puerto Rico o Nuevitas). Estas sugerencias insistentes inclinan a pensar que Miles deseaba que la Marina se encargara ella sola

---

[519] Miles hizo su proposición en su mensaje al secretario Alger, fechado el 6 de junio, que puede verse en, U. S. War Department: *"Correspondence Relating to the War With Spain..."*
(en lo adelante CWS), Washington, 1902, vol. 1, p. 264. Ver también Chadwick, French E.: *"Spanish-American War"*, New York, 1911, vol. 2, p. 264. La respuesta del secretario con la negativa del presidente, puede verse en, Ibídem. Véase también, Ibídem, p. 266; y Alger, Russell A.: *"The Spanish-American War"*, New York, 1901, pp. 60-61.

de Santiago de Cuba y emplear las tropas del Ejército en cualquier otro sitio. Una vez más, el secretario Alger le envió una respuesta como para enfriarlo: *"El presidente me ha ordenado decirle que no se efectuarán cambios en los planes"*. A cambio de sus sugerencias, Miles recibió órdenes de acelerar la organización de "N° 2".[520]

Puerto de San Juan (Puerto Rico) en la época.

Mientras el general Shafter completaba sus preparativos para salir, Miles persistía durante varios días más en un debate, a través del telégrafo, con el secretario de la Guerra, sobre cuestiones de estrategia, en el que las proposiciones y contraproposiciones se sucedían, sobre todo en lo referente a las tropas que se estaban concentrando, puntos de concentración y embarque. Finalmente, el secretario Alger obtuvo del presidente McKinley una orden sobre la concentración de las tropas que formarían la expedición a Puerto Rico, que difería de lo propuesto por Miles, con lo que se dio por finalizado el polémico intercambio telegráfico.[521]

---

[520] Las órdenes del Departamento de la Guerra a Miles para la organización de la expedición a Puerto Rico están contenidas en el mensaje de Corbin a Miles del 7 de junio que puede verse en CWS, vol. 1, p. 264. Las proposiciones de Miles y las respuestas, pueden verse en Ibídem, pp. 32-34.

[521] La correspondencia respecto al forcejeo telegráfico entre Alger y Miles puede

El 15 de junio, Alger ordenó a Miles presentarse en Washington: *"Hay muchas cuestiones que pueden tratarse mejor personalmente que por correspondencia. Espero respuesta"*. A esto el general contestó, tratando aún de demorarse: *"Yo quisiera solicitar que todas las tropas y material de guerra que se encuentran aquí permanezcan hasta que yo pueda verlo a ud. lo cual será dentro de pocos días"*. A ese mensaje Alger replicó: *"Cuestiones muy importantes requieren su presencia aquí. Reporte inmediatamente"*. A Miles sólo le quedaba una respuesta posible: *"Salgo en el primer tren a las 7:25 de esta tarde"*.[522] Aún después de su regreso a Washington, Miles continuó persistiendo en sus ideas. El 18 de junio, en una reunión con el presidente, en la que además participaban el secretario de la Guerra, Alger; el secretario de Marina, Long; y los miembros de la Junta de Guerra Naval, Miles planteó que las tropas y el material de guerra designado para "Nº 2" debía concentrarse en Tampa. McKinley manifestó un gran interés en realizar la invasión a Puerto Rico lo antes posible, pero el secretario de Marina preguntó si no sería mejor completar las operaciones en Santiago de Cuba antes de emprender otra campaña.

Todavía el 24 de junio, cuando ya se había efectuado el desembarco de las fuerzas de Shafter en las inmediaciones de Santiago, Miles propuso una versión algo modificada de su plan de alcanzar La Habana desde el Oriente de Cuba, planteando tomar Nuevitas como base. Según él, utilizando el trabajo forzado de 30 mil prisioneros españoles que pensaba capturar, construiría un camino a un ritmo de cinco millas diarias para asegurar buenas comunicaciones, empresa que duraría hasta septiembre. Entre las ventajas de su proposición, además de la utilización de los prisioneros de guerra, Miles consideraba que así la caballería podría emplearse en el interior de Cuba y que el ejército evitaría actuar en la estación de las lluvias y, por lo tanto, disminuiría el riesgo de la fiebre amarilla. Como una alternativa a este plan, estaba preparado en convenir el traslado de las tropas que estaban en ese momento cerca de Santiago de Cuba hacia un punto situado al oeste de La Habana, presumiblemente Mariel u otro puerto, para desde allí proceder al asedio de la capital de

---

verse en CWS, vol. 1, pp. 34-35, 38-39, 43-44, 45, 265-266, 267.
[522] Este intercambio de mensajes del 15 de junio de 1898 entre Alger y Miles, puede verse en Ibídem, pp. 47-48, 268.

Cuba.[523]

El secretario Alger planteó un conjunto de objeciones a ambos planes. Nuevitas no tenía facilidades portuarias suficientes como para asegurar el arribo de una expedición muy numerosa. La construcción de caminos no era una tarea factible. El ejército encontraría serias dificultades para proteger una larga línea de suministros. Además, planteó que no era una buena idea, desde el punto de vista militar, concentrar todos los regimientos de caballería en un solo lugar; algunas unidades pudieran ser necesarias en otros puntos.

Tampoco tenía sentido realizar una marcha de más de 350 millas a través de un país sin desarrollo, para alcanzar posiciones desde las cuales llevar a cabo una campaña que podía efectuarse tres meses antes, especialmente si se tenía en cuenta que *"podemos desembarcar bajo la protección de nuestros acorazados, tras una travesía de un día, directamente desde los Estados Unidos"*. Fuese o no por ese conjunto de objeciones, lo cierto es que las proposiciones de Miles no encontraron apoyo en la administración McKinley.[524]

**Organización de las fuerzas**

El 26 de junio el secretario Alger emitió una serie de órdenes y disposiciones muy detalladas respecto a la organización de la expedición a Puerto Rico, lo que condujo a una febril actividad durante las dos semanas siguientes. Debían formarse tres divisiones con tropas del 1° y 3° cuerpos de ejército.

Mayor general John R. Brooke.

A estas divisiones debían unirse otras dos provenientes del 4° Cuerpo, con lo cual el número de efectivos sería de alrededor de 27 mil. Como jefe de la agrupación fue designado el mayor general John R. Brooke. Una vez que comenzara la

---

[523] Alger, Op. Cit., pp. 53-55. Respecto al plan de invadir el norte de Cuba a partir de Nuevitas, ver memorándum de Miles a Long del 24 de junio en CWS, vol. 1, pp. 48-49.
[524] Alger, Op. Cit., pp. 55-56.

operación, Brooke pasaría a subordinarse al mayor general Nelson A. Miles, en compañía de otros dos oficiales superiores, los mayores generales John J. Coppinger y James H. Wilson. Las tropas que pudieran separarse de la expedición de Shafter en Santiago de Cuba reforzarían el contingente destinado a Puerto Rico.

Miles recibió órdenes de prepararse para salir de Tampa tan pronto como fuera posible. Por su parte, el general en jefe continuó haciendo proposiciones y sugerencias. El 29 de junio informaba al secretario Alger que parte de sus tropas estaban a bordo de los transportes y el resto se encontraba listo para embarcar tan pronto los barcos estuvieran disponibles.

Miles proponía ahora enviar todas las tropas bajo su mando a Santiago de Cuba y si al llegar allí no resultaban necesarias, continuar entonces hacia Puerto Rico.

Dos días después, el 1 de julio, hizo una nueva propuesta consistente en que las tropas que estaban ya embarcadas para salir hacia Puerto Rico hicieran un uso útil de esa espera siendo enviadas a capturar Isla de Pinos, la cual podía ser empleada como base para futuras campañas en Cuba, pues su clima era muy sano y podía ser utilizada para ubicar en ella campos de prisioneros, depósitos de suministros y una posible base de operaciones de caballería en la isla de Cuba. Alger desaprobó inmediatamente esas proposiciones.[525]

Miles era de la opinión de que las victorias obtenidas el 1 y 3 de julio en Cuba constituían la justificación de un inmediato ataque a Puerto Rico. Tenía el criterio de que las operaciones en torno a Santiago de Cuba habían cumplido su objetivo que era el de *"forzar a la escuadra española a salir de la bahía para que la flota norteamericana la destruyera"*.

Estos puntos de vista eran completamente opuestos a los del general Shafter. El 5 de julio, dos días después de la destrucción

---

[525] Respecto a las órdenes preliminares que tratan de la composición y preparación de las tropas y sus movimientos, véase el memorándum de Alger del 25 de junio, en CWS, vol. 1, p. 57; el mensaje de Miles a Alger del 25 de junio, en Ibídem, p. 268; y el de Gilmore a Brooke del 25 de junio, en Ibídem, p. 53. Sobre las proposiciones de Miles, ver sus mensajes al secretario Alger del 29 de junio y del 1 de julio en Ibídem, p. 67 y p. 101, respectivamente. La desaprobación llegó en el mensaje de Alger a Miles del 1 de julio, ver Ibídem.

de la escuadra de Cervera, Miles sostenía que la situación existente era *"la más favorable para dirigirse inmediatamente a Puerto Rico"*, una isla *"de la mayor importancia"* pues era la *"entrada a las posesiones españolas"* de las Antillas. Cerca de 4 mil de sus hombres se encontraban a bordo de transportes en Key West, y otros 7 mil estarían pronto disponibles en Charleston. Además, podía considerar los 20 mil efectivos que estaban ya en las inmediaciones de Santiago de Cuba. Si le faltaban fuerzas suficientes para llevar a cabo las operaciones propuestas para Puerto Rico, podía pedir refuerzos.

Miles estaba ahora obligado a apresurarse; en este sentido se había reconciliado con un aspecto fundamental del diseño estratégico del presidente McKinley.[526]

El Regimiento 22 de Infantería embarca.

En esos momentos, la confianza del gobierno en el general Shafter había alcanzado un punto muy bajo. Por ello, se decidió enviar a Miles y sus tropas a Santiago de Cuba. Si fuera necesario, el general en jefe podía apoyar las operaciones que se realizaban allí y comenzaría después, en la primera oportunidad, la campaña puertorriqueña. Dos transportes rápidos, el **"Yale"** y el **"Columbia"** lo esperaban en Charleston, con tropas a bordo. El 8 de julio, Miles subió a bordo del **"Yale"** y salió rumbo a Santiago de Cuba. Algunas de las unidades integrantes de su expedición estaban ya en ruta hacia la capital del Oriente cubano; los días 9 y 10 los regimientos de voluntarios 1° de Illinois y 1° del Distrito Columbia arribaron a Siboney, junto a dos regimientos

---

[526] Los puntos de vista de Miles están contenidos en su mensaje al secretario Alger, fechado el 5 de julio, que puede verse en CWS, vol. 1, p. 271.

de regulares, el 4° y 5° de Artillería. Miles llegó el 11 de julio.[527]

Durante su permanencia en Santiago de Cuba, el general Miles consagró sus energías a los preparativos para la campaña de Puerto Rico. Entre otras medidas, tomó extraordinarias precauciones para mantener a las tropas bajo su mando libres de enfermedades tropicales.

El estado médico-sanitario de las fuerzas de Shafter le hizo decidir a Miles no llevar consigo a Puerto Rico tropas que hubieran servido en Santiago de Cuba. Manteniendo sus tropas a bordo de los transportes, Miles movía, esporádicamente, sus barcos de transporte al fondeadero protegido de Guantánamo e hizo que su personal médico se mantuviera alerta, llevando a cabo procedimientos estrictos para minimizar los problemas sanitarios. Estas precauciones ayudaron a mantener una situación epidemiológica relativamente buena entre sus fuerzas en comparación con las de Shafter.

El 14 de julio, el secretario Alger le informaba a Miles que el Departamento de la Guerra estaba preparando la transportación de 25 mil hombres adicionales para su expedición y sugería que, cuando Santiago de Cuba capitulara, Miles debía retornar a los Estados Unidos y desde allí dirigirse a Puerto Rico con el grueso de sus fuerzas. Miles debe haber interpretado esta proposición como un indicio de las intenciones de Alger de apartarlo del mando directo de la expedición a Puerto Rico. En cualquier caso, su reacción fue presionar para obtener una rápida partida para la Pequeña Antilla con las tropas que pudo reunir en la bahía de Guantánamo, unos 3 500 efectivos. Al mismo tiempo, hizo arreglos para que otras unidades asignadas a su expedición salieran hacia Puerto Rico y se le unieran allí.[528]

El 16 de julio Miles maduró su plan de operaciones. En una reunión con el contralmirante Sampson para pedirle apoyo naval para la invasión a Puerto Rico, le explicó que desembarcaría en Fajardo, muy cerca de Cabo San Juan, en la esquina nordeste de la isla. Desde allí operaría sobre la capital, San Juan. Sampson

---

[527] Ver el capítulo 13 sobre las circunstancias que hicieron decidir el envío de Miles a Santiago de Cuba. Respecto a la llegada de Miles a Santiago de Cuba, ver Chadwick, Op. Cit., vol. 2, pp. 216-217.
[528] Ver mensajes, de Miles a Alger del 14 de julio en CWS, vol. 1, p.273; de Corbin a Miles del 15 de julio, en Ibídem, p. 274; de Miles a Alger del 15 de julio, en Ibídem, p. 150 y de Corbin a Miles del 15 de julio, en Ibídem, p. 146.

estuvo de acuerdo en que Fajardo era un buen lugar para desembarcar, por lo que Miles, después de informarle a Alger los resultados de su conversación con el contralmirante, pidió que las unidades que embarcaran en puertos norteamericanos con destino a Puerto Rico, se dirigieran a Fajardo.

Los planes de Miles respecto a la escolta naval contemplaban protección no solo de los transportes que saldrían de Cuba, sino también de aquellos que saldrían de puertos de los Estados Unidos. También Miles comunicó a Alger su opinión de que no debían emplearse en Puerto Rico ninguna de las unidades de Shafter pues las mismas estaban plagadas de enfermedades tropicales. Sin embargo, desafortunadamente para Miles, el contralmirante Sampson no estaba de acuerdo con emplear sus acorazados como escolta, pues tenía ya en mente la formación de una escuadra que, bajo el mando del comodoro Watson, iba a operar contra las Islas Canarias y puertos españoles. [529]

El 18 de julio, Miles recibió órdenes que le autorizaban a partir hacia Puerto Rico, en el entendimiento de que no recibiría refuerzos hasta dentro de 5 a 7 días. Sampson recibiría instrucciones de darle apoyo. Una de las órdenes resultaba significativa: *"El secretario de la Guerra le comunica que en su desembarco en la isla de Puerto Rico....enarbole la bandera de los Estados Unidos"*, con lo cual se hacían explícitas las intenciones anexionistas de la expedición. La respuesta de Miles, fechada el 19 de julio, fue corta: *"La orden de partir hacia Puerto Rico fue recibida anoche. Saldré tan pronto la Marina esté lista"*. [530]

La cuestión de la composición y misiones de la escolta naval de la expedición a Puerto Rico fue otro punto polémico entre los secretarios de Marina y de la Guerra, así como entre el general Miles y el contralmirante Sampson.

Miles hizo una solicitud específica, respecto a la escolta naval, pidiendo a Sampson *"una poderosa fuerza naval para acompañar mis transportes, cubrir el desembarco (en Fajardo), proteger los flancos de las fuerzas terrestres durante la ocupación de ese lugar, y brindar todo el apoyo posible en su movimiento desde allí para capturar la bahía y la ciudad de San Juan"*.

---

[529] Chadwick, Op. Cit., vol. 2, pp. 266. Informe de Miles a Alger, fechado el 16 de julio, en CWS, vol. 1, pp. 154-155
[530] CWS, vol. 1, p. 288.

Después de requerir también apoyo respecto a otros puntos costeros, Miles hizo otras dos solicitudes: que se permitiera a las fuerzas de infantería de marina que se encontraban en Guantánamo acompañarle y que la Marina realizara una "fuerte demostración" diversionista cerca de San Juan antes de que sus tropas desembarcaran en Fajardo. [531]

Sampson dio una respuesta negativa a las solicitudes de Miles y esto originó una nueva trifulca. Sampson consideraba que los transportes **"Yale"** y **"Columbia"** con la escolta de los cruceros protegidos **"Cincinnati"** y **"New Orleans"** podrían enfrentar con éxito a los defensores de Fajardo, a menos que estos contaran con artillería pesada.

El capitán y el primer oficial del USS Columbia en el puente de mando.

Al conocer las intenciones de Sampson, el general Miles protestó airadamente en un cable enviado al secretario Alger en el que, entre otras cosas, manifestaba que el **"Yale"** y el **"Columbia"** no podían efectuar un desembarco sin una protección naval adecuada, pues las tropas correrían un grave riesgo.

La disputa se solucionó con la intervención personal del presidente quien, el día 20 de julio, ordenó al secretario de Marina que se le brindara al desembarco de Miles una escolta apropiada con *"un acorazado o un crucero o ambos"*.

El Departamento de la Guerra no perdió tiempo e informó a Miles de la decisión del gobierno, mientras Long le comunicaba a Sampson: *"El presidente le ordena enviar buques de guerra suficientes en número y poder para permitir a Miles desembarcar en Puerto Rico y permanecer allí todo el tiempo necesario para prestar apoyo o hasta nuevas órdenes"*.[532]

---

[531] CWS, vol. 1, p. 167; Ibídem, p. 169; Ibídem, p. 282.
[532] Trask, Op. Cit., pp. 350-351.

Después de tantas vicisitudes, de tantos mensajes, de réplicas y contrarréplicas, la expedición de Miles se preparó, ¡Al fin!, para salir.

## La travesía y el desembarco

La expedición con destino a Puerto Rico zarpó de Guantánamo a las 3:00 p.m. del 21 de julio. Su plan de derrota consistía en cruzar el Paso de los Vientos, seguir después hacia el este, a lo largo de las costas norte de La Española y Puerto Rico recalando a Fajardo donde se le unirían fuerzas provenientes del territorio estadounidense. La escolta naval incluía al acorazado "**Massachusetts**", al crucero auxiliar "**Dixie**" y al yate artillado "**Gloucester**". Las tropas, que sumaban 3 415 efectivos, se encontraban a bordo de los transportes "**Columbia**", "**Yale**" y "**Macon**". Otro contingente, mandado por el mayor James H. Wilson, que había salido de Charleston el 20 de julio, estaba formado por unos 3 600 hombres. El 24 de julio un contingente adicional de 2 900 hombres a las órdenes del general de brigada Theodore Schwan saldría de Tampa. Además, en Newport News se estaba preparando una agrupación de 4 000 hombres para salir hacia Puerto Rico y otra de parecida dimensión esperaba transportes en Tampa.

El secretario Alger rechazó la solicitud de Miles sobre los infantes de marina que se encontraban en Guantánamo, diciéndole: *"No pienso que sea buena la sugerencia sobre los infantes de marina. Tenemos tropas suficientes para nuestro trabajo"*. Sumadas, las fuerzas destinadas a Puerto Rico alcanzaban cerca de 18 000 hombres. Esta cantidad era menor en 12 000 a la cifra que Miles había planificado inicialmente, pero aún así, daba una correlación favorable respecto a las fuerzas que defendían Puerto Rico, las cuales Miles estimaba en 8 233 regulares y unos 9 107 voluntarios, en su mayoría peninsulares. [533]

Una vez en la mar, el general Miles tomó una decisión sorpresiva. Cambió su lugar de destino de Fajardo a Guánica, una bahía situada en la costa sur de Puerto Rico. Esta decisión fue muy controvertida, debido a que la misma creó una situación

---

[533] Sobre la conformación de la expedición, ver Chadwick, Op. Cit., vol. 2, p. 284. La solicitud de Miles sobre los infantes de marina está en su mensaje a Alger del 20 de julio, que puede verse en CWS, vol. 1, p. 296. La respuesta negativa del secretario puede verse en Alger, Op. Cit., p. 303.

problemática inesperada en las comunicaciones entre el propio Miles, el gobierno de Washington y los destacamentos de Wilson y Schwan que ya estaban en la mar y se dirigían a Fajardo.

En la decisión de Miles tuvo mucho peso su criterio de que se le había mucha publicidad a su expedición y esto seguramente había puesto sobre aviso a las fuerzas españolas. Por otra parte, le daba mucho crédito a las informaciones de su agente, el capitán Henry H. Whitney, quien lo acompañaba.

Henry H. Whitney del 4to regimiento de Artillería, fue enviado a la isla en misiones de reconocimiento por la Oficina de Inteligencia Militar del Ejército. [N. del E.]

Whitney, que trabajaba para la Oficina de Información Militar había formado parte del grupo de corresponsales de guerra que acompañaba a la escuadra del contralmirante Sampson. En calidad de tal había presenciado el bombardeo a San Juan de Puerto Rico el 12 de mayo, después de lo cual llegó a Saint Thomas, donde se puso en contacto con Philip Hanna, quien había sido cónsul norteamericano en San Juan.

Whitney comunicó a Hanna la misión que tenía de obtener información sobre los puertos, las fortificaciones y las carreteras de Puerto Rico, especialmente del sur de la isla. Hanna ayudó a Whitney a incorporarse a la tripulación de un barco mercante británico que fondeó en Ponce el 15 de mayo. Durante dos semanas el audaz espía reconoció Ponce, Guánica, Salinas, Yauco y Arroyo bajo diversa identidades. Whitney recopiló gran cantidad de información que le facilitaron personas desafectas a España que habitaban la región.

Simulando dedicarse a la pesca, el espía sondeó cuidadosamente las profundidades en la bahía de Guánica, cerciorándose de que la misma era apta para un desembarco, tanto por su profundidad como por la falta de defensas en los alrededores. La policía, la Guardia Civil y los servicios de inteligencia españoles conocieron de la presencia de Whitney, pero su habilidad, la torpeza de las autoridades y la protección del cónsul inglés -Whitney se hacía pasar por ciudadano británico- le permitieron escapar. Llegó el 2 de julio a Saint Thomas y el día 8 ya estaba en Washington relatando los avatares y resultados de su misión al mismísimo presidente McKinley, quien para escucharlo reunió a todo el gabinete.

Los datos recogidos por Whitney, sus notas, dibujos y mapas sirvieron de mucho al Alto Mando norteamericano para completar el cuadro de informaciones sobre Puerto Rico que había estado recibiendo por diversos medios. [534]

El 23 de julio Miles propuso al capitán de navío Francis J. Higginson, comandante del acorazado **"Massachusetts"** -quien era el jefe naval de la expedición-, dirigirse hacia Guánica, durante una entrevista que sostuvieron a bordo del acorazado. Al escuchar la proposición, Higginson se opuso, planteando una serie de consideraciones entre las cuales estaba el hecho de que ninguno de los buques de la escolta, debido a su calado, podía entrar en la bahía para apoyar el desembarco. Además, argumentó que no estaba seguro de poder mantenerse en la mar, fuera de la bahía, en el caso de marejadas fuertes.

Por último, el marino señaló que carecía de cartas náuticas adecuadas de la zona, lo cual disminuía sus posibilidades de apoyar las operaciones terrestres. Enfatizando sus argumentos, Higginson señalaba: *"en la costa oriental, desde Cabo San Juan hasta Punta Algodón, puedo aproximarme a la costa y cubrir con los cañones de la escuadra cualquier posición que se desee ocupar, y lo que es más, situando un buque en la costa norte de Puerto Rico, al oeste de Cabo San Juan puedo obtener un fuego cruzado sobre tierra hasta Fajardo"*. *"Además, -proseguía- estando en Cabo San Juan, estaríamos a 30 millas de Saint Thomas donde, si no tuviéramos en un momento dado carboneros, podríamos reabastecernos de carbón y comunicarnos con el gobierno"*. [535]

---

[534] Rosario Natal, Carmelo: *"Puerto Rico y la Crisis de la Guerra Hispanoamericana (1895-1898)"*, Puerto Rico, 1989, pp. 211-212. Sobre las actividades de Whitney ver también: Flores Román, Milagros: **"Un espía llamado Whitney"** en *El Ejército y la Armada en 1898: Cuba, Puerto Rico y Filipinas* (Memorias del I Congreso Internacional de Historia Militar). Monografías del CESEDEN nº 29. Ministerio de Defensa, Madrid. 1999, pp. 271-279.

[535] Informe de Higginson a Sampson fechado el 2 de agosto, puede verse en: U. S. Navy, *"Appendix to the Report of the Chief of the Bureau of Navigation. 1898"*

Pero Miles no se convenció con los argumentos de Higginson y abandonó el **"Massachusetts"**. Al otro día, sobre las 9:50 a.m. volvió a reiterar su proposición de desembarcar en Guánica en un mensaje trasmitido por señales de buque a buque. Ante la obstinación del general en jefe del Ejército y jefe de la expedición, Higginson accedió y ordenó cambiar el rumbo para dirigirse, a través del Paso de la Mona, que separa La Española de Puerto Rico, hacia Guánica.[536]

Area de la costa de San Juan, Puerto Rico, en una foto de la época.

Al comentar tiempo después el cambio efectuado por Miles sorpresivamente, algunos estudiosos de la estrategia naval han respaldado las opiniones del capitán de navío Higginson. Uno de ellos, el conocido Alfred T. Mahan, en una encolerizada carta que le dirigiera al secretario de Marina, condenaba en duros términos la maniobra de Miles: *"El desembarco en Puerto Rico por Guánica, (...), me parece una estupidez tan grande que sólo me la puedo explicar como un acto guiado por una excesiva vanidad, por el deseo de hacer cosas singulares e inesperadas"*.

Chadwick mencionó también algunas consideraciones que subrayan las críticas de Mahan al proceder de Miles. Según ese autor, el general *"atribuía a los españoles una actividad y una iniciativa mucho mayores que la que sus métodos en Cuba justificaban. Probablemente hubiera encontrado muy poca oposición en Fajardo como sucedió con los buques que allí arribaron sólo unos días después"*. Allí, apenas a 40 millas (64 kilómetros) de San Juan, Miles hubiera encontrado buena agua y lugares para desembarcar. Además, agregaba Chadwick, la cuestión del terreno y la distancia debió tomarse en consideración: *"El cambio puso a las fuerzas norteamericanas a mucha mayor distancia de*

---

(en lo adelante BN 98), Washington, 1898, 635-636. Ver también Chadwick, Op. Cit., pp. 285-287.
[536] BN 98, p. 636.

*las principales posiciones españolas y tras una cadena de montañas que un enemigo determinado a combatir pudo haber hecho infranqueable".*

Otros historiadores norteamericanos, entre ellos Walter Millis, consideran que una de las motivaciones de Miles para efectuar su inesperado cambio fue *"su deseo de minimizar el papel de la Marina de Guerra durante la expedición a Puerto Rico".* El general en jefe explicó más tarde al secretario Alger su consideración de que *"avanzar a través del país, en lugar de hacerlo bajo la protección de los cañones navales, tendrá de muchas maneras un efecto deseable en los habitantes de esta isla".* Asimismo, posteriormente, durante la campaña, Miles reaccionó enérgicamente contra algunos planes de la Marina de llevar a cabo nuevos bombardeos contra San Juan.[537]

Otros estudiosos de la campaña puertorriqueña, con los que este autor está de acuerdo, consideran sin embargo, que la decisión de Miles al cambiar el punto de desembarco fue excelente desde el punto de vista estratégico pues con ello logró la sorpresa y permitió a los invasores un cómodo y seguro desembarco y un inicio de las acciones en las condiciones más favorables posibles. Miles optó por lo que más tarde el teórico militar británico denominaría "aproximación indirecta" lo que le permitió lograr sus objetivos a un costo mínimo.[538]

En San Juan, el Gobernador y Capitán General Macías había recibido suficientes advertencias de que se preparara para resistir a la invasión norteamericana. Cuando Miles llegó a Puerto Rico, los defensores tenían buena información sobre su fuerza e intenciones.

El 25 de Julio, antes de Miles desembarcara, el ministro de Ultramar, Vicente Roberto Girón, había avisado desde Madrid que los norteamericanos iban a intentar desembarcar por Fajardo, Arecibo o Ponce. Macías tenía órdenes del ministro de la Guerra, general Miguel Correa, de ofrecer resistencia ya que una defensa

---

[537] Chadwick, Op. cit., vol. 2, p. 286, 299-300. Los puntos de vista de Walter Millis respecto al deseo de Miles de disminuir el papel de la Marina aparecen en su *"Martial Spirit"*, Boston, 1931, p. 337. Millis cita el informe de Miles a Alger del 30 de julio de 1898 que puede verse en Alger, Op. Cit., p. 306-307

[538] González Vales, Luis E.: "*La Campaña de Puerto Rico. Consideraciones Histórico-Militares*" en *El Ejército y la Armada en 1898: Cuba, Puerto Rico y Filipinas (I) (Memorias del I Congreso Internacional de Historia Militar).* Madrid. Monografías del CESEDEN nº 29, Ministerio de Defensa. 1999, pp. 255-270.

firme podía fortalecer la posición negociadora de España al final de la guerra.

Sin embargo, cuando las noticias de que la expedición de Miles estaba ya en camino llegaron a Puerto Rico, muchos habitantes de las ciudades costeras huyeron hacia el interior y al mismo tiempo comenzaron las deserciones en las unidades de voluntarios. [539]

Fuerzas de defensa de voluntarios de Puerto Rican y españoles ein Guayama.

El teniente general Macías pudo entonces elegir entre dos variantes de acción: concentrar todas sus fuerzas alrededor de San Juan para defender la sede gubernamental, o estructurar la defensa en un número de puntos fuertes en el interior del país. La primera variante parecía tener lógica, ya que el Gobernador disponía de un reducido número de tropas con abastecimientos muy limitados y podía, además, esperarse que, aprovechando las circunstancias de la invasión, muchos puertorriqueños desafectos se alzaran contra España en el interior.

La segunda variante, sin embargo, haría más lento el avance

---

[539] Rivero, Ángel: *"Crónica de la Guerra Hispanoamericana en Puerto Rico"*, Río Piedras, 1998 [2ª ed.], p. 190.

de los invasores, lo cual podía tener consecuencias políticas, sobre todo respecto a las posibles condiciones de las negociaciones de paz.

Al enfrentar la situación, Macías no optó por ninguna de las dos variantes que parecían obvias. Mantuvo la mayor parte de sus fuerzas en el norte, donde esperaba el desembarco, pero ubicó batallones en dos importantes localidades portuarias -Ponce y Mayagüez- y situó otro destacamento en Caguas, sobre el camino que unía a Ponce con San Juan. Esta última fuerza podría maniobrar rápidamente hacia cualquier punto amenazado. Otros pequeños destacamentos fueron diseminados por la isla, para dar la impresión de que no se dejaba ninguna comarca abandonada a los invasores. Tal era el dispositivo de las fuerzas españolas que debían enfrentar los norteamericanos.[540]

El 25 de julio, en horas de la mañana, las fuerzas mandadas por el general Miles desembarcaron en Guánica. Previamente, el capitán de navío Higginson ordenó el yate artillado "**Gloucester**", mandado por el capitán de corbeta Richard Wainwright (el mismo que había sido segundo comandante del acorazado "**Maine**"), penetrar en la bahía y desembarcar una pequeña fuerza de 30 marinos.

El "**Gloucester**" efectuó varios disparos de sus piezas de 3 libras contra lo que consideró podía ser un refuerzo de caballería de los defensores. La toma de Guánica se efectuó sin resistencia alguna (como tampoco la hubo al desembarcar en Ponce y en Arroyo posteriormente). Los estadounidenses izaron su bandera a las 11:00 a.m. Cuando Guánica estuvo segura, los transportes entraron en la bahía y comenzó el desembarco de tropas y suministros.[541]

Conociendo la importancia de Ponce, la mayor ciudad de Puerto Rico, situada al este de Guánica, Miles dio inmediatamente pasos para capturar dicha ciudad. Al felicitar a Higginson por su exitosa operación en Guánica, le dio indicaciones para que procediera igualmente en Ponce. Para apoyarlo por tierra, ordenó al general de brigada George A. Garretson que, con siete compañías, avanzara sobre Yauco, localidad situada unos 10 kilómetros al norte de Guánica, sobre la carretera y el ferrocarril a Ponce.

---

[540] Gómez Núñez, Op. Cit., pp. 91-96.
[541] Respecto al desembarco en Guánica, ver informes que aparecen en BN 98, pp. 641-642.

Después de una breve escaramuza al atardecer del día 26 -el primer choque armado en Puerto Rico- los españoles se retiraron y Yauco fue ocupado dos días después, el 28 de julio, lo que permitió al general de brigada Guy W. Henry avanzar con sus tropas por la carretera a Ponce, al que llegó el mismo día.

Mientras tanto, Miles informó a Higginson del éxito obtenido en Yauco y le indicó que si Ponce era tomado, trasladara hacia allí los transportes al día siguiente. De acuerdo a esto, el capitán de fragata Charles H. Davis desembarcó con pequeño destacamento en el puerto de Ponce, situado a unos tres kilómetros de la ciudad del mismo nombre. Al otro día, para sumarse al contingente de Henry que llegó por tierra, llegaron por mar tropas al mando del mayor general James H. Wilson, las cuales desembarcaron y tomaron la ciudad (Wilson había llegado originalmente a Fajardo donde recibió la noticia de que Miles se encontraba en Guánica; sus transportes llegaron allí el 27 de julio, escoltados por el **"Annapolis"** y el **"Wasp"** y Miles los envió a Ponce al día siguiente).

La caballería estadounidense entrando a Mayaguez.

Las fuerzas españolas en Ponce se retiraron rápidamente hacia San Juan por el denominado "Camino Militar". El jefe de las mismas, coronel Leopoldo San Martín había recibido órdenes de resistir el desembarco pero ni siquiera lo intentó. Toda vez que no quedaban tropas españolas cerca de las áreas de desembarco, el general Henry consideró que los españoles se estaban replegando para concentrarse en las inmediaciones de San Juan. [542]

En la capital puertorriqueña las primeras noticias de lo sucedido en Guánica produjeron sorpresa y confusión en el Alto Mando español. De primera intención, se pensó que el desembarco por Guánica era una operación diversionista para atraer hacia el sur al grueso de las fuerzas españolas. Se consideraba aún que la invasión sería por Fajardo. El desconcierto se apoderó de la oficialidad española. Hubo órdenes y contraórdenes. Se hizo evidente la falta de planes y de coordinación entre los altos jefes militares hispanos. San Juan estaba prácticamente desierto. Solo quedaban en sus puestos los militares, abandonados a una suerte en que ellos mismos no confiaban.[543]

Cuando Miles entró a Ponce, emitió una proclama en la que insistía en que los norteamericanos no llegaban como conquistadores sino como libertadores y que respetarían los derechos individuales y la propiedad. Con esta acción se daba inicio a una bien calculada campaña para atraerse el apoyo de la población puertorriqueña.

Puede decirse que Miles obtuvo un éxito considerable en ese objetivo. La mayor parte de la población colaboró con los norteamericanos o al menos no les ofreció resistencia alguna; unos porque deseaban el fin del dominio español; otros, debido a que decidieron apoyar al más fuerte de los bandos.

En Guánica, por ejemplo, después del pánico inicial los habitantes regresaron a sus hogares y se mezclaron amigablemente con los invasores, facilitándoles víveres y ganado, así como caballos a los oficiales.

Era significativo el comportamiento de los voluntarios: deserta-

---

[542] Respecto a la escaramuza de Yauco ver, Rivero, Op. Cit., pp. 196-205. En el encuentro se reportaron 3 muertos y 7 heridos entre las fuerzas españolas y 5 heridos en las norteamericanas. Puede verse también Chadwick, Op. Cit., vol. 2, p. 291.
Respecto al desembarco en Ponce ver, mensajes de Davis a Higginson del 27 y 28 de julio en BN 98, pp. 643-644; de Davis a Sampson del 6 de agosto en Ibídem, p. 646 y Chadwick, Op. Cit., pp. 292-294.
[543] Rivero, Op. Cit., pp. 205-206; Rosario Natal, Op. Cit., p. 220.

ban en masa y regresaban a sus casas o se unían a los norteamericanos. Como es obvio, estos éxitos iniciales animaban a Miles y sus tropas, máxime cuando se habían alcanzado sin perder un solo hombre. [544]

### La campaña terrestre

La llegada del general Wilson con sus tropas a Guánica elevó el número de efectivos de las fuerzas de Miles a unos 7 000 hombres, y en el curso de una semana dos importantes refuerzos las incrementaron a 15 000: el general de brigada Theodore Schwan, que había salido de Tampa el 24 de julio llegó el 31 con 2 900 hombres y el mayor general John R. Brooke, que salió de Newport News el 28 de julio, desembarcó unos 5 000 hombres en Arroyo entre los días 3 y 5 de agosto. Posteriormente arribaron algunos contingentes pequeños, pero Miles finalizó la campaña con las tropas que tenía el 5 de agosto.[545]

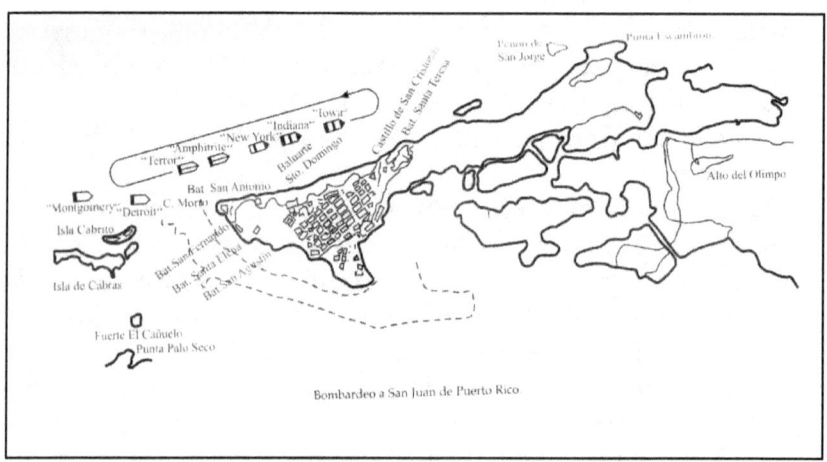

Bombardeo a San Juan de Puerto Rico.

Una vez consolidado en Guánica y Ponce, Miles comenzó a desarrollar un complicado plan de campaña para aniquilar la resistencia española en Puerto Rico. El jefe del cuerpo expedicionario norteamericano decidió el avance hacia el norte de cuatro columnas -tres a partir de Ponce y la otra de Arroyo- para irse aproximando al centro del poder español en San Juan.

---

[544] Rosario Natal, Op. Cit., pp. 221-227. Una fotocopia de la proclama de Miles está en Rivero, Op. Cit., p. 232.
[545] Alger, Op. Cit., pp. 305, 308; Gómez Núñez, Op. Cit., pp. 86, 88.

Una columna, mandada por el general Schwan, avanzaría por el flanco izquierdo de las fuerzas norteamericanas, desde Ponce hasta Mayagüez, en la costa oeste, y de allí continuaría en dirección a Arecibo, en la costa norte.

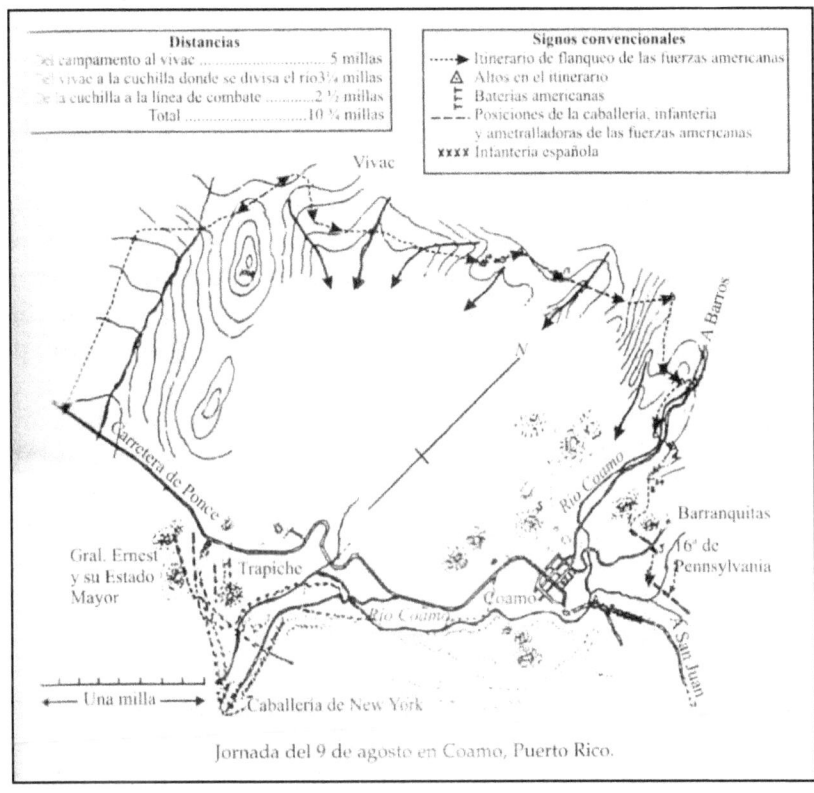

Jornada del 9 de agosto en Coamo, Puerto Rico.

Otra columna, mandada por el general Garretson, partiría de Ponce, trasladándose hacia el norte hasta Adjuntas, seguiría a Utuado y de allí hacia Arecibo. Estas fuerzas, combinadas, se pondrían al mando del general Henry, aprestándose a moverse desde Arecibo hacia el este, en dirección a San Juan.

Mientras tanto, el general Wilson dirigiría una tercera columna que, saliendo de Ponce, se movería hacia el nordeste, pasaría por Coamo y avanzaría hacia el punto fuerte de Aibonito. En el flanco derecho de la agrupación de tropas norteamericanas el general Brooke avanzaría desde Arroyo a través de Guayama hasta Cayey, tratando de alcanzar la retaguardia de Aibonito en el "camino militar" a San Juan, para hacer insostenible la posición de los soldados españoles allí.

Wilson y Brooke combinarían entonces sus fuerzas para avanzar a lo largo del camino, uniéndose cerca de San Juan con las tropas que debían venir desde Arecibo para, en conjunto, poner sitio a la capital de Puerto Rico.

Este complicado plan hacía énfasis en la maniobra a fin de aislar y flanquear las posiciones españolas, evitando choques frontales, lo cual era congruente con las proposiciones estratégicas de Miles. [546]

Antes de que las distintas columnas norteamericanas iniciaran sus movimientos tuvieron en cuenta la información que iban obteniendo sobre el terreno. El general Roy Stone, de las tropas ingenieras, informó el 29 de julio sobre indicios de que el enemigo parecía estar concentrando 2-3 mil hombres en Aibonito, una posición que pudiera ser defendida con efectividad.

El general Wilson recibió también informes de este movimiento, a lo que se añadió que una avanzada española estaba ubicada en Coamo, a varios kilómetros al suroeste de Aibonito. El 1 de agosto Stone proporcionó información adicional (que había obtenido a través de un colaborador puertorriqueño), según la cual cerca de 4 mil soldados españoles estaban haciendo "grandes preparativos" cerca de Aibonito y alrededor de mil hombres estaban en posiciones cercanas a Coamo.

El 5 de agosto las tropas de Brooke avanzaron hacia el oeste desde Arroyo hacia Guayama y de sde allí pudo moverse en dirección norte a lo largo de un camino, que estaba en buenas condiciones, hacia Cayey, lo que lo situaría en la retaguardia de Aibonito. En Guayama los norteamericanos sostuvieron un breve encuentro con los defensores, como resultado del cual tuvieron 5 heridos mientras los españoles sufrían 2 muertos y 15 heridos.

---

[546] Ver un comentario al plan general de Miles puede en el informe del capitán de navío Higginson al contralmirante Sampson, fechado el 2 de agosto y que aparece en BN 98, pp. 635-640 (especialmente p. 639). Higginson explica como Miles planificó avanzar a lo largo del camino militar de Ponce a San Juan. *"Hay numerosas posiciones fuertes que pueden ser ocupadas por el enemigo pero teniendo pleno dominio del mar, todas ellas pueden ser flanqueadas efectuando desembarcos en puertos situados en el flanco derecho o izquierdo, y el enemigo se verá forzado a abandonar sus posiciones por flanqueo de las mismas y no por asalto directo"*. Aquí Higginson captó la esencia del diseño estratégico de Miles.

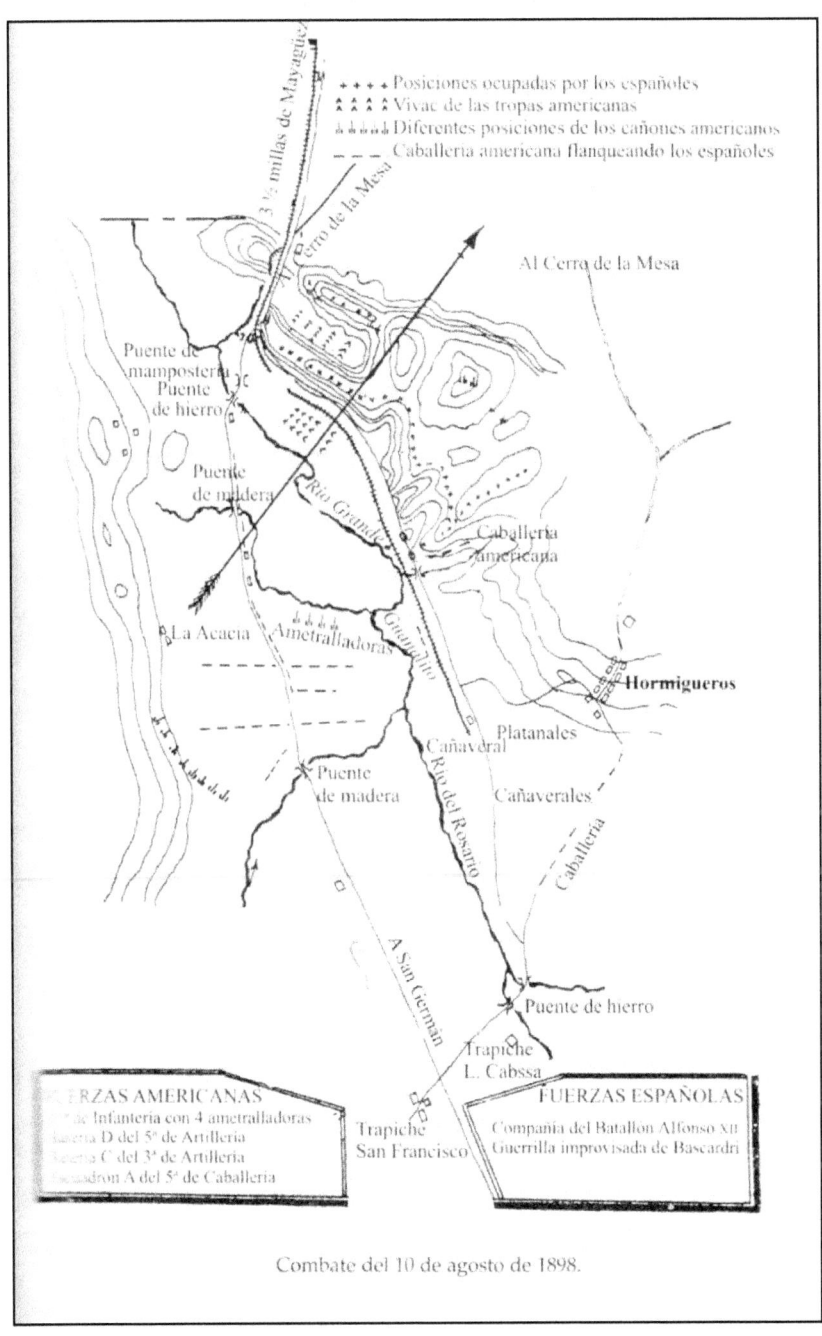

Combate del 10 de agosto de 1898.

Esta escaramuza podía indicar que los españoles estaban prestos a resistir en la región de Coamo, Aibonito y Cayey. Miles, sin embargo, estaba confiado, pues sabía de su gran superioridad en fuerzas y medios. El 8 de agosto, respondiendo a una instancia del Departamento de la Guerra sobre sus futuras necesidades, afirmaba *"pienso que hay suficientes tropas en Puerto Rico. No son necesarias baterías de campaña"*.[547]

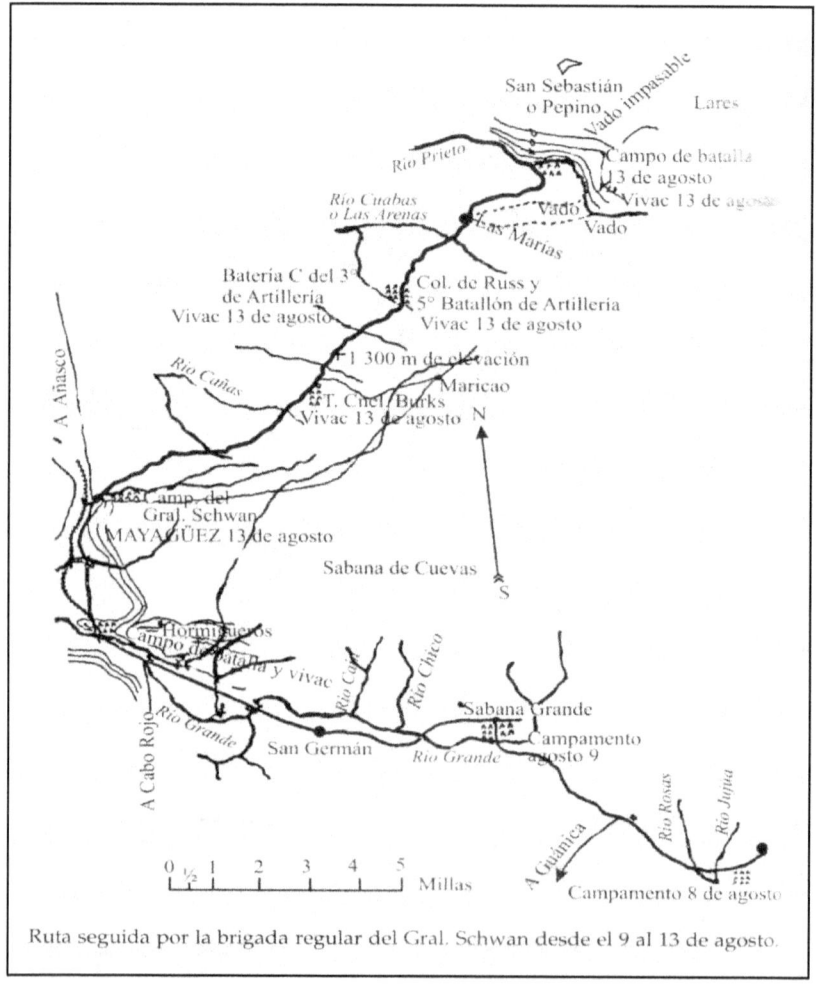

Ruta seguida por la brigada regular del Gral. Schwan desde el 9 al 13 de agosto.

---

[547] Chadwick, Op. Cit., vol. 2, p. 296; ver también informe de Miles a Alger del 2 de agosto en CWS, vol. 1, p. 351, instancia del Departamento de la Guerra en mensaje de Corbin a Miles del 6 de agosto, en Ibídem, p. 364 y respuesta de Miles a Corbin, sobre necesidades de tropas, del 8 de agosto, en Ibídem, p. 368.

Miles tenía razones para sentirse optimista; sus fuerzas se incrementaban mientras las españolas se debilitaban. Sin embargo, la ofensiva norteamericana se demoraba debido a la falta de facilidades portuarias en Ponce y Arroyo. Esta dilación hacía impacientar, sobre todo, a la Marina, que comenzó a elaborar proyectos para destruir la resistencia española de manera rápida.

El 2 de agosto, el capitán de fragata Charles Davis, comandante del crucero auxiliar "**Dixie**", informaba de sus experiencias en Puerto Rico al contralmirante Sampson y le proponía un plan alternativo para capturar San Juan que daría origen a una nueva trifulca entre los altos mandos de la Marina y el Ejército de los Estados Unidos.

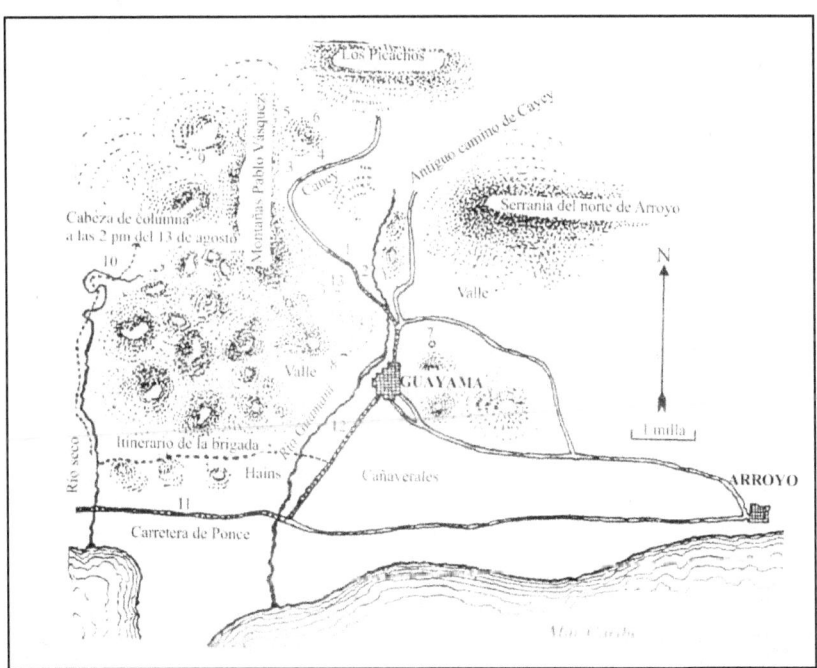

Decía Davis: *"Mantengo la firme opinión de que la plaza de San Juan de Puerto Rico puede ser capturada por la escuadra a sus órdenes y por un golpe de mano, sin necesidad de que el Ejército preste su ayuda; y una vez realizada aquella captura, seguiría la completa conquista de toda la isla de Puerto Rico"*. Proseguía después el agresivo oficial especificando los detalles de su proyecto que incluía, entre otras medidas el bombardeo, *"no solamente de las defensas de la plaza, sino también la ciudad misma y los suburbios, dominando con sus cañones, además, el camino que es la única salida de la población".*

El plan de Davis fue, por supuesto, del beneplácito de Sampson quien, dos días después de haberlo recibido, le escribió al secretario de Marina sobre la posibilidad de atacar San Juan de nuevo.

Al enterarse de la proposición el capitán de navío Alfred T. Mahan, quien fungía como miembro de la Junta de Guerra Naval -órgano asesor del secretario de Marina- le dio su entusiasta apoyo a la misma. [548]

Todo parece indicar que la Marina estaba deseosa de materializar el plan de Davis, pero el proyecto se vio bloqueado al ser conocido por Miles quien, al tener noticia de que los buques que se encontraban en ese momento en Ponce iban a salir rumbo a San Juan, se comunicó inmediatamente con el secretario de la Guerra para que éste, a su vez, gestionara con el presidente el que impidiera esa operación por parte de las fuerzas navales. Se frustró así la materialización del Plan Davis. [549]

Finalmente, la ofensiva de las fuerzas de Miles comenzó. El 6 de agosto el general Schwan recibió órdenes de avanzar en el flanco izquierdo. Sus fuerzas, unos 1 411 hombres debían avanzar a través de Sabana Grande y San Germán hacia Mayagüez, para después volverse al interior y proseguir a través de Lares en dirección a Arecibo en la costa norte. El 8 de agosto el general Brooke, quien tenía a su cargo el flanco derecho de la agrupación norteamericana, recibió instrucciones: Debía moverse rápida pero cautelosamente hacia Cayey para envolver o flanquear a los españoles, tratando de no tener encuentros frontales y "bajo ninguna circunstancia asaltar líneas de trincheras". Se le advertía sobre la posibilidad de emboscadas y de caminos minados. Su objetivo al tomar Cayey era el de aislar a las tropas españolas que estaban en Aibonito, cortándoles la retirada hacia San Juan. La exploración efectuada el propio día 8, que condujo a la escaramuza de Guayama, dio indicios de que las tropas españolas

---

[548] BN 98, pp. 646-647; un análisis y comentario del plan de Davis aparece en Rivero, Op. Cit., pp. 460-461; también en Trask, Op. cit., p. 361.
[549] CWS, vol. 1, p. 380.

estaban atrincheradas a unos 10-12 kilómetros hacia el norte en el camino a Cayey. Brooke empleó varios días en preparar el ataque a dicha posición. [550]

Mientras tanto, las fuerzas del general Wilson sostenían el primer combate de envergadura de la campaña, un encuentro en Coamo el 9 de agosto, cuando los estadounidenses se movían por el camino de Ponce hacia Aibonito.

Las tropas bajo el mando directo del general de brigada Oswald H. Ernst llevaron a cabo una maniobra de flanqueo. Fuerzas del 16º Regimiento de Pennsylvania, mandadas por el teniente coronel John Biddle, se movieron por la noche a través de trillos de montaña para llegar al camino a San Juan al norte de las posiciones españolas. Entonces Ernst avanzó y sobrevino un combate en el que resultaron muertos el jefe de las tropas españolas, comandante Rafael Martínez Illescas y su segundo al mando, capitán Frutos López. En total los españoles tuvieron 5 muertos y cerca de 40 heridos así como 167 prisioneros. Las bajas norteamericanas fueron 6 heridos, uno solo de ellos de gravedad. Tras esa acción el camino hacia Aibonito quedaba abierto. [551]

Al día siguiente, 10 de agosto, las tropas de Schwan tuvieron su primera acción combativa. Habiendo salido de Yauco el 9 de agosto, tenía que avanzar a través de Sabana Grande y San Germán. En Hormigueros, unos 12 kilómetros al sur de Mayagüez, la guarnición de esta ciudad presentó combate.

En la acción los defensores españoles sufrieron aproximadamente 50 bajas. Los norteamericanos tuvieron un muerto y 16 heridos.

La retirada de los españoles permitió a las fuerzas invasoras ocupar Mayagüez, el 11 de agosto, tras lo cual salieron en persecución de las fuerzas hispanas hacia Lares preparándose a tomarlo. [552] Mientras Schwan avanzaba con rapidez hacia Are-

---

[550] Alger, Op. Cit., p. 311.
[551] Rivero, Op. Cit., pp. 235-249; Chadwick, Op. Cit., pp. 301-304. El primer parte sobre el combate, fechado el 9 de agosto, está en CWS, vol. 1, p.372.
[552] Rivero, Op. Cit., 295-349; Chadwick, Op. Cit., V. 2, pp. 306-309; y Alger, Op. Cit., pp. 314-316. Chadwick da cuenta de un destacamento de caballería compuesto por colaboradores puertorriqueños mandado por Lugo Viña proporcionó a los norteamericanos una utilísima exploración. El 13 de agosto un destacamento norteamericano emboscó a tropas españolas en un vado del río Guasio cerca de Las Marías y le infligió fuertes perdidas sin tener bajas propias. Miles informó que

cibo, la columna del general Garretson se movió siguiendo caminos de montaña, al norte de Adjuntas. El general Henry tomó el mando de ese movimiento el 13 de agosto, pero ese mismo día recibió órdenes de detenerse en Utuado.

Mientras tanto, los preparativos para atacar a los españoles en Aibonito proseguían. El 9 de agosto Miles le informó a Wilson sobre un viejo camino que salía de Coamo y corría paralelo al camino militar. Utilizando esta vieja senda, la infantería podría moverse inadvertida durante la noche para salir a un punto situado al norte de Aibonito.

El regimiento 17 de Nueva York en operaciones en Puerto Rico.

Todo esto era congruente con el interés de Miles en los movimientos de flanco y en las medidas para evitar que los españoles pudieran sorprender a las fuerzas norteamericanas. Wilson consideraba que las fuerzas hispanas en Aibonito ocupaban una posición muy fuerte. Por eso solicitó a Miles que lo reforzara en Coamo con la brigada de Schwan. Al mismo tiempo, el coronel Biddle había encontrado una senda a lo largo de unas alturas situadas al sur de Aibonito, que permitía a la infantería sobrepasar el pueblo y atacarlo por la retaguardia. Wilson pedía que Brooke hiciera un amago demostrativo contra Cayey al mismo tiempo que él atacaba.[553]

El 12 de agosto el general Wilson informó a Miles de su intención de avanzar. Su plan consistía en el envío de una fuerza a rodear Aibonito y al mismo tiempo conminar a los defensores del pueblo a la rendición. Esa misma tarde, el coronel Tasker H.

---

17 españoles murieron y 56 fueron hechos prisioneros en ese encuentro.
[553] Chadwick, Op. cit., pp. 304-307. Respecto a las fuerzas españolas en Aibonito, véase Gómez Núñez, Op. Cit., pp. 97-98.

Bliss avanzó hacia Aibonito bajo bandera de parlamento para hablar con el 2º jefe de las fuerzas españolas quien estuvo de acuerdo en transmitir la proposición al gobernador y tener una respuesta la siguiente mañana a las 6:00 a.m. Bliss aprovechó su misión para reconocer las posiciones españolas.

Entretanto, Wilson decidió que el general Ernst partiera de Barranquitas hacia el sur para salir al camino principal, a unos 4 kilómetros al este de Aibonito o sea, más allá del alcance del fuego de los defensores. A la mañana siguiente llegó la respuesta española rechazando la proposición de rendirse. Wilson decidió entonces comenzar el ataque en la mañana del 13 de agosto. Todo parecía indicar que el combate iba a ser duro. Los defensores de Aibonito eran unos 1 300 y contaban con dos cañones Plasencia. Sin embargo, antes de que la acción comenzara llegó la noticia de que España y los Estados Unidos habían firmado en Washington, un protocolo de cese de las hostilidades y que por tanto todas las operaciones debían suspenderse:

*Oficina del Ayudante General*
*Washington, Agosto 12, 1898. 4:23 p.m.*
   *Mayor general Miles, Ponce, P. R.*
   *"El Presidente dispone que sean suspendidas todas las operaciones militares contra el enemigo.Negociaciones de paz están a punto de cerrarse, y un Protocolo ha sido firmado por representantes de ambos países. Usted informará al comandante de las fuerzas españolas en Puerto Rico de estas instrucciones. Más órdenes seguirán. Acuse recibo.*
   *Por orden del secretario de la Guerra",*
   *H. C. Corbin,    Ayudante general*

Esta noticia detuvo a las columnas que avanzaban hacia San Juan. Miles informó a sus jefes subordinados -e incluso al Gobernador Macías- sobre los acuerdos de Washington y las acciones combativas en Puerto Rico cesaron.[554]

En el aspecto estratégico, la invasión de Puerto Rico fue la única en toda la guerra con rasgos ofensivos de cierta importancia y que no estuvo motivada ni por consideraciones ni presiones navales sino que fue emprendida exclusivamente para ocupar el

---
[554] Rivero, Op. Cit., pp. 379-385

territorio de la isla. Con tal planteamiento, el objetivo principal de las operaciones en la Pequeña Antilla tenía que ser la captura de la principal ciudad y centro de la defensa: San Juan.

Un balance del desarrollo de la campaña terrestre de las fuerzas norteamericanas en Puerto Rico podrá apreciar que muchas de las dificultades organizativas que afrontó la expedición a Santiago de Cuba no estuvieron presentes. En primer lugar, la autoridad del general Miles fue incuestionable y los jefes de las grandes unidades, tanto de las divisiones como de las brigadas, eran veteranos experimentados que dieron evidencia de ello a lo largo de las acciones. En segundo término, las operaciones de desembarco en Guánica, Ponce y Arroyo se efectuaron fácilmente.

Tropas estadounidenses entrando en Ponce, Puerto Rico.

En tercer lugar, las tropas invasoras estaban provistas del equipo, suministros y aseguramientos necesarios para la campaña por lo que no tuvieron que sufrir las privaciones que soportaron los miembros de la expedición de Shafter en Cuba y no se presentaron graves problemas médicos. En cuarto lugar, la presencia de un contingente de tropas ingenieras ayudó a resolver problemas del desembarco y algunas situaciones tácticas como la marcha de Garretson a través de las montañas de Adjuntas a Utuado. Las bajas norteamericanas fueron escasas: en un total de seis encuentros los estadounidenses sufrieron 7 muertos y 36 heridos. Las bajas españolas fueron cerca de 10 veces mayores.[555]

La invasión de Puerto Rico proporcionó a los Estados Unidos el logro de dos objetivos. El primero más inmediato y de carácter político-militar, era el de tener un elemento más para presionar a España y obligarla a aceptar las condiciones de paz impuestas por los norteamericanos sin tener que llevar a cabo grandes y costosas operaciones en el occidente de Cuba, especialmente contra La Habana, en las que, necesariamente, el Ejército Libertador de Cuba hubiera tenido un papel protagónico, cuestión ésta que no convenía a los intereses hegemónicos norteamericanos.

El otro objetivo, de carácter político y mayor alcance, era el de obtener la posesión de Puerto Rico con la que reforzaban su posición dominante en el Caribe.

---

[555] Ermolov: *"La Guerra Hispano- Americana"*, San Petersburgo, 1899, pp. 191-192. Las cifras de bajas han sido tomadas de Chadwick, Op. Cit., p. 482.

## Capítulo 17
El sitio y la capitulación de Manila

La destrucción de la escuadra española del almirante Patricio Montojo el 1º de mayo había llevado a la población y autoridades españolas de Manila a un estado de estupefacción. Delante de sus ojos, los buques españoles se habían hundido sin haber logrado dañar siquiera ligeramente a los atacantes norteamericanos.

Pero a pesar de su fácil victoria, los norteamericanos se enfrentaban a una situación complicada. Eran dueños de la bahía pero no tenían fuerzas para tomar la ciudad, por lo que tuvieron que apelar a la cooperación de los patriotas filipinos a fin de crear una situación favorable y dar tiempo a que tropas norteamericanas se prepararan y fueran trasladadas a través del océano.

Por otra parte, la presencia de buques de guerra de otras potencias navales, especialmente de Alemania, en la Bahía de Manila, amenazaba con internacionalizar el conflicto, lo cual podía tener consecuencias imprevisibles. Además, se tenían noticias de que España preparaba con urgencia una escuadra bajo el mando del almirante Manuel de la Cámara en cuya composición estaban el acorazado **"Pelayo"** y el crucero acorazado **"Carlos V"**. Esta escuadra española tenía al menos en el papel, posibilidades combativas superiores a la que tenía Dewey en Manila y podía poner en un aprieto al jefe naval norteamericano.

Dewey comprendió que su principal problema era consolidar su posición militar para poder ulteriormente, desarrollar en tierra el éxito alcanzado por su escuadra. Unos días más tarde, en un mensaje al secretario de Marina precisaría que *"para mantener el control de las Filipinas se requiere, según mi criterio, una fuerza bien equipada de 5 000 hombres"* resumiendo así más tarde los argumentos de su solicitud: *"Teníamos la ciudad bajo nuestros cañones, como tuvo Farragut a Nueva Orleans bajo los suyos. Pero el poderío naval no podía hacer nada más en la costa. Para mantener la tierra hay que tener al hombre con el fusil".*

Dewey necesitaba el apoyo de los patriotas filipinos para ganar el tiempo que le era imprescindible y en esa dirección encauzó sus esfuerzos y habilidades.[556]

**Las defensas terrestres de Manila.**

Uno de los cuatro cañones Krupp de 9,4 pulgadas (235 mm.) de la defensa costera de Manila. En la foto, soldados estadounidenses montan guardia en su emplazamiento después de la capitulación de la ciudad el 13 de agosto de 1898.

Una vez destruida la escuadra española la situación defensiva de Manila era bastante precaria. La populosa ciudad (más de 300 mil habitantes), quedaba completamente dominada por la artillería de la escuadra norteamericana, y por la parte de tierra, su organización defensiva, diseñada para contrarrestar las posibles acometidas de los insurrectos, solo podía considerarse como una línea de seguridad y vigilancia.

El gran perímetro ocupado por los barrios externos de Manila (Tondo, Binando, Sampaloc, Guiapo, La Ermita y Malate), era un inconveniente para la defensa en su conjunto de la población. La ciudad murada, de apenas un kilómetro de perímetro, no podía evitar que esos barrios fuesen invadidos. Comprendiéndolo así, el general Fernando Primo de Rivera, había ordenado, en

---

[556] Trask, David F., *"The War with Spain in 1898"*, New York, 1981, pp. 369-370. El informe inicial de Dewey, del 4 de mayo, puede verse en *"Appendix to the Report of the Chief of the Bureau of Navigation. 1898"* (en lo adelante BN 98), p. 68.

marzo de 1898, la construcción de un cinturón defensivo de fortines y blockhaus intermedios, obra que fue rápidamente realizada por los ingenieros militares. Los primeros eran de mampostería, los blockhaus era de madera protegidos por un parapeto de tierra. Entre cada dos fortines había aproximadamente un kilómetro, de manera que el recinto lo constituían unos 15 kilómetros. En cuanto a la artillería, era escasa, y la inmensa mayoría muy anticuada. Las fuerzas existentes en Manila, contando con el batallón de voluntarios se calculaba en unos 9 mil hombres.[557]

Soldados estadounidenses posan en Manila junto a un viejo cañón español de avancarga del siglo XVIII "modernizado" como de retrocarga.

Primo de Rivera fue sustituido, casi en vísperas de la guerra, el 11 de abril, por el general Basilio Augustín. En un esfuerzo por ganarse la lealtad de los filipinos, el nuevo Gobernador General creó la Milicia Filipina, compuesta por voluntarios, que podrían ascender hasta el grado de Coronel, sin que dichos empleos fuesen incompatibles con otros cargos civiles. Además, estableció una Asamblea Consultiva, sin poderes administrativos.

Por último, se crearon títulos nobiliarios para los filipinos "que

---

[557] Gómez Núñez, Severo: *"La Guerra Hispanoamericana. Puerto Rico y Filipinas"*, Madrid, 1902, pp. 173-176.

*se hagan acreedores por actos heroicos de patriotismo"*, abriéndoles paso a los empleos públicos de confianza hasta de gobernadores de provincias. *¡Cuán cicatero y tardío resultó el ofrecimiento, totalmente de espaldas a la realidad!*[558]

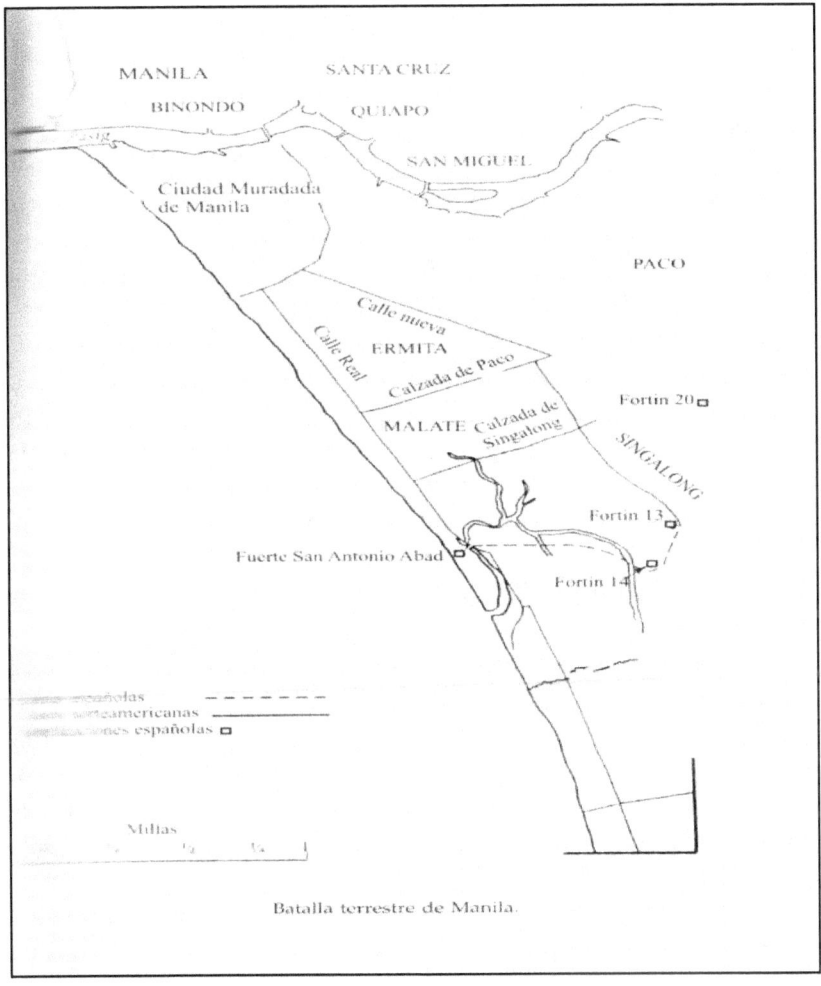

Batalla terrestre de Manila.

La Asamblea Consultiva se reunió pocas veces. No realizó nada notable y su lealtad al régimen español fue bastante dudosa. Varios de sus 17 miembros se pasaron a las filas de los patriotas filipinos.

---

[558] Molina, Antonio: *"Historia de Filipinas"*, Madrid, 1984, Tomo II, pp. 410-411.

La Milicia Filipina tampoco cumplió los objetivos para los que se creó, los patriotas se infiltraron en ella y promovieron una sublevación que la hizo desintegrarse a fines de mayo .

El Gobernador General Augustín contaba con alrededor de 26 mil soldados regulares españoles y unos 14 mil voluntarios se encontraban diseminados por todo el archipiélago. Unos 23 mil de ellos estaban ubicados en guarniciones en la isla de Luzón, de estos, como ya se ha dicho, 9 mil en Manila.

Muchos pequeños destacamentos ejercían control de las zonas rurales.

Algunos estudiosos han señalado que Augustín debió concentrar gran parte de estas tropas en Manila para defender la ciudad. Pero ante el Gobernador General se presentaba el dilema, siempre insoluble, que desquicia al ocupante: si se concentraba, dejaba el campo en manos de los rebeldes, si se dispersaba, sería débil en todas partes. El jefe español optó por la primera variante; consideró que si dejaba a los destacamentos españoles en sus localidades esto evitaría la explosión de una insurrección generalizada, pero su razonamiento resultó errado, las unidades del ejército colonial no pudieron contener a los insurgentes y 6 700 efectivos regulares cayeron en manos de los patriotas.[559]

**Relaciones filipino-norteamericanas a comienzos de la guerra.**

Mientras tanto, el ya almirante George Dewey había recibido instrucciones de ocupar Manila. Como preparación para ello ocupó el día 4 de mayo la isla de Corregidor. El día 13 el presidente McKinley ratificó, mediante un decreto, el bloqueo del puerto de Manila, establecido por Dewey, quien ya había ocupado también el arsenal de Cavite y continuaba tratando de comprometer la colaboración filipina ya gestionada preliminarmente en Hong Kong y Singapur. En palabras del propio almirante, *"cuanto más asediaran los filipinos la ciudad, más fácil sería para nuestras tropas, cuando lleguen, entrar en la misma"*. A esos efectos, envía al guardacostas **"Mc Culloch"** a Hong Kong para recoger al general Emilio Aguinaldo y a varios de sus colaboradores. El Mc Culloch arribó a dicho puerto el día 15 de mayo (el mencionado buque había entrado allí el día 7, para trasmitir

---

[559] Trask, Op. Cit., p. 371.

a Washington la noticia de la victoria obtenida por la escuadra de Dewey pero sin órdenes aún de transportar a Aguinaldo).[560]

Traslado por la Bahía de Manila de fuerzas estadounidenses de artillería de campaña en rústicos juncos filipinos remolcados por lanchas a vapor de la Marina.

El 19 de mayo, casi inmediatamente después de su llegada a la Bahía de Manila, Aguinaldo se entrevista con el almirante Dewey quien le aseguró que los Estados Unidos estaban en Filipinas para proteger a sus habitantes y librarlos del yugo español. Le dijo, además, que los Estados Unidos eran un país rico en tierras y recursos que no necesitaba colonias. Por último, asegura que no debía haber duda alguna del reconocimiento de Filipinas por parte de su gobierno. Al despedirlo, le reiteró que la independencia filipina sería reconocida por los Estados Unidos y avalada por la palabra de honor de los norteamericanos, de mucha más eficacia que cualquier documento escrito, que se deja de cumplir cuando se desee, como ha sido el caso de los acuerdos firmados por los españoles.

**General Emilio Aguinaldo** (1869-1964), Líder de los independentistas filipinos. Siempre insistió en que funcionarios estadounidenses habían prometido conceder la independencia a Filipinas a cambio de su apoyo contra las fuerzas españolas en 1898.

Aguinaldo agradece las seguridades y, por su parte, afirma que sabría conseguir el apoyo unánime de su pueblo para

---

[560] Molina, Op. Cit., p. 416.

reanudar la lucha contra España. Insiste, empero, en que se le envíen las armas acordadas en Hong Kong. Dewey le hace entrega de los cañones que habían pertenecido a la flota española y el armamento ocupado en Corregidor y en el arsenal de Cavite y lo insta a que se instale en Cavite y comience allí a formar su gobierno.[561]

La llegada de Aguinaldo al país, como era de esperarse, movilizó a una parte importante de la población filipina. El mismo día de su llegada, el líder independentista emitió una proclama dirigida **"A los jefes revolucionarios de Filipinas"** en la que señala las doce del día del último día del mes como hora y fecha para un levantamiento general.

Unos días después, el 24, emite una nueva proclama en la que explica que, considerando que las condiciones del país no permiten, por el momento, instalar un sistema republicano, es necesario establecer un gobierno dictatorial *"que se traducirá en decretos bajo mi sola responsabilidad, y mediante consejo de personas ilustradas, hasta que, dominadas completamente estas islas, puedan formar una asamblea constituyente y nombrar un presidente con su gabinete, en cuyas manos resignaré el mando de las mismas"*. Tras este acto, comenzaron a emitirse decretos dirigidos a organizar al país para la guerra.[562]

General Wesley Merrit, segundo en rango en el Ejército estadounidense. Se le confirió el mando del 8° Cuerpo de Ejército que invadió Filipinas.

Coincidiendo con las proclamas, llegan a Cavite cerca de dos mil fusiles y más de 200 mil cartuchos a bordo del transporte norteamericano **"Petrel"**. El 25 de mayo unidades navales norteamericanas bombardean Naíc, que luego es tomado por fuerzas insurgentes que recogen allí otro cargamento de fusiles traídos por los buques estadouniden-

---

[561] Ibídem, p. 417.
[562] Ibídem, pp. 418-419. Una traducción al inglés de las tres proclamas de Aguinaldo del 24 de mayo de 1898, pueden verse en BN 98, pp. 104-105.

ses. La insurrección se extiende por todo Luzón y alcanza también otras islas.

El 28 una fuerte columna española mandada por el general Peña, es derrotada por los patriotas en Kawit (Cavite Viejo) y hecho prisionero su jefe. Por esta victoria y por la que obtiene después en Binakagan, el general Aguinaldo decreta el despliegue público de la bandera nacional.[563]

La comunicación en esos momentos entre la jefatura de los insurrectos filipinos y el mando de la escuadra naval norteamericana era fluida y constante. Aguinaldo mantenía informado a Dewey de sus progresos y este último efectuó una visita a los cuarteles del líder filipino. Allí se enteró que las fuerzas de los patriotas sumaban ya unos 37 mil hombres. El almirante norteamericano, en comunicación secreta, informó al secretario de Estado sobre los resultados de esta visita, asegurándole que *"cuando el general Merrit llegue, se encontrará con unas fuerzas terrestres auxiliares considerables, idóneas para servirle y acostumbradas al clima del lugar"*. Para ese momento el general Wesley Merritt había organizado la denominada "**Primera Expedición**" del 8vo Cuerpo del Ejército, destinado a ser enviado al archipiélago.

Pero, ¿por qué se le envía a Dewey un contingente de "641 oficiales y 15 058 soldados" o sea, tres veces más que el número solicitado?

Más tarde, el presidente McKinley daría la respuesta en un mensaje en el que aludía a la toma de Manila, el 13 de agosto: "Con esto, la conquista de las islas Filipinas virtualmente consumada cuando la capacidad de resistir de los españoles se destruyó con la victoria del almirante Dewey, el 1 de mayo, quedó formalmente sellada". ¿ **Es que, en ese entonces, los Estados Unidos han optado ya por anexionarse Filipinas?** [564]

Las fuerzas filipinas desarrollaban un impetuoso ritmo ofensivo. El 28 de mayo, una fuerza de 400 hombres atacó Indang. Para hacerles frente, se envió una columna de fuerzas españolas que fue detenida en la línea de Zapote, donde tuvo lugar un encarnizado combate. El día 7 de junio Cavite Viejo cayó en manos de las fuerzas patrióticas. En el ínterin, el 30 de mayo, temerosos

---

[563] Molina, Op.Cit., p. 420.
[564] Ibídem, pp. 421-422.

de un desembarco norteamericano, los habitantes de Silang abandonan el pueblo en masa. El 2 junio comienza el ataque que termina el 9 con la rendición de los defensores. El 12 capitula Indang y a continuación se van tomando un conjunto de pueblos y ciudades que circundan Manila. En junio 4, se rinde Calapan, en la isla Mindoro.[565]

Blockhouse español número 14 en Manila.

El día 3 de junio, el Gobernador General comunicó al gobierno de Madrid que la ciudad estaba incomunicada con el resto del archipiélago, pues los insurrectos habían cortado las vías férreas y el telégrafo. Hizo saber también su temor de que Manila fuera atacada por mar y tierra. Decía además, que carecía de fuerzas suficientes, no obstante lo cual extremaría la defensa. Una semana después, informó a la metrópoli que las fuerzas insurrectas estaban estrechando el cerco y que los defensores habían tenido que replegarse a la línea defensiva de fortines y "blockhaus", reforzada con trincheras.

---

[565] Ibídem, pp. 422-423.

Mientras, se hacían cada vez más frecuentes las deserciones entre las tropas gubernamentales filipinas para unirse a los rebeldes de Aguinaldo. Por si esto fuera poco, muchos civiles comprometidos con el régimen colonial, aterrorizados, buscaron refugio en la capital empeorando la situación de la misma.

A la semana siguiente, volvió el Gobernador General a insistir en que su situación es "gravísima", declarando sin rodeos que se acercaba el momento de sucumbir, pues los medios de resistencia se agotaban y continuaba la deserción de las tropas filipinas. De Madrid le contestan que, llegado el caso, tratara de entregar Manila en depósito a los comandantes de los buques extranjeros, para la protección de sus súbditos y los españoles; si esto no fuera posible y se hiciera necesario al Gobernador General salir de Manila, se le dieron instrucciones de que deje la misma en poder de los norteamericanos, pero nunca en manos de los insurrectos. Se expresaba así un modelo de conducta que se manifestaría también en Santiago de Cuba.[566]

Con 2 500 prisioneros en su poder y más de 5 mil fusiles capturados al enemigo, el general Aguinaldo proyectaba un ataque definitivo a Manila, para lo cual dio las órdenes pertinentes para ir concentrando fuerzas que ascendian a unos 30 mil combatientes. A los defensores, después de las sucesivas deserciones, les quedaban apenas 7 410 soldados en activo y una reserva de 2 850. Por su parte, el gobierno norteamericano, en sucesivos mensajes, advirtió a Dewey que, si bien puede y debe proseguir aprovechando a su favor la cooperación de los patriotas filipinos, debía tener cuidado de no hacer nada que pueda ser tomado con un compromiso formal con éstos. El 26 de mayo se le subrayaba ".. *no haga alianzas políticas con los insurgentes o cualquier fracción en las islas que pudiera constituir obligación de apoyar su causa en un futuro*".

A este mensaje del Secretario de Marina, respondió Dewey en los siguientes términos: "...*He actuado de acuerdo con el espíritu de las instrucciones del Departamento en él contenidas desde el comienzo, y no he concertado ninguna alianza con los insurgentes ni con facción alguna*".

---

[566] Ibídem, p. 423.

No obstante estas seguridades de su almirante, el gobierno quería conocer detalles y mantener el control de todo lo que acontecía:

*Washington, Junio 14, 1898.*
*DEWEY (al cuidado del Cónsul norteamericano) Hong Kong:*
   *"Informe completamente sobre cualquier conversación relación o cooperación, militar o de cualquier otro tipo, que haya tenido con Aguinaldo y mantenga informado al Departamento en tal respecto".*                    *LONG*

El informe solicitado fue enviado por Dewey unos días después. El mismo era revelador:

*Hong Kong, Junio 27, 1898.*
   *SECRETARIO DE MARINA, Washington:*
   *"... Aguinaldo, el líder insurgente, con 30 miembros de su estado mayor, arribó el 19 de mayo, autorizado, en el "Nanshan". Se estableció en Cavite, fuera del arsenal, bajo la protección de nuestros cañones, y organizó su ejército. He tenido varias reuniones con él, generalmente de tipo personal. Me he abstenido consecuentemente de asistirlo de cualquier manera con las fuerzas bajo mi mando, y en varias ocasiones he rehusado sus solicitudes al respecto diciéndole que la escuadra no puede actuar hasta la llegada de las tropas de los Estados Unidos. (...) le he dado a entender que considero a los insurgentes como amigos, estando opuestos a un enemigo común (...). Aguinaldo ha actuado independientemente de la escuadra, pero me ha mantenido al tanto de sus progresos que han sido admirables. Le he permitido transportar por mar personal, armas y pertrechos y tomar del arsenal las armas y pertrechos españoles que ha necesitado. (...). Mis relaciones con él son cordiales, pero no soy de su confianza. **Los Estados Unidos no se han obligado de manera alguna a apoyar a los insurgentes por ningún acto o promesa y él no está que yo sepa, comprometido a apoyarnos.** Creo que él espera capturar Manila sin mi ayuda, pero esto es dudoso debido a que aún no poseen mucha artillería. **Opino que esta gente son muy superiores en inteligencia y más capaces para gobernarse a sí mismos que los naturales de Cuba, y yo conozco bien ambas razas".*

Unos días antes, Dewey había remitido al Secretario de Marina, traducidos al inglés, los textos completos de las proclamas de Aguinaldo del 24 de mayo de 1898.[567]

Mientras tanto, Aguinaldo, enterado por una gacetilla del "London Times" de que los Estados Unidos pretendían la posesión de Filipinas, escribió al presidente Mc Kinley, el 10 de junio, una carta, redactada con mucho tacto, en la que protestaba contra la declaración publicada en el periódico londinense y le pedía al presidente norteamericano que la desmentiera.[568]

Ilustración de la declaración de independencia de Las Filipinas en Cavite.

Sopesando la situación política, el líder filipino consideró que había llegado el momento de proclamar la independencia política y fijó la fecha para ello en un decreto:

---

[567] El mensaje de Long a Dewey del 26 de mayo puede verse en BN 98, p. 105 (nótese la semejanza con el que le envía Corbin a Shafter el 30 de mayo); la respuesta de Dewey a Long del 3 de mayo en Ibídem, p. 102; el mensaje de Long a Dewey del 14 de mayo, inquiriendo detalles, en Ibídem, p. 102; el informe de Dewey a Long del 27 de mayo, en Ibídem, p. 103.
[568] Molina, Op. Cit., p. 428.

*"Se señala el día 12 de este mes para la proclamación de la independencia de este nuestro querido país en el pueblo de Cavite Viejo..."*[569]

Se dispuso que todos los jefes insurrectos concurrieran al acto y se envió invitación para la misma al almirante Dewey y a los oficiales y comandantes de los buques de su escuadra.

El día 11 de junio la ciudad de Batangas es tomada por los patriotas cayendo prisioneros los defensores y obteniéndose un botín considerable en armas y pertrechos. Las tropas insurgentes dominaban ya todo el sur de Luzón desde Tayabas hasta Manila con una excepción, **Baler**, donde un destacamento español, completamente incomunicado, resistiría durante casi un año.[570]

**Fricciones germano-norteamericanas.**

Mientras los insurrectos filipinos llevaban a cabo con fuerza incontenible, acciones convergentes en el cerco de Manila y el almirante Dewey esperaba impaciente la llegada de tropas procedentes de los Estados Unidos, en la propia Bahía de Manila ocurrieron acontecimientos que complicaron la situación, ya de por sí compleja, y que eran reflejo de los intereses de distintas potencias imperialistas respecto al Extremo Oriente y en particular a Filipinas, dada su estratégica posición.

Dos asuntos preocupaban muy seriamente a las cancillerías en lo referente al conflicto de Filipinas: uno era de carácter inmediato, la seguridad de sus nacionales que se encontraban en Filipinas y más concretamente en Manila; el otro, de mayor alcance político, eran los proyectos de los Estados Unidos respecto al futuro del archipiélago filipino. Era ya notorio que con el pretexto de "liberar" a Cuba, los Estados Unidos podrían, a cambio, adquirir bases en el Caribe. Pero es que España poseía además Filipinas, y si éstas pasaban al dominio de los Estados Unidos, *"serían una valiosa cabeza de puente de ese país respecto al Extremo Oriente"*.[571]

Para hacer frente a la primera de las preocupaciones -la seguridad de sus nacionales-, las potencias interesadas -Inglaterra, Francia, Japón y Alemania- enviaron buques de guerra a la

---

[569] Ibídem.
[570] Martín Cerezo, Saturnino: *"El Sitio de Baler"*, Madrid, 1946.
[571] Ibídem, p. 411.

Bahía de Manila.

Durante la mayor parte del mes de mayo y una parte de junio, es Gran Bretaña la potencia naval con la mayor fuerza neutral en Filipinas, lo cual no causaba preocupación alguna a los norteamericanos, debido a que los británicos tenían las mayores inversiones extranjeras en las islas y a que dada la creciente rivalidad que tenían con Alemania, se encontraban próximos a los estadounidenses.[572]

Antes de estallar la guerra entre Estados Unidos y España la política de Alemania sobre la misma era la de evitarla mediante una intervención internacional. Una razón principal para este proceder era la de defender los intereses de la monarquía española, pues así se protegían los del imperio alemán contra el auge de las tendencias republicanas en el continente europeo. Tampoco le convenía a Berlín la guerra hispanoamericana, porque unos Estados Unidos victoriosos podrían apoyar a Inglaterra en contra de Alemania que hasta entonces ocupaba una posición bastante favorable en la correlación de fuerzas en Europa.

De ahí que, al comenzar la contienda, Alemania diera un giro a su política, con vistas a obtener nuevas posesiones, extender su potencial estratégico y conseguir cuantas ventajas políticas pudiera. Respecto a Filipinas, los resultados del 1ro. de mayo hicieron que el gobierno alemán centrara su atención en esa región del Oriente. Era precisamente en el Pacífico donde Alemania y Estados Unidos habían tenido desavenencias (Hawaii y Samoa).

Ministro alemán de Relaciones Exteriores, príncipe Bernhard Fürst v. Bülow.

Una semana después de la victoria estadounidense en Cavite, el ministro alemán de Relaciones Exteriores, príncipe Bernhard von Bülow, sugirió a su emperador que un oficial naval de alta graduación, el vicealmirante Otto von Diedrichs, jefe de

---

572 Bailey, Thomas A.: **"Dewey and the Germans in Manila Bay"** en *"American Historical Review"*, vol. 45, 1939, pp. 60-61. Véase también Molina, Op. Cit., p. 411.

la escuadra alemana en el Pacífico, fuera enviado a Manila, donde podría estudiar la situación. El kaiser dio su aprobación, pero no fue sino el 2 de junio que se le envió, por cable, la orden a Diedrichs que estaba reabasteciendo sus buques en Nagasaki, Japón.

El 12 de junio, el vicealmirante alemán, arribó a Manila a bordo crucero de primera clase **"Kaiserin Augusta"**. Ese mismo día, el contralmirante Dewey envió un telegrama al secretario de Marina, en el cual describía la situación general, hacía su primera referencia a los alemanes y pedía refuerzos.

Para los españoles sitiados en Manila, la llegada del alto oficial alemán fue una señal esperanzadora, tomando fuerza el rumor de que los alemanes iban a tomar partido del lado español. La conducta de los alemanes dio pábulo a esta suposición pues se movían por la bahía, tanto de día como de noche, desconociendo las disposiciones del mando norteamericano al respecto, e inclusive los oficiales germanos visitaban con frecuencia la ciudad.[573]

La presencia alemana en la Bahía de Manila se vio reforzada aún más con la llegada de otros cruceros, el **"Kaiser"** (junio 18), el **"Prinzess Wilhelm"** (junio 20), así como el **"Cormoran"** y el **"Irene"**, con lo cual la escuadra de Diedrichs superaba en tonelaje y poder a la de Dewey. La publicación en la prensa del telegrama de Dewey anunciando la llegada de Diedrichs a Manila y urgiendo la salida de los monitores, creó un ambiente de inquietud que se caldeó aún más con la llegada de los otros cruceros. Sin embargo, este interés se esfumó rápidamente ante la masa de información que llegaba sobre los acontecimientos que tenían lugar en Cuba, los cuales acapararon la atención del público norteamericano.[574]

Por otra parte, el Gobernador General español, Basilio Augustín, siguiendo instrucciones del gobierno de Madrid, a las que ya hemos hecho mención, llegó a proponerle al jefe de la escuadra alemana que los comandantes de los buques de guerra pertenecientes a potencias neutrales se hicieron cargo de la ciudad *"en depósito"*, siendo denegada esta oferta por el vice-almirante von Diedrichs.[575]

---

[573] O'Toole, George J. A.: *"The Spanish War"*, New York, 1984, p. 364.
[574] Bailey, Op. Cit., p. 64.

[575] Ibídem, p. 62.

Días más tarde, el contralmirante Dewey comenzó a mostrar inquietud respecto a la escuadra alemana. La escuadra española de Cámara, según noticias, estaba llegando al Canal de Suez (llegó el 26 de junio); los alemanes mantenían muy buenas relaciones con los franceses y ambos, aparentemente, confraternizaban con los españoles. Los buques alemanes con sus idas y venidas evidenciaban su disposición a ignorar el bloqueo norteamericano, especialmente de noche, y tuvieron lugar varios incidentes con buques norteamericanos, tales como que se abriera fuego por sobre buques alemanes para obligarlos a detenerse. Diedrichs era de la opinión de que, dado que el bloqueo no se había anunciado de manera convencional, de hecho no había bloqueo.[576]

Vicealmirante Otto von Diederichs.

Las tensiones llegaron a su máximo punto a principios de julio. Los insurrectos filipinos, aliados tácitos de los norteamericanos en esos momentos, llevaron un ataque contra las fuerzas españolas en Isla Grande, en la Bahía de Subig. El crucero alemán **"Irene"** se presentó allí y, alegando razones humanitarias, comenzó a evacuar el personal civil. Informado de lo que sería todas las trazas de ser una interferencia en favor del enemigo, Dewey envió a sus cruceros **"Raleigh"** y **"Concord"** para poner fin a la intervención alemana. Cuando los buques estadounidenses entraron a la bahía el 7 de julio se cruzaron con el **"Irene"** que estaba saliendo, sin que nada pasara.

El almirante norteamericano se dio prisa en telegrafiar al secretario de Marina sobre el incidente. El telegrama fue dado a conocer a la prensa el mismo día de su llegada, 13 de julio, suscitando una ráfaga de exaltación. Sin embargo, la atención de la opinión pública se alejó rápidamente de los acontecimientos de Manila para concentrarse en lo relacionado con la rendición de

---

[576] Ibídem, p. 65.

Santiago de Cuba, que resultaba más excitante.[577]

La posición de Dewey se vió reforzada con la llegada, el 30 de junio, del primer contingente de tropas norteamericanas, precedido por el crucero "**Charleston**". El día 9 de julio, la partida del crucero "**Irene**" redujo a cuatro los buques alemanes.

El 17 de julio, arribó a Manila el segundo contingente de tropas procedentes de Estados Unidos y el 31 llegó el tercero. El 4 de agosto, el monitor "**Monterrey**" provisto de dos cañones de 300 mm y dos de 250 mm hizo su entrada en la bahía.

A esto había que agregar los hechos de la destrucción de la escuadra de Cervera en Santiago de Cuba el 3 de julio y la orden dada a la escuadra de Cámara de regresar a España el 5 de julio. Todo ello coadyuvó a que Dewey se sintiera más fuerte que los alemanes por primera vez desde que la escuadra de éstos fuera aumentada.[578]

A principios de agosto, los preparativos norteamericanos para atacar Manila estaban casi completos. El día 7, el contralmirante Dewey notificó a los buques extranjeros que estaban fondeados frente a la ciudad, que cambiaran su posición antes del mediodía del día 9, de manera tal que estuvieran fuera de la línea de fuego. Los buques de guerra británicos con sus barcos con refugiados se trasladaron unas 8 millas al sur, hasta Cavite, donde estaban los buques norteamericanos. El crucero japonés, con el barco que tenía a su cuidado, hizo otro tanto. Los dos cruceros franceses, con tres barcos de refugiados, se trasladaron al norte y oeste de la ciudad, más allá de la desembocadura del río Pasig, lo mismo hicieron tres buques de guerra alemanes. Mientras, el crucero "**Cormoran**" fue enviado, junto a cuatro transportes con refugiados alemanes, suizos y austríacos, a la bahía de Mariveles, situada a unas veinte millas al suroeste de Manila. Como podrá apreciarse, tanto los británicos como los japoneses, que tenían relaciones cordiales con los norteamericanos, fondearon cerca de éstos mientras que los franceses y alemanes, que no tenían hacia los estadounidenses la misma buena disposición, se ubicaron juntos de manera tal que estaban en una mejor posición para interferir las operaciones de Dewey.[579]

En la mañana del 13 de agosto la escuadra de Dewey salió de

---

[577] Ibídem, p. 67.
[578] Ibídem, p. 71.
[579] Ibídem, p. 75.

Cavite para bombardear las defensas de Manila. Poco después los dos cruceros británicos, el **"Inmortalite"** y el **"Iphigenia"**, rodearon a la escuadra norteamericana y se colocaron entre ésta la escuadra alemana. Este movimiento fue interpretado como una advertencia a los alemanes, cuya posición les permitía atacar a Dewey por el flanco, de que los británicos estaban preparados para combatir del lado de los norteamericanos.

Crucero alemán SMS *Kaiserin Augusta*

Esa misma tarde, después de que la ciudad se rindió, el crucero alemán **"Kaiserin Augusta"** zarpó rumbo a Hong Kong llevando a bordo al ex-Gobernador General de Filipinas Basilio Augustín. Al día siguiente, 14 de agosto, los buques alemanes retornaron a su fondeadero anterior. El día 15 los británicos hicieron lo mismo, y el **"Inmortalité"** hizo una salva de 21 cañonazos en saludo a la bandera de los Estados Unidos, que ahora ondeaba en Manila, circunstancia que fue ignorada por los alemanes. Ese mismo día, Diedrichs recibió órdenes de partir hacia Batavia, en Indonesia. Al mismo tiempo, recibió una felicitación del kaiser por la forma en que se había conducido en Filipinas. Al día siguiente, agosto 16, se conoció en Manila la firma del protocolo de armisticio que ponía fin a las hostilidades. [580]

Las fricciones germano-norteamericanas en la Bahía de Manila no tuvieron, a fin de cuentas, trascendencia en el curso de los acontecimientos de la guerra, pero sí fueron una muestra del in-

---

[580] Ibídem, p. 79.

terés de las distintas potencias imperialistas y del rejuego político entre las mismas en su afán de efectuar un nuevo reparto de las esferas de dominio e influencia.

Algunos historiadores han querido explicar estos acontecimientos como una suma de incidentes causados por una incomprensión inicial de los norteamericanos respecto a las acciones y motivos de los alemanes, lo cual derivó en una cadena de confusiones al respecto. Tal versión resulta difícil de creer, si se considera que en las relaciones interimperiales, la ingenuidad y las buenas intenciones así como la casualidad no tienen lugar. Los amagos de las fuerzas navales alemanas en la Bahía de Manila tenían por objetivo probar fuerzas y ver qué ventajas podían obtener frente a un rival imperialista debutante y supuestamente inexperto.[581]

### Vicisitudes de la escuadra del almirante Cámara.

La presión de la opinión pública y de los círculos políticos españoles en el sentido que se hiciera algo en apoyo de los sitiados en Manila, y la intención de retener a las Filipinas determinó al gobierno de Madrid a enviar al archipiélago la llamada **"Escuadra de Reserva"** al mando del almirante Manuel de la Cámara y que estaba compuesta por el acorazado **"Pelayo"** (9 900 toneladas, dos cañones de 313 mm, dos de 275 mm y nueve de 137 mm); el crucero acorazado **"Carlos V"** (9 090 toneladas, 19 nudos, dos cañones de 275 mm, ocho de 137 mm) y los cruceros auxiliares **"Patriota"** y **"Rápido"** -dos mercantes artillados. El 16 de junio, la escuadra de Cámara salió de Cádiz con rumbo al Canal de Suez. Durante su travesía por el Mediterráneo sería acompañada por tres destructores -**"Audaz"**, **"Proserpina"** y **"Osado"**- que tenían órdenes de regresar tan pronto llegaran a Port Said. Junto a la escuadra propiamente dicha navegaban dos buques de transporte -el **"Buenos Aires"** y el **"Panay"**- conduciendo 4 mil soldados y oficiales y cuatro barcos carboneros con un total de 20 mil toneladas de combustible. Cámara tenía órdenes de dirigirse a isla de Mindanao, pudiendo después decidir ir en ayuda de las fuerzas españolas en las islas Visayas -situadas entre Mindanao y Luzón- o intentar operaciones en la Bahía de

---

[581] Ibídem, p. 81; Trask, Op. Cit., p. 381.

Subig o en la de Manila. Las instrucciones del ministro de Marina, Ramón Auñón, advertían a Cámara *"evitar encuentros desfavorables, considerando esencial evitar el sacrificio inútil de la escuadra..."* Dadas las dificultades inherentes a la misión y a las deficiencias de los buques a su mando, el almirante tenía autorización para variar las órdenes en ciertas circunstancias. Para llegar a Mindanao navegando desde Suez, a un promedio de 10 nudos, la escuadra debía invertir unos 30 días, pero como se debían emplear otros 10 días en reabastecer de carbón y hacer reparaciones, los buques españoles arribarían a su destino aproximadamente el 17 de agosto, suponiendo que su salida de Suez pudiera ser sobre el 8 de julio.[582]

Como la llegada a Filipinas del **"Pelayo"** y **"Carlos V"** significaba un serio peligro para la escuadra de Dewey y las fricciones con los alemanes eran preocupantes, el mando norteamericano determinó el envío a Manila de los monitores **"Monterrey"** y **"Monadanock"** dotados de artillería gruesa. Sumamente lentos y poco marineros, estos monitores eran los únicos buques con poder artillero con que contaban los estadounidenses en el Pacífico para reforzar su escuadra en Filipinas.

La escuadra española arribó el 26 de junio a Port Said y pidió autorización para carbonear, pero las autoridades egipcias, obedeciendo instrucciones del procónsul británico (Egipto era entonces un protectorado de la Gran Bretaña) no permitieron ese reabastecimiento, aduciendo que los buques tenían suficiente combustible en sus depósitos para regresar a España y no permitieron siquiera que se realizara, dentro de las tres millas de aguas territoriales, la maniobra de transferir combustible de los carboneros españoles a sus buques de guerra. El 29 de junio las autoridades egipcias indicaron a Cámara que su escuadra debía abandonar el puerto pues su estancia allí ya sobrepasaba las 24 horas permitidas por las regulaciones egipcias sobre neutralidad y cuando el almirante solicitó permiso para efectuar algunas reparaciones, su solicitud fue denegada. Esta conducta era resultado de la intensa actividad diplomática y las presiones ejercidas por los norteamericanos y del tácito entendimiento entre éstos y los británicos.[583]

---

[582] Wilson, Hebert W.: *"Battleships in Action"*, London, S/F, pp. 159-160.; Trask, Op. Cit., pp. 270-271.
[583] Wilson, Op. Cit., p. 160.

En vista de las dificultades, Cámara envió dos de sus buques a pasar el Canal de Suez y con los otros salió mar afuera donde intentó reabastecer de carbón al "**Pelayo**", pero poco pudo hacer debido a la marejada.

Durante los días 5 y 6 de julio, tras nuevas gestiones, la escuadra logró pasar el Canal, siendo obligada por las autoridades a abandonar Suez dentro de las 24 horas siguientes. El 7 de julio Cámara y sus buques se encontraban en el Mar Rojo.[584]

Por su parte, a través de sus agentes, los norteamericanos habían mantenido una estrecha vigilancia sobre todos los preparativos y movimientos de la escuadra de Cámara.

Batalla naval en Las Filipinas.

Al mismo tiempo, se comenzó la formación de una nueva escuadra, bajo el mando del comodoro John C. Watson quien, hasta ese momento, estaba a cargo del bloqueo en la costa norte de Cuba. La nueva fuerza naval, denominada "**Escuadra del Este**", sería compuesta por buques procedentes de la Flota del Atlántico Norte que, dirigida por el contralmirante Sampson, se encontraba bloqueando a Santiago de Cuba -donde tenía embotellada a la escuadra española del contralmirante Cervera- así como otros procedentes del bloqueo de la costa norte de Cuba y

---

[584] Ibídem, p. 161.

tendría como misión cruzar el Atlántico para operar en aguas españolas.[585]

La victoria naval obtenida por los norteamericanos el 3 de julio, en Santiago de Cuba, les permitió acelerar la formación de la escuadra de Watson. En vista de ello, el gobierno español, presionado por la prensa y los círculos políticos que ahora clamaban por protección para las costas y ciudades del litoral, determinó hacer regresar a la escuadra de Cámara, a la que se ordenó dirigirse inmediatamente a Cartagena. El día 8 la escuadra recibió la orden y comenzó su retorno durante el cual, según instrucciones, debía *"navegar cerca de la costa española de manera que fuera vista desde las ciudades del litoral exhibiendo la bandera nacional e iluminándola de noche con sus proyectores"*. Esta orden estaba dirigida a calmar los temores de que las costas de España se habían dejado indefensas ante un posible ataque de los norteamericanos.[586]

La noticia del retorno a España de la escuadra de Cámara fue recibida en Manila con estupor. Las autoridades españolas, las fuerzas del ejército y los simpatizantes de la causa española se habían esperanzado con la salida de dicha fuerza naval. Ahora se sentían abandonados a su destino, perdida la última esperanza que tenían de evitar la derrota.

El propio Gobernador General Augustín, en carta a la Reina Regente y al gobierno de Madrid, le hizo saber que el regreso de la escuadra y los refuerzos que con ella venían implicaban la renuncia a conservar la soberanía española en Filipinas e instaba al gobierno a que comprendiera la situación en que le dejaba, cuya responsabilidad, no se recata en decirlo, **"no puede aceptar"**.[587]

De esa manera pues, los resultados de la acción naval de Santiago de Cuba ejercían una influencia muy importante en el curso de la guerra en Filipinas.

**Proclamación de la independencia filipina.**

Mientras tenían lugar los primeros acontecimientos del sitio de Baler, los incidentes entre alemanes y norteamericanos en la Bahía de Manila y las vicisitudes de la escuadra de Cámara, en

---

[585] Ibídem.
[586] Trask, Op. Cit., p. 277.
[587] Molina, Op. Cit., p. 425.

la ciudad de Manila y sus alrededores estaban teniendo lugar acontecimientos de gran trascendencia.

El 12 de junio, en virtud de un decreto emitido tres días antes por el general Emilio Aguinaldo, era proclamada la independencia filipina en una ceremonia que se efectuaba en Kawit (Cavite Viejo), con la presencia de varios miles de personas. Después de la lectura en español del documento se firma públicamente un acta para dejar constancia del hecho. Entre los 97 firmantes se encontraba el coronel L. M. Johnson de la Infantería de Marina de los Estados Unidos, quien representa al contralmirante Dewey, ausente al acto con la pueril excusa de estar ocupado con la correspondencia del día.

Después de la firma se izó la bandera nacional filipina -*"inspirada, según se dice, en la cubana"*-, que lleva dos campos en rojo y azul que parten de un triángulo blanco sobre el cual se encuentra, en el centro, un sol cuyos ocho rayos simbolizan las primeras provincias que se alzaron contra el régimen español y, en sus tres puntas, sendas estrellas, que representan a las agrupaciones de Luzón, Visayas y Mindanao, que forman el archipiélago filipino. También se escuchó, por primera vez, el Himno Nacional filipino. [588]

### El asedio de Manila.

Por otra parte, el asedio de Manila continuaba. La situación de la ciudad sitiada había empeorado por día. Ya el 8 de junio el Gobernador General había comunicado a Madrid: *"A la ciudad murada, última defensa, acude toda la población blanca. Desde un principio anuncié imposible hacer frente a dos enemigos"*. En efecto, el día 13 de junio, las fuerzas filipinas se acercaron a los arrabales de Malate y Sampáloc. En esa misma fecha, Pedro Alejandro Paterno -el mismo que sirviera de negociador para el pacto de Biaknabató- se ofreció al gobierno para una gestión mediadora con los insurrectos, pues decía conocer que algunos jefes están dispuestos a deponer las armas si se les concedía a Filipinas un régimen autonómico similar al que, se había implantado en Cuba y Puerto Rico. El Gobernador General, en un gesto inverosímil de mezquindad y miopía política, accedió a gestionar

---

[588] Ibídem, p. 429.

la autonomía con el gobierno de Madrid si previamente los insurrectos se rendían. Con ello perdió su última carta.[589]

Las tropas sitiadoras aprietaban el cerco. El 16 de junio, cañones instalados en los sectores de Tondo y Malíbay causaron grandes daños en la ciudad. Se realizaron, además, incursiones a los barrios de la periferia. Se calculaba que las fuerzas insurrectas contaban con unos treinta mil combatientes con fusiles y unos 100 mil provistos de armas blancas. El general Aguinaldo planteó condiciones honrosas para la rendición, que el gobernador Augustín las rechazó. [590]

La insurrección filipina seguía, mientras tanto, extendiéndose a otras regiones de Luzón, así como a otras islas del archipiélago y en las inmediaciones de Manila los patriotas llevaron a cabo fuertes ataques durante todo lo que resta del mes de junio.

El 30 de junio la "primera expedición" de fuerzas terrestres norteamericanas -2 491 soldados y oficiales- al mando del general de brigada Thomas M. Anderson, arribó a la Bahía de Manila en tres transportes precedidos por el crucero "Charleston", que había recalado tres días antes. Anderson tenía órdenes precisas de coordinar su actividad con Dewey y mantener sus tropas bajo la protección de los cañones de la escuadra hasta la llegada del resto de las fuerzas bajo las órdenes de los generales Wesley Merrill y Elwell S. Otis. En dos palabras, su misión es la de actuar como destacamento de avanzada.

### Ocupación de Guam

Durante la travesía, el "Charleston" había capturado, el 20 de junio, sin resistencia alguna, la isla de Guam, cuya guarnición española, compuesta por 60 soldados, mandados por el teniente coronel Juan Marina, gobernador de la isla, ignoraba que España estaba en guerra con los Estados Unidos, por lo que, en un primer momento, tomó el cañoneo del buque norteamericano como salvas de saludo e inclusive se excusó de no haberlas contestado debidamente.

Fue, de esa manera insólita, que los Estados Unidos se apropiaron de un enclave tan estratégicamente situado en el Pacífico Oriental.[591]

---

[589] Ibídem, p. 430.
[590] Ibídem, p. 431.
[591] Los informes del comandante del **"Charleston"** sobre la rendición de Guam

Drewey y sus tripulantes en Manila.

## Tropas norteamericanas en Manila

Las tropas del general Anderson, que pertenecían a dos regimientos de voluntarios, el 1º de California y el 2º de Oregón, a los que se habían agregado 5 compañías de regulares pertenecientes al 14º Regimiento de Infantería, se alojaron en las barracas del arsenal y fuerte de Cavite.

---

así como su intercambio de mensajes con el gobernador español de esa isla pueden verse en BN 98, pp. 151-157.

El segundo contingente norteamericano -3 586 hombres al mando del general de brigada Francis V. Greene- llegó a Manila el 17 de julio. Estaba compuesto por regulares de los regimientos 18 y 33 de infantería y varias unidades de voluntarios -el 1º de Colorado, el 2º de Nebraska, el 10º de Pennsylvania y dos baterías de artilleros voluntarios de Utah. Con la llegada de estas tropas, que ocuparon inclusive el pueblo de Cavite, las fuerzas filipinas de Aguinaldo se ven obligadas a trasladarse al vecino pueblo de Bacolor. Por supuesto, este desalojo creó un fuerte malestar entre los patriotas.[592]

Soldados estadounidenses del 14° Regimiento de Infantería hacen cola para recibir su rancho en un campamento al sur de Manila. En primer plano, un soldado acciona un molinillo de café. La foto fue tomada a mediados del verano de 1898.

Anderson y Greene emplearon el tiempo de espera al resto del 8º cuerpo Expedicionario en estudiar las posiciones españolas y crear una base de operaciones. De manera muy astuta el general Greene urdió toda una trama para persuadir al general Emilio Aguinaldo a extraer a sus hombres de sus posiciones de primera línea para ubicar en ellas a soldados norteamericanos. Greene le prometió al jefe filipino entregarle *"piezas excelentes de artillería moderna"* a cambio de las trincheras que los patriotas estaban ocupando en distintas posiciones estratégicas.

Aguinaldo accedió al trato y Greene, después que sus fuerzas se instalaron, puso evasivas e incumplió lo pactado. La bandera norteamericana fue izada sobre las trincheras dejadas por los insurrectos. El disgusto, respecto a los estadounidenses, aumentó en las filas filipinas.[593]

Entretanto, en Manila, el sitio seguía ocasionando grandes dificultades a los defensores y a los miles de refugiados. Escasean

---

[592] Molina, Op. Cit., p. 432.
[593] Ibídem, p. 432. Agoncillo, Teodoro A. "White Flag in Manila" en la compilación *"Filipino Heritage"*, Manila, S/F, pp. 2093.

el agua y los alimentos. El mal tiempo empeoraba aún más el estado de las cosas. El 23 de Junio, el Gobernador General había informado al gobierno de Madrid en estos términos: *"sigo rodeado enemigo con nutrido fuego, batiéndose tropas línea exterior con gran temporal que llena agua trincheras y aumenta bajas...."*[594]

El 18 de julio el general Augustín, aún ignorante de que la escuadra de Cámara ha retornado a España, informaba a Madrid: *"Situación muy grave, ha llegado la segunda expedición americana y me anuncian bombardeo e inmediato ataque a esta plaza antes de que llegue nuestra escuadra, que urge se presente si ha de salvarse esta situación..."*.

Es al día siguiente, como ya se ha visto, cuando al conocer el regreso de la escuadra de Cámara en la que tantas esperanzas cifraba, el Gobernador General de Filipinas, desmoralizado, se niega a aceptar responsabilidad alguna en lo que pudiera acontecer, con lo que de hecho, se estaba insubordinando.

El 21 de julio, el ministro de la Guerra le anuncia a Augustín, tratando de serenarlo, que se *"apresuran negociaciones de paz y confíase pueda quedar acordado en breve el armisticio como preliminar de aquéllas. Interesa, pues, que vuecencia siga manteniendo a todo trance soberanía en esa plaza con la entereza y decisión que lo está haciendo, pues en ello estriba gran parte solución favorable negociaciones"*.

En respuesta, el general Augustín escribe el día 25:

*"....Lleva esta plaza tres meses estrecho bloqueo y dos bloqueo y sitio por insurrectos... he podido hasta ahora... contener y rechazar y sus proposiciones de capitulación, que he despreciado, resuelto llevar la defensa hasta último extremo por honrar bandera"*.

añadiendo:

*"Con la escuadra y refuerzos que esperaba, roto bloqueo hubiera podido prolongar resistencia"*.

---

[594] Molina, Op. Cit., p. 432.

Lo que Augustín ignoraba es que el día anterior a esta comunicación suya, el gobierno de Madrid había decidido su sustitución, debido el *"fatal efecto"* producido por el telegrama en el que rehusaba toda responsabilidad en vista del retorno de la escuadra de Cámara.[595]

Tropas estadounidenses parten del puerto de San Francisco, en el Pacífico hacia Filipinas.

Ese mismo 25 de julio llega a la Bahía de Manila el tercer contingente expedicionario norteamericano -4 847 efectivos- al mando del general de brigada Arthur MacArthur. Le acompaña el mayor general Wesley Merrit quien asume el mando de las operaciones terrestres. Los efectivos estadounidenses que han ido arribando a Manila suman ya 407 oficiales y 10 437 soldados. Cuentan con 16 cañones de campaña, 6 pequeños cañones de

---

[595] Ibídem, p. 436.

montaña, así como varias ametralladoras.[596]

**Preparativos para el asalto**

Para la noche del 29 de julio, los norteamericanos, gracias al engaño de Greene, habían logrado ocupar posiciones directamente opuestas a los defensores en una línea que iba desde la costa de la Bahía de Manila hasta el camino que conectaba Manila con Cavite y que era conocido como Camino Real. Al extremo izquierdo de las líneas, en Malate, estaba el fuerte de San Antonio Abad, ángulo suroeste de las líneas defensivas españolas. El siguiente punto fuerte español hacia el este era el blockhaus Nº 14 desde donde las fortificaciones continuaban hacia el norte y después hacia el oeste alrededor de los arrabales de Manila. [597]

Las fuerzas filipinas -más de 12 000 efectivos- se encontraban atrincheradas en los barrios periféricos de Manila (Malate, Paco, Sampaloc, San Juan, Caloocan y La Loma).

La defensa de Manila contaba en esos momentos con 2 354 españoles y 585 filipinos en el sector derecho; 1 352 españoles y 282 filipinos en el centro; 1 008 españoles y 553 filipinos en el sector izquierdo. En las afueras de la ciudad, ocupaban posiciones 500 españoles y 699 filipinos mientras en la ciudad murada lo hacían 1 371 españoles y 1 454 filipinos. En total, 10 158 efectivos, de los cuales 6 585 eran españoles y 3 573 filipinos. Las condiciones meteorológicas eran bastante adversas, la región de Manila venía siendo azotada desde hacía algún tiempo por tormentas y lluvias intensas.[598]

Tanto defensores como atacantes se encontraban ajenos a las negociaciones que se estaban llevando a efectos en Washington con el propósito de poner fin a la guerra.[599]

En la noche del 31 de julio los españoles abrieron fuego contra las posiciones de los estadounidenses, causándole a éstos 10 muertos y 33 heridos (una cifra superior de bajas a la que sufrieron en toda la campaña de Puerto Rico). Posteriores intercambios de disparos de artillería ocasionaron a los norteamericanos otros 5 muertos y 20 heridos.[600]

---

[596] Trask, Op. Cit., p. 387.
[597] Ibídem, p. 412.
[598] Ibídem, p. 439.
[599] Ibídem.
[600] O'Toole, Op. Cit., p. 369.

El 4 de agosto, de acuerdo con instrucciones recibidas de Madrid, el teniente general Basilio Augustín es sustituido por el también teniente general Fermín Jáudenes y Alvarez, como Gobernador y Capitán General de Filipinas. El jefe del gobierno español Mateo Sagasta, quería que Manila resistiera hasta que se completaran las negociaciones de paz que tenían lugar en Washington, pero la actitud de Augustín, reflejada en el telegrama que envió cuando supo del retorno a España de la escuadra de Cámara, hizo temer a los gobernantes hispanos en una rendición anticipada, por lo que decidieron sustituirlo. Al día siguiente de su sustitución, como ya se mencionó, Augustín embarcó con sus familiares a bordo del crucero alemán **"Kaiserin Augusta"**. Ese mismo día arribó a Manila el monitor norteamericano **"Monterrey"**, cuya poderosa artillería (2 piezas de 300 mm y 2 de 250 mm) constituía un importante refuerzo para la escuadra de Dewey.

Cónsul belga Edouard André

Entretanto, el contralmirante norteamericano y el recién llegado general Merrit, habían establecido contactos secretos, a través del cónsul belga Edouard André, con el Gobernador General a fin de obtener la rendición de la plaza. Los avances de estas negociaciones, de las que se mantuvo ajenos a los patriotas filipinos, eran tales que, el 29 de julio, Dewey le había escrito al secretario Long:

*"....según información que considero fidedigna, el Gobernador General español se rendiría inmediatamente a las fuerzas de los Estados Unidos si no fuera por la complicación de los insurgentes. De cualquier modo, van a capitular muy pronto. Merrit y yo estamos trabajando juntos a ese fin".*[601]

El jefe de la escuadra norteamericana tuvo pronto indicios de

---

[601] Agoncillo, Op. Cit., p. 2 093. El mensaje de Dewey a Long, del 29 de julio, puede verse en BN 98, p. 118.

que el flamante gobernador español estaba tan dispuesto a llegar a un acuerdo de capitulación como su predecesor y prosiguió por tanto los contactos en ese sentido, siempre a través del cónsul belga. Jáudenes se encontraba en unas circunstancias análogas a las que habían vivido, apenas un mes antes, los generales Linares y Toral en Santiago de Cuba. Por un lado, veía como su posición militar era insostenible, su derrota era inminente e inevitable; por otra parte, sabía que el gobierno de Madrid, para negar su responsabilidad en el desastre, lo culparía a él de la pérdida de Manila si la ciudad se rendía sin ofrecer resistencia. Y estaban, además, las instrucciones de que los insurrectos filipinos no entraran a la ciudad.

Teniendo en cuenta esos factores el jefe español propuso una fórmula que le permitiera guardar las apariencias. Dewey relataría más tarde:

*"Finalmente, sin hacer una promesa definitiva, el general Jáudenes estuvo de acuerdo en que, aunque no se rendiría excepto como consecuencia de un ataque a la ciudad, las baterías de Manila no abrirían fuego contra nuestros buques a menos que la ciudad fuera bombardeada. Además, una vez que el ataque comenzara, si deseaba rendirse, izaría una bandera blanca en un determinado punto de la ciudad murada que pudiera ser visto tanto desde Malate como desde la bahía.*
*En otras palabras, su actitud difería de la de Don Basilio Augustín Dávila sólo en que quería mostrar cierta resistencia para salvar el honor español o para, como dicen los chinos, `salvar su cara'..."*

Esta elaborada coreografía incluía el entendimiento de que Dewey demandaría la rendición tan pronto como comenzara el ataque a la ciudad; el contralmirante hizo un dibujo de la colocación de las diferentes banderas de señales que izaría para que el Gobernador General español estuviera seguro de que dicha demanda había sido hecha. Esta fue la única hoja de papel de las negociaciones, todas las restantes comunicaciones fueron convenidas verbalmente a través del cónsul belga André.[602]

---

[602] El relato de Dewey procede de su *"Autobiography..."* y aparece citado en O'Toole, Op. Cit., p. 369.

A fin de que los patriotas filipinos no entraran a la ciudad, Dewey y Merrit prometieron **"sujetar a los insurgentes"** durante la farsa de combate. Consecuentemente con ello, cumpliendo órdenes superiores, el general Anderson envió al general Aguinaldo el siguiente mensaje: *"No permita a sus tropas entrar a Manila sin autorización del jefe norteamericano. En esa margen del río Pasig Ud. estaría bajo fuego"*.[603]

El 7 de agosto Merrit estaba listo. Como expresa el historiador George O'Toole, *"cada quien estaba en su lugar, las cortinas se levantaron y cada actor comenzó a decir su guión"*. [604]

Los generales Wesley Merrit y Felix Green obsevan las posiciones españolas.

---

[603] Agoncillo, Op. Cit., pp. 2 093- 2 094.
[604] O'Toole, Op. Cit., p. 369.

Ese mismo día el vice cónsul británico -encargado de los intereses de los Estados Unidos desde que estallara la guerra-, en compañía del cónsul belga se entrevistó con el Gobernador General haciéndole entrega de una comunicación firmada por el contralmirante Dewey y el general Merrit en la que se le avisaba el inminente ataque a la plaza por mar y tierra dentro de las próximas 48 horas, anticipando su conocimiento "para que las autoridades de Manila puedan poner a salvo a las personas indefensas". El general Jáudenes respondió que debe constarles a los norteamericanos que no es posible evacuar a nadie, ya que toda la ciudad se encontraba sitiada por los insurrectos filipinos.[605]

Al día siguiente Jáudenes convocó a una reunión en el Ayuntamiento de Manila, a la que asistieron las autoridades civiles. El fin era conocer la opinión de las mismas sobre el ultimátum norteamericano. Los asistentes se expresaron unánimemente a favor de la rendición, alegando razones de humanidad, convencidos de que ya había quedado a salvo el honor de las armas españolas, tomando en cuenta del tiempo prolongado durante el que se ha resistido el asedio.

El día 9, Jáudenes se reunió con los cónsules extranjeros para discutir lo referente a la capitulación en presencia de las autoridades civiles y eclesiásticas españolas. Ganados los presentes por la elocuencia de los cónsules de Francia y Bélgica, todos convinieron en la necesidad de rendirse. Tomó entonces la palabra el cónsul alemán, quien argumentó en favor de que se rechazara el ultimátum norteamericano.

El Gobernador General se mostró convencido por el diplomático alemán, y a lo más que se compromete, a fin de evitar la total destrucción de la ciudad, como le sugirió el cónsul de Bélgica, es a que la guarnición española resista lo suficiente para salvar el honor nacional.

Ese mismo día, Jáudenes convocó al Consejo de Defensa, cuyas opiniones resultaron parejamente divididas: siete miembros están a favor de la capitulación y siete consideran que debe prolongarse la resistencia. No se consiguió pues, el número de votos que prescribía el reglamento de campaña para que se acepte el ultimátum y el Gobernador General se vió obligado a rechazarlo. En su respuesta a los norteamericanos, el general español pidió

---

[605] Molina, Op. Cit., p. 440

un plazo para consultar con el gobierno de Madrid "por la vía de Hong Kong". ¿Táctica dilatoria? ¿Vacilaciones de última hora? [606]

Por su parte, tanto Dewey como Merrit, deseaban ganar tiempo para evitar que los insurrectos filipinos lograran entrar en la ciudad. Además, habían recibido noticias de la marcha de las negociaciones de paz en Washington y querían presentar la captura de la capital filipina como un hecho consumado. Por ello, contestaron con una escueta negativa a la solicitud del general Jáudenes y comenzaron a elaborar los preparativos finales para el ataque. [607]

A instancias del contralmirante Dewey, los buques extranjeros cambiaron sus fondeaderos alejándose de la zona de tiro, a excepción, como ya se ha explicado, de los buques de guerra alemanes. Los buques de la escuadra norteamericana se desplegaron y ocuparon sus posiciones para el ya inminente ataque. Los cruceros **"Olympia"** y **"Raleigh"** y el cañonero **"Petrel"**, así como dos buques más pequeños, el **"Callao"** y el **"McCulloch"**, se colocaron frente al fuerte de San Antonio Abad. Tres cruceros -**"Charleston"**, **"Boston"** y **"Baltimore"**- se ubicaron frente a las baterías españolas de Luneta. El monitor **"Monterrey"** se situó más hacia la costa y el **"Concord"** se estacionó frente a la desembocadura del río Pasig.[608]

### La *batalla* de Manila

En Filipinas, agosto es un mes de lluvias intensas y tormentas eléctricas. La noche del 12 de agosto de 1898 el cielo, en la región de Manila, estaba completamente nublado, el aire se sentía denso. La temperatura sobrepasaba los 33 grados centígrados. Esa tarde los soldados norteamericanos se habían movido hacia el frente, seguidos por carretas cargadas con municiones y pertrechos tiradas por carabaos.

Las diferentes brigadas ocuparon posiciones de acuerdo con el plan de batalla concebido por Merrit y Dewey, quienes habían guardado en el mayor secreto sus acuerdos con Jáudenes. El general Arthur MacArthur fue enviado con sus fuerzas los sectores

---

[606] Ibídem. También puede verse Trask, Op. cit., p. 414.
[607] Molina, Op. Cit., pp. 440-441.
[608] Trask, Op. Cit., p. 417.

de Paco y Singalong y se le ordenó tomar el puente Ayala. Las unidades del general Greene tenían la orden de avanzar rápidamente a través de Malate y Ermita, poner sitio a la ciudad murada, cruzar el Puente de España y el Puente Colgante y moverse hacia los sectores residenciales y comerciales situados al norte del río Pasig.[609]

Fuerte de San Antoni Abad, en Manila, después de haber sido bombardeado por la artillería estadounidense el 13 de agosto de 1898.

Manila y sus suburbios amanecieron el día 13 de agosto bajo un aguacero torrencial que calaba a los soldados estadounidenses, no habituados a tener que andar con el fango hasta las rodillas. Los combatientes filipinos, acostumbrados al clima, se negaron a salir de sus posiciones en el flanco derecho de las tropas de MacArthur, inmovilizándolas al comienzo del ataque. MacArthur había solicitado al general Anderson, quien actuaba como 2º jefe del 8º Cuerpo Expedicionario, que le pidiera al general Emilio Aguinaldo no avanzar, pero el jefe filipino había contestado

---

[609] Agoncillo, Op. Cit., p. 2 094.

lacónicamente, que era "**demasiado tarde**". Las unidades de la brigada de Greene comenzaron las hostilidades a las 10:15 a.m., vadeando las aguas de los fosos que rodeaban el fuerte de San Antonio Abad. Con la ayuda del fuego de los buques de la escuadra -"**Olympia**", "**Petrel**", "**Raleigh**" y "**Callao**"- que cañonearon el fuerte durante casi una hora, las tropas lo ocuparon sin mayores dificultades.

Estimulado por el éxito de Greene, MacArthur avanzó a lo largo del Camino Real y sus inmediaciones, donde estaban situados varios *"blockhaus"* españoles, los que fue capturando sin resistencia mientras continuaba avanzando para unirse a las fuerzas de Greene. Serían alrededor de las 11:00 a.m. cuando se observó que las tropas españolas de extramuros cesaban toda resistencia y se retiraban hacia la ciudad. Las fuerzas de Aguinaldo salieron en su persecución, pero tuvieron que desistir en su empeño al cerrarse las puertas de las murallas. [610]

Soldados españoles prisioneros.
Foto tomada después de la capitulación de Manila.

Mientras tanto, el crucero "**Olympia**" se había acercado a la

---

[610] Ibídem.

costa para ver si, según lo acordado, se izaba una bandera blanca en el parapeto de la Ciudad Murada. A las 11:20 a.m., Dewey la vio en el bastión suroeste de la muralla. Al ver la señal de rendición el general Greene y un grupo de sus oficiales y soldados se dirigieron a la llamada Puerta Real y a través de ella penetraron en la ciudad.

Dewey envió a uno de sus ayudantes a parlamentar con los españoles. El general Merrit, quien durante todo este tiempo permaneció a bordo del transporte "Newport", en el que había viajado desde los Estados Unidos, envió a un coronel con iguales propósitos. Un poco más tarde, el propio Merrit desembarcó y se dirigió al Ayuntamiento de Manila. Los soldados norteamericanos acordonaron la Plaza de Palacio.

Aseados, frescos y secos, los soldados españoles se agruparon frente al Ayuntamiento. Dentro del edificio la gente entraba y salía de los locales. Las negociaciones de paz se efectuaban en una atmósfera informal, casi de camaradería, entre vencidos y vencedores. Los relatos testimoniales de aquel momento coinciden en afirmar que la escena era contradictoria; los oficiales norteamericanos vestían sus uniformes grises de campaña, mientras los oficiales españoles lucían vistosos uniformes con anchas bandas a la cintura, espadas bellamente adornadas y numerosas insignias. Daba la impresión de que eran los norteamericanos los que estaban pidiendo la paz. [611]

Lo que ignoraban, sin embargo, los combatientes de uno y otro bando, era que el día antes, 12 de agosto, a las 4:23 p.m., hora de Washington, el embajador francés ante el gobierno norteamericano, Jules Cambón, había firmado, a nombre del gobierno español, el protocolo de los preliminares de la paz aceptando las condiciones impuestas por los Estados Unidos. Las cláusulas definitivamente acordadas en lo que concierne a Filipinas establecían que *"Los Estados Unidos ocuparán y retendrán la ciudad, la bahía y el puerto de Manila durante la conclusión del tratado de paz, el cual determinará el dominio y gobierno de Filipinas.... Al firmarse el protocolo, quedarán suspendidas las hostilidades y se enviará notificación en tal sentido tan pronto como sea posible por ambos gobiernos a los comandantes de las fuerzas del Ejército y la Marina".*

---

[611] Ibídem., p. 2 095.

Como se ha explicado, la decisión de Dewey de cortar el cable mantenía a Manila incomunicada de manera directa con el resto del mundo. El protocolo de armisticio no pudo, pues, comunicarse de inmediato. Hubo que hacerlo a través de Hong Kong y fletar allí un vapor que llevara la noticia a Manila. Dicho buque zarpó en la tarde del día 13 y llegó a Manila el 16. [612]

En el ínterin, las negociaciones entre españoles y norteamericanos, iniciadas en la tarde del día 13, habían culminado el 14, sin que en las mismas tuvieran participación alguna los patriotas filipinos, que ni siquiera fueron mencionados en el convenio de capitulación que se firmó y al que se dio lectura pública en el propio Ayuntamiento, procediéndose inmediatamente después a arriar la bandera española e izar la de los Estados Unidos.[613]

Soldados españoles se entregan al general Francis V. Green.

Al recibirse en Manila, con el retraso ya mencionado, la noticia de la firma del armisticio en Washington, el general Jáudenes intentó, infructuosamente, anular la capitulación del día 13, alegando que la ciudad de Manila debía conceptuarse como tan sólo cedida temporalmente por España sin renunciar a su soberanía,

---

[612] Molina, Op. Cit., pp. 442-443.
[613] Ibídem, p. 444.

en vez de considerarla conquistada *"manu militari"* por un ejército beligerante, pues ya no lo era en esa fecha.

Esa tesis que pudiera estar ajustada, en teoría, al derecho, no fue compartida, por supuesto, por el mando norteamericano, que sabiéndose victorioso en la contienda, no quiso saber nada de sutilezas jurídicas.

En días sucesivos, fueron ocupadas las distintas dependencias y servicios del gobierno de la ciudad y el general Merrit, nombrado gobernador militar, se instaló en el Palacio de Malacañan y comenzó a emitir proclamas y disposiciones. Las tropas norteamericanas de ocupación, por su parte, no perdieron tiempo en darse a conocer. Son numerosos los abusos y atropellos -violaciones, robos y saqueos- realizados por los soldados norteamericanos que ocasionaron numerosos escándalos por su continua ebriedad. El propio cónsul norteamericano en Manila, Oscar F. Williams, se lamentaría en un informe al secretario de Estado

*"la inclinación desatada de las tropas, la importación excesiva de bebidas alcohólicas y el consumo del pésimo licor fabricado aquí....han hecho desmerecer grandemente el ideal del hombre americano a los ojos de estos orientales. No he visto jamás un español o chino o filipino borracho en las calles ni en ningún otro sitio y me siento profundamente disgustado cuando veo a nuestra juventud apartarse de la sobriedad".*[614]

Mientras todo esto ocurría, el disgusto y la decepción de los patriotas filipinos ante la conducta de los norteamericanos fue evidente. Puede decirse que la capitulación de Manila marcó el fin de la colaboración filipino-norteamericana.

Y no era para menos. El corresponsal estadounidense O. K. Davis, reconocía en una de sus crónicas: *"Aguinaldo ha ahorrado a nuestras tropas una parte considerable de una campaña desesperadamente difícil".* El también corresponsal John F. Bass puntualizaba *"no se olvide que los filipinos empujaron a los españoles desde Cavite a sus puestos atrincherados, ahorrándose así una lucha prolongada a través de las selvas".* Años más tarde el historiador norteamericano Harry B. Hawes escribiría:

---

[614] Ibídem, p. 447.

*"Los insurgentes, quienes habían luchado larga y bravíamente y que sabían que la victoria se debía principalmente a sus energías y sacrificios estaban naturalmente indignados con la negativa a que se les permitiera entrar en la ciudad...*
*Así comenzaron las fricciones que engendraron primero la enemistad y después la hostilidad abierta".* [615]

Volvía a repetirse lo acontecido a las puertas de Santiago de Cuba, respecto al Ejército Libertador Cubano.

La caída de Manila en poder de los norteamericanos no significó, automáticamente, el fin del dominio colonial español en Filipinas. Al conocer la noticia de la capitulación, el general Diego de los Ríos, comandante general de Visayas y Mindanao, se proclamó Gobernador General de Filipinas y dio cuenta de ello al gobierno de Madrid y a los cónsules extranjeros acreditados en Iloilo. Ríos sería el último Gobernador General español en Filipinas. [616]

La "batalla" por Manila fue el último acto de lucha armada de la guerra hispano-filipino-norteamericana y el comienzo de los acontecimientos que condujeron a la contienda filipino-norteamericana que duró, oficialmente, hasta 1902 (Mindanao mantuvo beligerancia hasta 1918).

Como resumiera el coronel ruso Ermolov,

*"...la campaña terminó. Pero no terminaron el 13 de agosto las incontables dificultades de los norteamericanos, provocadas por esta guerra: el estado lastimoso y desmoralizado del ejército de voluntarios, las enfermedades, las intrigas, las inculpaciones recíprocas, las ofensas generalizadas, las dificultades en Cuba y Filipinas ..."* [617]

---

[615] Ibídem, p. 448. Véase también la obra de Gregorio F. Zaide y Sonia M. Zaide: *"History of the Republic of the Philippines"*, Manila, 1983, p. 259. La cita de Hawes pertenece a su libro *"Philippine Uncertainty"*, New York, 1932, p. 117 y es reproducida en el libro de Zaide, de donde se le tomó.

[616] Zaide, Op. Cit., p. 259.

[617] Ermolov: "La Guerra Hispano-americana", San Petersburgo, 1899, (traducción al castellano), pp. 230-231.

# Epílogo

El Protocolo del Armisticio firmado el 12 de agosto de 1898 en Washington por el secretario de Estado de los Estados Unidos, William R. Day, en representación del gobierno de su país, y por el embajador de la República Francesa en la capital norteamericana, Jules Cambon, investido de plenos poderes por el gobierno español para que lo representara, establecía que cada una de las partes beligerantes -entiéndase exclusivamente España y Estados Unidos- debía nombrar cinco comisarios para llevar a cabo conversaciones de paz y que estas comenzarían en París el 1 de Octubre de 1898 para elaborar un tratado que pusiera, oficialmente, fin a la guerra.

El día fijado, después del intercambio de credenciales, la comisión inició sus labores. Ni cubanos ni filipinos, que larga y valerosamente habían luchado por la independencia de sus respectivos países, fueron invitados a que enviasen representantes a la conferencia donde iba a decidirse el destino de los mismos. La exclusión puesta en práctica por el general William Shafter en Santiago de Cuba y por el almirante Dewey y el general Merrit en Manila tenía su continuidad en París. El gobierno de Washington no estaba dispuesto a permitir interferencias en sus planes imperialistas y el de Madrid se vengaba así de sus antiguos súbditos prescindiendo de ellos. El Dr. Felipe Agoncillo, representante de la República Filipina, no fue aceptado en la conferencia de paz, y los delegados de España y Estados Unidos hicieron caso omiso a su advertencia de que no serían válidas las resoluciones que se acordaran y que no reconocieran la independencia filipina.

Las condiciones en que España había aceptado el alto al fuego impuesto por los norteamericanos y la actitud de estos en la ocupación de Santiago y de Manila hacía presagiar que las negociaciones de una paz definitiva no iban a dejar a los representantes de Madrid otra opción que no fuera la de aceptar la liquidación en favor de los Estados Unidos los restos del imperio colonial español.

Una cosa estaba clara aún antes de que se iniciaran los trabajos de la conferencia: la parte estadounidense tenía las riendas de la situación y podría obtener todo lo que se propusiera; mientras que España estaba derrotada militarmente, indefensa y en bancarrota financiera.

Desde el mismo comienzo, la representación norteamericana dio a conocer su posición, inflexible, respecto a la ocupación de Cuba y la cesión de Puerto Rico. La representación española dirigió entonces sus esfuerzos a traspasar a Estados Unidos, junto a la soberanía de Cuba, la llamada "deuda cubana", ascendente a la suma de 456 millones de dólares, monto de las obligaciones financieras que el gobierno español había contraído para financiar la administración colonial de Cuba, lo que incluía los gastos de guerra. A tal propuesta, los delegados norteamericanos contestaron que su país no asumiría deuda alguna.

Comisión estadounidense a las negociaciones del Tratado de Paz efectuadas en París. De los cinco miembros, sólo uno, George Gray, senador por el Partido Demócrata, era notoriamente contrario a la adquisición de territorios ultramarinos. El resto de los comisionados: Whitelaw Reid, antiguo embajador en Francia; el senador Cushman K. Davis; el senador William P. Frye y el presidente de la comisión, el ex secretario de Estado, William R. Day, eran furibundos expansionistas pertenecientes al Partido Republicano.

Propuso entonces la representación española que la mencionada deuda fuera asumida por un futuro gobierno cubano. Tampoco fue aceptada esta proposición.

El siguiente problema tratado fue el del futuro de Filipinas. El protocolo del armisticio había aplazado la decisión sobre el destino del archipiélago hasta la firma del tratado de paz. El 31 de octubre, la delegación norteamericana dio a conocer que reivindicaba la totalidad del conjunto insular. Y la alternativa era la reanudación de las hostilidades. Después de un leve forcejeo, un ofrecimiento de 20 millones de dólares como indemnización permitió a los representantes hispanos "salvar la cara".

Las peticiones españolas relativas a opción de nacionalidad, reconocimiento de contratos y obligaciones y designación de una comisión internacional que investigara el hundimiento del acorazado **Maine** fueron rechazadas. Más que un convenio, el denominado **Tratado de Paz de París** no fue sino el "diktat" del vencedor.

Comisión española a las negociaciones del Tratado de Paz de París. Estuvo formada exclusivamente por hombres del Partido Liberal. Encabezó la delegación el presidente del Senado, Eugenio Montero Ríos. La formaban, además, el senador Buenaventura Abárzuza, el diputado José Garnica, el diplomático Wenceslao Ramírez de Villa-Urrutia y el general de división Rafael Cerero.

Así las cosas, el artículo primero del mencionado documento expresaba la renuncia de España a todo derecho de soberanía y propiedad sobre Cuba que pasaría a ser ocupada por los Estados Unidos; por el artículo segundo, España cedió a Estados Unidos la isla de Puerto Rico y las demás bajo su soberanía en las Indias Occidentales (entiéndase Antillas), y la isla de Guam en el archipiélago de las Marianas o Ladrones en el Océano Pacífico; y por el artículo tercero España traspasó a Estados Unidos el archipiélago conocido por Islas Filipinas....., a cambio de los 20 millones de dólares ya mencionados.

De esa manera, quedaba marcado el futuro de nuestros países y pueblos que tendrían que seguir luchando por su independencia y soberanía. A más de un siglo de aquellos acontecimientos, Puerto Rico continúa siendo una colonia de los Estados Unidos; Filipinas no vería reconocida su independencia sino en 1946. En cuanto a Cuba, el Tratado de París echaba por tierra las luchas de varias generaciones de cubanos durante las guerras por la independencia y constituía la mayor afrenta al sacrificio de sus heroicos mambises.

Un conjunto de factores condujo a los gobernantes estadounidenses al establecimiento en Cuba de un nuevo modelo de dominación: el modelo neocolonial.

A la "república" salida de la ocupación norteamericana se le impuso en su Constitución la inclusión de un apéndice (la llamada Enmienda Platt) aprobada por el Congreso de los Estados Unidos que de hecho, convertía a la mayor de las Antillas en un protectorado. Además, la Isla fue atada económicamente a los Estados Unidos por una serie de tratados eufemísticamente llamados "de reciprocidad" firmados más adelante. Muchos años de lucha y sacrificios costaría al pueblo cubano librarse para siempre de aquel tutelaje.

# ANEXOS

ANEXO 1

DOCUMENTOS RELACIONADOS CON LA ENTREVISTA ENTRE EL MAYOR GENERAL CALIXTO GARCÍA Y EL TENIENTE ANDREW S. ROWAN DEL EJÉRCITO DE LOS ESTADOS UNIDOS.

1.-Carta del general Calixto García a Tomás Estrada Palma, Delegado de la República de Cuba, dando cuenta de la entrevista.[618]
Bayamo, 1 de mayo de 1898.
Sr. Tomás Estrada Palma,
Delegado de la República de Cuba.
Tengo el honor de comunicar a usted que hoy ha llegado a esta ciudad y conferenciado conmigo el oficial A. S. Rowan, que me dice viene comisionado al efecto por la Secretaría de la Guerra de los Estados Unidos y dirigido a mí por usted. Dicho señor queda enterado de todo y de conformidad con lo que ha manifestado envío en comisión cerca de dicho Secretario de la Guerra al General Enrique Collazo acompañado de dos ayudantes, los tenientes coroneles Carlos Hernández y Gonzalo García Vieta. Espero que usted atenderá en todo a mi comisionado y a sus acompañantes.
De Ud. con la mayor consideración.
Patria y Libertad
**Calixto García**

2.- Carta del general García al Secretario (interino) de la Guerra del Consejo de Gobierno de la República de Cuba, Dr. Domingo Méndez Capote, informándole de la entrevista.[619]
Bayamo, 1 de mayo de 1898.

---

[618] Tomada de, Cosme de la Torriente:*"Calixto García, estadista"* en **Revista de La Habana**, Año IV, T VIII, N° 48, Agosto 1946, p. 443,(Torriente asegura que el original de la carta fue escrita por él, cumpliendo instrucciones del general García).
[619] Tomado de, Aníbal Escalante Beatón:*"Calixto García. Su campaña en el 95"*, La Habana, 1978, p. 464.

Al: Secretario de la Guerra

Tengo el honor de comunicar a Ud. que en el día de hoy ha llegado a esta ciudad el oficial A. S. Rowan que dice comisionado del Secretario de la Guerra de los Estados Unidos y me viene recomendado por nuestro Agente en Jamaica, a quien a su vez lo recomienda el Delegado Estrada Palma.

Dicho oficial ha venido a conferenciar conmigo y me ha hablado sobre asuntos diversos relacionados con el Ejército a mi mando y conforme a lo que me ha manifestado y a sus deseos de volver a salir sin pérdida de tiempo, lo despacho hoy acompañado del General Enrique Collazo y dos Ayudantes, los Teniente Coroneles Gonzalo Vieta y Carlos Hernández. El General Collazo informará al Secretario de la Guerra americano de todo lo que desea saber y me será allí muy útil.

De usted con consideración.
Patria y Libertad
**Calixto García**

3.- Carta de presentación del general Enrique Collazo ante el Secretario de la Guerra del gobierno de los Estados Unidos, Russell A. Alger.[620]

To The Secretary of War U.S.A.

Dear Sir:

I confer into Gen. E. Collazo of my entire confidence full powers to slate in view to you giving particulars of importance verbally, of great value for furthers intelligence between that Department and this Army.

Yours Truly.
**Calixto García**
(Traducción)

Al Secretario de la Guerra, E.U.A.

Estimado señor:

Confiero al general E. Collazo, oficial de toda mi confianza, plenos poderes para informar a usted, verbalmente, asuntos de importancia, que serán de utilidad para un futuro entendimiento entre ese Departamento y este Ejército.

Atentamente suyo.
**Calixto García**

---

[620] Tomada de Ibídem., pp. 463-464.

4. Comunicación del Secretario de la Guerra (interino) del Consejo de Gobierno de la República de Cuba, Dr. Domingo Méndez Capote al mayor general Calixto García dándole a conocer el acuerdo del Consejo de Gobierno sobre compromiso con presidente de los Estados Unidos.[621]

**Acuerdo del Consejo de Gobierno**
República de Cuba
Secretaría de la Guerra
No. 847. L. 4-F 188

Sebastopol, mayo 12 de 1898.

El Consejo de Gobierno en sesión celebrada el día 10 del corriente acordó sancionar el compromiso que el Sr. Tomás Estrada Palma, en su carácter de representante autorizado de nuestra República, ha contraído con el Presidente de los E.E. U.U. de América, Sr. William McKinley y que consiste en que los Generales del Ejército Libertador sigan y ejecuten los planes de los Generales Americanos en campaña, manteniendo el nuestro su organización propia; pero dispuesto siempre a ocupar las posiciones prestar los servicios que aquéllos determinen, a cuyo efecto el Consejo acordó también que por esta Secretaría se diesen -como ahora se hace-, órdenes al General en Jefe y a usted a fin de que ajusten su conducta a lo expuesto.

Lo que traslado a usted para su más exacto cumplimiento, y para que dicte a su vez las órdenes conducentes a fin de que se ponga en ejecución lo dispuesto, significándole que el Delegado Plenipotenciario ha indicado al Presidente McKinley la conveniencia de que la escuadra americana tome ciertos puertos para descargar por ellos armas y municiones de guerra y boca para ambos ejércitos.

De Ud. con toda consideración.
El Secretario de Guerra Interino
**Dr. Domingo Méndez Capote**

5.-Carta del representante en Washington y Secretario de la Delegación de la República de Cuba, Gonzalo de Quesada, al mayor general Calixto García, informándole sobre la misión del general Collazo en los Estados Unidos.[622]

---

[621] Cosme de la Torriente, Op. Cit., pp. 444-445.
[622] Ibídem., pp. 445-446.

Legación de la República de Cuba,
Washington, D. C.
Mayo 30 de 1898.
    Mayor General Calixto García,
      Departamento de Oriente, Cuba.
    Distinguido General:
    Sin ninguna suya a que referirme me es grato dirigirle esta carta para comunicarle el resultado de la comisión del General Collazo. Oportunamente recibimos en Washington noticias de la llegada del General a Nassau; más tarde a Cayo Hueso y Tampa.
    El Teniente Rowan fue llamado por telégrafo a esta capital, quedando el General y el Teniente Coronel Hernández en el Sur. Después de la entrevista de Rowan con el Secretario de la Guerra, y el General Miles, éstos me mandaron a decir que deseaban viniesen a esta capital invitados por los Estados Unidos. Inmediatamente telegrafié a Don Tomás y al General Collazo. El lunes, hace una semana, le di el abrazo de bienvenida. Fueron alojados en el Army and Navy Club, donde sólo pueden entrar los Oficiales de Marina y Militares de línea, por lo cual ve usted la distinción que se hizo con ellos. Ese mismo día les acompañé a ver al General Miles, General en Jefe del Ejército Americano, quien los recibió cortés y cariñosamente. El General Miles nos llevó al Secretario de la Guerra, General Alger, donde reunidos tuvimos una larga y provechosa conferencia, el General Collazo entregando en propias manos la carta enviada por usted. El Secretario de la Guerra mostróse orgulloso y complacido de recibirla diciendo que guardaría su autógrafo. En toda esta semana hemos visitado el Departamento de la Guerra, el Cuartel General del Ejército, el War Board, cuerpo consultivo que dirige las operaciones navales, y el General Collazo hábilmente interpretado por el Teniente Coronel Hernández, ha comunicado las instrucciones y acertados planes de usted. El sábado recibieron oficial invitación sus comisionados para revistar las tropas americanas en el Campamento Alger, honor que se hizo a ellos, a usted y al Ejército Cubano.
    Me es grato consignar, tanto más cuanto son mis amigos, que el General Collazo y el Teniente Coronel Hernández en éste, como en todos sus actos durante su estadía aquí, se han distinguido siempre por su corrección, habilidad y fino trato, asombrando a los incrédulos y siendo motivo de satisfacción para los

amigos de nuestra causa. Ellos le dirán cómo he colaborado, lo mismo que el Secretario de la Legación, el señor Díaz Albertini, al éxito de su delicada misión. Esta noche salen con el Cuartel General del Ejército para Tampa, y muy en breve estarán en sus manos los recursos que hemos pedido a los Estados Unidos, para su Ejército; con ellos y la cooperación de las fuerzas americanas podrá usted celebrar el 4 de julio, con su departamento libre, el aniversario de la independencia norteamericana. El Teniente Coronel Hernández que será portador de esta carta y el General Collazo serán viva carta y le dirán cómo todo ha sido para ellos respeto, consideración y afecto por parte de las autoridades de los EE. UU. Ellos le comunicarán detalles y puntos de vista que no se pueden fiar al papel, y programa para el porvenir, programa que ya usted ha implantado en Oriente y que con gusto he leído en la carta que dirige usted al Vicepresidente de la República, Dr. Méndez Capote. De nosotros depende que se salve la nacionalidad cubana y que -convencidos de nuestra cordura y capacidad para construir un gobierno estable y progresivo- reconozcan los Estados Unidos a la República de Cuba, lo mismo que ha reconocido la independencia del pueblo cubano. Para esa obra como para la que he venido aquí consumando estos tres años está siempre dispuesto su servidor y amigo,

(firmado) **Gonzalo de Quesada**

6.-Carta del mayor general Nelson Appleton Miles, jefe del Ejército de los Estados Unidos al mayor general Calixto García de la cual fue portador el teniente coronel Carlos Hernández, a su regreso de los Estados Unidos.[623]

Cuartel General del Ejército,
En Campaña, Tampa, Florida
Junio 2, 1898.

Lugarteniente General García,
Ejército de Cuba.
Querido General:

He tenido el gusto de recibir a sus oficiales General Enrique Collazo y Teniente Coronel Carlos Hernández, el segundo de los cuales regresa esta noche con nuestros mejores deseos por su

---

[623] Tomada de, Cosme de la Torriente: **"Notas sobre el Mensaje a García"** en *Revista de La Habana,* Año I, T. II, Nº 11, Julio de 1943, p. 528.

éxito.

Sería de muy grande ayuda si usted pudiera tener una fuerza tan grande como sea posible en los alrededores de la bahía de Santiago de Cuba y comunique cualquier información, por medio de señales, las cuales le serán explicadas por el Coronel Hernández, ya sea a nuestra Escuadra o al Ejército a su llegada, que esperamos sea antes de muchos días.

También nos ayudará mucho si usted pudiera aproximarse y desorganizar cualquier tropa española que esté cerca o en Santiago de Cuba, amenazándola o atacándola en todos los puntos e impidiendo por todos los medios que puedan llegar refuerzos a la guarnición. Mientras se efectúa esto, y antes de la llegada de nuestro Ejército, si usted puede capturar y mantener cualquier posición ventajosa al Este u Oeste de Santiago de Cuba, o en ambos lugares, sería muy ventajoso para el uso de nuestra artillería, e inmensamente agradecido por nosotros.

Con el mayor respeto y mejores deseos, quedo de usted respetuosamente,

**Nelson A. Miles,**
Mayor General, Comandante en Jefe
del Ejército de los Estados Unidos.

ANEXO 2

EFECTOS DE LOS BOMBARDES A SANTIAGO DE CUBA
POR LOS BUQUES DE LA ESCUADRA NORTEAMERICANA

(Traducción del informe rendido al Comandante en Jefe de las Fuerzas Navales se los Estados Unidos, Estación del Atlántico Norte, Contralmirante William T. Sampson, por una comisión de oficiales formada para investigar el efecto de los bombardeos a la ciudad de Santiago de Cuba)[624].
Buque Insignia "New York"
Bahía de Guantánamo,
Julio 24, 1898.
Señor:
En cumplimiento de su orden de Julio 19 nombrándonos como

---

[624] Tomada de *Appendix to the Report of the Chief of the Bureau of Navigation*, Navy Department,1898, pp. 629-630.(La traducción es del autor,GPC).

comisión para informar sobre el efecto de los bombardeos en Santiago, le sometemos a su consideración lo siguiente:
El 20 de Julio fuimos llamados al cuartel general del ejército y el General Wood, que está al mando de la ciudad, designó al Coronel Evers y al Capitán Muller para que nos asistieran. En la jefatura de la policía obtuvimos un mapa de la ciudad y una lista de 57 casas que habían sido alcanzadas por nuestro fuego.
La siguiente es una lista en las cuales es apreciable la destrucción causada por nuestros proyectiles de 8 pulgadas:
Calle de Gallo N° 89. Completamente destruida por un proyectil de 8 pulgadas que estalló después de atravesar una pared de ladrillo de un pie de grueso.
Calle de Gallo N° 87. Casa situada junto a la anterior, su interior completamente destruido por los fragmentos del mismo proyectil. Presenta ocho agujeros de tres pies de diámetro cada uno en las paredes de ladrillo.
Calle de Gallo N° 81. Parcialmente destruida. El portal desapareció y el interior completamente destruido. Evidentemente el proyectil explotó en el portal.
Calle de Gallo N° 79. Este proyectil era perforante; atravesó cuatro paredes, destruyendo completamente el interior, y fue encontrado enterrado, sin explotar. Tenía en su base las letras T. F. J.
Calle de Gallo N° 77. Esta casa fue impactada por el proyectil mencionado anteriormente y su interior quedó demolido.
Calle Joaquín N° 25. El interior completamente demolido; el proyectil explotó después de atravesar la primera pared, y sus fragmentos destruyeron las otras paredes.
Calle de San Fermín N° 27. Seis agujeros de tres pies de diámetro en las paredes. Interior demolido.
Calle de Trinidad N° 15. El proyectil abrió grandes agujeros a través del portal y tres paredes y se enterró sin explotar. El portal quedó completamente destruido.
Calle Trinidad N° 23. Esta casa era una edificación vieja, quedó completamente destruida. El proyectil de ocho pulgadas fue encontrado entre los escombros.
Calle de Trinidad N° 27. El portal y el interior de esta casa fueron completamente destruidos por un proyectil que estalló en el portal.
Calle de Bartolomé N° 29. Esta casa fue completamente des-

truida, no quedando en pie ni una sola porción de pared. El proyectil evidentemente explotó e incendió la casa.

Calle de Trinidad N° 17. El interior en ruinas, las paredes en malas condiciones.

Calle de Trinidad N° 13. La mitad de la casa completamente destruida por la explosión de un proyectil de ocho pulgadas en el exterior junta a una pared.

Calle Carmen N° 5. Dos proyectiles impactaron a esta casa y no explotaron. La casa quedó en ruinas.

En la calle Marina, en una extensión de 600 yardas, se encontraron 19 agujeros causados por proyectiles de ocho pulgadas. Sus medidas promedios era 5 por 12 pies y 4 pies de profundidad. Muchos de los proyectiles no explotaron y fueron encontrados intactos cerca de los agujeros. Por la dirección del fuego y el hecho de la calle corre cerca del borde del agua, y también por los testimonios de testigos oculares de la caída de los proyectiles, consideramos que una gran parte de los proyectiles cayó en aguas de la bahía.

Los arriba mencionados son los más importantes.

Si a los buques se les hubiera permitido dirigir su fuego más hacia el centro de la Ciudad, la destrucción hubiera sido muy grande. Aún así, el resultado es pasmoso y una gran cantidad de propiedades fue destruida.

Opinamos que el bombardeo llevado a cabo por los buques tuvo mucho que ver con la rápida rendición de la Ciudad.

Se adjuntan gráficos,

Muy respetuosamente

W.R.Rush, Teniente de Navío; L.S.Van Duzex, Teniente de Navío; L.C.Palmer, Alférez

Al Comandante en Jefe

# Glosario

**acción naval:** La que una fuerza naval realiza contra otra o contra la costa.

**acero Harvey:** Acero de gran dureza que se obtenía según un procedimiento creado en 1890 por el ingeniero norteamericano Harvey. La resistencia de este acero a la penetración era de 1,8 a 2,2 veces mayor que la del hierro forjado.

**acorazado:** (También se les ha denominado "buques de línea" y "buques de batalla"). Era en la época el tipo de buque principal de las grandes marinas de guerra. Durante la década de 1890 a 1900 alcanzó las siguientes características medias: desplazamiento de 10 mil a 15 mil toneladas, blindaje o coraza de 300 mm o más y un armamento constituido por dos torres dobles de 305-330 mm situadas a proa y popa, 12-14 cañones de 152-203 mm y numerosas piezas de calibres inferiores. La misión del acorazado era el aniquilamiento de las principales fuerzas del adversario mediante su potente armamento artillero. Los primeros en ser construidos para la Marina de Guerra de los Estados Unidos, lo fueron el **Maine** y su gemelo **Texas** cuyos desplazamientos eran menores y su armamento menos potente a los mencionados por lo que fueron reclasificados como "acorazados de segunda clase" y posteriormente como cruceros acorazados. Los norteamericanos acostumbran a denominarlos con nombres de estados de la Unión.

**almena:** Diente o cortadura que se hacía en el muro de las fortalezas.

**almirante:** El que desempeña el cargo supremo de la Armada, que equivale al de teniente general del ejército.

**ariete**: Buque blindado y con un espolón muy reforzado y saliente, para embestir con empuje a otras naves y echarlas a pique.

**Armada**: Conjunto de las fuerzas de mar que sostiene una nación para defender sus intereses o imponérselos a otro país. Son términos equivalentes: **Flota, Marina de Guerra, Fuerzas Navales**.

**armón**: Juego delantero de la cureña del cañón de campaña.

**artillería de alto calibre**: También denominada "artillería gruesa". Era la de calibres de 200 mm o más.

**artillería de mediano calibre**: La constituían las piezas entre 76 y 200 mm.

**aspillera**: Abertura larga y estrecha que se hace en el muro para poder disparar contra el enemigo.

**atalaya**: Torre en lugar alto para avistar mucho espacio de tierra o mar.

**aviso**: Buque generalmente pequeño y rápido que se empleaba para llevar mensajes y órdenes a los buques en la mar.

**babor**: La banda o costado izquierdo del buque, mirando desde popa a proa.

**baluarte**: Bastión //. Fortificación de figura pentagonal en la parte exterior de la muralla.

**banqueta**: Obra de tierra o mampostería prolongada que sirve a los soldados para protegerse del fuego enemigo.

**barbeta**: Parte del parapeto por la cual la pieza de artillería dispara al descubierto.

**barlovento**: La parte de donde viene el viento con respecto a un punto o lugar determinado.

**batalla naval**: Encuentro entre flotas enemigas, con empleo del armamento, con el fin de decidir el dominio del mar. Una batalla naval suele estar formada por varios combates parciales que, en su conjunto la integran y entre todos se consigue el ansiado resultado estratégico.

**batería**: Conjunto de piezas de artillería //. Unidad táctica de artillería compuesta de cierto número de piezas y de soldados //. Obra de fortificación que contiene cierto número de cañones //. En un buque, conjunto de piezas de artillería de cada frente o cubierta.

**blindaje**: Conjunto de planchas metálicas que sirven para proteger el casco u otras partes de un buque.

**blindaje mixto o *compound***: Estaba constituido por una plancha de acero sólidamente adherida a una de hierro de doble espesor que la primera. La resistencia de este blindaje era 1,25 a 1,7 veces mayor que la del hierro forjado.

**caballero**: Obra interior de fortificación.

**calibre de las piezas de artillería**: A fines del siglo XIX no había aún un sistema único para determinar el calibre de las piezas de artillería. Se empleaban, indistintamente, el antiguo sistema de referirse al peso del proyectil (los británicos lo mantuvieron hasta la II Guerra Mundial) y el de medirlo por el diámetro del ánima del tubo del cañón, sistema que a la larga se impuso.

**calibre de algunas piezas (equivalencias de sistemas):**
1 libra = 37 mm
2 libras = 42 mm
3 libras = 47 mm
6 libras = 57 mm
12 libras = 75 ó 76 mm
25 libras = 102 mm
100 libras = 152 mm

**cañones de tiro rápido**: Piezas de artillería cuyo proyectil, la carga impulsora y la cápsula detonante iban todos unidos en una vaina o cartucho. Además poseían un mecanismo que después del disparo los volvía a poner automáticamente en posición. Todo esto permitía que se les cargara más rápidamente y pudieran alcanzar una mayor frecuencia o "cadencia" de disparos. Se construyeron de calibres pequeños y medianos.

**cañón-revólver**: Pieza de artillería de pequeño calibre, usualmente de 37 mm, montada en una base de manera que podía hacer fuego en un círculo de 360 grados.

**cañonera**: Buque sin protección, de pequeño tonelaje, armado de artillería de pequeño calibre, destinado principalmente al servicio de vigilancia //. Espacio en las murallas entre almena y almena para poner los cañones.

**capitán**: El que manda una embarcación de guerra o mercante, aunque en el primer caso es más usada la voz **comandante**.

**capitán de corbeta**: Oficial del cuerpo General de la Armada, cuya categoría equivale a la de comandante en el Ejército.

**capitán de fragata**: Oficial del cuerpo general de la Armada, cuya categoría equivale a la de teniente coronel en el Ejército.

**capitán de navío**: Denominación del empleo o grado militar equivalente al de coronel en el Ejército.

**carbonera**: Lugar situado cerca de las calderas de las embarcaciones de vapor, para guardar y conservar el carbón.

**combate naval**: Choque de dos fuerzas navales adversarias, con empleo del armamento, reñido para la consecución de un objetivo concreto dentro del marco general de una batalla. Según la importancia del objetivo y cantidad de fuerzas que intervienen o la violencia del choque puede ser de mayor o menor importancia.

**comodoro**: En algunas Marinas, como la inglesa y norteamericana, título que se da al capitán de navío con mando sobre tres o más buques, guardándosele consideraciones similares a las de un contralmirante//. Jefe de un convoy, aunque en este caso no supone un grado, sino una función.

**crucero**: Buque de menor desplazamiento que el acorazado, con menos blindaje y artillería. Su principal característica era la velocidad.

**Cruceros acorazados**: Se construyeron a partir de la última década del siglo XIX, tenían entre 4 700 y 14 mil toneladas de desplazamiento, alcanzaban velocidades entre 20 y 24 nudos y su artillería principal oscilaba entre 203 y 280 mm. En la marina norteamericana llevaban nombres de grandes ciudades de los Estados Unidos.

**Cruceros protegidos**: Buques con un desplazamiento de 2 mil a 5 mil toneladas. Su blindaje consistía en una cubierta protectora de poco espesor para proteger las máquinas y calderas. Se les empleaba mucho como exploradores.

**Cruceros incursores**: Buques que podían alcanzar las 7 mil toneladas de desplazamiento, con poco blindaje, mucha velocidad y gran autonomía. Tenían suficiente poder artillero para enfrentar enemigos inferiores y su velocidad les permitía rehuir el enfrentamiento a enemigos que los superaran en armamento. Se les empleó con frecuencia contra los mercantes del enemigo.

**Crucero auxiliar**: Buques mercantes a los cuales se dotó de artillería. Sus características tácticas y técnicas eran muy variadas. Generalmente tenían gran autonomía y se les empleó en misiones de exploración lejana, así como bloqueadores y para actuar contra buques mercantes del enemigo.
**contralmirante**: Oficial general de la Armada inmediatamente inferior al vicealmirante. Equivale al de general de brigada del Ejército.

**Destructores**: Este tipo de buque surgió en la década de los 90 del siglo XIX como un híbrido del torpedero con su contrario, el cazatorpedero. Solían alcanzar en la época hasta 500 toneladas de desplazamiento y unos 28 nudos de velocidad. Su armamento principal era el torpedo, por lo que contaban con 2-4 tubos lanzadores. Contaban también con varias piezas de tiro rápido

(37 a 75 mm). Su designación era la de atacar con torpedos a los grandes buques acorazados del adversario y con el armamento artillero proteger de los torpederos a los grandes buques propios.

**dirección del tiro**: Hasta 1900 se empleó el tiro directo "a ojo". La distancia efectiva de tiro era de unas 2 000 yardas (1 828 metros) o sea no mucho más que el de los cañones de ánima lisa de principios del siglo. Más allá de esa distancia y sobre todo para las piezas de grueso calibre, la puntería era muy deficiente, aunque las piezas de 305 mm, por ejemplo, podían alcanzar 10 veces la distancia antes mencionada. La puntería a larga distancia fue desarrollada por el capitán de navío británico Percy Scott. Su método consistía en observar los puntos de caída (*"piques"*) de los proyectiles mediante aparatos ópticos y de ese modo el oficial de control y dirección del tiro corregía el tiro. El tiro se hacía por salvas por ser más fácil de ver y al método se le llamó *"ahorquillar"* el tiro.

**elevadores de municiones**: aparatos destinados a llevar las municiones de los pañoles hasta las piezas. Los había blindados y no blindados.

**enmendar**: Variar de lugar en un fondeadero con cualquier fin.

**escuadra**: Parte de una armada, o sea, reunión de buques de guerra en número correspondiente, y bajo las órdenes de un almirante u otro oficial de graduación superior. Según el destino o misión de ella adquiere los nombres de **escuadra de operaciones, escuadra de instrucción, de maniobras, ligera, de exploración**, etc.

**escuadrilla**: Agrupación de buques menores de guerra como, por ejemplo, torpederos.

**escudo o mantelete**: Pieza de blindaje colocada de manera que protegiera a los artilleros del fuego enemigo.

**estopín**: Fulminante. Podía ser de percusión y/o eléctrico.

**estribor**: La banda o costado derecho de un buque mirando desde popa a proa.

**glacis**: Talud //. Explanada que rodea la muralla.

**gola**: Entrada de la plaza al baluarte.

**guardacostas**: Buque para la vigilancia del litoral.

**matacán**: Balcón de piedra cuyo suelo presentaba aberturas por donde los defensores podían arrojar toda clase de proyectiles al enemigo.

**milla náutica (marina)**: 1 852 metros.

**monitor**: Buque de guerra acorazado y de poco calado, que navegaba casi sumergido. Apropiado para ríos y lagos. Eran poco marineros por lo cual resultaban inadecuados para actuar en mar abierto.

**navegar aterrado**: Navegar muy cerca de la costa.

**navegar a la sigilosa**: Navegar de noche con todas las luces apagadas procurando no ser avistado.

**nudo**: Unidad de velocidad. Significa una milla por hora.

**operaciones navales**: Serie de acciones y actividades encaminadas a la realización de las misiones navales de la guerra. Una batalla o combate naval son con frecuencia la consecuencia de una operación o parte de ella, montada al menos por uno de los adversarios al producirse el choque de ambos. Una operación grande y compleja, puede comprender otras de menor importancia y más fácil ejecución. Están comprendidas dentro de las operaciones navales, las acciones de bloqueo, el bombardeo de instalaciones costeras, la exploración, la lucha contra las comunicaciones del adversario, el apoyo a las fuerzas terrestres, etc.

**pañol**: Cualquiera de los compartimentos de un buque y en los cuales se almacenan municiones, armamento, pinturas, utensilios, etc. Toma cada uno la designación correspondiente al género que contiene.

**pontón:** Buque de guerra viejo amarrado de firme en un arsenal o puerto y empleado como almacén.

**rediente:** Obra de fortificación de dos caras de igual longitud que forman un ángulo saliente.

**teniente de navío:** Oficial del cuerpo general de la Armada, inmediatamente inferior al capitán de corbeta y equivalente al capitán del Ejército.

**torpedero:** Buque de pequeño desplazamiento, entre 100 y 300 toneladas, muy rápido, destinado a atacar con torpedos a los buques acorazados adversarios.

**torpedo:** Máquina de guerra, de forma de tabaco, terminado en una cabeza, y en la cola de forma cónica es donde van las hélices y los timones. Lleva en la cabeza una punta detonadora que, al chocar, hace que explote la carga que contiene. es lanzado al mar por medio de unos tubos. Los torpedos de fines del siglo XIX tenían un alcance de unos 1 000 metros, una velocidad de 20-24 nudos y estaban dotados de una carga explosiva de 60-75 kilogramos de algodón pólvora.

**sotafuego:** Banda o costado del buque que no recibe los disparos del enemigo.

**sotavento:** Costado del buque, opuesto a la parte por donde da el viento, la cual se llama **barlovento**.

**torres o torretas:** En los buques, estructuras cilíndricas, en general blindadas, dentro de las cuales se instalaba la artillería. Eran movidas eléctrica o hidraulicamente.

**vicealmirante:** Oficial general de la Armada, inmediatamente inferior al de almirante, equivalente al general de división en el Ejército.

**yate:** Embarcación usada para recreo o viajes de placer. Sus dimensiones y características técnicas pueden ser muy diversas.

# Fuentes Consultadas

Fuentes de Archivo

Archivo General de Indias (AGI) de Sevilla, España: Fondos Diversos, Archivos del general Polavieja, **Legajo 25: Documentos sobre la escuadra de Cervera en Santiago de Cuba.**
Instituto de Historia y Cultura Naval de la Armada Española. Madrid. Archivo del Museo Naval, **Legajo MS 1880 (Tomos I y II): Guerra con Estados Unidos.**
Archivo Histórico Provincial de Santiago de Cuba. Fondo Gobierno Provincial. Materia: **Guerra del 95, Año 1898.**
University of North Carolina, Wilson Library, Manuscript Department. "**George W. Mciver Papers**" (An unpublished autobiography. Chapter 10 is related to his service during the war with Spain in 1898).

Colecciones de Documentos

Abreu Cardet, José M. y Sintes Gómez, Elia, compiladores: "**Calixto García Iñiguez: Pensamiento y acción militares**", La Habana, Editorial de Ciencias Sociales, 1996.
Archivo Nacional de Cuba: "**Correspondencia Diplomática de la Delegación Cubana en Nueva York durante la Guerra de Independencia de 1895 a 1898**", tomo 5, "Washington", La Habana, 1946.
Center of Military History, U. S. Army : "**Correspondence relating to the War with Spain**". Washington. Government Printing Office, 1902. (Reedición de 1993). 2 vol.
Cervera y Topete, Pascual: "**Guerra Hispano-Americana. Colección de Documentos Referentes a la Escuadra de Operaciones de las Antillas**", El Ferrol, Imprenta de "El Correo Gallego", 2da. edición, 1900.
Ministerio de Estado de España: "**Documentos presentados a**

las Cortes en la Legislatura de 1898 por el Ministro de Estado Español"(Libro Rojo-Tratado de París). Reeditado por la Universidad de Puerto Rico, Río Piedras. 1988.
Ministerio de Marina de España: "**Correspondencia Oficial referente a las Operaciones Navales durante la Guerra con los Estados Unidos en 1898**". Madrid. Imprenta del Ministerio de Marina. 1899.
U.S. Navy Department: "**Annual Reports of the Navy Department for the Year 1898. Volume 2: Appendix to the Report of the Chief of Bureau of Navigation**", Washington, Government Printing Office, 1898.
U.S. War Department: "**Annual Reports of the War Department for the Fiscal Year Ended June 30, 1898: Report of the Secretary of War. Miscellaneous Reports**", Washington, 1898.
Office of Naval Intelligence: "**Notes on the Spanish American War**", Washington, Government Printing Office, 1900.

DIARIOS, MEMORIAS Y BIOGRAFÍAS

Alger, R. A.: "**The Spanish American War**", New York and London, Harper and Brothers Publishers, 1901.(Memorias del Secretario de la Guerra de Estados Unidos durante el conflicto).
Arderius, Francisco: "**La Escuadra Española en Santiago de Cuba. Diario de un testigo**", Madrid, Imprenta Casa Editorial Macci, 1903.
Boza, Bernabé: "**Mi diario de la guerra**". La Habana, Editorial de Ciencias Sociales, 1974 (reedición), 2 tomos.
Bradford, James (editor):"**Admirals of the New Steel Navy (1880-1930)**".Annapolis, Maryland. Naval Institute Press, 1990.
Cervera Pery, José R.: "**El Almirante Cervera**", Madrid, Editorial Prensa Española, 1972.
_____: "**El Almirante Cervera. Un marino ante la Historia**". Madrid. Editorial San Martín. 1998.
Gómez, Máximo: "**Diario de Campaña 1868-1899**", La Habana, Instituto del Libro, 1968.
Rivero Méndez, Ángel:"**Crónica de la Guerra Hispanoamericana en Puerto Rico**", Río Piedras (P.R.), Editorial Edil Inc., 2a.edición, 1998.

LIBROS

Abdala Pupo, Oscar Luis: "**La Intervención Militar Norteamericana en la Contienda Independentista Cubana: 1898**". Santiago de Cuba , Editorial Oriente, 1998.
Acosta Matos, Eliades: "**Los colores secretos del Imperio**", La Habana. Mercie Ediciones, 2002.
Allendesalazar, José Manuel: "**El 98 de lo Americanos**". Madrid. Biblioteca Diplomática Española. Ministerio de Asuntos Exteriores. 1997.
Army, Department of,:"**Military History of United States (1776-1953)**". ROTC Manual, 1953.
Bacardí, Emilio:" **Crónicas de Santiago de Cuba**",tomo X. Santiago de Cuba, Tipografía Arroyo Hermanos, 1924.
Baer, George W.: "**The U.S. Navy, 1890-1990. One Hundred Years of Sea Power**". Stanford University Press. Stanford, California. 1994.
Barón Fernández, J.: "**La Guerra Hispano-Norteamericana de 1898**". La Coruña, Edicios do Castro, 1993.
Beale, Howard K.:"**Theodore Roosevelt and the Rise of America to World Power**". The John Hopkins Press. Baltimore. 1956.
Bosch, Juan: "**De Cristóbal Colón a Fidel Castro. El Caribe, Frontera Imperial**". La Habana. Ediciones Casa de las Américas. 1981.
Bradford, James (editor). "**Crucible of Empire**". Annapolis. U.S. Naval Institute Press. 1993.
Brodie, Bernard: "**Sea Power in the Machine Age**". Princeton University Press. 1941.
Burgos-Malavé, Eda Milagros: "**Génesis y Praxis de la Carta Autonómica de 1897 en Puerto Rico**", San Juan (P.R.), Centro de Estudios Avanzados de Puerto Rico y el Caribe, 1997.
Calvo Poyato, José:"**El Desastre del 98**". Barcelona, Plaza y Janés, 1997.
Carrero Blanco, Luis: "**Arte Naval Militar**". Madrid. Editorial Naval. 1942.
Castañeda, Tiburcio P.: "**La Explosión del 'Maine' y la guerra de los Estados Unidos con España**",La Habana, Imprenta de La Moderna Poesía, 1925.
Cayuela Fernández, José (coordinador): "**Un siglo de España: Centenario 1898-1998**", Cuenca, Ediciones de la Universidad de Castilla-La Mancha, 1998.

Cervera Pery, José R.: "**Marina y Política en la España del Siglo XIX**", Madrid, Editorial San Martín, 1979.

_____ :"**La Guerra Naval del 98**", Madrid, Editorial San Martín, 1998.

Colectivo de Autores: "**Puerto Rico ante el 98 visto desde España**". Madrid. Casa de Puerto Rico en España, Central Hispano. 1996.

Collazo y Tejada, Enrique: "**Cuba Heroica**". La Habana, La Mercantil, 1912.

_____ : "**La Guerra en Cuba**" (Continuación de "Cuba Heroica"). La Habana, Librería Cervantes, 1926.

Companys, Julian: "España en 1898: Entre la diplomacia y la guerra". Madrid, Ministerio de Asuntos Exteriores, 1992.

Concas y Palau, Víctor:"**La Escuadra del Almirante Cervera**", Madrid, Librería San Martín, s/f.

Chadwick, French E.: "**The Relations of the United States and Spain: Diplomacy**", New York, Charles Scribner`s Sons, 1909.

_____ :"**The Relations of the United States and Spain: The Spanish-American War**". 2 vol., New York, Russell and Russel, 1911. (Reedición de 1968).

Chidsey, Donald Barr: "**La Guerra Hispano-Americana, 1896-1898**". Barcelona-México,D.F., Ediciones Grijalbo,1973. (1ª edición, New York, 1971).

Davis, Richard Harding:"**The Cuban and Porto Rican Campaigns**". New York. Charles Scribner`s Sons.

de la Torriente Peraza, Cosme:"**Calixto García cooperó con las fuerzas armadas de los EE. UU. en 1898, cumpliendo órdenes del gobierno cubano**", La Habana, 1952.

Dorwart, Jeffery M:"**The Office of Naval Intelligence**".Naval Institute Press. 1979.

Elorza, Antonio y Hernández Sandoica, Elena: "**La Guerra de Cuba.(1895-1898)**". Madrid. Alianza Editorial. 1998.

Ermolov: "**La Guerra Hispano-Americana**" (**Informe del Comisionado del ejército ruso ante las tropas norteamericanas**). San Petersburgo. Edición del Comité Científico Militar del Estado Mayor General.1899. (Traducción al español).

Escalante Beatón, Aníbal: "**Calixto García y su Campaña en el 95**". La Habana. Editorial de Ciencias Sociales. 1978.

Fernández, Áurea Matilde: "**España y Cuba 1868-1898**". La Habana. Editorial de Ciencias Sociales.1988.

Foner, Philip: "**La Guerra Hispano-Cubano-Norteamericana y el surgimiento del imperialismo yanqui**". Editorial de Ciencias Sociales.1988. 2 tomos.

\_\_\_\_\_:"**Historia de Cuba y sus relaciones con los Estados Unidos**". La Habana, Editorial de Ciencias Sociales, 1973, 2 tomos.

Funston, Frederick: "**Memories of Two Wars**". New York, Scribner's Sons, 1914.

García del Pino, César: "**La Acción Naval de Santiago de Cuba**". La Habana. Editorial de Ciencias Sociales. 1988.

\_\_\_\_\_: "**Expediciones de la Guerra de Independencia. 1895-1898**". La Habana.Editorial de Ciencias Sociales, 1996.

Gómez Núñez, Severo: "**La Guerra Hispanoamericana.Barcos, Cañones y Fusiles**". Madrid. Imprenta del Cuerpo de Artillería.1899.

\_\_\_\_\_: "**La Guerra Hispanoamericana. El Bloqueo y la defensa de las costas**". Madrid. Imprenta del Cuerpo de Artillería. 1899.

\_\_\_\_\_: "**La Guerra Hispanoamericana. La Habana**". Madrid. Imprenta del Cuerpo de Artillería.1900.

\_\_\_\_\_: "**La Guerra Hispanoamericana. Santiago de Cuba**". .Madrid.Imprenta del Cuerpo de Artillería.1901.

\_\_\_\_\_: "**La Guerra Hispanoamericana. Puerto Rico y Filipinas**". Madrid.Imprenta del Cuerpo de Artillería.1902.

González Ortíz, Cristina y Zermeño Padilla, Guillermo: "**EUA. Síntesis de su Historia II, 1865-1920**", México, Instituto Mora, 1988.

González-Ripoll Navarro, María Dolores y García Mora, Luis Miguel: "**El Caribe en la época de la independencia y las nacionalidades**", Morelia, Michoacán, UMSNH, Instituto de Investigaciones Históricas, 1997.

Gorshkov, S.G.:"**Las Fuerzas Navales.Su historia y su presente**". Moscú. Editorial Progreso. 1980.

Grau Imperatori, Angela: "**El Sueño Irrealizado del Tío Sam**", La Habana, Ediciones Abril, 1997.

Guerra y Sánchez, Ramiro: "**La Expansión territorial de los Estados Unidos**". La Habana. Editorial de Ciencias Sociales. 1975.

Guerra y Sánchez, Ramiro; Pérez Cabrera, José Manuel; Remos, Juan J.; Santovenia y Echaide, Emeterio S.: "**Historia de la Nación Cubana**", La Habana, Ed. Historia de la Nación Cubana,

1952, 10 Vol.
Hagan, Kenneth J.:"**This People's Navy**". New York. The Free Press (MacMillan). 1991.
Healy, David F.: "**The United States in Cuba. 1898-1902**". Madison. University of Wisconsin Press. 1963.
_____: "**U.S. Expansionism**". Madison. University of Wisconsin Press. 1970.
Instituto de Historia de Cuba: "**Historia de Cuba: Las Luchas por la Independencia Nacional y las Transformaciones Estructurales (1868-1898)**". La Habana. Editora Política. 1996.
Izquierdo Canosa, Raúl: "**El Ultimo Hombre y la Ultima Peseta**". La Habana. Ediciones Verde Olivo. 1997.
_____:"**La Reconcentración 1896-1897**". La Habana. Ediciones Verde Olivo. 1997.
_____: "**El Despojo de un Triunfo**". La Habana. Ediciones Verde Olivo. 1998.
_____: "**Viaje sin regreso**". La Habana. Ediciones Verde Olivo. 2000.
Kunz: "**La Guerra Hispanoamericana**". Barcelona.Imprenta Vda. de Casanovas.1909
"**Leslie's Official History of the Spanish American War**". 1899.
Livezey, William E.: "**Mahan on Sea Power**". University of Oklahoma Press. Norman.
Llorca y Baus, Carlos: "**La Compañía Trasatlántica en las campañas de Ultramar**". Madrid. Ministerio de Defensa. 1990.
Lorente y Herrero, Luis: "**Bloqueo y Sitio de Santiago de Cuba**", Madrid. Imprenta del Memorial de Ingenieros. 1898.
Maclay, Edgar S.:"**A History of the United States Navy from 1775 to 1900**". New York. D. Appleton and Co. 1902. 3 vol.
Mahan, Alfred T. : "**Lessons of the war with Spain**". Boston. Little, Brown and Co. 1899.
Martín Cerezo, Saturnino: "**El Sitio de Baler**". Madrid. Editorial Biblioteca Nueva. 1946.
Martínez Arango, Felipe: "**Cronología Crítica de la Guerra Hispano-Cubano-Americana**". La Habana, Editorial de Ciencias Sociales, 1973.
Martínez Hidalgo, José M., editor : "**Enciclopedia General del Mar**". Barcelona. Editorial Garriga. 1957.
Mas Chao, Andrés: "**La Guerra Olvidada de Filipinas. 1896-**

1898". Madrid. Editorial San Martín. 1998.
Millet,A. y Maslowski,P.:"**Historia Militar de los Estados Unidos**", Madrid, Editorial San Martín, 1986.
Millis, Walter: "**The Martial Spirit: A Study of Our War with Spain**", Boston and New York, Houghton Mifflin, 1931.
MINFAR: "**Historia de Cuba**", La Habana, Dirección Política de las FAR, 1967.
\_\_\_\_\_: "**Causas y factores de nuestros reveses y victorias**".La Habana, Editorial Verde Olivo, 1993.
\_\_\_\_\_: "**El diferendo Estados Unidos-Cuba**", La Habana, Ediciones Verde Olivo, 1994.
Ministerio de Defensa de la URSS: "**Atlas Marítimo**". Tomo III (Histórico -Militar). Moscú. Editorial del EMP de la Marina de Guerra. 1959.
Molina, Antonio M.:"**Historia de Filipinas**". Madrid. Editorial Cultura Hispánica del Instituto de Cooperación Iberoamericana. 1984. 2 t.
\_\_\_\_\_:"**América en Filipinas**". Madrid. Editorial Maffre. 1992.
Morales, Salvador E.: "**México y la Independencia de Cuba**", México, Secretaría de Relaciones Exteriores, 1998.
Morales Padrón, Francisco: "**Historia de unas Relaciones Difíciles.(EEUU-América Española)**". Sevilla. Publicaciones de la Universidad de Sevilla. 1987.
Moreno Fraginals, Manuel: " **Cuba/España, España/Cuba (Historia Común)**". Barcelona. Editorial Crítica. 1995.
\_\_\_\_\_ y Moreno Masó, José Joaquín: "**Guerra, Migración y Muerte**" (El Ejército Español como vía migratoria). Colombre-Gijón: Fundación Archivo de Indianos. Ed. Jucar, 1993.
Morrison, Samuel E.; Commanger, H:S.: "**Historia de los Estados Unidos**", México, Fondo de Cultura Económica, 1951, 3 tomos.
Müller y Tejeiro: "**Combates y Capitulación de Santiago de Cuba**". Madrid, Imprenta de Felipe Marqués, 1898.
Musicant, Ivan: "**Empire by Default**". New York. Henry Holt and Co. 1998.
Núñez Florencio, Rafael: "**Militarismo y Antimilitarismo en España (1888-1906)**". Madrid. CSIC, 1990.
Núñez García, Silvia y Zermeño Padilla, Guillermo: "**EUA. Documentos de su Historia Política III, 1896-1920**", México, Instituto Mora, 1988.

Núñez Jiménez, Antonio: "**Cuba: la Naturaleza y el Hombre**", Tomo I, `El Archipiélago'". La Habana, Editorial Letras Cubanas, 1982.
Offner, John L.: "**An Unwanted War**", Chapell Hill, University of North Caroline Press, 1992.
Ojeda Reyes, Félix (editor): "**1898. Los Días de la Guerra**"(Catálogo y textos de una exposición de fotos y documentos). San Juan (P.R.). 1998.
Orozco, José Luis: "**Las Primicias del Imperio. Testimonios norteamericanos 1898-1903**". Puebla (México). Premiá editora.1984.
O'Toole, G.J.A.: "**The Spanish War**". New York, W.W. Norton Co., 1984.
Parker, James: "**Rear Admirals Schley, Sampson and Cervera**".New York-Washington, The Neale Publishing Co., 1910.
Pérez Jr., Louis A.:"**Army Politics in Cuba.1898-1958**". Pittsburgh, University of Pittsburgh Press, 1976.
\_\_\_\_\_:"**Cuba Between Empires, 1878-1902**". Pittsburgh, University of Pittsburgh Press, 1983.
\_\_\_\_\_: "**A Guide to Cuban Collections in the United States**". New York. Greenwood Press. 1991.
\_\_\_\_\_: "**The War of 1898. The United States and Cuba in History and Historiography**".Chapell Hill. The Universuty of North Carolina Press. 1998.
Pérez Concepción, Hebert: "**José Martí y la práctica política norteamericana (1881-1889)**". Santiago de Cuba, Ed. Oriente, 1996.
Pérez Concepción, Hernán y otros: "**El Peligro Mayor**",La Habana, Editora Política, 1993.
Pérez Delgado, Rafael: "**1898. El Año del Desastre**", Madrid, Tebas, 1976.
Pérez Guzmán, Francisco: "**Herida Profunda**". La Habana. Ediciones Unión. 1998.
Pérez Guzmán, Francisco; Zulueta, Zulueta, Rolando; Díaz Martínez, Yolanda: "**Guerra de Independencia. 1895- 1898**". La Habana. Editorial de Ciencias Sociales, 1999.
Picó, Fernando: "**1898: La Guerra después de la Guerra**". San Juan (P.R.), Ediciones Huracán, 1898 (2a. ed.).
Piñeiro, Enrique: "**Como acabó la dominación de España en América**". París, Garnier Hnos., 1908.

Placer Cervera, Gustavo: **"Guerra Hispano-Cubano-Norteamericana. Operaciones Navales"**. La Habana, Editorial de Ciencias Sociales, 1997.

_____:**"La explosión del `Maine': El Pretexto"**. La Habana, Editora Política, 1998.

_____:**"El Bloqueo Naval Norteamericano a Cuba en 1898"**. CID-FAR. 1995.

Plaza, José Antonio: **"El Maldito Verano del 98"**, Madrid, Temas de Hoy, Madrid, 1997.

Portell Vilá, Herminio:**"Historia de Cuba en sus relaciones con los Estados Unidos y España"**. La Habana, Imp. Jesús Montero, 1939, tomo III (1878-1899).

_____:**"Historia de Cárdenas"**, La Habana, Talleres Gráficos Cuba Intelectual, 1928.

_____:**"Historia de la Guerra de Cuba y los Estados Unidos contra España"**. La Habana, Oficina del Historiador de la Ciudad, 1949.

Portuondo del Prado, Fernando: **"Historia de Cuba, 1492-1898"**. La Habana, Editorial Pueblo y Educación, 1975.

Portuondo Zúñiga, Olga: **"Santiago de Cuba. Desde su fundación hasta la Guerra de los Diez Años"**. Editorial Oriente. Santiago de Cuba. 1996.

Poumier, María:**"Apuntes sobre la vida cotidiana en Cuba en 1898"**. La Habana, Editorial de Ciencias Sociales, 1975.

Pratt, Fletcher:**"The Navy: A History"**. New York. Garden City Publishing Co. 1941.

Pratt, Julius W.: **"Expansionists of 1898: The acquisition of Hawaii and the Spanish Islands"**. Baltimore, The John Hopkins University Press, 1936.

Rae, John B.; Mahoney, Thomas H.D.: **"The United States in World History From its Beginnings to World Leadership"**. New York, McGraw Hill Book Co., Inc., 1955.

Ramírez Corría, Filiberto:**"Excerta de una isla mágica"**. México, Editorial Olimpo, 1959.

Regan, Geoffrey: **"Historia de la Incompetencia Militar"**. Barcelona, Editorial Crítica, 1989.

Remesal, Agustín: **"El Enigma del `Maine'"**. Madrid. Plaza & Janés Editores S.A., 1998.

Rickover, H.G.: **"How the Battleship Maine was Destroyed"**. Washington, Naval History Division, Department of the Navy,

1976.

Rivero, Ángel: "**Crónica de la Guerra Hispanoamericana en Puerto Rico**". Río Piedras, Puerto Rico. Editorial Edil. 1998.

Robles Muñoz, Cristóbal: "**1898: Diplomacia y Opinión**". Madrid, Consejo Superior de Investigaciones Científicas, 1991.

Rodas Chaves, Germán:"**Centenario de la Guerra Hispano-Cubano-Norteamericana**". Quito. Fondo Editorial Casa de la Cultura Ecuatoriana, 1998.

Rodríguez García, Rolando: "**Cuba: La Forja de una nación**", Tomo II: "**La Ruta de los héroes**", La Habana, Editorial de Ciencias Sociales, 1998.

Rodríguez González, Agustín R.: "**Política Naval de la Restauración (1875-1898)**". Madrid, Editorial San Martín, 1988.

_____:"**El Desastre Naval de 1898**". Madrid. Cuadernos de Historia, Arco Libros, S.L. 1997.

Roig de Leuchsenring, Emilio:"**Dos Guerras Cubanas: 1895 y 1898**". La Habana, Editorial Cultural, 1945.

\_\_\_\_\_:"**La Guerra Hispano-Cubano_Americana fue ganada por el Lugarteniente General del Ejército Libertador Calixto García Iñiguez**", Municipio de La Habana,1955.

\_\_\_\_\_: "**Cuba no debe su independencia a los Estados Unidos**", La Habana, Oficina del Historiador de la Ciudad, 4ta. edición, 1961.

\_\_\_\_\_: "**La Historia de la Enmienda Platt. Una interpretación de la realidad cubana**". La Habana. Ed. Ciencias Sociales, 1973.

\_\_\_\_\_: "**Los Estados Unidos contra Cuba Libre**", Santiago de Cuba, Editorial Oriente, 1982, 2da. edición, 2 vol.

Roosevelt, Theodore:"**An Autobiography**". New York, The MacMillan Company, 1915.

Rosario Natal, Carmelo: "**Puerto Rico y la Crisis de la Guerra Hispanoamericana,1895-1898**". Puerto Rico. Editorial Edil.1989.

Sammuels, Peggy and Harold: "**Remembering the `Maine`**".Washington. Smithsonian Institution Press. 1995.

Sánchez Guerra, José y Campos Cremé, Wilfredo: "**La Batalla de Guantánamo 1898**". La Habana. Ediciones Verde Olivo. 2000.

Sánchez Pupo, Miralys: "**La Prensa Norteamericana llama a la Guerra 1898**", La Habana, Editorial de Ciencias Sociales,

1998.

Santovenia, Emeterio S.: "**Libro Conmemorativo de la inauguración de la Plaza del Maine en La Habana**". La Habana, Secretaría de Obras Públicas, 1928.

Serrano, Carlos: "**Final del Imperio. España 1895-1898**". Madrid. Siglo XXI de España, editores S.A.; 1985.

Sexton, William:"**Soldiers in the Philippines**". Washington. The Infantry Journal. 1944.

Sprout, Harold & Margaret:"**The Rise of American Naval Power**". Princeton. Princeton University Press, 1946.

Stevens, W.O. & Wescott, Allan: "**A History of Sea Power**". New York. Doubleday. Doran and Company.1942.

Thomas, Hugh: "**Cuba. La Lucha por la Libertad, 1762-1970**". Barcelona, Grijalbo, 1972.

Trask, David F.:"**The War with Spain in 1898**", New York. MacMillan Publishing Co., Inc.; 1981.

Trofimenko, G.: "**La Doctrina Militar de los Estados Unidos**". Moscú, Editorial Progreso, 1987.

Tuñón de Lara, Manuel: "**España: la quiebra de 1898**". Madrid. Sarpe. 1986.

Van Loon, Hendrick W.:"**Historia del Pacífico**". México. Editora Latinoamericana, S.A. 1955.

Varios: "**La Gráfica Política del 98**". Cáceres. Junta de Extremadura. 1998.

Varona Guerrero, Miguel Angel: "**La Guerra de la Independencia de Cuba**", La Habana, 1946.

Vilar, Pierre: "**Historia de España**", La Habana, Editorial de Ciencias Sociales (Edición Revolucionaria), 1990.

Vladimirov: "**La Diplomacia de los Estados Unidos durante la Guerra Hispano-Americana de 1898**". Moscú, Ediciones en Lenguas Extranjeras, 1958.

Wescott, Allan (editor). "**Mahan on Naval Warfare**" (Selection from the Writings of Rear-Admiral A.T. Mahan).Boston. Little Brown and Co., 1942.

Wheeler, Joseph: "**The Santiago Campaign of 1898**". Boston-New York-London, Lawson, Wolffe and Co., 1898.

Williams, T. Harry: "**The History of American Wars from 1745 to 1918**". Baton Rouge, Louisiana State University Press, 1981.

Wilson, H.W.: "**The Downfall of Spain**" (Naval History of the Spanish-American War). Boston. Little, Brown and Co., 1898.

_____:"Battleship in Action". London. Sampson, Marston and Co., s/f, 2 tomos.
Wionsek, Karl-Heinz (editor): **Germany, the Philippines, and the Spanish-American War**. Manila, National Historical Institute, 2000.
Wisan, Joseph E.: "The Cuban Crisis as Reflected in the New York Press". New York, 1977.
Zaide, Gregorio F. y Sonia M.:"History of the Republic of the Philippines". Manila. National Book Store. 1987.

FOLLETOS

Castellanos García, Gerardo: "Lino Dou". La Habana, Asociación Cultural Femenina, 1944.
Corzo, Isidoro: "El Bloqueo de La Habana" (Selección). La Habana, Ediciones La Tertulia, 1963.
Henares,F. y otros:"**Albúm de la Marina de Guerra Española**". La Habana, El Avisador Comercial, 1898.
"**Homenaje a los Héroes de 1898**". San Juan (P.R.), Fundación Puertorriqueña de las Humanidades y Academia Puertorriqueña de la Historia, 1998.
Jacobsen: "**Sketches from Spanish- American War**" (War Notes III and IV). Washington. Office of Naval Intelligence. Government Printing Office, 1899.
Medel, José A.:"**La Guerra Hispano-Americana y sus resultados**". Impreso por auspicios de la Gran Logia de la Isla de Cuba, La Habana, 1927.
Peraza Chapeau, José: "**El Tratado de Paz de París. Breve estudio jurídico-político**". La Habana. Editora Política. 1998.
Planas, José: "**Buques de la Trasatlántica en servicios de guerra**". Servicio de Publicaciones de la Compañía Trastlántica Española, S. A. Madrid, 1965.
Plüdemann: "**Comments on the Main Features of the War with Spain**" (War Notes II). Washington. Office of Naval Intelligence, Government Printing Office, 1898.
Pratts, Edgardo: "**La Batalla del Asomante**", Aibonito (P.R.), Editorial Asomante, 1998.
Tirado, Modesto A.: "**Bombardeos de Manzanillo en 1898**". Manzanillo. Imprenta El Arte. 1948.

ARTÍCULOS EN REVISTAS ESPECIALIZADAS Y COMPILACIONES

Agoncillo, Teodoro A.: *"White Flag in Manila"* en la compilación `Filipino Heritage'. Manila. pp. 2092-2095.
Alegría Gallardo, Ricardo E.: *"Puerto Rico. Historia y Cultura ante la Conmemoración de 1898"* en revista **Fuentepiña**. Moguer, 1998, pp. 184-187.
Allen, Thomas B.: *"Remember the Maine?"* en **National Geographic Magazine**. Washington, febrero de 1998, pp. 92-111.
\_\_\_\_: *"What Really Sank the Maine?"* en **Naval History** (circulado por INTERNET en febrero de 1998).
Allendesalazar, José Manuel: *"Estados Unidos, 1898: Guerra e Imperio Colonial"* en **Cuadernos de la Escuela Diplomática**, Madrid, N° 12,
Almodóvar Muñoz, Carmen: *"¿Cómo analizan los historiadores cubanos en la "República", las relaciones surgidas en el 98 entre Cuba y EUA?"* en **Debates Americanos**, La Habana, No. 4, Julio- Diciembre/1997, pp. 157-165.
\_\_\_\_: *"Balance sobre la historiografía cubana referida a los procesos de 1895 a 1898"* en 1898. **Entre la continuidad y la ruptura**, obra coordinada por María del Rosario Rodríguez Díaz. Instituto de Investigaciones Históricas, Universidad Michoacana de San Nicolás de Hidalgo, México. 1997, pp. 55-65.
Alonso Alvarez, Luis: *"Las élites filipinas y su contribución al proyecto independiente de fin de siglo"* en **Cuadernos Monográficos del Instituto de Historia y Cultura Naval**, N° 32, Madrid, 1998, pp. 5-20.
Alonso Baquer, Miguel: *"Los Generales en la Crisis de 1898"* en Revista **Ejército**, Madrid, No. 684, Noviembre-Diciembre 1997, pp. 67-71.
\_\_\_\_: *"El Ejército Español y el 98"* en **Cuadernos de la Escuela Diplomática**, Madrid, N° 12.
Alvarez Arenas, Eliseo: *"Lo Naval en el 98"* en **Cuadernos Monográficos del Instituto de Historia y Cultura Naval** no. 11, Madrid, 1990. pp 71-107.
Alvarez Gutiérrez, Luis: *"Historiografía española sobre 1898"* en **1898. Entre la Continuidad y la Ruptura**, obra coordinada por María del Rosario Rodríguez Díaz. Instituto de Investigaciones Históricas. Universidad Michoacana de San Nicolás de Hidalgo, México. 1997. pp. 41-54.

_____:"*Tánger en la Guerra Hispano-Norteamericana de 1898*" en Boletín de la Real Academia de la Historia, Tomo CXCV. Cuaderno I, pp. 81-32.
Alvarez, Jesús Timoteo: "*Fabricando una guerra: la prensa amarilla de New York*" en **Revista Española de Defensa**, Madrid, Año 11, No. 127, Septiembre de 1998, pp. 78-81.
Alvarez-Maldonado Muela, Ricardo: "*La Guerra Hispano-Norteamericana de 1898: Los desembarcos en Daiquirí, Siboney y Guantánamo de las fuerzas norteamericanas*" en **Revista General de Marina**, Madrid, Tomo 235, Agosto-Septiembre de 1998, pp. 259-271.
Azcue Brea, Leticia: "*Los Fondos de Ultramar en los Archivos Militares*" en **Revista Española de Defensa**, Madrid, Año 11, No. 127, Septiembre 1998, pp. 86-87.
Bailey, Thomas A.: "*Dewey and the Germans at Manila Bay*". **American Historical Review**. Vol. 45, 1939, pp. 59-81.
Balfour, Sebastián: "*El Desastre de 1898 y el fin del Imperio español, cien años después*" en **Revista de Occidente**, Madrid, No.202-203, Marzo 1998, pp. 78-89.
Baltar Rodríguez, Enrique: "*El Ocaso de la Dominación Española en Filipinas*" en "**Cuba: la Revolución de 1895 y el Fin del Imperio Colonial Español**" obra coordinada por Oscar Loyola Vega. Universidad Michoacana de San Nicolás de Hidalgo. 1995, pp. 195-232.
_____: "*Filipinas en el contexto colonial español*" en Revista "Tzintzun", Universidad Michoacana de San Nicolás de Hidalgo, No. 18, julio-diciembre de 1993, pp. 92-100.
_____: "*El Contexto Internacional del 98. Imperialismo y Reparto Colonial*" en **Debates Americanos**, La Habana, No. 4, Julio-Diciembre de 1997. pp. 7-20.
Barcia Zequeira, María del Carmen: "*La historia profunda: la sociedad civil del 98*" en **Temas**, La Habana, No. 12-13, Octubre 1997-Marzo 1998, pp. 27-33.
Basoco, Richard M.: "*What Really Happened to the Maine?*" en **American History Illustrated**, junio de 1966, pp. 12-22.
Batista González, Juan: "*Santiago de Cuba: la Batalla que pudo no haberse perdido*" en **Revista Ejército**, Madrid, No. 684, Noviembre- Diciembre 1997, pp. 42-50.
_____: "*Martín Cerezo, último cronista de Indias*" en **Revista Ejército**, Madrid, No. 684, Noviembre-Diciembre 1997, pp.58-

Beach, Edward L.: *"Manila Bay in 1898"* en **U.S. Naval Institute `Proceedings'**, April 1920. pp. 587-602.

Beerman, Eric: *"J. G. Sobral, Agregado Naval en Washington (1898) y redactor de la Revista General de Marina"* en **Revista General de Marina**, Madrid, Tomo 235, Agosto-Septiembre de 1998, pp. 341-348.

Blanco Núñez, José: *"De Cavite a Santiago"* en **Cuadernos Monográficos del Instituto de Historia y Cultura Naval** no. 11, Madrid, 1990. pp. 7-16.

Brownson, Howard G.: *"The Naval Policy of the United States"* en **U.S. Naval Institute `Proceedings'**, July 1933. pp. 975-987.

Brumby, Thomas M.: *"The Fall of Manila. August 13, 1898"* en **U.S. Naval Institute `Proceedings`**, August 1960. pp. 88-93.

Buhl, Lance C.: *"Maintaining `An American Navy,' 1865-1889"* en **In Peace and War. Interpretations of American Naval History, 1775-1978**; editada por Kenneth J. Hagan. Westport, Connecticut. Greenwood Press. 1978. pp. 145-173.

Cagiao Vila, Pilar: *"Cuba, Puerto Rico y su historia"* en **Cuadernos Monográficos de Instituto de Historia y Cultura Naval**, N° 32, Madrid, 1998, pp. 21-32.

Calleja Leal, Guillermo: *"La Voladura del Maine"* en **Historia 16**, Madrid, Año XV, No. 16, 1990, pp. 12-31.

_____: *"La guerra hispano-cubano-norteamericana: los combates terrestres en el escenario oriental"* en **Revista de Historia Militar**, Año XLI, No. 83, 1997, pp. 91-160.

_____: *"Valoración de la participación de las fuerzas mambisas en los combates del 98"* en **El Ejército y la Armada en 1898: Cuba, Puerto Rico y Filipinas (I)** [I Congreso Internacional de Historia Militar]. Monografías del CESEDEN. No. 29. Madrid. Marzo de 1999. pp. 209-254.

Carrero Blanco, Luis: *"Hace 70 años"* en **Revista General de Marina**, Madrid, julio 1968, pp. 26-53.

Castro Arroyo, María de los Angeles: *"¿A qué pelear si los de Madrid no quieren?"* en **Revista de Indias**, Madrid, CSIC, Vol. LVII, No. 211, Septiembre-Diciembre, 1997, pp. 657-694.

Cerezo Martínez, Ricardo: *"Influencia de Mahan en la guerra naval hispano-norteamericana de 1898"* en **Cuadernos Monográficos del Instituto de Historia y Cultura Naval**, Madrid, No. 30, Octubre 1997, pp. 173-196.

_____: *"El fracaso de la política naval de la Restauración"* en **Cuadernos Monográficos del Instituto de Historia y Cultura Naval**, Madrid, N° 32, 1998, pp. 45-67.

_____: *"La Armada Española ante el conflicto colonial"* en **Cuadernos de la Escuela Diplomática**, Madrid, N° 12.

Cervera y Topete, Pascual: *"Arenga de Cervera antes del Combate de Santiago de Cuba"* en **Revista Ejército**, Madrid, no.8, 1982.

Cervera Pery, José R.: *"La Guerra Olvidada de Puerto Rico"* en **Cuadernos Monográficos del Instituto de Historia y Cultura Naval**, Madrid, No.11, 1990, pp. 143-152.

_____: *"El honor de la Armada en la crisis del 98"* en **Cuadernos Monográficos del Instituto de Historia y Cultura Naval**, Madrid, No. 30, Octubre 1997, pp. 197-207.

_____: *"¡La misión imposible del almirante Cervera!"* en **Cuadernos Monográficos del Instituto de Historia y Cultura Naval**, Madrid, N° 32, 1998, pp. 69-80.

_____: *"La Guerra ignorada de Puerto Rico"* en **Revista General de Marina**, Madrid, Tomo 235, Agosto-Septiembre de 1998, pp. 319-328.

_____: *"El Tratado de París. o la Fuerza de una imposición"* en **Revista General de Marina**. Madrid, Diciembre de 1998, pp. 829-839.

Cubano Iguina, Astrid: *"Reflexiones en torno al 98 en Puerto Rico y la crisis del colonialismo español"* en **Revista de Occidente**, Madrid, No. 202-203, Marzo 1998, pp. 213-223.

Dávila Wesolovsky, Jesús: *"Las Operaciones en Luzón. Asedio y Defensa de Manila. Mayo-Agosto 1898"* en **El Ejército y la Armada en 1898: Cuba, Puerto Rico y Filipinas (I)** [I Congreso Internacional de Historia Militar]. Monografías del CESEDEN No. 29. Madrid. Marzo de 1999. pp. 307-343.

de Cárdenas y Benitez, Nicolás: *"Calixto García"* en **Revista de La Habana**, Año II, T. III, No. 18, Febrero 1944, pp. 512-522.

de la Torriente, Cosme: *"Notas sobre el Mensaje a García"* en **Revista de La Habana**, Año I, T. II, No. 11, Julio de 1943, pp. 520-528.

_____: *"El Lugarteniente General Calixto García"* en **Revista de La Habana**, Año II, T. IV, No. 24, Agosto 1944, pp. 493-529.

_____: *"Calixto García y la Revolución de Martí"* en **Revista de La Habana**, Año III, T. VI, No. 31, Marzo 1945, pp. 89-96.

_____:"*Calixto García, estadista*" en **Revista de La Habana**, Año IV, T. VIII, No. 48, Agosto de 1946, pp. 419- 471.

de la Vega, Antonio: "*Programas y efectivos navales españoles y norteamericanos (1865-1898)*" en **Cuadernos Monográficos del Instituto de Historia y Cultura Naval**, Madrid, no. 11, 1990. pp. 77-108.

Dery, Luis C.:"*Manning the Battle Stations*". Compilación `Filipino Heritage', pp. 2129-2139.

Díaz Martínez, Yolanda: "*La actividad consular española durante la campaña del 95 en Cuba. Aciertos y fracasos*" en **Boletín de Historia Militar**, Instituto de Historia de Cuba, La Habana, Julio 1995, pp. 41-61.

_____: "*Calixto García, artífice de la Campaña de Oriente*" en **Cuadernos Cubanos de Historia**, La Habana, Instituto de Historia de Cuba, No. 1, 1998.

Echevarría Saumell, Francisco: "*Esbozo para la historia de la navegación en Isla de Pinos*" en Revista **Derroteros de la Mar del Sur**, Lima, no. 1, año 1, 1993, pp. 7-35.

Elizalde Pérez-Grueso, María Dolores: "*Filipinas, 1898*" en **Revista de Occidente**, Madrid, No. 202-203, Marzo 1998, pp.234-249.

Fernández, Aurea Matilde: "*España en la Crisis del 98*" en **Debates Americanos**, La Habana, No. 4, Julio-Diciembre 1997, pp. 33-49.

_____: "*Desastre, realidad, regeneracionismo. España y el 98*" en **Temas**, La Habana, no. 12-13, Octubre 1997-Marzo 1998, pp. 62-68.

Fernández Gaytan, José: "*La Escuadra del almirante Cervera según un artículo de la Revista General de Marina de agosto de 1898*" en **Revista General de Marina**, Madrid, Tomo 235, Agosto-Septiembre, 1998, pp. 279-284.

Fernández, Belén: "*El periodismo naval de fin de siglo. Realismo y decepción*" en **Revista de Historia Naval**, Madrid, Año XV,No. 59, 1997, pp.41-52.

Franco Castañón, Hermenegildo: "*Contrabando de Guerra y Operaciones Navales durante la Guerra de Cuba (1895-1898)*" en **Cuadernos Monográficos del Instituto de Historia y Cultura Naval**, Madrid, n° 30, 1997, pp. 87-106.

Gibaja, Juan C.; Huguet, Monserrat: "*¿Analizar la historia o repetirla?: en torno al 98*", en la revista **Tiempo y Tierra**, Madrid,

No. 5, otoño-invierno de 1997.

Giner Lara, Pedro J.: *"Sobre la estrategia naval en la guerra hispano-americana de 1898"* en **Cuadernos Monográficos del Instituto de Historia y Cultura Naval**, Madrid, No. 30, Octubre 1997, pp. 47-62.

González-Arnao Conde-Luque, Mariano:*"Cómo y por qué fue destruida la escuadra de Cervera"* en **Historia 16**, Año XX, No. 233, septiembre 1995, pp. 25-38.

González-Arnao, Mariano y Maeda, Abelardo: *"Polémica: La derrota del Almirante Cervera"* en **Historia 16**, Año XX, No. 237, Enero 1996, pp. 29-38.

González Vales, Luis: *"La Campaña de Puerto Rico. Consideraciones Historico-Militares"* en **El Ejército y la Armada en 1898: Cuba, Puerto Rico y Filipinas (I)** [I Congreso Internacional de Historia Militar]. Monografías del CESEDEN. No. 29. Madrid. Marzo, 1999. pp. 255-270.

Gracia Rivas, Manuel: *"Enseñanzas sanitarias del conflicto hispano-norteamericano de 1898"* en **Revista General de Marina**, Madrid, Tomo 235, Agosto-Septiembre de 1998, pp. 329-339.

Greenleaf, W. H.: *"Imperialism and Geopolitics"* en **World Affairs**, Vol. I, Abril 1947; pp. 181-188.

Grenville, John A. S.: *"American Naval Preparations for war with Spain, 1896-1898"* en **Journal of American Studies** publicado por la Cambridge University Press para la Asociación Británica de Estudios Americanos, Vol. II, abril, 1968, pp. 33-47.

Gutiérrez de la Cámara, J. M.: *"Los buques de la escuadra del Almirante Cervera"* en **Revista General de Marina**, Madrid, Tomo 235, Agosto-Septiembre de 1998, pp. 273-278.

Hernández Pasquín, José Luis: *"Los barcos del 98"* en **Revista General de Marina**, Madrid, Tomo 235, Agosto- Septiembre de 1998, pp. 379-383.

Hernández Ruigómez, Almudena: *"Puerto Rico. Por la Autonomía hacia la Independencia"* en **Revista Ejército**, Madrid, No. 684,Noviembre-Diciembre 1997, pp. 51-57.

Hernández Sánchez-Barba, Mario: *"El Noventa y Ocho y la Opinión Pública Norteamericana"* en **Revista Ejército**,Madrid, No. 684, Noviembre-Diciembre 1997, pp. 34-41.

Hernández Sandoica, Elena: *"Escenarios ultramarinos del 98: Cuba antes de la autonomía"* en **Revista de Occidente**, Madrid, No. 202-203, Marzo 1998, pp. 200-212.

Ibarra Cuesta, Jorge: *"Cultura e Identidad Nacional en el Caribe Hispánico: El caso puertorriqueño y el cubano"*. **Congreso Internacional "La Nación soñada: Cuba, Puerto Rico y Filipinas ante el 98"**, Aranjuez, 1995; Compilada por Consuelo Naranjo, Miguel Angel Puig-Samper y Luis Miguel Angel Mora. Aranjuez, Ed. Doce Calles, 1996, pp. 85-95.

Jaramillo Edwards, Isabel: *"Alfred Mahan y el paisaje de fin de siglo"* en **Temas**, La Habana, No. 12-13, Octubre 1997-Marzo 1998, pp. 152-161.

Jore, Jeffrey D.: *"Los Ejércitos de Estados Unidos"* en **Revista Española de Defensa**, Madrid, Año 11, No. 127, Septiembre de 1998, pp. 74-77.

Kirk, N.T.:"Origins of the Navy`s War Staff" in **U.S. Naval Institute `Proceedings`**. Annapolis. Mayo 1995. p. 165.

Knight, Franklin W.: *"Cuba, Puerto Rico y la Guerra de 1898"* en **Revista Casa de las Américas**, La Habana, Año XXXIX, No. 213, Octubre-Diciembre de 1998, pp. 86-98.

Kundsvatter, Peter S.: *"Operaciones Conjuntas y Combinadas en la Campaña de Santiago de 1898"* en **Military Review** (en español), enero-febrero de 1993, pp. 65-78.

Leal Spengler, Eusebio: *"Ecos del Maine"* en **Opus Habana**. La Habana, Volumen II, No. 2/98, pp. 4-15.

\_\_\_\_: *"Meditación ante el 98"* en **Debates Americanos**, La Habana, No. 4, Julio-Diciembre/1997, pp. 91-94.

Linage Conde, Antonio: *"Reflexiones sobre el 98"* en **Revista General de Marina**, Madrid, Tomo 235, Agosto-Septiembre de 1998, pp. 199-206.

Llorens Barber, Ramón:*"Las Dotaciones de los Seis Buques de la Escuadra de Cervera en 1898: Relación del personal del Vizcaya"* en **Revista General de Marina**. Madrid, Diciembre de 1898, pp. 921-931.

López Díaz, Manuel: *"El Maine. Pretexto para la Intervención"* en **Cuba Socialista**, La Habana, 3a. época No. 9 de 1998, pp. 22-26.

López Civeira, Francisca: *"Estados Unidos y la Guerra de Independencia de Cuba"* en **"Cuba: La Revolución de 1895 y el Fin del Imperio Colonial Español"** obra coordinada por Oscar Loyola Vega. Universidad Michoacana de San Nicolás de Hidalgo, 1995, pp. 135-165.

_____: *"El Mundo del 98 y el papel de Cuba"* en revista **La Formación del Historiador**, Morelia, Michoacán, México. Universidad Michoacana de San Nicolás de Hidalgo, No. 15, 1995, pp. 56-67.

_____: *"Mirada a EUA desde la independencia de Cuba"* en **Debates Americanos**, La Habana, No. 4, Julio-Diciembre/1997, pp. 123-133.

Loyola Vega, Oscar: *"La alternativa histórica de un 98 no consumado"* en **Temas**, La Habana, No. 12-13, Octubre 1997- Marzo 1998, pp. 19-26.

Mahan, Alfred T.: *"The Strategic Features of the Gulf of Mexico and the Caribbean Sea"* en **Harper's New Monthly Magazine**, No. XCV; Octubre, 1897.

_____:*"The Relations of the United States to Their New Dependencies"* en **The Engineering Magazine**, Vol. XVI; Enero, 1899. No.4; pp. 521-526.

Martínez-Fernández, Luis: *"Puerto Rico in the Whirlwind of 1898: Conflict, Continuity, and Change"* en **Magazine of History**, Bloomington IN, Volume 12, No. 3, spring 1998, pp.24-29.

_____: *"The Birth of the American Empire as Seen Through Political Cartoons (1896-1905)"* en **Magazine of History**, Bloomington IN, Volume 12, No. 3, Spring 1998, pp. 48-54.

_____: *"El `98 antes del `98: El expansionismo norteamericano en el Caribe Hispano durante la segunda mitad del siglo XIX"* en **1898: Enfoques y Perspectivas. Simposio Internacional de Historiadores**, editado por Luis González Vales, San Juan, Puerto Rico, Academia Puertorriqueña de la Historia, 1997, pp. 381-401.

Martínez-Valverde, Carlos: *"La Armada en Filipinas en el 98: el Apostadero Naval y el contralmirante Montojo"* en **Revista General de Marina**, Madrid, Tomo 235, Agosto-Septiembre de 1998, pp. 297-317.

Martínez Sanz, José Luis:*"¿Por qué recordar y estudiar el 98?"* en **Boletín del Colegio Oficial de Doctores y Licenciados en Filosofía y Letras y en Ciencias**, Madrid, 1998, pp. 14-19.

Más Chao, Andrés: *" La guerra hispano-norteamericana en Filipinas"* en **Revista de Historia Militar**, Madrid, Año XLI, No. 83, 1997, pp. 227-256.

McNeal, Herbert: *"How the Navy won Guantánamo Bay"* en **U.S. Naval Institute `Proceedings'**,Annapolis, June 1953, pp.

615-619.
Miller, Tom: *"Remember the Maine"* en **Smithsonian**. Washington, Febrero de 1998, pp. 46-57.
Moiño Carrillo, Ramón:*"Guerra Hispano-Cubano-Americana, sus causas y errores"*, en **Revista Ejército**, Madrid, septiembre de 1983, pp. 81-90.
Molina, Antonio M.: *"Filipinas y el 98"* en **Revista Española de Defensa**, Madrid, Año 11, No. 127, Septiembre 1998, pp. 70-73.
Moreno Izquierdo, Rafael: *"El Servicio de Inteligencia de los Estados Unidos"* en **Revista Española de Defensa**, Madrid, Año 11, No. 127, Septiembre 1998, pp.60-61.
Mormino, Gary R.: *"Tampa's Splendid Little War: Local History and the Cuban War of Independence"* en **Magazine of History**, Bloomington IN, Volume 12, No. 3, Spring 1998, pp. 37-42.
Morris, E.: *"The charge of Teddy Roosevelt from the San Juan Heights until the presidency"* en **Esquire Fortnightly**, 24 de Abril de 1979, p. 25 y ss.
Naranjo Orovio, Consuelo: *"Historia Social del Ultramar español: Antillas y Filipinas (1868-1898)"* en **Cuadernos Monográficos del Instituto de Historia y Cultura Naval**. Madrid, No.8, 1990, pp. 7-25.
_____: *"Repercusiones de la guerra de 1898 en la vida política cubana"* en **Cuadernos Monográficos del Instituto de Historia y Cultura Naval** . Madrid, No. 11,
   1990, pp. 109-125.
Navarrete, Adolfo: *"España Marítima"* en **Revista General de Marina**, Madrid, Tomo XIII, Octubre, 1898, pp. 499-504.
Netsky, M.G. y Beach, E.L.:*"The Trouble with Admiral Sampson* en **Naval History**. U.S. Naval Institute. Annapolis. Diciembre 1995. pp. 8-16.
Niblack, A.P.: *"Operations of the Navy and Marine Corps in the Philippine Archipielago, 1898-1902"* en **U.S. Naval Institute `Proceedings'**, Annapolis, Vol. 30, 1904, pp. 745-753; Vol. 31, 1905, pp. 463-464, 698.
Núñez Florencio, Rafael: *"Las Secuelas del Desastre"* en **Revista Española de Defensa**, Madrid, Año 11, No. 127, Septiembre 1998, pp. 82-85.
Obrador Serra, Francisco: *"Algunas reflexiones sobre el desastre de 1898 en Ultramar"* en **Revista General de Marina**, Madrid, Tomo 235, Agosto- Septiembre de 1998, pp. 207-218.

Offner, John L.: *"Why Did the United States Fight Spain in 1898?"* en **Magazine of History,** Bloomington IN, Volume 12, No. 3, Spring 1997, pp. 19-23.

Otero Abreu, Hilda: *"El `Maine`, una víctima del anonimato cómplice"* en **Debates Americanos,** La Habana, No.4, Julio-Diciembre/1997, pp. 50-60.

Padilla Escabí, Salvador: *"Algunas consideraciones en torno al valor geopolítico del Puerto Rico hispano"* en revista **Fuentepiña,** Moguer, 1998, pp. 198-201.

Patanñe, E.P.:*"Breakfast at Manila Bay".* Compilación `Filipino Heritage`, Manila,pp. 2073-2078.

Paterson, Thomas G.:*"Intervención Norteamericana en Cuba, 1898: Historiografía sobre la guerra hispano-americana-cubano-filipina"* en **1898. Entre la Continuidad y la Ruptura,** obra coordinada por María del Rosario Rodríguez Díaz. Instituto de Investigaciones Históricas. Universidad Michoacana de San Nicolás de Hidalgo, México. 1997. pp. 13-40.

_____: *"U.S. Intervention in Cuba, 1898: Interpreting the Spanish-American-Cuban-Filipino War"* en **Magazine of History,** Bloomington IN, Volume 12, No.3, Spring 1998, pp. 5-10.

Pérez Concepción, Hernán: *"Cuba: de colonia española a neo-colonia americana, 1898-1902"* en **1898: Enfoques y Perspectivas. Simposio Internacional de Historiadores,** editado por Luis González Vales, San Juan, Puerto Rico, Academia Puertorriqueña de la Historia, 1997, pp. 323-335.

Pérez, Louis A.: *"The Meaning of the Maine: Causation and the Historiography of the Spanish-American War".* **Pacific Historical Review,** 1989, pp. 293-321.

_____: *"1898: A War of the World"* en **Magazine of History,** Bloomington IN, Volume 12, No. 3, Spring 1998, pp. 3-4.

Pérez Guzmán, Francisco: *"El Proceso de Liberación Nacional de Cuba y Puerto Rico (1868-1898).Su historiografía en los últimos 20 años".* **Boletín del Centro de Memoria UNICAMP.** Campiñas (Brasil). Ene-Jun. 1994. pp. 37-48.

Pino Santos, Oscar: *"El de acá y los otros 98: un enfoque global"* en **Temas,** La Habana, No. 12-13, octubre 1997-marzo 1998, pp. 4-12.

Placer Cervera, Gustavo: *"Alfred T. Mahan y sus Teorías del Poder Naval"* en **Marina de Guerra.** La Habana. Vol 2/41. Abril

1989. pp. 59-61.

_____: *"Acciones Navales en el litoral norte de Matanzas durante la Guerra Hispano-Cubano-Norteamericana de 1898"* en **La Formación del Historiador**. Morelia, Michoacán, México. Universidad Michoacana de San Nicolás de Hidalgo, No. 15, 1995, pp. 68-78.

_____: *"La acción naval de Santiago de Cuba: aspectos cuantitativos"* en **Revista Santiago**, Santiago de Cuba, No. 79, julio-diciembre, 1995, pp. 75-91 y en **Revista de Historia Naval**, Madrid, Año XVI, Núm. 63, 1998, pp. 27-40.

_____: *"Importancia de las acciones navales en el teatro cubano en el desarrollo y desenlace de la Guerra de 1898"* en **1898: Enfoques y Perspectivas. Simposio Internacional de Historiadores**, editado por Luis González Vales, San Juan, Puerto Rico, Academia Puertorriqueña de la Historia, 1997, pp. 143-158.

_____: *"Una Visión Cubana de la Guerra de 1898"* en **Revista Española de Defensa**, Madrid, Año 11, No. 127, Septiembre 1998, pp. 66-69.

_____: *"Vicisitudes de un documento polémico"* en **Revista Casa de las Américas**, La Habana, Año XXXIX, No. 212, Julio-Septiembre de 1998, pp. 163-164.

_____: *"Los escenarios de la guerra del 98 y su interrelación"* en **Cuadernos Cubanos de Historia**, La Habana, Instituto de Historia de Cuba, No. 1, 1998. pp. 121-130.

_____: *"Crónica de un sacrificio impuesto"* en **Opus Habana**. La Habana, Oficina del Historiador de la Ciudad. Volumen II. Nº 4. 1898. pp. 38-43.

_____: "Alegato contra una infamia" en **Bohemia**, La Habana, Año 95, No. 13, 27 de Junio de 2003, pp. 63-65.

Ponce Cordones, Francisco: *"Rumbo al sacrificio"* en **Revista General de Marina**, Madrid, Tomo 235, Agosto-Septiembre de 1998, pp. 235-248.

Puell de la Villa, Fernando: *"La Insurrección en Cuba y Filipinas"* en **Revista Española de Defensa**, Madrid, Año 11, No. 127, Septiembre 1998, pp. 38-45.

Quirino, Carlos: *"Not so Manifest Destiny"*. Compilación `Filipino Heritage', Manila, pp.

_____: *"Cavite 1896. A Taste of Triumph"*. Compilación `Filipino Heritage', Manila, pp. 1979-1983.

_____: "Cavite 1897. The Heroic Defense". Compilación `Filipino Heritage', Manila, pp. 1989-1996.

_____: "The Noble End". Compilación `Filipino Heritage', Manila, pp.2004-2016.

_____: "Last Days of Cavite Republic" Compilación `Filipino Heritage', Manila, pp. 2017-2025.

_____: "Surprise Party". Compilación `Filipino Heritage', pp. 2045-2051.

_____: "Claws of the Eagle". Compilación `Filipino Heritage', Manila, pp. 2104-2111.

Ramos, Demetrio: "El pensamiento independentista en Cuba y Puerto Rico" en **Cuadernos Monográficos del Instituto de Historia y Cultura Naval**, Madrid, No. 30, Otubre 1997, pp. 35-46.

Redondo Díaz, Fernando: "El Caney y San Juan, 1 y 2 de Julio de 1898" en **Revista Española de Defensa**, Madrid, Año 11, No. 127, Septiembre 1998, pp. 46-47.

Reyes Churchill, Bernardita: "Nationalism and Natiohood: The Philippine Revolution Against Spain and the United States, 1896-1902" en **1898: Enfoques y Perspectivas. Simposio Internacional de Historiadores**, editado por Luis González Vales, San Juan , Puerto Rico, Academia Puertorriqueña de la Historia, 1997, pp. 293-304.

González, Agustín R.: "Las Causas de la Derrota Naval" en **Revista Española de Defensa**, Madrid, Año 11, No. 127, pp. 48-59.

_____: "El Espionaje Español en la Guerra de Cuba" en **Revista Española de Defensa**, Madrid, Año 11, No. 127, pp. 62-63.

_____: "La Escuadra de Reserva" en **Revista General de Marina**, Madrid, Tomo 235, Agosto-Septiembre de 1998, pp. 285-294.

_____:"Pequeños Triunfos en un Año de Desastres" en **Revista General de Marina**. Madrid. Tomo 235. Octubre de 1998. pp. 409-420.

Rodríguez, Rolando: "El 98, epifanía del nuevo imperialismo" en **Debates Americanos**, La Habana, No. 4, Julio-Diciembre/1997, pp. 99-103.

_____: "El 98, las primeras horas de la guerra" en **Contracorriente**, La Habana, No.8, Abril/Mayo/Junio 1997. pp. 4-20.

Rowan, Andrew S.:"Cómo Llevé el Mensaje a García"(Traducción por Lino Novás Calvo) en **Revista de La Habana**, Año I, T.

II, No.11, Julio de 1943, pp. 495-519.

Rubio, Javier: *"Dos cruciales iniciativas de los Estados Unidos en torno a Cuba"* en **Cuadernos Monográficos del Instituto de Historia y Cultura Naval**, Madrid, No. 30, Octubre 1997, pp. 63-86.

Sánchez Mederos, José A.: *"Informe del Agregado Militar Británico en Cuba, 1898"* en **TEBETO, Anuario del Archivo Histórico Insular de Fuerteventura** (España), 1992, Vol. 5, No. 2, pp. 53-129.

Santamaría García, Antonio y Naranjo Orovio, Consuelo: *"El '98 en América. Ultimos resultados y tendencias recientes de la investigación"* en **Revista de Indias**, Sevilla, 1999, vol. LIX, num. 215, pp. 203-274.

Schimidl, Erwin A. *"El crucero acorazado 'Emperatriz y Reina María Theresia' de la Marina austro-húngara en aguas cubanas durante la guerra de 1898"*, **Boletín de Historia Militar**, Instituto de Historia de Cuba, Nº 4-93, pp. 15-20.

Seco Serrano, Carlos: *"La Crisis del Fin de Siglo"* en **Revista Española de Defensa**, Madrid, Año 11, No. 127, Septiembre 1998, pp. 32-37.

*"The Story of the Captains. Personal Narratives of the Naval Engagements Near Santiago de Cuba, July 3, 1898"* by Officers of the American Fleet". **Century Magazine**, Vol. 58, May 1899, pp. 50-118.

Serrano Monteavaro, Miguel Angel: *"La política norteamericana en relación con Cuba"* en **Cuadernos Monográficos de Historia y Cultura Naval**, Madrid, No. 8, 1990, pp. 27-47.

Spector, Ronald: *"The Triumph of Professional Ideology: The U.S. Navy in 1890s"* en **In Peace and War. Interpretations of American Naval History, 1775-1978**; editada por Kenneth J. Hagan. Westport, Connecticut. Greenwood Press. 1978. pp. 174-185.

Tabares del Real, José: *"Estados Unidos, la Sociedad Política Norteamericana y el 98"* en **Debates Americanos**, La Habana, No. 4, Julio-Diciembre 1997, pp. 21-32.

Téllez Molina, Antonio: *"La Marina de Guerra Española frente al desastre del 98: una aproximación al testimonio de sus combatientes"* en **Revista de Historia Naval**, Madrid, no. 30, año VIII, 1990, pp. 39-49.

_____:"Reflexiones en torno a la situación de la Armada española hacia 1898" en **Revista de Historia Naval**, Madrid, no. 36, año X, 1992, pp. 55-67.

Trask, David F.:"American Intelligence during Spanish- American War" en **Crucible of Empire**, Simposium editado por James Bradford, Annapolis. U.S. Naval Institute Press, 1993, pp. 23-46.

_____: "The Spanish-American War and its Aftermath" en **Encyclopedia of the American Military**, MacMillan Co., s/f, pp. 831-869.

_____: "Research Opportunities in the Spanish-Cuban-American War and World War I". (Este artículo, traducido por Gustavo Placer Cervera, fue publicado en **Boletín de Historia Militar**. Instituto de Historia de Cuba. No. 3-94, pp. 19-31).

_____: "The Influence of International History on the U.S. Historians of the Cuban-Spanish-American War" en **1898: Enfoques y Pespectivas. Simposio Internacional de Historiadores**, editado por Luis González Vales, San Juan, Puerto Rico, Academia Puertorriqueña de la Historia, 1997, pp. 97-108.

_____: "La Guerra cubano-hispano-americana durante el año 1898: análisis historiográfico" en **1898. Entre la Continuidad y la Ruptura**, obra coordinada por María del Rosario Rodríguez Díaz. Instituto de Investigaciones Históricas. Universidad Michoacana de San Nicolás de Hidalgo, México. 1997, pp. 66-79.

Treviño Ruiz, José Mª: "La Guerra del 98 en los documentos norteamericanos" en **Revista General de Marina**, Madrid, Tomo 235, Agosto-Septiembre de 1998, pp. 249-258.

_____: "La Ultima Polémica sobre el Maine" en **Revista General de Marina**. Madrid, Noviembre de 1998, pp. 611-622.

Velarde Fuertes, Juan: "La economía del 98" en **Cuadernos Monográficos del Instituto de Historia y Cultura Naval**, Madrid, 1998, pp. 33-44.

Washburn, H.C. "The War with Spain" en **U.S. Naval Institute `Proceedings'**, July 1917,
pp. 1391-1416.

Williams, Dion: "The Battle of Manila Bay" en **US Naval Institute `Proceedings'**, Vol. 4, No. 5, May 1928, pp. 345-359.

Zapatero Molinero, María José: "Los 98: un ejemplo de darwinismo político" en **Tiempo y Tierra**, Madrid, No.5, otoño-invierno 1997, pp. 107-112.

Zulueta Zulueta, Rolando: *"La Primera Intervención"* en Revista **El Oficial**, La Habana, diciembre de 1988, pp. 3-6.

_____: *"Los acontecimientos en Cuba en vísperas del desenlace de la Guerra Hispano-Cubano-Norteamericana"* en **Boletín Historia Militar**, no. 1-94, junio de 1994, La Habana, pp. 21-32.

_____: *"Las Fuerzas Armadas de los Estados Unidos y la Guerra Hispano-Norteamericana en el teatro de operaciones militares de Cuba"* en **"Cuba: La Revolución de 1895 y el Fin del Imperio Colonial Español"**, obra coordinada por Oscar Loyola Vega, Morelia, Michoacán, México. Universidad Michoacana de San Nicolás de Hidalgo, 1995, pp. 103-113.

DISERTACIONES

Morales Coello, Julio: *"La importancia del Poder Naval -positivo y negativo- en el desarrollo y la independencia de Cuba"*, La Habana. Academia de la Historia de Cuba, 1950.

Trask, David F.: *"President McKinley V. The American People"*, Conferencia en el Centro Cultural de España en La Habana, 23 de abril de 1998.

PONENCIAS PRESENTADAS EN EVENTOS CIENTÍFICOS (INÉDITAS)

Agüero Prieto, Carlos: *"La Marcha de la Columna de Escario: un episodio de la Guerra Hispano-Cubano-Norteamericana"*. Ponencia presentada en el **Simposio Internacional "A Cien Años del 98. Imperialismos, Revoluciones y Realidades de fin de siglo"**. Santiago de Cuba. 29 de junio al 1 de julio de 1998.

Mengual Boj, Bretanion; Zamorano García, Carlos y Alonso Iglesias, Jesús: *"Puerto Rico. La Campaña Terrestre. 1998"*, ponencia presentada en el **Congreso de Historia Militar "El Ejército y la Armada en 1898"**. Madrid, Marzo 23-27 de 1998.

Espinosa Brito, Alfredo y Orduñez García, Pedro: *"Nuevas reflexiones sobre la determinación de la epidemia de neuropatía en Cuba"*. Ponencia presentada en el **Taller Internacional de la Neuropatía Epidémica en Cuba**. La Habana, Julio de 1994.

Gaztambide-Geigel, Antonio: *"El imperio `bueno' del `98: Una comparación entre los nuevos imperios europeos y el estadounidense"*. Ponencia presentada en el **Congreso Internacional "El** conflicto de 1898: Antecedentes y consecuencias inmediatas". San Juan de Puerto Rico, 31 de agosto al 4 de septiembre de 1898.

Jardines Peña, Abelardo y Carrero Preval, Alexis: *"Las Acciones Terrestres en la Dirección Operativa Oriental durante la Guerra Hispano- Cubano-Norteamericana"*. Ponencia presentada en el Congreso Internacional **A Cien Años del 98: Imperialismos, Revoluciones y Realidades de Fin de Siglo**. Santiago de Cuba, 29 de Junio al 1 de Julio de 1998.

Naranjo Orovio, Consuelo: *"Analogías y diferencias entre el 98 cubano y el puertorriqueño"*. Ponencia final del **IV Simposio de Historia Marítima y Naval Iberoamericana**. Madrid. 24 al 28 de Noviembre de 1997.

Peraza Chapeau, José: *" El Tratado de París, fin de la guerra entre EEUU y España"*. Ponencia presentada en el **Taller Científico Internacional "La diplomacia en torno a la cuestión cubana 1895- 1898"**, La Habana, Instituto de Historia de Cuba, 5 y 6 de diciembre de 1996.

Placer Cervera, Gustavo: *"Correlación de las Fuerzas Navales participantes en las acciones navales de la Guerra Hispano-Cubano-Norteamericana de 1898"*. Ponencia presentada en la III **Conferencia Científica de la UNHIC**, Instituto de Historia de Cuba, octubre 1992.

_____:*"Acciones de Bloqueo Naval en Cienfuegos durante la Guerra Hispano-Cubano-Norteamericana"*. Ponencia presentada en el **II Simposio Marítimo de Cuba**, Cienfuegos, noviembre-diciembre de 1993.

_____: *"Antecedentes de una intervención: Los planes navales de Campaña Norteamericanos respecto a Cuba previos a 1898"*. Ponencia presentada en el **Encuentro Internacional Independencia y Luchas Sociales en América Latina y el Caribe**. La Habana. Instituto de Historia de Cuba. Febrero 20-22 de 1995.

_____:*"Las campañas militares y el Tratado de París"*. Ponencia presentada en el **Congreso Internacional El Conflicto de 1898. Antecedentes y Consecuencias Inmediatas**, San Juan, Puerto Rico, agosto 30-septiembre 4 de 1998.

_____: *"La Campaña de Santiago de Cuba en 1898"*. Ponencia presentada en el **XIII Coloquio de Historia Canario Americana y VIII Congreso Historia de América**, Las Palmas de Gran Canaria, 5 al 9 de octubre de 1998.

\_\_\_\_:*"La prensa obliga a desembarcar (la expedición del "Gussie")"*. Ponencia presentada en el **II Taller La Prensa, Visión de dos guerras**. La Habana, 20-22 de octubre de 1998.

Rodríguez Beruff, Jorge: *"Cultura y Geopolítica: Un acercamiento a la visión de Alfred Thayer Mahan sobre el Caribe"*. Ponencia presentada en el **Congreso Internacional El Conflicto de 1898. Antecedentes y Consecuencias Inmediatas**, San Juan, Puerto Rico, agosto 30- septiembre 4 de 1998.

Trask, David F.:*"The Cuban-Spanish-American War during 1898: An Historiographical Review"*. Ponencia presentada en el **Simposio Internacional `1898: Naciones Emergentes y Transición Imperial"** Universidad de La Habana e Instituto de Historia de Cuba. Junio-Julio, 1994.

Suárez Fernández, Jesús Ignacio:*"El acondicionamiento del teatro de operaciones militares de la Plaza Habana, 1898"*. Ponencia presentada en el **XV Congreso Nacional de Historia**, Sancti Spíritus, 2 y 3 de junio de 1999.

Zeuske, Michael: *"Alemania ante la guerra de Cuba"*. Ponencia presentada en **Segundo encuentro cubano-alemán de historiadores**, La Habana, 11 al 15 de enero de 1999.

# Guía de ilustraciones
(Gráficos y Fotos)

Gráficos
Capítulo 1

| | |
|---|---|
| Situación matemática de Cuba | 21 |
| División de Defensa de la Plaza Habana | 24 |
| Bahía de Santiago de Cuba | 30 |
| Tierras y mares próximos a Cuba | 32 |
| Comunicaciones de Cuba mediante cable submarino (1898) | 33 |
| Isla de Puerto Rico | 35 |
| Principales defensas de San Juan de Puerto Rico | 36 |
| Plano de la Bahía de Manila | 40 |
| Manila: Línea de fortines y trincheras de defensa por tierra, desde Tondo a San Antonio Abad | 42 |

A partir de ahora todas son Fotos o Ilustraciones, a menos que se especifique lo contrario.

Capítulo 2

Ideólogo naval Alfred T. Mahan                                    44
El presidente de los Estados Unidos, William McKinley y su gabinete de guerra. De izquierda a derecha, todos sentados: el presidente; Lyman T. Gage, secretario del Tesoro; John W. Griggs, Fiscal General; John D. Long, secretario de Marina; Rufus Day, secretario de Estado; Russell Alger, secretario de Guerra; Charles E. Smith, secretario de Correos. (Fuente: Harpers & Brothers, New York, 1898).                                    45
Soldado norteamericano con todo su equipo
en ruta a la guerra.                                    46
Theodoro Roosevelt                                    47
Acorazado de 1ª Clase *Oregon*, puesto en servicio en 1893

junto a sus gemelos *Indiana* y *Massachusetts*.     48
Acorazado de 2ª Clase *Texas*, gemelo del *Maine*.
Era el más antiguo de los acorazados estadounidenses.     49
Crucero acorazado *New York*, buque insignia de la Escuadra
del Atlántico Norte mandada por el Contralmirante William
T. Sampson.     50
Crucero acorazado *Brooklyn*, buque insignia de la *Escuadra
Volante,* mandada por el Comodoro Winfield S. Schley.     51
Capitán de Fragata Charles J. Train     52
Mambises cubanos     52
Teniente de Navío William W. Kimball     53
Capitán de Navío Henry C. Taylor     54
Mambises cubanos en una población     55
Tropas estadounidenses en preparativos en Tampa.     57
Cónsul norteamericano en La Habana,
general Fitzhugh Lee     58
Secretario de estado adjunto, William R. Day     59
Regimiento No. 1 de Voluntarios de Kentucky
en Puerto Rico, 1898     60
Los llamados *Buffalo Soldiers* un ejemplo de la
discriminación racial en el Ejército estadounidense.     61
Ilustración de un ataque de las tropas estadounidenses
en 1898.     63
El secretario de Guerra, Russell Alger y el Ayudante General,
General de Brigada Henry C. Corbin     65
El Mayor General Nelson A. Mies, Comandante General del
Ejército de los Estados Unidos.     66
Soldados estadounidenses agrupándose para su embarque en
Tampa.     68
Ilustración del artista George Gibbs's de una escena en el
*War Room* [Sala de Guerra, N. del E.] durante la Guerra. De
izquierda a derecha: el Telegrafista, Secretario Alger, Capitán Crownshield, General Miles, Secretario Long, Presidente
McKinley, el secretario del presidente Porter y un Ayudante
Militar.     69
Vapor Yucatán, transportando *Rough Riders* a Cuba.     71
Campamento militar estadounidense en Tampa.     72
Secretario de Marina, John D. Long     73
El ex-secretario de la Marina estadounidense,
General Benjamin F. Tracy.     74

Capítulo 3

Capitán de navío español Víctor M. Concas. 77
Botadura del *Pelayo* en los astilleros de Tolón (Francia). 78
La fragata Numancia 79
Crucero Reina Mercedes 81
El *Carlos V* y el *Pelayo*. 83
Crucero español *Vizcaya* 85
Tripulantes del cañonero español *Contramaestre*. 86
El Destructor torpedero español *Terror*
en reparaciones en San Juan (Puerto Rico). 87
El Alfonso XIII 88
Torre artillera de un buque español de la época
con un cañón *Hontoria*. 90
El político liberal Práxedes Mateo Sagasta,
jefe del gobierno español durante la guerra de 1898. 91
General Ramón Blanco y Erenas, Capitán General y
Gobernador de Cuba, General en Jefe del Ejército Español
en la Isla durante la guerra de 1898. 93
General Arsenio Linares Pombo, jefe del 4º Cuerpo
del Ejército Español en Cuba, a cargo de la defensa de la
plaza de Santiago de Cuba. Fue herido en los combates por
las alturas de San Juan, el 1º de Julio de 1898. 95
Coronel Salvador Díaz Ordoñez, comandante de la artillería
de la plaza de Santiago de Cuba en 1898. 96
Típico fortín (blockhaus) español. 96
Reconcentrados en La Habana. La reconcentración costó a la
población cubana cientos de miles de vidas e incontables sufrimientos. Este genocidio no pudo acabar con la insurrección
cubana. Fue un rotundo fracaso. 97
Un ingenio en Cuba a fines del siglo XIX. 97
Trabajadores negros en un ingenio en Cuba a fines del siglo
XIX frente al barracón donde vivían. Aunque hacía dos décadas de la abolición de la esclavitud vivían en condiciones infrahumanas y eran explotados miserablemente. 98
Tropas españolas en La Habana. Pese al descomunal esfuerzo
material y humano realizado por el colonialismo español no
pudo contener a la insurrección cubana. 98
Escuadrón de *guerrilleros* cubanos al servicio de España. Sumaban más de 30 mil hombres en todo el país. 99

Mambises cubanos. Estos hombres, mal vestidos, pobremente armados y peor alimentados fueron capaces, con heroísmo y sacrificio, de derrotar todo el esfuerzo y poder del colonialismo español. 99
Tropas de puertorriqueños y españoles en Guayama, Puerto Rico. 101
Teniente general Basilio Augustín y Dávila, gobernador español de las Filipinas. 102
Parte de la guarnición de la base española de Cavite, Filipinas. 103
Sargento español en las Filipinas. 104

CAPÍTULO 4

El acorazado *Maine* antes de emprender su última travesía. 105
Tripulantes del *Maine*. 106
Equipo de béisbol del acorazado *Maine*. 107
Botadura del *Maine*. 108
Capitán de navío Charles D. Sigsbee. 110
Capitán de Corbeta Richard Wainwright, 2º comandante del acorazado *Maine*. 111
Gráfico: Puerto de La Habana, 1898 112
Foto: El *Maine* entrando a la bahía de La Habana. 113
El *Maine* disparando salvas de saludo a la plaza de La Habana. 114
USS Cushing. 116
Ilustración de la explosión del *Maine*. 117
Borrador original del texto del telegrama del Capitán Charles S. Sigsbee del Maine al Secretario de la Marina estadounidense. 119
Telegrama enviado por el Capitán James Forsythe, Jefe de la Estación Naval de Cayo Hueso, retransmitiendo la noticia dada por el Captán del Maine, Charles Sigsbee, sobre el hundimiento de su nave. 120
La bahía habanera al día siguiente de la explosión. Los restos del *Maine*, aún humeantes, aparecen al centro, hacia la derecha. 121
Restos del *Maine* en la Bahía de La Habana. Al fondo la nave española *Viscaya*. Foto de la colección de la de la biblioteca del

Harvard College. [N. Del E.] 122
Así reflejó el periódico *The World* la explosión del *Maine* al
día siguiente de haber ocurrido. 123
Funerales de las victimas del *Maine*. 125
La comisión investigadora del desastre del "*Maine*". De izquierda a derecha: Capitán de Navío French E. Chadwick, Capitán de Navío William T. Sampson, Capitán de Corbeta William M. Potter, Alférez Wlfred V. N. Powelson, Capitán de Corbeta Adolph Matrix, el taquígrafo (sin identificar). 126
Capitán de Navío William Sampson. Presidió la comisión investigadora de la explosión del *Maine* e inmediatamente después, fue designado, con rango de Contralmirante, como jefe de la Escuadra del Atlántico Norte. Dirigió la operación de bloqueo naval a Santiago de Cuba. 127
Buzos inspeccionan los restos del *Maine* en la Bahía de La Habana. 129
El *New York Journal*, alcanzó, por primera vez en la historia de un diario, la cifra de más de un millón de ejemplares. 132
Primera página del *Mensaje al Congreso* de McKinley con el Reporte. 134
Los restos del *Maine* en la Bahía de La Habana. 138
Página del *Mensaje al Congreso* de McKinley
con el Reporte. 139
Contralmirante Montgomery Sicard. Fue obligado a renunciar a su puesto al comenzar los preparativos de la guerra por "problemas de salud". 143

CAPÍTULO 5

La famosa caricatura de Leon Barritt (1852-1938) realizada en 1898, donde muestra a Joseph Pulitzer y William Randolph Hearst, ilustrando la lucha entre los dueños del *New York Journal* y el *New York World*, los cuales visten el atuendo típico del *Yellow Kid* (Niño Amarillo), un personaje de caricaturas creado por Richard F. Outcault quien trabajó para Pulitzer y el *New York World*, pero Hearst lo convención de irse para el *New York Journal*. 144
El corresponsal de guerra John C. Hemment (a la izquierda, trabajando en el *Olympia*) cubrió todas las facetas de las hostilidades en Cuba, desde fotos de la plana mayor a cirugía de

amputación en un hospital de campaña. Antes de la crucial Batalla Naval de Santiago, su jefe, William Randolph Hearst, lo envió en vapor fletado, el *Sylvia*, completo con cuarto oscuro y una amplia oferta de placas fotográficas y química. Hearst y Hemment estaban flotando a tres millas de la costa cuando se iniciaron las hostilidades. 146
Capitán español Fernando Villaamil (1845-1898) fue el diseñador del primer destructor en la historia y es recordado por sy heroicamuerte en la batalla naval Santiago de Cuba, siendo el oficial de mayor rango que muriera entonces en combate. 147
Una de las naves incluídas en el plan de la milicia naval fue el *Yosemite* y su tripulación –aparte de cuatro marineros y 28 infantes de marina- de 285 hombres eran residentes de poblaciones de Michigan, como Saginaw, Benton Harbor, Detroit y Ann Arbor, entrte otras comunidades. Miembros del Michigan Naval Brigade [Brigada Naval de Michigan, N. del E.], una fuera voluntaria no profesional, creada por la falta de miembros de la marina en tiempos de guerra, en lo cual se llamó la *Mosquito Fleet* o Flota Mosquito como otros barcos operando al norte del Atlántico. 150
Teniente de navío William Sims, agregado naval en París. 151
La tripulación del *Iowa*. 153

CAPÍTULO 6

Contralmirante Pascual Cervera. 156
Crucero *Montgomery*. 157
Segismundo Bermejo y Merello, Ministro de Marina. 159
Ilustración en la que aparece Cervera al fondo y sus Comandantes Díaz Moreu, Concas, Bustamante, Eulate y Lazaga. 161
Embajador estadounidense Stewart L. Woodford. 165
General Miguel Correa. 166
Grupo de jefes y oficiales del *Viszaya* a bordo. 170
El *Cristóbal Colón*. 171
El *Emperador Carlos V* fue una de las escasas naves españolas que no fuera desruída por la marina estadounidense. 173
Crucero español *Oquendo*. 174
José María de Beránger Ruiz de Apodaca. 175

Gráfico: Mapa de la ruta marítima desde la península española hasta Cabo Verde (Africa), luego a Martinica (Caribe), Curazao y finalmente Santiago de Cuba. [N. del E.]  177

Capítulo 7

La flota española en la Bahía de Manila.  178
Teniente de navío José Gutiérrez Sobral.  179
Soldados españoles en Manila (1898).  181
Batallón expedicionario español en Filipinas.  182
Exiliados Filipinos y oficiales Españoles a cargo de su deportación a Hong Kong. Emilio Aguinaldo es la figura central en la segunda fila; a su derecha el Teniente Coronel Miguel Primo de Rivera, sobrino del Gobernador General español. La foto fue tomada en Hong Kong a principios de 1898.  183
En el grupo los generales Manuel Tinio (sentado, al centro), Benito Natividad (sentado, $2^{do}$ desde la derecha), Jose Alejandrino (sentado, $2^{do}$ desde la izquierda) y sus ayudantes.  187
Cónsul General estadounidense Rounsevelle Wildman.  188
Crucero protegido *Olympia*, buque insignia del Comodoro Dewey en la Bahía de Manila. Hoy en día es conservado, como reliquia, por la Marina estadounidense.  189
Comodoro (después Contralmirante) George Dewey, jefe de la escuadra estadounidense en la Bahía de Manila.  190
Minas de la época instaladas por la marina española. Colección *American Memory* de la Biblioteca del Congreso de los EEUU. [N. del E.].  193
Cañones españoles en Cavite.  196
Fuego artillero en Cavite.  198
Contralmirante Patricio Montojo, Jefe de la vieja escuadra española destruida en la Bahía de Manila el 1° de Mayo de 1898.  201
Gráfico: Batalla naval de la Bahía de Manila.  202
Ilustración del Combate de Cavite. Colección *American Memory* de la Biblioteca del Congreso de los EEUU. [N. del E.].  203
Teniente de navío John M. Ellicott.  206
La prensa se adelantó a los informes oficiales.  209
Caballería cubana al combate.  210

(De izquierda a derecha en la ilustración) Capitán Arent S. Crowninshield, Jefe del Buró de Navegación; John D. Long, secretario de la Marina y el contralmirante Montgomery Sicard, jefe de la flota del Atlántico del Norte. 211

Capítulo 8

Carta del Departamento de Estado norteamericano, fechada el 2 de Julio de 1898, dando fe del telegrama al Jere de las fuerzas navales en Santigo de Cuba, anunciando la Orden del Presidente Mcinley del boqueo a la costa Sur de Cuba y el Puerto de San Juan de Puerto Rico [N. del E.] 214
El Comodoro John C. Watson, a cargo del bloqueo. 216
Cañonero estadounidense *Wilmington*. 217
Gráfico: Acción del 27 de abril de 1898 en Matanzas. 218
Torpedero estadounidense *Winslow* que resultó seriamente dañado por el fuego de los españoles el 11 de mayo de 1898 en Cárdenas, produciéndose las primeras bajas norteamericanas de la guerra. 218
Gráfico: Acciones del 11 de mayo en Cárdenas. 219
Mayo 11 de 1898, Cárdenas. En esta reconstrucción artística, el guardacostas *Hudson* da remolque al torpedero *Winslow*. 219
Gráfico: Acciones del 11 de mayo en Cienfuegos. 220
Marineros del *Iowa* observan la batalla en Santiago de Cuba. 221
Francis L. Chadwick. 223
Cubierta del *Pelayo* 224
Basado en la declaración del bloqueo a Cuba, el vapor *Buenaventura* fue capturado por el *Nashville* en el Golfo de México. El cañonazo de advertencia fue el primero de la guerra y a pesar de los documentos de autorización de la aduana estadounidense fue escoltado hasta Key West. 225
USS Massachusetts. 228
Los Agregados militares de las representaciones diplomáticas en el Caribe en 1898 eran una fuente de información importante para el Gobierno estadounidense (en la foto oficiales inglés, ruso, alemán, austríaco, japonés y sueco). 230

Busque hospital español *Alicante*. 232
Una nave de guerra española no identificada -el *Furor, Terror*, or *Plutón*- de la escuadra del Almirante Cervera en São Vicente (islas de Cabo Verde, Africa) en Abril de 1898. 233
Ilustración de una reunión del Almirante Cervera con sus oficiales. 235
Capitán de navío Ramón Auñón y Villalón. 236
Gráfico: Bombardeo a San Juan de Puerto Rico. 237
USS *Indiana*. 239
En la foto se aprecian andamios en la entrada principal de esta iglesia levantados para reparar los danos sufridos por los impactos de los proyectiles dirigidos hacia San Juan por a la vieja ciudad por la escuadra naval estadounidense. 241
Bombardeo al Castillo San Felipe del Morro en San Juan, Puerto Rico. 243
Cañones de 13" (33 cm) del *Indiana*. 245
General Manuel Macías y Casado (1845-1937), Gobernador-General de Puerto Rico durante la Guerra. 246
El USS *Harvard*. 248
Fuerte español en Cienfuegos y la guarnición. 250
El General Thomas Thompson Eckert (1825-1910) era un oficial del Ejército estadounidense, Jefe del personal de Telegrafía del Departamento de la Guerra (1862-1867) y secretario asistente de ese departamento (1865-1867) fue un ejecutivo importante de la Western Union. [N. del E.]. 251
En la estación de telégrafos de Cayo Hueso (foto del personal en la época), su gerente, Martin Hellings, actuaba como agente de inteligencia para el gobierno estadounidense, obteniendo y trasmitiendo información de un espía en La Habana, del cual postreriormente se supo se trataba del telegrafista Domingo Villaverde quien entonces trabajaba en el Palacio del Gobernador General español de la isla. [N. del E.] 252
Ilustración de la revista Leslie's Weekly, los Contralmirantes George Dewey, W.T. Sampson y W.S. Schley. 253

| | |
|---|---|
| Capitán de navío Robley Evans. | 254 |
| Capitán de fragata Bowman McCalla. | 255 |
| El USS *Yale* en aguas cubanas. | 257 |
| Ametralladora de 37 mm montada en el *Hist*. | 258 |
| El *Infanta María Teresa* e São Vicente (islas de Cabo Verde, Africa), Abril. 1898. | 259 |
| USS *Minneapolis*. | 262 |
| Entrada a la Bahía de Santiago de Cuba en 1898. | 265 |
| El barco del comandante de la flota Almiral Schley, *Brooklyn*. | 267 |
| La 5ª Compañía del rgimiento de Maryland en Tampa, durante el entrenamiento esperando el embarque hacia Cuba.[N. del E.] | 269 |
| Restos del buque carbonero estadounidense *Merrimack* hundido intencionalmente el 3 de junio de 1898 en el canal de entrada a la Bahía de Santiago de Cuba en un intento de embotellar en ella a la escuadra española. | 270 |
| Baterías de bronce españolas al oeste de la Bahía de Santiago de Cuba. | 272 |
| Teniente Ingeniero Naval Richmond P. Hobson. | 273 |
| Vista actual de la Bahía de Santiago de Cuba desde el castillo del Morro [N. del E.] | 275 |
| Capitán de navío John Philip. | 276 |
| Batería de la Socapa, al fondo se aprecia el Morro. En primer plano un oficial norteamericano, por lo tanto esta foto se tomó posterior al combate. [N. del E.] | 280 |
| Salida de tropas desde el puerto de Tampa. | 283 |
| Bombardeo naval a Daiquirí. Foto de la colección de la de la Biblioteca del Harvard College. [N. Del E.] | 284 |
| Soldados españoles en el campo de batalla. [N. Del E.] | 285 |
| Mambises cubanos in Villa Clara. Colección American Memory de la Biblioteca del Congreso de los EEUU. [N. del E.] | 286 |
| Fortín y tropa española. | 287 |
| En el *USS Texas*, una mina encontrada en la Bahía de Guantánamo por las fuerzas navales estadounidenses. Colección *American Memory* de la Biblioteca del Congreso de los EEUU. [N. del E.]. | 289 |
| Un cañón de 8" del *USS New York*. | 291 |
| USS Saint Paul. | 292 |

Capítulo 9

Tropas congregadas en los patios del ferrocarril
en Tampa. [N. del E.]  295
Voluntarios negros estadounidenses.  296
Confusión y desorganización en los muelles en Tampa.
[N. del E]  298
Convoy de barcos partiendo de la Bahía de Tampa.
[N. del E.]  300
Reportero James F. J. Archibald.  302
Capitán artillero Severo Gómez Núñez, director de
*El Diario del Ejército* de La Habana. [N.del E.]  303
General Henry W. Lawton.  305
Transportes en el puerto de Tampa.  307
General de brigada Henry Clark Corbin.  309
Mambises cubanos en campaña.  310
Acorazados *New York* y *Vixen*. Foto de la Colección
Theodoro Roosevelt, de la Biblioteca del Harvard College.
[N. del E.]  312
Teniente Andrew S. Rowan. Foto de los Archivos del
Estado de West Vrginia, EEUU. [N. del E.]  315
El General Calixto Garcia (primer plano la derecha) y
el Brigadier General William Ludlow (a su izquierda).
Foto tomada durante su conferencia durante el
desembarco de las tropas estadounidenses, p. 312 del
*Harper's Pictorial History of the War with Spain*, V. II,
Ed. Harper and Brothers, 1899.  316
Esta Guerra se ha llamado de los "corresponsales",
por la importancia de la cobertura periodística del
conflicto, como lo muestra la portada de la revista
técnica *Fourth Estate, reconociendo a los más
destacados, como* Stephen Crane, Richard Harding Davis,
Sylvester Scovel, Edward Marshall y Frederic Remington.
[N. del E.]  318
Mayor General Máximo Gómez.  320
La artillería embarca en Tampa.  322
Caricatura del periódico catalán (España) *La
Campana de Gràcia* (1896) del artista Manuel Moliné.
[N. del E.]  324

CAPÍTULO 10

| | |
|---|---|
| El General Shafter y el Coronel Leonard Wood en Tampa con otros miembros de su Estado Mayor. [N. del E.] | 326 |
| Embarque de las tropas en Tampa. | 328 |
| Una vista del caos reinante en los muelles en Tampa en junio de 1898. | 329 |
| El USS *Oregon* en la batalla de Santiago de Cuba. Ilustración de Henry Reuterdahl. [N. del E.] | 330 |
| General de brigada Marshall I. Ludington, intendente general del Ejército. | 334 |
| Embarque de tropas en el abarrotado puerto de Tampa. [N. del E.] | 335 |
| Escena tomada a bordo de uno de los transportes estadounidenses que conducían tropas hacia Santiago de Cuba. | 336 |
| Voluntarios cubanos en Tampa. | 337 |
| Batería costera española de morteros en Cayo Smith, ubicado en la bahía de Santiago de Cuba. | 339 |
| Cañones "de tiro rápido" de 6", en la batería del Oeste, bahía de Santiago de Cuba. Colección *American Memory*, Biblioteca del Congreso de los EEUU. [N. del E.]. | 340 |
| El presidente estadounidense McKinley –sentado con sombrero de copa- a bordo de un barco con los Generales Joseph Wheeler, Henry Lawton, William R. Shafter y Joseph W. Keifer. [N. del E.] | 341 |

CAPÍTULO 11

| | |
|---|---|
| Un explorador de las fuerzas independentistas cubanas. | 343 |
| Calle de Santiago de Cuba en la época. Foto de la Colección Theodoro Roosevelt, de la Biblioteca del Harvard College. [N. del E.] | 345 |
| El Castillo del Morro, Santiago de Cuba. Foto de la Colección Theodoro Roosevelt, de la Biblioteca del Harvard College. [N. del E.] | 347 |
| General de división José Toral. | 349 |
| Balas de cañón en un emplazamiento al oeste de El Morro. | 350 |

El Mayor General Calixto García (sentado), Lugarteniente

General del Ejército Libertador y jefe de su Departamento Oriental, conversa con el periodista norteamericano James Creelman, corresponsal del periódico *New York World*. 352
(Desde la Izquierda) El ayudante del General Demetrio Castillo Duany y los generales Castillo, William Shafter, Joe Wheeler, Kent, Nelson Miles y Calixto Garcia. [N. del E]. 354
Mambises cubanos, transportados por la marina estadounidense desembarcan en Daiquirí. Foto de la Colección Theodoro Roosevelt, de la Biblioteca del Harvard College. [N. del E.] 355
Algunos de los patriotas negros y mestizos de la Guerra por la Independencia de Cuba. En Costa Rica (1892) de pié desde la izquierdaBack, left to right: Antonio Collazo, Flor Crombet, Antonio Maceo, Agustín Cebreco and José Barrenqui. Seated: Martín Morúa Delgado, Rojas, Pedro Castello, Peña, and José Rogelio Castillo. [N. del E.]  356
El procedimiento anárquico de desembarco de la caballería provocaba la muerte y el sufrimiento innecesario de los animales. [N. del E]  359
El 5° Cuerpo de Ejército estadounidense desembarcando sin oposición en un espigón de madera, en Daiquirí, en la costa sur del Oriente de Cuba, el este de Santiago de Cuba el 22 de junio de 1898. Las fortificaciones abandonadas por los españoles pueden verse al centro. 360
Otro ángulo del desembarco en Daiquirí. 362
Tropas norteamericanas concentrándose en Daiquirí para partir en dirección a Siboney. 363
Tropas acampadas en Siboney. 364
Escena en un campamento de la infantería estadounidense. Abriendo latas de carne estofada. 365
Ilustración de las acciones de la batería de cañones-ametralladoras Hotchkiss y tropas negras del 10° Regimiento de Caballería en acción contra los españoles en Las Guásimas, al este de Santiago de Cuba. 366
Theodoro Roosevelt y un grupo de *Rough Riders* "posan" para la prensa en la Loma de San Juan. [N. del E] 368
Theodoro Roosevelt y un grupo de *Rough Riders* "posan" para la prensa en la Loma de San Juan. [N. del E] 370
Gráfico: Combate de las Guásimas. 372
General de brigada Samuel B. M. Young 373
El coronel Leonard Wood en campaña. 375

Movimiento de tropas estadounidenses en Las Guásimas.
[N. del E] 376
Gráfico: Acciones combativas del 31 de mayo al 1ro de julio. 378

Capítulo 12

La artillería estadounidense en combate. El canón número 1 de
la batería *Grime*, el primero en disparar al blochouse español
de San Juan el primero de Julio. [N. del E.] 380
Vista de la bahía de Guantánamo desde una de las naves norte-
americanas. 382
General cubano Jesús Rabí. 383
Desembarco en Daiquirí. 385
Batería de campaña avanzando en la colina El Pozo. 387
Wheeler, Chaffee y Lawton en campaña. 389
Trincheras en San Juan frente al *blockhaus* español allí
ubicado. [N. del E.] 390
Shafter y Miles en San Juan. [N. del E.] 392
Compañía D de voluntarios de la Florida preparando
alimentos. [N. del E.] 394
Tropas cubanas y estadounidenses avanza por la vía
férrea. [N. del E.] 396
Gráfico: Combate de El Caney. 397
El fuerte El Viso y un blockhouse español en El Caney. 398
Fuerte El Viso después del combate. 399
Prisioneros de guerra españoles en la comandancia del
general Shafter. 401
Ilustración de los efectos del bombardeo en las calles de San-
tiago de Cuba. 403
Gráfico: Batalla de San Juan. 406
Globo cautivo tripulado por los tenientes coroneles
Maxfield y Derby para dirigir la marcha de las tropas
estadounidenses hacia San Juan. Sirvió, sin embargo,
para que la artillería española las localizara y barriera
con su fuego. 407
Tropas estadounidenses del 16° Regimiento de Infantería
bajo fuego en San Juan. 409
Ilustración de William Glackens (Julio de 1898) sobre el combate de El Pozo. Colección American Memory de la Biblioteca
del Congreso de los EEUU. [N. del E.]. 410

Fusileros de Fulton en combate. Colección American Memory de la Biblioteca del Congreso de los EEUU. [N. del E.]. 411
Ametralladoras del tipo *Gatling* destinadas a la Guerra. Tomado de *Small Arms Defense Journal*. [N. del E.] 413
La caballería (Rough Riders) desmonta y ataca con fuego de fusil. En la foto en prácticas. [N. del E.] 415
Tumbas de campaña de soldados de los Rough Riders. Colección American Memory de la Biblioteca del Congreso de los EEUU. [N. del E.]. 418
Pieza de artillería de campaña de 3.2 pulgadas, de la batería Capron emplazada en la colina de San Juan Ridge, apuntando hacia Santiago de Cuba, en Julio de 1898. Foto tomada por el QMSGT C.E. Ring, del regimiento de infantería 71 de los voluntarios de Nueva York. [N. del E.] 420
Las tropas estadounidenses avanzan por una colina. 422
El General Shafter en su mula. 425
Tropas estadounidenses descansan. 428
Armamento del USS *Boston*. 430
Defensas españolas en La Socapa, frente a El Morro. 432
Población civil de Santiago de Cuba huyendo de la ciudad bloqueada por mar y asediada por tierra. 434
Ilustración de la Batalla naval de Santiago de Cuba. 435
Tropas mambisas cubanas. 436

Capítulo 13

Gráfico: Santiago de Cuba: Posiciones españolas dentro de la Bahía. 438
Soldados españoles en Cuba. 441
Ilustración de la flota norteamericana. 444
Comodoro (después Contralmirante), Winfield S. Schley, jefe de la Escuadra Volante. La agrupación de buques a su mando realizó inexplicables movimientos y maniobras durante la búsqueda de la escuadra española del almirante Cervera y en el combate naval de Santiago de Cuba lo que dio lugar a controversias en el seno de la Marina de Guerra de los Estados Unidos. 447
Gráfico: Acciones de los días 2 y 3 de julio de 1898. 449
El *Reina Mercedes* hundido frente a El Morro. 451
Los restos del crucero acorazado español "*Vizcaya*" después

del combate naval del 3 de julio de 1898. 453
Restos del crucero acorazado español "*Oquendo*" destruido en el combate naval del 3 de julio de 1898 frente a las costas de Santiago de Cuba. 454
Daños en el USS *Texas* por un proyectil español. 456
Restos de dos buques de guerra, al fondo, Cayo Smith. Foto de la colección de la de la biblioteca del Harvard College. [N. Del E.] 458

Capítulo 14

Un grupo de refugiados de la población civil cerca de El Caney. 463
Gráfico: Santiago de Cuba. Acciones combativas del 4 al 14 de julio de 1898. 462
Marinos españoles, prisioneros de Guerra en el Patio de la Marina norteamericana de Portsmouth, Virginia. 465
El Almirante Cervera y sus principales oficiales, sobrevivientes de la flota española. Fotografía de 1898 de George Buffham, de Annapolis, Maryland. 466
Gráfico: Santiago de Cuba: Acciones combativas del 4 al 14 de Julio de 1898. 467
Ilustracion de la atención médica y el transporte de soldados estadounidenses heridos en combate en Santiago de Cuba (Julio, 1898). 469
Gráfico: Batalla de Santiago de Cuba con el USS Iowa al centro. 471
Artillería estadounidense. 473
Los generales estadounidenses Joseph Wheeler, William R. Shafter y Nelson A. Miles (de izquierda a derecha) conversando sobre las condiciones a imponer a los españoles en las negociaciones para la rendición de Santiago de Cuba. 476
Tropa mambisa en el campamento del General Calixto García cerca de Santiago de Cuba. 478
Ilustración de la Batalla de Santiago de Cuba. El pie original dice: "Vista de la escena del combate mostrando la división del General Lawton atacando a El Caney a la derecha y el General Joe Wheeler al centro, mientras el General Kent a la izquierda se mueve hacia Aguadores, la flota de Sampson bombardea a El Morro y otras posiciones a la entrada [de la Bahía, N. del

E.]. La flota española en la parte superior de la bahía combate también". [Traducción del Editor]. 480
Caballería mambisa del Generalísimo Máxigo Gómez en Remedios. 482
Batería estadounidense *Capron* en El Caney. 484
General cubano Demetrio Castillo Duany. 486
Prisioneros de guerra españoles en Guantánamo. 488
De izquierda a derecha, en primer plano: Los generales Miles, Shafter (con casco) y Wheeler, con sus ayudantes dirigiéndose al encuentro de los españoles a negociar la rendición de la plaza de Santiago de Cuba. 491
La capitulación formal de Santiago de Cuba el 17 de julio de 1898. El general Shafter lleva un casco. El general español Toral está a su derecha. 493
Ilustración de la Batalla de las Guásimas. 495
Calixto García y su Estado Mayor. De pie, de izquierda a derecha: Comandante Federico Funston; Ttes. Coroneles José Portuondo Tamayo y Gonzalo García Vieta; General Calixto García Íñiguez, Comandante Armando Zayas Ochoa; Tte. Coronel. Juan M. Portuondo; Gral. Porfirio Valiente; Cmdte. Francisco Rosado. Sentados: Coronel Eduardo Salazar, Gral. Rafael Portuondo; Tte. Coronel R. Lorié. Delante: Cmdte. Joaquín Escalante; Coronel Martín Poey. [Tomado del archivo de la biblioteca Ricther, Universidad de Miami, N. del E.] 497
Las tropas estadounidenses celebrando la noticia de la rendición de Santiago de Cuba. 499

Capítulo 15

USS *Annapolis*. 504
USS *Newark* 507
Soldados españoles en un alto en la campaña. 508
General Adolfo Jiménez Castellanos y Tapia 510
Escolta del General Máximo Gómez. 512
Mambises en Pinar del Río. 514
Tumbas de primeros soldados muertos en Siboney. 516
Embajador de Francia en Washington, Jules Cambon. 518
Firma en Washington, el 11 de agosto de 1898, del Protocolo de Paz entre España y los Estados Unidos. En representación de España fue firmado por el embajador francés, Jules

Cambón. 519

Capítulo 16

Puerto de San Juan (Puerto Rico) en la época. 523
Mayor general John R. Brooke. 525
El Regimiento 22 de Infantería embarca. 527
El capitán y el primer oficial del USS Columbia en el puente de mando. 530
Henry H. Whitney del 4to regimiento de Artillería, fue enviado a la isla en misiones de reconocimiento por la Oficina de Inteligencia Militar del Ejército. [N. del E.] 532
Area de la costa de San Juan, Puerto Rico, en una foto de la época. 534
Fuerzas de defensa de voluntarios de Puerto Rican y españoles ein Guayama. 536
La caballería estadounidense entrando a Mayaguez. 538
Gráfico: Bombardeo a San Juan de Puerto Rico. 540
Gráfico: Jornada del 9 de agosto en Coamo, Puerto Rico 541
Gráfico: Combate del 10 de agosto de 1898. 543
Gráfico: Ruta seguida por la brigada regular del General Schwan desde el 9 al 13 de agosto. 544
Gráfico: Mapa de la zona de Guayama. 545
El regimiento 17 de Nueva York en operaciones en Puerto Rico. 548
Tropas estadounidenses entrando en Ponce, Puerto Rico. 550

Capítulo 17

Uno de los cuatro cañones Krupp de 9,4 pulgadas (235 mm.) de la defensa costera de Manila. En la foto, soldados estadounidenses montan guardia en su emplazamiento después de la capitulación de la ciudad el 13 de agosto de 1898. 553
Soldados estadounidenses posan en Manila junto a un viejo cañón español de avancarga del siglo XVIII "modernizado" como de retrocarga. 554
Gráfico: Batalla terrestre de Manila. 555
Traslado por la Bahía de Manila de fuerzas estadounidenses de artillería de campaña en rústicos juncos filipinos remolcados por lanchas a vapor de la Marina. 557

General Emilio Aguinaldo (1869-1964), Líder de los independentistas filipinos. Siempre insistió en que funcionarios estadounidenses habían prometido conceder la independencia a Filipinas a cambio de su apoyo contra las fuerzas españolas en 1898. 557
General Wesley Merrit, segundo en rango en el Ejército estadounidense. Se le confirió el mando del 8° Cuerpo de Ejército que invadió Filipinas. 558
Blockhouse español número 14 en Manila. 560
Ilustración de la declaración de independencia de Las Filipinas en Cavite. 563
Ministro alemán de Relaciones Exteriores, príncipe Bernhard Fürst v. Bülow. 565
Vicealmirante Otto von Diederichs. 567
Crucero alemán SMS *Kaiserin Augusta* 569
Batalla naval en Las Filipinas. 572
Drewey y sus tripulantes en Manila. 576
Soldados estadounidenses del 14° Regimiento de Infantería hacen cola para recibir su rancho en un campamento al sur de Manila. En primer plano, un soldado acciona un molinillo de café. La foto fue tomada a mediados del verano de 1898. 577
Tropas estadounidenses parten del puerto de San Francisco, en el Pacífico hacia Filipinas. 579
Cónsul belga Edouard André 581
Los generales Wesley Merrit y Felix Green obsevan las posiciones españolas. 583
Fuerte de San Antoni Abad, en Manila, después de haber sido bombardeado por la artillería estadounidense el 13 de agosto de 1898. 586
Soldados españoles prisioneros. Foto tomada después de la capitulación de Manila. 587
Soldados españoles se entregan al general Francis V. Green. 589

Epílogo 571

Ilustración: Comisión estadounidense a las negociaciones del Tratado de Paz efectuadas en París. De los cinco miembros, sólo uno, George Gray, senador por el Partido Demócrata, era

notoriamente contrario a la adquisición de territorios ultramarinos. El resto de los comisionados: Whitelaw Reid, antiguo embajador en Francia; el senador Cushman K. Davis; el senador William P. Frye y el presidente de la comisión, el ex secretario de Estado, William R. Day, eran furibundos expansionistas pertenecientes al Partido Republicano.      593
Ilustración: Comisión española a las negociaciones del Tratado de Paz de París. Estuvo formada exclusivamente por hombres del Partido Liberal. Encabezó la delegación el presidente del Senado, Eugenio Montero Ríos. La formaban, además, el senador Buenaventura Abárzuza, el diputado José Garnica, el diplomático Wenceslao Ramírez de Villa-Urrutia y el general de división Rafael Cerero.      594

*Editorial Letra Viva*©

2013

Postal Office Box 14-0253
Coral Gables, FL 33114-0253

www.ingramcontent.com/pod-product-compliance
Lightning Source LLC
Chambersburg PA
CBHW070156240426
43671CB00007B/470